湖南山地立体气候与特色农业

刘富来　谢佰承　等　著

内容提要

本书是根据雪峰山东西侧、武陵山区、南岭北缘山地、井冈山西侧212～1480 m不同海拔高度26个点4年与11个点30年的气象梯度观测资料与新化雪峰山试验研究及实地考察资料分析而成。本书数据翔实，资料涵盖了近40年湖南山地不同海拔高度垂直农业气象观测资料，在趋利避害，保护山地生态环境，合理利用山地农业气候资源方面发挥了积极作用。

本书可供农业生产部门、环保、旅游、电力和科研文化教育卫生等部门查阅参考。

图书在版编目(CIP)数据

湖南山地立体气候与特色农业 / 刘富来等著. --北京:气象出版社,2020.9

ISBN 978-7-5029-6985-1

Ⅰ. ①湖… Ⅱ. ①刘… Ⅲ. ①山地气候-关系-特色农业-研究-湖南 Ⅳ. ①P462.3

中国版本图书馆CIP数据核字(2019)第122174号

湖南山地立体气候与特色农业

Hunan Shandi Liti Qihou yu Tese Nongye

出版发行：气象出版社

地　　址：北京市海淀区中关村南大街46号　**邮政编码**：100081

电　　话：010-68407112(总编室)　010-68408042(发行部)

网　　址：http://www.qxcbs.com　**E-mail**：qxcbs@cma.gov.cn

责任编辑：隋珂珂　**终　　审**：吴晓鹏

责任校对：张硕杰　**责任技编**：赵相宁

封面设计：地大彩印中心

印　　刷：北京建宏印刷有限公司

开　　本：787 mm×1092 mm　1/16　**印　　张**：22.5

字　　数：580千字

版　　次：2020年9月第1版　**印　　次**：2020年9月第1次印刷

定　　价：116.00元

本书编写组

主　任:刘富来　谢佰承

成　员(以姓氏拼音首字母为序)

陈耆验　黄晚华　王艳青　吴重池

肖　妮　肖新凡　杨治惠　周陈栋仁

前　言

湖南省位于长江以南、南岭之北，在北纬 24°39′～30°08′，东经 108°47′～114°15′之间，总面积 21.18 万 km^2，约占全国国土总面积的 2.2%。湖南距海岸线 400～600 km，大部分自然带属于中亚热带季风湿润气候。湘南、湘北分别具有南亚热带和北亚热带过渡的气候特征。

湖南地貌轮廓是东、南、西三面山地围绕，中部丘岗起伏，北部湖泊平原展布，呈朝东北开口的不对称马蹄形盆地。海拔高低悬殊，最高峰炎陵县灵峰 2115 m，最低谷地为临湘市黄盖湖西岸海拔仅 20.8 m，地势相对海拔高差 2094.2 m。湖南境内地貌类型多样，以山地丘陵地貌为主。平原占全省总面积的 13.1%，岗地占全省总面积的 13.8%，丘陵山地占全省总面积的 66.6%。由于地形错综复杂，地势高低悬殊，形成了气候、土壤，植被类型的多样性，必然会影响农业生产的差异性。为了充分合理利用农业气候资源，必须了解山地气候—土壤—植被的垂直分布状况，为因地、因高制宜发展农林业生产提供科学依据。为此，在中国气象局和湖南省政府的重视下，以湖南省气象局曾申江副局长为首，1978 年开始由陈耆验主持在新化雪峰山中段及水车、奉家 450～1450 m 不同海拔高度设立 7 个气象哨，进行气象与农林作物平行观测及杂交稻试验研究。由曾申江、沈国权、姚介仁、陈耆验、任天任等于 1980 年开始进行湖南山地农业气候资源及利用研究。1984 年 4 月—1986 年 4 月，由国家气象局课题组在雪峰山东侧、雪峰山西侧、武陵山、南岭北缘、井冈山西侧等五个山系建立不同海拔高度的梯度气象观测与农林作物观测。1986 年底，五个山地梯度点都停止了观测，只留下新化雪峰山 7 个不同海拔高度气象哨。在娄底市政府科委支持下，陈耆验主持继续进行气象与农林作物观测试验研究，作为南京气象学院（现南京信息工程大学）本科生与研究生实习基地，进行山地农业气候资源利用、水稻种植，山地反季蔬菜、柑橘品质试验研究。2011 年，由刘富来主持，谢佰承、陈耆验、周陈栋仁、吴重池参与进行茶叶、杉树、山地反季蔬菜、奶牛养殖、特色稻农业气候生态适应性研究，并参与紫鹊界全球重要农业文化遗产的申报研究工作，于 2017 年通过近 40 年两代人的不懈努力，积累了 100 多万个山地不同海拔高度的农业气象观测试验研究资料数据，基本上摸清了湖南山地不同海拔高度的立体农业气候资源与农业气象灾害情况，及保护开发利用的途径方向。但由于年代跨度较长，不少研究者已仙逝。为了将沉睡近 40 年的浩瀚山地不同海拔高度垂直农业气象观测资料，在趋利避害、保护山地生态环境、合理利用山地农业气候资源方面发挥积极作用，由湖南省气象科学研究所刘富来所长主持，谢佰承、周陈栋仁、杨治惠、吴重池、黄晚华、陈耆验等参加分析，并进行现代特色农业的试验研究与调查考察，撰写了本书。肖新凡、王艳青、肖妮、黄卓禹、马琴等参与湖南山地气象观测资料整理、统计、计算及制图。本书在公益性行业（气象）科研专项“超级稻超高产栽培气象保障技术研究”（编号：GYHY201206020）、国家重点研发计划“粮食主产区产量与效率层次差异分布规律与丰产增效潜力”（2016YFD0300101-05）、“洪涝灾害监测预警与防控与应急关键技术研究与应用”（2012BAD20B02-05）等课题项目的资助下顺利出版。

本书分 8 章。第 1 章是地貌对湖南气候的影响，第 2 章为湖南省丘岗山区农业气候资源及灾害性天气的垂直分布，第 3 章雪峰山东侧的立体农业气候，第 4 章雪峰山西侧的立体农业气候，第 5 章武陵山区的立体农业气候，第 6 章南岭北缘山地的立体农业气候，第 7 章井冈山西侧的立体农业气候，第 8 章山地立体气候与特色农业。全书由刘富来统稿与定稿。

参加本课题观测试验考察研究的人员较多，因而本成果是湖南省气象部门各级领导与全省气象工作者辛勤劳动的结晶。曾申江、姚介仁等研究人员已仙逝，但他们为后人留下了宝贵的遗产。在此，对所有参加观测研究的气象工作者表示衷心感谢！

在本书编写过程中，引用了他人的许多相关研究成果，参考文献中所列的成果，可能存在疏漏而未被列入进去，诚请相关作者谅解，并表示歉意。

本书内容较多，农业气候资源涉及面广，编写人员专业水平有限，加之资料年代跨度较长，错误之处在所难免，恳请诸位领导与同仁批评斧正。

著者

2020 年 5 月

目　　录

第1章　地貌对湖南气候的影响

1.1　湖南地貌的基本特征

湖南省位于长江以南，南岭以北，界于北纬24°39′～30°08′，东经108°47′～114°15′之间，总面积21.18万km^2，约占全国总面积的2.2%，距海岸线400～600 km。大部分自然带属于中亚热带季风湿润气候，湘南、湘北分别具有南亚热带和北亚热带过渡的气候特征。

湖南地貌具有如下的基本特征。

(1)三面环山，呈朝东北开口的马蹄形盆地

湖南地貌轮廓，东、南、西三面山地围绕，中部丘岗起伏，北部湖泊平原展布，呈朝东北开口，不对称的马蹄形盆地。

东面是斜贯湘、赣边境诸山，有幕阜山脉、九岭山脉、武功山脉、万洋山脉和诸广山脉等，这些山脉大致是东北—西南走向，呈雁行式排列，是赣江水系和湘江水系的分水岭。山峰海拔大都超过1000 m，最高是浏阳大围山七星岭，海拔1607.6 m。桂东与资兴交界的八面山，海拔2042.1 m，炎陵县的酃峰海拔2115 m，是湖南省最高的山峰。

南面是五岭山地(即大庾岭、骑田岭、萌渚岭、都庞岭和越城岭)，也称南岭山地。山岭是东北—西南走向。从总体来看，它们大致是东西向镶嵌排列，是长江水系和珠江水系的分水岭，海拔大都在1000 m以上。湘、粤边界莽山的石坑硿，海拔1902 m。湘、桂边界的大南山二宝顶，海拔2021 m。

西面有雪峰山脉，走向北北东—南南西，南起城步南侧的湘桂边镜，向北北东延伸，到安化转向东西向，至益阳而没于洞庭湖平原，它的南段海拔高达1500 m，最高峰苏宝顶，海拔1934.3 m；北段较低，约在500～1000 m之间；新化大熊山九龙池海拔高度1622 m；跨地之广，山势之雄，堪称湖南之冠。

西北为武陵山脉，走向东北—西南，海拔大多在1000 m以上。湘鄂交界的壶瓶山高达2098.7 m。

湘中则大多为丘陵、岗地和河谷两岸的冲积平原，大多在海拔500 m以下。地势南高北低，衡山兀立其中，祝融峰高达1289.2 m，为我国五岳之一。

北部则是我国第二大淡水湖——洞庭湖。洞庭湖沿岸是平坦的湖积、冲积平原和人工围垦平原，是全省地势最低、最平坦的地区，海拔大多在50 m以下，临湘市黄盖湖西岸，海拔仅20.8 m，为全省海拔最低之处。

(2)西高东低，南高北低，地表起伏大

湖南位于我国地势由西向东降低的第二级阶梯与第三级阶梯的交接地带。全省除湘赣边界外，呈西高东低、南高北低之势。雪峰山脉自西南向东北贯穿境内，将全省分为东西两大部分。

西部(包括雪峰山脉)属于第二级阶梯,处于云贵高原的东部边缘,其西北为山原山地,西南为中山、低山山地。在本阶梯上,岩溶地貌发育,山地高大连片,山峰多在 1000 m 以上,山脉走向明显,脉状延伸长度可达数百千米,河谷深切,多呈峡谷、隘谷或嶂谷,地表起伏很大。土壤以黄壤为主,耕地少而分散。

东部属于第三级阶梯,海拔一般在 500 m 以下,低山丘岗连绵,盆谷镶嵌,多断块残山,红壤为主,耕地多而连片。

由于东部和西部的地貌结构具有显著的差异,致使东西两部农业气候生态环境有着很大的不同。南面(纬度较低)从南岭山地大致由 1500 m 左右山地逐渐向北(湘中)降低为 500 m 左右的山丘,转而降低到洞庭湖区(纬度较高)为 50 m 以下的湖积冲积平原,由于纬度与地势的关系,形成了南高北低的地形斜面。这种地势和地表形态组合的差异及由此导致区域的差异,使南北有所不同,东西差异尤为显著的特征。

(3)四水、三口向洞庭湖呈辐聚状水系汇集

省内主要河流受地貌的控制,多源于东、南、西的山地。湘江、资水大体是由南向北汇入洞庭湖;沅水、澧水自南、西向北、东,汨罗江、新墙河自东而西流入洞庭湖。此外,长江的荆江三口(松滋口、太平口、藕池口)分流则自北向南注入洞庭湖,洞庭湖接纳四水、三口形成以洞庭湖为中心的辐聚状水系。

这种水系格局,由洞庭湖平原沿四水上溯湘江,东至醴陵、茶陵、安仁,南至永兴、常宁,西南至永州,沿江两岸为海拔 100 m 以下,出现比较平坦的宽窄不一的江河冲积平原;100～300 m 之间为红岩、红土丘岗,流域边缘则多高于 300 m 的丘陵和山地;资水流域上游的盆谷地段,多丘岗及小平原,中游河段穿过雪峰山多山岭峡谷,安化以下主要为丘岗和平原;沅水上游岭陡谷峡,中游为长条状丘陵、盆地,下游多峡谷(如五强溪峡谷),近河口段展现广阔的冲积平原;澧水为四水中最短的河流,干支流河谷两岸多峻岭夹峙,慈利以下,河谷海拔在 100 m 以下,分布狭长冲积平原,到澧县附近平原展布,津市以下突然折向南东,流入洞庭湖。

地形地貌上这种辐聚式水系的特点为:边缘山区地势高陡,比降大,多峡谷、急流、滩礁,集流快,山洪多;丘岗区支流多,溪河曲折,源近流短、易干旱;湖区地势低平,众水汇集,地下水位高,常受洪涝威胁。为满足发展农业生产的需要,根据河段特点,进行流域治理,山区宜以蓄为主,库、塘、堰、坝结合,蓄、引、提兼施;丘岗区则以山塘、河坝小型水利工程为主;湖区宜以防洪排涝为主,挖深沟大渠,疏通河道,加高加固堤垸。本省现有水利工程,大都沿盆地内侧山麓或山、丘过渡地段选择和布局大、中型水库,如王家厂水库、青山水轮泵站、黄石水库、柘溪水库、铁山水库、五强溪水库等,沿洞庭湖盆地的外围布局;黄材水库、水府庙水库、欧阳海水库和官庄水库等在长、潭、株、衡盆地外围;双牌水库和大圳水库等则沿着永、邵盆地外围布局。

(4)地貌类型多样,以山、丘地貌为主

湖南地貌类型复杂多样,按成因分有流水地貌、岩溶地貌和湖成地貌三大类,其中以流水地貌为主,占全省总面积的 64.76%;岩溶地貌次之,占全省总面积的 25.97%;湖成地貌占全省总面积的 2.88%,水面面积占 6.39%。本省农业地貌以流水的侵蚀和堆积起着主导作用,山地、丘陵处于地壳上升阶段,侵蚀搬运作用很剧烈,若不保护好森林植被,势必造成严重的水土流失;而平原湖区则处于地壳下降堆积阶段,将接受大量的碎屑物堆积,若不正确掌握侵蚀—搬运—堆积的规律,湖泊容积继续缩小,必将降低蓄洪和排泄能力,洪涝灾害将会日益加剧。因此,合理利用和治理山地丘陵,不仅可以保护森林植被,具有直接效益,而且可以保护湘

中盆地和洞庭湖平原，是具有全省战略意义的措施，也是保护与更新生态环境的重要途径。

按形态分有水面、平原、岗地、丘陵、山地和山原。水面占全省总面积的 6.39%，平原占全省总面积的 13.12%，岗地占全省总面积的 13.87%，丘陵占全省总面积的 15.40%，山地占全省总面积的 49.56%，山原占全省总面积的 1.66%。全省水面、平原、岗地、丘陵、山地、山原的比例为 0.6∶1.3∶1.4∶1.5∶5∶0.2。说明本省地貌组合特点为五分山地、三分丘岗、二分平原和水面，是以山丘为主，兼有岗、平、水面的地貌格局。山丘面积大，占有全省总面积的 66.62%。

表 1.1　湖南省各高度层面积表

海拔(m)	面积		占全省总面积(%)
	km^2	万亩*	
50 m 以下	21065.04	3159.76	9.94
50～100	23526.86	3529.03	11.11
100～300	49173.95	7376.09	23.22
300～500	47835.60	7175.34	22.58
500～800	39047.92	5757.19	18.43
800～1000	22058.19	3308.73	10.41
1000 m 以上	9121.44	1368.21	4.31

*1 亩=1/15 公顷。

地势的高低在很大程度上制约着光、热、水气象要素和土壤植被的分布，从而影响到土地利用和农作物布局与耕作制度。根据地势图测算，湖南海拔 500 m 以下的面积有 140908.65 km^2，占全省面积的 66.52%；500 m 以上的面积为 70920.35 km^2，占 33.48%。若分三层，则 300 m 以下的面积有 99496.08 km^2，占全省 46.97%；300～800 m 的面积为 78482.75 km^2，占 37.21%。800 m 以上的面积 33490.17 km^2，占 15.81%。即 300 m 以下的面积几乎占全省的 1/2，500 m 以下的面积占 2/3；500 m 以上的面积占 1/3。

按地貌形态组成物质分有：岩浆岩类、沉积岩类（包括第四纪松散堆积物）和变质岩类三大类，其中以沉积岩类为主，约占全省总面积的 59.75%，其次是变质岩类。

据成因、形态和岩性相结合的原则，全省可划分为六七种类型。从宏观看，则以流水地貌、沉积岩地貌、山丘地貌为主。必须充分认识和注意流水对地表侵蚀冲刷和堆积过程的作用，在人类经济活动中，应当采取减缓流水侵蚀和堆积过程的措施，防止资源枯竭和生态失调，改善整个农业气候生态环境，使之趋向良性循环。

1.2　地貌对湖南气候的影响

湖南地貌的四大基本特性，对气候的形成，起了非常重要的作用。

（1）三面环山朝东北开口的马蹄形盆地，有利于北方冷空气长驱直入，气温比同纬度地区偏低，年较差大，大陆性特色较浓。

湖南大部分属于东部中亚热带季风湿润气候。由于盆地朝东北开口，冬半年冷空气容易南下侵袭，洞庭湖平原首当其冲，受冻害最重。冷空气常沿湘江谷地长驱直入，很快抵达江华、郴州等地，郴州出现过－9.0 ℃的低温，江华、沱江也出现过－7.8 ℃的低温，尽管南亚热带植物如桉树在纬度较高的成都可以栽培，而在湖南衡阳一带却不能安全越冬。桃源与四川泸州同位于北纬 29°附近，泸州可以产荔枝等南亚热带水果，而桃源因处于沅水谷地的风口，连蜜橘也难以保证安全越冬。另一方面，从衡阳、长沙与纬度大致相同的地区的气温比较可以看出冬春冷空气南下的影响(表 1.2)，衡阳 1 月平均气温比江西吉安低 0.6 ℃，比福州低 4.8 ℃；长沙 1 月平均气温比南昌低 0.3 ℃，比浙江温州低 2.9 ℃。从以上比较也可以看出，海洋对陆地的增暖作用，愈往内陆影响愈小。从全年平均温度来看，衡阳比吉安低 0.4 ℃，比福州低 1.7 ℃；长沙比南昌低 0.3 ℃，比温州低 0.7 ℃。夏季由于盆地地形的影响以及距海洋远近的差异，气温比同纬度地区一般都要偏高，如衡阳 7 月平均气温比吉安高 0.3 ℃，比福州高 1.2 ℃，长沙比温州高 1.6 ℃，因此气温年较差都比同纬度地区大，如衡阳比吉安大 0.9 ℃，比福州大 6.0 ℃；长沙比南昌大 0.1 ℃，比温州大 4.5 ℃。另外，极端最低温度也比同纬度的长江中下游地区偏低。

表 1.2　衡阳、长沙与同纬度地方的气温(℃)比较

纬度	地名	1月	4月	7月	10月	全年	年较差	资料年代
26°N 附近	衡阳	5.6	17.4	29.9	19.2	17.9	24.3	1951—2010
	吉安	6.2	18.3	29.6	19.5	18.3	23.4	1952—2010
	福州	10.4	18.1	28.7	21.6	19.6	18.3	1951—2010
28°N 附近	长沙	4.6	16.7	29.5	18.5	17.2	24.9	1951—2010
	南昌	4.9	17	29.7	18.9	17.5	24.8	1951—2010
	温州	7.5	16	27.9	20	17.9	20.4	1951—1970

表 1.3　湖南省和同纬度的东部邻省极端最低气温比较

地点	岳阳	九江	宁波	长沙	南昌	温州	衡阳	吉安	郴州	赣州
纬度(N)	29°23′	29°42′	29°48′	28°12′	28°40′	28°01′	26°54′	27°00′	25°48′	25°48′
极端最低气温(℃)	－11.8	－9.7	－8.8	－11.3	－9.3	－4.5	－7.9	－7.1	－9.0	－4.2

从全年热量分布来看，这些地区也是全省热量最多的地区，大于或等于 15 ℃的活动积温大都在 4500 ℃·d 以上。因此，对农作物、果木的抗旱度夏，是实现湖南省农业稳产高产的主要问题之一。由于盆地朝东北开口，冬夏温差大，最冷月 1 月，全省平均气温为 4.0～7.5 ℃，极端最低气温，湘北在－11 ℃以下，湘中、湘西大部分地区为－7～－9.9 ℃，湘南为－5～－7 ℃，最热月 7 月，平均气温为 27～30 ℃，全省极端最高气温出现在永州，为 43.7 ℃(1951 年 8 月 7 日)，其次是益阳，为 43.6 ℃(1961 年 7 月 24 日)，长沙为 43.0 ℃(1931 年 8 月 10 日)。全省冬冷夏热、年较差大的气温特点，有加速对地表岩石的风化剥蚀作用。

以上表明，由于省内地理位置和地貌结构的影响，亚热带湿润气候的冷热效应得到加深，使之具有比较浓厚的大陆性气候特色。

(2)南岭山脉东西横列为南亚热带与中亚热带气候的过渡带，是我国气候上的重要分界线，对湖南气候有很大影响。

从湘东南与江西交界处到湘南、湘西与广东、广西接壤地，全为南岭山脉所盘踞。其高度大都在 1000 m 以上，很多山峰都超过了 1500 m，所以对湖南气候有着明显的屏蔽作用。冬春季节冷空气南下到南岭北侧，就容易受其阻挡而静止下来，只有比较深厚的寒潮或强冷空气才可以越过南岭而侵入两广，因而使得湖南冬季气温比较低。

另一方面，冬春冷空气南下，受到南岭山脉阻挡，停滞积聚在南岭北坡，而把当地的暖空气挤压移开，形成冷、暖气流接触的锋面，先出现阴寒冷天气，继是寒风细雨，形成阴雨连绵的阴雨低温寡照连阴雨天气。

夏半年，南岭山脉对南方吹来的暖湿空气也有明显的阻挡作用，因此，湖南春季总是姗姗来迟。同时由于暖湿空气遇高山被迫抬升，容易凝云致雨，使南坡多雨，北坡相对少雨，如广东乳源县，年平均降水量为 2046 mm，而北坡的江华县只有 1800 mm，盛夏当副热带高压（以下简称副高）控制湘中一带时，低空盛行的偏南风，越过南岭而产生“焚风效应”，使得南岭北坡产生焚风效应，尤其是湘中衡邵盆地雨量相对较少，再加上这些地区多为红岩和灰岩，吸热多，温度高，湿度小，蒸发大，渗漏严重，以致干旱经常发生。从表 1.4 可见岭南韶关和岭北郴州两地纬度仅相差 1 度，但气候迥然不同。郴州冬季温度比韶关低，夏季温度则比韶关高，气温年较差偏大 4.4 ℃，而雨日、雾日则比韶关明显偏多，日照时数明显偏少。

表 1.4　南岭山脉南北两侧气候要素比较（1957—2010 年）

地名	纬度(N)	温度(℃)				降水(mm)				其他要素		
		1月	7月	全年	年较差	春季	夏季	全年	年降水日数	年相对湿度(%)	年日照时数	年雾日数
岭南韶关	24°48′	10.0	29.1	20.3	19.1	616	531	1523	156	76	1955	10
岭北郴州	25°45′	5.8	29.3	17.7	23.5	540	462	1473	182	81	1644	35

本省地貌轮廓对降水的空间分配差异同样是很显著的。东、西、南三面山地，夏季对西南和东南来的暖湿气流起着阻挡、抬升并导致下沉作用，使本省降水最在平面上出现“四多三少”的现象。

四个多雨区：一是雪峰山脉北端的新化县与安化县交界处，以新化大熊山九龙池（海拔 1622 m）、蚂蚁山（海拔 1482 m）为中心，年平均降水量 1700 mm 左右，这是因为春末夏初东亚对流层的锋面雨多在此徘徊，而且大熊山九龙池、蚂蚁山二山耸峙在雪峰山脉北端向东的转折处，对西南气流和东南气流都是迎风面，地形雨和锋面雨叠加，降水特丰，成为本省的“雨都”。二是罗霄—诸广山区，桂东附近年降水量 1700 mm 左右，冬春之际是极锋南移的静止锋生地区，而且也是西南气流的迎风面，降雨量多。三是幕阜山—连云山区，浏阳、平江等地年降水量 1500 mm 左右，是南北气流交绥之处，同时，对东移气旋和西南暖湿气流起着阻滞和抬升作用，形成地形性降水。四是北武陵山地区，与鄂西山地连片，对冷、暖锋面南进北推，起着阻滞作用，而且又是西南气流和东南气流的迎风面，形成以八大公山—壶瓶山为中心的多雨区。

三个少雨区：一是洞庭湖区，地势低平开阔，降水系统移动快，而且，对西南气流而言，湖区是雪峰山的雨影区，对东南气流，是幕阜山—连云山的雨影区，所以降水量最少。二是衡邵盆地对西南气流而言，沿着湘江谷地走廊，畅通无阻，而对东南气流而言，则是南岭的雨影区，具“焚风”效应，下沉增温，降雨少。三是湘黔边境新晃、芷江一带，地处云贵高原东部边缘侧坡，对西南气流而言是云贵高原的雨影区，降雨少。

综上分析，由于湖南地貌轮廓的影响，引起全省水、热再分配，从而造成农业生产的地域差异。可见地貌在湖南气候及农业地域分异中起着主导的作用。

(3)雪峰山东侧是湖南东西部气候的明显分界线,也是我国中亚热带东西部自然分界线的一段。

湖南地势南高北低、西高东低的地貌格局在很大程度上影响了水热的地带性分布。如温度场就出现了极为复杂的局面,本来从南到北,气温应随纬度升高而递减,可是因湖南地势西南高、东北低,对温度的影响,正好与之相反,因而大大地缓和了因纬度引起的地带性影响,致使湖南的年平均温度分布南北只相差 2 ℃。从东西方向来说,西部高,离海远;东部低,离海近。高度和离海远近对温度梯度方向的影响是一致的,从而加剧了东西两部分的地域差异,特别在夏季,大量气候资料的统计分析表明,从武陵山和雪峰山的东北端起,沿雪峰山东侧一线是许多气候要素的分界线,如年日照时数 1500 小时,年太阳辐射总量 4.39×10^5 J/cm^2,7 月平均气温 28 ℃,气温年较差 24 ℃,日均温≥10 ℃的活动积温(保证率 80%)5150 ℃·d,日均温≥15 ℃的活动积温(保证率 80%)4200 ℃·d,年最大可能蒸发量 750 mm 等要素的等值线走向,都大体与该线一致,其西部均属小值区,其东部则为大值区。

受构造地貌和气候因素的影响,雪峰山之西的沅水、澧水具有明显的山溪型河道特征,最大水量的三个月份延至 5—7 月;雪峰山之东的湘江、资水,其河流为单一的雨水补给类型,最大水量的三个月份是 4—6 月。土壤较能反映生物—气候的本质,该线以西,黄壤为主,该线以东红壤为主,都是占 60%左右。从植被类型、土地结构和土地利用来看,东西部的差异都是很显著的,所以雪峰山东侧不但是湖南东西部气候的分界线,也是我国中亚热带东西部的自然分界线的一段。

(4)洞庭湖对滨湖地区气候的影响,主要表现在气温年较差大、日较差小、日照多、降雨量少、风速大。

洞庭湖区,由于地势平坦,又正当马蹄形盆地开口处,每当冷空气入湘,它首当其冲,造成剧烈降温,1 月份平均气温一般在 4 ℃左右,临澧为 4.0 ℃,临湘达 3.8 ℃,为全省最低值;极端最低温度曾达−18.1 ℃,出现在临湘(1969 年 1 月 31 日),极端最高温度达 43.6 ℃,出现在益阳(1961 年 7 月 24 日);多年月平均气温的年较差也是全省最大地区,益阳、岳阳均达 24.8 ℃,而多年平均的气温日较差小,亦为全省之冠,沅江为 6.6 ℃,岳阳为 6.8 ℃。当冷空气侵入湖南后,其前锋往往很快通过湘北、湘中,而在南岭附近静止,出现连绵阴雨天气。滨湖地区易为冷高压控制,多晴朗天气,加上地势平坦,平时成云致雨的机会也就偏少,所以湖区成为湖南年日照时数最多(1800 小时左右)、年降雨量最少(1200 mm 左右)、年平均风速最大(3.0 m/s 左右)的地区。

另外,洞庭湖区总水面达 4548 km^2,仅外湖湖泊容积就有 178 亿 m^3,所以其水体热效应对滨湖地区气候的影响是十分明显的,使得在一定范围内的极端最低温度偏高。例如沅江县城以北至赤山东侧一带,受水体暖效应影响,极端最低温度多年平均值为−4.5 ℃,较附近同纬度远离水体的地方高 1.5～2.0 ℃,因此,南橘和温州蜜柑很少遭冻害。

(5)自然地带垂直差异远远大于水平差异,形成了不同层次的立体气候。

湖南地势变化大,最高峰为炎陵县的酃峰,海拔高达 2115 m,最低点为临湘市黄盖湖西岸,海拔仅 20.8 m,两者海拔高度相差达 2094.2 m。根据山地多点实测,气温的垂直分布大致海拔高度每升高 100 m 降低 0.4～0.6 ℃,大体相当于地面上南北相差 100 km 距离所引起的气温变化数值;海拔高度每上升 100 m,气压下降 12.5 hPa;在一定高度以下海拔高度升高 100 m 降水量增加 30～50 mm,在一年四季的分配上,海拔高度每上升 100 m,夏季缩短 7～8

天,冬季延长4～6天。

由此可见,自然地带性水平分布差异远远小于垂直差异,说明地势的高低对气候起着非常重要的作用。

海拔50 m以下,包括洞庭湖及四水尾闾地区,由于光热水资源都很丰富,土层深厚,土壤肥沃,水面辽宽,成为湖南主要粮作、经作、水产地区。

海拔50～100 m,包括四水中下游两岸之平、岗地段的长、潭、株、衡、岳等主要城市在内,光、热、水资源比较丰富,水利条件好,土层较厚,交通便利,是湖南工农业生产最为发达的地区。

海拔100～300 m地区,主要是丘岗、溪谷平原和山地坡麓部分,红壤发育,水热条件仍较好。全省海拔300 m以下的地区,宜于双季稻种植,农作物多为一年二熟或两年五熟制,是粮作、经作、经济体、薪炭林地带。

海拔300～500 m的地区,主要有低山、丘岗及溪谷平原,黄红壤发育,以常绿阔叶林为主,是一季稻与双季稻的过渡带,农作物一般为一年二熟。

海拔500～800 m处大致是常绿阔叶林与落叶阔叶、常绿阔叶混交林和针阔混交林带,是营造用材林(尤其是杉木林)的"黄金地带"。

海拔800～1000 m以上的地区,为陡峻的中山和平顶中山原,这里气温低,风力大,冰冻时间长,发育着山地黄棕壤及山地草甸土,现状植被多灌丛、草丛。

以上多层次的气候类型,为分层合理利用自然气候资源,发展"立体农业",开发山区旅游业提供了广阔的前景。

(6)山间盆地对气候的影响

在湖南朝东北开口的马蹄形大盆地中,又分布着很多较小的盆地,大于10 km^2(1.5万亩)以上的盆地有120个(未计洞庭湖),总面积32701.2 km^2(4455.18万亩),占全省面积的15%,堪称农业精华之地。其中有的基本为封闭型盆地,如溆浦、张家界,有的为向西南开口的盆地,如浏阳、茶陵,有属围椅状的小地形,均具有较好的农作物越冬条件,是选择发展经济作物、经济果木的良好地形。由于盆地周围山脉的阻挡,弱的冷空气难以侵入,有的朝南或朝西南开口的盆地,反而有利暖湿空气进入,所以水热条件比相邻地区丰富,如浏阳河谷,北有连云山,东有大围山,谷源东北端呈闭合式,冬季冷空气难以侵入,而夏季从西南或南面来的暖湿气流,可以长驱直入,所以浏阳的年平均气温还比长沙高0.1 ℃,其他如溆浦竟比它西南面70多千米远的怀化高0.5 ℃,张家界比它正南面75 km远的沅陵还高0.2 ℃(表1.5)等。但是在冬季,特别是当晴朗夜间地面辐射很强时,较冷的空气顺坡下沉,每聚于谷底,出现"冷湖",谚语有"霜打洼地"之说,而谷地、盆地的低空常形成逆温层,利用这种特殊地形气候环境,在盆地的山麓坡脚部分布局果木和经济作物,往往可以减轻冻害安全越冬,获得较好的收成(见表1.5)。

表1.5　盆地台站与相近河谷台站气候条件对比

地名	浏阳	长沙	溆浦	怀化	张家界	沅陵
纬度(N)	28°09′	28°12′	27°55′	27°33′	29°08′	28°28′
海拔高度(m)	96.1	44.9	204.0	254.1	183.3	143.2
年平均气温(℃)	17.3	17.2	16.9	16.4	16.3	16.6
年极端最低气温(℃)	−3.4	−11.3	−12.6	−10.7	−13.7	−13.0

续表

地名	浏阳	长沙	溆浦	怀化	张家界	沅陵
年平均最低气温(℃)	13.5	13.9	13.3	12.8	13.3	13.0
≥0 ℃积温(℃·d)	6321	6294	6189	6009	6137	6063
≥10 ℃积温(℃·d)	5477	5457	5321	5160	5345	5230

总之,在考虑湖南山地开发利用时,必须注意考虑湖南地形地貌对气候的影响所形成的特殊局地区域气候问题。因地貌、因高度、因特殊局部地形小气候制宜,合理开发利用山地小气候资源,发展特色农业。

第2章　湖南省丘岗山区农业气候资源及灾害性天气的垂直分布

2.1　湖南气候形成背景与山地气候特征

2.1.1　湖南气候形成背景

湖南省位于长江中游、洞庭湖之南，南岭以北，处于北纬24°39′～30°08′，东经108°47′～114°15′之间，距海洋400～600 km，大部分地区属中亚热带湿润气候区，湘南、湘北分别兼有南亚热带和北亚热带过渡气候特征。

湖南地处亚洲大陆的东南部低纬度地区，濒临太平洋和印度洋，位于世界著名的季风气候区，同时，由于我国青藏高原的影响，其南支气流从西南上空输送暖湿水汽，而地面冷空气多沿其东缘及河套地区南下，交绥于南岭山地，冬春季常形成华南静止锋，多阴雨天气。由于西太平洋副热带高压的影响和制约，西风带系统如低槽切变，西南低涡等降水系统活跃，形成4—6月的雨季，6月底至7月初西太平洋副热带高压脊线常在湘中地区，湘西北和湘东南地区处于副热带高压边缘，还时常受台风、东风波等降水系统的影响，总的来看，湖南的降水量是丰沛的，但在湘中丘陵盆地，由于盛夏常受副热带高压下沉气流运动的作用，天气炎热干旱。7—9月在西太平洋副热带高压稳定控制下，太阳辐射强，气温高，蒸发量大，降水量少，常出现规律性的干旱。

湖南南北东西经纬度仅相差5 ℃左右，从经纬度来看，各地气候差异应不显著。但由于湖南地形呈向东北开口的马蹄形，冬季冷空气长驱直入，洞庭湖及湘、资、沅、澧四水下游首当其冲，致使冬半年气温比同纬度地区低，南岭山脉对南下冷空气有阻滞作用，雪峰山脉和武陵山脉对冬季风和夏季风进入湖南有屏障作用，使地带性气候受到了极大削弱，而使地域性气候特征极为明显，以雪峰山东侧为界，东侧新化县站年太阳辐射量大于4200 MJ/m^2，10 ℃以上活动积温在5400 ℃・d以上，光热资源丰富；而西侧年总辐射量仅为3800 MJ/m^2，10 ℃以上活动积温在5300 ℃・d。光热条件稍差，由此可见，副热带气候的地带性、海陆位置影响气候的季风性和地形地势起伏所造成的气候地域性是影响湖南气候形成的主要背景。

2.1.2　湖南山地气候的基本特征

湖南省属东部中亚热带季风湿润气候区，湘南、湘北分别兼有南亚热带和北亚热带气候过渡的特色，湖南省的气候特点是气候温暖、四季分明，热量充足。雨水集中，春温多变，夏李多旱，严寒期短，酷热期长，气候多变，垂直差异大，主要农业气象灾害是三寒（春季寒潮、五月低温、秋季寒露风）、二旱（伏旱和夏秋干旱）、一冻（冬季冰冻）。由于山区地势高差大，地形错综复杂，坡向及地貌不同，而构成了不同海拔高度不同地形不同地貌的山地立体气候类型，其主要特征为：海拔高低悬殊大，立体气候有差异；冬冷夏凉无酷热，作物生长季节短；降水充沛少干旱，潮湿多雾日照少；山高风大多冰雪，农业气象灾害多。

2.1.2.1　海拔高差悬殊，立体气候明显

湖南东西方向地处全国地势第二阶梯（云贵高原）向第三阶梯（江南丘陵）倾斜的过渡地带和南北方向的南岭山脉向洞庭湖盆地的过渡区域之中，海拔高差悬殊，井冈山西侧炎陵县的酃峰，海拔高度 2115 m，而北部临湘市黄盖湖西岸海拔高度仅 20.8 m，境内海拔高度高低相差 2094.2 m。

由于地势高低悬殊，而引起境内气候垂直差异大，见表 2.1。

表 2.1　井冈山西侧炎陵县不同海拔高度气象要素表

1983—1986（王竹茂观测）

地名	海拔高度（m）	年平均气温（℃）	极端最高（℃）	极端最低（℃）	≥10 ℃日数（d）	≥10 ℃积温（℃·d）	≥20 ℃日数（d）	≥20 ℃积温（℃·d）	年降水量（mm）	雨日（天）	日照时数（小时）	日照百分率（%）
炎陵	224.3	17.1	38.4	−4.8	258	5579.3	138	3570.7	1473.5	185	1574.5	36
坂溪	348.0	16.3	36.8	−4.6	246	5223.7	123	3117.8	1615.0	202	1479.0	33
秋田	536.5	15.5	35.0	−5.5	240	4995.0	120	2966.1	1701.2	203	1390.4	31
青石	821.0	14.4	33.7	−7.3	228	4601.0	111	2647.2	1902.6	213	1353.5	31
瑶山	1043.3	13.9	32.1	−8.4	208	4216.0	94	2206.3	1957.6	223	1245.2	28
大院	1325.0	11.7	29.5	−13.9	187	3404.8	32	673.5	1872.9	211	1388.4	32

由表 2.1 可看出：

（1）温度随海拔高度升高而降低。

炎陵县城（224.3 m）年平均气温 17.1 ℃，大院海拔高度 1325 m，年平均气温 11.7 ℃，两地海拔高度相差 1100.7 m，年平均气温降低 5.4 ℃，海拔高度每上升 100 m，年平均气温降低 0.49 ℃。

（2）降水量随海拔高度升高而增加，炎陵县城（224.3 m）年降水量 1473.5 mm，瑶山海拔高度 1043.3 m，年降水量 1957.6 mm。两地海拔高度相差 819 m，年降水量相差 484.1 mm，海拔高度每上升 100 m，年降水量增加 59.1 mm。

（3）日照时数随海拔高度升高而减少

炎陵县城（224.3 m）年日照时数 1574.5 小时，瑶山（1043.3 m）年日照时数 1245.2 小时，两地海拔高度相差 819 m，年日照时数相差 329.3 小时，海拔高度每上升 100 m，年日照时数减少 40.2 小时，日照百分率减少 0.98%。

2.1.2.2　冬冷夏凉无酷热，作物生长季节短

表 2.2　新化雪峰山东侧不同海拔高度冬夏季热量及无霜期表（1979—2014 年）

（陈耆验、肖新凡、杨寿山、奉善文观测）

地名	海拔高度（m）	冬季平均气温（℃）				夏季平均气温（℃）				无霜期	初日	终日
		12 月	1 月	2 月	最低	6 月	7 月	8 月	最高			
新化	212	5.9	4.5	5.4	−3.9	25.6	28.9	27.6	38.8	281	29/11	21/2
半山	320	4.8	3.5	4.6	−5.6	24.6	27.4	26.1	37.5	276	22/11	18/2

续表

地名	海拔高度(m)	冬季平均气温(℃)				夏季平均气温(℃)				无霜期	初日	终日
		12月	1月	2月	最低	6月	7月	8月	最高			
水车	520	3.9	2.7	3.5	−6.2	23.7	26.2	25.0	36.1	263	20/11	3/3
龙铺	810	2.7	1.5	1.9	−7.0	21.8	24.1	23.1	35.5	251	16/11	11/3
石峰	980	2.2	1.1	1.0	−7.4	21.4	23.7	22.6	35.0	246	14/11	12/3
双林	1030	1.1	−0.1	0.3	−9.7	20.2	22.8	21.4	33.7	238	12/11	18/3
石坑	1180	0.9	−0.2	0.1	−11.3	19.7	22.3	20.8	32.3	230	8/11	22/3
长茅界	1380	0.7	−0.6	−0.4	−16.0	19.0	21.2	17.1	28.7	220	4/11	28/3

从表2.2可看出：

(1)冬季1月平均气温与极端最低气温

1月平均气温：

新化县城(212 m)1月平均气温4.5 ℃，长茅界(1380 m)1月平均气温−0.6 ℃，两地海拔高度相差1168 m，1月平均气温相差5.1 ℃，海拔高度每上升100 m，1月平均气温降低0.44 ℃，海拔800 m以上，12月平均气温2.7 ℃，1月、2月低于2.0 ℃，1000 m以上12月平均气温1.1 ℃，1月−0.1 ℃，2月0.3 ℃。

年极端最低气温新化县城(212 m)为−3.9 ℃，长茅界为−16.0 ℃，两地海拔高度相差1168 m，年极端最低气温相差12.1 ℃，海拔高度每上升100 m，年极端最低气温降低1.01 ℃。

(2)夏季7月平均气温与极端最高气温

7月平均气温：

新化县城(212 m)7月平均气温28.9 ℃，长茅界(1380 m)为21.2 ℃，两地海拔高度相差1168 m，7月平均气温相差7.7 ℃，海拔高度每上升100 m，7月平均气温降低0.66 ℃，800 m以上月平均气温均在25.0 ℃以下，没有酷夏天气了，1000～1200 m仅7月份平均气温22.0 ℃，1300 m以上仅7月份平均气温20.0 ℃。

极端最高气温：新化县城(212 m)年极端最高气温38.8 ℃，长茅界(1380 m)年极端最高气温28.7 ℃，两地海拔高度相差1168 m，年极端最高气温相差10.1 ℃，海拔高度每上升100 m，年极端最高气温降低0.85 ℃。

(3)初霜期：新化县城(212 m)初霜期出现在11月29日，长茅界(1380 m)初霜期为11月4日，两地海拔高度相差1168 m，初霜日期相差25天，海拔高度每上升100 m，初霜期提早2.1天。

终霜期：新化县城(212 m)终霜期出现在2月21日，长茅界(1380 m)终霜期为3月28日，两地海拔高度相差1168 m，终霜期相差35天，海拔高度每上升100 m，终霜期推迟3.0天。

无霜期：新化县城(212 m)无霜期281天，长茅界(1380 m)无霜期220天，两地海拔高度相差1168 m，无霜期相差61天，海拔高度每上升100 m，无霜期减少5.1天，即作物生长季节随着海拔高度升高而缩短。

湖南全省高山无霜期情况见表2.3。

表 2.3　本省几个高山气象站的观测资料(1984—1988 年)

地名	海拔高度(m)	初霜(日/月)	终霜(日/月)	年霜日(d)	无霜期(d)
南岳山	1261.9	3/11	9/4	14.7	261
灰山县八面山	1345.0	22/11	9/3	30.9	258
雪峰山	1404.9	14/11	22/3	18.1	237
东山峰	1489.1	5/11	26/3	44.7	207

2.1.2.3　降水充沛少干旱，潮湿多雾日照少

表 2.4　新化雪峰山东侧不同海拔高度年降水量、雾日、日照时数表(1979—2014 年)
(陈耆验、肖新凡、杨寿山、奉善文观测)

地名	海拔高度(m)	年降水量(mm)	雨日(d)	相对湿度(%)	雾日(d)	日照时数(h)
新化	212	1184.8	156.7	78	30.7	1567.1
兴田	320	1327.6	178.3	82	56.3	1312.1
水车	520	1433.3	181.7	83	87.7	1205.6
龙铺	810	1516.2	208.0	84	214.2	1178.5
石峰	980	1636.3	210.1	85	218.6	989.9
双林	1030	1716.2	214.7	86	221.5	962.7
石坑	1180	1736.3	216.0	87	240.5	941.8
长茅界	1380	1628.0	208.1	84	251.2	1198.6

从表 2.4 可看出：

(1)年降水量：在一定海拔高度范围内：年降水量随着海拔高度升高而增加，新化县城海拔 212 m，年降水量 1184.8 mm，石坑海拔 1180 m，年降水量 1736.6 mm，两地海拔高度相差 968 m，年降水量相差 551.5 mm，海拔高度每上升 100 m，年降水量递增 56.9 mm。

(2)年降雨日数：一定海拔高度范围内随着海拔高度升高而增多，海拔高度每上升 100 m，年降雨日数增加 6.1 天。

(3)相对湿度：一定海拔高度范围内随着海拔高度升高而增加，海拔高度每上升 100 m，年平均相对湿度增加 0.93%。

(4)年雾日：雾日随着海拔高度升高而增多，新化县城(212 m)年雾日 30.7 天，长茅界(1380 m)年雾日 251.2 天，海拔高度每上升 100 m，雾日增加 18.0 天。

(5)日照时数：在一定高度下年日照时数随着海拔高度升高而减少，新化县城(212 m)年日照时数 1567.1 小时，石坑(1180 m)年日照时数 941.8 小时，两地海拔高度相差 968 m，年日照时数相差 625.3 小时，海拔高度每上升 100 m，年日照时数递减 64.6 小时。

2.1.2.4　山高风大，冰雪时间长，冰冻气象灾害多

表 2.5　新化雪峰山东侧不同海拔高度大风、冰冻、降雪、积雪日数(1983—1986)
(陈耆验、肖新凡、杨寿山、奉善文、奉国文观测)

地名	海拔高度(m)	年平均风速(m/s)	大风日数(天)	降雪日数(天)	积雪日数(天)	冰冻日数(天)
新化	212	1.5	2.3	20.3	11.2	6.0
兴田	320	1.0	1.7	20.5	12.5	10.1
水车	520	1.1	1.6	22.5	13.7	20.7
龙铺	810	1.4	1.4	23.3	21.7	23.1
石峰	980	1.6	1.5	26.0	28.7	29.9
双林	1030	2.0	2.3	28.7	29.8	30.6
石坑	1180	3.0	3.1	32.7	33.6	35.6
长茅界	1380	4.5	8.1	34.7	44.5	47.6

由表 2.5 可看出：风速随着海拔高度升高而增大，新化县城(212 m)年平均风速 1.5 m/s，长茅界(1380 m)年平均风速 4.5 m/s，两地海拔高度相差 1168 m，年平均风速相差 3.0 m/s，海拔高度每上升 100 m，年平均风速增加 0.26 m/s。海拔高度每上升 100 m，大风日数增加 0.50 天。

降雪日数：新化(212 m)年平均降雪日数 20.3 天，长茅界 1380 m，降雪日数 34.7 天，两地海拔高度相差 1168 m，降雪日数相差 14.4 天，海拔高度每上升 100 m，降雪日数增加 1.23 天。

积雪日数：新化县城(212 m)积雪日数 11.2 天，长茅界(1380 m)积雪日数 44.5 天，两地海拔高度相差 1168 m，积雪日数相差 33.3 天，海拔高度每上升 100 m，积雪日数增加 2.85 天。

冰冻(雾凇、雨凇)天数：新化县城(212 m)，年冰冻(雾凇、雨凇)日数 6.0 天；长茅界(1380 m)，年冰冻(雾凇、雨凇)日数 41.6 天，海拔高度每上升 100 m，年冰冻(雾凇、雨凇)日数增加 3.56 天。

根据 1980—1981 年衡山县农业气候区划队蒋正凡、张善芳、文泽爽等考察观测的南岳山前山与后山不同海拔冰冻资料如表 2.6 所示。

表 2.6　衡山南岳山 1980—1981 年冬季冰冻观测资料

	地点	海拔高度(m)	冰冻天数(天)
前山	贺家	107.5	4
	九观	90.0	4
	泉塘	80.0	5
	衡山县城	63.8	5
	南岳镇	112.7	3
	桃园	189.4	4
	树木园	404.7	11
	观音寺	518.7	17
	铁佛寺	839.9	28

续表

	地点	海拔高度(m)	冰冻天数(天)
山顶	高山站	1265.9	55
后山	广济寺	831.0	36
	润牛塘	525.6	19
	白牛庵	375.0	15
	中峰	256.6	11
	廻水湾	163.5	8
	岭坡	107.0	6
	贯塘	115.8	7
	东湖	107.5	5

冰冻的垂直分布：在南岳山区，基本上冰冻天数是随海拔高度升高而增加的，平均年递增率为 4 天/100 m。逐层分析其变化有所差异，前山区，200 m 以下，为 1.3 天/100 m，200～600 m 为 3 天/100 m，600～800 m 为 5 天/100 m，800 m 至山顶为 6 天/100 m；在后山区 200 m 以下为 4 天/100 m，200～600 m 为 3 天/100 m，600～800 m 为 6 天/100 m，后山区比前山区冰冻日数要多一些。广济寺(831 m)冰冻日数 36 天，而前山区铁佛寺(839.9 m)冰冻天数为 28 天。

2.2 湖南省丘陵山区农业气候资源及灾害性天气垂直分布特征

湖南省位于我国长江中游以南、南岭山地以北，位于北纬 24°39′～30°08′。东经 108°47′～114°15′之间，属中亚热带季风湿润气候。

湖南省是一个多山的省份，丘陵山地约占全省总面积的三分之二(其中山地 10.85 万 km^2，占全省总面积 51.2%；丘陵 3.26 万 km^2，占全省总面积的 15.4%)。岗地、平原共占总面积的 27%，水面占总面积的 6.4%。

为了摸清山区的农业气候资源，国家气象局在我国东部亚热带八省的十大山脉布设 89 个山区观测站点，进行了为期三年(1983.4—1986.3)的地面气象和林木物候观测。湖南省在雪峰山东西两侧和南岭北坡和井冈山西坡的四个剖面，各设 300 m、500 m、800 m、1000 m 四个测站，武陵山设保靖 325.3 m、460 m、980 m 三个测站，地面气象观测项目与一般县气象站的项目基本相同，林木物候观测的树种因地而异，大致有杉木、毛竹、油茶、油桐、茶叶、马尾松、柑橘等。

(1)年平均气温：雪峰山东、西两侧(基带站、下同)与 20 年(1961—1980 年)平均值相等，高山站低 0.1 ℃，井冈山、南岭二站偏低 0.2 ℃。保靖偏低 0.2 ℃。

(2)年平均≥10 ℃积温：五个站全部偏高，以炎陵偏高最多(185.4 ℃·d)，郴州、新化偏高 100 ℃·d 上下，其余二站仅偏高 8.7～22.3 ℃·d。保靖偏高 9.8 ℃·d。

(3)年降水量：各站全部偏少，以雪峰山三站偏少较多(115.4～292.8 mm)，故为偏旱年份；南岭、井冈山二剖面偏少不多(10.2～67.0 mm)。保靖偏少 284.1 mm。

(4)年日照时数：除郴州、洪江偏少 84.4～106.2 小时之外，其余三站偏多 44.9～99.8 小时。保靖偏少 78.6 小时。

表 2.7　考察年度气象要素与 1961—1980 年平均值比较

项目	郴州				炎陵				新化			
	年均温(℃)	≥10 ℃积温(℃·d)	年降水量(mm)	年日照时数(天)	年均温(℃)	≥10 ℃积温(℃·d)	年降水量(mm)	年日照时数(天)	年均温(℃)	≥10 ℃积温(℃·d)	年降水量(mm)	年日照时数(天)
1961—1980	17.9	5608.4	1455.9	1584.2	17.3	5393.9	1486.8	1487.9	16.8	5301.0	1437.6	1522.2
三年平均	17.7	5711.2	1388.9	1478.0	17.1	5579.3	1476.6	1575.4	16.8	5400.0	1184.0	1567
差值	−0.2	102.8	−67.0	−106.2	−0.2	185.4	−10.2	87.5	0.0	99.0	−252.8	44.9

项目	郴州				炎陵				新化			
	年均温(℃)	≥10 ℃积温(℃·d)	年降水量(mm)	年日照时数(天)	年均温(℃)	≥10 ℃积温(℃·d)	年降水量(mm)	年日照时数(天)	年均温(℃)	≥10 ℃积温(℃·d)	年降水量(mm)	年日照时数(天)
1961—1980	17.0	5385.1	1388.3	1420.4	10.5	3074.5	1779.0	1143.6	16.1	5100.7	1399.2	1279.1
三年平均	17.0	5794.1	1495.5	1336.0	10.4	3096.8	1663.6	1243.4	15.9	5110.1	1195.6	1200.5
差值	0.0	1158.7	−292.8	−84.4	−0.1	22.3	−115.4	99.8	−0.2	9.8	−284.1	−78.6

2.2.1　热量资源

与野外考察同时，进行了全省光热水资源小网格计算分析，比单纯采用气象站资料的分析结果有明显的改进。在上述研究成果的基础上，参考省级农业气候区划而对湖南丘岗山区农业气候资源及灾害性天气的垂直分布作如下分析。

热量是决定一个地方农林作物品种布局、播收期安排、生长发育、产量形成及品质好坏的重要气象因子，是农业气候分区和分层的最重要依据。过去进行农业气候分层时多采用气象哨资料或进行短期考察、分析推算出其垂直分布概况，曾起过积极的作用，但难于准确分析各高度的热量情况。现在三年四剖面观测资料，既可了解各层的气象要素的垂直分布特征，也可掌握一些关于不同海拔的地域分异规律。

2.2.1.1　平均气温

从表 2.8 即可看出不同海拔高度年、月（1 月、4 月、7 月、10 月）平均气温的分布情况。温度不仅随海拔升高而降低，地域间的差异也很明显。从计算结果可看出：除 7 月受局地影响较大外，其他月和年平均气温的纬度地带性都比较明显，300 m 以下的相关系数检验可达显著的信度水平；500 m 以上虽达不到显著水平，但平均温度随纬度增加而递减趋势是明显的。

表 2.8　年、月平均气温(℃)

项目		隆回	洪江	炎陵	郴州	保靖	项目		隆回	洪江	炎陵	郴州	保靖
300 m	1	3.6	4.0	4.7	4.7	5.8	500 m	1	2.7	3.9	3.7	3.9	5.7
	4	16.1	16.3	17.0	17.2	16.3		4	15.0	16.0	16.1	16.5	16.2
	7	27.5	27.5	27.2	29.0	25.9		7	26.4	27.6	26.5	27.2	25.7
	10	16.9	17.2	18.0	18.1	16.8		10	15.9	17.2	17.4	17.2	16.6
	年	15.8	16.0	16.5	17.0	15.9		年	14.9	15.9	15.7	15.9	15.7

续表

项目		隆回	洪江	炎陵	郴州	保靖	项目		隆回	洪江	炎陵	郴州	保靖
800 m	1	1.5	3.0	2.7	2.8		1000 m	1	−0.5	1.6	2.5	2.4	2.3
	4	13.7	14.7	15.0	15.5			4	12.4	13.3	14.7	14.2	12.7
	7	24.5	26.0	25.8	24.9			7	21.5	24.2	25.0	22.9	22.3
	10	14.4	16.0	16.2	16.3			10	13.0	14.6	15.9	15.0	13.0
	年	13.3	14.6	14.5	14.5			年	11.9	13.1	14.1	13.3	12.2

平均气温随海拔升高而递减，各月平均气温随海拔高度递减率变化见表2.9。

表2.9　平均气温直减率(℃/100 m)

项目	1月	2月	3月	4月	5月	6月	7月	8月	9月	10月	11月	12月	年
隆回	−0.44	−0.52	−0.50	−0.51	−0.55	−0.56	−0.63	−0.62	−0.56	−0.47	−0.47	−0.45	−0.52
洪江	−0.43	−0.55	−0.49	−0.51	−0.52	−0.57	−0.59	−0.57	−0.57	−0.45	−0.44	0.45	−0.51
炎陵	−0.38	−0.32	−0.32	−0.38	−0.46	−0.52	−0.54	−0.53	−0.50	−0.43	−0.48	−0.40	−0.45
郴州	−0.35	−0.38	−0.34	−0.45	−0.59	−0.70	−0.88	−0.71	−0.64	−0.44	−0.45	−0.32	−0.53

由表2.9看出，年平均气温直减率，隆回、洪江、郴州剖面为0.51～0.53 ℃/100 m，相差不大；而炎陵剖面却明显偏小，三年平均为0.45 ℃/100 m。

月平均气温直减率与上述情况类似，炎陵剖面除11月为最大外，其他月份均最小。郴州剖面冬季(12月至翌年3月)与炎陵接近，春、秋季与雪峰山二侧相差不大，夏季比另三剖面明显偏大。雪峰山二侧之间的差异很小。

由于地形或其他因素的影响，使得剖面内某1～2层次的值偏小(或偏大)，从而使线性关系变差，则可用其他线型拟合。如郴州剖面于2—11月在500～750 m的平均气温偏小，全剖面呈抛物线的形式变化，故用 $T=a_0+a_1h+bh^2+ch^3$ 的多项式方程拟合，方程参数见表2.10。

表2.10　用多项式方程拟合月平均气温的参数

项目	1月	2月	3月	4月	5月	6月	7月	8月	9月	10月	11月	12月	年
a_0	5.804	8.1887	12.5755	19.6541	25.5581	29.3002	33.0437	29.994	27.0558	21.0497	15.3175	6.854	19.2930
a_1	−0.35	−1.1613	−1.3508	−1.2349	−1.5205	−1.5346	−1.7427	−12.463	−1.6500	−1.4870	−0.6082	−0.33	−1.0039
b	—	0.1371	0.1824	0.1717	0.1920	0.1836	0.1555	0.1003	0.2043	0.1980	0.0235	—	0.0924
c	—	−0.0070	−0.0096	−0.0103	−0.0111	−0.0110	−0.0081	−0.0054	−0.0116	−0.0108	−0.0011	—	−0.0058
r	0.994	−0.9966	0.9984	0.9999	0.9996	0.9998	0.9999	0.9999	0.9997	0.9999	−0.9993	0.995	0.9999

a_0、a_1、b、c 为多项式系数，r 为相关系数。经过改进后模拟效果更好，相关系数全部在0.997以上，比12月和1月的线性相关系数为高，也比各月线性拟合的相关系数略高。

2.2.1.2　高温、低温情况

高温、低温在湖南省是作为一种限制因子来考虑的，它影响作物的生长发育、产量形成。首先比较四个基带站与雪峰高山站三年(1983.4—1986.3)平均或极值与历年值的距平情况，由表2.11看出，平均最高(低)气温除郴州、炎陵站分别差0.4和0.2 ℃外，其余均只差0～

0.1 ℃。极端最高气温偏低 0.1～1.0 ℃，极端最低气温偏高 1.7～7.4 ℃。

日最高气温≥35 ℃日数和日最低气温≤0 ℃日数均比历年值偏多，郴州偏多幅度最小，新化偏多幅度最大，日最低气温≤−5 ℃日数除雪峰山高站偏多 6.9 天外，其他站均未出现这样低温。

其次，从气温直减率计算值及表 3.5 看四项温度的垂直分布及剖面间的差异，年平均最高气温随海拔增加而递减，直减率为 0.50～0.69 ℃/100 m，以洪江最大，炎陵最小，年均最高气温 300 m 层除隆回为 20.4 ℃外，其他三站均为 21.5 ℃；500 m 层以洪江最高，炎陵次高；800 m 以上变成炎陵最高。年极端最高气温直减率为 0.75～1.05 ℃/100 m，以郴州最大，炎陵最小，雪峰山东西二侧为 0.94～0.95 ℃/100 m。300 m 层极端高温以郴州为最高(39.8 ℃)、炎陵最低(36.8 ℃)，500 m 以上变为洪江最高、隆回最低，由上可见，炎陵山区的平均高温较高，极值却偏低，隆回则二者均比较低。

年平均最低气温直减率，炎陵、洪江为 0.45～0.46 ℃/100 m，郴州、隆回为 0.39 ℃/100 m，差距大为缩小。年平均最低气温 300 m 及 800 m 层以郴州最高(13.6 及 12.8 ℃)，雪峰山东西二侧最低；500 m 及 1000 m 层洪江和郴州接近或相等，隆回总是最低，年极端最低气温直减率以洪江、郴州最小(0.46 及 0.5 ℃/100 m)，隆回和炎陵最大(0.67 及 0.77 ℃/100 m)。年极端低温各层次除 800 m 外全以隆回最低。300 m 层以郴县、炎陵二剖面最高；500 m 却以洪江最高，郴州在 500 m 和 800 m 同为 5.0 ℃，洪江在 800 m 和 1000 m 同为 7.7 ℃，看来低温程度以隆回最低，洪江的 500 m 和 1000 m 两项低温与炎陵郴县二剖面接近，甚至还高一些。

表 2.11　年高温、低温距平值

站名	项目	平均最高气温(℃)	极端最高气温(℃)	平均最高气温(℃)	极端最高气温(℃)	高于、低于界限温度日数(天)		
						≥35 ℃	≥0 ℃	≥−5 ℃
新化	三年值	21.4	38.8	13.5	−3.9	26.0	27.7	0.0
	历年值	21.4	39.1	13.5	−11.3	16.6	19.7	0.7
	差值	0	−0.3	0	7.4	9.4	8.0	−0.7
洪江	三年值	22.1	39.4	13.6	−4.4	32.7	20.7	0.0
	历年值	22.2	39.7	13.6	−11.1	25.7	15.8	0.4
	差值	−0.1	−0.3	0	6.7	7.0	4.9	−0.4
炎陵	三年值	22.6	38.4	13.4	−4.8	33.0	25.3	0.0
	历年值	23.0	38.5	13.4	−9.3	23.6	21.8	1.2
	差值	−0.4	−0.1	−0.1	4.5	9.4	3.5	−1.2
郴州	三年值	22.4	40.3	14.4	−3.0	35.3	19.7	0.0
	历年值	22.8	41.3	14.2	−9.0	32.3	18.2	0.9
	差值	0.4	1.0	0.2	6.0	3.0	1.5	−0.9
雪峰山	三年值	13.7	27.7	8.3	−9.9	0.0	78.3	27.7
	历年值	13.8	28.7	8.4	−11.6	0.0	71.8	20.8
	差值	−0.1	−1.0	−0.1	1.7	0.0	6.5	6.9

表 2.12　年平均最高(低)、极端最高(低)温度(℃)

海拔	项目	隆回	洪江	炎陵	郴州	保靖	海拔	项目	隆回	洪江	炎陵	郴州	保靖
300	最高	20.4	21.5	21.5	21.5	20.6	500	最高	19.0	20.4	20.3	20.0	20.2
	最低	12.4	12.4	12.9	13.6	12.9		最低	11.7	12.7	12.0	12.8	12.4
	极高	37.5	38.4	36.8	39.8	38.3		极高	35.1	37.9	35.0	36.2	36.3
	极低	−5.7	−4.8	−4.6	−4.5	−3.6		极低	−6.1	−4.7	−5.5	−5.0	−3.7
800	最高	16.9	18.8	19.1	19.0	17.5	1000	最高	15.2	16.8	17.8	16.6	16.0
	最低	10.6	11.7	11.3	12.8	10.5		最低	9.1	10.5	11.3	10.5	9.5
	极高	31.8	35.9	33.7	33.2	33.8		极高	30.0	3.29	32.1	31.9	32.4
	极低	−6.9	−7.7	−7.3	−5.0	−6.7		极低	−9.6	−7.7	−8.4	−8.3	−8.3

各月气温直减率变化情况，除炎陵由于7月直减率低形成全年多次起伏之外，其他三剖面都是在2月有一小峰值，7月形成高峰(郴州在7月比较突出)。为了找出定量的相关关系，分别计算出各剖面的$r_T = a + b\, r_{TM}(r_{TM})$的系数$a$和$b$值，如表2.13。经相关系数检验，除洪江信度稍低外，其余三剖面均达到0.001的信度水平。

表 2.13　平均气温与最高、最低气温直减率相关计算值

	隆回		洪江		炎陵		郴州	
	$r_T \sim r_{Tm}$	$r_T \sim r_{Tm}$	$r_T \sim r_{Tm}$	$r_T \sim r_{Tm}$	$r_T \sim r_{Tm}$	$r_T \sim r_{Tm}$	$r_T \sim r_{Tm}$	$r_T \sim r_{Tm}$
a	0.1591	−0.3160	0.2080	0.2759	0.2260	−0.2237	0.0583	−0.1001
b	0.5783	1.8457	0.4437	0.5958	0.4250	1.4989	0.7259	1.4236
r	0.9458	0.8903	0.2959	0.4781	0.9623	0.8654	0.9733	0.9180
信度	0.001	0.001	0.01	0.10	0.001	0.001	0.001	0.001

a、b、r为相关系数，r_T为日最高气温，r_{Tm}为日最低气温。日较差为日最高气温与日最低气温之差，故日较差的直减率$r_{AT} = r_T — r_{Tm}$，四剖面的年日较差中以炎陵最大，洪江次之，隆回和郴州接近，月平均日较差以6—11月较大。

2.2.1.3　界限温度和积温

(1)稳定通过10 ℃的初终期和积温

日平均气温稳定通过10 ℃初终日，标志着农林作物、牧草积极生长阶段的开始和结束期，间隔日数和积温则是衡量作物积极生长的热量条件。

表 2.14　日平均气温稳定通过10 ℃的初终日和积温(℃·d)

海拔(m)	隆回				洪江				炎陵				郴州				保靖县			
	初日	终日	间隔日数	积温	初日	终日	间隔日数	积温	初日	终日	间隔日数	积温	初日	终日	间隔日数	积温	初日	终日	间隔日数	积温
200	29/3	27/11	244	5400.0	29/3	25/11	243	5394.1	18/3	30/11	258	5579.3	25/3	28/11	249	5711.2				
300	30/3	27/11	240	5199.3	31/3	24/11	239	5140.8	23/3	23/11	246	5223.7	29/3	24/11	241	5404.1	26/3	26/11	246	5110.1

续表

海拔(m)	隆回				洪江				炎陵				郴州				保靖县			
	初日	终日	间隔日数	积温	初日	终日	间隔日数	积温	初日	终日	间隔日数	积温	初日	终日	间隔日数	积温	初日	终日	间隔日数	积温
500	31/3	10/11	224	4664.4	31/3	10/11	226	4936.8	29/3	23/11	240	4995.0	1/4	24/11	238	5096.3	29/3	21/11	238	4957.3
800	14/4	5/11	206	4075.0	4/4	10/11	221	4563.7	7/4	20/11	228	4601.0	1/4	22/11	236	4785.0				
1000	20/4	14/10	178	3504.9	15/4	6/11	206	4030.0	7/4	31/10	208	4216.0	8/4	25/10	201	3812.3	24/4	18/10	177	3528.6
1405(高山站)	24/4	9/10	169	3071.5	23/4	14/10	175	3098.6			187	3404.8								

10 ℃始日，500 m以下四剖面全都是在4月1日之前稳定通过，炎陵和郴州站尚可提前数日。10 ℃终日，在300 m以下各地差异不大。从稳定通过10 ℃以上的间隔日数与积温来看，湘南二剖面的500 m与雪峰山二侧的300～350 m的情况基本相当。

(2)稳定通过15 ℃的初终日和积温

日平均气温稳定通过15 ℃的初终日，为农作物活跃生长和某些作物发育期(如水稻分蘖、成熟)的下限温度，间隔日数和积温则是喜温作物(如棉花等)能否优质高产的条件之一。在800 m以下各层次的≥15 ℃初终日相差仅1～2天，≥15 ℃积温则以郴州、洪江的500 m与炎陵的300 m和隆回的350 m基本相当，隆回的500 m又与其余三剖面的800 m接近。

表2.15 日平均气温稳定通过15 ℃的初终日和积温(℃·d)

海拔(m)	隆回				洪江				炎陵				郴州				保靖县			
	初日	终日	间隔日数	积温	初日	终日	间隔日数	积温	初日	终日	间隔日数	积温	初日	终日	间隔日数	积温	初日	终日	间隔日数	积温
200	20/4	14/10	178	4413.2	19/4	15/10	180	4535.3	21/4	15/10	178	4396.3	21/4	15/10	178	4602.7				
300	28/4	13/10	169	4178.0	20/4	14/10	178	4237.9	28/4	15/10	170	4089.1	28/4	15/10	171	4299.6	24/4	17/10	177	4163.3
500	28/4	12/10	167	3864.0	28/4	12/10	168	4086.0	29/4	14/10	169	3962.4	29/4	13/10	168	4029.5	26/4	15/10	174	4080.2
800	2/5	9/10	161	3462.5	2/5	13/10	165	3735.7	29/4	14/10	169	3770.6	29/4	14/10	169	3808.5				
1000	14/5	25/9	135	2812.1	3/5	3/10	154	3281.8	3/5	13/10	164	3579.1	12/5	16/10	158	3039.3	12/5	26/9	138	2853.4
1405(高山站)	29/5	18/9	113	2223.2	2/6	24/9	112	2201.7			133	2624.2								

(3)稳定通过20 ℃的初终期和积温

日平均气温稳定通过20 ℃的初终日，为某些农作物生殖生长的下限温度(如常规籼稻的孕穗和抽穗期)，其间隔日数和积温则是安排喜温作物种类和农田种植制度的重要参考指标。≥20 ℃初终日在基带站有明显的差异，300～500 m上下相差较小，洪江和郴州从300～800 m的终日只差1～2天，从籼稻安全齐穗期来看，此二剖面比隆回、炎陵的条件为优，间隔日数在四剖面300～500 m差异不大，而积温有所不同，郴州、洪江在500 m以下，炎陵、隆回在350～400 m以下在3000 ℃·d以上，此高度为柑橘和双季稻等喜温作物的上限。

表 2.16　日平均气温稳定通过 20 ℃的初终日和积温(℃·d)

海拔(m)	隆回				洪江				炎陵				郴州				保靖县			
	初日	终日	间隔日数	积温	初日	终日	间隔日数	积温	初日	终日	间隔日数	积温	初日	终日	间隔日数	积温	初日	终日	间隔日数	积温
200	19/5	27/9	132	3480.0	13/5	3/10	143	3674.9	12/5	26/9	138	3570.7	7/5	2/10	148	4003.3				
300	25/5	24/9	122	3233.1	23/5	22/9	123	3169.6	24/5	23/9	123	3117.8	22/5	22/9	123	3306.2	14/5	19/9	129	3168.2
500	28/5	21/9	117	2888.7	25/5	22/9	121	3098.5	25/5	21/9	120	2966.1	26/5	21/9	119	3024.5	11/6	17/9	99	2502.7
800	8/6	3/9	88	2054.9	31/5	21/9	114	2709.0	27/5	13/9	111	267.2	27/5	22/9	119	2834.4				
1000	18/6	22/8	66	1498.0	12/6	13/9	94	2141.1	7/6	7/9	94	2206.3	10/6	31/8	83	1825.0	24/6	1/9	70	1571.0
1405(高山站)	21/6	16/8	57	1209.5	11/7	12/8	32	642.1			38	808.1								

2.2.1.4　地温情况

(1)0 cm 地温

年平均 0 cm(地表)温度、最高和最低温度,均有纬度偏南的湘南两剖面比雪峰山两侧海拔高 200 m 左右而温度相同的情况。年平均地温约比年平均气温高 2 ℃左右,年平均最高地温比最高气温约高 10 ℃,而最低地温比最低气温则偏低 1 ℃左右。

表 2.17　年平均 0 cm 地温(℃)

海拔(m)	隆回			洪江			炎陵			郴州			保靖		
	平均	最高	最低	平均	最高	最低	平均	最高	最低	平均	最高	最低	平均	最高	最低
200	19.0	32.8	12.7	19.3	31.2	13.1	20.2	33.4	13.9	20.1	32.9	13.6			
300	18.2	31.0	12.1	18.1	30.1	12.3	19.1	21.8	13.0	19.4	32.2	13.4	17.6	31.5	11.5
500	17.3	30.5	11.1	17.3	29.1	11.5	18.0	31.2	11.9	18.2	30.3	12.7	18.5	28.8	12.1
800	15.0	26.2	10.0	15.7	26.0	10.6	16.2	28.2	10.7	16.8	29.2	11.2			
1000	13.5	24.5	8.4	14.5	24.4	9.7	15.4	28.0	9.8	15.5	28.0	9.7	14.7	26.6	9.5
1405(高山站)	12.7	25.1	6.9				14.9	28.0	7.7						

(2)地中温度

年平均地中温度稳定少变,每个测点不同深度的地中温度只差 0.1～0.5 ℃,仍有湘南比雪峰山高 200 m 左右温度相同的情况。

表 2.18　年平均地中温度(℃)

海拔(m)	隆回				洪江				炎陵				郴州				保靖			
	5	10	15	20	5	10	15	20	5	10	15	20	5	10	15	20	5	10	15	20
200	18.3	18.4	18.4	18.4	18.5	18.6	19.0	18.9	19.7	19.6	20.1	20.0	19.4	19.5	19.4	19.4				
300	17.9	17.7	18.1	18.1	17.6	17.6	17.8	17.8	18.6	18.6	19.0	18.9	18.6	18.6	18.8	18.8	17.9	17.8	18.3	18.1
500	16.9	16.8	17.1	16.9	16.6	16.7	17.0	16.9	17.6	17.7	17.9	17.9	17.6	17.5	17.8	17.8	17.3	17.3	17.6	17.5
800					15.5	15.5	15.7	15.8	16.0	16.0	16.3	16.2								
1000									15.4	15.4	15.7	15.6					14.4	14.6	14.7	14.6
1325									14.4	14.5	14.8	14.7								

2.2.1.5　逆温情况

山区温度随海拔增加的逆温现象,对喜温经济林木避开或减轻冻害及安全越冬有重要意义。各剖面在不同季节、不同层次均可出现逆温,但其频次、强度、高度有明显差异。以往由于受观测条件的限制,一般只临时设点观测和分析若干典型天气的逆温层结曲线。本节根据四剖面三年实测资料,利用数据库和计算机进行了三种温度(日平均气温 T、日最低气温 T_N、日平均地面温度 GTO)的逐日逆温情况普查和统计分析。

从各剖面日平均气温出现逆温频次较多的层次来看,洪江以 300～500 m(143 次)、基带站到 500 m(69 次)和 300～800 m(64 次)为多;隆回以 1000 m 到高山站(55 次)、300～500 m(16 次)、500～800 m(15 次)稍多;炎陵以 500～1000 m(51 次)、300～500 m(44 次)、500～800 m(40 次)略多;郴州以 500～800 m(55 次)、800～1000 m(49 次)、500～1000 m(38 次)较多。

表 2.19　各层次逆温频次(用日平均气温计算)总和

剖面	1 月	2 月	3 月	4 月	5 月	6 月	7 月	8 月	9 月	10 月	11 月	12 月	年
隆回	27	15	20	5	5	3	4	2	8	21	19	34	143
洪江	58	18	39	28	21	25	22	23	21	46	57	57	415
炎陵	60	26	47	29	13	5	15	14	14	37	66	81	407
郴州	40	28	48	26	10	5	2	2	6	22	19	57	265

由表 2.19 看出,年平均逆温次数,洪江和炎陵最多,隆回最少。10 月到次年 4 月是逆温出现较多的时段(隆回 10 月至次年 3 月)其中 2 月有减少趋势。

逆温厚度:隆回在 10 月和 12 月至次年 3 月出现过高山站到基带站厚达 1100 多米的逆温,3 年中出现 11 次,累积温差 20 ℃。洪江在 8 月和 10 月至次年 1 月出现过厚达 1200 多米的逆温,3 年中出现 8 次,累积温差 12 ℃。从 1000 m 到基带站的逆温来看,隆回在 11 月至次年 1 月出现 4 次,累积温差 8.1 ℃;洪江在 10 月至次年 4 月和 6 月共出现 48 次,累积温差 67.8 ℃;炎陵在 10 月至次年 5 月出现过 90 次逆温,累积温差 129.6 ℃;郴州在 10 月至次年 5 月出现过 68 次逆温,累积温差 112.0 ℃,从 800 m 到基带站逆温次数以洪江最多(101 次)、炎陵(68 次)和郴州(50 次)次之,隆回最少(8 次)。从 500 m 到基带站的逆温仍以洪江最多,各月都有。3 年共出现 208 次,累积温差 204.7 ℃;炎陵次之,只在 5、6 月没有,3 年共出现逆温 75 次,累积温差 52.5 ℃;郴州主要出现在 12 月至次年 4 月,3 年共出现 34 次,累积温差 26.8 ℃;隆回只有 6 次,累积温差 2.0 ℃。从 300 m 到基带站的逆温频次以炎陵最多(84 次),洪江(35 次)和郴州(31 次)次多,隆回最少(18 次)。

由上可知,洪江和炎陵山区的逆温次数较多,改善了热量条件,是林木繁茂、物产较丰、生态条件较好的客观因素之一。

2.2.2　水分资源

(1)降水量

由表 2.20 即可看出不同海拔高度年、月(1、5、8 月)降水量的分布情况。降水量一般随海拔升高而增加,地域间的差异受局地条件的影响较大,不如温度的分布规律明显。年降水量有一定的经度地带性分布趋势，除高山站有随经度增加而减少趋势外，1000 m 以下基本随经度增加而增加，经计算，基带站和 500 m 的年降水量与经度的相关系数为 0.9966 和 0.9949，可达极显著的信度水平。各月的相关程度较差，除 1 月的 300 m 和 5 月的 500 m 二者可达显著的相关程度外，其他都不够显著(但有此趋势)或者杂乱无章。

各月降水量中，以 1 月最少，各地各层在 28.4～58.5 mm 之间；5 月降水量为全年最多，为 162.9～329.9 mm；8 月是湖南省山丘区少雨期(如洪江市站只有 69.2 mm)，山区有所谓“倒秋雨”时期，300 m 以上雨量在 114.3～362.6 mm 之间。

表 2.20　年、月降水量(mm)

海拔(m)	月份	隆回	洪江	炎陵	郴州	保靖	海拔(m)	月份	隆回	洪江	炎陵	郴州	保靖
300	1	46.2	42.5	51.3	48.2		500	1	44.0	52.3	51.0	42.2	26.7
	5	219.9	209.4	283.5	194.3			5	231.4	219.8	273.4	237.2	156.9
	8	168.6	114.3	151.6	221.7			8	116.8	144.1	143.0	265.0	138.0
	年	1362.4	1170.8	1615.0	1315.3			年	1334.3	1309.8	1707.5	1592.0	1217.2
800	1	57.4	58.8	57.4	28.4	23.7	1000	1	57.4	55.7	55.9	41.5	37.1
	5	253.5	254.9	308.4	238.3	16.7		5	221.6	322.6	329.9	271.2	219.8
	8	192.6	159.1	266.9	362.6	146.1		8	233.4	202.4	259.4	325.3	162.9
	年	1713.7	1448.1	1901.6	1521.1	1274.4		年	1736.5	1693.3	1943.2	1677.5	1651.1

年降水量一般随海拔递增，但到了一定高度会减少。湖南省四个剖面中三处有高山站，其年降水量(大部分或半年月降水量)少于 1000 m 测站，故湖南省山区降水量是以 1000 m 左右为最多。年降水量递增率如不考虑炎陵的大院高山站则以该县的 56.84 mm/100 m 最大(考虑大院时为 35.20 mm/100 m)，洪江的 50.94 mm/100 m 次之，隆回和郴州最少。

月降水量递增率以 8 月最大(隆回是 7 月)，5 月有一个次大的峰值(郴州是 6 月)。11 月—次年 1 月是各剖面降水最少的季节，山上山下的差异也小，郴州在 10 月到次年 4 月的半年内降水量均随海拔递减。

4—10 月是湖南省粮油作物的主要生产季节，也是树木、牧草等的积极生长时期，需要较多的水分才能有较高的产量。综观四剖面此季的雨量均在 760 mm 以上。以洪江最少，在 300 m 高度以下不足 800 mm，略感水分不足；炎陵全部在 1090 mm 以上，水分是很充足的。隆回、郴州在 848 和 918 mm 以上，可满足多种作物的需水量。此季雨量随海拔有较好的线性相关(信度 0.1～0.001)，都向上递增，每升 100 m，隆回增加 30.15 mm，其他三剖面增加 43.70～47.28 mm。在 1000 m 以下各层雨量都有向东增加的趋势。

表 2.21　年、月降水量递增(减)率(mm/100 m)

剖面	1月	2月	3月	4月	5月	6月	7月	8月	9月	10月	11月	12月	年
隆回	0.83	1.09	1.91	0.55	2.28	2.42	9.54	8.65	5.44	0.29	0.28	0.84	35.06
洪江	1.56	2.48	0.84	4.56	9.80	8.71	4.08	11.84	2.29	1.99	1.56	1.23	50.94
炎陵	1.62	2.79	2.61	3.86	5.88	5.66	3.08	15.56	9.31	3.77	0.90	1.57	56.84
郴州	−1.23	−2.11	−2.33	−0.26	7.30	7.53	5.95	16.04	7.65	−0.63	−0.63	−0.76	35.88

11月—次年3月是湖南省各种作物缓慢生长或休眠期，需水量相对减少。此期在各剖面、层次之间，雨量无大的差异。郴州降雨量随海拔递减，其他三剖面都是递增趋势。

表2.22　4—10月、11月—次年3月降水量(mm)

海拔(m)	4—10月					11月—次年3月				
	隆回	洪江	炎陵	郴州	保靖	隆回	洪江	炎陵	郴州	保靖
200	848.2	763.0	1091.9	970.4		336.6	332.6	384.7	418.5	
300	1015.7	793.7	1187.1	918.4	104.3	346.7	372.0	428.0	396.9	234.1
500	997.1	908.0	1253.8	1204.2	985.8	337.0	400.9	451.6	354.5	231.4
800	1289.1	1011.6	1432.4	1205.9		424.6	426.6	469.2	315.3	
1000	1304.8	1245.0	1471.8	1308.6	1333.3	431.7	448.2	471.3	402.4	317.8
1405(高山站)	1157.7	1235.9				397.4	427.8			
a	1099.95	989.86	1284.58	11190.7		378.46	4008.1	440.39	377.73	
b	30.15	43.40	47.28	43.48		7.57	7.67	9.56	−3.82	
r	0.7494	0.9605	0.9858	0.9035		0.7657	0.8387	0.8967	−0.3175	
信度	0.10	0.001	0.001	0.01		0.10	0.05	0.01	—	

(2)降水日数(≥0.1 mm)

年雨日以1000 m高度上最多(洪江以1405 m最多)，300 m以下明显减少。年雨日随海拔有明显的线性关系，每升100 m，湘南二剖面增加2.17～2.34天，雪峰山二侧增加3.47～3.76天。

各月雨日各地总趋势相同，如2—6月都是雨日最多时期，每月雨日各站点全在15天以上；而7月—次年1月各站点每月雨日多在15天以下(只有8月有半数站有20天以上)。全年以3月雨日最多，11月雨日最少。

表2.23　年降水日数(≥0.1 mm)

海拔(m)	隆回	洪江	炎陵	郴州	保靖
200	156.7	159.1	182.7	183.7	
300	178.3	162.2	199.7	181.7	209
500	181.7	172.6	201.0	199.3	230
800	208.0	181.5	210.7	190.7	
1000	213.0	187.5	214.7	203.3	221
1405(高山站)	198.6	202.3	211.0		
a	160.62	153.51	186.51	179.60	
b	3.76	3.47	2.34	2.17	
r	0.7967	0.9963	0.8480	0.8056	
信度	0.10	0.001	0.05	0.10	

(3)蒸发量

年蒸发量在各层次均以郴州最大(大于 1100 mm),炎陵、洪江在 300 m 以下均为 1200 mm 左右,500 m 以上都在 950 mm 上下。隆回 500 m 以下大于 1000 mm,800 m 以上为各剖面最小值。

各月蒸发量以 2 月最小,7 月最大,其变化情况见表 2.24。

表 2.24 年、月蒸发量(mm)

海拔(m)	隆回			洪江			炎陵			郴州			保靖		
	年	2月	7月	年	2月	7月	年	2月	7月	年	2月	7月	年	2月	7月
200	1310.4	35.7	238.9	1218.5	36.7	212.7	1255.3	32.3	220.7	1658.8	33.9	392.8			
300	1034.9	28.4	167.7	1113.5	28.9	202.6	1080.6	21.5	242.7	1196.6	23.6	256.8	1070.6	39.3	143.4
500	1035.5	29.8	177.2	963.9	22.4	177.1	997.4	22.6	169.7	1099.3	23.2	207.5	992.0	36.6	139.4
800	824.9	23.2	126.7	944.5	18.7	178.8	971.5	19.8	187.1	1137.5	26.9	194.3			
1000	784.1	16.1	137.9	922.3	26.0	156.4	951.4	22.8	174.5	1121.6	25.5	203.0	847.4	26.8	116.8
1405(高山站)	935.2	28.6	141.9	1040.0	33.9	160.5	931.1	28.3	149.9	—	—	—			

除洪江、郴州剖面在 11 月—次年 1 月期间的蒸发量有随海拔增加而递增的情况外,其他时间及其他剖面全为随海拔递减,郴州 6—8 月蒸发量递减率在 9 mm/100 m 以上,其他月份递减率都在 0～7 mm/100 m 之间。

(4)相对湿度

年平均相对湿度,除隆回、郴州的 200 m、洪江的 500 m 高度上为 78%～79%外,其余各地各层全在 80%以上。相对湿度与云雾降水等密切相关,如炎陵 300 m 以上,隆回 500～1000 m、雪峰山站、郴州为同一层次最大相对湿度即为明证。

表 2.25 年、月相对湿度(%)

海拔(m)	隆回				洪江				炎陵				郴州				保靖			
	2月	7月	12月	年	2月	7月	12月	年	2月	7月	12月	年	2月	7月	12月	年	2月	7月	12月	年
200	81	73	77	78	80	74	78	80	85	78	81	83	88	63	79	79				
300	85	80	81	83	86	80	83	84	89	79	81	85	88	69	80	82	79	85	77	81
500	86	82	81	85	84	73	76	79	89	78	78	84	90	72	79	85	80	84	76	79
800	88	84	81	85	88	73	79	81	92	71	78	83	89	76	79	82				
1000	90	85	80	87	86	77	76	81	91	71	72	80	93	81	77	85	87	88	81	84
1405(高山站)	89	85	74	84	93	86	80	87	91	84	83	87								

各月平均相对湿度以 2 月最大,各剖面各层在 80%以上,湘南二剖面大于雪峰山二侧。7 月平均相对湿度为全年最小,郴州剖面仅 63%～81%,最显干燥;隆回剖面为 73%～85%,比较湿润。

表 2.26　相对湿度递增(减)率(%/100m)

剖面	1 月	2 月	3 月	4 月	5 月	6 月	7 月	8 月	9 月	10 月	11 月	12 月	年
隆回	−0.24	0.64	0.65	0.30	0.51	0.67	0.84	0.88	0.70	0.20	−0.02	−0.30	0.42
洪江	−0.21	0.79	0.56	0.42	0.58	0.69	0.67	0.72	0.91	0.13	−0.27	−0.07	0.37
炎陵	0.12	0.46	0.15	0.11	0.18	0.20	0.03	0.06	0.04	−0.04	−0.17	0.02	0.06
郴州	−0.48	0.52	0.31	0.36	0.86	1.16	1.91	0.99	0.86	−0.01	−0.25	−0.75	0.49

年平均相对湿度均随海拔递增，递增率以炎陵剖面最小，郴州剖面最大。各月平均相对湿度递增(减)率也以炎陵最小，湘南从 10 月起(雪峰山从 11 月起)到次年 1 月止多为随海拔递减(仅炎陵 12 月、1 月有小的递增)。

2.2.3　光能资源

(1)日照时数的时间分配与地理分布

由表 2.27 看出，年日照时数除 500 m 高度上随纬度增加有弱的正相关($R=0.4672$)外，其他各层均有随纬度增加而减少的趋势，相关系数为−0.345～−0.995，以高山站的负相关最好。

表 2.27　年、月日照时数及雾年均日数

海拔(m)	项目	隆回	洪江	炎陵	郴州	保靖	海拔(m)	项目	隆回	洪江	炎陵	郴州	保靖
300	2 月	39.3	33.1	31.1	27.7	43.2	500	2 月	40.7	33.2	30.0	23.3	35.8
	7 月	188.6	243.9	272.3	261.5	156.9		7 月	189.2	250.7	242.0	203.6	145.4
	年日照	1223.1	1397.5	1479.0	1487.7	1200.5		年日照	1269.7	1407.5	1390.4	1204.8	1105.3
	年雾日	16.3	53.9	26.7	13.0	38.7		年雾日	36.7	101.5	31.0	50.7	86.7
800	2 月	32.1	27.8	29.6	46.9		1000	2 月	23.8	38.2	26.7	37.7	44.8
	7 月	125.9	172.9	228.2	233.4			7 月	120.8	232.8	206.4	247.5	136.7
	年日照	922.1	1017.1	1353.5	1472.3			年日照	881.1	1215.0	1245.2	1527.0	1154.7
	年雾日	142.0	163.4	53.0	63.7			年雾日	174.7	166.3	58.0	169.0	161.0

月日照时数，四剖面各层均以 2 月最少，全都在 50 小时以下；7 月最多(湘南在 200 小时以上，雪峰山西侧在 170 小时以上，东侧在 190 小时以下)。湘南二剖面于 5—11 月、洪江于 6—9 月和 11 月、隆回于 6—11 月(800、1000 m 只有 7—8 月)各层月日照时数均在 100 小时以上，基本上可满足农作物需要。

(2)日照时数的垂直变化情况

年日照时数一般随海拔递减，隆回递减率最大(−31.34 小时/100 m)、洪江、炎陵为−15.6 和−19.62 小时/100 m，郴州由于山顶日照多于下层，故每升 100 m 递增 7.4 小时。

郴州剖面 10 月—次年 2 月，洪江 11 月—次年 2 月、炎陵 11 月—次年 1 月和 3—4 月有日照时数随海拔递增的情况。因此，在冬春之际，山区日照条件比较好。而 5—9 月日照时数均随海拔递减，有光能潜力减少之弊，但对茶叶等怕强光、喜散射光的植物却很有利。

(3)日照时数的年内及年际变化

湖南省山区日照时数的年内变化呈单峰型分布,7月最多,2月最少,11月略有回升。

表2.28　4—10月、11月—次年3月日照时数

海拔(m)	4—10月					11月—次年3月				
	隆回	洪江	炎陵	郴州	保靖	隆回	洪江	炎陵	郴州	保靖
200	1109.1	1059.7	1142.1	1116.3		421.1	275.1	433.3	361.8	
300	875.2	1068.6	1077.9	1136.3	928.8	347.8	328.8	401.1	384.8	271.1
500	904.5	1077.4	1002.1	878.0	865.0	365.2	350.2	391.6	326.7	240.3
800	615.0	725.5	949.2	1021.1		306.8	291.6	404.2	451.3	
1000	586.9	908.4	867.8	1053.1	857.3	294.1	306.6	377.4	473.9	297.4
1405(高山站)	880.4	851.6				372.0	392.1			
a	830.19	949.98	1009.69	1041.42		349.95	323.68	401.79	390.91	
b	−23.67	−20.98	−31.45	−8.42		−4.05	5.46	−4.69	14.06	
r	−0.5387	−0.6766	−0.9878	−0.2875		−0.4145	0.5968	−0.7674	0.7980	

在生长季(4—10月)内,湘南的日照时数多于雪峰山地,都是随海拔增加而递减。越冬季(11月—次年3月)的日照时数多数测点在300～400小时之间,隆回、炎陵随海拔递减,洪江和郴州则是递增趋势。

日照时数的年际变化:各剖面有所不同。11月—次年3月,以洪江、隆回变化最小,4—10月则以炎陵、郴州变化最小,年日照时数的年际变化以洪江最大,炎陵最小。雪峰山二侧的4—10月和年日照时数的最大变幅为400小时左右,日照时数少的年份可能对农林作物有不利影响;而湘南二剖面年际最大变幅稍小,加之平均日照条件较好,故年际变化对农业影响不大。

表2.29　日照时数的年际变化

月份	隆回			洪江			炎陵			郴州		
	max	min	d	max	min	d	max	min	d	max	min	d
11～3月	132.7	77.0	112.5	115.9	30.3	82.8	264.3	187.7	226.2	202.1	133.0	158.8
4～10月	364.8	56.0	206.1	423.4	160.3	264.9	304.3	39.8	133.1	213.3	87.9	153.5
年	417.4	130.2	247.5	474.1	186.0	303.2	322.3	196.0	242.5	326.4	126.1	264.6

注:d为三年平均日照时数,max和min分别为最大、最小值。

(4)雾日

由表2.30可见,雪峰山两侧为多雾区,西侧最多,由53.9到166.3天,雪峰山高山站多达254.4天。东侧有16.3～174.7天。湘南的雾日较少,郴州剖面为13～169天,炎陵只有13.7～67.5天。保靖为38.7～161.0天

月雾日以3月最多,10月次多,7月最少。6—9月和11月是山区相对少雾的月份。

表 2.30　雾日的垂直递增率(天/100 m)

剖面	1 月	2 月	3 月	4 月	5 月	6 月	7 月	8 月	9 月	10 月	11 月	12 月	年
隆回	1.17	1.88	2.28	1.47	1.71	1.02	0.31	0.77	1.23	1.61	0.88	1.22	15.56
洪江	1.14	1.93	2.14	1.51	1.75	1.50	1.03	1.23	1.54	1.63	0.61	1.16	17.17
炎陵	0.36	0.67	0.78	0.61	0.51	0.28	−0.04	−0.00	0.19	0.48	0.38	0.43	4.83
郴州	1.68	2.49	2.71	1.51	1.52	0.77	0.19	0.67	1.30	1.72	0.77	1.39	16.86

年雾日的垂直递增率以炎陵最小(4.83 天/100 m),洪江最大(17.17 天/100 m)。月雾日垂直递增率以 3 月最大,7 月最小。

雾日数与日照时数的关系:将各剖面三年平均各月日照时数与月雾日进行单相关计算如表 2.31,全部达相关显著以上的信度水平。而且都是负相关,每增加一个雾日,月日照时数减少 2.95～7.64 小时。

表 2.31　雾日数与日照时数相关计算

相关系数	隆回	洪江	炎陵	郴州
a	125.57	136.70	217.10	135.52
b	−3.35	−2.96	−5.92	−7.64
r	−0.4844	−0.3761	−0.4732	−0.6776
n	72	72	72	60
信度	0.001	0.01	0.001	0.001

2.2.4　灾害性天气

为了与平原丘陵地区的灾害性天气可以比较,我们在分析山区灾害性天气时,沿用了《湖南省天气气候若干标准暂行规定》。

2.2.4.1　低温冷害

(1)水稻播种期低温:危害指标为 3 月 21 日—4 月 9 日期间连续 5 天日平均气温≤11 ℃。由于 1983 年 3 月还未开始观测,故只对 1984 年、1985 年进行统计。

表 2.32　水稻播期低温统计(天数:d;最低温度:℃)

海拔(m)	隆回		洪江		炎陵		郴州	
	1984 年	1985 年	1984 年	1985 年	1984 年	1985 年	1984 年	1985 年
200	0	0	7/3.8	5/4.3	0	0	8/5.5	0
300	0	5/3.5	8/3.6	5/1.6	0	0	8/5.1	0
500	8/2.2	5/2.5	8/2.0	0	0	5/3.2	8/4.3	5/3.7
800	8/0.9 9/7.0	13/2.0	8/1.2 6/9.6	13/1.0	8/3.4	5/7.0	8/4.6	5/2.3
1000	8/−0.2 9/5.3	13/−0.4	8/0.4 9/6.9	13/−0.6	8/2.4	5/6.0	8/2.3	6/−0.5
1405(高山站)	9/0.0 5/3.7	14/−2.0	9/−0.2 9/3.7	18/−2.3	—	6/−2.9		

由表 2.32 看出,1984 年的低温冷害重于 1985 年,800 m 以上尤为明显;雪峰山西侧冷害重于东侧,500 m 以下较明显多数层次极低温稍低;湘南 500 m 以下,郴州重于炎陵,800 m 以

上则相反；湘南二剖面冷害比雪峰山二侧轻，500 m 以上连续低温日数有三个剖面占总日数的 65%～90%，早稻育秧期必然要延迟到清明以后，故已明显不宜于种植双季稻。

(2)水稻秧苗期低温：危害指标为 4 月 10 日至 5 月 10 日期间连续 3 天日平均气温 ≤15 ℃。

由表 2.33 可见：1983 年和 1984 年冷害比 1985 年重，300 m 以下 1983 年多于 1984 年，800 m 以上情况相反；雪峰山东侧 1983 年、1984 年稍重于西侧，1985 年无明显差异；湘南 800 m 以上低温持续天数炎陵稍多；500 m 以上湘南冷害比雪峰山轻，300 m 以下接近或低温天数稍多；500 m 以上的低温次数、持续时间和极低的程度都表明冷害有加重的趋势，对秧苗生长返青分蘖不利，这是双季稻上限低于此高度的一个重要限制因素。

(3)水稻孕穗期低温：危害指标为 5 月 11—31 日连续 5 天平均气温低于 20 ℃。

由表 2.34 看出：孕穗期低温冷害以 1984 年最重，1985 年次之，1983 年最轻；雪峰山东侧比西侧冷害稍重；郴州 500 m 以下三年均无严重冷害，其他三剖面 500 m 以上有的年(如 1984 年)冷害在 13 天以上，对水稻孕穗将造成严重危害。故与郴州剖面气候类似的地区可在 500 m 以下种双季稻，其他三剖面宜在 300～400 m 以下种植。

(4)水稻抽穗期低温：危害指标为 7—10 月日平均气温连续 3 天平均气温低于 20 ℃(粳稻)。

由表 2.35 可见：1. 这三年冷害都不重，来得比较迟，且持续时间不长。2. 雪峰山和湘南都有东侧(部)的低温程度和持续时间重于西侧(部)的趋势，而相互之间差异变小。3. 三年中在 500 m 以下出现有害低温的最早日期，1984 年的 9 月 11 日，另二年在 9 月 16 日甚至 10 月 6 日以后。但在 500 m 这一层除洪江因小气候条件较好未出现严重冷害之外，其他三剖面有 1～2 年出现 10～19 天连续的有害低温。因此，除少数地形条件较好的地段外，500 m 种双季稻即使在偏暖年份都有风险，偏冷年份是不行的。4. 1300 m 以上高山在 7 月上中旬即可出现上述指标低温，如雪峰山高山站于 1985 年 7 月 1 日、1983 年 7 月 15 日出现；分别于 9 月 13 日和 8 月 18 日稳定低于 20 ℃；炎陵大院站于 1985 年 7 月 19 日出现，9 月 11 日稳定低于 20 ℃；像这种年份中稻也是难免受影响。1000 m 山区多数在 9 月 1 日前后出现，9 月中下旬稳定低于 20 ℃，尚可获得一般收成。但有的年份在 8 月中旬出现，9 月上中旬稳定低于 20 ℃，将导致严重失收。有的年份到 9 月下旬出现，10 月上中旬稳定低于 20 ℃，则可获得丰收，这就是小沙江等高山地区农民三年吃一年饱饭的原因所在。

2.2.4.2 冬季冰冻严寒

(1)冬季严寒：指标为连续 5 天日平均气温 ≤0 ℃。由表 2.36 可见，在考察的三个冬季内，海拔 300 m 以下地区除隆回有 11 天严寒期外，其他剖面均未出现，而且 1985—1986 年 800 m 以下各剖面也无严寒(郴州 1050 m 高度上未出现)，炎陵 1000 m 以上只有 5～11 天，雪峰山二侧 1000 m 只有 11～12 天，高山站为 27～33 天，另两年情况比较复杂，规律性不好，大致在 300 m 以下基本无严寒(隆回有 11 天)，500 m 以上有隆回重于洪江，雪峰山重于湘南的趋势。

(2)冰冻：只要出现雨凇、雾凇、冻结雪、湿雪层等即为冰冻(不包括地面结冰现象)。

由表 2.37 看出：300 m 以下以轻中冰冻为主，而且次数不多。1985—1986 年冰冻最轻，第一年度冰冻较重，500 m 以上就出现持续 20 天以上的冰冻期，雪峰高山站一次连续冰冻长达 43 天(从 1 月 15 日到 2 月 28 日)。第二年度冰冻次数增多，但持续日数比第一年度少。

冰冻在地域之间的差异不太明显。

表 2.33　水稻秧苗期低温统计

海拔(m)	隆回								洪江								
	1983 年			1984 年				1985 年	1983 年			1984 年				1985 年	
200	4/5.7	3/10.4	3/9.8	3/10.9				4/9.5	4/6.8	3/9.6						4/9.9	
300	8/5.3	3/9.0		3/10.3	3/10.9			5/9.2	8/5.7	3/8.7		3/11.8				5/8.8	
500	9/4.5	4/7.2		3/10.0	3/8.7	3/9.8		6/8.0	4/12.9	8/4.6	3/8.0	3/9.6	3/9.8			5/7.6	
800	13/2.6	4/5.4		4/7.8	7/8.4	3/9.0	3/8.4	6/5.6	3/11.6	8/2.8	4/5.6	7/10.0	3/9.2	3/8.5		6/6.1	
1000	14/1.1	5/2.6		5/6.0	7/6.5	5/8.4	5/6.8	8/4.7	9/1.1	4/3.6		3/6.5	7/8.4	3/8.0	3/7.4	6/5.0	
1405(高山站)				5/4.9	20/5.5			12/3.3	15/−1.0	5/0.6		5/4.5	22/4.9			12/2.7	4/3.8

海拔(m)	炎陵县								郴县						
	1983 年			1984 年				1985 年	1983 年		1984 年			1985 年	
200	4/7.0	3/10.5		4/9.3				5/11.5	5/6.5	3/10.0	3/11.3				5/10.8
300	4/6.5	4/9.7		5/8.6				5/11.0	5/5.8	3/9.4	3/11.1				5/10.3
500	5/5.1	4/8.0		4/8.0	3/8.9			5/9.8	5/4.8	4/8.2	5/9.8	4/9.6			6/9.2
800	8/3.6	4/5.6		5/7.8	4/8.5	4/7.5		7/8.2	3/3.7	3/7.6	5/8.9	4/11.5			6/7.8
1000	5/2.1	3/10.4	3/4.5	5/8.3	4/9.1	3/10.2	4/6.5	7/7.5	3/0.3	3/3.6	5/7.4	4/9.0	3/5.5		7/6.0
1405(高山站)				7/2.8	13/4.5	5/2.9		13/3.4							

表 2.34　水稻孕穗期低温统计

海拔(m)	隆回					洪江			
	1983 年		1984 年	1985 年		1983 年	1984 年	1985 年	
200	0		6/15.8	0		0	8/15.7	0	
300	0		8/15.0	5/15.0		0	8/15.3	0	
500	0		14/13.9	6/14.5		0	13/13.8	5/14.9	
800	5/10.2	5/16.5	15/11.6	9/10.5	6/13.5	5/11.1	15/11.8	5/12.5	5/14.1
1000	7/8.1	6/14.1	15/10.0	11/9.6	12/12.1	5/10.2	15/11.4	7/11.0	
1405(高山站)	5/13.1		25/8.4	37/10.1		18/8.2	24/8.7	21/9.2	

海拔(m)	炎陵					郴县				
	1983 年	1984 年	1985 年			1983 年		1984 年	1985 年	
200	0	0	0			0		5/15.4	0	
300	0	6/15.3	0			0		6/15.1	0	
500	0	5/3.7	6/15.7			0		6/14.2	6/15.5	
800	5/8.3	5/12.0	6/14.3			0		8/13.7	5/15.1	6/14.8
1000	5/9.0	5/10.6	6/13.6	5/14.4		6/7.4	6/14.6	15/10.9	14/0.3	6/14.2
1405(高山站)		25/7.4	22/11.0	5/6.2	10/13.1					

注:天数/最低温度。

表 2.35　粳稻抽穗期低温统计

剖面	海拔（m）	1983 年					1984 年				1985 年				
		持续天数/极端低温				最早稳定低于 20 ℃	持续天数/极端低温			最早稳定低于 20 ℃	持续天数/极端低温				最早稳定低于 20 ℃
隆回	200	3/13.4	5/13.8			7—19/10	5/16.3			25/9—3/10	4/15.0				22/9—3/10
	300	4/12.8	5/13.4			6—19/10	3/12.3	5/15.6		11/9—3/10	8/12.4	6/			
	500	4/11.0				6—12/10	3/11.0	4/16.4	5/14.7		4/16.3	10/12.3			16/9—13/10
	800	6/13.5				27/9—6/10	3/14.9	4/13.8	12/11.0	16/8—5/9	4/14.3	25/16.8			31/8—13/10
	1000	3/13.1	3/15.4	4/16.6	9/11.0	23/8—7/10	6/13.1	6/11.4		15/8—10/9	5/12.5				31/8—13/9
	高山站	6/12.2	6/14.5	5/14.8		21/8—24/9	10/12.4	6/16.1	10/11.2	12/8—10/9	8/11.3				
洪江	200	4/13.8	5/14.3			7—19/10				3/10	4/13.3	3/13.4	4/10.3		22/9—16/10
	300	3/9.5	5/12.9				3/12.3			11/9—28/9	4/11.7	3/11.4	6/8.5		
	500	3/12.3				6—12/10	3/13.7			11—26/9	4/13.6				22/9—14/10
	800	4/4.1				28/9—6/10	3/12.1	4/14.1		11—25/9	4/15.5	12/11.6			16/9—14/10
	1000	6/14.0				27/9—7/10	4/14.9	11/11.4		31/8—25/9	3/14.5				1—16/9
	高山站	5/13.6				15/7—18/8	10/14.4			11—25/8	6/17.9	4/17.6	4/17.4	16/12.8	1/7—13/9
炎陵	200	3/11.0	4/13.3			7—20/10	4/13.1			12/9—3/10	16/7.7				2—17/10
	300	3/11.4	5/12.8				7/12.9				4/14.4	7/9.0			23/9—16/10
	500	3/10.9	5/12.6				16/12.4			11/9—3/10	3/17.3	15/9.0			17/9—16/10
	800	6/11.8	11/9.2			26/9—20/10	4/14.2	10/12.3	4/16.0	1/9—3/10	21/9.1				
	1000	7/14.7	3/11.3			25/9—20/10	4/15.1	11/12.2	4/15.6		3/16.7	21/11.0			1/9—16/10
	高山站						10/12.1	4/8.4	3/11.5	13/8—10/9	4/14.3	11/13.4	5/11.6		19/—11/9
郴县	200	3/13.5	5/15.4			7—19/10				3/10	4/16.2	4/11.9			22/9—16/10
	300	3/11.7	5/15.0				4/16.9			26/9—3/10	4/16.0	4/10.5			22/9—15/10
	500	3/12.4	5/14.9				5/15.0	4/16.0		11/9—3/10	4/16.3	9/14.7	6/10.7		17/9—14/10
	800	3/11.0	5/12.7			7—20/10	4/13.5	3/16.3	4/17.3	12/9—3/10	3/15.6	16/8.0			18/9—16/10
	1000	4/15.1	3/17.5	7/12.4			6/15.9	7/13.5	12/11.9	15/8—3/10	3/				1/9—16/9
	高山站	11/9					5/15.0								

表 2.36　山地丘陵区严寒期统计

海拔(m)	1983—1984 年				1984—1985 年				1985—1986 年			
	郴州	炎陵	隆回	洪江	郴州	炎陵	隆回	洪江	郴州	炎陵	隆回	洪江
基带站	0	0	0	0	0	0	0	0	0	0	0	0
300	0	0	5(18—22/1)	0	0	0	0	0	0	0		0
	0	0	6(26—31/1)	0	0	0	0	0	0	0		0
	0	0	(11)	0	0	0	0	0	0	0		0
500	5(29/12—2/1)	5(29/12—2/1)	17(16/1—1/2)	16(16—31/12)	11(18—28/12)	0	13(16/12—26/12)	6(18—12/23)	0	0		0
	15(19/1—2/2)	17(16/1—1/2)				0	5(17—21/2)	0	0	0		0
	(20)	(22)	(17)	(16)	(11)	0	(18)	(6)	0	0		
800	20(29/12—7/2)	9(28/12—1/1)	8(28/12—4/1)	5(28/12—1/1)	12(18—29/12)	14(17—30/12)	14(16—29/12)	14(16—29/12)	0	0		
		26(18/1—12/2)	29(16/1—13/2)	23(16/12—7/2)	5(18—22/2)	6(18—23/2)	9(2—10/1)	6(5—10/1)	0	0		
							6(17—22/2)	6(17—22/2)	0	0		
	(20)	(35)	(37)	(28)	(17)	(20)	(29)	(26)	0	0		
1000	5(22—26/12)	5(28/12—1/1)	5(21—25/12)	5(28/12—1/1)	13(18—30/12)	14(17—30/12)	31(15/12—14/1)	15(16—30/12)	0	5(3—7/2)	5(8—12/12)	5(8—12/12)
	5(28/12—1/1)	22(18/1—8/2)	9(28/12—5/1)	29(16/1—13/2)		6(18—23/2)	12(17/2—28/2)	9(2—10/1)	0		6(3—8/2)	7(1—7/2)
	5(3—7/1)		30(16/1—14/2)				7(8—14/3)	11(17—27/2)	0			
	23(19/1—10/2)							6(9—14/3)	0			
	(38)	(27)	(44)	(34)	(13)	(20)	(50)	(43)	0	(5)	(11)	(12)
1405(高山站)			23(17/12—7/1)	22(17/12—7/1)		14(18—31/12)	30(16/12—16/1)	32(15/12—15/1)	0	6(4—9/1)	5(8—12/12)	6(8—13/2)
			31(15/1—14/2)	30(16/1—14/2)		7(7—13/1)	11(17—27/2)	12(17/2—28/2)	0	5(27/2—3/3)	7(30/12—5/1)	5(30/12—3/1)
			8(22—29/2)	28(22—29/2)		5(11—15/3)	10(8—17/3)	13(8—20/3)	0		6(21—26/1)	6(21—27/1)
											10(31/1—9/2)	10(31/1—9/2)
			(62)	(60)		(26)	(51)	(57)	0	(11)	(33)	(27)

注:()内为严寒期天数之和。

表 2.37　冬季冰冻统计

年份	海拔(m)	郴州			炎陵			隆回			洪江		
		轻(次)	中(次)	重(次)	轻(次)	中(次)	重(次)	轻(次)	中(次)	重(次)	轻(次)	中(次)	重(次)
1983—1984	200	1	1					3	1		3		
	300	1	1		2			1	2		1		
	500			1	1		1		1	1	3	3	
	800	4		1			1		1	1		1	1
	1000	8	1	2	2	1	1	2	2	1	1	1	1
	高山站							1	3	2	1		2
1984—1985	200	1		1					1		2		
	300		2		1			4	1				
	500	1	2	1	1	1		2		3	3	2	
	800	4	1	1		2	2	3	2	3	3	1	3
	1000	6	2	2	1	1	3	2		3	3	1	3
	高山站				4	2	1	3	1	4	3	1	3
1985—1986	200	1			1			2			1		
	300		1		1			2			1		
	500		1		1			2	1		2	1	
	800	1	1		3	1		6	1		4	1	
	1000	6	1	1	6	2		7	1	2	3	3	
	高山站				2			5	1	2	4	1	3

2.2.4.3　暴雨

由表 2.38 可见:(1)暴雨总数以郴州最多(51 次),炎陵次之(46 次),隆回和洪江分别为 37 次和 34 次。(2)1983 年暴雨次数最少,炎陵以 1984 年暴雨次数最多,另三剖面以 1985 年最多。(3)暴雨出现时间:郴州从 3 月 30 日到 9 月 23 日,主要集中在 5 月中到 6 月初和 7 月底到 9 月初;炎陵和隆回从 4 月 3 日到 9 月 13 日,以 5 月中下旬到 7 月初和 8 月中下旬为多;洪江从 4 月 3 日到 8 月 13 日,以 5 月中到 6 月上旬为多。(4)从各层出现暴雨次数来看,以 800 m 和 1000 m 次数最多,高山站和基带站次之,300 m 和 500 m 略少。(5)从暴雨雨量地理分布来看,基带站只有郴州于 1985 年出现过 137.9 mm 的大暴雨 1 次;300 m 高度上无大暴雨;500 m 在 1984 年于郴州、炎陵,1985 年于郴州各出现 1 次大暴雨;800 m 在 1983 年于郴州、1984 年于炎陵,1985 年于郴州、炎陵,洪江各出现 1 次大暴雨;1000 m 在 1983 年于郴州,1984 年于炎陵、洪江,1985 年于郴州出现大暴雨,并洪江 1020 m 出现 1 次特大暴雨(158.2 mm);高山站只有洪江在 1984 年、1985 年各出现 1 次大暴雨。可见暴雨次数和强度均以 300 m 高度上最小,1000 m 最大。

表 2.38　暴雨统计(出现日期:日/月)

	1983				1984				1985			
	郴州	炎陵	隆回	洪江	郴州	炎陵	隆回	洪江	郴州	炎陵	隆回	洪江
基带站	23/5	11/5	9/4	27/4	1/6	7/4		3/4	10/8	27/5	26/5	4/7
	25/5	20/6	12/6	29/4	31/8	17/4		30/5	25/8		4/6	
			23/8	2/6		30/5		31/5	23/9		26/8	
						8/7			30/3			
						25/8			10/8			
300	25/5	20/6	9/4	2/6	17/5	7/4	31/5		25/8	27/5		
			11/5		1/6	17/4	15/6		23/9	5/6	4/6	27/5
						4/7		31/5	30/3	13/9	26/8	4/6
						1/9						
500	25/5	20/6		2/6	30/8	7/4	31/5	3/4	28/9	27/5	4/6	27/5
	27/5				31/8	17/4	15/6	31/5	24/8	5/6	13/9	4/6
	18/9				1/9	31/5	4/7		25/8			
						1/9			23/9			
									30/3			
800	15/5	11/5	23/5	29/4	1/6	7/4	31/5	31/5	28/7	27/5	15/5	15/5
	5/25	20/6	14/7	11/5	15/8	17/4	29/6	27/6	13/8	5/6	4/6	27/5
	13/9	15/7	17/9	2/6	24/8	31/5			24/8	25/8	26/8	4/6
		20/8			30/8	30/8			25/8		13/9	
					31/8	1/9			23/9			
					1/9							
1000	15/5	11/5	17/9	29/4	15/5	7/4	3/4	30/5	5/6	27/5	15/5	15/5
	25/5	20/6		11/5	1/6	17/4	31/5	31/5	13/8	5/6	4/6	27/5
	13/9	20/8		2/6	30/8	31/5	29/6	27/6	25/8	25/8	17/8	4/6
					31/8	15/6	4/7		23/9		26/8	30/6
						1/9	19/7					13/8
							2/8					
1405(高山站)			17/9	11/5		3/4	3/4	30/5		27/5	4/6	15/5
				2/6		7/4	31/5	31/5		5/6	26/8	27/5
						31/5		27/6		25/8		4/6
						15/6		7/8				
						30/8						
						1/9						

注:日降水量≥50 mm。

2.2.4.4 洪涝

由表2.39可见:(1)1984年洪涝次数较多,1983年最少。(2)湘南洪涝次数多于雪峰山,隆回三年无一次洪涝,洪江(1983年)、炎陵(1985年)全剖面无洪涝。(3)1000 m的洪涝次数最多,基带站、800 m和高山站次之,300 m最少。

表2.39 洪涝统计(出现日期:日/月(降雨量:mm))

年份	海拔(m)	郴州	炎陵	隆回	洪江
1983	200	21—28/5(254.9)	0	0	0
	300	0	0	0	0
	500	0	0	0	0
	800	0	5—13/5(220.9)	0	0
	1000	0	5—13/5(216.8)	0	0
	高山站	0		0	0
1984	200	0	22—31/8(212.4)	0	23—31/5(230.5)
	300	0	25/8—2/9(237.2)	0	0
	500	24/8—2/9(308.0)	24/8—2/9(175.9)	0	0
	800	24/8—2/9(333.9)	24/8—2/9(362.4)	0	23/5—1/6(230.8)
	1000	23/8—1/9(236.9)	24/8—10/4(225.3)	0	21/5—30/6(221.6)
	1405(高山站)	—	24/8—2/9(295.8)	0	23/5—1/6(224.7)
1985	200	21—30/8(259.6)	0	0	0
	300	21—30/8(219.1)	0	0	0
	500	24/8—2/9(325.5)	0	0	0
	800	24/8—2/9(290.2)	0	0	0
	1000	24/8—2/9(297.9)	0	0	26/5—4/6(271.9)
	1405(高山站)		0	0	25/5—4/6(246.1)

注:4—9月:任意10天≥200 mm。

2.2.4.5 冰雹

从测站出现的冰雹来看,以洪江最少,三年中仅500 m高度上有1次,基带站和高山站为2次和6次;郴州各站都只有1次;炎陵300 m有4次,其他站为1~2次;隆回最多,500 m以下为3~5次,800 m和1000 m各6次,小沙江有11次。

2.2.5 小结

"山高一丈,大不一样",表明了垂直方向的差异。因此,"立体气候"是山区气候的基本特征。无论是光、热、水资源或气象灾害,都随海拔高度而变,具有一定的规律性。

2.2.5.1 热量的垂直分布

(1)气温垂直递减率情况:据三年野外考察结果计算,雪峰山东西两侧和南岭北坡每升高百米年平均气温下降0.51~0.53 ℃,年平均最高气温下降0.63~0.69 ℃,年平均最低气温下降 0.39～0.46 ℃，而罗霄山西坡分别为－0.45、－0.50、－0.45(℃/100 m)。表明湖南省东部山区直减率偏小，同高度的热量偏好。由于最高气温直减率大，故山区海拔 300 m 以上已没有或很少热害。

从≥10 ℃积温直减率看，三年实测结果表明，雪峰山东侧和南岭北坡较大，分别为－206.9 ℃·d/100 m 和－205.1 ℃·d/100 m，雪峰山西侧与罗霄山西侧略小，分别为－179.4 ℃·d/100 m 和－182.0 ℃·d/100 m。雪峰山西侧温度直减率小于东侧，这是西侧双季稻和柑橘分布上限比东侧高 50～100 m 的主要原因。

(2)逆温情况：三年实测结果分析表明，全年各月均可出现逆温，但以冬季最多，强度和持续时间也最长，这有利于在山腰形成一条暖带，减轻或避免喜温怕寒植物的冻害。一般认为山地逆温有两层，其低层在山麓至山腰的三分之二高度处，我们的观测结果是 300～500 m，此层强度较高层强，出现频率也大，最具有农业意义。初步看出，湖南省山地逆温频次和强度，以湘东山地最多也最强，雪峰山西侧次之，南岭和雪峰山东侧最少也最弱。

2.2.5.2　降水垂直分布

三年平均降水量，各剖面都是以 1000 m 测站最大，雪峰山东侧和罗霄山西侧的 800 m 测站降水量仅比 1000 m 少 22.8 和 41.6 mm(有的年份还略多)。年降水量一般随海拔递增，递增率以罗霄山西侧最大(58.62 mm/100 m)，雪峰山西侧次之(50.94 mm/100 m)，南岭北侧由于 500 m 测站降水量多于 750 m(三年中有两年较多)。雪峰山东侧也由于 300 m 测站降水量多于 500 m(也有两年较多)，故使年降水量递增率大为减小(分别 35.88 和 35.06 mm/100 m)。

山区月降水量除南岭北侧和雪峰山西侧于 7 月略少外，其他两剖面 7 月及四剖面其他月份都较多(多在 100 mm 左右或更多)，由于山区湿度大，蒸发少，故干旱情况比平原地区为轻。

2.2.5.3　日照的垂直变化

山区日照时数受各种条件的制约，比较复杂，其中受地形遮蔽和云雾的影响较大，一般都是在某一高度以下，年日照时数随海拔增加而减少，到接近山顶的地方又增加，湖南省的情况亦如此。雪峰山西侧 800 m，雪峰山东侧和罗霄山西侧 1000 m，南岭北侧 500 m 日照时数为最少，而后向上增加。南岭北侧年日照时数 750 m 和 1050 m 多于 300 m 和 500 m，故随海拔增加而增加，递增率为 7.4 小时/100 m，其他剖面均为递减趋势，垂直递减率以雪峰山东侧最大，为－31.3 小时/100 m，罗霄山西侧和雪峰山西侧较小，每升百米仅减少 19.6 和 15.6 小时/100 m。

月日照时数垂直变化情况各地差异较大，雪峰山东侧除 12 月有递增趋势外，其余各月均随海拔递减，南岭北侧秋冬季(10 月—次年 2 月)随海拔增加，递增率为 1.95～5.06 小时/100 m，主要是 750 m 以上的日照比低层为多；其他月份则随海拔递减。雪峰山西侧与此相似，11 月—次年 2 月日照时数随海拔略增，递增率只有 0.61～1.91 小时/100 m。罗霄山西侧 11 月—次年 1 月和 3、4 月日照时数随海拔递增(0.04～0.76 小时/100 m)。秋冬季高山日照条件较好，对牧草越冬和发展畜牧业有利。

2.2.5.4　灾害性天气的垂直分布

(1)低温冷害：水稻播期冷害概率 300 m 高度以下为 50%以下，300 m 以上年年皆有。水稻秧苗期冷害程度和出现次数在 300 m 以下稍轻而少，500 m 以上则明显加重(出现次数较多，极低温度降低)。水稻孕穗期冷害也是 300 m 以下较轻，800 m 以上加重。水稻抽穗期冷害，300 m以下较轻，500 m以上在三剖面有1～2年出现10～19天连续的有害低温。因此，除少数地形条件较好的地段外，500 m高度上种双季稻即使在偏暖年份也有较大风险，偏冷年份肯定不行。1000 m山区多数在9月1日前后出现，并在9月中下旬稳定低于20 ℃，种一季中稻尚可，但有的年份严重减产。

(2)冬季冰冻严寒：300 m以下基本无寒害，虽有轻冰冻，次数很少。500 m以上寒害随海拔高度而加重，冰冻次数和持续时间也随海拔升高而增加。

(3)暴雨：以800和1000 m高度上次数最多，高山站和基带站次之，300 m和500 m略少。暴雨强度以300 m最小，1000 m最大。

(4)洪涝：1000 m高度上最多，300 m最少。

2.3 湖南省农业气候资源的宏观分布特征

湖南省地形复杂，地势高低悬殊，丘陵山地占全省总面积的三分之二，但气象台站甚少，海拔1000 m以上的正式测站现有3个(武陵山区原有两个站已撤销)，600～900 m有两个站，300～500 m有17个站，多数在湘西北和湘西南，少数在湘东南和湘南。约有百分之八十的气象台站分布在平原和低丘区。由这些气象台站测得的气象资料和由这些资料分析得出的气候要素分布图，势必不能代表湖南省真实情况，近几年的各级农业气候区划工作中，利用了一些山区气象哨的资料，选择不同季节不同天气型进行山区气候短时考察，对山区气象要素进行推算，从而对山区农业气候资源的宏观分布有了进一步的了解。但各地测算方法不一，缺乏比较性，测算结果的准确性也未经过严格的检验。

我们在山区农业气候资源研究中采用小网格分析法，即在10万分之一地形图上，取经、纬度10′各交点的海拔高程作为垂直方向的自变量连同这些格点的经、纬度(日照计算时还加进总云量)与温度(包括年平均气温、年≥10 ℃积温，1月平均气温、1月平均最低气温)和年、4—10月、11月—次年3月的降水量、日照时数、总辐射建立多元回归方程，经过残差订正及其他修正，得出了比以前各种分析方法都要准确的三维气象要素值和等值线分布图，提高了山区光热水资源分析的精确度。如小网格年日照时数经过多点实测日照时数的检验，其相对误差都在±3%以下。小网格年雨量场经过检验，除南岳山的相对误差较大(−5.5%)外，其他测点的相对误差多在±2%以下。

经过上述方法处理之后，湖南省光热水资源的宏观分布规律不仅远比《湖南气候》和《湖南农业气候》两本书中的分析准确，也比1986年8月出版的《湖南省农业区划》第二册中的气象要素分布图更加符合丘陵山区的实际情况。

2.3.1 光能资源

2.3.1.1 日照时数

(1)年日照时数

我们用全省101年气象站的年平均总云量(x_4)、海拔高度(x_3)、经度(x_2)和纬度(x_1)与年日照时数建立起如下的多元回归方程

$$y=1985.97-15.9396x_1+23.3809x_2-0.07216x_3-342.368x_4$$

($R=0.8749$　　$F=78.2904$　　$S=7.7198$)显著性检验

式中:R 为相关系数;F 为剩余平方和;S 为剩余均方差。用上式计算各网格点值并进行残差订正后绘制成湖南省小网格年日照时数图。武陵、雪峰山脉以东的年日照时数在1400小时以上,其中洞庭湖及湘江流域大部分地区在1600小时以上。光能资源充足。特别是洞庭湖周围各县、宁乡—韶山、娄底附近、蒸水上游、衡东—常宁、新田—桂阳、宁远西南部、茶陵附近及汝城东南部是湖南省多日照地区(年日照时数1700小时以上)。炎陵—资兴、江华县东南部、都庞岭到阳明山区是相对少日照区(在1500小时以下)。在武陵、雪峰山区的年日照时数多在1400小时以下,其中雪峰山脉主峰及龙山、凤凰、新晃、凤滩水库区在1300小时以下,是全省最少日照区,沅陵—会同沅江河谷区的年日照时数在1400小时以上,其中沅陵、辰溪—溆浦、怀化—芷江间部分地区的年日照时数在1500小时以上,是湘西的相对多日照区。

(2)生长季日照时数

4—10月是湖南省农林作物和牧草的旺盛生长季节,要求较多的光热水资源供给。此时段日照时数占全年日照时数的比例各地不尽相同,在此季节,湖南省大部分地区有1000小时以上的日照时数,只有湘西北和湘西边缘及雪峰山主体中山区在1000小时以下,沅江中游河谷和武陵、雪峰、都庞岭以东的广大地区在1100小时以上(炎陵、桂东、资兴等地在1100小时以下)。洞庭湖四周及湘江河谷地区在1200小时以上,此种光照条件可以满足双季稻的要求,故湖南省各地只要水热条件适宜就可种植双季稻,并获得较高产量。

(3)越冬季日照时数

1—3月是本省冬作物、牧草和林木的缓慢生长期或休眠期。此季日照时数,各地差异不大,只有湘西北和湘西边缘地区在300小时以下,洞庭湖四周、南岳山西北和桂东、汝城在500小时以上,其余广大地区都在300～500小时之间。

湖南省在越冬季的阴雨天数多,日照时数不足,从而使冬作物的生长发育不如华北、西南有利,也赶不上长江中下游的生产水平。

2.3.1.2　太阳总辐射

太阳光能是植物生命活动的主要能源。湖南省观测太阳光能的只有长沙一个日射站,从1959年开始观测以来,已积累了25年的实测资料。但由于种种原因,目前整理出比较可靠的只是1959—1964年的实测资料,年平均太阳总辐射为109.4 kcal/cm^2(折合4579.5 MJ/m^2)邓根云取1961—1970年平均太阳总辐射为106.1 kcal/cm^2(折合4442.2 MJ/m^2)。并用国内左大康、王炳忠、翁笃鸣、邓根云等人的计算辐射的经验公式作对比,检验的结果,以左大康等的公式最符合湖南的实际情况(均方差和最大误差最小),其计算公式为

$$(Q+q)=(Q+q)_0\left(a+b\,\frac{n}{N}\right)$$

式中,Q 为直接辐射;q 为散射辐射;n 为日照时数;N 为可照时数;a、b 为常数,分别取值为0.248和0.752;$(Q+q)_0$ 为晴天下的月总辐射量,可查表并内插求得。

我们用小网格的年、4—10月、11月—次年3月的日照时数除以该纬度的可照时数代入左氏公式的 n/N,即可求得相应时段的小网格总辐射值。

(1)年总辐射:武陵、雪峰山麓以东的4200 MJ等直线将湖南省分为东部梢多总辐射区和西部少辐射区,东部的洞庭湖区和湘江流域为4400 MJ以上较多总辐射区。其中安乡、蒸水上游、耒阳、桂阳、新田、宁远片及汝城附近为4600 MJ以上的多总辐射区。湖南省西部以龙山附近的3800 MJ以下为最少总辐射区,溆浦～洪江附近的沅江中游谷地为4200 MJ以上的

相对多总辐射区，其他地区的总辐射在 3800～4200 MJ 之间。

(2)生长季(4—10 月)总辐射：3000 MJ 是省东西部的分界线。但两侧的差异不大，除西北边缘在 2900 MJ 以下外，沅江流域有大片地区在 3000 MJ 以上，而东部的南北差异有所加大，洞庭湖区多在 3200 MJ 左右，娄底—衡阳—攸县以南有一大片 3300 MJ 以上的多总辐射区，欧阳海水库四周在 3400 MJ 以上。

湖南省作物生长季各地光能资源较多，这是各地只要水热条件适宜就可发展双季稻，并夺取高产的重要原因。

(3)越冬季(11 月—次年 3 月)总辐射：1100 MJ 可作为东西部的分界线，西部的经度地带性比较明显，多数地区在 900～1100 MJ 之间，东部以南北两端较多，洞庭湖区在 1300 MJ 以上，湘南的兰山、桂阳、桂东以南在 1300～1600 MJ 之间，中间大片地区为 1200 MJ 左右。

湖南省冬季太阳总辐射偏少，是影响冬季作物产量不高的一个重要原因。

2.3.2 热量资源

小网格热量计算方法前已述及，现分析四种温度的分布状况如下。

(1)年平均气温：16 ℃线将全省分为东西两个部分。东部温度偏高，洞庭湖滨各县、娄底地区和邵阳市多数县境在 16～17 ℃之间，湘东北、湘东南和湘南一部分中低山区低于 16 ℃。其余广大平丘区在 17 ℃以上，17 ℃线西伸到邵阳市、新邵，北到湘潭、长沙，甚至包括东、南洞庭湖区。18 ℃以上地区包括衡阳—祁阳—零陵以及欧阳海库区—道宁盆地和宜章西南。17 ℃以上地区是湖南省光热资源最丰富，最有条件争取亩产吨粮以上的地区。16 ℃线以西温度偏低，在武陵—雪峰—大南山的中低山区，等温线密集，多为 15 ℃以下的低温区，只有沅陵—洪江的沅江中游河谷区热量较好，年均温在 16 ℃以上。

(2)年大于 10 ℃积温：5000 ℃·d 线将全省分为东、西两部分。东部积温偏多，除湘东、湘东南及湘南的中低山区在 5000 ℃·d 以下外，其余全部在 5000 ℃·d 以上，可以满足双季稻的热量要求。湘潭、株洲市及衡阳地区以南的广大平原丘陵区都在 5500 ℃·d 以上。这些地方热量资源丰富，可以发展迟熟品种的双季杂交稻。5000 ℃·d 线以西地区热量偏少，武陵、雪峰、大南山的中低山区在 4500 ℃·d 以下，沅陵—通道的沅江中游河谷区在 5000 ℃·d 以上，可在 300～400 m 以下有水资源区发展双季稻。其余地区为 4500～5000 ℃·d，可发展旱粮一年二熟或一季杂交中稻加冬作的两熟制，湘西地区也利于发展林牧业和其他多种经营。

(3)1 月平均气温：纬度地带性比较明显，武陵、雪峰、大南山的中低山区，还有湘西和湘东边缘中低山区在 4 ℃以下，为冬季偏冷区；浏阳、湘潭到衡山—东安一线以南，还有沅江中游河谷的局部暖区及娄底、邵阳周围地区在 5 ℃以上，为冬季偏暖区，此类暖区为湖南省适宜于柑橘发展的地区，其余地区的 1 月平均气温在 4～5 ℃之间。

(4)1 月平均最低气温：与 1 月平均气温的分布相类似，湘西北、雪峰、大南山的中低山区，岳阳东部及桂东等地在 1 ℃以下，为偏冷区，湘潭、衡山—东安以南的平原丘陵区在 2 ℃以上，还有泸溪—通道的沅江中游河谷区和邵阳—洞口的资江中上游河谷区有一些 2 ℃以上的暖区，柑橘的冻害明显较轻，特别是衡阳—零陵和道县—宜章有一些 3 ℃甚至 4 ℃以上的暖区，宜发展甜橙为主的柑橘生产。

2.3.3 水分资源

我们主要计算分析了年、季(生长季和越冬季)的降水量小网格分布规律。由于雨量受大气环流、地形地势，甚至植被、水体的影响较大，故山区的雨量估算最为困难，我们用了两种不同的思路和方法，来进行湖南省丘陵山区小网格年雨量场估算。

其一是由不同区域雨量垂直递减率(r)来估算。从全省气象台站年雨量与高度的相关点聚图上，按线性相关程度高及站点在地域上连片分布两条原则，对101年气象台站分型聚类为四组相关方程，用这四组方程给出Y值，将气象台站的实测雨量订正到海平面，建立全省宏观海平面年雨量分布图，结合海平面等雨量线，划出全省Y值分区图，即可算出各网格点的年雨量估值。

其二是由多元回归方程估算，首先建立如下回归方程：$Y=257.751-12.7687x_1+13.2426x_2-0.01298x_3$　($R=0.5996, F=17.9592, S=16.4063$)

式中，x_1为纬度；x_2为经度；x_3为海拔高度(m)；Y为年雨量估值。上式经过残差订正和海拔高度订正(300 m以上取$r=0.3$ mm/m，300 m以下为−0.01298 mm/m)。

2.3.3.1　年降水量

由上述两个方法估算出来的湖南省小网格年雨量场，有殊途同归的良好效果，总的分布趋势一致，都达到了给定的精度要求。

取后一方法得出的小网格年雨量场来进行分析，湖南省有五片多雨区：(1)雪峰山北段与中段，(2)武陵山北部的八大公山、壶瓶山，(3)湘东北幕阜山、连云山、大围山，(4)湘东南万洋山、八面山，(5)湘南阳明山、都庞、萌渚、骑田岭及九嶷山、莽山一带。另外还有三片少雨区：(1)洞庭湖区，(2)衡阳盆地，(3)湘西沅江中游河谷的麻阳、新晃一带。1400 mm等雨量线将全省分成东西两部分，此线与年总辐射4200 MJ/m^2，年日照时数1500小时，年平均气温16 ℃，年≥10 ℃积温5000 ℃·d等值线比较接近，充分证明武陵、雪峰山东侧是湖南省气候的分界线。

我们还统计了各级年雨量的网格点数比例，可反映出各量级年雨量在全省大致的覆盖面积。全省约有54%的面积年雨量为1300～1500 mm，<1300 mm的少雨区约占全省面积的13%，而>1500 mm的多雨区占全省的33%。山区雨水较多，这有利于林木的速生高产和牧草的四时繁茂，也是南方林木生长量和牧草产量比北方干旱区高几倍的重要生态条件之一。

2.3.3.2　生长季降水量

湖南省在农林作物主要生长季(4—10月)降水量占年降水量的比例，全省在75.4%～83.6%之间变化，在地理分布上很有规律。生长季小网格雨量场就是用此比例的网格点值乘以年雨量相应网格点值求得的。可以得出，湖南省光照资源充足的洞庭湖及湘江流域降水量较少，一般在1000 mm以下，衡邵盆地只有900 mm左右，故有频繁的干旱发生。湘东、湘南和湘西山地有1000～1300 mm，干旱程度大减，基本上可以满足一季稻的需水要求，也是林木生长良好的自然条件之一，特别是海拔500 m以上山区在旱季甚至还有倒秋雨的威胁。

2.3.3.3　越冬季降水量

湖南省11月—次年3月雨量，各地差异不大，湘东和湘南山地、雪峰山北端在400 mm以上，湘西北和湘西南在350 mm以下，湘中在350～400 mm之间。

湖南省越冬季光热条件较差，林木和越冬作物、牧草均处于缓慢生长或休眠期。由于云量多，空气湿度大，植物蒸腾量小，对水分的需求较低，故此季雨水多反而成了不利条件，上述多雨区农作物易出现湿害和病害，林木则多受雪压和冰凌危害。湘西和湘北冬雨较少，有利于冬小麦、油菜生长和林木越冬，这也是慈利、石门、安乡等适宜发展春收作物和棉花的重要原因。

2.3.4 小结

综上所述，湖南省丘陵山区农业气候资源分布虽然错综复杂，但从宏观尺度考虑，仍有一定的规律性。

2.3.4.1 经度地带性特征

武陵、雪峰山脉的东侧是湖南省气候的明显分界线，此线正是我国地势由西向东的第二阶梯向第三阶梯过渡之处，此线以西属第二阶梯，处于云贵高原东部边缘，其西北为山原山地，西南为中山、低山山地，山地高大连片，山峰多在 1000 m 以上，脉状延伸度可达数百千米，河谷深切，地表起伏很大，土壤以黄壤为主，植被则为华中区系。气候与川、黔有相似之处，由于云雨量较多(年平均总云量为 7.5～8.1 成，年降水量多在 1400 mm 以上)，使得日照时数和太阳总辐射减少，年日照时数多为 1300～1500 小时，邻近川、黔的部分地区及高山区在 1300 小时以下，太阳总辐射多为 3800～4000 MJ/m^2，湘西边缘在 3800 MJ/m^2 以下。由于辐射收入较少，热量条件因而不如东部，年平均≥10 ℃积温在 5300 ℃·d 以下(80%保证率为 5150 ℃·d 以下)。

湖南省东半部处于我国大地形的第三阶梯，气候上冬季风长驱直入，春季受南岭静止锋影响较大，夏季受东南季风和副热带高压控制比西部明显。故全年云量略少(年平均总云量多在 7.5 成以下)，年降水量除湘东、湘西山地之外，多在 1300～1500 mm 之间，年日照时数约 1500～1800 小时，年太阳总辐射 4000～4400 MJ/m^2，年平均≥10 ℃积温多为 5300～5600 ℃·d。土壤以红壤为主，植被属华东区系。农业上东部以双季稻为主的一年三熟制占优势，西部双季稻比重减少，旱地作物增多。

2.3.4.2 纬度地带性特征

湖南省地垮五个半纬度，南北似乎应该有较大的气候差异，其实不然。由于地形地势的影响，使得南北差异还不如东西差异明显。特别是湖南省西部，北有高耸的鄂西山地屏蔽，冷空气受阻，南北两端地势较高，气温比中部沅麻河谷盆地均稍偏低，日照偏少，降水偏多，而且北部山前暖区的石门、慈利、大庸年平均气温 16.8 ℃，比南部的通道、靖县、会同、绥宁等还高 0.1～0.5 ℃，年平均≥10 ℃积温多 200 ℃·d 左右。湖南省东部由于地势南高北低，减弱了纬度的影响，年平均气温 17 ℃线可由东南部沿湘江一直伸到洞庭湖滨，只在阳明山南北出现两片大于 18 ℃的闭合环。日照时数几乎南北都有 1600～1800 小时，太阳总辐射都有 4200～4400 MJ/m^2 的分布。年降水量除北部洞庭湖区和中部衡邵盆地小于 1300 mm 之外，其余都是以 1300～1500 mm 为主。因此，湖南省东部纬度影响较小，只是在北纬 27°以南，有不少地区年平均气温在 17.5 ℃以上，≥10 ℃积温在 5600 ℃·d 以上。在此线以南的南岭山地和山前丘陵分布有一些较严格的华南热带区系植物，柑橘可以种不耐寒的橙类，早晚稻均可用迟熟品种或双季稻杂交稻。

2.4 利用气候资源优势，对湖南省丘岗山区的综合发展的宏观战略思路

为了充分合理地利用气候资源，扬长避短，趋利避害，必须统筹全局，远近结合，因地制

宜地规划农业生产，气象部门为此作过多次农业气候区划。1976年以前的区划，人称为双季稻区划，以双季稻所要求的气象条件为指标来进行分区划类，主要为发展粮食生产服务，这是适应当时以粮为纲的形势要求的，在区域区划的基础上，增加了按海拔分层的类型区划；区划指标除粮食作物外，增加了林木的生物学温度指标，考虑了多种经营的需要，使划区分层更加合理。但限于条件，当时只能利用少量山区气象哨不够准确的资料或气象部门短时观测资料来进行推算，林木指标也只能借用其他单位的现成结论，我们通过在湖南省山区五个剖面三年的气象和林木物候平均观测，掌握了大量科学数据，初步摸清了湖南省丘陵山区农业气候资源的垂直分布和宏观分布特征，探索了林木生长发育与气象条件的关系，为找出山区农林牧业综合分层划类的农业气象指标，进行山区大农业合理布局创造了更加有利的条件。

对湖南省丘岗山地农业气候资源利用的宏观战略发展提出如下探讨。

2.4.1　几种农林作物指标的探讨

根据山区农业气候资源垂直分布状况和农林作物的生态气候要求，以及气象灾害情况，提出下列作物的适宜高度和上下限高度，作为类型区划的依据(表2.40)。

表2.40　几种作物的适宜高度和上下限高度(m)

项目 作物	双季稻	杂交稻	粳稻	茶树	柑橘	油茶	油桐	毛竹	杉木	马尾松
适宜高度	<300	<800	<1300	<600～800	<300～500	<700	<500～700	400～600	300～1000	<800
上限高度	<400	<1200	<1500	<1200	<500～800	<1000	<1000	<1300	<1400	<1300

注：表内数据为湖南省中部的高度，武陵山区东部和雪峰山北部、幕阜—连云山适宜种植高度应降低50～100 m，罗霄山南部和阳明山以南可升高100～200 m。

2.4.2　湖南省山区垂直分层建议

一般的农业气候区划都是根据统一的农业气象指标来划分。我们试图综合考虑来划分出几个层次(即农业气候类型)。再分析各层农业气候资源及灾害情况，提出主要发展方向，供各级领导和农民群众在规划，布局山区立体农业时参考。

(1)暖热农作层：湖南省中部(包括雪峰山脉中南部和罗霄山脉中北部及其间广大地区以及武陵山西部)在300 m以下，北部(包括武陵山脉东部、雪峰山北部到幕阜山之间)在200～250 m以下，南部(包括阳明山以南及罗霄山脉南端)在400～600 m以下的平丘区，热量资源充足，年平均气温16 ℃以上，年≥10 ℃积温5100 ℃·d以上，在光照和水分有利的地方均可发展中迟熟品种搭配为主的双季稻加冬作的一年三熟或二年五熟制农业，并可适当发展棉、麻、油菜、油茶、油桐、茶叶、烟叶等多种经营，柑橘则应在各级暖区内适当发展。

(2)温热经济林果层：在湖南省中部300～500 m、北部200～400 m、南部400～600 m的丘陵低山区，热量不如第一层，年平均气温15～16 ℃，年≥10 ℃积温4700～5100 ℃·d，但夏季无高温炎热、冬有逆温保护；水分条件优于第一层，此层是湖南省发展经济林果的黄金地带，柑橘和多种小水果都可种植，茶叶、油茶、油桐、杉、松、竹等也很适宜。在农业上以一年二熟制为主。中部海拔<400 m，北部<300 m和南部<500～600 m可发展中早熟品种搭配的双季稻，水利设施较差的地方则应发展旱作农业。

(3)温和用材林层:在湖南省中部 500～1000 m、北部 400～900 m、南部 600～1100 m 的中低山区,气候温和,年平均气温 12～15 ℃,年≥10 ℃积温 3500～4700 ℃·d;雨雾较多,年降水量 1300～1900 mm,年雾日多在 50～160 天左右,年相对湿度多在 83%～85%之间,是种植杉、松、竹、檫等用材林的最佳地段。800～1000 m 高度冬季有冰凌危害。此层适合种茶,随海拔升高,质量提高,但产量降低。油茶、油桐等应在 700～800 m 以下种植。农业上以生育期中等的一年二熟制或二年三熟制为主,一季杂交稻可获较高产量。

(4)温凉林牧药层:中部海拔 1000～1500 m,北部 900～1400 m、南部 1100～1600 m 的中山区,气候温凉,年平均气温 10～20 ℃,年≥10 ℃积温 3000～3500 ℃·d,雨雾较多,年降水量 1500～1800 mm,年雾日 70～250 天。日照时数比第三层多,年日照时数约 1200～1500 小时,可种植耐寒树种及药用植物,如道县的厚朴生长在 800～1500 m 的北坡山槽,每亩山地可栽 200 株,栽后 20～30 年采收,每亩可收入 2000 元左右、炎陵背风向阳坡杉木、马尾松、毛竹可分布到 1400～1500 m 高度上。有些成片山原如城步南山等可以适当发展人工和天然草场并举的放牧畜牧业及林畜产品加工业。农业上以一年一熟制为主,水稻品种宜用耐寒粳稻,魔芋、马铃薯、香菇、木耳等均可发展。

(5)温冷植被生态保护层:中部 1500 m、北部 1400 m 和南部 1600 m 以上的高山区,温度低,多冰雪冻害,风大雨雾多,年平均气温 10 ℃以下,年≥10 ℃积温 3000 ℃·d 以下,年降水量 1600 mm 左右,年平均风速 5 m/s 以上。山顶多为灌丛草丛,背风向阳处有些矮化的乔灌木林,生长缓慢,如遭破坏,很难恢复,故应封山育林,妥善保护植被,保持水土。加强生态建设,保护生态环境。

2.4.3 综合发展的宏观战略思路

运用系统工程和生态学原理,综合规划,科学发展,将湖南省丘岗山地作为一个开放性大系统,作好全面综合规划,科学发展,坚持保护生态环境优先的原则,走发展生态经济之路,确保丘岗山地青山绿水可持续发展。

(1)充分利用丘岗山地生态景观资源,发展农家乐和乡村旅游业。

(2)因地制宜发展特色农业,将气候生态资源变为商品,将商品转化为财富,增加农民收入。

(3)挖掘传统农业文化资源,发展传统农业文化产业,促进丘岗山地农业文化产业发展。

(4)加强气候、土壤、森林植被生态防灾减灾的综合科学研究,发挥整体科学效益和防灾减灾能力。

第3章　雪峰山东侧的立体农业气候

雪峰山东侧包括邵阳市的城步、绥宁、新宁、洞口、隆回和娄底市的新化、冷水江、涟源及益阳市的安化、桃江、与常德市的桃源及长沙市的宁乡等部分地区，其自然地貌和气候生态特点是山多、山高、坡陡、谷深、平地少、云雾多、降水充沛、气候温暖湿润，具有林木生长的良好生态环境，垂直地带变化明显，为了摸清其气候垂直变化规律，在雪峰山东侧的新化县至隆回的兴田，金石桥、槐花坪、龙氹至小沙江沿线，海拔高度分别为 320 m、510 m、810 m、1030 m 及 1380 m(小沙江属国家气候站)设立气象考察点。考察点所在地基本上具备亚热带丘陵山地特色，仪器均按国家气象站标准配备，每站有一名助理工程师技术职称的国家干部。按统一实施方案，于 1983 年 3 月 15 日开始试测，4 月 1 日起正式记录(1380 m 站 7 月 1 日正式记录)，至 1987 年 9 月完成了考察任务。考察年平均气温较历年偏高 0.2～0.4 ℃，年降水量较常年稍低，年日照时数较历年略偏少，但在农作物生长发育的关键季节光照充足。5 月、9 月两个月气温高，无低温危害。入冬以来，冰雪频繁，气温偏低，现根据考察定点观测资料对主要气象要素的垂直分布差异作如下分析。

3.1　雪峰山东侧丘岗山地主要气象要素垂直分布

3.1.1　热量

热量主要包括平均气温，极端气温、地面平均温度，地面极端温度、界限温度及其初日、终日、持续日数、活动积温等。

3.1.1.1　平均气温

将各高度上之年、月平均气温及垂直变化进行统计分析，可以明显地看出其分布差异。

(1)年平均气温。从海拔 211.9～1030 m，年平均气温为 17.0～11.9 ℃，每上升 100 m，平均下降 0.59 ℃。各高度比较，递减率以 211.9～320 m 为最大，810～1030 m 次之，320～510 m 最小。根据 7 月至次年 3 月各点记录分析，以 1030～1380 m 递减率最小(图 3.1)

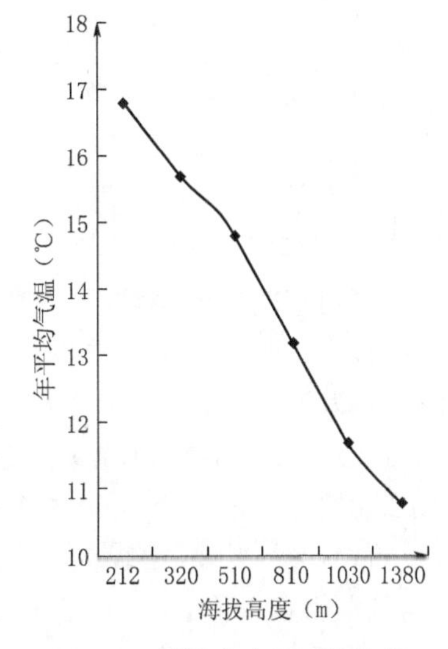

图 3.1　雪峰山东侧不同海拔高度年平均气温

(2)月平均气温。1 月平均气温 211.9 m 处为 2.6 ℃，比 1030 m 高 5.8 ℃，平均每上升 100 m 下降 0.50 ℃；7 月平均气温，211.9 m 为 28.5 ℃，比 1030 m 高 5.4 ℃，比 1380 m 高 7.2 ℃，平均每上升 100 m 降低 0.62 ℃；月平均气温在 0 ℃以下的时间，1380 m 有 2 个月、1030 m 有 1 个月外，其余各高度均在 0 ℃以上；月平均气温在 5 ℃以上的时间，510 m 以下有 10 个月，510 m 及以上只有 9 个月；月平均气温在 10 ℃

以上的时间，320 m 以下有 9 个月，320～810 m 有 8 个月，1030 m 以上有 7 个月，月平均气温递减率总的趋势是夏季大，平均为 0.60～0.62 ℃/100 m，以 3 月、10 月、11 月最小，为 0.44～0.45 ℃/100 m，2 月份因阴雨冰冻日数多，上下温差大，递减率反而与夏季接近。从 211.9～1030 m，平均递减率最大值是 6 月份的 0.62 ℃/100 m，最小值是 11 月份的 0.44 ℃/100 m。

层次之间，月平均气温降温最多，递减率最大值是底部 211.9～320 m 处，降温最少，递减率最小值是在 1030～1380 m 高度上，中部从 510～1030 m，降温逐渐增多，递减率逐渐增大（图 3.2）。

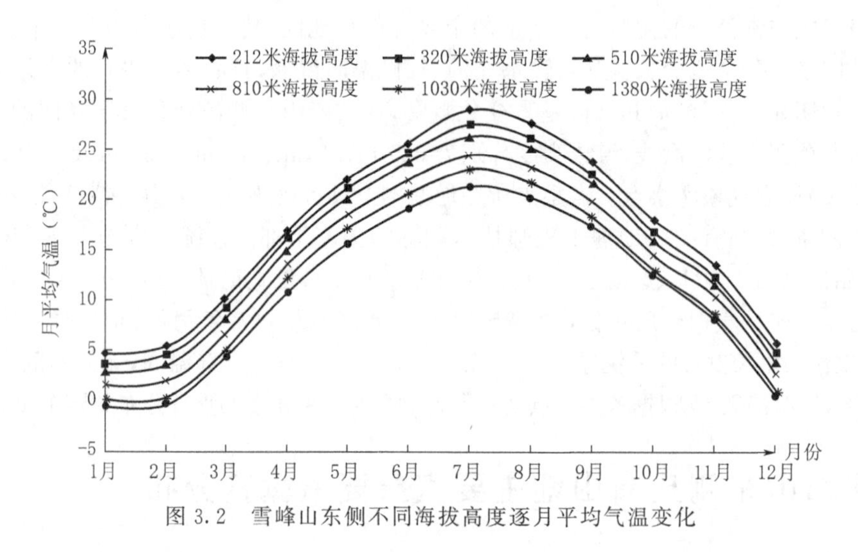

图 3.2 雪峰山东侧不同海拔高度逐月平均气温变化

表 3.1 月平均气温(℃)

站名	海拔高度	1 月	2 月	3 月	4 月	5 月	6 月	7 月	8 月	9 月	10 月	11 月	12 月	年
新化	212	4.5	5.4	9.9	16.8	21.9	25.6	28.9	27.6	23.8	18.0	13.6	5.9	16.8
兴田	320	3.5	4.6	9.1	16.0	21.1	24.6	27.4	26.1	22.5	16.8	12.3	4.8	15.7
金石桥	510	2.7	3.5	8.0	14.9	20.0	23.7	26.3	25.1	21.6	15.9	11.7	3.9	14.8
槐花坪	810	1.5	1.9	6.4	13.6	18.5	21.9	24.4	23.2	19.8	14.4	10.4	2.7	13.2
龙塘	1030	−0.1	0.3	5.0	12.2	17.1	20.5	23.0	21.6	18.3	12.9	8.6	1.1	11.7
小沙江	1380	−0.6	−0.4	4.3	10.8	15.5	19.1	21.3	20.3	17.3	12.6	8.1	0.7	10.8

(3)旬平均气温，随海拔升高而降低

由表 3.2、图 3.3 可看出，1 月上旬平均气温：212 m 处 1 月上旬平均气温为 4.2 ℃，1380 m 为 1.3 ℃，垂直递减率为 0.47 ℃/100 m。10.0 ℃开始日期旬平均气温的出现时间：212 m 处 3 月下旬为 11.7 ℃，320 m 为 11.0 ℃，510 m 为 4 月上旬 13.6 ℃，810 m 处 4 月上旬 12.3 ℃，1030 m 处为 10.9 ℃，1380 m 为 4 月中旬 10.9 ℃，10 ℃终日 212 m 处出现在 11 月下旬，310～810 m 出现在 11 月中旬，1030～1380 m 出现在 11 月上旬。15.0 ℃开始日期旬平均气温出现时间：212 m 出现在 4 月份上旬 15.5 ℃，310 m 出现在 4 月中旬为 15.1 ℃，510 m 出现在 4 月下旬 11.0 ℃，810 m 出现在 4 月下旬 15.9 ℃，1030 m 出现在 5 月上旬为 16.5 ℃，1380 m 出现在 5 月上旬为 15.6 ℃。20.0 ℃开始出现：212 m、320 m 出现在 5 月上

表 3.2　旬平均气温(℃)

站名	海拔高度(m)	1月			2月			3月			4月			5月			6月		
		上	中	下	上	中	下	上	中	下	上	中	下	上	中	下	上	中	下
新化	212	4.2	5.6	3.8	5.1	6.1	5.0	8.2	9.6	11.7	15.5	15.8	19.1	21.2	21.8	22.8	24.2	25.0	27.7
兴田	320	3.0	4.6	3.1	4.3	5.2	4.3	7.0	9.0	11.0	14.7	15.1	18.1	20.3	21.0	22.0	23.1	24.0	26.7
金石桥	510	2.3	3.8	2.0	3.2	4.2	2.9	6.0	7.8	9.9	13.6	14.1	17.0	19.3	19.9	20.8	22.3	23.1	25.8
槐花坪	810	1.2	2.9	0.4	1.6	2.8	1.0	4.8	6.2	8.1	12.3	12.6	15.8	17.8	18.3	19.3	20.7	21.3	23.8
龙塘	1030	0.5	1.4	−1.1	0.0	1.5	−1.6	3.1	5.0	6.7	10.9	11.4	14.3	16.5	16.9	17.9	19.3	19.8	22.4
小沙江	1380	−1.3	1.4	−2.0	−1.0	1.3	−1.8	2.4	4.7	5.7	8.7	10.9	13.0	15.6	15.6	15.1	18.1	18.6	20.8

站名	海拔高度(m)	7月			8月			9月			10月			11月			12月		
		上	中	下	上	中	下	上	中	下	上	中	下	上	中	下	上	中	下
新化	212	28.1	29.4	29.2	29.5	27.1	26.4	26.3	23.1	22.1	20.5	17.4	16.1	16.1	14.0	10.7	9.0	5.5	3.3
兴田	320	26.8	27.9	27.6	27.4	25.8	25.1	24.5	22.0	20.9	19.3	16.6	14.8	14.8	12.9	9.3	7.7	4.6	2.4
金石桥	510	25.7	26.6	26.4	26.5	24.9	24.1	23.9	21.0	20.0	18.4	15.7	14.0	14.3	12.2	8.8	7.0	3.6	1.5
槐花坪	810	24.2	24.5	24.5	24.5	22.8	22.5	21.9	19.4	18.1	16.9	14.0	12.5	13.0	10.9	7.4	6.3	2.2	−0.2
龙塘	1030	22.9	23.1	23.1	22.9	21.1	20.9	20.2	17.9	16.6	15.2	12.8	10.8	11.3	9.1	5.5	4.7	0.7	−1.7
小沙江	1380	21.1	21.5	21.3	21.6	19.7	19.7	18.9	16.8	16.1	14.5	12.8	10.7	10.9	8.4	4.9	4.6	0.5	−2.7

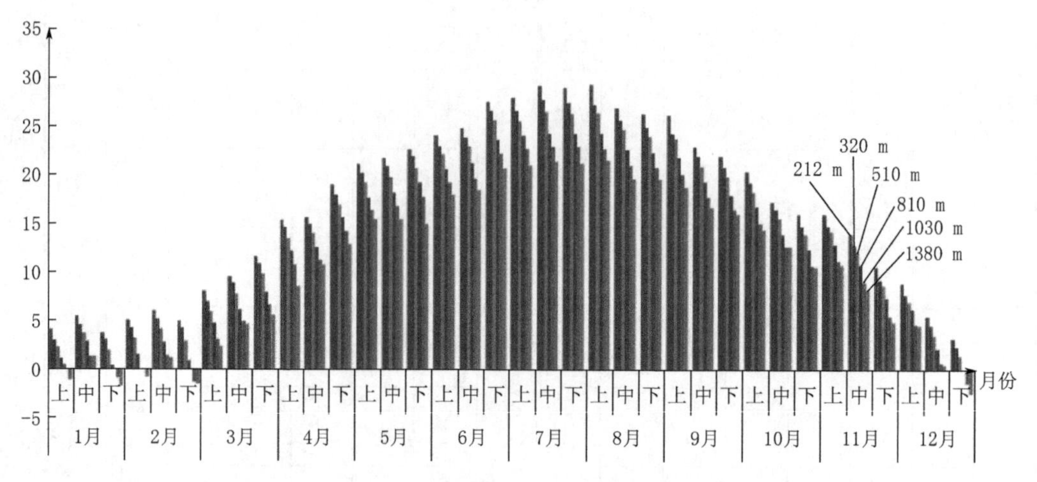

图 3.3　雪峰山东侧不同海拔高度旬平均气温(单位:℃)

旬分别为 21.2 ℃、20.3 ℃;510 m 出现在 5 月下旬为 20.8 ℃,810 m 出现在 6 月上旬为 20.7 ℃,1030 m、1380 m 出现在 6 月下旬,分别为 22.4 ℃和 20.8 ℃。20.0 ℃终日,212 m 出现在 10 月上旬为 20.5 ℃,310 m、510 m 出现在 9 月下旬,旬平均气温分别为 20.9 ℃和 20.0 ℃,810 m、1030 m 出现在 9 月上旬,旬平均气温分别为 21.9 ℃和 20.2 ℃,1380 m 出现在 8 月上旬,旬平均气温为 21.6 ℃。

3.1.1.2　极端温度

(1)极端最高气温:由图 3.4 可看出,年极端最高气温:212 m 为 38.8 ℃,年极端最高气温 1380 m 为 28.0 ℃,海拔每上升 100 m,年极端最高气温降低 0.92 ℃。

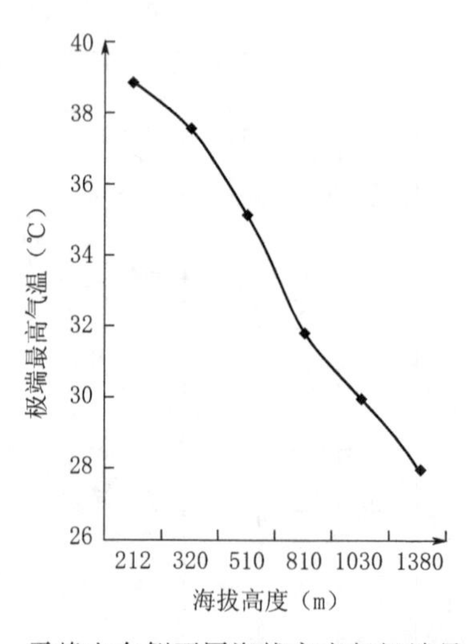

图 3.4　雪峰山东侧不同海拔高度年极端最高气温

(2)月极端最高气温:由图 3.5 可看出,212 m 最高月为 8 月 38.8 ℃,1380 m 为 7 月,28.0 ℃,随海拔高度升高而降低。最低月为 2 月,212 m 为 18.9 ℃,1380 m 为 12.5 ℃,海拔每上升 100 m,极端最高气温降低 0.55 ℃。

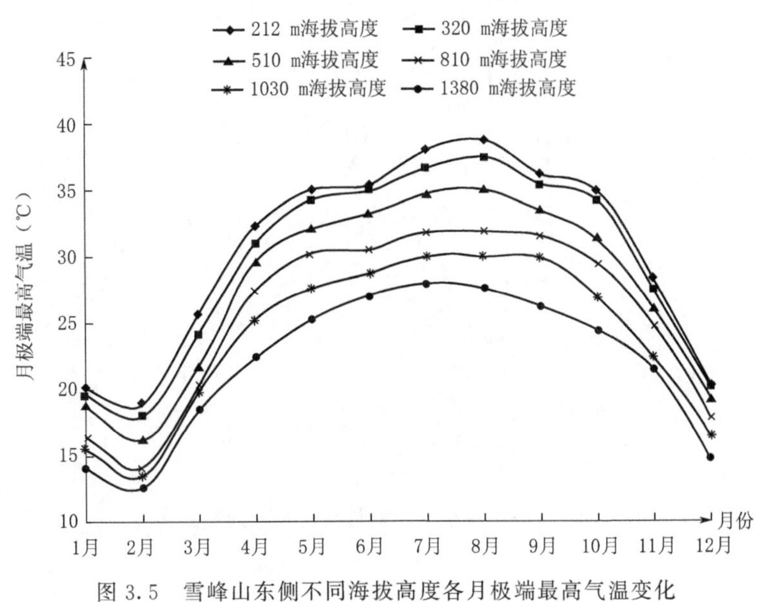

图 3.5　雪峰山东侧不同海拔高度各月极端最高气温变化

表 3.3　月极端最高气温(℃)

站名	海拔高度(m)	1 月	2 月	3 月	4 月	5 月	6 月	7 月	8 月	9 月	10 月	11 月	12 月	年
新化	212	20.0	18.9	25.6	32.3	35.0	35.4	38.0	38.8	36.2	35.0	28.5	20.4	38.8
兴田	320	19.6	18.0	24.2	31.0	34.3	35.0	36.7	37.5	35.5	34.3	27.5	20.3	37.5
金石桥	510	18.8	16.2	21.7	29.6	32.1	33.2	34.7	35.1	33.5	31.4	26.1	19.3	35.1
槐花坪	810	16.4	14.2	20.4	27.4	30.2	30.5	31.8	31.8	31.6	29.4	24.9	17.9	31.8
龙塘	1030	15.5	13.5	19.9	25.2	27.7	28.7	30.0	30.0	29.9	27.0	22.4	16.5	30.0
小沙江	1380	14.0	12.5	18.5	22.4	25.3	27.0	28.0	27.6	26.2	24.4	21.5	14.8	28.0

(3)平均最高气温：①年平均最高气温。由图 3.6 可以看出，212 m 为 21.4 ℃，比 1380 m(14.3 ℃)高 7.1 ℃，海拔每上升 100 m，年平均最高气温降低 0.61 ℃。

②月平均最高气温。由图 3.7 可看出，月平均最高气温出现在 7 月，212 m 为 33.9 ℃，310 m 为 32.7 ℃，510 m 为 30.9 ℃，810 m 为 28.4 ℃，1030 m 为 26.6 ℃，1380 m 为 24.6 ℃。若以月平均最高气温 30.0 ℃以上为酷夏标准，则海拔 510 m 以上月平均最高气温均低于 30.0 ℃，即海拔 510 m 以上没有酷夏的火热天气了，是天然的气候凉棚，为度夏消暑的最佳旅游场所。

③ 旬平均最高气温。由表 3.5 可看出，不同海拔高度的旬平均最高气温最高值均出现在 8 月上旬，212 m 8 月上旬平均最高气温为 35.8 ℃，1380 m 为 25.5 ℃，两地相差 10.3 ℃，垂直递减率为 0.88 ℃/100 m。

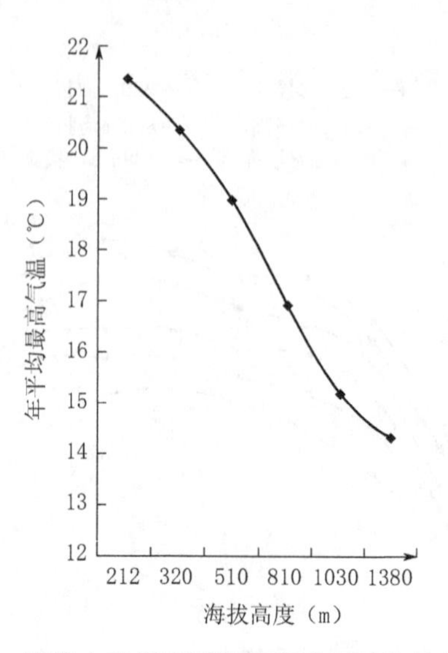

图 3.6　雪峰山东侧不同海拔高度年平均最高气温

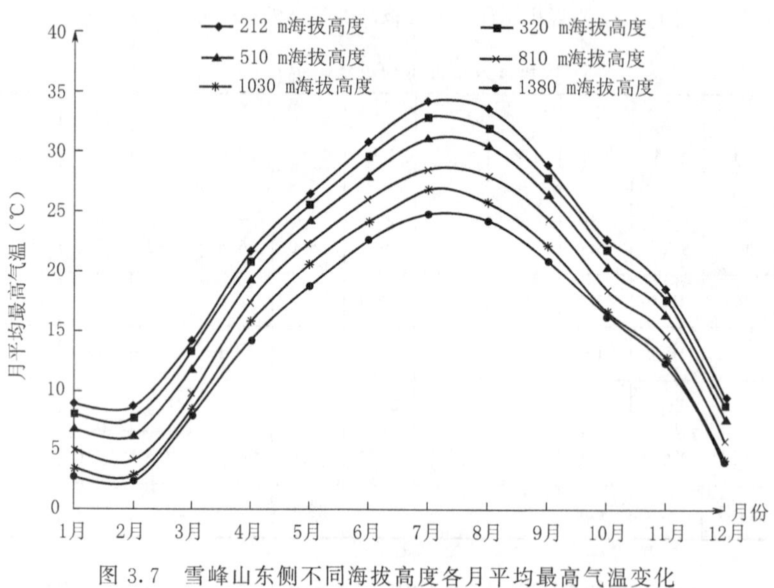

图 3.7　雪峰山东侧不同海拔高度各月平均最高气温变化

表 3.4　月平均最高气温(℃)

站名	海拔高度(m)	1月	2月	3月	4月	5月	6月	7月	8月	9月	10月	11月	12月	年
新化	212	8.8	8.7	14.1	21.5	26.3	30.4	33.9	33.4	28.8	22.6	18.5	9.5	21.4
兴田	320	8.0	7.7	13.3	20.8	25.4	29.4	32.7	31.8	27.7	21.7	17.6	8.8	20.4
金石桥	510	6.7	6.2	11.8	19.2	24.0	27.8	30.9	30.3	26.3	20.3	16.4	7.6	19.0
槐花坪	810	4.8	4.2	9.8	17.3	22.2	25.8	28.4	27.8	24.3	18.4	14.6	5.9	16.9
龙塘	1030	3.5	3.0	8.4	15.7	20.5	24.0	26.6	25.7	22.1	16.6	12.8	4.3	15.2
小沙江	1380	2.8	2.5	7.9	14.2	18.7	22.5	24.6	24.1	20.8	16.2	12.4	4.2	14.3

表 3.5　旬平均最高气温(℃)

站名	海拔高度(m)	1月			2月			3月			4月			5月			6月		
		上	中	下	上	中	下	上	中	下	上	中	下	上	中	下	上	中	下
新化	212	9.1	10.0	7.3	8.5	9.6	7.9	12.8	13.6	15.8	20.1	19.9	24.6	26.1	25.9	26.8	29.1	29.7	32.6
兴田	320	8.3	9.4	6.5	7.6	8.6	6.7	11.8	13.0	14.8	19.1	19.2	24.1	25.3	25.2	25.8	28.2	28.7	31.5
金石桥	510	6.9	8.2	5.2	6.1	7.2	5.2	10.4	11.7	13.2	17.4	18.1	22.0	23.8	23.9	24.4	26.7	27.2	30.0
槐花坪	810	5.0	6.4	3.1	4.0	5.4	2.9	8.3	9.6	11.3	15.6	16.1	20.1	22.1	21.9	22.5	24.6	25.0	27.8
龙塘	1030	3.3	5.5	1.9	2.7	4.4	1.4	6.6	8.5	9.9	14.2	14.8	18.2	20.4	20.3	20.7	22.8	23.3	25.9
小沙江	1380	2.2	5.3	1.2	1.9	3.4	0.9	6.0	8.2	9.3	12.0	14.1	16.7	19.3	18.8	18.0	21.4	21.9	24.4

站名	海拔高度(m)	7月			8月			9月			10月			11月			12月		
		上	中	下	上	中	下	上	中	下	上	中	下	上	中	下	上	中	下
新化	212	32.4	34.5	34.7	35.8	32.6	31.9	31.8	27.6	27.0	25.9	21.2	20.9	21.1	18.9	15.6	14.0	8.7	7.5
兴田	320	31.5	33.2	33.3	34.2	30.9	30.4	30.5	26.5	26.1	25.1	20.4	19.8	20.3	18.2	14.4	13.3	8.0	5.5
金石桥	510	29.7	31.5	31.4	32.4	29.8	28.9	29.0	25.3	24.4	23.5	19.3	18.4	19.1	17.0	13.2	12.2	6.7	4.3
槐花坪	810	27.5	28.6	28.9	29.5	27.1	26.9	26.7	23.5	22.6	21.5	17.4	16.4	17.2	15.2	11.3	10.4	4.9	2.6
龙塘	1030	25.9	26.9	27.0	27.5	24.7	24.7	24.4	21.5	20.5	19.5	15.9	14.6	15.6	13.3	9.4	8.9	3.4	1.1
小沙江	1380	24.1	25.1	24.6	25.5	23.7	23.3	22.3	20.2	19.9	18.4	16.1	14.3	15.0	12.7	8.5	8.0	2.8	0.3

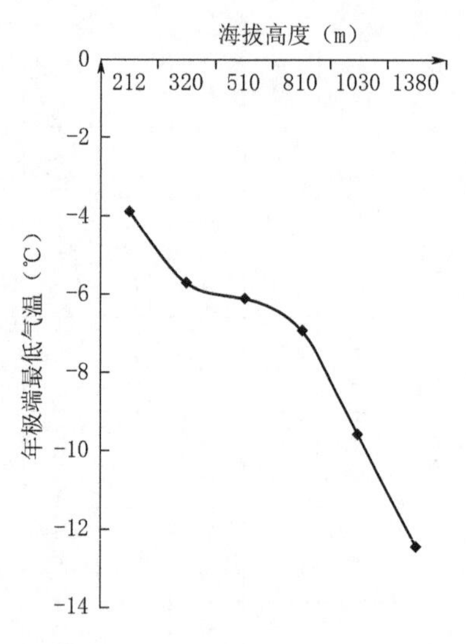

图 3.8 雪峰山东侧不同海拔高度年极端最低气温

(4)极端最低气温

① 年极端最低气温随高度上升而降温的幅度彼此差异较大。表 3.6 是不同海拔高度年、月极端最低气温表。年极端最低气温在 211.9 m 为－3.9 ℃，1380 m 为－12.5 ℃，211.9 m 比 1380 m 高 8.6 ℃，其垂直递减率为 0.74 ℃/100 m。

② 月极端最低气温：由表 3.6 和图 3.9 可看出：不同海拔高出现的时间不同，212 m（－3.9 ℃）出现在 1 月，310 m 为－5.7 ℃出现在 1 月，510 m 为－6.1 ℃，出现在 1 月，810 m 为－6.9 ℃出现在 12 月，1380 m 为－12.5 ℃出现在 12 月。

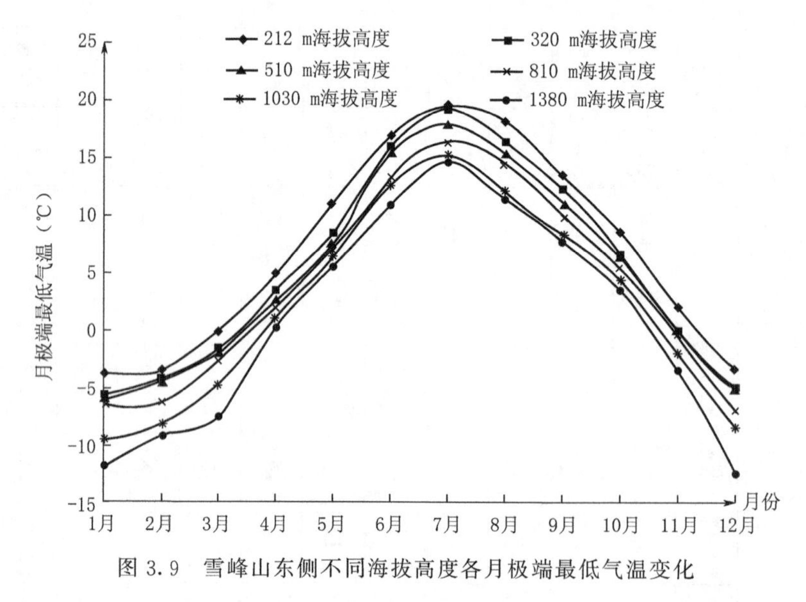

图 3.9 雪峰山东侧不同海拔高度各月极端最低气温变化

表 3.6 月极端最低气温(℃)

站名	海拔高度(m)	1月	2月	3月	4月	5月	6月	7月	8月	9月	10月	11月	12月	年
新化	212	－3.9	－3.5	－0.1	4.9	10.9	17.0	19.6	18.2	13.6	8.6	2.0	－3.3	－3.9
兴田	320	－5.7	－4.3	－1.7	3.5	8.5	16.0	19.3	16.5	12.4	6.7	0.0	－4.9	－5.7
金石桥	510	－6.1	－4.4	－2.0	2.6	7.6	15.5	18.0	15.4	11.0	6.5	0.0	－5.0	－6.1
槐花坪	810	－6.7	－6.3	－2.6	2.0	7.0	13.5	16.5	14.5	10.0	5.6	－0.4	－6.9	－6.9
龙塘	1030	－9.6	－8.2	－4.8	1.1	6.5	12.7	15.2	12.2	8.3	4.5	－1.8	－8.5	－9.6
小沙江	1380	－11.8	－9.2	－7.5	0.2	5.5	11.0	14.7	11.5	7.8	3.5	－3.3	－12.5	－12.5

(5)平均最低气温

① 年平均最低气温:由图 3.10 可见,年平均最低气温随海拔高度升高而降低,212 m 处年平均最低气温为 13.5 ℃,1380 m 为 8.0 ℃。海拔每上升 100 m 年平均最低气温降低 0.47 ℃。

② 月平均最低气温:由表 3.7 和图 3.11 可见,不同海拔高度的月平均最低气温均出现在 1 月,212 m 处为 1 月 1.4 ℃,1380 m 的 1 月为 −3.3 ℃,垂直递减率为 0.40 ℃/100 m。

③ 旬平均最低气温:由表 3.8 可见,旬平均最低气温随海拔升高而降低。

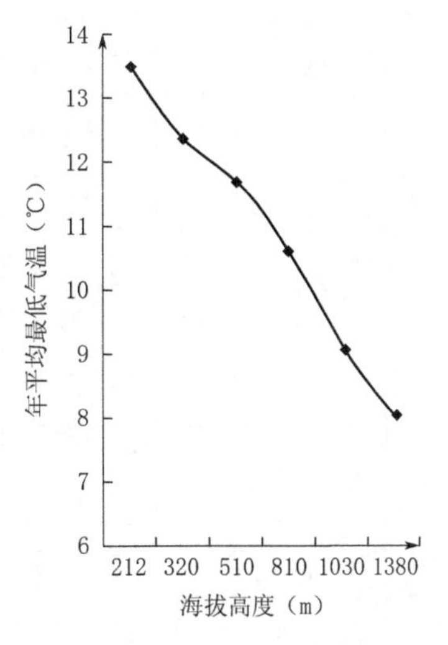

图 3.10　雪峰山东侧不同海拔高度年平均最低气温

3.1.1.3　界限温度

各级界限温度的初日、终日、持续日数及活动积温随海拔高度的变化差异各有不同(见表 3.9)。

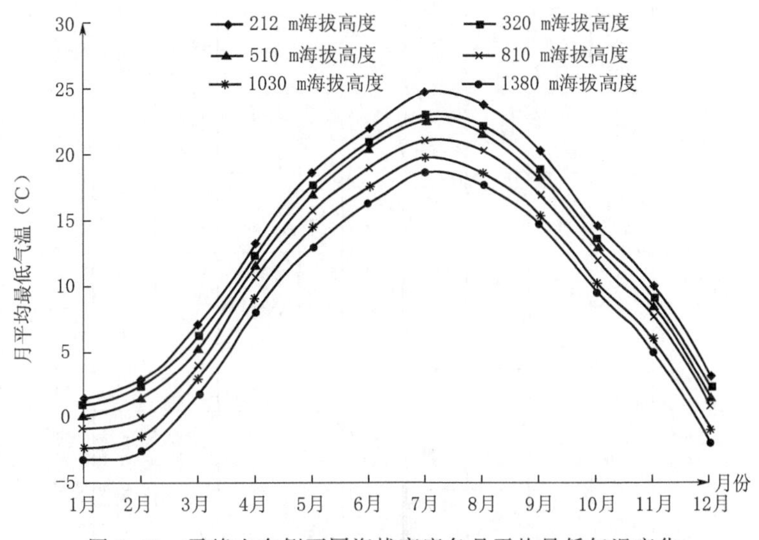

图 3.11　雪峰山东侧不同海拔高度各月平均最低气温变化

表 3.7　月平均最低气温(℃)

站名	海拔高度(m)	1 月	2 月	3 月	4 月	5 月	6 月	7 月	8 月	9 月	10 月	11 月	12 月	年
新化	212	1.4	2.8	6.9	13.2	18.6	21.9	24.8	23.8	20.3	14.5	10.0	3.1	13.5
兴田	320	0.9	2.3	6.2	12.4	17.6	20.9	23.0	22.2	18.9	13.6	9.0	2.2	12.4
金石桥	510	−0.1	1.4	5.2	11.6	17.0	20.4	22.6	21.6	18.3	12.9	8.4	1.4	11.7
槐花坪	810	−0.9	−0.1	3.9	10.6	15.7	19.0	21.1	20.3	17.0	11.8	7.7	0.8	10.6
龙塘	1030	−2.3	−1.5	2.8	9.1	14.5	17.6	19.8	18.6	15.5	10.2	5.9	−1.0	9.1
小沙江	1380	−3.3	−2.7	1.7	7.9	13.0	16.3	18.7	17.7	14.7	9.6	5.0	−2.0	8.0

表 3.8　旬平均最低气温(℃)

站名	海拔高度(m)	1月			2月			3月			4月			5月			6月		
		上	中	下	上	中	下	上	中	下	上	中	下	上	中	下	上	中	下
新化	212	0.4	2.2	1.5	2.5	3.3	2.7	4.8	7.0	8.8	12.3	13.0	14.3	17.3	18.5	19.9	20.5	21.3	24.0
兴田	320	0.4	1.4	0.9	2.0	2.5	2.2	3.8	6.4	8.1	11.6	12.3	13.2	16.2	17.6	18.9	19.4	20.3	22.8
金石桥	510	−1.0	0.8	−0.0	1.1	1.8	1.1	2.9	5.4	7.2	10.8	11.6	12.5	15.7	17.0	18.3	19.0	19.6	22.4
槐花坪	810	−1.5	0.4	−1.6	−0.2	0.5	−0.9	2.4	3.8	5.4	9.7	10.2	11.7	14.6	15.3	17.0	17.6	18.4	20.9
龙塘	1030	−3.3	−0.9	−3.1	−1.8	−0.7	−2.3	0.8	3.3	4.2	8.4	8.8	10.2	13.6	14.5	15.5	16.4	16.8	19.5
小沙江	1380	−4.2	−1.4	−4.2	−3.1	−1.3	−3.9	−0.4	2.1	3.1	6.1	8.2	9.4	13.0	13.1	12.8	14.8	15.7	18.4

站名	海拔高度(m)	7月			8月			9月			10月			11月			12月		
		上	中	下	上	中	下	上	中	下	上	中	下	上	中	下	上	中	下
新化	212	24.5	24.9	24.9	25.0	23.7	22.8	22.2	20.0	18.7	16.1	15.0	12.6	12.4	10.4	7.3	5.1	3.1	1.2
兴田	320	23.1	22.8	22.9	22.8	22.2	21.7	20.4	18.8	17.6	15.3	14.4	11.5	11.4	9.5	6.0	4.1	2.4	0.3
金石桥	510	22.6	22.7	22.6	22.3	21.6	20.9	19.9	18.0	16.9	14.7	13.8	10.7	10.9	9.1	5.3	3.8	1.4	−0.4
槐花坪	810	21.3	20.8	21.1	21.2	20.0	19.7	18.7	16.7	15.5	13.7	12.0	10.0	10.3	8.2	4.8	3.6	1.2	−2.2
龙塘	1030	20.2	19.7	19.5	19.4	18.4	18.1	17.1	15.4	14.0	12.2	10.6	8.1	8.5	6.3	3.0	2.0	−1.2	−3.6
小沙江	1380	19.0	18.5	18.6	18.6	17.4	17.1	16.3	14.4	13.5	11.5	10.0	7.5	8.1	5.3	1.8	1.4	2.2	−5.6

表 3.9　各级界限温度初终日期、持续日数及积温

站名	海拔高度	0 ℃				10 ℃				15 ℃				20 ℃			
		初日	终日	持续日数(天)	积温(℃·d)	初日	终日	持续日数(天)	积温(℃·d)	初日	终日	持续日数(天)	积温(℃·d)	初日	终日	持续日数(天)	积温(℃·d)
新化	212	7/1	30/12	358.3	6127.2	29/3	27/11	244.0	5400.0	20/4	14/10	178.0	4413.2	19/5	27/9	132.0	3480.0
兴田	320	11/2	13/12	306.0	5534.6	30/3	24/11	239.7	5199.3	28/4	13/10	169.3	4178.0	25/5	24/9	122.3	3233.1
金石桥	510	24/2	11/12	301.5	5164.1	31/3	10/11	224.3	4664.4	28/4	12/10	167.3	3864.0	28/5	21/9	117.0	2888.7
槐花坪	810	26/2	11/12	289.5	4672.0	14/4	5/11	205.6	4075.0	2/5	9/10	161.0	3462.5	8/6	3/9	87.7	2054.9
龙塘	1030	6/3	10/12	280.5	4308.6	20/4	14/10	178.0	3504.9	14/5	25/9	135.3	2812.1	18/6	22/8	66.3	1498.0
小沙江	1380	9/3	11/12	277.5	3920.6	24/4	9/10	169.0	3071.5	29/5	18/9	112.5	2223.2	21/6	16/8	57.0	1209.5

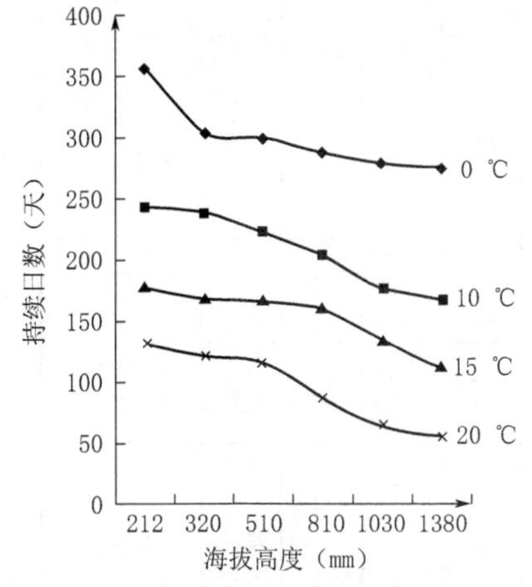

图 3.12　雪峰山东侧不同海拔高度各级温度初日和终日的间隔日数

(1)初终日间持续日数

≥0 ℃初终间持续日数，212 m 处初日至终日持续时间为 358.3 天，1380 m 的初终日持续日数为 277.5 天，垂直递减率为 6.9 天/100 m。

≥10 ℃初终间持续日数，212 m 初日至终日持续日数为 244.0 天，1380 m 的初终日持续日数为 169.0 天，垂直递减率为 6.4 天/100 m。

≥15 ℃初终间持续日数，212 m 初日至终日持续日数为 178.0 天，1380 m 的初终日持续日数为 112.5 天，垂直递减率为 5.6 天/100 m。

≥20 ℃初终间持续日数，212 m 初日至终日持续日数为 132.0 天，1380 m 的初终日持续日数为 57.0 天，垂直递减率为 6.4 天/100 m。

(2)不同海拔高度的积温

不同海拔高度的积温变化随海拔高度升高而减少。

≥0 ℃积温：海拔 212 m 为 6127.2 ℃·d，海拔 1380 m 为 3920.6 ℃·d，垂直递减率为 188.9 ℃·d/100 m。

≥10 ℃积温：海拔 212 m 为 5400.0 ℃·d，海拔 1380 m 为 3071.5 ℃·d，垂直递减率为 199.4 ℃·d/100 m。

≥15 ℃积温：海拔 212 m 为 4413.2 ℃·d，海拔 1380 m 为 2223.2 ℃·d，垂直递减率为 187.5 ℃·d/100 m。

≥20 ℃积温：海拔 212 m 为 3480.0 ℃·d，海拔 1380 m 为 1209.5 ℃·d，垂直递减率为 194.4 ℃·d/100 m。

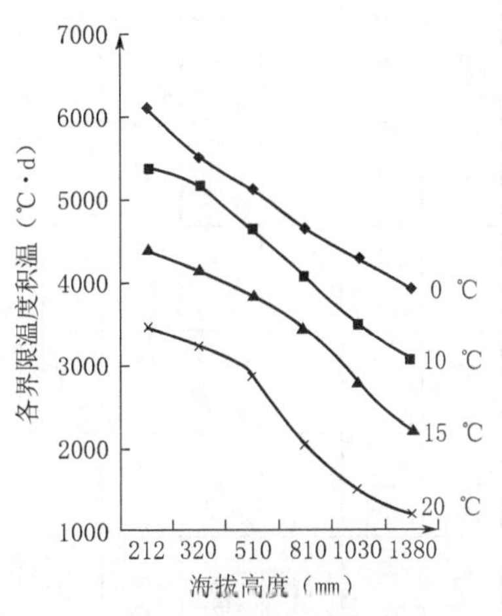

图 3.13　雪峰山东侧不同海拔高度各级温度积温

3.1.1.4　日最高气温≥30.0 ℃、≥35.0 ℃的日数

① 日最高气温≥30.0 ℃的日数

表 3.10 各旬日最高温度≥30 ℃日数(天)

站名	海拔高度（m）	1月			2月			3月			4月			5月			6月		
		上	中	下	上	中	下	上	中	下	上	中	下	上	中	下	上	中	下
新化	212												2.0	3.3	3.0	2.3	4.3	5.7	9.0
兴田	320												1.3	3.0	2.7	1.3	3.3	4.0	7.3
金石桥	510													1.0	1.3	1.0	1.3	1.3	5.7
槐花坪	810														0.3		0.7		1.3
龙塘	1030																		
小沙江	1380																		

站名	海拔高度（m）	7月			8月			9月			10月								
		上	中	下	上	中	下	上	中	下	上	中	下						
新化	212	8.3	9.0	11.0	10.0	8.3	8.7	7.0	3.7	2.7	3.3	1.0							
兴田	320	8.0	8.3	11.0	9.3	6.7	6.7	6.3	7.3	2.0	2.3	1.0							
金石桥	510	5.0	8.0	9.3	9.0	5.7	4.7	3.2	1.0	0.7	0.7	0.7							
槐花坪	810	1.3	4.7	2.0	4.0	1.0	1.0	0.3		0.7									
龙塘	1030		0.3		0.3														
小沙江	1380																		

表 3.11　日最高温度≥35 ℃日数(天)

站名	海拔高度(m)	1月			2月			3月			4月			5月			6月		
		上	中	下	上	中	下	上	中	下	上	中	下	上	中	下	上	中	下
新化	212													0.3					1.7
兴田	320																		0.3
金石桥	510																		
槐花坪	810																		
龙塘	1030																		
小沙江	1380																		

站名	海拔高度(m)	7月			8月			9月			10月								
		上	中	下	上	中	下	上	中	下	上	中	下						
新化	212	1.7	5.3	6.0	6.7	2.2	1.3	1.3		0.7		0.3							
兴田	320	0.7	4.3	1.7	4.3	0.3	0.7			0.3									
金石桥	510				0.7														
槐花坪	810																		
龙塘	1030																		
小沙江	1380																		

从表 3.10 可看出：212 m、310 m 日最高气温≥30.0 ℃从 4 月下旬开始至 10 月中旬，510 m 从 5 月上旬至 10 月中旬，出现有日最高气温≥30.0 ℃的天气，810 m 6 月下旬至 9 月上旬有≥30.0 ℃的高温天气，1030 m 仅 7 月中旬、8 月上旬有 0.3 天高温，1380 m 则没有 30.0 ℃以上的高温天气了，是炎热夏季消炎避暑的极佳场所。

② 日最高气温≥35.0 ℃日数，212 m、310 m 出现在 8 月上旬，分别为 6.7 天和 4.3 天，510 m 在 8 月上旬 0.7 天，810 m 以上海拔高度则没有最高气温≥35.0 ℃的日子了。

3.1.1.5 日最低气温≤0 ℃、≤−5 ℃的日数

(1)日最低气温≤0 ℃的日数

从表 3.12 可看出：日最低气温≤0 ℃的日数随着海拔高度升高而增加，320 m 高度上年≤0 ℃的日数为 33.9 天，1380 m 为 78.8 天，海拔每上升 100 m，≤0 ℃的日数递增率为 4.2 天/100 m。冬季山上≤0 ℃日期出现早，1030 m、1380 m 在 11 月中旬出现≤0 ℃低温为 0.3 天，320～810 m 出现在 11 月下旬，分别为 0.3 天、0.3 天、1.0 天，212 m 出现在 12 月上旬为 2.0 天。春季山上≤0 ℃日期结束迟，1030～1380 m 处≤0 ℃终止日期在 3 月下旬，分别为 0.7 天、2.7 天；510～1380 m 出现在 3 月中旬，分别为 1.0、2.3 天；320 m 为 3 月上旬 0.7 天，212 m 出现在 2 月下旬为 1.0 天，3 月中旬偶尔有为 0.3 天。

表 3.12 日最低气温≤0 ℃日数(天)

站名	海拔高度(m)	1月			2月			3月			11月			12月			年合计
		上	中	下	上	中	下	上	中	下	上	中	下	上	中	下	
新化	212	5.3	3.0	4.7	2.7	2.0	1.0		0.3					2.0	3.0	5.3	29.3
兴田	320	6.3	3.3	5.7	3.3	2.0	1.3	0.7					0.3	1.3	3.7	6.0	33.9
金石桥	510	6.7	4.0	7.0	5.0	3.3	2.7	1.3	1.0				0.3	1.3	3.7	7.0	43.3
槐花坪	810	7.3	4.7	8.0	6.0	4.7	5.0	2.3	2.3				1.0	1.3	5.0	9.0	56.5
龙塘	1030	9.3	4.7	8.3	6.3	6.7	7.0	4.0	3.3	0.7		0.3	1.7	2.0	6.0	9.3	69.6
小沙江	1380	9.3	6.3	9.7	8.0	6.7	7.7	6.0	4.0	2.7		0.3	2.3	2.7	7.0	9.7	82.4

(2)日最低气温≤−5 ℃日数

从表 3.13 可看出，日最低气温≤−5 ℃的日数随着海拔升高而增加，212 m 处为 0 天，1380 m 为 28.3 天，其递减率为 2.4 天/100 m。秋季，810～1380 m 开始出现在 12 月上旬，分别为 0.7 天、1.0 天、1.0 天。春季，1380 m 终期在 3 月中旬为 0.3 天，810～1030 m 出现在 2

表 3.13 日最低气温≤−5 ℃日数(天)

站名	海拔高度(m)	1月			2月			3月			12月			年
		上	中	下	上	中	下	上	中	下	上	中	下	
新化	212													
兴田	320			0.3										0.3
金石桥	510			0.7								0.3		1.0
槐花坪	810	0.3	1.0	2.0	0.3	0.3	0.3				0.7	1.3	2.3	8.5
龙塘	1030	3.0	1.7	3.7	3.0	1.3	1.0				1.0	1.7	4.3	20.7
小沙江	1380	4.0	2.0	4.0	4.7	1.7	2.0	0.3	0.3		1.0	2.3	6.0	28.3

月下旬，分别为 0.3 天、1.0 天，320～510 m 出现在 1 月下旬，分别为 0.3 天、0.7 天。

3.1.1.6　气温日较差

(1)年平均气温日较差

从图 3.14 可看出，年平均气温日较差随着海拔升高而递减，212 m 处为 7.9 ℃，1380 m 为 6.2 ℃，海拔每升高 100 m，年平均气温日较差减少 0.15 ℃。

(2)月平均气温日较差

从图 3.15 和表 3.13 可以看出，月平均气温日较差最大的月份出现在 8 月份，212 m 为 9.6 ℃，510 m 为 8.7 ℃，810 m 为 7.4 ℃，1030 m 为 7.1 ℃，1380 m 为 6.5 ℃。出现在 7 月份的 310 m 为 9.7 ℃。月平均气温日较差最小的月份为 2 月，212 m 的 2 月平均气温日较差为 5.9 ℃，320 m 为 5.4 ℃，510 m 为 4.9 ℃，810 m 为 4.3 ℃，1030 m 为 4.5 ℃，1380 m 为 5.2 ℃。

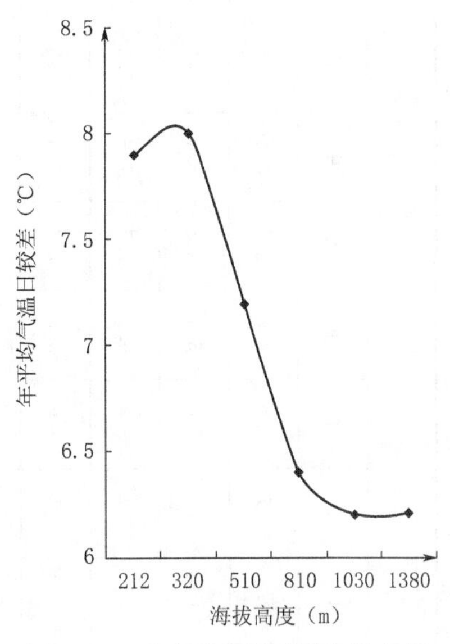

图 3.14　雪峰山东侧不同海拔高度年平均气温日较差

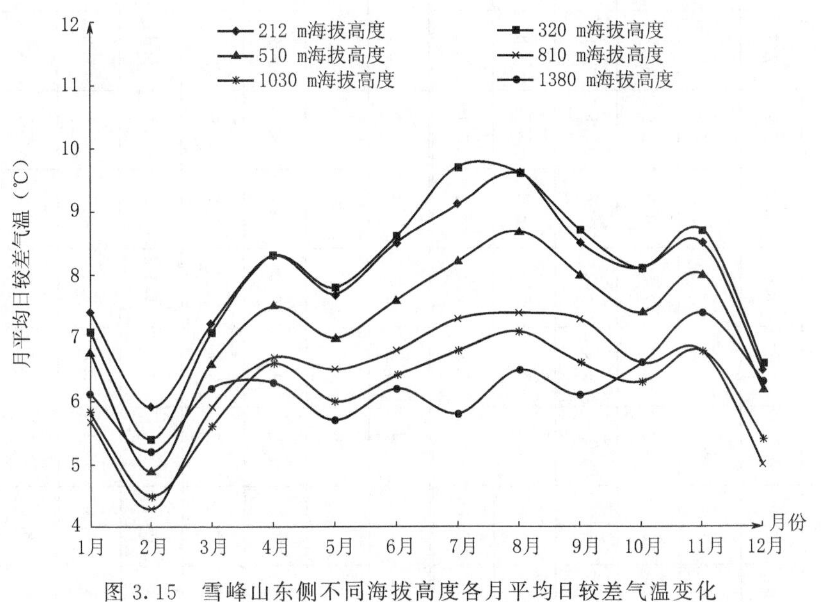

图 3.15　雪峰山东侧不同海拔高度各月平均日较差气温变化

表 3.13　各月平均气温日较差(℃)

站名	海拔高度(m)	1 月	2 月	3 月	4 月	5 月	6 月	7 月	8 月	9 月	10 月	11 月	12 月	年
新化	212	7.4	5.9	7.2	8.3	7.7	8.5	9.1	9.6	8.5	8.1	8.5	6.5	7.9
兴田	320	7.1	5.4	7.1	8.3	7.8	8.6	9.7	9.6	8.7	8.1	8.7	6.6	8.0
金石桥	510	6.8	4.9	6.6	7.5	7.0	7.6	8.2	8.7	8.0	7.4	8.0	6.2	7.2
槐花坪	810	5.7	4.3	5.9	6.7	6.5	6.8	7.3	7.4	7.3	6.6	6.8	5.0	6.4
龙塘	1030	5.8	4.5	5.6	6.6	6.0	6.4	6.8	7.1	6.6	6.3	6.8	5.4	6.2
小沙江	1380	6.1	5.2	6.2	6.3	5.7	6.2	5.8	6.5	6.1	6.6	7.4	6.3	6.2

表 3.14　旬气温日较差(℃)

站名	海拔高度（m）	1月			2月			3月			4月			5月			6月		
		上	中	下	上	中	下	上	中	下	上	中	下	上	中	下	上	中	下
新化	212	8.7	7.8	5.9	6.0	6.3	5.2	8.0	6.6	6.9	7.8	6.9	10.3	8.7	7.4	7.0	8.4	8.4	8.5
兴田	320	7.9	8.1	5.6	5.5	6.1	4.5	8.1	6.6	6.7	7.3	6.9	10.9	9.1	7.6	6.9	8.8	8.4	8.6
金石桥	510	7.9	7.4	5.2	5.0	5.5	4.2	7.5	6.2	6.2	6.6	6.5	9.5	8.1	6.9	6.1	7.7	7.6	7.5
槐花坪	810	6.5	6.0	4.7	4.3	4.8	3.8	5.9	5.9	5.8	5.8	5.9	8.4	7.1	6.6	5.5	7.0	6.8	6.9
龙塘	1030	6.5	6.5	5.0	4.5	5.1	3.7	5.8	5.2	5.7	5.8	6.0	8.0	6.8	5.8	5.2	6.4	6.5	6.3
小沙江	1380	6.4	6.7	5.4	5.1	5.7	4.8	6.4	6.1	6.1	5.9	5.9	6.9	6.3	5.7	5.2	6.6	6.2	6.0

站名	海拔高度（m）	7月			8月			9月			10月			11月			12月		
		上	中	下	上	中	下	上	中	下	上	中	下	上	中	下	上	中	下
新化	212	7.9	9.6	9.8	10.9	8.9	9.1	9.6	7.7	8.3	9.8	6.2	8.3	8.7	8.5	8.3	8.9	5.6	5.0
兴田	320	8.4	10.3	10.3	11.4	8.7	8.7	10.1	7.7	8.5	9.9	6.0	8.3	9.0	8.7	8.3	9.2	5.6	5.2
金石桥	510	7.1	8.8	8.9	10.1	8.1	8.0	9.1	7.3	7.4	8.8	5.5	7.7	8.2	7.9	7.9	8.6	5.3	4.7
槐花坪	810	6.2	7.8	7.8	8.3	7.1	7.2	8.0	6.7	7.1	7.8	5.3	6.4	6.9	7.0	6.5	6.6	3.6	4.8
龙塘	1030	5.8	7.2	7.5	8.1	6.3	6.7	7.3	6.1	6.5	7.3	5.3	6.5	7.1	7.0	6.4	6.9	4.6	4.7
小沙江	1380	5.1	6.6	6.0	6.9	6.3	6.2	6.0	5.8	6.4	7.0	6.1	6.8	6.9	7.3	7.7	7.5	6.1	5.4

(3)旬平均气温日较差

旬平均气温日较差(表3.14),最大值出现在8月上旬,212 m处为10.9 ℃,320 m为11.4 ℃,510 m为10.1 ℃,1030 m为8.1 ℃,1380 m为6.9 ℃。只有810 m出现在4月下旬为8.4 ℃。

3.1.1.6　地面温度

(1)地面0 cm平均温度

① 地面0 cm年平均温度

年平均地面温度随海拔上升而下降。年平均温度在211.9～1030 m处为19.0～12.7 ℃。每上升100 m,年地面平均温度平均下降0.45 ℃(见图3.16)。

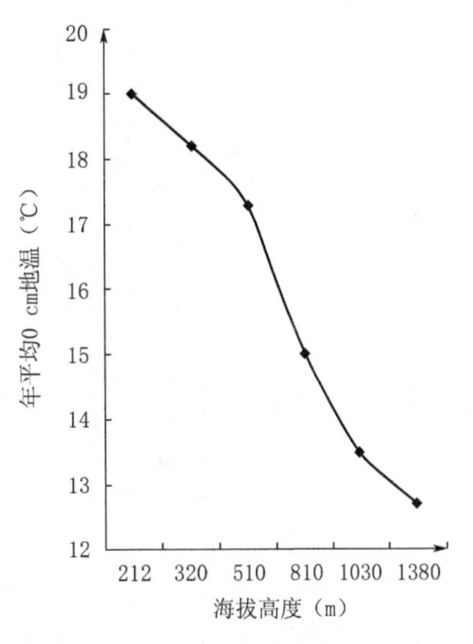

图3.16　雪峰山东侧不同海拔高度年0 cm地温随高度变化

② 月平均0 cm地面温度

不同海拔高度月平均地面温度最高值均出现在7月份,212 m处的7月平均0 cm地面温度为33.5 ℃,1380 m为24.0 ℃,海拔每上升100 m,7月平均0 cm地面温度降低0.81 ℃。不同海拔高度月平均地面温度最低值出现在1月、212 m为5.2 ℃,1380 m为−0.2 ℃,海拔每上升100 m,1月地面温度降低0.46 ℃。

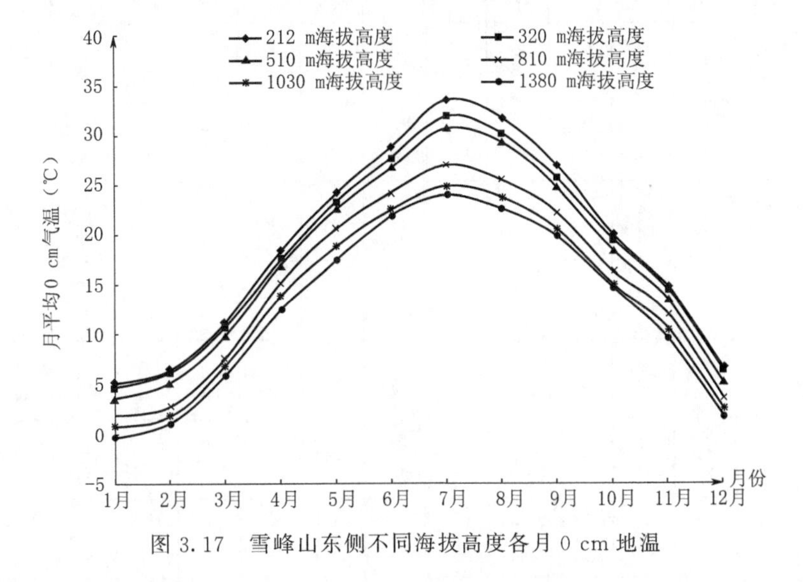

图3.17　雪峰山东侧不同海拔高度各月0 cm地温

表3.15　各月平均0 cm地温(℃)

站名	海拔高度(m)	1月	2月	3月	4月	5月	6月	7月	8月	9月	10月	11月	12月	年
新化	212	5.2	6.5	11.2	18.4	24.2	28.8	33.5	31.7	27.0	20.0	14.8	6.7	19.0
兴田	320	4.7	6.3	10.7	17.6	23.3	27.7	31.9	30.2	25.7	19.5	14.5	6.5	18.2
金石桥	510	3.7	5.2	9.9	17.0	22.7	26.7	30.7	29.3	24.8	18.4	13.5	5.3	17.3
槐花坪	810	2.0	2.9	7.7	15.2	20.7	24.2	27.0	25.6	22.3	16.4	12.1	3.7	15.0
龙塘	1030	0.9	1.9	6.9	13.9	18.9	22.5	24.9	23.8	20.6	15.0	10.6	2.6	13.5
小沙江	1380	−0.2	1.2	6.0	12.6	17.5	21.9	24.0	22.6	19.9	14.7	9.7	1.9	12.7

表 3.16　各旬 0 cm 地温(℃)

站名	海拔高度(m)	1月			2月			3月			4月			5月			6月		
		上	中	下	上	中	下	上	中	下	上	中	下	上	中	下	上	中	下
新化	212	4.9	6.1	4.8	6.1	7.1	6.2	9.3	11.0	13.0	16.8	17.3	21.1	23.7	23.7	25.1	27.1	27.6	31.7
兴田	320	4.4	5.3	4.5	5.9	6.8	5.9	8.5	10.8	12.4	16.1	16.7	20.0	22.4	23.6	23.7	25.9	26.6	30.7
金石桥	510	3.4	4.7	3.2	4.7	6.0	4.8	7.8	10.1	11.6	15.6	16.2	19.3	22.2	22.8	23.2	25.0	25.8	29.3
槐花坪	810	1.2	3.4	1.6	2.4	3.9	2.2	5.7	7.9	9.4	13.6	14.5	17.5	20.1	20.7	21.1	22.9	23.4	26.2
龙塘	1030	0.0	2.4	0.3	1.2	2.8	1.7	4.5	7.5	8.5	12.7	13.2	16.0	18.0	18.3	19.7	21.5	21.8	24.5
小沙江	1380	−1.2	1.8	−1.0	0.2	2.8	0.5	3.7	6.6	7.5	10.5	12.5	14.7	17.3	17.8	17.4	20.1	21.2	24.3

站名	海拔高度(m)	7月			8月			9月			10月			11月			12月		
		上	中	下	上	中	下	上	中	下	上	中	下	上	中	下	上	中	下
新化	212	31.9	34.9	33.5	34.7	30.9	29.7	29.9	25.9	25.1	23.0	19.3	17.9	17.5	15.2	11.6	9.8	6.3	4.2
兴田	320	30.7	33.0	32.1	31.8	30.2	28.7	28.3	25.0	24.0	22.5	18.8	17.4	17.0	14.9	11.6	9.3	6.3	4.2
金石桥	510	29.3	32.8	30.2	31.5	29.5	27.3	27.6	24.0	22.7	21.2	18.3	16.0	16.2	13.9	10.5	8.2	5.1	2.8
槐花坪	810	26.5	27.7	26.8	26.8	25.3	24.8	24.4	21.8	20.8	19.1	16.1	14.3	14.5	12.3	9.4	7.5	3.6	0.3
龙塘	1030	24.7	25.3	24.7	24.8	23.7	23.0	22.4	20.5	18.9	17.3	15.2	12.8	13.0	11.0	7.6	5.6	2.7	−0.2
小沙江	1380	23.4	25.1	23.5	23.9	22.3	21.8	21.3	19.5	19.1	16.8	15.1	12.5	12.3	9.8	7.2	5.6	2.2	−1.8

③ 旬平均0 cm地面温度

旬平均地面温度，最高值出现在7月中旬，212 m处的7月中旬地面平均温度为34.9 ℃，1380 m为25.1 ℃，两地相差9.8 ℃，海拔每上升100 m地面0 cm地温降低0.84 ℃。

旬平均地面温度最低值出现在1月中旬至下旬，212 m处出现在1月下旬，旬平均地面温度为4.8 ℃，510 m为3.2 ℃，出现在1月上旬，320 m旬平均地面温度为4.4 ℃，810 m为1.2 ℃，1030 m为0.0 ℃，1380 m为1.2 ℃。

(2)地面0 cm极端温度

① 年地面0 cm极端最高温度

年地面0 cm极端最高温度随海拔升高而降低(图3.18)，212 m年地面0 cm极端最高温度为68.9 ℃，1380 m年地面极端最高温度为53.9 ℃，两地海拔高度相差1168 m，地面极端最高温度相差15.0 ℃，垂直递减率为1.28 ℃/100 m。

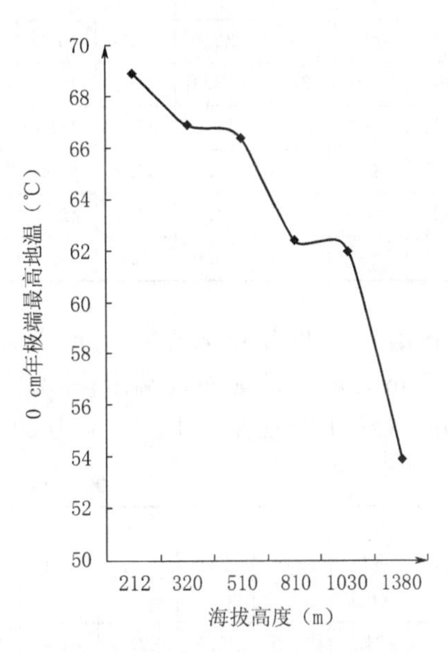

图3.18　雪峰山东侧不同海拔高度年0 cm极端最高地温

② 月地面0 cm极端最高温度

地面极端最高温度出现在7月或8月，以212 m处的67.0 ℃为最高，垂直递减率平均为1.16 ℃/100 m；降温最多，递减率最大的层次是320～510 m，降温最少，递减率最小的层次是810～1030 m(图3.19)，表3.17是不同海拔高度0 cm地面极端最高温度差。

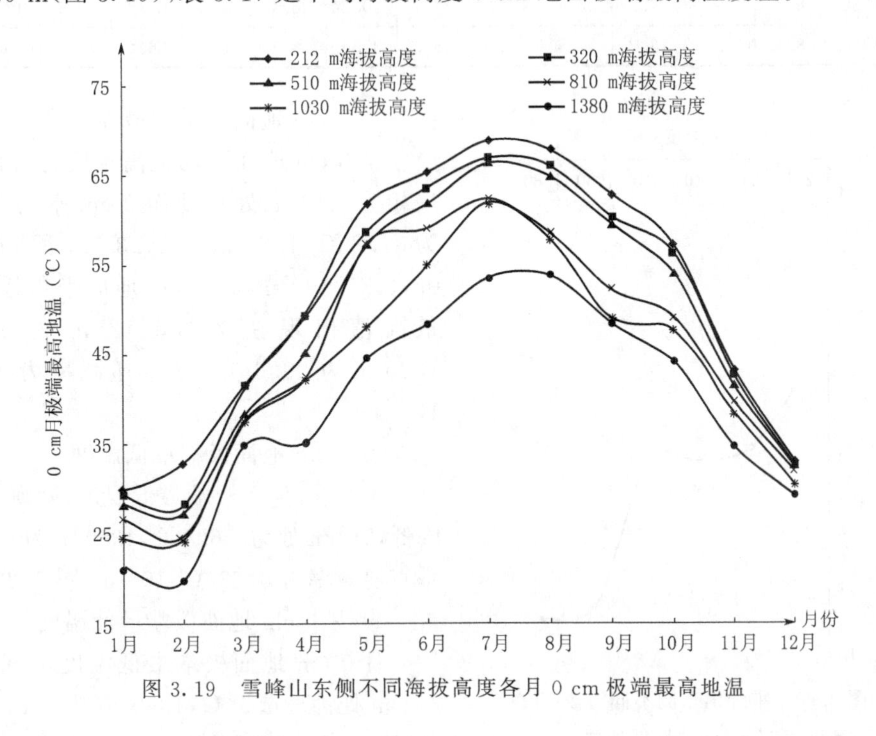

图3.19　雪峰山东侧不同海拔高度各月0 cm极端最高地温

表 3.17　0 cm 月极端最高温度(℃)

站名	海拔高度(m)	1月	2月	3月	4月	5月	6月	7月	8月	9月	10月	11月	12月	年
新化	212	30.0	32.9	41.7	49.5	61.8	65.2	68.9	67.9	62.9	57.3	43.3	33.0	68.9
兴田	320	29.5	28.4	41.5	49.4	58.8	63.6	66.9	66.0	60.4	56.4	42.8	32.5	66.9
金石桥	510	28.5	27.5	38.4	45.3	57.3	61.8	66.4	64.8	59.5	54.1	41.6	32.5	66.4
槐花坪	810	26.9	25.0	37.7	42.6	57.3	59.1	62.4	58.6	52.3	49.2	39.8	31.9	62.4
龙塘	1030	24.7	24.6	37.6	42.3	48.1	55.0	62.0	57.9	49.1	47.8	38.5	30.5	62.0
小沙江	1380	21.4	20.0	35.0	35.4	44.7	48.5	53.6	53.9	48.5	44.3	34.9	29.5	53.9

由图 3.19 可看出，月地面 0 cm 极端最高温度随海拔升高而降低，一年中最高月值出现在 7 月，212 m 处的 7 月地面极端最高温度为 68.9 ℃，1380 m 为 53.6 ℃，垂直递减为 13.1 ℃/100 m。最低月出现在 1 月，212 m 为 30.0 ℃，1380 m 为 21.4 ℃，垂直递减率为 0.74 ℃/100 m。

表 3.18　0 cm 月平均最高温度(℃)

站名	海拔高度(m)	1月	2月	3月	4月	5月	6月	7月	8月	9月	10月	11月	12月	年
新化	212	14.5	15.3	22.2	31.4	38.9	45.7	54.2	52.1	43.6	32.7	27.9	15.4	32.8
兴田	320	13.5	13.5	20.3	29.5	36.0	43.8	51.8	48.8	40.6	32.4	26.8	15.1	31.0
金石桥	510	13.0	13.2	20.2	29.8	36.0	42.1	50.1	48.2	40.3	31.3	26.8	14.5	30.5
槐花坪	810	9.3	8.8	16.7	26.2	32.1	37.6	42.8	40.8	36.2	28.2	24.3	11.8	26.2
龙塘	1030	8.2	8.1	16.3	25.1	30.3	37.1	40.2	38.4	34.6	27.8	24.3	12.2	25.2
小沙江	1380	8.2	8.0	16.2	24.6	29.0	35.3	39.6	38.1	33.4	26.4	22.3	10.4	24.3

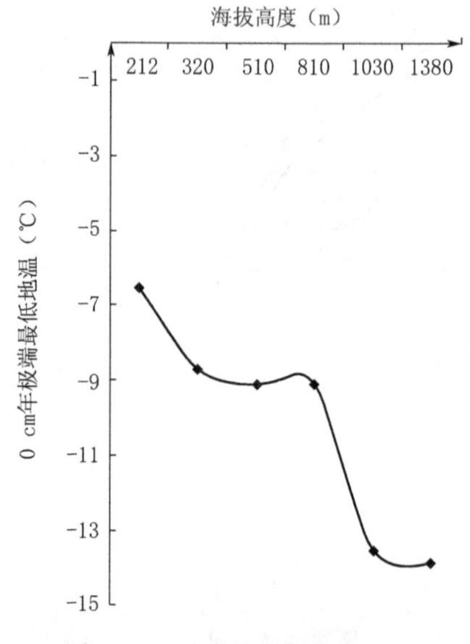

图 3.20　雪峰山东侧不同海拔高度年 0 cm 极端最低地温

③ 0 cm 地面月平均最高温度

年 0 cm 地面平均最高温度与海拔高度呈反相关，212 m 处年地面 0 cm 平均最高地温为 32.8 ℃，1380 m 为 24.3 ℃，垂直递减率为 0.73 ℃/100 m，月 0 cm 地面平均最高温度，最高值出现在 7 月，212 m 为 54.2 ℃，1380 m 为 39.6 ℃，垂直递减率为 1.25 ℃/100 m。

④ 0 cm 地面极端最低温度

年 0 cm 地面极端最低温度，随海拔升高而降低，212 m 处为−6.5 ℃，1380 m 为−13.9 ℃，垂直递减率为 0.63 ℃/100 m(图 3.20)。

⑤ 月 0 cm 地面极端最低温度

月 0 cm 地面极端最低温度出现在 1 月，212 m 处为−6.5 ℃，1380 m 为−13.9 ℃，垂直递减率为 0.63 ℃/100 m(表 3.19)。

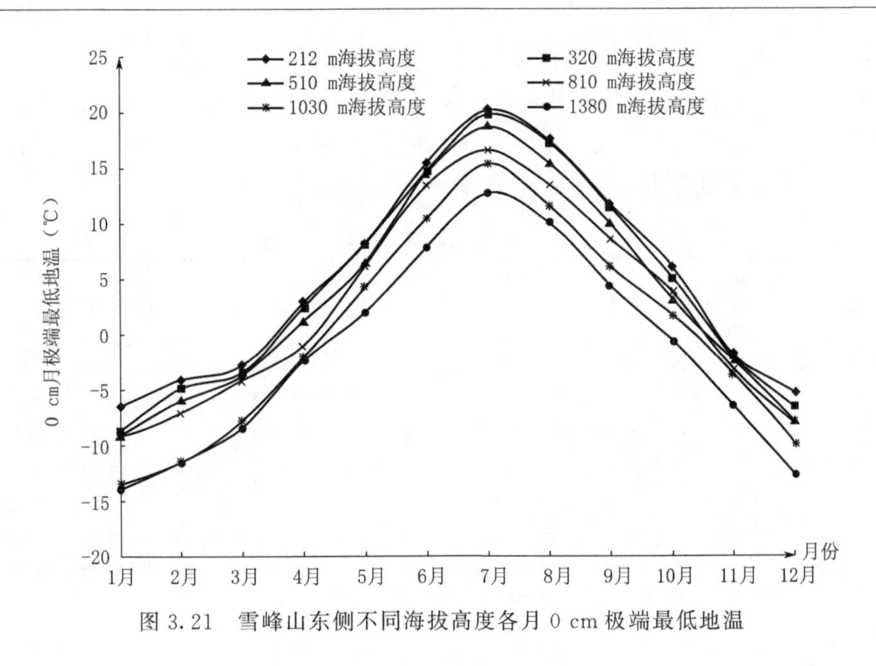

图 3.21　雪峰山东侧不同海拔高度各月 0 cm 极端最低地温

表 3.19　0 cm 月极端最低温度(℃)

站名	海拔高度(m)	1 月	2 月	3 月	4 月	5 月	6 月	7 月	8 月	9 月	10 月	11 月	12 月	年
新化	212	−6.5	−4.1	−2.8	2.9	8.2	15.5	20.2	17.6	11.7	6.1	−1.8	−5.2	−6.5
兴田	320	−8.7	−4.8	−3.4	2.5	8.1	14.7	19.8	17.3	11.5	5.1	−2.0	−6.6	−8.7
金石桥	510	−9.1	−5.9	−3.7	1.2	6.5	14.5	18.8	15.4	10.1	3.1	−2.3	−7.9	−9.1
槐花坪	810	−9.2	−7.1	−4.1	−1.0	6.2	13.4	16.6	13.5	8.6	3.8	−3.2	−7.9	−9.1
龙塘	1030	−13.5	−11.5	−7.8	−2.0	4.3	10.4	15.4	11.6	6.1	1.8	−3.5	−9.8	−13.5
小沙江	1380	−13.9	−11.5	−8.4	−2.3	2.0	7.8	12.8	10.1	4.4	−0.6	−6.4	−12.6	−13.9

⑥ 平均 0 cm 地面最低温度

年平地 0 cm 地面最低温度，随海拔升高而降低，212 m 处为 12.7 ℃，1380 m 为 6.9 ℃，垂直递减率为 0.50 ℃/100 m，月平均 0 cm 地面最低温度，出现在 1 月，212 m 为 0.4 ℃，1380 m 为−4.7 ℃，垂直递减率为 0.44 ℃/100 m(表 3.20)。

表 3.20　0 cm 月平均最低温度(℃)

站名	海拔高度(m)	1 月	2 月	3 月	4 月	5 月	6 月	7 月	8 月	9 月	10 月	11 月	12 月	年
新化	212	0.4	2.3	6.0	12.2	17.8	21.3	24.2	23.4	19.8	14.1	8.6	2.0	12.7
兴田	320	−0.3	2.1	5.8	11.9	17.2	20.5	22.7	22.2	19.0	13.6	8.3	1.9	12.1
金石桥	510	−1.3	1.0	4.8	10.8	16.5	10.0	21.0	21.2	18.0	12.6	7.2	0.6	11.1
槐花坪	810	−1.6	0.0	3.6	9.8	15.2	18.4	20.2	19.6	16.7	11.5	6.6	0.0	10.0
龙塘	1030	−3.4	−1.6	2.1	8.2	13.6	16.9	18.7	18.0	15.3	10.0	4.8	−1.6	8.4
小沙江	1380	−4.7	−2.4	1.3	6.3	11.7	15.1	17.4	16.1	13.7	8.5	3.1	−3.1	6.9

⑦ 0 cm 地面最低温度≤0 ℃的日数

0 cm 地面最低温度≤0 ℃的日数，随海拔升高而增加，212 m 处年 0 cm 地面最低温度≤0 ℃的日数为 35.7 天，1380 m 为 97.4 天，垂直递率为 5.28 天/100 m，即海拔每上升 100 m，年 0 cm 地面最低温度≤0 ℃的日数增加 5.28 天(表 3.21)。

表 3.21　地面最低温度≤0 ℃日数(天)

站名	海拔高度(m)	1月	2月	3月	4月	5月	6月	7月	8月	9月	10月	11月	12月	年
新化	212	14.7	6.3	2.0								1.0	11.7	35.7
兴田	320	17.3	8.3	2.0								1.3	12.3	41.3
金石桥	510	22.3	12.7	4.7								2.0	15.0	57.3
槐花坪	810	23.3	17.3	5.7	0.3							2.7	15.0	63.7
龙塘	1030	27.7	21.3	11.0	0.3							4.3	19.0	83.7
小沙江	1380	28.3	21.3	13.7	1.0							8.7	23.7	97.4

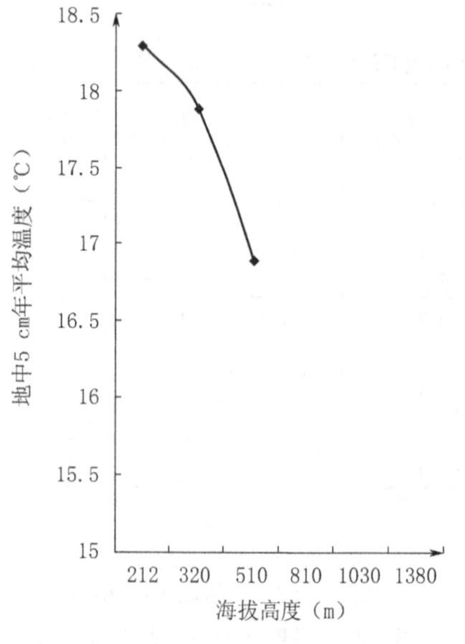

图 3.22　雪峰山东侧不同海拔高度年 5 cm 地温

(3)5 cm 地温

① 年 5 cm 地温

年 5 cm 地中温度随着海拔升高而降低。212 m 处年 5 cm 地中温度为 18.3 ℃，510 m 为 16.9 ℃，垂直递减率为 0.47 ℃/100 m(图 3.22)。

② 月 5 cm 地温

月 5 cm 地中温度最高值出现在 7 月，212 m 处 7 月 5 cm 地中温度为 30.9 ℃，1380 m 为 23.0 ℃，垂直递减率为 0.68 ℃/100 m，最低值出现在 1 月，212 m 处 1 月 5 cm 地中温度为 6.0 ℃，510 m 为 4.6 ℃，垂直递减率为 0.47 ℃/100 m(表 3.22)。

(4)10 cm 地温

① 年 10 cm 地温

年 10 cm 地中温度随海拔升高而降低，212 m 处年 10 cm 地温为 18.4 ℃，510 m 为 16.8 ℃，垂直递减率为 0.54 ℃/100 m(图 3.24)。

表 3.22　地中 5 cm 温度(℃)

站名	海拔高度(m)	1月	2月	3月	4月	5月	6月	7月	8月	9月	10月	11月	12月	年
新化	212	6.0	6.9	10.8	17.4	22.7	26.9	30.9	29.9	25.8	19.7	15.2	7.7	18.3
兴田	320	5.4	6.5	10.4	17.0	22.4	26.6	30.2	29.1	25.2	19.4	14.6	7.2	17.9
金石桥	510	4.6	5.4	9.4	16.1	21.5	25.5	28.8	28.2	24.3	18.5	13.7	6.2	16.9
槐花坪	810				14.4	19.7	23.4	26.0	25.2	22.0	16.4	12.1		
龙塘	1030				13.5	18.6	22.2	24.6	23.7	20.7	15.4	10.9		
小沙江	1380					16.9	21.0	23.0	22.0	19.7	14.8	10.0		

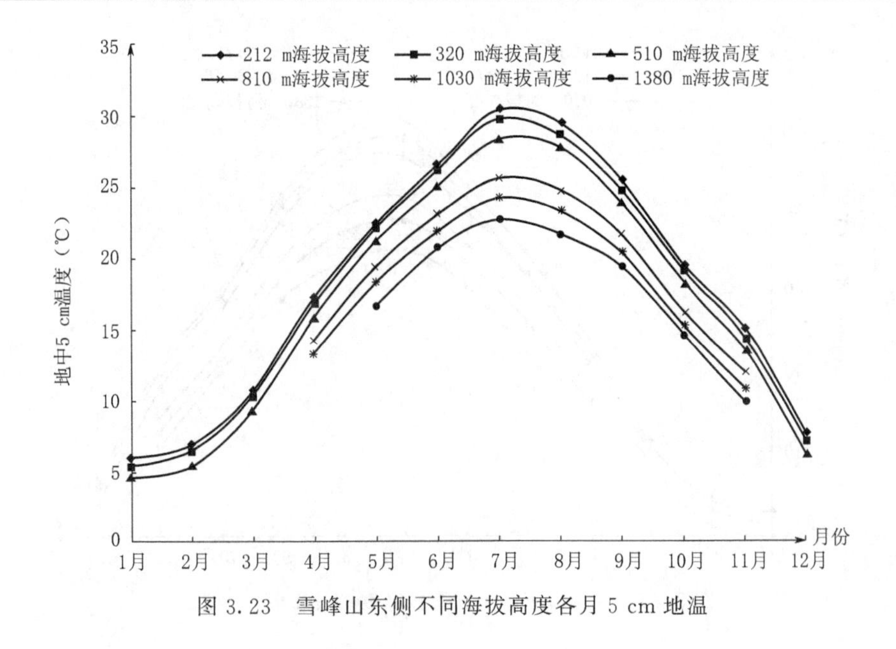

图 3.23　雪峰山东侧不同海拔高度各月 5 cm 地温

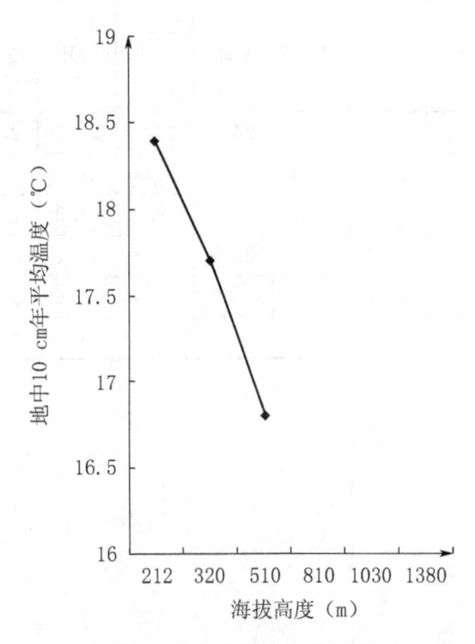

图 3.24　雪峰山东侧不同海拔高度年 10 cm 地温

② 月 10 cm 地温

月 10 cm 地中温度随海拔高度升高而降低，最低值出现在 1 月，212 m 处为 6.5 ℃，510 m 为 5.0 ℃，垂直递减率为 0.53 ℃/100 m。最高值出现在 7 月，212 m 为 30.5 ℃，1380 m 为 22.5 ℃，垂直递减率为 0.68 ℃/100 m(图 3.25 和表 3.23)。

(5)15 cm 地温

① 年 15 cm 地温

年 15 cm 地中温度随海拔升高而降低，212 m 处年 15 cm 地中温度为 18.4 ℃，1380 m 为 17.1 ℃，垂直递减率为 0.44 ℃/100 m(图 3.26)。

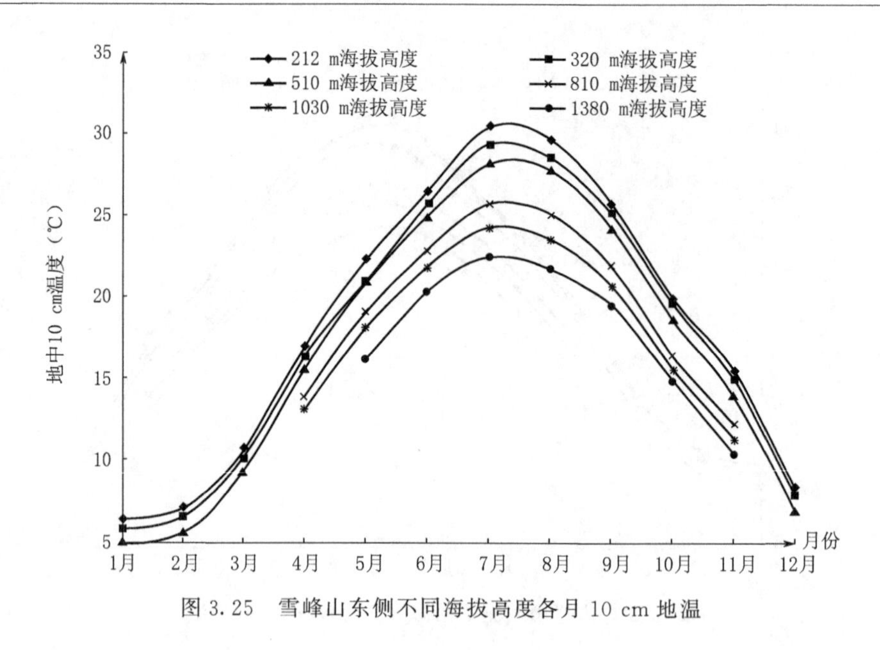

图 3.25　雪峰山东侧不同海拔高度各月 10 cm 地温

表 3.23　地中 10 cm 温度(℃)

站名	海拔高度（m）	1 月	2 月	3 月	4 月	5 月	6 月	7 月	8 月	9 月	10 月	11 月	12 月	年
新化	212	6.5	7.2	10.8	17.1	22.4	26.5	30.5	29.7	25.8	20.0	15.6	8.4	18.4
兴田	320	5.9	6.7	10.3	16.5	21.1	25.8	29.4	28.6	25.2	19.7	15.1	8.0	17.7
金石桥	510	5.0	5.7	9.4	15.7	21.0	25.0	28.2	27.8	24.3	18.7	14.1	7.0	16.8
槐花坪	810				14.0	19.2	22.9	25.8	25.1	22.0	16.5	12.3		
龙塘	1030				13.2	18.2	21.9	24.3	23.6	20.8	15.7	11.4		
小沙江	1380					16.3	20.4	22.5	21.8	19.6	15.0	10.5		

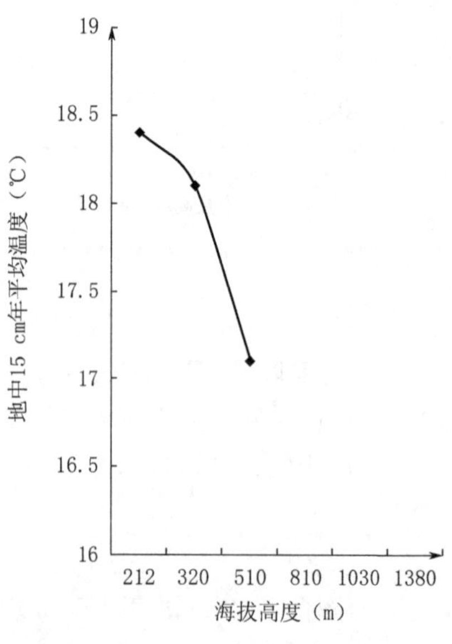

图 3.26　雪峰山东侧不同海拔高度年 15 cm 地温

② 月 15 cm 地温

月 15 cm 地中温度最高值出现在 7 月,212 m 处 7 月 15 cm 地中温度为 30.0 ℃,1380 m 的 7 月 15 cm 地中温度为 22.6 ℃,垂直递减率为 0.63 ℃/100 m。最低值出现在 1 月,212 m 的 1 月地中 15 cm 温度为 7.0 ℃,510 m 为 5.4 ℃,垂直递减率为 0.54 ℃/100 m。

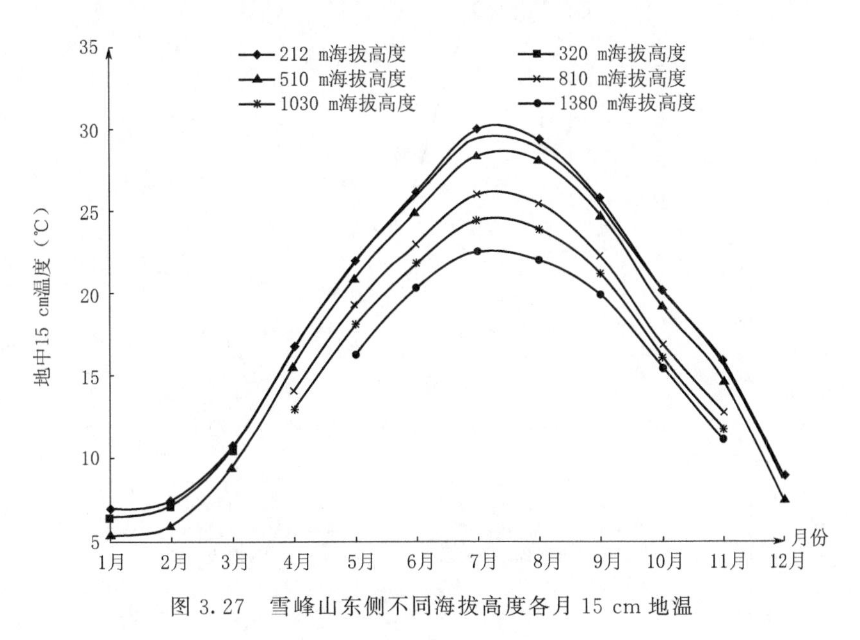

图 3.27　雪峰山东侧不同海拔高度各月 15 cm 地温

表 3.24　地中 15 cm 温度(℃)

站名	海拔高度(m)	1月	2月	3月	4月	5月	6月	7月	8月	9月	10月	11月	12月	年
新化	212	7.0	7.5	10.8	16.8	22.1	26.1	30.0	29.4	25.8	20.3	16.0	9.0	18.4
兴田	320	6.5	7.2	10.6	16.7	22.0	26.0	29.5	28.9	25.6	20.3	15.8	8.7	18.1
金石桥	510	5.4	6.0	9.6	15.7	21.0	25.0	28.4	28.1	24.8	19.3	14.8	7.6	17.1
槐花坪	810				14.2	19.4	23.1	26.1	25.5	22.4	17.0	12.9		
龙塘	1030				13.1	18.2	21.9	24.5	24.0	21.3	16.2	11.9		
小沙江	1380					16.4	20.4	22.6	22.1	20.0	15.6	11.2		

(6)20 cm 地温

① 年 20 cm 地温

年 20 cm 地中温度随海拔高度升高而降低,212 m 处年 20 cm 地中温度为 18.4 ℃,1380 m 为 16.9 ℃,垂直递减率为 5.0 ℃/100 m,即海拔每上升 100 m,年 20 cm 地中温度降低 0.50 ℃(图 3.28)。

② 月 20 cm 地温

月 20 cm 地中温度随海拔升高而降低,月最高值出现在 7 月,212 m 处为 29.5 ℃,1380 m 为 22.3 ℃,垂直递减率为 0.62 ℃/100 m,月最低值出现在 1 月,212 m 的 1 月地中 20 cm 温度为 7.4 ℃,510 m 为 5.6 ℃,垂直递减率为 0.60 ℃/100 m(表 3.25)。

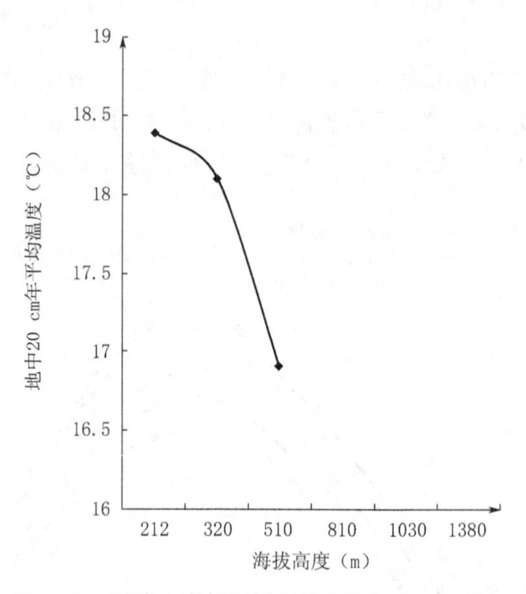

图 3.28　雪峰山东侧不同海拔高度年 20 cm 地温

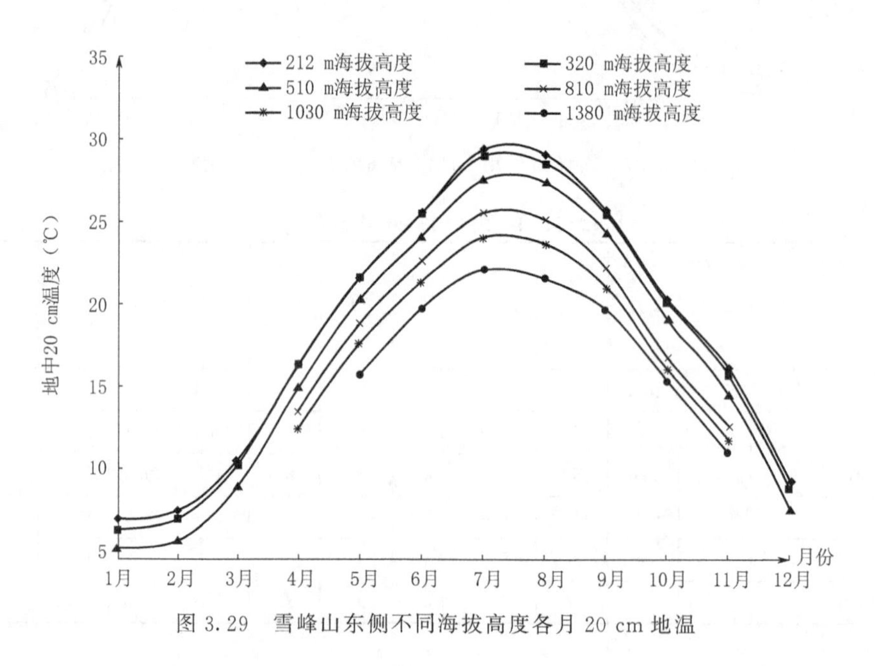

图 3.29　雪峰山东侧不同海拔高度各月 20 cm 地温

表 3.25　地中 20 cm 温度(℃)

站名	海拔高度(m)	1月	2月	3月	4月	5月	6月	7月	8月	9月	10月	11月	12月	年
新化	212	7.4	7.8	10.8	16.6	21.8	25.7	29.5	29.2	25.8	20.5	16.4	9.6	18.4
兴田	320	6.8	7.4	10.6	16.6	21.8	25.6	29.1	28.6	25.6	20.4	16.0	9.2	18.1
金石桥	510	5.6	6.1	9.3	15.3	20.5	24.3	27.7	27.5	24.5	19.3	14.9	8.0	16.9
槐花坪	810				13.8	19.1	22.8	25.7	25.3	22.4	17.1	13.0		
龙塘	1030				12.8	17.9	21.5	24.2	23.8	21.2	16.3	12.1		
小沙江	1380					16.1	20.0	22.3	21.8	19.9	15.7	11.3		

3.1.1.7　逆温

雪峰山东侧的丘陵山地逆温(以下简称“山地逆温”)一年四季均可发生,但主要集中在冬季,其中又以 11 月份为最多。从逆温类型分析,大多数是在辐射冷却过程中形成的(表 3.26)。

表 3.26　山地逆温出现天数分类统计(天)

月份	4	5	6	7	8	9	10	11	12	1	2	3	合计
辐射逆温	6	13	8	15	9	2	6	18	13	11	0	9	110
锋面逆温	0	0	1	0	0	1	3	4	2	1	3	3	18
合计	6	13	9	15	9	3	9	22	15	12	3	12	128

注:逆温标准为日最低气温上层与下层之差值≥0.1 ℃,下同。

(1)逆温与天气的关系

山地逆温发生次数及分布层次,受天气背景影响很大,主要表现在:晴天逆温出现多,分布层次多;阴雨天气逆温出现少、分布层次少,如 10—12 月,有 46 天产生逆温,属于晴天下的逆温有 38 次,占总数的 82.6%;属于阴、雨天气下的逆温有 8 次,仅占总次数的 17.4%,12 月份有 13 个晴天,每天都有逆温,概率为 100%;但在 18 个阴、雨天气中,只有 2 天有逆温,概率仅为 11.1%。再从逆温出现高度分析,晴天的逆温常分布在几个高度上,阴、雨天气的逆温一般只分布在某一个高度上。12 月份在各个高度上共出现 27 次逆温,其中有 25 次是晴天,分布在 510 m(6/27)、810 m(12/27)及 1380 m(7/27)三个高度上;有两次是阴、雨天气;只分布在 1030 m 一个高度上。

(2)逆温层的时空分布

将各高度上的逆温绘制成图 3.30,可以明显地看出逆温的时空分布规律是:①各高度逆温在各月的分布极不平衡,彼此差异很大,如 320 m 在一年中只有两个月产生逆温,概率为 16.7%;而 510 m 及 810 m,一年中就有 10 个月产生过逆温,概率达 83.3%;②逆温出现次数大都有一个主要高峰期和一个次要高峰期,但表现不一致,如 510 m 主要高峰期分布在 5—7 月,

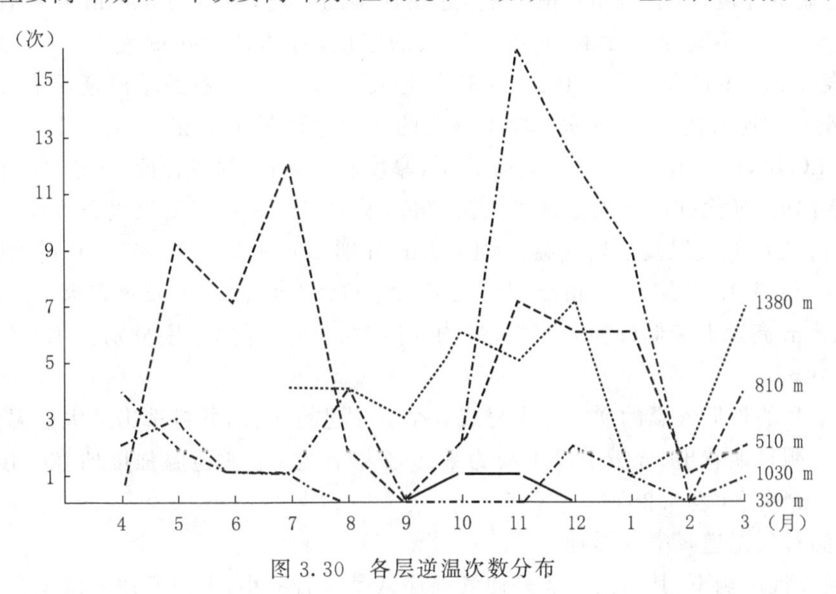

图 3.30　各层逆温次数分布

810 m 主要高峰期则分布在 11 月—次年 1 月。从总的趋势看，无论哪一个高度上的逆温，在 10 月至次年 1 月份之间，都存在一个明显的高峰期，只是高低程度不一。

(3)逆温层的厚度及强度

山地逆温常产生在一个层次或几个层次上，但以一个层次为主。我们将有完整记录的 7 月—次年 3 月各层逆温出现次数进行比较，并用 A、B、C、D、E 符号分别代表 320 m、510 m、810 m、1030 m 及 1380 m 各海拔高度，可以明显地看出，出现在一个高度上的单层逆温占了 69 天，出现在两个或三个高度上的连层及隔层逆温只有 31 天(表 3.27)。

表 3.27　7 月—次年 3 月逆温分层统计

月份		7	8	9	10	11	12	1	2	3	合计
单层(次)	A					1					1
	B	10	2		1	4	1	1	1	1	22
	C		3		1	9	2		3	3	22
	D						2				3
	E	2	3	3	5			2	6	6	21
	合计	12	8	3	7	14	5	3	10	0	69
连层或隔层(次)	A B				1						1
	B C					3	3	4			10
	B C E						4				4
	B E	2								1	3
	C D	1								1	2
	C E		1		1	4	3	1			10
	A E					1					1
	合计	3	1		2	8	10	5		2	31

单层逆温的厚度，一般为 300 m 左右，连层逆温的厚度，一般为 500 m 左右，隔层逆温因分布在两个或三个不同的高度上，其各个层次的厚度，有的是 300 m 左右，有的是 500 m 左右。根据表 3.27，1983 年 7 月—1984 年 3 月，厚度为 300 m 左右的单层逆温有 103 次，厚度为 500 m 左右的连层逆温有 15 次。厚度最大的逆温过程是出现在 12 月 1 日、3 日、4 日及 8 日，其下为 BC 层，厚度有 490 m；其上为 E 层，厚度有 850 m，两者合计，共达 840 m。

出现逆温时，逆温强度最大值是发生在 1983 年 10 月 19 日锋面天气下产生的锋面逆温，该日 1380 m 之最低气温及平均气温，比 1030 m 分别高 5.4 ℃及 5.2 ℃，其逆温强度分别为 1.54 ℃/100 m 及 1.49 ℃/100 m；次大值是发生在 1983 年 12 月 9 日重霜天气下出现辐射逆温，该日 810 m 高度上最低气温 8.0 ℃，平均气温 10.9 ℃，逆温强度分别为 1.5 ℃/100 m 及 0.40 ℃/100 m。

将 12 个月的最低气温的逆温强度分成 5 个级别进行统计，并挑选出最大逆温强度及其所在高度，则可明显地看出，分级中以 1 级为最多，2 级次之；最大逆温强度所在高度以 1380 m 为最多，810 m 次之(表 3.28)。

(4)逆温对气温递减率的影响

在逆温天气影响下，其总的趋势是使气温递减率显著减小，但由于逆温出现在某一个或几

表 3.28　逆温分级及最大值比较

级别	逆温强度（℃/100 m）	4 月	5 月	6 月	7 月	8 月	9 月	10 月	11 月	12 月	1 月	2 月	3 月	合计	%
1	0.00～0.10	1	8	2	6	3	2	5	8	7	6	2	3	53	31.9
2	0.11～0.30	2	2	6	7	4	1	1	11	9	1	0	4	48	23.9
3	0.31～0.50	0	1	1	5	2	0	1	4	3	2	0	4	23	13.9
4	0.51～0.80	2	0	0	0	0	0	3	5	2	4	1	2	19	11.4
5	≥0.81	1	3	0	0	1	0	1	4	8	4	0	1	23	13.9
最大	极值				0.43	1.34	0.14	1.54	1.27	1.50	1.33	0.34	1.33		
	高度(m)				1380	1380	1380	1380	810	810	810	1380	810		

个层次上，在那些地方形成了“暖区”，气温就较高；反之，在“暖区”底部之下及顶部之上，又分别存在明显的“冷区”，气温又较低，由此而影响气温递减率在不同高度上就有不同的表现形式。我们以有逆温(15 天)与无逆温(16 天)大致相等的 12 月份为例，分别统计各高度上的平均气温递减率，其差异情况是：无逆温的 16 天，气温平均递减率在 0.6 ℃/100 m 左右，最大与最小之差为 0.31 ℃，320 m 与 1380 m 之差为 0.28 ℃；有逆温的 15 天，气温平均递减率相互差异很大，逆温最多的 510 m，810 m 及 1380 m，气温递减率为 0.05～0.09 ℃/100 m；无逆温的 320 m 及逆温最少的 1030 m，气温递减率分别为 1.67 ℃/100 m 及 0.86 ℃/100 m，最大与最小之差达 1.62 ℃，最高点与最低点之差达 1.68 ℃(表 3.29)。

表 3.29　12 月份气温递减率比较

高度(m)		211.9	320	510	810	1030	1380
平均气温（℃）	有逆温	10.1	8.3	8.2	8.0	6.1	5.8
	无逆温	5.2	4.4	3.2	1.2	−0.5	−2.1
递减率（℃/100 m）	有逆温		1.67	0.05	0.07	0.86	0.09
	无逆温		0.74	0.63	0.67	0.77	0.46

3.1.2　降水

3.1.2.1　年降水量

年降水量总的趋势是随高度升高而增多，但最大降水高度在 810～1030 m，年降水量最大值 1736.3 mm 是在 1030 m，年降水递增率在 211.9～1030 m 高度上，平均为 67.4 mm/100 m，在 1030～1380 m 递减率为 59.5 mm/100 m(图 3.31)。

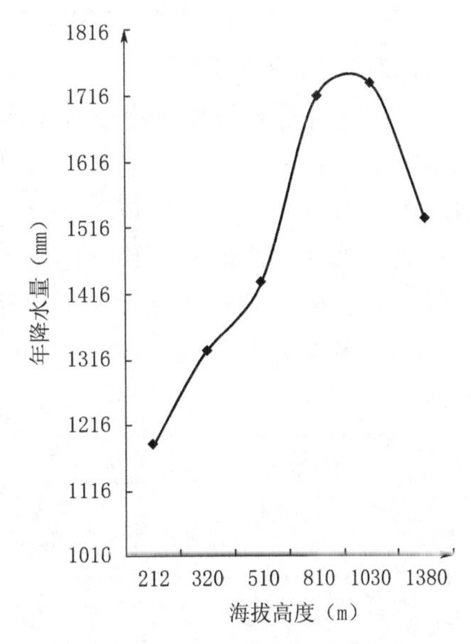

图 3.31　雪峰山东侧不同海拔高度年降水量

3.1.2.2　月降水量

月最大降水量分布高度集中在 810～1030 m 的两个层次内，以 1030 m 出现次数最多，810 m 次之，月最少降水量集中分布在 211.9 m 及 320 m 两个层次内。

月降水量上下差异最大值是 7 月份，在 1030 m 有 200.2 mm，比 211.9 m 多 145.7 mm，平均递增率为 17.8 mm/100 m，月降水量上下差异最小值是 12 月份，810 m 比 211.9 m 多 16.1 m，平均递增率只有 2.7 mm/100 m(图 3.32，表 3.30)。

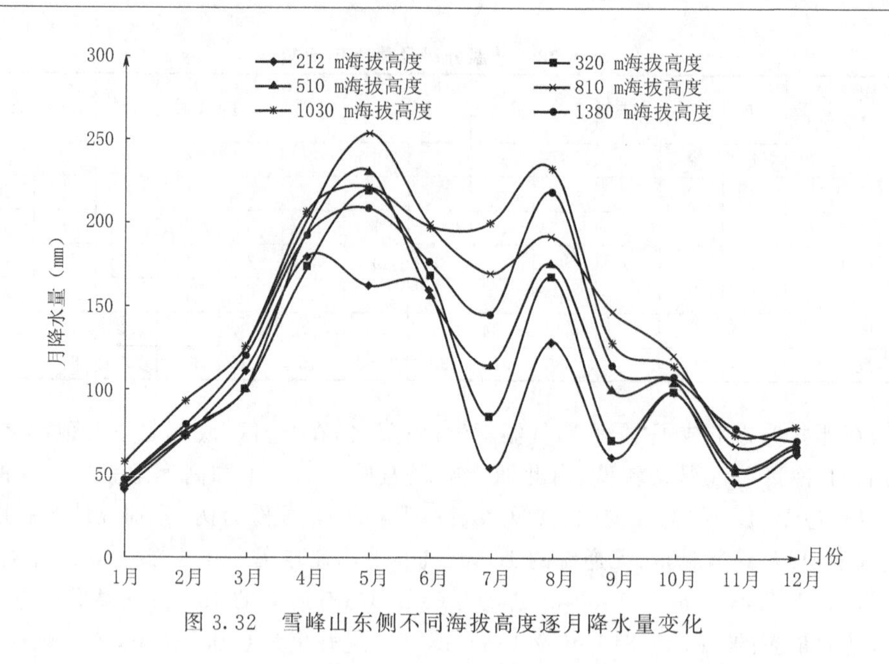

图 3.32　雪峰山东侧不同海拔高度逐月降水量变化

表 3.30　月降水量(mm)

站名	海拔高度(m)	1月	2月	3月	4月	5月	6月	7月	8月	9月	10月	11月	12月	年
新化	212	41.4	73.5	112.2	180.2	162.9	160.3	54.4	129.4	61.4	99.6	46.2	63.3	1184.8
兴田	320	44.0	74.0	101.4	174.0	219.9	169.2	84.9	168.6	72.0	99.3	53.5	66.8	1327.6
金石桥	510	46.0	77.0	101.7	195.0	231.4	157.9	116.0	176.8	101.1	106.1	55.7	68.6	1433.3
槐花坪	810	57.4	93.3	126.5	203.5	253.5	199.8	170.5	192.6	147.7	121.6	68.1	79.4	1716.2
龙塘	1030	57.4	94.1	126.5	206.8	221.6	198.0	200.2	233.4	129.5	115.4	75.0	78.7	1736.3
小沙江	1380	47.3	80.1	121.5	192.7	209.2	177.1	146.4	218.8	115.5	108.2	78.2	70.3	1528.0

3.1.2.3　季降水量

季降水量总的分布特点是春季(3—5月)最多,夏季(6—8月)次之,秋季(9—11月)较少,冬季(12月—次年2月)最少。以年降水量最少的海拔212 m为例,春、夏、秋、冬四季降水量之比为38.4%、29.0%、17.5%、15.1%;再以年降水量最多的1030 m为例,四季降水量之比分别为32.0%、30.6%、18.4%及13.3%(表3.31)。

从垂直差异分析来看,夏季最大,上下之差达199.23 mm,平均递增率有17.1 mm/100 m,冬季最小,上下之差仅52.0 mm,平均递增率只有4.58 mm/100 m。

表 3.31　各季降水量(mm)

站名	高度(m)	春(3—5月)		夏(6—8月)		秋(7—9月)		冬(12月—次年2月)		年合计
		降水量	占全年(%)	降水量	占全年(%)	降水量	占全年(%)	降水量	占全年(%)	
新化	212	455.3	38.4	343.1	29.0	207.2	17.5	178.2	15.1	1184.8
兴田	320	495.3	37.3	422.7	32.1	224.8	16.9	184.8	13.9	1327.6
金石桥	510	528.1	36.8	450.7	31.4	262.9	18.3	191.6	13.4	1433.3

续表

站名	高度(m)	春(3—5 月)		夏(6—8 月)		秋(7—9 月)		冬(12 月—次年 2 月)		年合计
		降水量	占全年(%)	降水量	占全年(%)	降水量	占全年(%)	降水量	占全年(%)	
槐花坪	810	583.5	34.0	562.9	32.8	337.4	19.7	230.1	13.4	1716.2
龙塘	1030	554.9	32.0	531.6	30.6	319.9	18.4	230.2	13.3	1736.3
小沙江	1380	523.4	34.3	542.3	35.5	301.9	19.8	197.7	12.9	1528.0

3.1.2.4 雨季与旱季及生长季降水量

雨季(4—6 月)在极锋雨带控制下:4 月湖南进入雨季。212 m 处的 4—6 月降水量为 503.4 mm,占全年总降水量的 42.5%。320 m 的 4—6 月降水量为 563.1 mm,占全年总降水量的 42.4%。510 m 的 4—6 月降水量 584.3 mm,占全年总降水量的 40.8%,由此可见,4—6 月降水量占全年的比例是随海拔高度而减少的(表 3.32)。

表 3.32 雨季与旱季及生长季降水量(mm)

项目	高度(m)	4—6 月		7—9 月		4—10 月		全年
		降水量	占全年(%)	降水量	占全年(%)	降水量	占全年(%)	
新化	212	503.4	42.5	245.2	20.7	848.7	71.6	1184.8
兴田	320	563.1	42.4	325.5	24.5	987.9	74.4	1327.6
金石桥	510	584.3	40.8	393.9	27.5	1084.3	75.7	1433.3
槐花坪	810	656.8	38.3	510.8	29.8	1289.2	75.1	1716.2
龙塘	1030	626.4	36.1	563.1	32.4	1304.9	75.2	1736.3
小沙江	1380	579.0	37.9	480.7	31.5	1167.9	76.4	1528.0

旱季(7—9 月),7—9 月在西太平洋副热带高压同步,湖南进入干旱少雨季节,212 m 处的 7—9 月降水量为 245.2 mm,占全年总降水量的 20.7%,1030 m 的 7—9 月降水量 480.7 mm,占全年总降水量的 32.4%,由此可见,7—9 月降水量占全年总降水量的比例是随海拔升高而增加的,即 1030 m 以上雨季与旱季降水量差异较小,山区干旱不明显,气候凉爽湿润。

3.1.2.5 旬降水量

不同海拔高度旬降水量随海拔升高而增加。

旬降水量旬最大值 212 m 处出现在 4 月上旬为 78.2 mm,320 m 旬降水量最大值出现在 4 月上旬为 83.3 mm,510 m 旬降水量最大值出现在 5 月中旬为 99.4 mm,810 m 旬降水量最大值出现在 5 月中旬为 100.7 mm,1030 m 旬降水量最大值出现在 5 月中旬为 105.2 mm,1380 m 旬降水量最大值出现在 5 月下旬为 99.2 mm,由此可见,旬降水量最大值有随着海拔升高而推迟的现象。

旬降水量最少值 212 m 出现在 11 月下旬,旬降水量为 7.2 mm,320 m 旬降水量最少值出现在 1 月下旬,旬降水量为 8.0 mm,510 m 旬降水量最少值出现在 11 月中旬,旬降水量为 7.4 mm,810 m 旬降水量最少值出现在 1 月上旬,旬降水量为 11.7 mm,1030 m 旬降水量最少值出现在 1 月上旬,旬降水量为 11.5 mm,1380 m 旬降水量最少值出现在 1 月上旬,旬降水量为 9.1 mm(表 3.33,图 3.33)。

表 3.33 旬降水量(mm)

站名	海拔高度(m)	1月			2月			3月			4月			5月			6月		
		上	中	下	上	中	下	上	中	下	上	中	下	上	中	下	上	中	下
新化	212	8.1	13.0	20.2	26.6	25.3	15.5	37.3	26.4	33.9	78.2	43.4	35.9	27.4	68.4	55.0	53.8	17.3	26.6
兴田	320	8.1	14.6	21.9	28.2	26.6	20.5	40.2	27.5	34.8	83.3	43.9	45.8	39.5	82.7	75.0	59.6	60.4	40.7
金石桥	510	8.4	14.9	30.4	26.6	27.6	20.0	42.9	28.8	40.5	84.2	49.9	46.5	41.5	99.4	78.9	61.8	61.2	43.0
槐花坪	810	11.7	17.1	28.6	33.1	35.0	25.1	45.6	35.7	45.1	90.5	65.2	54.9	49.6	100.7	82.4	68.2	60.6	79.8
龙塘	1030	11.5	17.6	28.3	33.3	32.1	28.7	46.0	35.9	44.6	92.9	65.4	57.1	53.7	105.2	98.8	73.7	61.2	75.7
小沙江	1380	9.1	15.2	24.7	30.7	28.3	22.8	45.8	33.4	42.3	83.5	51.5	50.6	49.9	91.3	99.2	80.2	59.9	79.6

站名	海拔高度(m)	7月			8月			9月			10月			11月			12月		
		上	中	下	上	中	下	上	中	下	上	中	下	上	中	下	上	中	下
新化	212	21.3	12.5	20.6	15.2	13.9	73.9	8.5	32.7	15.1	37.0	19.4	22.6	30.3	8.7	7.2	14.8	28.3	16.6
兴田	320	29.6	19.3	23.4	29.0	23.6	80.8	12.5	39.8	19.3	46.0	23.8	28.3	35.1	10.1	8.3	16.0	30.7	18.2
金石桥	510	67.2	24.9	36.0	60.8	25.0	84.1	17.0	56.5	19.6	46.7	28.7	29.5	40.3	7.4	8.0	16.5	33.9	20.0
槐花坪	810	62.7	62.3	45.5	69.1	37.1	86.3	49.7	72.6	20.3	51.2	33.7	36.7	42.1	13.2	12.8	19.8	38.0	20.0
龙塘	1030	60.4	71.1	68.7	85.3	63.9	90.7	42.3	69.0	25.4	48.0	30.8	36.5	49.8	11.8	13.4	19.5	35.4	23.8
小沙江	1380	52.7	56.3	37.4	62.4	54.4	102.0	29.7	67.9	29.2	49.1	30.3	31.8	52.9	11.9	13.3	18.6	32.0	23.3

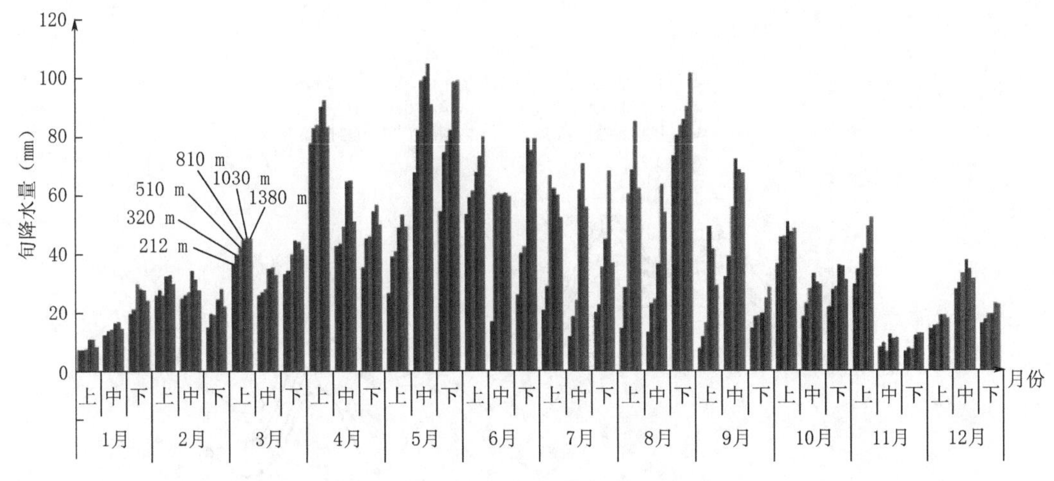

图 3.33　雪峰山东侧不同海拔高度旬降水量

3.1.2.6　降水日数

(1)日降水量≥0.1 mm 年降水日数

以 1030 m 处的 213 天为最多，比 212 m 多 56.3 天，海拔高度每上升 100 m，递增 6.9 天(图 3.34)。

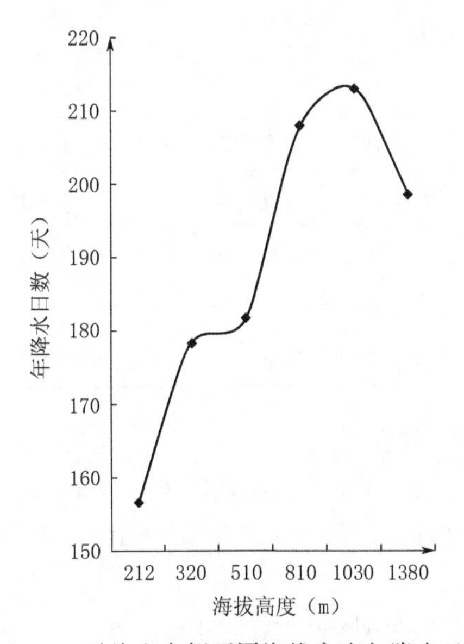

图 3.34　雪峰山东侧不同海拔高度年降水日数

(2)月降水日数

月降水日数以 3—5 月为最多，一般有 24～26 天，最少也有 16 天；11 月—次年 1 月为最少，普遍在 8～14 天之间。月降水日数上下差异最小的是 4 月，各高度均在 18～20 天之间；上下差异较大的是 9 月，1030 m 比 212 m 多 9 天(图 3.35，表 3.34)。

(3)季降水日数

以 1030 m 为最多，此处与 212 m 之差以 6—8 月为最大，达 17.7 天；以 3—5 月为最小，仅 8.7 天。

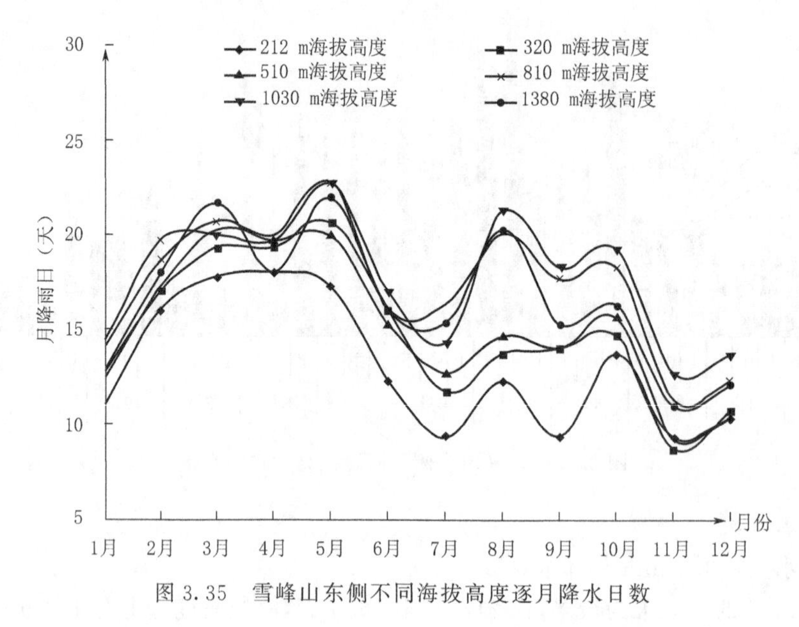

图 3.35　雪峰山东侧不同海拔高度逐月降水日数

表 3.34　月降水日数(天)

站名	海拔高度(m)	1月	2月	3月	4月	5月	6月	7月	8月	9月	10月	11月	12月	年
新化	212	11.0	16.0	17.7	18.0	17.3	12.3	9.3	12.3	9.3	13.7	9.3	10.3	156.7
兴田	320	12.7	17.0	19.3	19.3	20.7	16.0	11.7	13.7	14.0	14.7	8.7	10.7	178.3
金石桥	510	12.3	17.3	20.3	19.7	20.0	15.3	12.7	14.7	14.0	15.7	9.3	10.3	181.7
槐花坪	810	14.0	18.7	20.7	20.0	22.7	16.0	16.3	20.0	17.7	18.3	11.3	12.3	208.0
龙塘	1030	14.3	19.7	20.0	19.7	22.7	17.0	14.3	21.3	18.3	19.3	12.7	13.7	213.0
小沙江	1380	12.7	18.0	21.7	18.0	22.0	16.0	15.3	20.3	15.3	16.3	11.0	12.0	198.6

(4)大雨(日降水≥25 mm)日数

① 年大雨日数以 1030 m 处的 18.3 天为最多，比 212 m 多 9 天，每上升 100 m，平均递增 1.1 天，从整层看，以 212 m 为最少，320～510 m 则增至 13.2 天，810 m 以上则增至 17.7～18.3 天之多。

② 月大雨日数，从 320～1030 m，以 4—6 月为最多，有 10～12 天，212 m 仅有 1.7～2.3 天，5 月份是 320～510 m 为多，有 3.3～3.7 天，810 m 为 2.7 天，212 m 为 1.7 天，为最少(表 3.35)。

表 3.35　逐月≥25 mm(大雨)日数(天)

站名	海拔高度(m)	1月	2月	3月	4月	5月	6月	7月	8月	9月	10月	11月	12月	年
新化	212		0.3	0.3	1.7	1.7	2.3	0.3	0.7	1.0	1.0			9.3
兴田	320		0.3	0.3	2.0	3.3	2.3	1.0	2.0	0.3	1.0	0.3		13.0
金石桥	510		0.3		1.7	3.7	2.7	1.0	1.0	1.0	0.7	0.7	0.3	13.0

续表

站名	海拔高度(m)	1月	2月	3月	4月	5月	6月	7月	8月	9月	10月	11月	12月	年
槐花坪	810		0.3	0.3	2.0	2.7	3.0	2.3	2.3	2.7	1.3	1.0		17.7
龙塘	1030		0.3	0.3	2.3	2.3	3.0	3.3	3.0	1.7	1.3	0.7		18.3
小沙江	1380			0.3	1.0	2.5	2.5	2.3	2.7	1.3	0.7	0.7		14.0

(5)暴雨(日降水≥50 mm)日数

年暴雨日数，以1030 m处为最多，为8.0天，810 m次之，为6.0天，510 m最少，年暴雨日数仅3.2天(表3.36)。

表3.36 旬≥50 mm(暴雨)日数(天)

站名	海拔高度(m)	1月	2月	3月	4月	5月	6月	7月	8月	9月	10月	11月	12月	年
新化	212				0.3	0.3	0.7		0.7			2.0		4.0
兴田	320				0.3	0.7	0.7		0.3			2.0		4.0
金石桥	510					0.3	0.7	0.3		0.3		1.6		3.2
槐花坪	810					1.0	0.7	0.3	0.3	0.7		3.0		6.0
龙塘	1030				0.3	1.0	0.7	0.7	1.0	0.3		4.0		8.0
小沙江	1380				0.5	0.5	0.5		0.3	0.3		2.1		4.2

(6)最长连续降水日数

212 m处最长连续降水日数18天，出现在1983年4月6—23日，降水量179.5 mm。320 m最长连续降水日数18天，出现在1983年4月6—23日，降水量168.4 mm。510 m最长连续降水日数19天，出现在1985年2月24日—3月14日，降水量100.2 mm。810 m最长连续降水日数为19天，出现在1985年10月13—31日，降水量为103.9 mm，次长为16天，分别出现在1985年2月24日—3月11日，降水量117.2mm，1984年4月8—23日，降水量186.3 mm。1030 m最长连续降水日数为19天，出现在1985年10月13—31日，降水量98.9 mm，次长日数为18天，出现在1983年4月6—23日，降水量179.7 mm。1380 m最长连续降水日数为19天，出现在1985年2月24日—3月14日，降水量为100.2 mm。由此可见，510 m以下，最长连续降水日数出现在3月、4月，810 m以下最长连续降水日数在3—4月和10月，分别出现两个高峰期(表3.37)。

(7)最长连续无降水日数

212 m处最长连续无降水日数为24天，出现在1983年11月22日—12月15日。320 m最长连续无降水日数为33天，出现在1983年11月13日—12月15日。510 m最长连续无降水日数为33天，出现在1983年11月13日—12月15日。810 m最长连续无降水日数为33天，出现在1983年11月13日—12月15日。1030 m最长连续无降水日数为22天，分别出现在1984年10月19日—12月9日和1983年11月23日—12月13日。1380 m最长无降水日数30天，出现在1983年11月16日—12月15日，连续无降水日数在10月和1月还有两个次高峰期，分别为14～15天和14天(表3.38)。

表 3.37　最长连续降水日数(天)及其雨量(mm)、起止日期

站名	海拔高度(m)	1月			2月			3月			4月			5月			6月		
		最长连续降水日数	雨量	起止日期	最长连续降水日数	雨量	起止日期	最长连续降水日数	雨量	起止日期	最长连续降水日数	雨量	起止日期	最长连续降水日数	雨量	起止日期	最长连续降水日数	雨量	起止日期
新化	212	7	31.3	84 15—21	7	49.0	86 30/1—5	11	82.3	85 1—11	18	179.5	83 6—23	9	115.0	84 12—20	4	68.9	83 12—15
兴田	320	8	27.2	85 2—9	7	53.3	86 30/1—5	16	104.7	85 24/2—11	18	168.4	83 6—23	5	99.0	83 8—12	7	65.0	83 18—24
金石桥	510	7	38.5	84 15—21	7	45.9	86 30/1—5	19	100.2	85 24/2—14	13	158.4	84 31/3—12	10	117.5	84 12—21	7	76.6	84 26—1
槐花坪	810	9	35.0	85 1—9	8	9.9	86 29/1—5	16	117.2	85 24/2—11	16	186.3	84 8—23	10	127.7	84 12—21	8	60.7	83 8—15
龙塘	1030	9	37.8	86 17—25	8	56.0	86 29/1—5	16	113.4	85 24/2—11	18	179.7	83 6—23	11	125.6	83 25/4—5	14	154.5	83 10—23
小沙江	1380	7	35.7	84 15—21	8	56.2	86 29/1—5	19	100.2	85 24/2—14	13	158.4	84 31/3—12	10	117.5	84 12—21	7	76.6	84 26/5—1

站名	海拔高度(m)	7月			8月			9月			10月			11月			12月		
		最长连续降水日数	雨量	起止日期	最长连续降水日数	雨量	起止日期	最长连续降水日数	雨量	起止日期	最长连续降水日数	雨量	起止日期	最长连续降水日数	雨量	起止日期	最长连续降水日数	雨量	起止日期
新化	212	6	29.5	80 20—25	5	28.2	84 25—29	5	36.4	85 13—17	6	44.5	85 25—30	6	27.6	83 7—12	12	99.0	84 8—19
兴田	320	7	57.5	85 20—26	6	41.5	84 31/7—5	5	29.9	85 13—17	7	55.7	85 24—30	6	38.6	83 7—12	12	105.2	84 8—19
金石桥	510	7	37.1	85 20—26	7	44.2	83 8—14	10	89.6	84 19—28	17	106.7	84 2—18	6	45.3	83 7—12	12	102.4	84 8—19
槐花坪	810	12	239.5	84 26/6—7	10	103.5	85 19—28	8	68.2	83 16—23	19	103.9	85 13—31	7	31.2	85 3—19	12	120.6	84 8—19
龙塘	1030	4	85.6	84 2—5	11	186.6	85 17—27	12	64.4	84 19—30	19	98.9	85 13—31	7	37.0	85 3—19	13	114.7	84 7—19
小沙江	1380	6	58.4	85 18—23	6	73.4	84 10—15	10	89.6	84 19—28	17	106.7	84 2—18	6	71.9	83 7—12	12	102.4	84 8—19

注:起止日期第一行为年份,第二行为起止日期(下同)。

表 3.38　最长连续无降水日数(天)及起止日期

站名	海拔高度(m)	1月		2月		3月		4月		5月		6月	
		最长无降水日数	起止日期	最长无降水日数	起止日期	最长无降水日数	起止日期	最长无降水日数	起止日期	最长无降水日数	起止日期	最长无降水日数	起止日期
新化	212	14	84 1—14	7	86 6—12	7	86 1—7	6	83 13—18	7	2 年	7	84 19—25
兴田	320	14	84 1—14	7	86 6—12	7	86 1—7	4	4 次	7	84 5—11	6	85 24—29
金石桥	510	14	84 1—14	7	86 6—12	7	86 1—7	5	85 20—24	7	84　5—11 85　7—13	7	85 23—29
槐花坪	810	14	84 1—14	7	86 6—12	7	86 1—7	4	85　31/3—3 85　27—30	7	84 5—11	7	83 24—30
龙塘	1030	14	84 1—14	7	86 6—12	7	86 1—7	5	85 20—24	6	84　6—11 85　8—13	6	85 25—30
小沙江	1380	14	84 1—14	8	84 1—8	7	86 1—7	4	85　21—24 85　27—30	7	84 5-11	6	85 24—29

站名	海拔高度(m)	7月		8月		9月		10月		11月		12月	
		最长无降水日数	起止日期	最长无降水日数	起止日期	最长无降水日数	起止日期	最长无降水日数	起止日期	最长无降水日数	起止日期	最长无降水日数	起止日期
新化	212	12	85 8—19	13	83 25/7—6	6	83 25—30	15	85 29/9—13	22	84 19/10—9	24	83 22/11—15
兴田	320	11	85 6—16	7	3 次	6	83 25—30	15	85 29/9—13	22	84 19/10—9	33	83 13/11—15
金石桥	510	11	85 7—17	8	83 24—31	6	83 25—30	15	85 29/9—13	22	84 19/10—9	33	83 13/11—15
槐花坪	810	9	85 8—16	7	84 16—22	5	83　26—30 83　1—5	14	85 29/9—12	21	84 19/10—8	33	83 13/11—15
龙塘	1030	10	85 8—17	5	83 16—20	5	83　26—30 85　1—5	14	85 29/9—12	22	84 19/10—9	22	83 23/11—13
小沙江	1380	9	85 9—17	5	83 24—28	5	85　1—5 83　26—30	17	85 29/9—15	22	84 19/10—9	30	83 16/11—15

3.1.3 蒸发量

(1)年蒸发量

年蒸发量随着海拔高度升高而减少,212 m 处年蒸发量为 1310.4 mm,海拔 1030 m 年蒸发量为 791.0 mm,垂直递减率为 63.5 mm/100 m,在凝结层以上,蒸发量又随着海拔升高而逐渐增加,其递增率为 36.7 mm/100 m(图 3.36)。

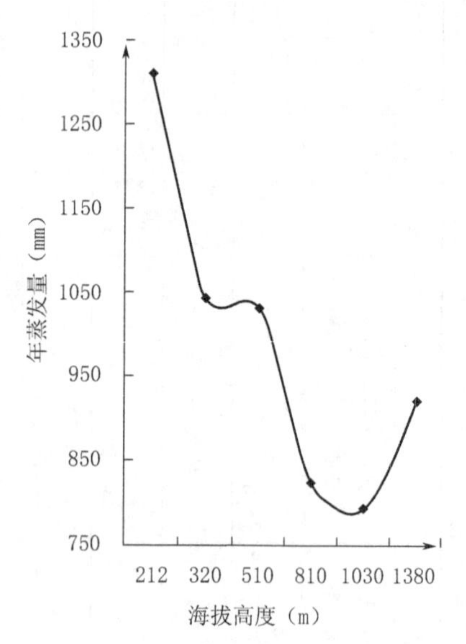

图 3.36 雪峰山东侧不同海拔高度年蒸发量

(2)月蒸发量

海拔 212 m 月蒸发量 5—9 月在 100 mm 以上,有 8 个月,以 7 月为最大,达 238.9 mm,最小蒸发量出现在 1 月为 37.4 mm,海拔 320 m,月蒸发量最大值为 167.7 mm,出现在 7 月,5—9 月蒸发量在 100 mm 以上,最小值为 34.4 mm,出现在 1 月。海拔 510 m,月蒸发量最大值为 177.2 mm,出现在 7 月,5—9 月蒸发量在 100 mm 以上,最小值为 28.4 mm,出现在 2 月。海拔 1030 m,月蒸发量最大值为 137.9 mm,出现在 7 月,7—8 月 2 个月蒸发量在 100 mm 以上,最小值为 19.1 mm,出现在 2 月。海拔 1380 m,月蒸发量最大值为 141.9 mm,出现在 7 月,6—8 月 3 个月蒸发量在 100 mm 以上,最小值为 23.8 mm,出现在 1 月(图 3.37,表 3.39)。

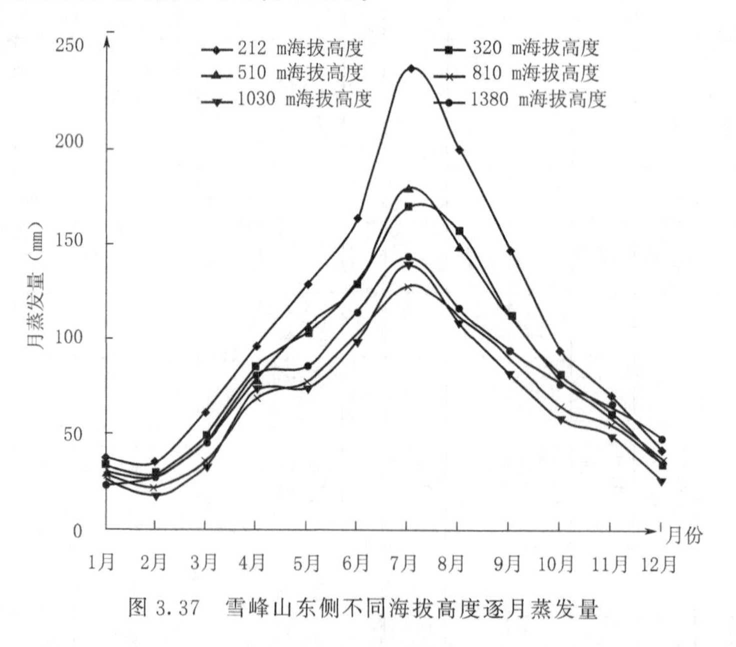

图 3.37 雪峰山东侧不同海拔高度逐月蒸发量

表 3.39 各月蒸发量(mm)

站名	海拔高度(m)	1月	2月	3月	4月	5月	6月	7月	8月	9月	10月	11月	12月	年
新化	212	37.4	35.7	61.7	95.8	127.7	161.4	238.9	197.1	146.0	94.4	71.1	43.2	1310.4

续表

站名	海拔高度(m)	1月	2月	3月	4月	5月	6月	7月	8月	9月	10月	11月	12月	年
兴田	320	34.4	29.8	49.7	85.0	102.9	127.5	167.7	155.6	111.4	81.1	62.3	35.5	1042.9
金石桥	510	31.4	28.4	46.7	78.4	106.0	127.9	177.2	147.3	110.6	79.3	59.8	38.1	1031.1
槐花坪	810	29.5	23.2	36.7	68.8	77.6	101.8	126.7	112.0	90.4	64.9	55.7	35.6	822.9
龙塘	1030	27.8	19.1	33.4	73.4	74.1	98.4	137.9	108.3	82.1	58.6	50.2	27.7	791.0
小沙江	1380	23.8	28.6	46.0	80.9	85.1	113.4	141.9	115.4	93.4	77.1	65.2	48.7	919.5

(3)旬蒸发量

海拔212 m处旬蒸发量最大值为91.6 mm，出现在7月下旬，旬蒸发量最小值为10.0 mm，出现在2月下旬。海拔320 m旬蒸发量最大值为67.1 mm，出现在7月下旬，旬蒸发量最小值为9.3 mm，出现在2月下旬。海拔510 m旬蒸发量最大值为65.1 mm，出现在7月下旬，旬蒸发量最小值为8.4 mm，出现在2月下旬。海拔810 m旬蒸发量最大值为53.6 mm，出现在7月下旬，旬蒸发量最小值为7.9 mm，出现在1月下旬。海拔1030 m旬蒸发量最大值为51.1 mm，出现在7月下旬，旬蒸发量最小值为5.8 mm，出现在2月下旬。海拔1380 m旬蒸发量最大值为48.1 mm，出现在7月下旬，旬蒸发量最小值为4.4 mm，出现在2月下旬。由此可见，不同海拔的旬蒸发量最大值都出现在7月下旬，旬蒸发量的最小值都出现在2月下旬，只有810 m处旬蒸发量最低值出现在1月下旬(表3.40)。

表3.40　旬蒸发量(mm)

站名	海拔高度(m)	1月			2月			3月			4月			5月			6月		
		上	中	下	上	中	下	上	中	下	上	中	下	上	中	下	上	中	下
新化	212	15.5	13.7	11.1	12.0	13.7	10.0	20.4	18.6	22.7	27.5	29.1	43.9	44.8	43.3	39.6	48.8	48.5	64.1
兴田	320	13.6	12.6	11.1	10.7	11.1	9.3	17.3	14.8	18.0	26.5	25.3	35.8	38.4	37.8	30.8	37.9	38.2	52.7
金石桥	510	13.2	10.7	10.3	9.6	10.9	8.4	16.4	14.7	15.7	23.0	21.7	35.2	35.6	36.9	29.5	37.3	37.9	51.4
槐花坪	810	12.6	10.3	7.9	9.0	9.4	8.3	16.1	14.4	13.6	21.6	20.3	34.4	34.0	29.1	23.8	35.5	36.6	41.4
龙塘	1030	10.8	9.4	7.6	8.3	9.0	5.8	15.5	9.5	12.1	19.9	20.3	31.9	29.5	24.7	22.1	30.3	30.9	40.6
小沙江	1380	10.6	8.2	4.9	5.6	6.2	4.4	13.6	9.1	10.3	17.4	17.0	31.5	28.7	24.3	20.7	28.0	29.9	40.5

站名	海拔高度(m)	7月			8月			9月			10月			11月			12月		
		上	中	下	上	中	下	上	中	下	上	中	下	上	中	下	上	中	下
新化	212	61.9	85.4	91.6	79.2	60.2	57.7	61.1	40.9	44.1	39.2	24.8	30.4	25.3	24.0	21.8	19.2	13.9	15.6
兴田	320	48.7	63.4	67.1	60.5	48.1	47.0	46.9	31.0	34.1	33.8	20.5	29.0	22.9	21.7	20.9	13.2	13.2	12.8
金石桥	510	43.2	57.4	65.1	57.1	45.9	44.2	46.4	30.4	33.1	33.6	19.3	27.0	21.6	21.4	18.9	15.6	12.5	9.9
槐花坪	810	38.1	52.7	53.6	49.3	34.0	37.4	37.4	27.7	30.1	29.0	19.0	26.2	21.1	20.8	17.9	15.1	11.2	9.2
龙塘	1030	34.5	49.9	51.1	46.4	31.6	34.0	35.5	26.8	22.6	27.3	12.5	25.1	18.4	19.9	17.5	13.9	9.5	8.9
小沙江	1380	33.4	45.2	48.0	44.1	27.1	31.8	35.0	24.5	20.2	24.7	11.4	22.5	18.3	17.1	14.7	13.8	6.4	7.5

3.1.4 相对湿度

(1)年平均相对湿度

平均相对湿度总的趋势是随高度上升而增大,但升到一定高度后又减小(图 3.38)。

年平均最大相对湿度为 87%,出现在 1380 m 高度上,比 212 m 大 9%,平均递增率为 0.77%/100 m。

(2)月平均相对湿度

月平均相对湿度随着海拔升高而增大,212 m 月平均相对湿度最大值出现在 5 月,5 月平均相对湿度为 82%。最小值出现在 7 月为 73%,320 m 月平均相对湿度最大值为 85%,分别出现在 2 月和 10 月,最小值为 80%,分别出现在 1 月和 7 月。510 m 月平均相对湿度最大值为 87%,出现在 5 月。810 m 月平均相对湿度最大值为 88%,分别出现在 2 月和 5 月。1030 m 月平均相对湿度最大值为 89%,出现在 2 月。1380 m 月平均相对湿度最大值为 90%,分别出现在 2 月、8 月和 9 月(图 3.39,表 3.41)。

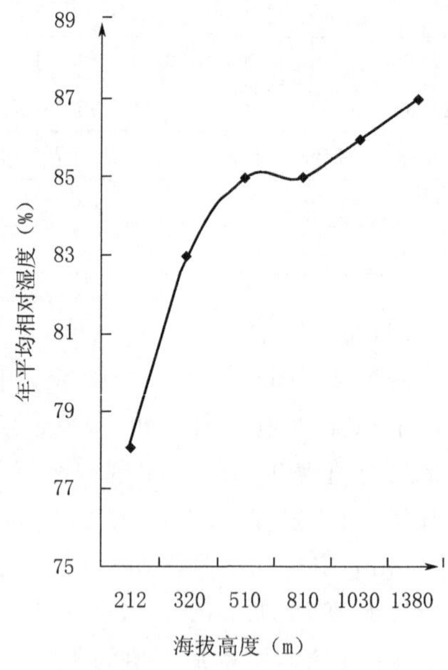

图 3.38 雪峰山东侧不同海拔高度年平均相对湿度

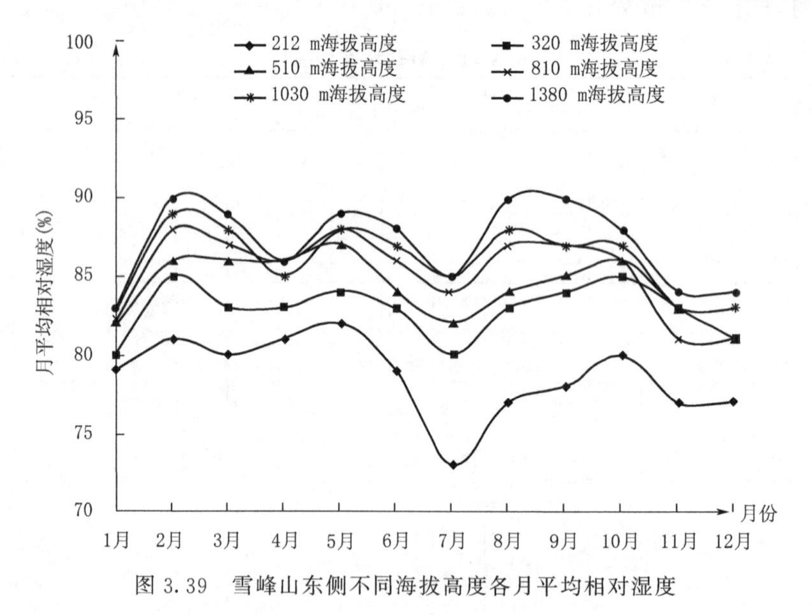

图 3.39 雪峰山东侧不同海拔高度各月平均相对湿度

表 3.41 月平均相对湿度(%)

站名	海拔高度(m)	1 月	2 月	3 月	4 月	5 月	6 月	7 月	8 月	9 月	10 月	11 月	12 月	年
新化	212	79	81	80	81	82	79	73	77	78	80	77	77	78
兴田	320	80	85	83	83	84	83	80	83	84	85	83	81	83
金石桥	510	82	86	86	86	87	84	82	84	85	86	83	81	85

续表

站名	海拔高度(m)	1 月	2 月	3 月	4 月	5 月	6 月	7 月	8 月	9 月	10 月	11 月	12 月	年
槐花坪	810	82	88	87	86	88	86	84	87	87	86	81	81	85
龙塘	1030	83	89	88	85	88	87	85	88	87	87	83	83	86
小沙江	1380	83	90	89	86	89	88	85	90	90	88	84	84	87

(3)旬平均相对湿度

212 m 处旬平均相对湿度最大值为 84%，分别出现在 4 月上旬，5 月下旬；旬最小值为 68%，出现在 12 月下旬。320 m 旬平均相对湿度最大值为 87%，出现在 10 月中旬，最小值为 75%，出现在 12 月下旬。510 m 旬平均相对湿度最大值为 89%，分别出现在 2 月中旬，3 月中旬，4 月中旬，5 月下旬，10 月中旬，最小值 76%，出现在 1 月上旬。810 m 旬平均相对湿度最大值为 93%，出现在 10 月中旬，旬最小值为 76%，出现在 1 月上旬。1030 m 旬平均相对湿度最大值为 94%，出现在 10 月中旬，旬平均相对湿度最小值为 80%，出现在 12 月下旬。1380 m 旬平均相对湿度最大值为 93%，分别出现在 3 月下旬和 4 月上旬，旬最小值为 77%，出现在 4 月下旬(表 3.42)。

表 3.42　旬平均相对湿度(%)

站名	海拔高度(m)	1 月			2 月			3 月			4 月			5 月			6 月		
		上	中	下	上	中	下	上	中	下	上	中	下	上	中	下	上	中	下
新化	212	70	76	82	82	83	79	76	82	81	84	83	75	79	81	84	78	80	78
兴田	320	76	78	85	85	86	82	78	85	84	85	84	79	83	83	86	83	84	83
金石桥	510	76	81	85	85	89	84	80	89	86	88	89	82	86	87	89	84	85	84
槐花坪	810	76	81	88	87	91	87	82	93	90	89	90	79	86	88	90	84	87	87
龙塘	1030	82	83	88	89	92	89	84	93	91	89	89	79	86	90	91	85	88	88
小沙江	1380	80	84	85	87	90	89	82	92	93	93	86	77	85	90	90	84	88	91

站名	海拔高度(m)	7 月			8 月			9 月			10 月			11 月			12 月		
		上	中	下	上	中	下	上	中	下	上	中	下	上	中	下	上	中	下
新化	212	78	69	71	72	78	80	75	80	79	78	82	77	80	77	73	74	77	68
兴田	320	83	78	79	81	84	85	83	86	84	83	87	77	82	77	75	78	79	75
金石桥	510	85	80	81	83	84	87	83	87	86	84	89	81	87	83	79	79	81	77
槐花坪	810	87	83	82	85	89	88	85	88	90	84	93	83	85	81	78	80	84	77
龙塘	1030	88	84	82	87	92	91	88	90	91	86	94	84	88	83	81	84	85	80
小沙江	1380	88	83	83	85	90	88	86	88	89	82	91	84	86	82	80	83	82	78

3.1.5　日照

3.1.5.1　日照时数

日照时数总的分布特点是随高度增加而减少。

(1)年日照时数

年日照时数海拔 1030 m 比 212 m 减少 686.0 小时，海拔高度每上升 100 m，年日照时数减少 83.9 小时(图 3.40)。

(2)月日照时数

由图 3.41 可见,海拔 212 m 月日照时数最大值为 251.9 小时,出现在 7 月,4—11 月有 8 个月的日照时数均在 100 小时以上。月日照时数最小值为 48.1 小时,出现在 2 月。海拔 320 m,月日照时数最大为 188.6 小时,出现在 7 月,6—11 月有 6 个月日照时数在 100 小时以上;月日照时数最小为 40.7 小时,出现在 2 月。海拔 510 m,月日照时数最大值为 189.2 小时,出现在 7 月,6 月、7 月、8 月、9 月、11 月等 5 个月的月日照时数在 100 小时以上,月日照时数最小值为 39.3 小时,出现在 2 月。海拔 810 m,月日照时数最大值为 125.9 小时,出现在 7 月。7、8 月的日照时数在 100 小时以上,月日照时数最小值为 32.7 小时,出现在 2 月。海拔 1030 m,月日照时数最大值为 120.8 小时,出现在 7 月,其中 7 月、8 月、11 月 3 个月的月日照时数在 100 小时以上,月日照时数最小值为 23.8 小时,出现在 2 月。海拔 1380 m,月日照时数最大值为 184.6 小时,出现在 7 月,其中 6 月、7 月、8 月、9 月、11 月等 5 个月的日照时数在 100 小时以上,月日照时数最小值为 32.3 小时,出现在 2 月。

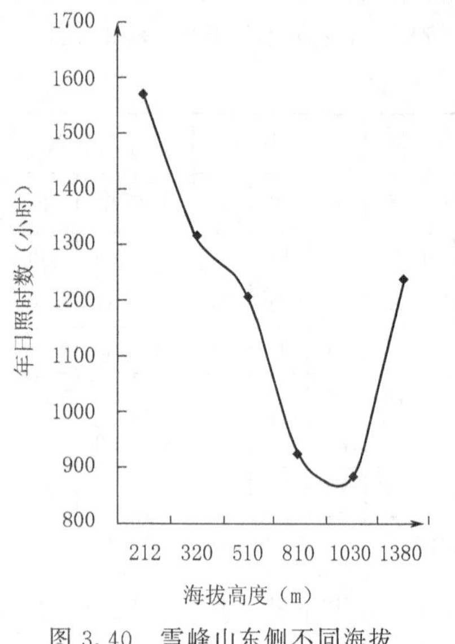

图 3.40　雪峰山东侧不同海拔高度年日照时数

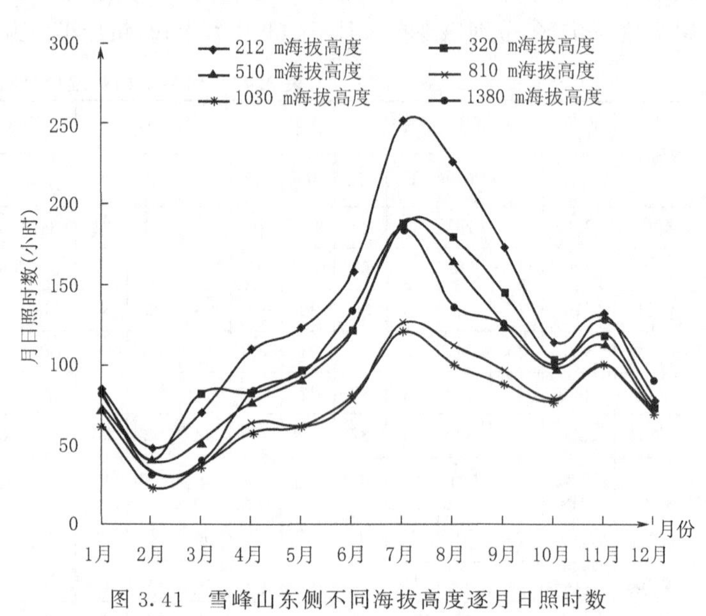

图 3.41　雪峰山东侧不同海拔高度逐月日照时数

表 3.43　月日照时数(小时)

站名	海拔高度(m)	1月	2月	3月	4月	5月	6月	7月	8月	9月	10月	11月	12月	年
新化	212	84.9	48.1	70.4	108.8	122.4	158.0	251.9	226.2	173.5	114.2	131.2	77.5	1567.1
兴田	320	81.2	40.7	82.4	82.4	96.4	121.8	188.6	179.5	144.9	103.1	118.4	73.1	1312.5
金石桥	510	73.3	39.3	51.8	76.9	90.8	120.1	189.2	164.8	123.7	97.4	112.2	70.2	1209.7
槐花坪	810	71.8	32.7	36.2	64.0	61.0	77.4	125.9	111.9	96.1	78.7	99.5	67.4	922.1
龙塘	1030	63.5	23.8	36.7	57.8	62.3	80.7	120.8	100.0	87.8	77.6	100.5	69.6	881.1
小沙江	1380	82.9	32.3	39.6	83.1	95.4	133.9	184.6	137.0	126.1	99.5	128.2	89.8	1232.4

(3)旬日照时数

旬日照时数随着海拔升高而减少(图 3.42),海拔 212 m 旬日照时数最高值为 100.1 小时,出现在 7 月下旬(表 3.44),旬日照时数最低值为 9.4 小时,出现在 2 月下旬。海拔 320 m 旬日照时数最高值为 75.1 小时,出现在 7 月下旬,旬日照最低值为 6.0 小时,出现在 2 月下旬。海拔 510 m,旬日照时数最高值为 72.7 小时,810 m 旬日照时数最高值为 48.8 小时,1030 m 旬日照时数最高值为 47.9 小时,以上三个高度出现在 7 月下旬。1380 m 旬日照时数最高值为 78.4 小时,出现在 7 月中旬。旬日照时数最低值 510 m 为 6.9 小时,810 m 为 5.0 小时,1030 m 为 4.6 小时,1380 m 为 6.2 小时,以上各高度均出现在 2 月下旬。

表 3.44　旬日照时数(小时)

站名	海拔高度(m)	1月			2月			3月			4月			5月			6月		
		上	中	下	上	中	下	上	中	下	上	中	下	上	中	下	上	中	下
新化	212	43.8	24.3	21.4	18.8	20.0	9.4	31.1	18.3	20.9	25.2	28.9	54.7	52.5	34.7	35.1	44.4	46.5	67.1
兴田	320	43.3	22.0	16.7	16.3	17.0	6.0	28.3	15.7	8.8	20.1	25.9	42.5	43.8	28.1	24.6	35.5	33.7	52.6
金石桥	510	42.5	21.5	16.7	16.3	17.5	6.9	27.4	16.0	8.4	19.7	20.1	37.2	42.9	25.1	22.7	37.0	31.7	51.3
槐花坪	810	39.3	20.3	14.8	11.9	15.3	5.0	21.8	8.8	5.5	16.1	19.8	34.1	32.2	12.7	16.1	22.2	22.6	32.6
龙塘	1030	39.0	19.3	11.3	9.5	9.7	4.6	22.7	8.9	5.1	16.3	13.0	28.5	35.8	15.4	11.1	25.6	24.0	31.1
小沙江	1380	36.4	16.3	10.9	10.5	15.6	6.2	28.8	3.9	6.8	13.9	13.8	43.4	51.8	26.3	17.4	37.9	46.4	49.6

站名	海拔高度(m)	7月			8月			9月			10月			11月			12月		
		上	中	下	上	中	下	上	中	下	上	中	下	上	中	下	上	中	下
新化	212	60.1	91.7	100.1	90.3	66.9	69.1	80.1	42.1	51.3	50.0	16.0	48.2	44.3	47.0	39.9	37.8	25.7	14.0
兴田	320	43.3	70.2	75.1	67.1	47.5	50.2	55.6	27.2	40.9	43.7	12.1	41.5	37.1	39.2	35.9	34.2	21.8	14.2
金石桥	510	47.0	69.4	72.7	70.1	54.5	54.9	67.0	32.2	45.7	45.7	15.5	41.8	37.8	42.7	37.9	36.5	23.6	13.0
槐花坪	810	28.4	48.7	48.8	47.8	24.4	39.7	41.3	20.1	34.7	32.1	11.4	35.2	32.8	31.3	35.4	34.3	19.2	13.9
龙塘	1030	26.4	46.5	47.9	43.7	21.5	34.8	43.4	17.0	27.4	32.0	11.1	34.5	30.5	35.7	34.3	33.1	19.0	17.5
小沙江	1380	30.5	78.4	60.7	55.5	42.2	39.3	58.2	32.9	43.6	54.3	23.2	40.1	39.5	42.2	46.5	42.8	23.2	23.9

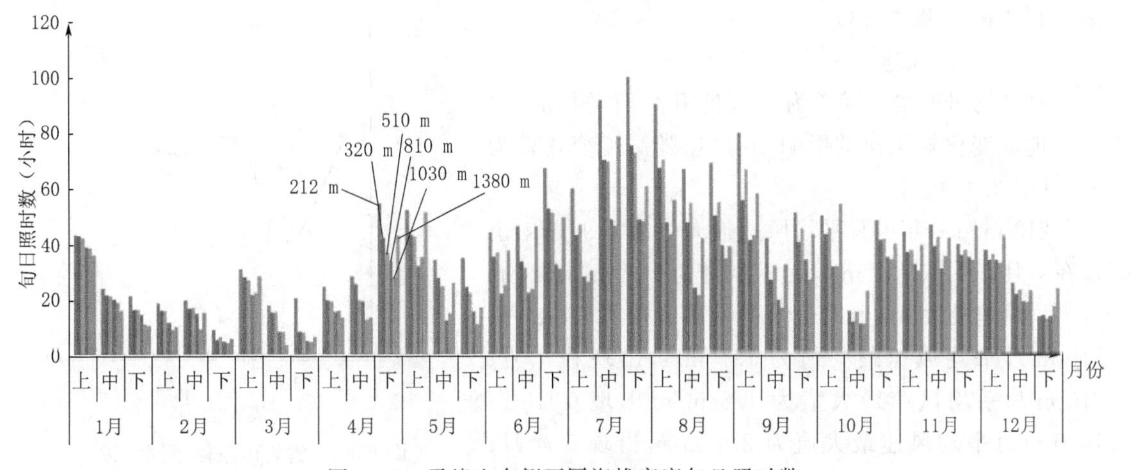

图 3.42　雪峰山东侧不同海拔高度旬日照时数

3.1.5.2 日照百分率

(1)年日照百分率

海拔212～1030 m年日照百分率随着海拔升高而减少,海拔212 m年日照百分率为36%,海拔1030 m为20%,垂直递减率为2.0小时/100 m,海拔1380 m年日照百分率为28%,海拔1030～1380 m,年日照百分率垂直递增率为2.3小时/100 m。

从上可见,年日照百分率以1030 m为最小,从1030～1380 m,年日照时数又出现随着海拔高度升高而增加的现象了。

(2)月日照百分率

海拔212 m月日照百分率以2月最小,为16%,从2月开始逐月增大,至7月达59%,为最高值,而后又逐月下降至2月为最低点(表3.45)。

表3.45 月日照百分率(%)

站名	海拔高度(m)	1月	2月	3月	4月	5月	6月	7月	8月	9月	10月	11月	12月	年
新化	212	26	16	19	28	29	38	59	56	47	32	41	24	36
兴田	320	25	13	14	22	23	29	45	44	39	29	37	23	29
金石桥	510	22	13	14	20	22	29	45	41	34	27	35	22	28
槐花坪	810	22	10	10	17	15	19	30	28	26	22	31	21	21
龙塘	1030	20	8	10	15	15	20	28	25	24	22	31	22	20
小沙江	1380	26	11	11	22	23	33	44	34	35	28	40	28	28

不同海拔高度各月的日照百分率最高值都出现在7月,最小值都出现在2月。

3.1.6 风速

(1)年平均风速

在320～1380 m高度上,年平均风速随着海拔升高而增加,320 m年平均风速为0.8 m/s,1380 m年平均风速为3.0 m/s,海拔每上升100米的垂直递增率为0.2 m/s(图3.43)。

(2)月平均风速

月平均风速也是随着海拔高度升高而增加的,但由于地形变化对风速的影响,其风速随高度变化较为复杂(图3.44)。

212 m处一年中月平均风速最大值为1.9 m/s,出现在7月,8月为1.8 m/s,5月、9月为1.7 m/s;320 m月平均风速最大值为0.9 m/s,分别出现在4、5、7、8月;510 m月平均风速最大值为1.7 m/s,出现在7月;810 m月平均风速最大值为1.6 m/s,出现在4月;1030 m月平均风速最大值为2.0 m/s,出现在4月;1380 m月平均风速最大值为3.4 m/s,出现在1月。

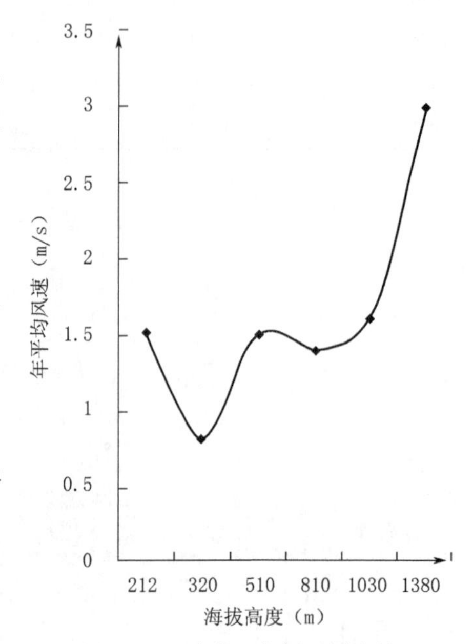

图3.43 雪峰山东侧不同海拔高度年平均风速

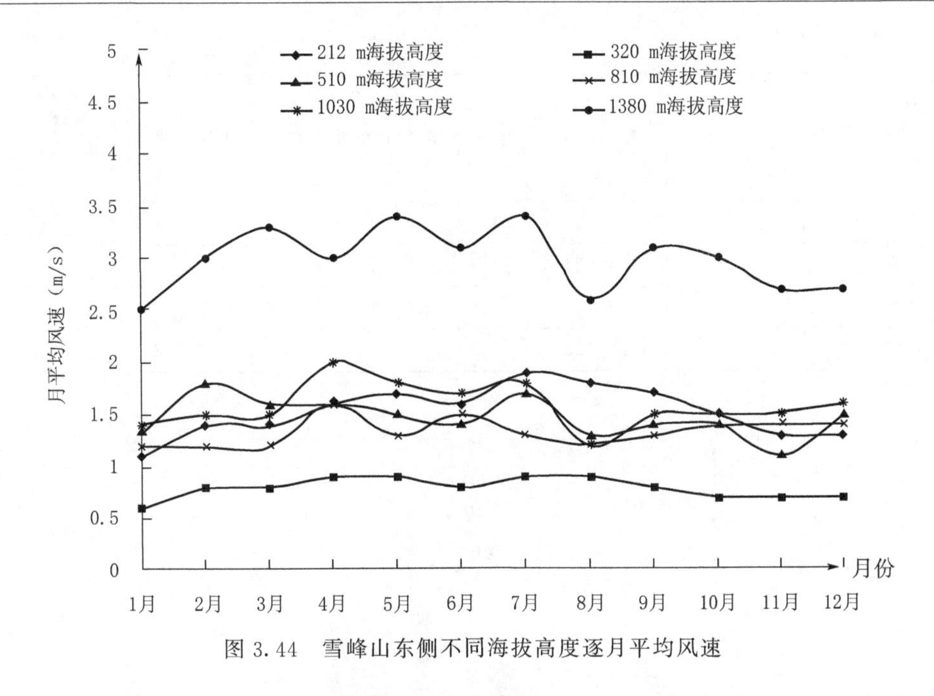

图 3.44　雪峰山东侧不同海拔高度逐月平均风速

月平均风速最小值 210 m 处为 1.1 m/s，出现在 1 月。320 m 为 0.6 m/s，出现在 1 月。510 m 为 1.1 m/s，出现在 11 月。810 m 为 1.2 m/s，分别出现在 1 月、2 月、3 月、8 月。1030 m 为 1.2 m/s，出现在 8 月。1380 m 为 2.5 m/s，出现在 1 月(表 3.46)。

表 3.46　各月平均风速(m/s)

站名	海拔高度(m)	1 月	2 月	3 月	4 月	5 月	6 月	7 月	8 月	9 月	10 月	11 月	12 月	年
新化	212	1.1	1.4	1.4	1.6	1.7	1.6	1.9	1.8	1.7	1.5	1.3	1.3	1.5
兴田	320	0.6	0.8	0.8	0.9	0.9	0.8	0.9	0.9	0.8	0.7	0.7	0.7	0.8
金石桥	510	1.3	1.8	1.6	1.6	1.5	1.4	1.7	1.3	1.4	1.4	1.1	1.5	1.5
槐花坪	810	1.2	1.2	1.2	1.6	1.3	1.5	1.3	1.2	1.3	1.4	1.4	1.4	1.4
龙塘	1030	1.4	1.5	1.5	2.0	1.8	1.7	1.8	1.2	1.5	1.5	1.5	1.6	1.6
小沙江	1380	2.5	3.0	3.3	3.0	3.4	3.1	3.4	2.6	3.1	3.0	2.7	2.7	3.0

3.2　主要农业气象灾害的垂直分布

各类天气灾害现象日数都是随海拔升高而增加(表 3.47，图 3.45)。

表 3.47　各类天气灾害日数(天)

站名	海拔高度(m)	雨	雪	冰雹	雾	霜	雨凇	雾凇	积雪	结冰	雷暴	大风	最大积雪深度		日数
													深度(cm)	年	
新化	212	203.7	20.3	1.0	30.4	22.7	6.0		11.3	27.0	60.3	2.3	11	1983	29/12
兴田	320	211.0	19.7	1.7	36.3	25.7	9.7		12.7	40.0	55.3	1.7	14	1983	29/12

续表

站名	海拔高度(m)	雨	雪	冰雹	雾	霜	雨凇	雾凇	积雪	结冰	雷暴	大风	最大积雪深度		日数
													深度(cm)	年	
金石桥	510	214.7	23.3	1.3	41.7	25.7	20.7		21.3	43.7	62.0	1.7	17	1983	29/12
槐花坪	810	228.7	26.0	2.0	142.1	24.3	30.3	5.7	50.0	59.7	54.0	1.3	21	1983	30/12
龙塘	1030	234.0	33.0	2.0	174.6	26.3	48.3	12.7	51.0	65.7	53.3	2.3	26	1983	30/12
小沙江	1380	223.0	32.5	3.5	171.5	33.0	48.0	18.0	49.0	85.5	58.8	8.5	30	1983	

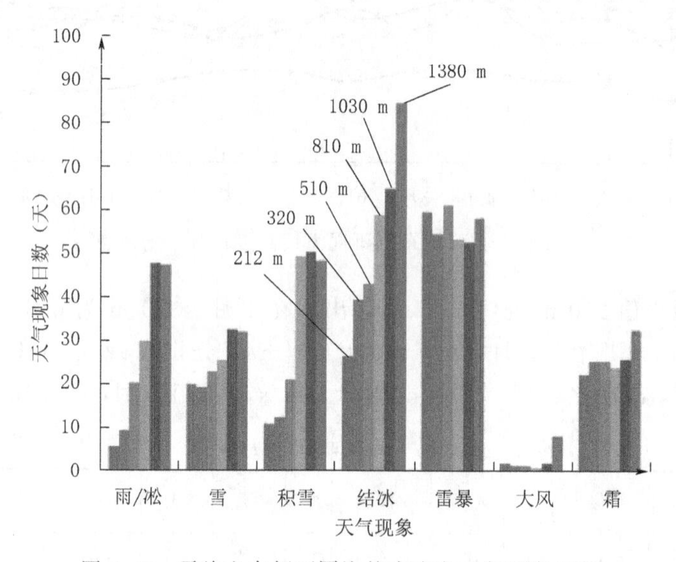

图 3.45 雪峰山东侧不同海拔高度各天气现象日数

(1)降雪日数

212 m 年降雪日数为 20.3 天,海拔 1030 m 为 33.0 天,垂直递增率为 1.6 天/100 m。

(2)积雪日数

212 m 年积雪日数为 11.3 天,1030 m 为 51.0 天,垂直递增率为 4.9 天/100 m。

(3)结冰日数

212 m 年结冰日数为 27.0 天,1380 m 为 85.5 天,垂直递增率为 5.0 天/100 m。

(4)霜冻日数

212 m 年霜冻日数为 22.7 天,1380 m 为 33.0 天,垂直递增率为 0.9 天/100 m。

(5)雨凇日数

212 m 年雨凇日数为 6.0 天,1380 m 年雨凇日数为 48.0 天,垂直递增率为 3.6 天/100 m。

(6)雾凇日数

510 m 以下,没有出现雾凇,810 m 年雾凇日数 5.7 天,1380 m 年雾凇日数 18.0 天,垂直递增率为 2.2 天/100 m。

(7)冰雹日数

212 m年冰雹日数1.0天,1380 m年冰雹日数3.35天,年冰雹日数垂直递增率为0.2天/100 m。

(8)大雾日数

① 年大雾日数

年大雾日数在一定高度范围内随海拔高度升高而增加(图3.46)。

海拔212 m年雾日为30.4天,1030 m为174.6天,海拔每上升100 m,年雾日增加17.6天,1030～1380 m,年雾日又随着海拔升高而减少,垂直递减率为0.7天/100m。1030 m为凝结层,气流沿山坡爬升,绝热冷却形成云雾多,凝结层(1030 m)以上,由于风大,常出现南风扫顶的现象,致使云雾减少。

② 月雾日数

由于地形地貌的影响,不同海拔高度的大雾日数出现的时间有所差异。

212 m处月雾日最多值为6.7天,出现在1月,雾日最少值为零,出现在8月。320 m月雾日最大值为7.3天,出现在1月,最少值为零,出现在3月。510 m月雾日最大值为7.7天,出现在1月,最少值为1.3天,出现在3月。810 m月雾日最大值为18.0天,出现在3月,最少值为3.7天,出现在8月。1030 m,月雾日最大值为20.3天,出现在3月,最少值为5.0天,出现在7月。1380 m月雾日最大值为22.7天,出现在3月,最少值为4.0天,出现在7月(图3.47,表3.48)。

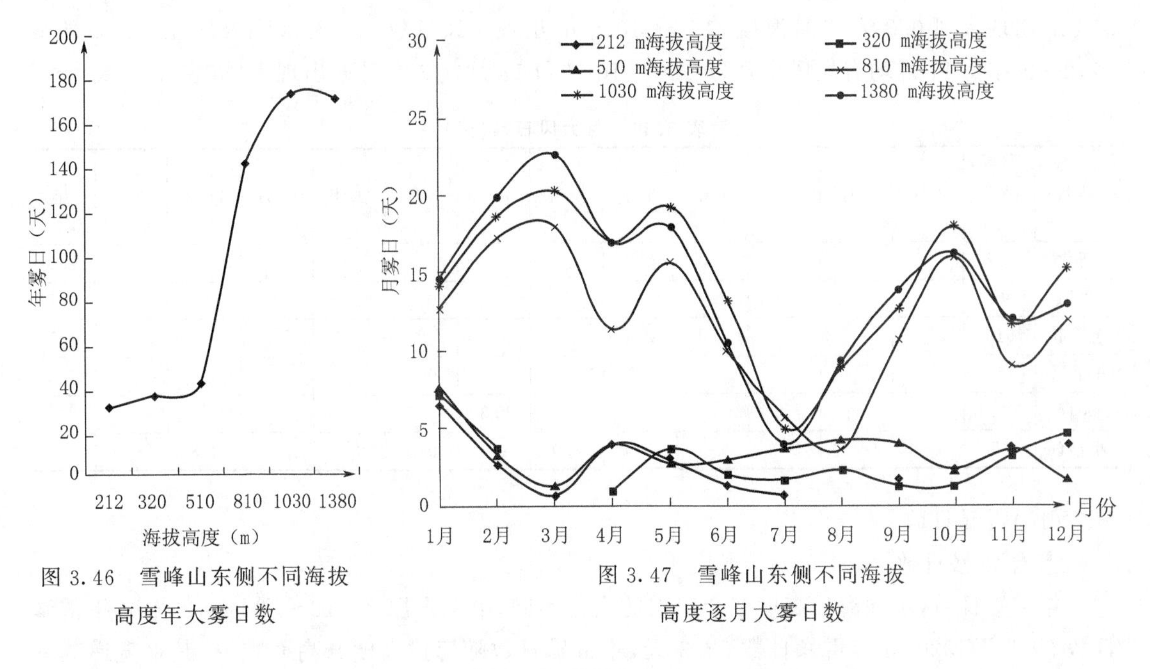

图3.46　雪峰山东侧不同海拔高度年大雾日数

图3.47　雪峰山东侧不同海拔高度逐月大雾日数

表3.48　月雾日(天)

站名	海拔高度(m)	1月	2月	3月	4月	5月	6月	7月	8月	9月	10月	11月	12月	年
新化	212	6.7	2.7	0.7	4.0	3.0	1.3	0.7	0	1.7	2.3	3.7	4.0	30.4
兴田	320	7.3	3.7	0	1.0	3.7	2.0	1.7	2.3	1.3	1.3	3.3	4.7	36.3
金石桥	510	7.7	3.3	1.3	4.0	2.7	3.0	3.7	4.3	4.0	2.3	3.7	1.7	41.7

续表

站名	海拔高度(m)	1月	2月	3月	4月	5月	6月	7月	8月	9月	10月	11月	12月	年
槐花坪	810	12.7	17.3	18.0	11.3	15.7	10.0	5.7	3.7	10.7	16.0	9.0	12.0	142.1
龙塘	1030	14.3	18.7	20.3	17.0	19.3	13.3	5.0	9.0	12.7	18.0	11.7	15.3	174.6
小沙江	1380	14.7	20.0	22.7	17.0	18.0	10.5	4.0	9.3	14.0	16.3	12.0	13.0	171.5

(9)大风日数

① 年大风日数

212～810 m,年大风日数随海拔升高而减少,212 m 年大风日数 2.3 天,810 m 年大风日数为 1.4 天,垂直递减率为 0.15 天/100 m,其原因是由于地貌不同,212 m 为低丘顶部,320 m、510 m 及 810 m 均为盆地之中,遮蔽阻挡作用致使大风日数少。

年大风日数 810 m 至 1380 m 随海拔高度升高而增加,海拔 810 m 年大风日数为 1.4 天,海拔 1380 m 年大风日数为 7.8 m,海拔每上升 100 m,年平均大风日数增加 1.1 天。

② 月大风日数

月大风日数,以 4 月与 8 月出现最多,4 月不同海拔高度大风出现日数为 0.7～1.5 天,8 月不同海拔高度大风出现日数为 0.3～0.7 天,但 510 m 没有出现大风。5 月海拔 212 m 和 510 m 出现大风 0.3 天,7 月海拔 212 m、1030 m 出现大风日数 0.3 天,以 1380 m 大风日数最多,2—9 月及 11 月均有大风出现,仅 1 月、10 月和 12 月这 3 个月未出现大风(表 3.49)。

表 3.49　月大风日数(天)

站名	海拔高度(m)	1月	2月	3月	4月	5月	6月	7月	8月	9月	10月	11月	12月	年
新化	212				1.0	0.3		0.3	0.7					2.3
兴田	320				1.0				0.7					1.7
金石桥	510				1.3	0.3			0					1.7
槐花坪	810				0.7				0.7					1.3
龙塘	1030				1.3			0.3	0.7					2.3
小沙江	1380		1.0	0.7	1.5	1.0	1.0	1.3	0.3	0.7		0.3		8.5

(10)雷暴日数

① 年雷暴日数

年雷暴日数,不同海拔高度三个层次的变化不同,第一个层次 212～320 m,212 m 年雷暴日数 60.3 天,320 m 年雷暴日数 55.3 天,年雷暴日数随海拔高度升高而减少,其垂直递减率为 4.6 天/100 m。第二个层次 510～1030 m,510 m 年雷暴日数为 62.0 天,1030 m 年雷暴日数为 53.3 天,其垂直递减率为 1.7 天/100 m。第三个层次,1030～1380 m,1030 m 年雷暴日数 53.3 天,1380 m 年雷暴日数为 58.8 天,其垂直递增率为 1.6 天/100 m。

② 月雷暴日数

2—9 月所有海拔高度各月都有雷暴发生(表 3.50),1 月仅 212 m 无雷暴,10 月仅 320 m,1030 m 无雷暴,11 月各高度均无雷暴,12 月除 212 m 与 320 m 有雷暴外,其他各高度无雷暴。

表 3.50　雷暴日数(天)

站名	海拔高度(m)	1月	2月	3月	4月	5月	6月	7月	8月	9月	10月	11月	12月	年
新化	212		2.3	6.0	9.7	6.0	7.0	10.0	15.0	3.0	1.0		0.3	60.3
兴田	320	0.3	2.0	4.7	8.3	4.3	5.7	11.0	15.3	3.3			0.3	55.3
金石桥	510	0.7	2.7	4.7	9.3	5.3	6.7	13.3	14.7	4.0	0.7			62.0
槐花坪	810	0.7	1.7	4.0	9.3	5.0	4.3	11.0	13.7	4.0	0.3			54.0
龙塘	1030	0.7	2.9	3.7	8.0	4.7	5.0	11.0	14.3	3.7				53.3
小沙江	1380	0.7	2.7	5.0	6.0	4.0	7.0	12.7	15.0	5.0	0.7			58.8

雷暴出现最多的月份为 8 月和 7 月，其中 8 月海拔 212 m 为 15.0 天，320 m 为 15.3 天，1380 m 为 15.0 天，7 月 510 m 为 13.3 天，1380 m 为 12.7 天，其他高度层均在 10.0～11.0 天之间。

(11)大雨、暴雨

大雨、暴雨过程出现次数，随季节、高度不同，变化较大。雨季 4—6 月，以 510 m 处为最多，320 m 次之，212 m 最少，旱季 7—9 月，以 1030 m 最多，810 m 次之，320～510 m 最少，但从总的分布情况看，1380 m 是随高度升高过程次数增多，平均海拔每上升 100 m，大雨、暴雨日数增加 0.48～0.61 天(表 3.51)。

表 3.51　大雨、暴雨次数的比较

时间	高度(m)	212	320	510	810	1030	1380
4—6 月	5	11	12	10	10	10	
7—9 月	4	3	3	7	8	7	
合计	9	14	15	17	18	17	

(12)冰冻

冰冻出现初日，随海拔高度上升而提前。1380 m 比 212 m 早 30 天，平均每上升 100 m 提早 2.7 天，但在 810 m 以下，差异很小，几乎同时出现；810 m 以上，差异较大，1380 m 比 810 m 就提早 29 天，每上升 100 m，平均提早 5.1 天。冰冻总日数随高度升高而增多，最低点 12 天，最高点 51 天，每上升 100 m，平均增多 3.3 天。冰冻最长连续日数在 320 m 以下 5～6 天；超过此一高度，持续日数显著增多，但以 1030 m 为最长，1380 m 次之(表 3.52)。从 212～1030 m，平均每上升 100 m，最长连续日数增多 3.3 天。

表 3.52　冰冻差异的比较

海拔高度(m)	212	320	510	810	1030	1380
初日	16/1	16/1	15/1	15/1	20/12	17/12
总日数	12	16	27	34	45	51
最长连续日数	5	6	17	23	32	24

表 3.53　霜、雪开始日期

项目	初日		差值	垂直递减率
	1380	212	1168	(元/100 m)
霜	11 月 16 日	11 月 5 日	11	0.9418
雪	12 月 17 日	11 月 6 日	11	0.9418
积雪	12 月 17 日	11 月 6 日	11	0.9418
结冰	11 月 26 日	12 月 30 日	34	2.9110

(13)低温冷害

建立在雪峰山中段东侧各高度上的几个观察点，位于朝北—东北开口的风口槽坑地带，冷空气侵入时间和影响程度，除个别情况外，几乎一致。本节以任意一个考察点日平均气温连续下降 5 ℃以上作为一次冷空气过程的标准，分析了对山丘区农业生产影响最大的 3—5 月(易出现春季低温及 5 月低温)及 9—10 月(易出现秋季低温)的冷空气活动情况。

① 3—5 月冷空气过程与 4—5 月低温

根据有完整记录的 5 个点的资料分析，3—5 月共有 7 次冷空气活动，冷空气影响后，出现 1～4 天的连续降温过程，降温幅度为 4.2～12.1 ℃，大多数降温幅度是随高度增加稍有增大。冷空气过后，气温很快回升，除有 2 次过程因结束不久又有新的冷空气侵入，其间只有 1～2 天升温，且升温值小于降温值外，其余 5 次过程都是较长时间的连续升温或波动升温，升温值都显著大于降温值(表 3.54)。此种升温幅度较大，升温时间较长的回暖天气，对春播育秧等农事活动都较为有利。

表 3.54　3—5 月冷空气影响后温度变化的比较

项目	降温天数(天)					降温度幅度(℃)					升温天数(天)					升温度幅度(℃)				
侵入日期(日/月)	212	320	510	810	1080	211.9	320	510	810	1080	212	320	510	810	1080	212	320	510	810	1080
4/3	4	4	4	4	4	4.8	4.2	4.6	5.1	4.6	5	5	5	5	5	9.1	9.0	8.9	9.2	9.0
13/3	2	2	2	2	2	8.9	8.8	8.1	7.5	6.4	2	2	2	2	2	7.5	7.5	7.6	8.6	8.3
19/3	4	4	4	4	4	6.8	6.7	7.3	8.8	9.4	7	7	7	7	6	15.5	14.6	14.1	13.8	12.9
10/4	2	3	2	2	2	5.1	5.0	5.3	5.6	5.6	2	1	1	1	1	1.3	1.5	1.8	2.4	2.6
14/4	3	3	3	2	2	8.6	8.0	8.6	8.5	9.8	6	6	6	5	7	14.4	13.7	15.2	16.2	17.7
29/4	2	2	2	1	1	11.3	11.9	11.6	11.7	12.1	9	10	9	9	10	15.3	15.6	16.4	16.0	15.8
14/5	2	3	2	2	3	8.6	8.0	8.6	8.5	9.8	6	6	6	5	7	9.0	8.1	8.7	8.7	8.6
平均	2.7	3.0	2.7	2.4	2.6	7.5	7.4	7.5	7.8	8.1	5.7	5.7	5.6	5.4	5.9	10.3	10.0	10.4	10.7	10.7

4 月下旬—5 月下旬，分别以日平均气温连续三天以上≤15 ℃及≤20 ℃的为 4、5 月低温的过程，则上下差异非常明显，≤15 ℃的低温在 212～510 m 只出现一段，时间在 4 月底—5 月初；810 m 出现两段，分别在 4 月下旬前期及 4 月底—5 月初；1030 m 出现三段，分别在 4 月下旬前期、4 月底—5 月初及 5 月中；持续时间 3～5 天。

≤20 ℃的低温在 211.9～510 m 各出现三段，分别在 4 月下旬前期及 4 月底—5 月初、5 月中；810～1030 m 各出现四段，前三段与下部两个点基本相同，后一段出现在 5 月下旬中期，低温持续时间以第二段为最长，有 7～11 天，第三段次之，有 4～6 天；其余较短，只有 3～5 天（表 3.55）。

表 3.55　低温时段统计

温度	高度（m）	初日（日/月）	持续天数（天）	初日（日/月）	持续天数（天）	初日（日/月）	持续天数（天）	初日（日/月）	持续天数（天）
≤15 ℃	212	29/4	3						
	320	29/4	3						
	510	29/4	4						
	810	21/4	3	29/4	5				
	1080	21/4	3	29/4	5	15/5	4		
≤20 ℃	211.9	21/4	3	29/4	7	15/5	4		
	320	21/4	3	29/4	7	15/5	4		
	510	21/4	5	29/4	8	15/5	4		
	810	21/4	5	28/4	9	15/5	5	24/5	3
	1080	21/4	5	28/4	11	14/5	6	23/5	4

② 9—10 月冷空气过程与秋季低温

根据六个点的记录分析，9—10 月共有 5 次冷空气活动，冷空气入侵日期为 17/9、24/9、6/10、12/10 及 19/10，5 次降温过程中的降温最大值 11.6 ℃及最小值 4.0 ℃，均出现在 1380 m 高度上，总的降温趋势是中部最大，下部次之，上部最小。冷空气过后，升温幅度随高度增加常呈跳跃式的变化，但差异不大。每上升 100 m，升（降）温幅度平均值为 0.21～－0.13 ℃。冷空气过境后的升温之和，一般都明显地小于降温之和（表 3.56），因而影响秋季气温下降较快，低温出现时间较早。

表 3.56　9—10 月冷空气影响后温度变化的比较

海拔高度(m)	降温(℃)							升温(℃)								递增（减率）
	一次	二次	三次	四次	五次	合计	平均	一次	二次	三次	四次	五次	合计	平均	差值	
212	6.6	7.5	7.8	8.0	8.3	37.7	7.5	7.0	0.9	5.2	7.3	1.9	22.3	4.5	3.0	
320	5.6	8.8	7.4	7.0	8.8	37.6	7.5	7.4	1.2	4.4	7.8	2.0	22.8	4.6	2.9	－0.0
510	6.2	7.9	7.5	7.3	10.0	38.9	7.8	7.2	1.1	5.3	8.8	2.0	22.4	4.5	3.3	0.2
310	4.3	9.3	7.6	6.8	10.4	38.4	7.7	7.0	1.6	4.5	9.4	1.5	24	4.3	2.9	－0.1
1030	4.9	8.3	7.5	5.5	9.6	35.8	7.2	6.1	1.4	3.6	8.7	0.8	20.6	4.1	3.1	0.0
1380	4.0	7.8	5.3	4.4	11.6	33.1	6.6	5.6	2.0	3.1	3.6	0.3	19.6	3.9	2.7	－0

秋季低温以日平均气温连续三天以上≤20 ℃及≤22 ℃作为影响常规中、晚稻及杂交中、晚稻抽穗扬花为低温标准，在垂直高度上各有一条明显的分界线（表 3.57）。

表 3.57 秋季低温的比较

界限温度	项目	211.9	320	510	810	1030	1380
≤20.0 ℃	开始日期日/月	7/10	6/10	6/10	27/9	28/8	21/8
	低温天数	3	3	4	6	3	6
≤22.0 ℃	开始日期日/月	6/10	27/9	17/9	20/8	14/8	14/7
	低温天数	730	4	5	6	3	7

≤20 ℃的低温开始日期，以 810 m 为界，此线以下，出现在 9 月底—10 月初，每上升 100 m，差异 0～3 天；此线以上至 1080 m，低温开始的时间相差 31 天，每上升 100 m，平均提早 15.5 天。低温持续时间 510 m 以下 3～4 天，810 m 以上 3～6 天。

≤22 ℃的低温开始日期，以 510 m 为界，此线以下，出现在 9 月底—10 月初，每上升 100 m，平均提早 2.2 天，810 m 出现在 8 月 20 日，比 510 m 提早 28 天，平均每上升 100 m，提早 9.3 天，低温持续时间彼此差异很大，少则只有 3 天，多则 6～7 天以上。

3.3 不同海拔高度农业气候资源垂直分层状况

3.3.1 雪峰山东侧的农业气候资源垂直分布状况(表 3.58)

表 3.58 雪峰山东侧不同海拔高度气象资料

地点 高度(m) 项目		新化 212	兴田 320	金石桥 510	槐花坪 810	龙塘 1030	小沙江 1380
气温(℃)	平均	16.8	15.7	14.8	13.2	11.7	10.8
	极端最高	38.8	37.5	35.1	31.8	30.0	28.0
	极端最低	−3.9	−5.0	−6.1	−6.9	−9.6	−12.5
≥10.0 ℃	初日	29/3	30/3	31/3	14/4	20/4	24/4
	终日	27/11	27/11	10/11	5/11	14/10	9/10
	间隔天数	244.0	240	224.3	205.6	178.0	169.0
	积温	5400.0	5199.3	4664.4	4075.0	3504.9	3071.5
≥20.0 ℃	初日	19/5	25/5	28/5	8/6	18/6	21/6
	终日	27/9	24/9	21/9	3/9	22/8	16/8
	间隔天数	132.0	122.3	117.0	87.7	66.3	57.0
	积温	3480.0	3233.1	2888.7	2054.9	1498.0	1209.5
年降水量(mm)		1184.8	1327.6	1433.3	1716.2	1736.3	1528.0
年日照时数(小时)		1567.1	1312.1	1209.7	922.1	881.1	1232.4
平均相对湿度(%)		78	83	85	85	86	87

续表

地点 高度(m) 项目	新化 212	兴田 320	金石桥 510	槐花坪 810	龙塘 1030	小沙江 1380
年蒸发量(mm)	1310.4	1042.9	1031.1	822.9	791.0	919.5
雾日(天)	30.4	36.3	41.7	142.1	174.6	171.5
降雪日数(天)	20.3	19.7	23.3	26.0	33.0	32.5
无霜期(天)	280	270	261	250	230	220
积雪日数(天)	11.3	12.7	21.3	50.0	51.0	49.0
结冰日数(天)	27.0	40.0	43.7	59.7	65.7	85.5
雨凇日数(天)	6.0	9.7	20.7	32.3	48.3	48.0
雾凇日数(天)				6.7	12.7	18.0
平均风速(m/s)	1.5	0.8	1.5	1.4	1.6	3.0
大风日数(天)	2.3	1.7	1.7	1.3	2.3	8.5

3.3.2　不同海拔高度上物候期差异

随着海拔高度的升高，光、温、水资源的分布状况也随之变化，在农作物生育物候期上反映亦是十分明显的。下面我们运用物候观测资料加以说明。

(1)柑橘。柑橘春芽开放期，300 m 是 4 月 4 日，500 m 是 4 月 6 日，300 m 较 500 m 早两天，果实成熟期 300 m 是 10 月 3 日，500 m 是 10 月 17 日，两地相差 9 天。

(2)茶叶。春茶鳞片开展期，300 m 是 3 月 22 日，500 m 是 3 月 29 日，300 m 较 500 m 早 7 天。其余各个物候期均有 5～7 天的差异。

(3)毛竹。竹笋出土期，800 m 是 4 月 17 日，1000 m 是 4 月 22 日，800 m 较 1000 m 早 5 天。笋壳脱落期 800 m 是 4 月 23 日，1000 m 是 5 月 6 日，800 m 较 1000 m 早 13 天。

(4)水稻在不同海拔高度上生长情况

① 威优 64 在不同海拔高度上物候期

从表 3.59 看出，同一品种在不同海拔高度上从播种到齐穗期的经历天数在 700～840 m 高度内这一组同期播种内，差异在 3～4 天。800 m 高度上齐穗期反而比 700 m 提早 4 天出现，这种现象可能与 800 m 这一层高度逆温出现次数较多有关。900～1340 m 这一组同期播种内，除 1340 m 外，比较有规律地每增加 100 m，延长 2～4 天，关于全生育期的问题，趋势与上基本相同。

表 3.59　威优 64 物候期比较

海拔(m)		380	500	600	700	800	840	910	1000	1050	1180	1250	1340
播种期		29/4	20/4	20/4	26/4	26/4	26/4	18/4	18/4	13/4	18/4	18/4	18/4
齐穗	日期	30/7	28/7	3/8	6/8	2/8	7/8	16/8	15/8	18/8	22/8	23/8	16/9
	天数	92	99	99	102	98	103	120	119	122	126	128	151
成熟期		27/8	22/8	14/9	5/9	17/9	10/9	20/9	20/9	22/9	25/9	27/9	10/10
全生育期		120	124	131	132	134	137	155	155	157	160	162	175

③ 威优 64 在不同海拔高度上穗粒结构及产量

威优64作中稻栽培在海拔840 m以下至500 m范围内可获得亩产400 kg以上的产量，空壳率在20%以下，400 m以下威优64作中稻栽培不能获得理想的产量，还是种植双季稻产量高些。840 m以上威优64作中稻栽培，不能发挥杂交稻增产的优势，空壳率随高度的增加明显增大，产量随高度的增加明显降低(表3.60)。

表3.60 威优64穗粒结构产业量比较

海拔(m)	380	500	600	700	800	840	910	1000	1050	1180	1250	1340
播种期	29/4	20/4	20/4	26/4	26/4	26/4	18/4	18/4	18/4	18/4	18/4	18/4
亩穗数(万)	20.6	20.0	19.8	19.6	19.5	19.5	19.4	18.6	18.6	18.4	17.1	16.7
穗总粒	10.86	10.35	10.6	10.35	93.9	89.0	85.7	84.1	76.1	71.2	70.8	35.4
穗实粒	92.6	92.4	89.9	87.2	79.6	67.9	64.8	61.7	51.7	49.7	39.5	31.2
空壳率(%)	14.7	14.8	15.7	15.9	16.2	19.3	27.2	28.1	34.6	39.3	44.5	55.9
实际产量(千克/亩)	524	520	428.5	426.5	426	416.5	291.0	258.0	252.0	235	230	68.5

3.3.3 雪峰山东侧不同海拔高度的气候土壤、植被垂直带谱

雪峰山东侧地貌不同海拔高度的土壤植被垂直差异见表3.61。

表3.61 雪峰山东侧气候—土壤—植被垂直带谱

项目	海拔高度(m)	＜300	300～500	500～800	800～1200	1200～1600	＞1600
气候	年平均气温(℃)	≥16.8	15.7～14.8	14.8～13.2	13.2～11.0	＜11.0	＜10.0
	≥10 ℃积温(℃·d)	≥5400	5200～4600	4600～4070	4060～3500	3500～3000	≤3000
	年降水量(mm)	1350	1450	1550	1756.0	1625.0	1528.0
	日照时数(小时)	1567.1	1372.5	1209.7	922.1	881.1	1232.4
	无霜期(天)	280	275	255	240	220	＜220
	主要农业气象灾害	高温、三寒、干旱	三寒、低温、干旱	三寒、低温、干旱	春季寒潮、秋季低温、冰冻	低温、大风、冰冻	大风、低温、冰冻
土壤		红壤	红黄壤	山地黄壤	山地黄壤与山地黄棕壤	山地黄棕壤	山地草甸
植被		常绿阔叶林	常绿阔叶林、针叶林	亚热带常绿阔叶林	山地暖温带常绿落叶阔叶林混交带	山地暖温带落叶阔叶林、灌丛	山地草丛灌丛
耕作制度	水田	双季稻主产区	一季稻双季稻混作区	一季稻、冬作、油菜	一季稻	一季稻、早中熟	
	旱土	红薯、玉米、大豆、蔬菜	红薯、玉米、大豆、蔬菜	红薯、玉米、大豆、蔬菜	红薯、玉米、䅟子、蔬菜、中药材	红薯、玉米、中药材	草灌丛

300～500 m土壤为红壤，水田以水稻为主，旱土以玉米、红薯、蔬菜为主。500 m以下为红黄壤，旱地为油菜、油桐、楠竹、果木经济林。500～800 m山地黄壤，为杉、松、阔叶林，用材林。800～1200 m，黄棕壤，为针、阔混交林，如华山松、金钱松、柳杉、甜槠栲、鹅掌楸、银木荷、华南五针松、金叶白兰、黄稠、多脉青冈、小叶青冈、光皮桦等。1200 m以上为灌丛、竹丛、草丛。石灰性土壤宜发展铁稠、夹香槐、香槐、榔榆、白栎、栓皮栎、青钱柳等。紫色土宜发展楸、刺楸、黄连木、黄杧、槐树、皂荚、白栎、麻栎、枫香、枣子等。

城步南山草场可达 1650～1900 m，800～1200 m 有杉、松之类，1300 m 以上为疏林状乔木(1700 m 局部有茂密的杂木林，但树干不高或被风吹折)，1500～1700 m 以灌丛、草场为主。

由于地势高、气温低，霜期，冰冻时间长，山区终霜期在 3 月末至 4 月初，地貌条件及气候环境对牧草生长有利。

丘陵花岗岩中山原主要位于隆回县，面积 218 km^2 处于雪峰山脉南段，北、东、南三面陡峻。山原面海拔 1300～1400 m，其间丘陵起伏，相对高度在 250 m 以下，坡度在 30 度以下，多为斜坡，在农业生产上具有农林、农牧自然条件分布特点，1300 m 左右为农业区，种植水稻、药材、蔬菜及一定面积的用材林；1400 m 以上为农牧区，分布草丛及高山树种。由于排水不易，稻田地下水位高，部分土壤潜育化；由于冰冻期长达 60 天以上，光、热少，风大、雾多，水稻产量低而不稳，林木生长缓慢，坡度大，易引起水土流失。

3.4　分层利用不同海拔高度的农业气候资源

雪峰山中段东侧地区各种地貌类型与农业气候资源各有特色，地域差异各有千秋，因高因地制宜，发展特色农业。

第一层，河谷平原及丘陵地区，海拔在 400 m 以下，这些地区地势平坦开阔，土壤肥沃，水利设施也较完善，年平均气温 16.6～17.1 ℃，≥0 ℃活动积温 6000 ℃・d 以上，≥10 ℃活动积温 4900～5200 ℃・d，无霜期在 280 天以上，年降水量在 1300～1500 mm，日照时数在 1400～1600 小时，是本区光、热、水资源最丰富的地区。据研究，双季稻不同组合需要≥10 ℃积温 4800～5000 ℃・d，这些地区适宜于以双季稻为主的种植制度，作为以粮食为主的商品粮基地是适宜的，应予以充分利用。因此，在农业的布局，种制制度的确定，以及品种的安排，都要注意充分而又合理地利用农业气候资源。4—9 月光、热、水条件较好，尤其是 4—7 月条件较为优越，故早稻生育期的农业气候条件好，产量高，潜力大，比较保种保收，宜多种植。另外，本区旱涝频繁，尤以夏秋干旱几乎年年都有，只是程度不同；所以中稻(一季稻)产量一般不高不稳，尤以灌溉条件不好更甚。如隆回县 1983 年用品种威优 64 在不同海拔高度上作一季稻栽培试验，380 m 处 4 月 29 日播种，亩产 524 kg，500 m 处亩产 520 kg。

第二层，丘陵低山地区，海拔在 300～500 m，年平均气温为 15.5～16.5 ℃，≥10 ℃积温为 4500～5000 ℃・d，无霜期为 270～287 天，热量条件属两季不足一季有余的地区，这类地区过去种植双季稻产量低而不稳，两季不如一季，为充分利用气候资源，在保证种好一季杂交稻的前提下，可种植一季油菜或其他秋杂蔬菜作物，实行水旱轮作。这个地区适宜于经济林木的生长，草地荒山可大力发展油桐、油茶、山苍子、乌桕，特别是加速发展漆树等经济林生产。500 m 以下的地区选择地形气候条件好的丘陵开辟橘园，发展柑橘生产是有前途的。

第三层，中低山，海拔在 500～800 m，年平均气温 14.3～15.3 ℃，≥10 ℃积温 4200～4500 ℃・d，无霜期 260～270 天，适宜于种植杂交中稻，可发挥杂交增产的优势。油桐、油茶、漆树等，是本区的传统产品，宜在恢复的基础上大力发展。另外，在 800 m 这一层高度范围内，据气候考察资料表明，年平均气温为 13.4 ℃，年降水量 1730.1 mm，年平均相对湿度 84%，年雾日 137 天，年日照时数 1351.7 小时，冬季逆温出现达 44 次之多，这种优越的气候条件，很适宜于茶树的生长。由于冬季逆温出现多，越冬条件也是良好的，可以培育出优质云雾茶，同时在 600～800 m 这一高度上气候温和湿润是适宜杉木林生长的黄金地段。

第四层，中山，海拔 800～1200 m，年平均气温 11.0～14.0 ℃，≥10 ℃积温 3000～4300 ℃·d，无霜期 210～250 天。1380 m 的小沙江，7 月、8 月平均气温为 21.3 ℃、20.3 ℃，比 212 m 的新化 28.9 ℃、27.6 ℃分别低 7.6 ℃、7.3 ℃，极端最高气温为 28.0 ℃、27.6 ℃，比新化城 38.0 ℃、38.8 ℃低 10.0 ℃、11.2 ℃，没有酷夏天气，是一个天然的大凉棚，为此应充分利用中山区的凉棚气候资源。①因地制宜种好杂交稻只能种一季稻，因热量不足，季节十分紧迫，宜选择生育期短、抗寒、抗病等高产良种为宜。还有薏米、马铃薯等很适宜于这一层高度栽培。②搞好林业生产，这一层高度是雪峰山东侧地区林业基地，适宜于松、杉、毛竹等林木生长。③金银花适产地，隆回县在小沙江、麻塘山、虎形山、溆浦县在龙潭、新化在奉家山等海拔 1000～1300 m 的中山原发展金银花达 50 万亩，年产干花 1.5 万吨，占全国金银花总产量的 54%。④适宜发展草食动物，雪峰山区地区有草山面积 250 万亩，基本上集中连片，主要分布在海拔 1200 m 或以上的山原，对于发展草食动物是有利的，是本区畜牧业生产中的优势。但它最大的缺陷是枯草季节长，放牧时间短。对南方草山资源的利用问题，根据参考资料，提参几点看法。

(1)本区草山集中连片面积大，除了农业区零星草山和林区边缘草山放牧以外，大都属天然处女草山，基本上没有利用，是有一定潜力的，但本区草山属亚热带地区草山，具有雨水多、湿度大、严寒期长的气候特点。以隆回小沙江(海拔 1380 m)资料为例，年平均气温 11.0 ℃，年降水量 1678.3 mm，年雨日 210 天，年雾日 180 天，年平均相对湿度 82%，冰冻期 40 天以上，积雪日数近 60 天之久。这种状况与我国北方草场是有明显差别的。因此，对引进外地草食动物要特别注意气候的适应性。

(2)本区高山草山天然杂草的生长周期与≥10.0 ℃的起止时间是一致的，即 5 月初至 10 月中，整个生长周期接近半年，半年处在枯草缺草季节，同时南方草山冬春湿度大(75%～88%)，温度比北方相对较高，致使鲜草不易贮存，应采取干燥贮存草料以防霉烂。

(3)本区草山属花岗岩草甸土，如若培植人工草场，引进四季常青的优良牧草栽培，需开荒垦殖，而山区年降水量在 1700 mm 以上，年雨日在 200 天以上，且大雨、暴雨出现次数也多，应注意防止水土流失。

(4)本区草山坡度大，峰谷明显，盆地较少，要选择山地较平坦的山原地貌作为养饲场地。

(5)为充分利用现有草山资源，应因地制宜发展草食动物(黄牛、羊等)或本地种与外地种杂交，以改良本地种为主。有条件的地方，可发展现代化的大型草食动物养殖场，以增加畜产品商品，满足市场需要。

第五层，山顶草甸层，1600～1900 m，年平均气温低于 10 ℃，≥10.0 ℃积温在 3000 ℃·d 以下，年降水量在 1700 mm 以上，年极端最低气温在－15.0 ℃以下，无霜期少于 200 天，年冰冻日数在 60 天以上，平均风速大于 5.0 m/s，风大、冰雪时间长，气候条件恶劣，生态环境脆弱，为此建议：①应以保持水土、封山育草、封山育林为主，保护生态环境，使青山常在，绿水长流。②利用山地气候凉棚效应，大力发展度夏消炎避暑旅游产业。中高山夏季气候凉爽，没有酷夏，7—8 月平均气温在 20.0 ℃左右，最高气温在 30 ℃左右，好似一个天然大凉棚，且山区树木繁茂，流水潺潺，鸟语花香，风景秀丽，气象万千，腾云驾雾，负氧离子多，树木挥发多种精气，有益于人的身体健康，是度夏消炎避暑的人间天堂，新化紫鹊界梯田是全球重要农业文化遗产地，大熊山国家森林公园，涟源龙山国家森林公园，每年旅游人数达 30 多万人次，年新增收入达 10 多亿元，为山区农民脱贫致富奔小康开创了一条新门路，也为山区发展走出了一条生态经济之路。

第 4 章　雪峰山西侧的立体农业气候

雪峰山呈东北—西南走向斜贯湖南省西部，长达 300 多千米，跨 17 个县境，主体部分在北纬 26～29°，东经 110°～120°之间，是沅水和资水的分水岭，也是湖南省东西两级地势与不同自然景观的天然分界。雪峰山山势雄伟，重峦叠嶂，主体主要由变质岩及其他古岩层构成，主峰罗翁八面山苏宝顶海拔 1934.3 m，坐落在怀化地区洪江市境内。山脉东侧坡度较陡，西侧坡度较缓，山地有多级剥离面，高度大致为 1400～1600 m、1000～1200 m、700～800 m、500～600 m、250～350 m。雪峰山区溪谷众多，多峡谷盆地地形，土壤偏酸性，农业气候资源丰富，利于发展杉、竹、松等。森林资源十分丰富，尤以沅水上中游为集中。雪峰山区会同县的广木驰名中外。举世稀有的第四纪孑遗植物，如水杉、银杏等在山区多有发现。本区有不少野生植物或野生茶叶或野生柑橘资源，盛产柑橘(雪峰蜜柑)等亚热带水果及茶叶、油茶、油桐等亚热带经济作物。本区丰富的自然资源对发展粮茶油等商品生产具有巨大的潜力，研究雪峰山区的农业气候资源对促进雪峰山区的经济振兴和商品生产发展具有十分重要的意义。

雪峰山西侧的农业气候资源考察由省、地、县气象部门组织专业人员在洪江市境内布点进行。洪江(城关北纬 27°21′，东经 110°09′)地处雪峰山脉的中部西侧，对雪峰山西侧来说有较好的代表性。洪江市气象站(海拔 170 m)于 1959 年开始地面气象观测，并于 1970 年在该县 1404.9 m 处建立了雪峰山高山气象站，积累了完整的高山气象资料。

在这一基础上，1983 年根据《我国亚热带丘陵山区农业气候资源及其合理利用》课题方案，在沿横跨雪峰山的黔邵公路附近，在洪江气象站与雪峰山高山气象站之间(水平距离约 28 km)，选有代表性的 290 m(大坪)、500 m(岩屋界)、760 m(产子坪)、1020 m(粟子坪)设立四个临时山区气候站点(图 4.1)进行为期三年的地面气象观测和杉、竹、橘、油茶、油桐及水稻等农作物的平行观测。本章主要根据这一剖面从 170 m 至 1405 m 的六个气象站点的三年资料(1983.4—1986.3)进行整理分析，并以历史资料作为对比研究。

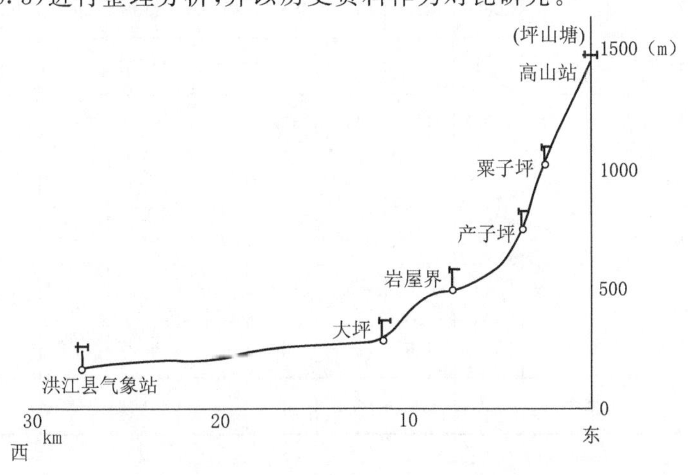

图 4.1　雪峰山西侧山区气候站点地形剖面简图

1983 年 4 月至 1986 年 3 月的考察年度内的天气气候特点是：1983 年 4—11 月气温偏高，无 5 月低温，秋季低温偏迟，积温偏多，大于 10 ℃活动积温，县气象站比历年多 71.5 ℃・d，雪峰山高山站比历年多 124.1 ℃・d；但 12 月以后冬季气温偏低，尤其是 1 月、2 月比历年偏低 2 ℃以上。12 月以来及 1984 年 1 月冰雪期特长，为近 30 年所罕见。年度平均气温接近常年。降水量大部分时段偏少，山上山下均比历年少 200 多毫米，有干旱。日照时数和蒸发量接近常年，略偏少。全年风速也和常年相近（表 4.1）。总的来看，考察年度除了降水偏少，冬季冰雪严重之外，其他都较正常，考察年资料是有代表性的。

表 4.1 观察年度洪江站、坪山塘各主要气象要素及距平值

要素	月份 项目	4	5	6	7	8	9	10	11	12	1	2	3	年度
气温 （℃）	洪江站	17.2	22.9	25.5	28.6	27.3	25.7	18.7	13.9	7.3	2.9	4.7	10.3	17.1
	距平	0.3	1.6	0.5	0.7	0.0	1.9	0.5	1.5	−0.3	−2.4	−2.1	−0.8	0.1
	坪山塘	11.0	16.3	18.4	21.0	20.2	18.3	12.8	8.6	1.7	−3.3	−2.8	5.2	10.6
	距平	0.0	1.8	03.1	0.6	0.4	2.0	0.6	2.1	−0.6	−2.8	−3.6	0.1	0.1
降水 （mm）	洪江站	211.6	141.0	167.1	72.3	63.6	77.3	69.2	75.0	43.6	31.9	18.1	165.0	1135.7
	距平	0.6	−106.4	−31.9	−48.6	−57.3	18.5	−27.3	−5.0	0.0	−13.8	−40.5	69.4	−242.3
	坪山塘	213.2	226.5	221.5	101.8	189.2	94.0	87.2	99.6	70.8	57.9	41.8	153.6	1557.1
	距平	−31.6	−86.5	−51.6	−80.1	−0.9	−5.0	−22.5	30.4	281	−18.4	−319	47.9	−2219
日照时数 （小时）	洪江站	70.2	103.4	142.1	239.2	239.9	205.3	83.1	119.7	55.6	63.5	17.8	18.7	1358.5
	距平	−27.5	−11.0	10.0	2.4	22.8	34.2	−38.0	33.5	−8.4	7.9	−33.3	−54.6	61.9
	坪山塘	31.1	68.7	71.9	98.0	172.0	110.8	71.8	155.4	96.5	91.1	18.8	34.3	1020.4
	距平	−40.4	8.9	−10.6	−76.1	34.0	1.7	−57.9	454	6.2	29.3	−28.9	−17.1	−123.2
蒸发量 （mm）	洪江站	86.6	128.34	139.9	206.6	182.7	150.5	81.6	619	41.3	36.7	40.2	43.2	1199.6
	距平	−11.6	11.56	6.1	2.2	−3.5	−4.3	−20.8	0.6	−5.1	−4.0	−5.0	−29.7	−63.6
	坪山塘	63.7	83.3	1000	145.3	141.5	100.4	60.9	105.9	82.8	65.1	33.9	43.6	1026.4
	距平	−21.4	−64	−3.5	−7.4	3.6	−84	−55.7	8.5	10.5	11.1	−149	−22.1	106.0
风速 （m/s）	洪江站	2.3	1.6	1.8	2.7	1.4	1.8	1.9	1.1	1.4	1.8	1.9	1.4	1.8
	距平	0.4	0.1	0.5	0.8	0.0	0.0	0.2	−0.5	2.3	0.1	0.0	−0.6	0.1
	坪山塘	6.6	5.3	4.8	5.7	4.5	4.6	5.2	4.4	4.2	4.1	5.0	5.7	5.0
	距平	1.4	0.3	0.2	1.5	0.1	0.1	0.2	−0.3	−0.8	−0.6	−3	0.0	0.1

4.1　雪峰山西侧丘陵山区气象要素的垂直分布

4.1.1　温度

4.1.1.1　气温

4.1.1.1.1　平均气温

(1)年平均气温:年平均气温随海拔高度升高而降低。海拔171 m年平均气温17.0 ℃,1405 m年平均气温10.4 ℃,海拔高度每升高100 m,年平均气温降低0.53 ℃(图4.2)。

(2)月平均气温:月平均气温随海拔高度升高而降低(图4.3,表4.2)。

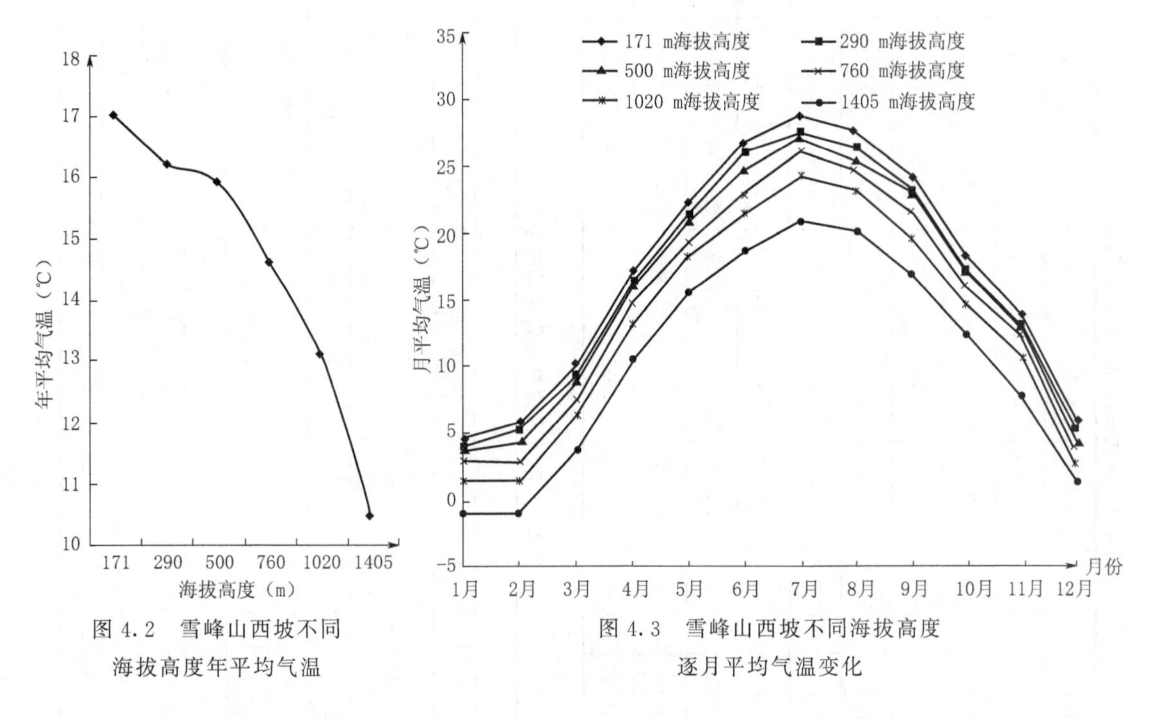

图4.2　雪峰山西坡不同海拔高度年平均气温

图4.3　雪峰山西坡不同海拔高度逐月平均气温变化

月平均气温最高出现在7月为28.7～21.0 ℃。

月平均气温最低出现在1月为4.7～0.9 ℃。

月平均气温随海拔高度变化拟合成相关方程式:

$T1=5.6962-0.0043H$　　$R=0.9736$

$T2=6.9456-0.0055H$　　$R=0.9878$

$T3=11.1079-0.4900H$　　$R=0.9911$

$T4=18.1471-0.0051H$　　$R=0.9842$

$T5-23.1930-0.0052H$　　$R=0.9905$

$T6=26.9860-0.0057H$　　$R=0.9857$

$T7=28.3932-0.0059H$　　$R=0.9780$

$T8=28.6539-0.0057H$　　$R=0.9832$

$T9=25.4051-0.0057H$　　$R=0.9853$

$T10=19.0013-0.0045H$　　$R=0.9822$

$T11=14.7031-0.0044H$　　$R=0.9509$

$T12=7.0090-0.0045H$　　$R=0.9873$

T年$=18.0589-0.0051H$　　$R=0.9848$

其中:T为温度;H为海拔高度;R为相关系数。

表 4.2　不同海拔高度月平均气温(℃)

站名	海拔高度(m)	1月	2月	3月	4月	5月	6月	7月	8月	9月	10月	11月	12月	年
洪江	171	4.7	5.9	10.1	17.0	22.2	26.8	28.7	27.6	24.2	18.2	13.8	6.1	17.0
大坪	290	4.0	5.3	9.4	16.3	21.3	25.8	27.6	26.3	23.2	17.2	13.1	5.3	16.2
岩屋界	500	3.9	4.3	8.9	16.0	20.9	24.7	27.0	25.3	23.1	17.0	12.7	4.5	15.9
产子坪	760	3.0	2.9	7.6	14.7	19.5	23.0	26.0	24.7	21.5	16.0	12.2	3.9	14.6
栗子坪	1020	1.6	1.5	6.4	13.3	18.2	21.4	24.2	23.1	19.7	14.6	10.5	2.6	13.1
坪山塘	1405	−0.9	−0.9	3.8	10.5	15.5	18.5	21.0	20.1	16.9	12.3	7.9	1.3	10.4
A		5.6962	6.9456	1.11079	1.81471	2.3193	2.6986	2.3932	2.86539	2.54051	1.90013	1.47031	7.0090	1.80589
B		−0.0043	−0.0055	−0.049	−0.0051	−0.0052	−0.0057	−0.0059	−0.0057	−0.0057	−0.0045	−0.0044	−0.0045	−0.0051
R		−0.9736	−0.9878	−0.9911	−0.9842	−0.9905	−0.9857	−0.9780	−0.9832	−0.9853	−0.9822	−0.9509	−0.9873	−0.9848

表 4.3　不同海拔高度旬平均气温(℃)

站名	海拔高度(m)	1月			2月			3月			4月			5月			6月		
		上	中	下	上	中	下	上	中	下	上	中	下	上	中	下	上	中	下
洪江	171	4.0	5.6	4..6	5.6	6.7	5.5	7.6	10.4	11.9	15.7	16.3	19.1	21.2	22.2	23.1	24.2	25.1	27.9
大坪	290	3.5	5.3	3.9	4.9	6.0	4.0	7.0	9.7	11.4	15.0	15.5	18.3	20.1	21.4	22.3	23.2	24.3	26.8
岩屋界	500	3.1	4.8	2.0	4.0	5.2	3.5	6.9	8.8	10.6	14.6	15.0	18.4	20.2	20.7	21.7	23.1	24.1	26.7
产子坪	760	2.4	4.2	2.0	2.6	4.0	1.8	6.0	7.5	9.1	13.4	13.6	17.0	18.9	19.3	20.2	21.7	22.4	25.0
栗子坪	1020	1.2	3.6	0.2	11	2.9	0.3	4.5	6.4	8.0	12.1	12.4	15.4	17.6	18.1	18.8	20.2	20.9	23.4
坪山塘	1405	−1.4	0.2	−2.3	−1.3	0.7	−2.4	2.0	4.2	5.3	9.3	9.8	12.5	15.1	15.3	16.0	17.3	18.0	20.4
A		4.9410	6.7055	5.6525	6.6363	7.5155	6.8502	8.7369	11.2276	13.0205	7.62857	17.3080	20.1406	22.0004	23.2185	24.2128	25.2945	26.3421	29.0668
B		−0.0041	−0.038	−0.055	−0.055	−0.047	−0.004	−0.044	−0.009	−0.053	−0.050	−0.051	−0.052	−0.046	−0.054	−0.056	−0.003	−0.056	−0.058
R		−0.9596	−0.8948	−0.9942	−0.9984	−0.9979	−0. 9960	−0.9998	−0.9988	−0.9950	−0.9812	−0.9827	−0.9731	−0.9795	−0.9937	−0.9934	−0.9821	−0.9837	−0.9855

续表

站名	海拔高度(m)	7月			8月			9月			10月			11月			12月		
		上	中	下	上	中	下	上	中	下	上	中	下	上	中	下	上	中	下
洪江	171	28.5	28.9	29.0	29.0	27.5	26.5	26.3	23.8	22.9	20.4	18.2	16.1	16.1	14.2	11.0	8.8	5.8	4.0
大坪	290	28.2	27.8	27.9	27.9	26.1	25.3	25.5	22.8	21.8	19.9	17.5	14.9	15.8	13.3	10.1	8.7	5.0	3.3
岩屋界	500	27.4	27.4	27.6	27.6	25.7	25.0	25.0	22.3	21.5	19.0	16.7	15.2	15.7	13.4	9.6	8.2	4.4	2.3
产子坪	760	27.1	26.1	26.3	26.5	24.2	23.7	23.8	20.8	20.2	18.7	15.6	14.0	15.0	12.4	9.0	7.8	3.3	0.7
栗子坪	1020	24.0	24.3	24.4	24.0	23.4	22.1	21.7	19.1	18.3	17.1	14.5	12.5	10.9	10.4	7.9	6.1	−2.1.	−0.7
坪山塘	1405	20.7	21.2	21.0	21.5	19.5	19.4	18.5	16.4	15.7	14.5	12.0	10.5	8.3	8.0	5.0	4.5	−0.1	−3.2
A		29 5339	30.0009	30.2910	30.1060	28.6418	27.585	27.0789	24.8559	23.9523	21.0083	19.0867	16.8286	17.2550	15.019	17.7713	9.6483	6.5939	5.0646
B		−0.059	−0.0059	−0.0001	−0.0056	−0.0062	−0.0055	−0.0061	−0.057	−0.056	−0.0058	−0.048	−0.043	−0.0042	−0.0045	−0.0047	−0.0031	−0.0046	−0.0033
R		−0.9834	−0.9736	−0.9718	−0.9685	−0.9098	−0.9852	−0.9700	−0.9905	−0.9884	−0.9535	−0.9945	−0.9756	−0.8315	−0.985	−0.9621	−0.8857	−0.9934	−0.9990

(3)旬平均气温

表4.4是旬平均气温随海拔高度升高而降低，不同海拔高度旬平均气温随高度变化的拟合相关式。

表4.4　旬平均气温随海拔高度变化关系式

月	旬	相关式	相关系数	月	旬	相关式	相关系数
1	上	$T1.1=4.9410-0.0041H$	$R=-0.9596$	7	上	$T7.1=29.539-0.059H$	$R=-0.9834$
	中	$T1.2=6.7055-0.308H$	$R=-0.8948$		中	$T7.2=30.0009-0.0059H$	$R=-0.9736$
	下	$T1.3=5.6525-0.055H$	$R=-0.9942$		下	$T7.3=30.2910-0.0001H$	$R=-0.9718$
2	上	$T2.1=6.6363-0.055H$	$R=-0.9984$	8	上	$T8.1=30.1060-0.0056H$	$R=-0.9685$
	中	$T2.2=7.5155-0.047H$	$R=-0.9979$		中	$T8.2=28.6418-0.0062H$	$R=-0.9098$
	下	$T2.3=6.8502-0.004H$	$R=-0.9960$		下	$T8.3=27.585-0.0055H$	$R=-0.9852$
3	上	$T3.1=8.7369-0.044H$	$R=-0.9998$	9	上	$T9.1=27.0789-0.006H$	$R=-0.9700$
	中	$T3.2=11.2276-0.009H$	$R=-0.9988$		中	$T9.2=24.8559-0.057H$	$R=-0.9905$
	下	$T3.3=13.0205-0.053H$	$R=-0.9950$		下	$T9.3=23.9523-0.056H$	$R=-0.9884$
4	上	$T4.1=7.62857-0.050H$	$R=-0.9812$	10	上	$T10.1=21.0083-0.0058H$	$R=-0.9535$
	中	$T4.2=17.3080-0.051H$	$R=-0.9827$		中	$T10.2=19.0867-0.048H$	$R=-0.9945$
	下	$T4.3=20.1406-0.052H$	$R=-0.9731$		下	$T10.3=16.8286-0.043H$	$R=-0.9756$
5	上	$T5.1=22.0004-0.046H$	$R=-0.9795$	11	上	$T11.1=17.2550-0.0042H$	$R=-0.8315$
	中	$T5.2=23.2185-0.054H$	$R=-0.9937$		中	$T11.2=15.019-0.0045H$	$R=-0.9850$
	下	$T5.3=24.2128-0.056H$	$R=-0.9934$		下	$T11.3=17.7713-0.0047H$	$R=-0.9621$
6	上	$T6.1=25.2945-0.003H$	$R=-0.9821$	12	上	$T12.1=9.6483-0.003H$	$R=-0.8857$
	中	$T6.2=26.3421-0.056H$	$R=-0.9837$		中	$T12.2=6.5939-0.0046H$	$R=-0.9934$
	下	$T6.3=29.0668-0.058H$	$R=-0.9855$		下	$T12.3=5.0646-0.0033H$	$R=-0.9990$

4.1.1.1.2　极端气温

(1)极端最高气温

① 年极端最高气温

年极端最高气温随着海拔高度升高而递减(图 4.4),洪江海拔高度 171 m,年极端最高气温 39.4 ℃,坪山塘海拔高度 1405 m,年极端最高气温 27.7 ℃,两地海拔高度相差 1234.0 m,年极端最高气温相差 11.7 ℃,海拔高度每上升 100 m,年极端最高气温降低 0.95 ℃。海拔 500 m 以下年极端最高气温在 36.6 ℃以上,而在海拔 760 m 以上,年极端最高气温则在 35.0 ℃以下,海拔高度 1100 m 以上的年极端最高气温在 30.0 ℃以下。

② 月极端最高气温

月极端最高气温随着海拔高度升高而降低(图 4.5),不同海拔高度年中的月极端最高气温都出现在 7 月或 8 月,如洪江海拔高度 171 m,8 月极端最高气温 39.4 ℃,坪山塘海拔高度 1405 m 的 8 月极端最高气温 27.7 ℃,海拔高度每上升 100 m,极端最高气温降低 0.95 ℃,7 月洪江极端最高气温 38.2 ℃,坪山塘极端最高气温 27.7 ℃,极端最高气温垂直递减率为 0.91 ℃/100m(表 4.5)。

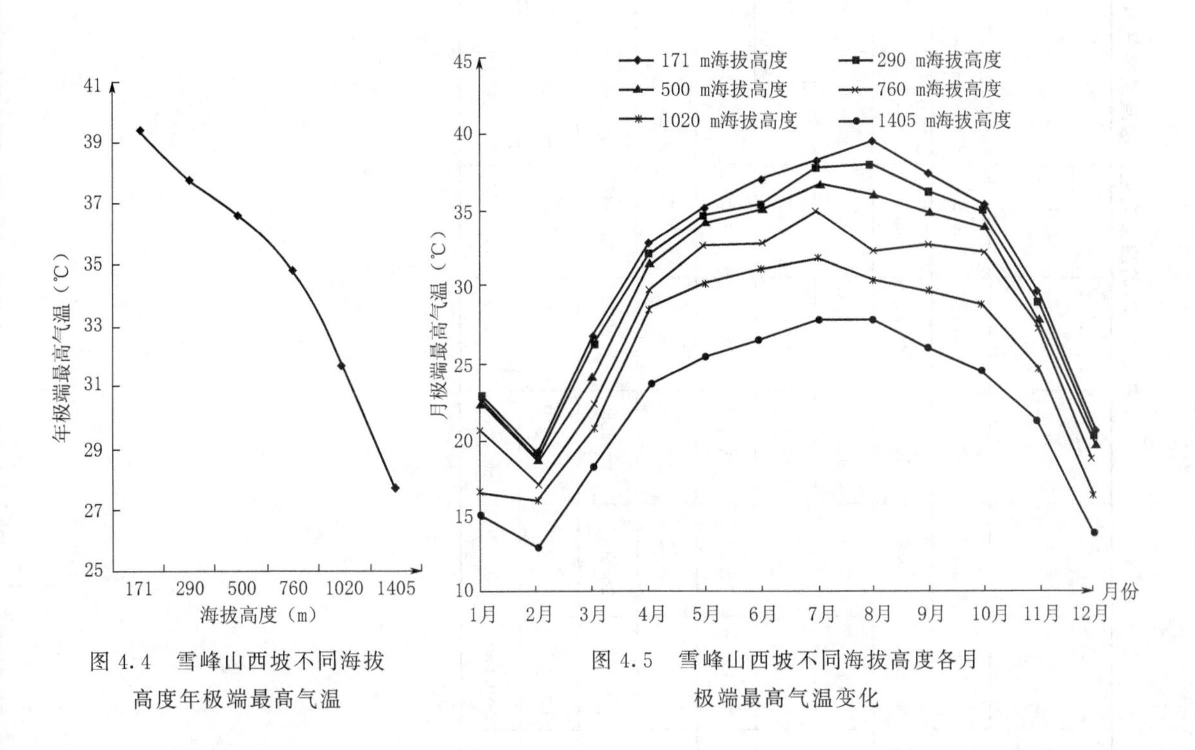

图 4.4　雪峰山西坡不同海拔高度年极端最高气温

图 4.5　雪峰山西坡不同海拔高度各月极端最高气温变化

(2)平均最高气温

① 年平均最高气温

年平均最高气温随着海拔高度升高而降低(图 4.6),如洪江海拔高度 171 m,年平均最高气温 22.1 ℃,坪山塘海拔高度 1405 m,年平均最高气温 13.7 ℃,海拔高度每上升 100 m,年平均最高气温降低 0.68 ℃。

表 4.5　不同海拔高度月极端最高气温(℃)

站名	海拔高度(m)	1月	2月	3月	4月	5月	6月	7月	8月	9月	10月	11月	12月	年
洪江	171	22.8	18.9	26.8	32.7	35.1	36.9	38.2	39.4	37.3	35.2	29.5	20.6	39.4
大坪	290	22.6	18.8	26.2	32.0	34.5	35.3	37.6	37.8	36.1	34.7	28.8	20.3	37.8
岩屋界	500	22.5	18.6	24.0	31.3	34.1	34.9	36.6	35.9	34.7	33.9	27.7	19.8	36.6
产子坪	760	20.5	17.0	22.3	29.7	32.6	32.7	34.8	32.3	32.5	32.1	27.2	18.7	34.8
栗子坪	1020	16.5	16.0	20.7	28.5	30.2	31.0	31.7	30.4	29.6	28.7	24.5	16.3	31.7
坪山塘	1405	14.9	12.9	18.2	23.5	25.4	26.5	27.7	27.7	25.9	24.3	211	13.7	27.7
A		24.8181	21.2833	28.6011	34.4385	37.2293	38.3537	40.3416	41.7290	39.0376	36.8551	36.8792	21.9197	41.7230
B		−0.0010	−0.0057	−0.0064	−0.0070	−0.0076	0.0079	−0.0086	−0.0094	−0.0092	−0.0082	−0.0064	−0.0049	−0.0094
R		−0.8595	−0.9891	−0.9803	−0.9078	−0.9655	−0.9855	−0.9869	−0.9802	−0.8877	−0.9716	−0.9090	−0.9357	−0.9802

② 月平均最高气温

月平均最高气温随着海拔高度升高而降低(图 4.7),不同海拔高度的月平均最高气温均出现在 7 月,如洪江海拔高度 171 m,7 月平均最高气温 34.2 ℃,坪山塘海拔高度 1405 m,7 月平均最高气温 24.2 ℃,两地海拔高度相差 1234 m,平均最高气温相差 10.0 ℃,海拔高度每升高 100 m,月平均最高气温降低 0.81 ℃(表 4.6)。

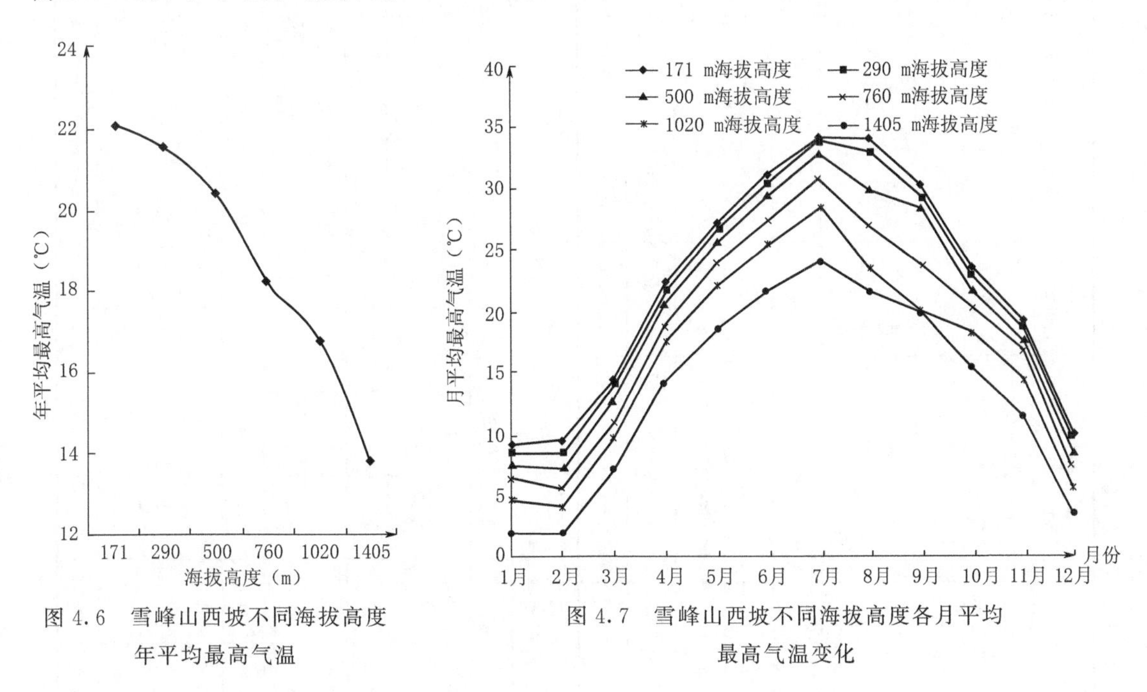

图 4.6　雪峰山西坡不同海拔高度年平均最高气温

图 4.7　雪峰山西坡不同海拔高度各月平均最高气温变化

③ 旬平均最高气温

旬平均最高气温随着海拔高度升高而降低,不同海拔高度旬平均最高气温出现在 7 月下旬至 8 月中旬,如 7 月下旬洪江旬平均最高气温为 34.8 ℃,坪山塘旬平均最高气温为 24.3 ℃,旬平均最高气温垂直递减率为 0.85 ℃/100 m,8 月上旬洪江旬平均最高气温为 36.0 ℃,坪山塘为 25.1 ℃,旬平均最高气温垂直递减率为 0.89 ℃/100 m,8 月中旬洪江旬平均最高气温为 36.3 ℃,坪山塘为 22.8 ℃,旬平均最高气温垂直递减率为 1.1 ℃/100 m(表 4.7)。

(3)极端最低气温

① 年极端最低气温

年极端最低气温随着海拔高度升高而降低,如洪江海拔高度为 171 m,年极端最低气温为 −3.7 ℃,坪山塘海拔高度 1405 m,年极端最低气温为 −9.4 ℃,两地海拔高度相差 1234 m,年极端最高气温相差 5.7 ℃,海拔高度每上升 100 m,年极端最低气温下降 0.46 ℃。

② 月极端最低气温

月极端最低气温出现在 1—2 月,随着海拔高度升高而降低(图 4.9),如洪江海拔高度 171 m,1 月极端最低气温 −3.7 ℃,坪山塘海拔高度 1405 m,1 月极端最低气温 −9.4 ℃,两地海拔高度相差 1234 m,极端最低气温差值为 5.7 ℃,海拔高度每上升 100 m,1 月极端最低气温降低 0.46 ℃。一年中月极端最低气温的变化趋势呈低—高—低型,即 1 月、2 月最低,3 月开始上升至 7—8 月高峰尔后又逐渐下降至 1—2 月最低(表 4.8)。

表 4.6 月平均最高气温(℃)

站名	海拔高度(m)	1月	2月	3月	4月	5月	6月	7月	8月	9月	10月	11月	12月	年
洪江	171	9.3	9.5	14.5	22.3	27.2	31.2	34.2	34.0	30.3	23.6	19.3	10.1	22.1
大坪	290	8.7	8.6	14.0	21.8	26.8	30.5	33.9	33.0	29.5	23.0	18.9	9.8	21.5
岩屋界	500	7.6	7.3	12.9	20.7	25.7	29.6	32.9	30.0	28.4	21.6	17.7	8.5	20.4
产子坪	760	6.5	5.7	11.1	18.9	23.9	27.5	30.8	27.1	23.8	20.4	16.8	7.3	18.2
栗子坪	1020	4.7	4.2	9.7	17.6	22.1	25.4	28.5	23.5	20.2	18.3	14.5	5.7	16.8
坪山塘	1405	2.1	2.0	7.2	14.3	18.6	21.8	24.2	21.8	20.0	15.6	11.5	3.6	13.7
A		10.4641	10.3861	15.6981	23.6900	28.8030	32.9190	36.3778	36.7436	32.0349	24.8865	28.0650	11.2107	23.5708
B		−0.0043	−0.0055	−0.0049	−0.0051	−0.0052	−0.0057	−0.0059	−0.0057	−0.0057	−0.0045	−0.0044	−0.0085	−0.0051
R		−0.9736	−0.9818	−0.9911	−0.9842	−0.9905	−0.9857	−0.9780	−0.9832	−0.9853	−0.9822	−0.9509	−0.9873	−0.9848

表 4.7 各旬平均最高气温(℃)

站名	海拔高度(m)	1月			2月			3月			4月			5月			6月		
		上	中	下	上	中	下	上	中	下	上	中	下	上	中	下	上	中	下
洪江	171	9.6	10.4	8.2	9.2	10.5	8.4	12.5	14.9	15.9	20.8	21.0	25.0	26.4	27.1	28.1	29.5	30.5	33.5
大坪	290	9.1	9.8	7.4	8.4	9.6	7.7	11.9	14.3	15.6	20.4	20.5	24.6	25.4	26.8	27.6	29.0	29.9	32.6
岩屋界	500	6.7	9.0	6.1	7.0	7.1	6.3	10.9	13.2	14.4	19.0	19.2	23.7	23.7	25.7	27.3	28.0	29.0	31.7
产子坪	760	4.9	8.6	4.5	5.5	6.1	4.2	9.3	11.3	12.7	17.4	17.5	21.7	21.9	24.1	24.1	26.0	26.7	29.8
栗子坪	1020	4.2	7.4	2.6	3.8	5.7	0.7	7.9	10.0	11.3	16.0	16.3	20.3	20.9	22.3	22.0	24.0	24.0	27.5
坪山塘	1405	1.5	4.6	0.5	1.3	4.0	0.3	5.3	7.9	8.4	13.0	13.5	10.6	18.7	18.5	18.5	20.6	21.1	23.7
A		11.0845	11.3069	9.2389	10.2589	10.4956	9.5380	13.5137	15.9211	17.284	22.1255	22.1812	26.6490	28.4110	28.8655	29.4630	31.2421	32.2817	35.2000
B		−0.0066	−0.0004	−0.0063	−0.0064	−0.0048	−0.0007	−0.0058	−0.0058	−0.006	−0.0063	−0.0061	−0.0068	−0.0066	−0.0009	−0.005	−0.0073	−0.0077	−0.0078
R		−0.9932	−0.9744	−0.8373	−0.9998	−0.9131	−0.9789	−0.9783	−0.9987	−0.9963	−0.9972	−0.9981	−0.9894	−0.9941	−0.9675	−0.7932	−0.9925	−0.9929	−0.9122

续表

站名	海拔高度(m)	7月			8月			9月			10月			11月			12月		
		上	中	下	上	中	下	上	中	下	上	中	下	上	中	下	上	中	下
洪江	171	33.4	34.6	34.8	36.0	36.3	32.6	32.7	29.6	29.0	26.9	22.7	21.4	21.7	19.5	19.1	14.3	9.1	7.4
大坪	290	33.2	34.3	34.2	35.2	33.5	31.7	31.8	28.3	28.4	26.3	22.3	20.8	21.3	19.2	12.9	14.1	8.6	6.8
岩屋界	500	32.1	33.2	33.4	33.2	32.4	30.5	30.5	27.2	26.9	24.9	21.1	19.1	20.3	17.9	16.3	13.0	7.3	5.4
产子坪	760	29.9	31.2	31.1	32.1	30.9	28.8	28.5	25.3	25.5	23.5	19.7	18.2	19.6	14.4	14.8	12.3	6.3	3.8
栗子坪	1020	27.8	28.8	28.8	29.1	29.2	26.1	25.9	22.9	22.4	21.2	18.0	13.8	17.0	11.9	11.2	11.5	4.9	2.1
坪山塘	1405	23.6	24.8	24.3	25.1	22.8	22.7	21.3	19.5	18.9	18.0	15.0	10.0	14.1	10.8	8.6	8.0	3.1	0.1
A		35.5062	36.6168	36.1413	37.780	34.7212	30.25.9	34.5312	30.821	28.4358	28.0358	24.785	22.490	23.2291	20.9666	18.096	15.6393	9.9117	8.058
B		−C.0080	−0.0080	−0.0095	−0.067	−0.0056	−0.0020	−0.0019	−0.0082	−0.0072	−0.0112	−0.0062	−0.0061	−0.001	−0.0067	−0.0052	−0.0052	−0.009	−0.0001
R		−C.9876	−0.9880	−0.9862	−0.9824	−0.5630	0.9951	−0.9185	−0.1120	−0.9556	−0.9950	−0.9969	−0.9811	−0.9930	−0.9872	−0.9875	−0.9875	−0.9990	−0.9946

表 4.8　月极端最低气温(℃)

站名	海拔高度(m)	1月	2月	3月	4月	5月	6月	7月	8月	9月	10月	11月	12月	年
洪江	171	−3.7	−3.4	−0.5	4.3	11.5	17.8	20.2	19.1	13.6	7.5	1.8	−2.6	−3.7
大坪	290	−3.7	−4.4	−2.9	4.1	9.6	16.0	19.0	17.7	13.3	7.0	1.2	−3.7	−4.4
岩屋界	500	−4.8	−4.8	−3.0	2.8	8.3	15.2	18.0	16.6	12.1	6.1	0.3	−4.7	−4.8
产子坪	760	−7.7	−6.4	−3.2	1.6	7.9	15.1	16.4	16.6	11.4	5.0	0.2	−6.0	−7.7
栗子坪	1020	−7.7	−6.4	−6.0	1.1	6.5	14.0	15.5	15.4	11.3	4.9	−0.9	−7.2	−7.7
坪山塘	1405	−9.4	−8.6	−8.1	−1.0	4.1	11.3	13.6	13.8	9.5	2.9	−2.3	−8.9	−9.4
A		−2.8585	−0.3243	−0.1592	4.5703	11.4811	11.8726	20.6776	19.0072	13.6089	7.4511	1.5466	−1.8066	−3.3506
B		−0.0048	−0.3887	−0.5486	−0.0035	−0.0051	−0.0043	−0.0052	−0.0036	−0.0025	−0.0027	−0.0021	−0.0056	−0.0046
R		−0.9253	−0.9794	−0.9562	−0.8143	−0.9310	−0.9263	−0.8837	−0.9195	−0.7849	−0.7624	−0.6729	−1.9862	−0.9625

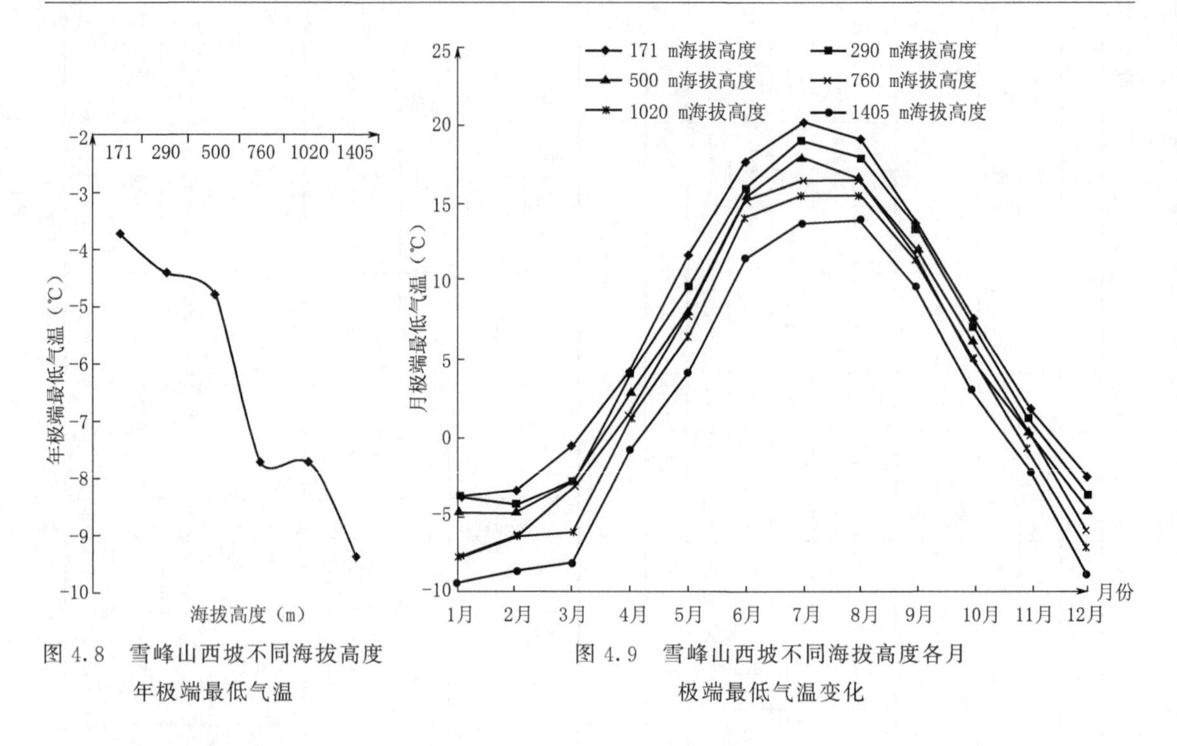

图 4.8　雪峰山西坡不同海拔高度年极端最低气温

图 4.9　雪峰山西坡不同海拔高度各月极端最低气温变化

(4)平均最低气温

① 年平均最低气温

年平均最低气温随着海拔高度升高而降低(图 4.10)。如洪江海拔高度 171 m,年平均最低气温 13.6 ℃,坪山塘气象站海拔高度 1405 m,年平均最低气温为 8.3 ℃,两地海拔高度相差 1234 m,年平均最低气温相差 5.3 ℃,即海拔每上升 100 m,年平均最低气温下降 0.43 ℃。

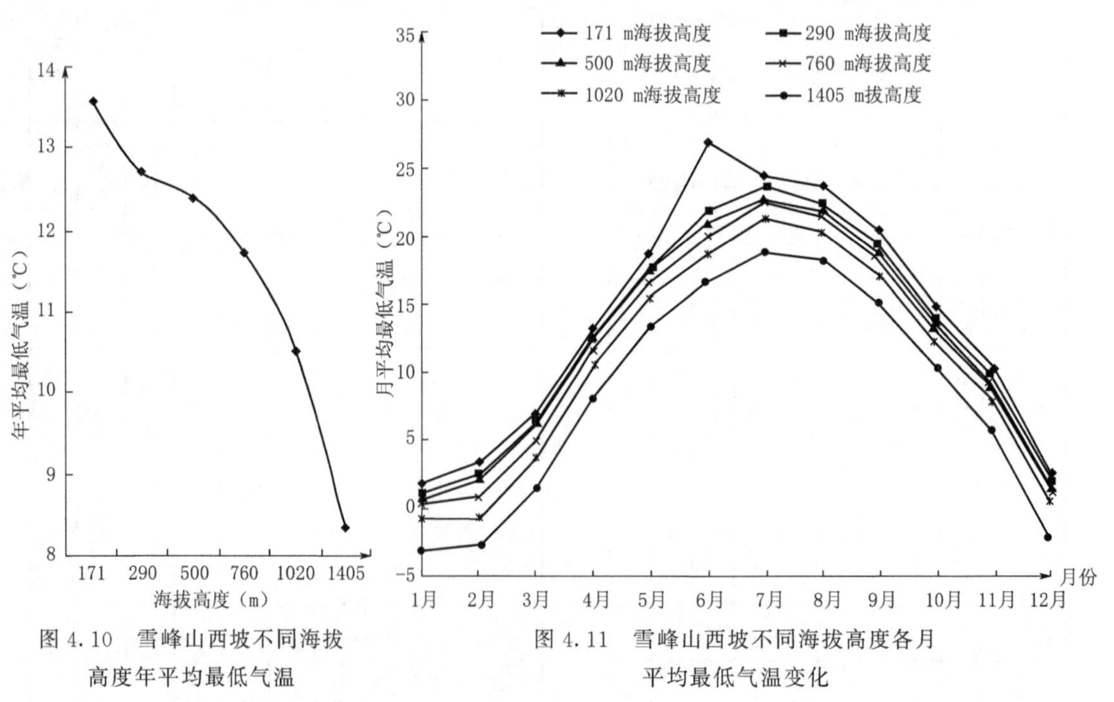

图 4.10　雪峰山西坡不同海拔高度年平均最低气温

图 4.11　雪峰山西坡不同海拔高度各月平均最低气温变化

② 月平均最低气温

不同海拔高度月平均最低气温的最低值出现在 1 月或 2 月（图 4.11），1 月平均最低气温的垂直递减率为 0.39 ℃/100 m，一年内月平均最低气温的变化趋势呈低—高—低马鞍型，即 1—2 月出现最低值，自 3 月开始攀升至 7—8 月为最高值，尔后又逐渐降低至 12 月出现低值。

④ 旬平均最低气温

不同海拔高度的旬平均最低气温值在一年中的变化趋势呈低—高—低马鞍型。最低值出现在 1 月上旬，如 1 月上旬洪江的旬平均最低气温为 0.7 ℃，坪山塘海拔 1405 m，1 月上旬平均最低气温值为－3.3 ℃，两地海拔高度相差 1234 m，1 月上旬平均最低气温相差 4.0 ℃，垂直递减率为 0.33 ℃/100 m（表 4.10）。

4.1.1.1.3　不同极端气温日数

(1)月最低气温≤0 ℃日数

不同海拔高度年最低气温≤0 ℃日数，随着海拔高度升高而增加，如洪江海拔高度 171 m，年最低气温≤0 ℃日数为 17.8 天，坪山塘海拔高度 1405 m，年月最低气温≤0 ℃日数为 76.9 天，两地海拔高度相差 1234 m，年日最低气温≤0 ℃日数相差 59.1 天，海拔高度每升高 100 m，年日最低气温≤0 ℃日数增加 4.8 天（表 4.11）。

(2)日最低气温≤－5 ℃日数

年日最低气温≤－5.0 ℃日数在海拔 760 m 以上才出现，在海拔 760 m 以上，年日最低气温≤－5.0 ℃日数随着海拔高度升高而增加，如海拔 760 m 年日最低气温≤－5.0 ℃日数为 2.6 天，海拔 1020 m 为 14.1 天，海拔 1405 m 为 28.0 天，海拔每上升 100 m，年日最低气温≤－5.0 ℃日数增加 3.94 天（表 4.12）。

(3)日最高气温≥30 ℃日数

日最高气温≥30.0 ℃的日数，随着海拔高度升高而递减，如洪江海拔 171 m，年日最高气温≥30.0 ℃日数为 114.7 天，海拔 1020 m，年日最高气温≥30.0 ℃日数为 23.6 天，海拔每上升 100 m，年日最高气温≥30 ℃日数减少 10.78 天。在海拔高度 1405 m 及以上则没有日最高气温 30.0 ℃以上的天气了（表 4.13）。

(4)日最高气温≥35 ℃日数

日最高气温≥35.0 ℃以上日数随着海拔高度升高而减少，如洪江海拔高度 171 m，年日最高气温≥35.0 ℃日数为 33.5 天，海拔 1020 m 的栗子坪年日最高气温≥35.0 ℃日数为 0.3 天，两地海拔高度相差 849 m，年日最高气温≥35.0 ℃日数相差 33.2 天，海拔每上升 100 m，年日最高气温≥35.0 ℃日数减少 3.93 天。海拔高度 1405 m 及以上则没有日最高气温 35.0 ℃以上的天气了（表 4.14）。

表 4.9　月平均最低气温(℃)

站名	海拔高度(m)	1月	2月	3月	4月	5月	6月	7月	8月	9月	10月	11月	12月	年
洪江	171	1.9	3.5	7.0	13.3	18.8	22.7	24.4	23.6	20.4	14.8	10.3	2.6	13.6
大坪	290	1.2	2.6	6.3	12.5	17.6	21.9	23.6	22.3	19.3	14.0	9.7	2.4	12.7
岩屋界	500	0.8	2.1	6.1	12.4	17.5	20.9	22.6	21.9	18.8	13.5	9.0	1.6	12.4
产子坪	760	0.4	0.9	5.0	11.6	16.5	19.9	22.5	21.4	18.2	13.0	8.9	1.5	11.7
栗子坪	1020	−0.6	−0.7	3.7	10.5	15.5	18.7	21.2	20.3	17.1	12.1	8.0	0.5	10.5
坪山塘	1405	−2.9	−2.7	1.6	8.0	13.3	16.5	18.8	18.2	14.9	10.2	5.6	−1.9	8.3
A		2.576	4.3463	8.0532	14.1138	19.3348	22.5384	24.9130	23.9213	20.8495	15.2290	10.8475	4.2132	14.2468
B		−0.0035	−0.0049	−0.0046	−0.0040	−0.0041	−0.0040	−0.0040	−0.0038	−0.0040	−0.0033	−0.0033	−0.0040	−0.0039
R		−0.9498	−0.9952	−0.9789	−0.9665	−0.9781	−0.9730	−0.9730	−0.9594	−0.9610	−0.9580	−0.9242	−0.9689	−0.9683

表 4.10　各旬平均最低气温(℃)

站名	海拔高度(m)	1月			2月			3月			4月			5月			6月		
		上	中	下	上	中	下	上	中	下	上	中	下	上	中	下	上	中	下
洪江	171	0.7	2.7	2.3	3.1	4.0	3.2	4.1	7.5	9.1	12.4	13.3	15.1	17.2	19.0	20.0	20.3	21.5	24.0
大坪	290	0.2	2.5	1.4	2.2	3.1	2.4	4.1	6.8	8.4	11.5	12.4	14.8	16.4	18.9	18.8	19.8	20.8	23.0
岩屋界	500	0.4	1.6	0.9	1.8	2.8	1.6	3.5	4.9	8.0	11.4	12.1	14.3	15.6	17.7	18.5	19.1	20.4	22.6
产子坪	760	−0.6	1.5	−0.3	0.9	1.9	0.0	3.4	3.4	6.6	10.7	11.0	13.3	13.6	16.5	16.5	18.0	19.2	21.8
栗子坪	1020	−1.5	1.2	−1.7	0.5	0.2	−1.6	2.2	1.8	5.3	9.6	9.8	12.0	14.6	15.5	15.6	17.0	18.2	20.8
坪山塘	1405	−3.3	−1.2	−4.0	−3.2	−1.4	−3.8	−0.1	0.1	3.1	7.1	7.5	9.6	12.5	13.1	14.3	15.1	16.0	18.5
A		1.2037	3.1095	3.1665	3.9200	4.7199	4.2107	5.412	8.2833	10.0551	13.1430	14.0971	15.2047	17.5900	19.0759	20.0119	20.9142	22.1178	24.5706
B		−0.0027	−0.0026	−0.0049	−0.0044	−0.0043	−0.0053	−0.0031	−0.0046	−0.0018	−0.0039	−0.0045	−0.0034	−0.0034	−0.0005	−0.042	−0.0039	−0.0041	−0.040
R		−0.8267	−0.3694	−0.9941	−0.9038	−0.9898	−0.9987	−0.9214	0.9183	−0.9939	−0.9642	−0.9892	0.9281	−8.491	−0.9784	−0.9876	−0.9740	−0.3889	−0.9651

续表

站名	海拔高度(m)	7月			8月			9月			10月			11月			12月		
		上	中	下	上	中	下	上	中	下	上	中	下	上	中	下	上	中	下
洪江	171	24.4	24.2	24.6	24.2	23.8	22.9	22.0	20.5	18.6	16.3	15.6	12.7	12.8	11.1	7.1	5.4	3.5	1.9
大坪	290	23.5	23.4	23.8	23.4	22.1	21.7	21.3	19.0	17.6	16.2	14.5	12.0	12.1	10.2	6.8	5.4	2.5	0.8
岩屋界	500	23.0	22.4	22.9	22.8	21.9	21.3	20.3	17.7	17.3	15.3	14.1	11.9	11.6	9.7	5.9	5.2	2.3	0.3
产子坪	760	22.4	22.4	22..0	22.4	20.9	20.7	20.2	16.6	16.5	15.0	12.8	11.0	11.4	9.5	5.7	4.5	1.2	−1.3
栗子坪	1020	21.2	20.9	21.6	21.6	19.9	19.6	19.1	14.6	15.8	14.5	12.0	10.2	10.9	8.5	4.7	3.9	0.1	−2.9
坪山塘	1405	18.8	18.7	19.0	19.2	12.7	12.7	16.5	10.9	13.7	12.4	10.3	8.3	8.4	6.2	2.4	2.1	−2.1	−5.3
A		25.0402	24.5326	25.0871	24.579	24.0878	23.2350	22.1252	20.9008	19.0205	16.762	18.265	13.0624	13.1988	11.5643	7.206	5..5135	4.1937	2.8417
B		−C.0040	−0.0038	−0.0038	−0.033	−0.0064	−0.0089	−0.0038	−0.044	−0..0085	−0.0826	−0.0041	−0.0031	−0.0029	−0.0134	−0.0033	−0.020	−0.0043	−0.007
R		−C.9597	−0.9004	−0.9121	−0.8967	−0.9798	−0.9648	−0.9145	−0.9812	−0.9672	−0.8667	−0.9935	−0.9413	−0.3958	0.9403	−0.9027	−0.6951	−0.9880	−0.9957

表 4.11　各旬日最低气温≤0 ℃日数(天)

站名	海拔高度(m)	1月			2月			3月			4月			5月			6月		
		上	中	下	上	中	下	上	中	下	上	中	下	上	中	下	上	中	下
洪江	171	3.7	1.0	2.7	2.0	1.0	0.7	0.3											
大坪	290	4.7	2.0	4.0	2.7	1.7	1.3	1.3											
岩屋界	500	5.3	2.3	5.3	4.7	2.0	2.7	1.7	0.3										
产子坪	760	6.3	3.7	6.7	5.7	4.0	4.0	2.0	1.3										
栗子坪	1020	6.7	4.0	7.3	6.3	4.7	5.7	2.3	2.7	0.3									
坪山塘	1405	8.0	5.7	9.3	7.7	6.3	6.7	5.0	4.7	2.0	0.3								
A		3 9024	1.6377	2.4084	1.7175	2.8178	0.2759	0.4061											
B		0 0027	0.0026	0.0050	0.0045	0.0043	0.0057	0.0029											
R		0 8190	0.9102	0.9860	0.9721	0.9901	0.9993	0.7240											

续表

站名	海拔高度(m)	7月			8月			9月			10月			11月			12月			年合计
		上	中	下	上	中	下	上	中	下	上	中	下	上	中	下	上	中	下	
洪江	171																0.7	2.7	3.0	17.8
大坪	290																1.0	3.0	3.7	25.4
岩屋界	500																1.0	3.3	5.0	33.6
产子坪	760																1.0	3.3	7.7	45.7
栗子坪	1020																1.7	4.0	9.3	48.7
坪山塘	1405														0.3	2.3	2.0	7.3	9.3	76.9
A																	0.8599	1.7436	3.2255	
B																	0.0009	0.0032	0.0050	
R																	0.5041	0.8680	0.9180	

表 4.12 各旬日最低气温≤−5 ℃日数(天)

站名	海拔高度(m)	1月			2月			3月			4月			5月			6月		
		上	中	下	上	中	下	上	中	下	上	中	下	上	中	下	上	中	下
洪江	171																		
大坪	290																		
岩屋界	500																		
产子坪	760		0.3	0.3					0.3										
栗子坪	1020	1.0	1.0	3.0	0.7	1.0	0.7	0.3											
坪山塘	1405	3.0	2.0	4.3	4.0	1.7	2.3	0.3	1.0										

续表

站名	海拔高度(m)	7月			8月			9月			10月			11月			12月			年
		上	中	下	上	中	下	上	中	下	上	中	下	上	中	下	上	中	下	
洪江	171																			
大坪	290																			
岩屋界	500																			
产子坪	760																0.3	0.7	0.7	2.6
栗子坪	1020																0.7	1.7	4.0	14.1
坪山塘	1405																1.0	1.7	6.7	28.0

表4.13 日最高气温≥30.0℃日数(天)

站名	海拔高度(m)	1月			2月			3月			4月			5月			6月		
		上	中	下	上	中	下	上	中	下	上	中	下	上	中	下	上	中	下
洪江	171											0.3	2.3	4.0	4.0	2.7	4.9	6.7	9.3
大坪	290										0.3		2.3	4.0	3.7	3.3	4.3	5.3	8.3
岩屋界	500												1.7	3.0	3.7	3.0	3.0	4.3	7.7
产子坪	760												0.3	1.3	1.3	2.3	2.3	3.0	6.0
栗子坪	1020													0.3	1.0	1.3	1.7	1.7	5.0
坪山塘	1405																		

续表

站名	海拔高度(m)	7月			8月			9月			10月			11月			12月			年
		上	中	下	上	中	下	上	中	下	上	中	下	上	中	下	上	中	下	
洪江	171	9.7	9.3	11.0	9.7	8.7	8.7	8.7	5.0	4.0	4.7	1.0								114.7
大坪	290	9.0	9.3	11.0	9.7	8.0	8.7	8.0	4.0	3.3	3.7	1.0								107.2
岩屋界	500	8.7	9.0	10.3	9.7	6.7	6.7	5.7	3.0	0.7	1.7	1.0								89.6
产子坪	760	7.0	8.7	8.3	3.7	5.0	2.3	0.3	1.0	1.0	0.1	0.3								55.1
栗子坪	1020	1.0	4.7	3.0		0.3														19.7
坪山塘	1405																			

表 4.14　日最高气温≥35.0 ℃日数(天)

站名	海拔高度(m)	1月			2月			3月			4月			5月			6月		
		上	中	下	上	中	下	上	中	下	上	中	下	上	中	下	上	中	下
洪江	171													0.3			0.3	0.3	3.7
大坪	290																0.3		1.0
岩屋界	500																		
产子坪	760																		
栗子坪	1020																		
坪山塘	1405																		

续表

站名	海拔高度 (m)	7月			8月			9月			10月			11月			12月			年
		上	中	下	上	中	下	上	中	下	上	中	下	上	中	下	上	中	下	
洪江	171	2.3	5.0	5.3	7.7	3.3	3.0	1.3	0.3	0.7										33.5
大坪	290	1.3	4.3	2.7	6.7	1.3	1.3	0.7		0.7										20.3
岩屋界	500		0.3	2.3	1.0	3.7		0.3		0.3										7.9
产子坪	760					0.3														0.3
栗子坪	1020																			
坪山塘	1405																			

4.1.1.1.4　气温日较差

(1)年平均气温日较差

不同海拔高度的年气温日较差,随着海拔高度的升高而减小(图 4.12),如海拔 290 m 的大坪年气温日较差为 9.2 ℃,海拔 1405 m 的坪山塘年气温日较差则为 5.4 ℃,两地海拔高度相差 1115 m,年气温日较差相差 3.8 ℃,海拔每上升 100 m,年气温日较差减少 0.34 ℃。海拔 171 m 的洪江年气温日较差为 8.5 ℃,以大坪的年气温日较差为最大。

(2)月平均气温日较差

月气温日较差,变化趋势呈低—高—低马鞍型,最小值出现在 1—2 月,自 3 月开始逐渐增大,8 月、9 月、10 月三个月出现气温日较差最大值,12 月出现气温日较差最小值(图 4.13,表 4.15)。

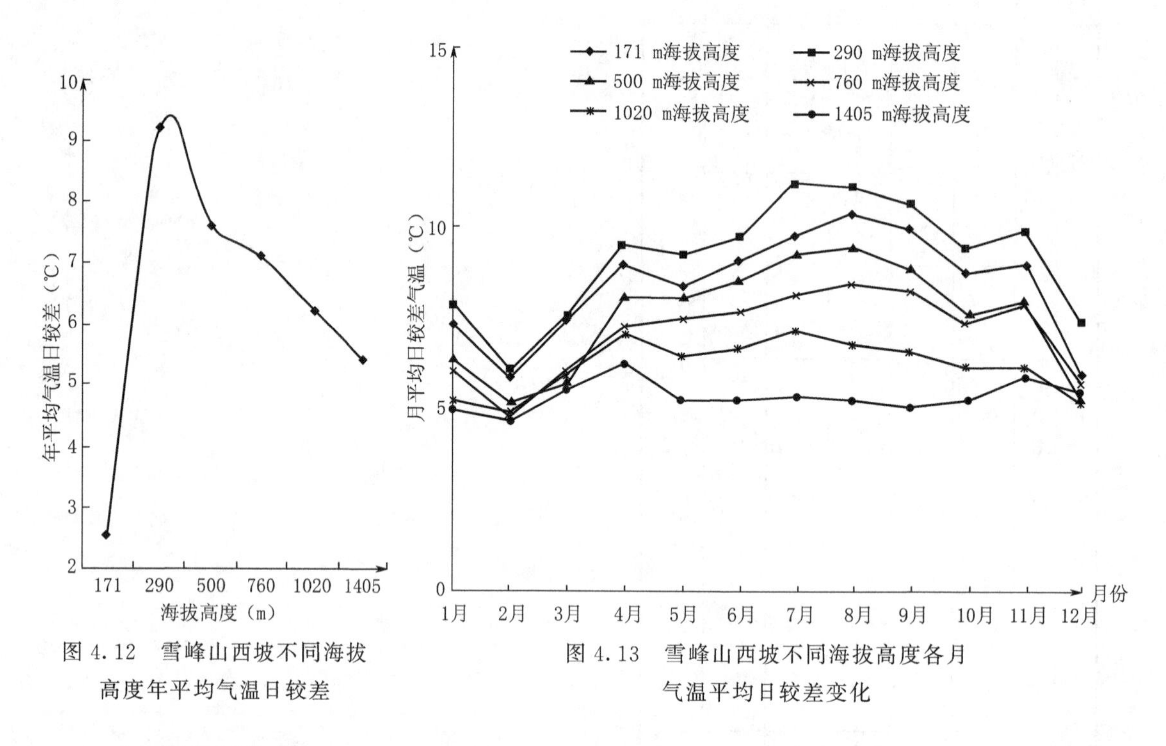

图 4.12　雪峰山西坡不同海拔高度年平均气温日较差

图 4.13　雪峰山西坡不同海拔高度各月气温平均日较差变化

(3)旬气温日较差

旬气温日较差最低值出现在 1 月下旬至 2 月下旬,以及 12 月中下旬,旬气温日较差随着海拔高度的升高而递减,如海拔 171 m 的洪江 1 月上旬气温日较差为 8.9 ℃,海拔 1405 m 的坪山塘日气温日较差为 4.8 ℃,旬气温日较差垂直递减率为 0.33 ℃/100 m。7 月下旬海拔 171 m 的洪江气温日较差为 10.2 ℃,海拔 1405 m 的坪山塘 7 月下旬气温日较差为 5.3 ℃,气温日较差垂直递减率为 0.40 ℃/100 m(表 4.16)。

表 4.15　月平均气温日较差(℃)

站名	海拔高度(m)	1月	2月	3月	4月	5月	6月	7月	8月	9月	10月	11月	12月	年
洪江	171	7.4	6.0	7.5	9.0	8.4	9.1	9.8	10.4	10.0	8.8	9.0	6.0	8.5
大坪	290	7.9	6.1	7.7	9.5	9.3	9.8	11.3	11.1	10.7	9.5	10.0	7.4	9.2
岩屋界	500	6.4	5.2	5.7	8.1	8.1	8.6	9.3	9.5	8.9	7.6	8.0	5.3	7.6
产子坪	760	6.1	4.8	6.1	7.3	7.5	7.7	8.2	8.5	8.3	7.4	7.9	5.7	7.1
栗子坪	1020	5.3	4.9	6.0	7.1	6.5	6.7	7.2	6.8	6.6	6.2	6.2	5.2	6.2
坪山塘	1405	5.0	4.7	56	6.3	5.3	5.3	5.4	5.3	5.1	5.3	5.9	5.5	5.4
A		7.9415	6.0819	7.4999	9.5935	9.5471	10.2648	11.4567	11.8100	11.3115	9.6861	10.008	6.9775	9.455
B		−0.2230	−0.1156	−0.0015	−0.0025	−0.0029	−0.0035	−0.0042	−0.0046	−0.0044	−0.0052	−0.0031	−0.0014	−0.0029
R		−0.9386	−0.8736	−0.7797	−0.9521	−0.9585	−0.9765	−0.9516	−0.9813	−0.9781	−0.9510	−0.9268	−0.7888	−0.9019

表 4.16　各旬气温日较差(℃)

站名	海拔高度(m)	1月			2月			3月			4月			5月			6月		
		上	中	下	上	中	下	上	中	下	上	中	下	上	中	下	上	中	下
洪江	171	8.9	7.7	5.9	5.4	6.4	5.3	8.4	7.4	6.8	8.4	7.7	10.7	9.7	8.0	7.6	9.2	9.4	9.5
大坪	290	9.7	8.3	6.0	6.2	6.6	5.3	8.5	7.6	7.2	9.0	8.1	11.3	10.7	8.9	8.5	9.9	9.6	10.0
岩屋界	500	7.7	6.5	5.2	5.2	5.6	4.7	6.8	7.1	6.4	7.5	72	9.7	9.0	8.0	7.6	8.7	8.6	8.7
产子坪	760	6.3	6.1	4.8	5.0	4.2	5.9	6.4	6.1	6.7	6.5	8.6	8.4	7.7	6.5	7.8	7.9	7.8	7.5
栗子坪	1020	5.7	6.2	4.3	2.9	5.5	4.3	5.7	6.6	6.0	6.5	6.5	8.3	7.3	6.8	5.5	7.0	6.5	6.7
坪山塘	1405	4.8	5.8	4.5	4.5	5.4	4.1	5.4	6.1	5.3	5.8	6.0	7.0	6.2	5.4	4.2	5.5	5.1	5.2
A		9.8722	8.0162	6.0724	5.9916	6.4299	5.3796	5.8645	7.6799	7.2293	9.0070	8.1129	11.5640	11.8601	9.1350	8.9029	13.2290	10.3490	10.0171
B		−0.0039	−0.0018	−0.0014	−0.0016	−0.0009	−0.0011	−0.0027	−0.0012	−0.0013	−0.0024	−0.0016	−0.0033	−0.0033	−0.0024	−0.0033	−0.0033	−0.0038	−0.0038
R		−0.9540	−0.0000	−0.704	0.6832	−0.7610	−0.9045	−0.9161	−0.9281	−0.9408	−0.9329	−0.9344	−0.9670	−0.8589	−0.9272	−0.9069	−0.9752	−0.9915	−0.9256

站名	海拔高度(m)	7月			8月			9月			10月			11月			12月		
		上	中	下	上	中	下	上	中	下	上	中	下	上	中	下	上	中	下
洪江	171	9.0	10.4	10.2	11.7	9.6	9.6	10.8	8.8	10.4	10.7	7.2	8.6	8.9	8.3	9.8	8.8	5.6	5.5

续表

站名	海拔高度(m)	7月			8月			9月			10月			11月			12月		
		上	中	下	上	中	下	上	中	下	上	中	下	上	中	下	上	中	下
大坪	290	10.2	12.1	11.5	12.8	10.3	10.4	11.6	9.3	11.1	11.3	7.7	9.4	9.9	9.5	10.6	10.4	6.1	6.0
岩屋界	500	8.6	9.8	9.6	10.9	9.0	8.8	9.2	8.3	9.3	8.6	7.0	7.1	8.2	7.7	8.0	7.6	5.0	5.1
产子坪	760	8.8	8.2	9.3	8.3	8.1	8.2	7.6	9.0	8.2	6.9	7.2	8.0	8.0	8.3	7.1	2.1	5.1	5.1
栗子坪	1020	6.6	7.8	7.2	7.6	6.4	6.5	6.8	6.3	6.7	6.7	6.0	5.9	6.1	5.9	6.6	6.0	4.8	5.0
坪山塘	1405	4.8	6.1	5.3	5.9	5.1	5.0	5.3	4.9	5.2	5.6	4.7	5.5	5.7	5.7	6.2	6.0	5.2	5.3
A		10.5060	12.0035	11.8542	13.4605	10.9819	10.9662	12.0956	9.9380	11.8467	17.6656	8.0800	9.3317	10.0402	9.3650	10.5969	9.8362	5.7240	5.6242
B		−0.0039	−0.0042	−0.0046	−0.0055	−0.004	−0.0042	−0.0050	−0.0035	−0.0048	−0.0046	−0.0022	−0.0030	−0.0002	−0.0028	−0.0034	−0.0032	−0.006	−0.0004
R		−0.9600	−0.9412	−0.9643	−0.9753	−0.9724	−0.9751	0.9758	−0.9792	−0.9703	−0.9628	−0.905	−0.9347	−0.9109	−0.9184	−0.9184	−0.9636	−0.0050	−0.5229

表 4.17　各级界限温度初终期、间隔日数及积温

站名	海拔高度(m)	0℃				10℃				15℃				20℃			
		初日	终日	间隔日数(天)	积温(℃·d)	初日	终日	间隔日数(天)	积温(℃·d)	初日	终日	间隔日数	积温(℃·d)	初日	终日	间隔日数(天)	积温(℃·d)
洪江	171					29/3	26/11	242.7	539.41	19/4	15/10	18.03	4535.3	13/5	3/10	143.0	3674.9
大坪	290					30/3	24/11	239.3	5140.8	20/4	14/10	177.7	4239.9	23/5	22/9	123.3	3169.6
岩屋界	500					31/3	16/11	225.7	4936.8	28/4	12/10	168.3	4086.0	25/5	22/9	120.7	3098.5
产子坪	760					14/4	16/11	221.3	4563.7	2/5	13/10	164.5	3735.7	31/5	21/9	114.0	2709.0
栗子坪	1020					15/4	14/10	196.0	4030.0	3/5	13/10	154.3	3281.8	12/6	13/9	93.7	2141.1
坪山塘	1405					23/4	9/10	184..0	3038.6	2/6	24/9	112.0	2201.7	11/7	12/8	32.3	64.21
A								254.0412	5766.8826			194.4163	4901.8788			158.4529	4108.5197
B								−0.0526	−1.7938			−0.0505	−1.7087			−0.7804	−2.0008
R								−0.9815	−0.9893			−0.9398	−0.9196			−0.9399	−0.9655

4.1.1.1.5　界限温度

(1)10 ℃初终日间持续日数,拟合成相关式为

$Y=254.0412-0.0526H$　　$R=-0.9815$

式中,Y 为 10 ℃初终日间持续日数(天);H 为海拔高度,以 100 m 为单位。

10.0 ℃初终日期积温,拟合成相关方程式为

$Y=5766.8826-1.7938H$　　$R=0.9893$

式中,Y 为 10.0 ℃初终日间积温(℃・d);H 为海拔高度(100 m)。

(2)15 ℃初终日期间持续日数,拟合成相关方程式为

$Y=194.4163-0.0505H$　$R=-0.9893$

式中,Y 为 15.0 ℃初终日间持续日数(天);H 为海拔高度(100 m)。

15.0 ℃初终日期间积温,拟合成相关方程式为

$Y=4901.8788-1.7087H$　　$R=0.9196$

式中,Y 为 15.0 ℃初终日间积温(℃・d),H 为海拔高度(100 m)。

(3)20 ℃初终日期间持续日数(天),拟合成相关方程式为

$Y=158.4529-0.7804H$　　$R=-0.9399$

式中,Y 为 20.0 ℃初终日期间持续日数(天);H 为海拔高度(100 m)。

20.0 ℃初终日期间积温拟合成相关式为

$Y=4108.5197-2.0008H$

式中,Y 为 20.0 ℃初终日间积温(℃・d);H 为海拔高度(100 m)。

4.1.1.2　地温

4.1.1.2.1　地面 0 cm 温度

(1)地面 0 cm 平均温度

① 地面 0 cm 年平均温度

地面 0 cm 年平均温度随着海拔升高而降低(图 4.14),拟合成相关式为

$Y=19.9812-0.005H$　　$R=-0.9938$

式中,Y 为地面 0 cm 年均温度(℃);H 为海拔高度(m)。

海拔 171 m 的洪江地面 0 cm 年平均温度为 19.3 ℃,海拔 1405 m 的坪山塘地面 0 cm 年平均温度为 14.5 ℃,两地海拔高度相差 1234 m,地温相差 4.8 ℃,垂直递减率为 0.39 ℃/100 m。

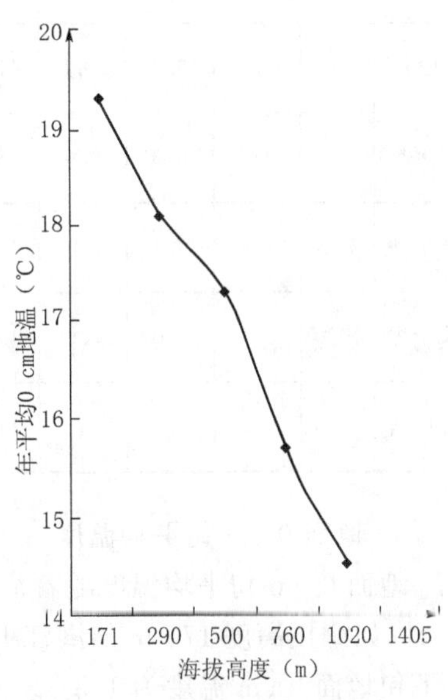

图 4.14　雪峰山西坡不同海拔高度年 0cm 地温

② 地面 0 cm 月平均温度

地面 0 cm 月平均温度随着海拔高度升高而降低(图 4.15),最低值出现在 1 月,如海拔高度 171 m 的洪江 1 月地面 0 cm 温度为 5.6 ℃,海拔 1020 m 的栗子坪 1 月地面 0 cm 温度为 2.1 ℃,两地海拔高度相差 849 m,1 月地面 0 cm 温度相差 3.5 ℃,海拔高度每上升 100 m,地面 0 cm 温度降低 0.41 ℃(表 4.18)。

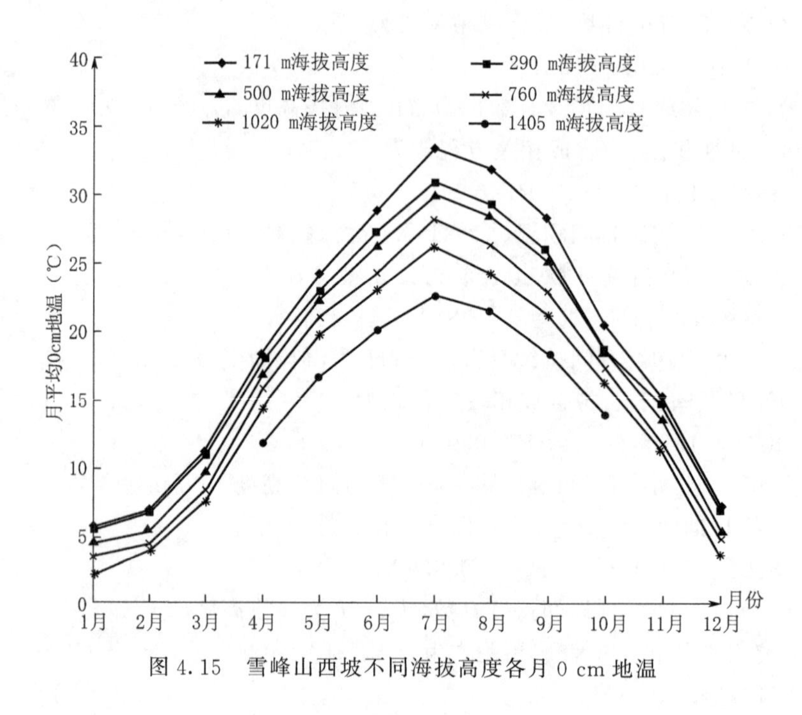

图 4.15　雪峰山西坡不同海拔高度各月 0 cm 地温

表 4.18　月平均 0 cm 地温(℃)

站名	海拔高度(m)	1月	2月	3月	4月	5月	6月	7月	8月	9月	10月	11月	12月	年
洪江	171	5.6	6.8	11.1	18.5	24.2	28.8	33.4	32.0	28.3	20.4	15.1	7.0	19.3
大坪	290	5.4	6.6	10.8	17.8	22.9	27.2	30.9	29.3	25.9	18.7	14.6	6.8	18.1
岩屋界	500	4.4	5.3	9.6	16.9	22.4	26.3	30.1	28.5	25.1	18.7	13.6	5.7	17.3
产子坪	760	3.5	4.4	8.4	15.7	21.0	24.3	28.2	26.4	22.8	17.3	12.0	4.9	15.7
栗子坪	1020	2.1	4.0	7.6	14.5	19.8	23.0	26.2	24.3	21.2	16.3	11.5	3.6	14.5
坪山塘	1405				11.7	16.6	20.1	22.5	21.5	18.3	13.9			

③ 地面 0 cm 旬平均温度

地面 0 cm 旬平均温度随着海拔高度升高而降低，一年之中的旬平均气温最低旬出现在 12 月，如海拔高度 171 m 的洪江 12 月下旬 0 cm 平均地温为 4.7 ℃，海拔 1405 m 的坪山塘 12 月下旬地面 0 cm 温度为 1.3 ℃，两地海拔高度相差 1234 m，0 cm 地温相差 3.4 ℃，垂直递减率为 0.28 ℃/100 m(表 4.19)。

(2)地面0 cm极端最高温度

① 地面0 cm年极端最高温度

地面0 cm年极端最高温度随海拔高度升高而降低(图4.16),如海拔171 m的洪江地面0 cm年极端最高温度为67.1 ℃,海拔1020 m的栗子坪地面0 cm年极端最高温度为57.0 ℃,两地海拔高度相差849 m,0 cm地面年极端最高温度相差10.1 ℃,海拔高度每上升100 m,0 cm地面年极端最高温度降低1.19 ℃。

② 地面0 cm月极端最高温度

地面0 cm月极端最高温度随海拔高度升高而降低(图4.17),一年之内地面0 cm月极端最高温度的变化趋势呈低—高—低马鞍型,月极端最高气温出现在7月,如海拔高度171 m的洪江7月地面0 cm极端最高温度67.1 ℃,海拔1405 m的坪山塘地面0 cm极端最高温度52.5 ℃,两地海拔高度相差1234 m,地面0 cm月极端最高温度相差14.6 ℃,垂直递减率为1.19 ℃/100 m(表4.20)。

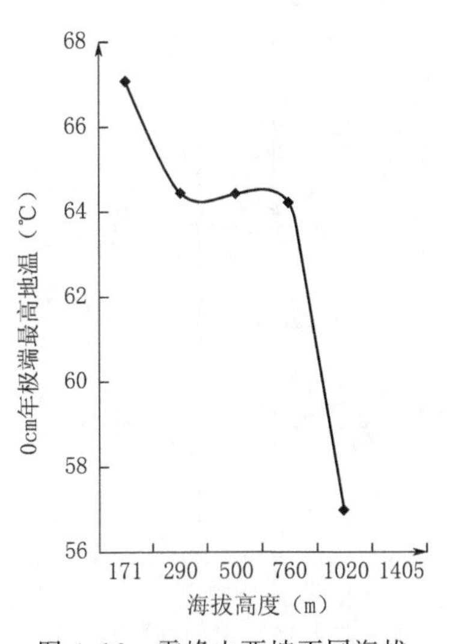

图4.16　雪峰山西坡不同海拔高度年0 cm极端最高地温

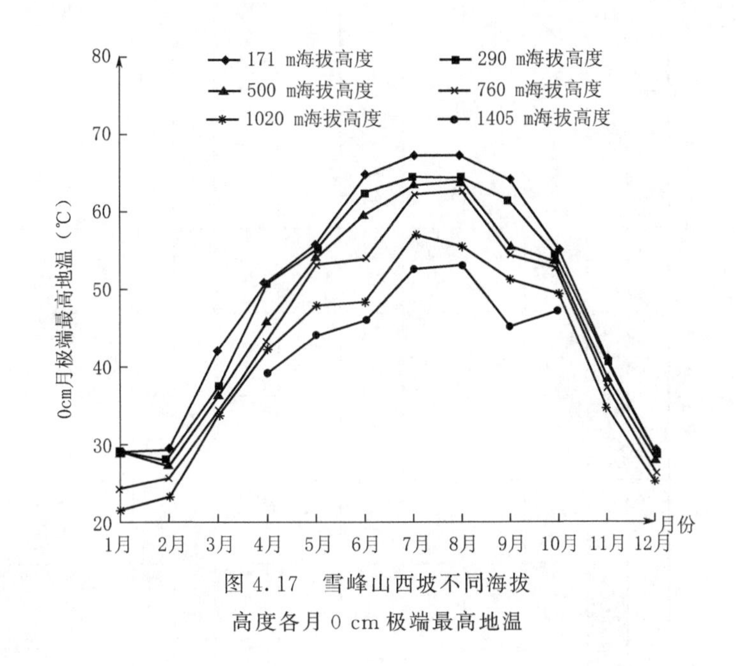

图4.17　雪峰山西坡不同海拔高度各月0 cm极端最高地温

(3)地面0 cm极端最低温度

① 地面0 cm年极端最低温度

年地面0 cm年极端最低温度,随海拔高度升高而降低(图4.18),如海拔高度171 m的洪江年地面0 cm极端最低温度为−3.6 ℃,海拔高度1020 m的栗子坪地面0 cm年极端最低温度为−10.8 ℃,海拔高度每上升100 m,地面0 cm年极端最低温度降低0.84 ℃。

表 4.19　各旬 0 cm 地温(℃)

站名	海拔高度(m)	1月			2月			3月			4月			5月			6月		
		上	中	下	上	中	下	上	中	下	上	中	下	上	中	下	上	中	下
洪江	171	5.3	6.1	5.3	6.4	7.7	6.3	8.6	11.5	12.9	17.0	17.8	20.8	23.5	24.2	24..9	26.0	27.6	32.3
大坪	290	5.1	6.0	5.1	6.3	7.4	6.1	8.5	11.3	12.6	16.4	17.1	19.8	21.6	23.1	24..7	25.3	26.4	29.7
岩屋界	500	4.3	5.2	3.6	4.9	6.1	4.6	7.3	10.0	11.4	15.5	16.2	19.2	21.2	22.5	23.4	24.5	25.4	28.9
产子坪	760	3.1	4.5	2.9	2.2	5.1	3.4	6.2	8.8	10.0	14.1	15.0	17.8	20.1	21.0	21.6	22.9	23.5	28.0
栗子坪	1020	1.5	3.5	1.5	3.1	4.2	2.7	5.7	8.1	9.0	13.1	14.0	18.2	19.1	19.8	21.1	21.7	22.4	26.5
坪山塘	1405										10.2	11.2	13.7	16.0	16.5	17.2	18.6	19.4	22.5
站名	海拔高度(m)	7月			8月			9月			10月			11月			12月		
		上	中	下	上	中	下	上	中	下	上	中	下	上	中	下	上	中	下
洪江	171	32.3	35.0	33.1	34.3	31.9	30.0	30.8	27.7	26.6	23.2	20.6	17.8	16.2	15.6	12.1	10.0	6.5	4.7
大坪	290	29.6	32.2	31.1	33.1	30.1	29.7	29.5	25.8	24.2	22.1	19.9	17.2	14.8	15.1	11.5	9.6	63	4.4
岩屋界	500	29.2	30.7	30.0	31.1	29.8	27.0	27.3	24.7	23.4	21.4	18.3	15.9	14.1	14.1	10.4	9.2	5.3	3.2
产子坪	760	26.9	29.4	28.2	28.7	28.6	24.0	24.6	22.4	21.0	20.0	17.7	14.9	12.7	12.3	8.9	8.7	4.1	2.5
栗子坪	1020	25.4	27.3	26.6	23.2	23.8	22.9	22.0	21.0	19.8	18.2	16.9	14.3	12.1	11.3	8.5	7.9	3.7	1.3
坪山塘	1405	21.6	23.8	22.2	21.2	20.7	20.6	19.5	18.1	17.2	16.5	13.7	11.6						

表 4.20　0 cm 月极端最高地温(℃)

站名	海拔高度(m)	1月	2月	3月	4月	5月	6月	7月	8月	9月	10月	11月	12月	年
洪江	171	29.0	29.3	42.0	50.7	55.5	64.5	67.1	67.1	63.8	55.0	40.5	29.0	67.1
大坪	290	28.8	28.0	37.2	50.6	54.8	62.4	64.4	64.2	61.0	53.9	40.4	28.8	64.4
岩屋界	500	28.6	27.3	36.3	45.9	53.8	59.5	63.4	63.7	55.4	53.4	38.5	28.0	63.7
产子坪	760	24.4	25.5	34.4	43.1	53.2	53.8	62.0	62.5	54.2	52.6	36.9	26.2	62.5
栗子坪	1020	21.6	23.3	33.9	42.2	47.9	48.4	57.0	55.2	51.1	49.3	34.9	25.3	57.0
坪山塘	1405				39.1	43.9	45.9	52.5	52.8	45.2	47.0			52.8

② 地面 0 cm 月极端最低温度

地面 0 cm 月极端最低温度随海拔高度升高而降低(图 4.19)。最低值出现在 1 月,如海拔高度 171 m 的洪江,1 月地面 0 cm 极端最低温度为－3.6 ℃,海拔 1020 m 的栗子坪 1 月地面 0 cm 极端最低温度为－10.8 ℃,垂直递减率为 0.84 ℃/100 m(表 4.21)。

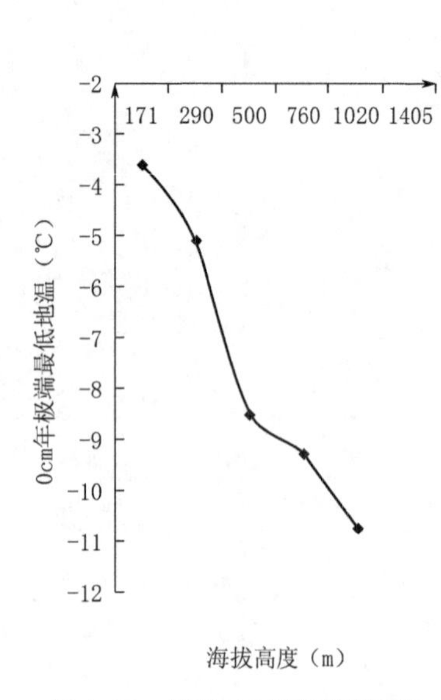

图 4.18 雪峰山西坡不同海拔高度年 0 cm 极端最低地温

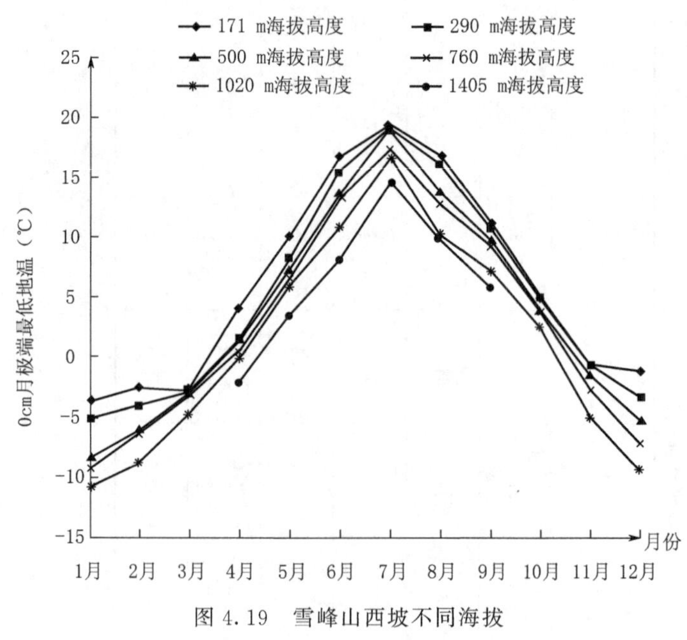

图 4.19 雪峰山西坡不同海拔高度各月 0 cm 极端最低地温

(4)地面 0 cm 年、月平均最高温度

地面 0 cm 年平均最高温度随海拔高度升高而降低,如海拔高度 171 m 的洪江地面 0 cm 年平均最高温度为 31.2 ℃,海拔 1020 m 的栗子坪地面 0 cm 年平均最高温度为 24.4 ℃,两地海拔高度相差 849 m,年平均 0 cm 地面最高温度相差 6.8 ℃,垂直递减率为 0.80 ℃/100 m。月平均最高温度出现在 7 月,海拔 171 m 的 7 月 0cm 平均最高温度为 51.3 ℃,海拔 1405 m 的坪山塘 7 月 0 cm 地面平均最高温度为 36.8 ℃,垂直递减率为 1.18 ℃/100 m(表 4.22)。

(5)地面 0 cm 最低温度≤0 ℃日数

地面 0 cm 最低温度≤0 ℃日数,随海拔高度升高而增加,如海拔高度 171 m 的洪江年地面 0 cm 最低温度≤0 ℃日数为 28.1 天,海拔高度 1020 m 的栗子坪年地面 0 cm 最低温度≤0 ℃日数为 63.3 天,两地海拔高度相差 849 m,年地面 0 cm 最低温度≤0 ℃日数相差 35.2 天,垂直递增率为 4.145 天/100 m(表 4.23)。

4.1.1.2.2 地中各深度温度

(1)地中 5 cm 温度

① 年地中 5 cm 温度

表 4.21　0 cm 月极端最低地温(℃)

站名	海拔高度(m)	1 月	2 月	3 月	4 月	5 月	6 月	7 月	8 月	9 月	10 月	11 月	12 月	年
洪江	171	−3.6	−2.5	−2.7	4.2	10.2	16.8	19.5	17.0	11.3	5.0	−0.5	−1.1	−3.6
大坪	290	−5.1	−4.0	−2.9	1.6	8.3	15.6	19.2	16.1	10.7	5.2	−0.6	−3.2	−5.1
岩屋界	500	−8.5	−6.0	−2.9	1.5	7.4	13.7	19.0	13.9	9.8	4.0	−1.4	−5.1	−8.5
产子坪	760	−9.3	−6.3	−3.1	0.6	6.6	13.5	17.5	12.8	9.3	3.9	−2.6	−7.0	−9.3
栗子坪	1020	−10.8	−8.7	−4.7	0.0	6.1	11.0	16.7	10.3	7.3	2.6	−4.9	−9.3	−10.8
坪山塘	1405				−2.1	3.6	8.3	14.7	9.9	5.9				

表 4.22　0 cm 月平均最高地温(℃)

站名	海拔高度(m)	1 月	2 月	3 月	4 月	5 月	6 月	7 月	8 月	9 月	10 月	11 月	12 月	年
洪江	171	13.6	19.9	19.6	29.8	36.3	42.2	51.3	50.0	46.0	32.6	26.4	14.8	31.2
大坪	290	13.1	13.7	19.5	29.3	34.7	40.6	49.9	45.9	42.9	32.6	26.0	14.3	30.1
岩屋界	500	11.8	11.8	15.0	29.0	34.5	40.0	46.7	44.6	40.9	30.5	24.7	13.3	29.1
产子坪	760	9.4	9.1	14.6	28.1	31.3	36.5	45.3	42.8	35.7	27.4	22.3	11.4	26.0
栗子坪	1020	8.5	9.1	11.7	25.2	30.4	34.7	40.3	38.2	33.8	26.5	22.1	9.8	24.4
坪山塘	1405				22.2	26.2	31.5	36.8	35.3	29.5	25.1			

表 4.23　地面最低温度≤0 ℃日数(天)

站名	海拔高度(m)	1月	2月	3月	4月	5月	6月	7月	8月	9月	10月	11月	12月	年
洪江	171	11.7	5.0	2.0								0.7	8.7	28.1
大坪	290	14.0	7.0	2.7								1.0	10.3	35.0
岩屋界	500	17.7	11.0	2.7								1.7	12.3	45.4
产子坪	760	17.3	14.7	3.0								1.7	16.0	53.7
栗子坪	1020	22.3	17.0	6.0	0.3							2.7	18.0	63.3
坪山塘	1405													

地中 5 cm 年平均温度随着海拔高度升高而递减(图 4.20)，其垂直递减率拟合相关方程式为

$Y=19.1865—0.0050H \qquad R=-0.9834$

式中，Y 为 5 cm 年平均地温；H 为海拔高度(m)。

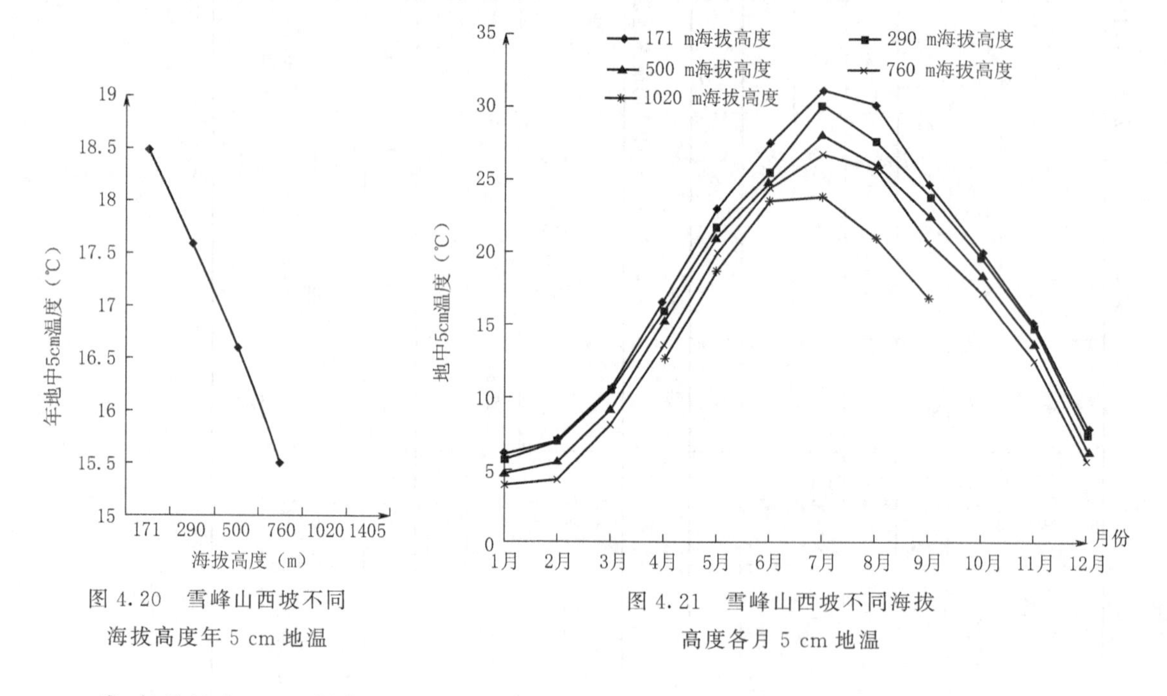

图 4.20　雪峰山西坡不同海拔高度年 5 cm 地温

图 4.21　雪峰山西坡不同海拔高度各月 5 cm 地温

② 各月地中 5 cm 温度

地中 5 cm 月平均地温与海拔高度呈反相关(图 4.21)，拟合成相关式如下：

$Y_1=6.7346—0.3700H \quad R=-0.9055$

$Y_2=8.0046—0.4800H \quad R=-0.9055$

$Y_3=11.5029—0.4900H \quad R=-0.8801$

$Y_4=18.2357—0.4300H \quad R=-0.9840$

$Y_5=23.4275-0.4600H$　$R=-0.9857$

$Y_6=21.8981-0.5800H$　$R=-0.9768$　$R=0.9810$

$Y_7=31.2783-0.6200H$　$R=-0.9354$

$Y_8=30.5972-0.6700H$　$R=-0.8615$　$R=-0.9037$

$Y_9=21.0000-0.6100H$　$R=-0.9727$

$Y_{10}=20.7630-0.4400H$　$R=-0.9958$

$Y_{11}=16.1696-0.4721H$

$Y_{12}=8.4990-0.3700H$

式中，Y 为月平均 5 cm 地温；H 为海拔高度(m)。

(2)地中 10 cm 温度

① 年地中 10 cm 温度

10 cm 年平均地温与海拔高度成呈反相关(图 4.22)，即 10 cm 年平均地温随着海拔高度升高而降低，拟合成相关方程式为

$Y=19.2772-0.5000H$　　$R=-0.8817$

式中，Y 为 10 cm 年平均地温(℃)；H 为海拔高度(m)；R 为相关系数。

② 各月地中 10 cm 温度

地中 10 cm 月平均温度随海拔高度升高而降低(图 4.23)。拟合成相关式如下：

$Y_1=2.2858-0.4000H$　$R=-0.9055$　$Y_7=23.4275-0.4600H$　$R=-0.9563$

$Y_2=8.3201-0.4900H$　$R=-0.9847$　$Y_8=30.3053-0.8500H$　$R=-0.9563$

$Y_3=11.4733-0.4400H$　$R=-0.9975$　$Y_9=27.2712-0.6100H$　$R=-0.9336$

$Y_4=17.8975-0.4400H$　$R=-0.9923$　$Y_{10}=21.1852-0.4500H$　$R=-0.9369$

$Y_5=23.0785-0.4000H$　$R=-0.9851$　$Y_{11}=16.6044-0.7000H$　$R=-0.9877$

$Y_6=27.4859-0.5700H$　$R=-0.9789$　$Y_{12}=9.4511-0.4200H$　$R=-0.9360$

式中，Y 为 10 cm 月平均温度(℃)；H 为海拔高度(cm)。

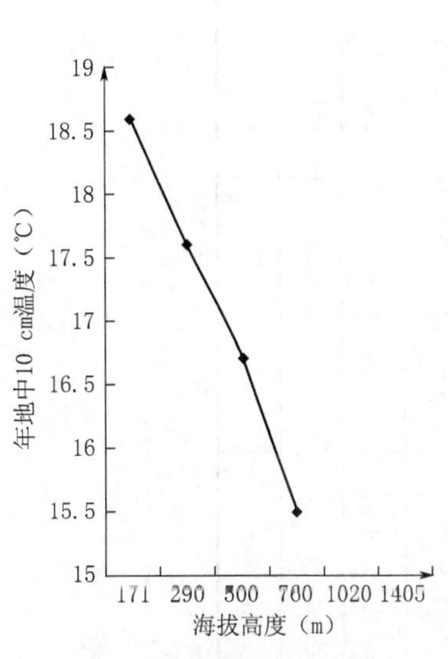

图 4.22　雪峰山西坡不同海拔高度年 10 cm 地温

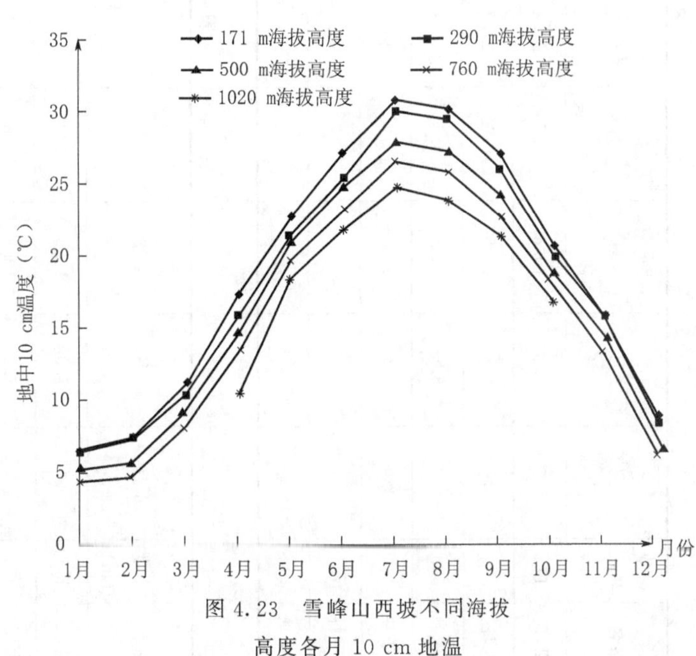

图 4.23　雪峰山西坡不同海拔高度各月 10 cm 地温

表 4.24　地中 5 cm 温度(℃)

站名	海拔高度(m)	1月	2月	3月	4月	5月	6月	7月	8月	9月	10月	11月	12月	年
洪江	171	6.1	7.0	10.6	16.7	23.0	27.5	31.2	30.3	24.7	20.0	15.1	8.0	18.5
大坪	290	5.8	6.9	10.5	16.0	21.7	25.6	30.2	27.7	23.9	19.6	14.8	7.5	17.6
岩屋界	500	4.8	5.5	9.2	15.3	21.1	24.9	28.2	26.1	22.5	18.5	13.9	6.5	16.6
产子坪	760	3.9	4.3	8.2	13.7	20.0	24.4	26.8	25.8	20.8	17.2	12.5	5.7	15.5
栗子坪	1020				12.7	18.8	23.6	23.8	21.1	16.9				
坪山塘	1405													

表 4.25　地中 10 cm 温度(℃)

站名	海拔高度(m)	1月	2月	3月	4月	5月	6月	7月	8月	9月	10月	11月	12月	年
洪江	171	6.5	7.3	10.9	17.3	22.6	27.0	30.7	30.1	26.9	20.5	15.6	8.8	18.6
大坪	290	6.4	7.2	10.3	15.8	21.3	25.2	29.9	29.4	25.8	19.9	15.5	8.4	17.6
岩屋界	500	5.1	5.7	9.2	14.6	20.9	24.7	27.8	27.1	24.1	18.8	14.3	7.1	16.7
产子坪	760	4.3	4.6	8.2	13.3	19.6	23.2	26.4	25.6	22.5	17.6	13.0	6.3	15.5
栗子坪	1020				10.3	18.4	21.7	24.6	23.7	21.2	16.7			
坪山塘	1405													

(3)地中 15 cm 温度

① 年地中 15 cm 温度

地中 15 cm 年平均温度随海拔高度升高而降低(图 4.24),根据不同海拔高度地中 15 cm 年平均温度与海拔高度拟合成相关式如下:

$Y=19.6485-0.53H \qquad R=-0.9852$

式中,Y 为地中 15 cm 年平均温度(℃);H 为海拔高度(m)。

② 月地中 15 cm 温度

地中 15 cm 月平均地温随海拔高度升高而降低(图 4.25),根据不同海拔高度 15 cm 的各月的地温资料(表 4.26),拟合成如下相关式:

$Y_1=7.9385-0.4500H \quad R=-0.9862 \quad Y_7=30.9491-0.6300H \quad R=-0.9398$

$Y_2=8.8923-0.5400H \quad R=-0.9933 \quad Y_8=30.0035-0.6700H \quad R=-0.9589$

$Y_3=11.8313-0.5400H \quad R=-0.9996 \quad Y_9=27.1572-0.6400H \quad R=-0.9703$

$Y_4=18.0032-0.4700H \quad R=-0.9917 \quad Y_{10}=21.7413-0.4700H \quad R=-0.9966$

$Y_5=23.1253-0.4600H \quad R=-0.9876 \quad Y_{11}=17.3005-0.4900H \quad R=-0.9978$

$Y_6=27.9385-0.4500H \quad R=-0.9778 \quad Y_{12}=10.2581-0.4600H \quad R=-0.9594$

式中,Y 为月 15 cm 地温;H 为海拔高度(m)。

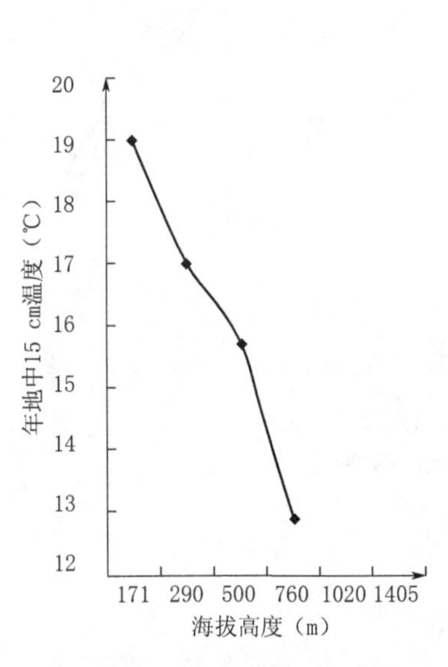

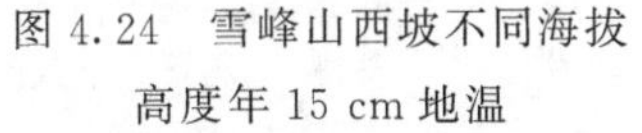

图 4.24　雪峰山西坡不同海拔高度年 15 cm 地温

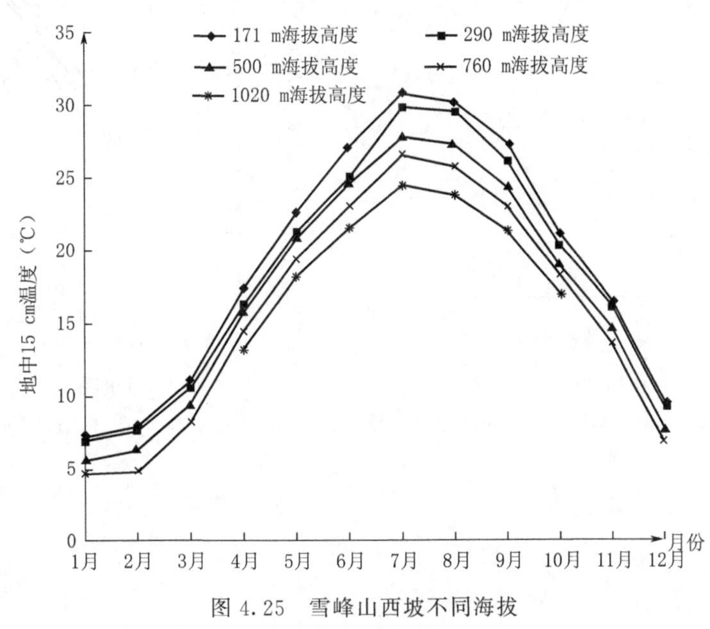

图 4.25　雪峰山西坡不同海拔高度各月 15 cm 地温

(4)地中 20 cm 温度

① 年地中 20 cm 温度

地中 20 cm 年平均温度随着海拔高度升高而降低(图 4.26)。

根据不同海拔高度年平均 20 cm 地中温度观测资料,进行相关分析,拟合成如下相关式:

$Y=19.5722-0.5000H \quad R=-0.9858$

式中，Y 年为年平均 20 cm 地中温度(℃)；H 为海拔高度(m)。

② 月地中 20 cm 温度

地中 20 cm 月平均温度随着海拔高度升高而降低(图 4.27)，根据不同海拔高度 20 cm 地中温度观测资料(表 4.27)，进行相关统计，拟合相关式如下：

$Y_1=8.4986-0.4700H \quad R=-0.09250 \quad Y_7=30.1915-0.5500H \quad R=-0.8092$

$Y_2=9.0814-0.5200H \quad R=-0.9911 \quad Y_8=30.2318-0.6500H \quad R=-0.9383$

$Y_3=11.6997-0.4600H \quad R=-0.9989 \quad Y_9=22.4670-0.6100H \quad R=-0.9725$

$Y_4=17.6655-0.4600H \quad R=-0.9911 \quad Y_{10}=21.8832-0.4600H \quad R=-0.9946$

$Y_5=20.7287-0.4700H \quad R=-0.9900 \quad Y_{11}=17.4284-0.4400H \quad R=-0.9945$

$Y_6=26.9061-0.5600H \quad R=-0.9853 \quad Y_{12}=10.7566-0.4300H \quad R=-0.9428$

式中，Y 为各月 20 cm 地中温度(℃)；H 为海拔高度(m)。

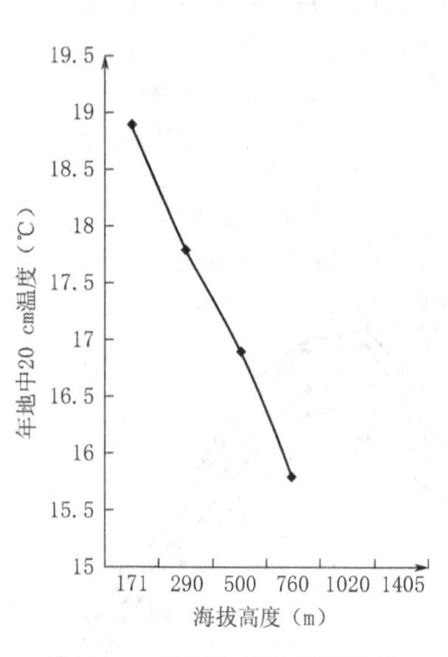

图 4.26 雪峰山西坡不同海拔高度年 20 cm 地温

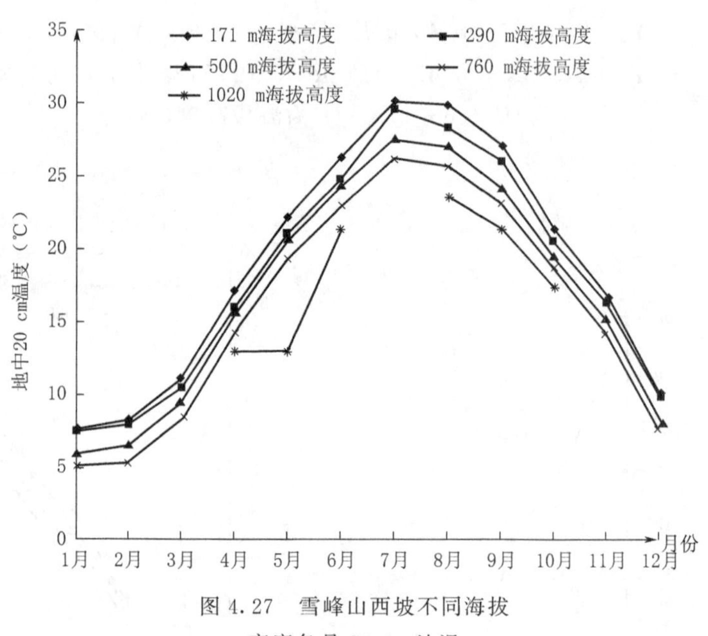

图 4.27 雪峰山西坡不同海拔高度各月 20 cm 地温

表 4.26　地中 15 cm 温度(℃)

站名	海拔高度(m)	1 月	2 月	3 月	4 月	5 月	6 月	7 月	8 月	9 月	10 月	11 月	12 月	年
洪江	171	7.1	7.8	11.0	17.4	22.6	27.0	30.8	30.3	27.4	21.1	16.4	9.4	19.0
大坪	290	6.9	7.6	10.5	16.3	21.3	25.1	29.9	29.6	26.1	20.3	16.0	9.2	17.0
岩屋界	500	5.5	6.1	9.4	15.8	20.8	24.7	27.9	27.3	24.4	19.2	14.8	7.7	15.7
产子坪	760	4.6	4.8	8.1	14.4	19.5	23.1	26.5	25.7	23.0	18.1	13.6	6.8	12.8
栗子坪	1020				13.2	18.2	21.5	24.5	23.8	21.3	17.0			
坪山塘	1405													

表 4.27　地中 20 cm 温度(℃)

站名	海拔高度(m)	1 月	2 月	3 月	4 月	5 月	6 月	7 月	8 月	9 月	10 月	11 月	12 月	年
洪江	171	7.5	8.1	10.9	17.0	22.1	26.3	30.1	29.9	27.1	21.3	16.6	10.0	18.9
大坪	290	7.4	7.8	10.4	16.0	21.0	24.8	29.5	28.3	26.0	20.4	16.3	9.8	17.8
岩屋界	500	5.8	6.3	9.3	15.5	20.5	24.3	27.5	27.0	24.2	19.4	15.1	8.2	16.9
产子坪	760	5.0	5.2	8.2	14.3	19.3	22.9	26.2	25.6	23.0	18.5	14.1	7.6	15.8
栗子坪	1020				12.8	12.8	21.1		23.5	21.3	17.2			
坪山塘	1405													

4.1.2 降水

4.1.2.1 降水量

(1)年降水量

海拔高度在1020 m以下,年降水量随着海拔高度升高而增加,年降水量递增率为79.6 mm/100 m,在1020 m达到最大值,在海拔高度1020 m至1405 m,降水量又趋于减少(图4.28)。

根据不同海拔高度降水量观测资料,应用相关分析方法,拟合成如下相关方程式(适用于海拔1020 m以下)。

$Y=1448.0710+0.5094H \quad R=0.3537$

式中,Y为年降水量(mm);H为海拔高度(m)。

(2)月降水量

不同海拔高度月降水量在1020 m以下,随着海拔高度升高而增加(图4.29),根据不同海拔高度降水量观测资料进行相关分析(表4.28),拟合成如下相关式:

$Y_1=38.2769+0.0156H \quad R=0.7161$ $\qquad Y_7=57.1994+0.0408H \quad R=0.8404$

$Y_2=58.8040+0.8248H \quad R=0.8325$ $\qquad Y_8=70.5889+0.1184H \quad R=0.9682$

$Y_3=115.6721+0.0084H \quad R=0.6815$ $\qquad Y_9=40.0871+0.0229H \quad R=0.9569$

$Y_4=149.35350+0.0856H \quad R=0.9464$ $\qquad Y_{10}=78.3655+0.0189H \quad R=0.7848$

$Y_5=187.213+0.980H \quad R=0.9154$ $\qquad Y_{11}=68.3959+0.0156H \quad R=0.8666$

$Y_6=113.4758+0.082H \quad R=0.9066$ $\qquad Y_{12}=61.2692+0.0123H \quad R=0.7069$

式中,Y为月降水量(mm);H为海拔高度(m)。

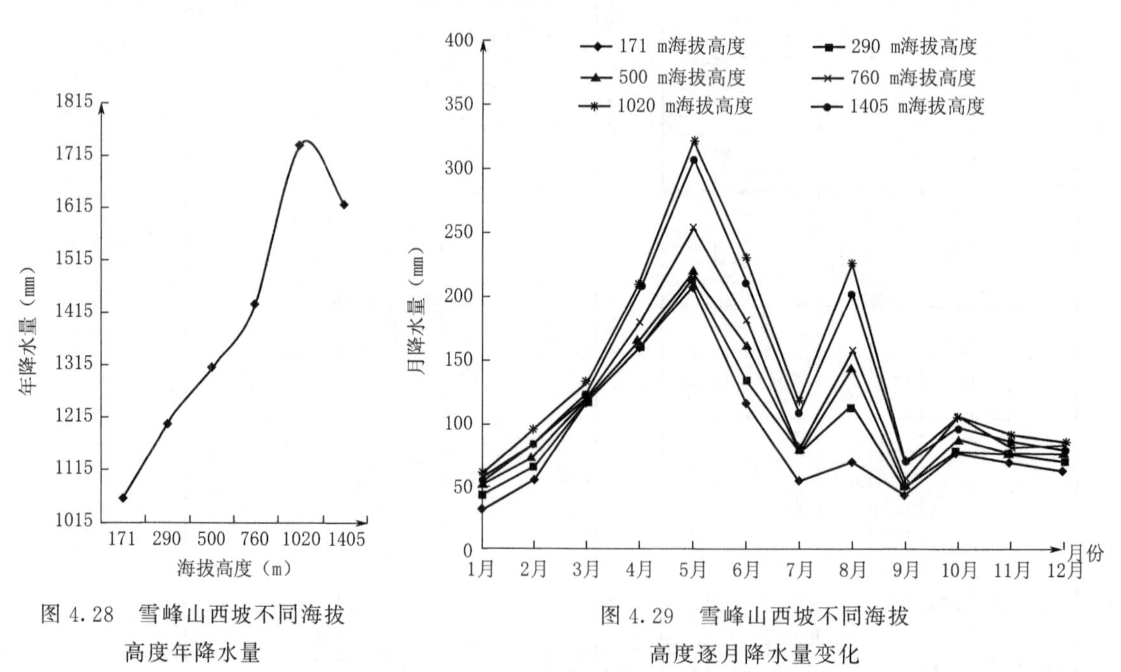

图4.28 雪峰山西坡不同海拔高度年降水量

图4.29 雪峰山西坡不同海拔高度逐月降水量变化

(3)旬降水量

根据不同海拔高度旬降水量观测资料(表4.29),进行相关分析,拟合成相关方程式如表4.30。

表 4.28　月降水量(mm)

站名	海拔高度(m)	1月	2月	3月	4月	5月	6月	7月	8月	9月	10月	11月	12月	年
洪江	171	31.6	55.2	115.4	160.9	209.4	115.4	53.0	69.2	42.5	78.3	68.4	62.0	1061.3
大坪	290	42.5	66.0	116.4	160.4	214.4	133.4	76.2	114.3	48.1	79.2	75.4	71.1	1203.0
岩屋界	500	52.3	74.1	122.2	167.0	219.8	160.6	79.5	144.1	50.3	87.3	76.0	76.8	1309.4
产子坪	760	55.7	82.6	120.1	180.4	254.9	182.0	81.2	158.1	54.7	104.2	80.7	81.8	1431.4
栗子坪	1020	58.8	94.2	131.5	209.2	322.6	230.2	116.1	225.3	69.9	105.2	89.5	84.4	1736.9
坪山塘	1405	53.3	83.6	122.8	207.8	309.0	210.3	106.5	202.0	68.9	97.4	85.1	78.6	1625.3
A		38.2769	58.8040	115.6721	149.5350	187.213	113.4758	57.1994	70.5889	40.0871	78.3655	68.3959	61.2692	1044.8071
B		0.0156	0.8248	0.0084	0.0856	0.980	0.0821	0.0408	0.1184	0.0229	0.0189	0.0156	0.0123	0.5094
R		0.7161	0.8325	0.6815	0.9464	0.9145	0.9066	0.8404	0.9682	0.9569	0.7848	0.8666	0.7069	0.3537

表 4.29　各旬降水量(mm)

站名	海拔高度(m)	1月			2月			3月			4月			5月			6月		
		上	中	下	上	中	下	上	中	下	上	中	下	上	中	下	上	中	下
洪江	171	2.9	11.7	17.0	21.6	16.9	16.8	35.8	31.7	43.5	56.3	32.1	68.5	34.3	68.3	111.8	62.3	28.2	24.9
大坪	290	5.0	16.4	21.0	24.8	21.7	17.5	39.6	32.5	45.0	51.7	40.1	70.6	37.2	71.2	101.0	66.1	35.2	35.1
岩屋界	500	6.8	19.8	25.2	26.0	25.6	22.5	42.1	32.7	46.2	55.6	41.2	71.5	41.0	73.0	105.8	77.7	35.2	57.7
产子坪	760	8.0	20.0	29.8	28.7	28.4	25.6	42.1	33.0	46.4	55.6	47.0	77.8	53.2	82.9	118.0	78.2	40.0	73.0
栗子坪	1020	9.0	20.3	27.9	36.9	30.8	20.5	46.9	34.0	51.2	22.3	57.1	79.0	53.2	102.3	165.0	89.2	39.2	101.8

续表

站名	海拔高度(m)	1月			2月			3月			4月			5月			6月		
		上	中	下	上	中	下	上	中	下	上	中	下	上	中	下	上	中	下
坪山塘	1405	7.6	17.3	28.3	32.5	25.6	25.5	43.4	33.2	47.7	73.2	519	76.6	55.3	97.2	155.5	87.4	40.8	82.1
A		4.0992	15.2332	18.9309	21.3306	19.2891	20.7661	37.3520			48.5805	31.4979		32.6101	62.9871	91.6777	57.8475	30.5499	25.0190
B		0.0050	0.0034	0.0086	0.0103	0.0073	0.0072	0.0062			0.0177	0.0204		0.0197	0.0282	0.2501	0.0243	0.0065	0.0565
R		0.7408	0.8230	0.8712	0.8816	0.6922	0.8623	0.7197			0.8762	0.9574		0.9357	0.91900	0.8633	0.9456	0.8568	0.8696

站名	海拔高度(m)	7月			8月			9月			10月			11月			12月		
		上	中	下	上	中	下	上	中	下	上	中	下	上	中	下	上	中	下
洪江	171	41.1	76.8	23.3	12.7	25.6	30.9	14.8	29.4		34.6	15.8	29.0	47.9	11.0	6.4	1.4	32.2	17.2
大坪	290	27.3	15.5	9.3	14.9	34.5	49.8	16.2	24.7		33.9	16.3	29.0	49.1	13.7	7.7	16.2	35.2	18.4
岩屋界	500	35.6	29.9	14.1	27.5	58.4	50.2	18.8	20.5	31	36.2	20.5	30.6	49.3	15.8	9.4	18.7	35.3	19.7
产子坪	760	36.0	23.4	16.8	30.6	67.5	76.7	20.8	11.3	72	40.7	27.7	34.8	51.0	17.7	11.0	18.9	36.4	21.7
栗子坪	1020	57.7	28.6	20.2	41.5	76.4	88.4	22.6	41.9	82	40.6	29.2	35.5	52.4	20.4	13.9	19.2	38.4	28.3
坪山塘	1405	54.6	32.1	29.4	49.7	74.0	101.7	22.6	37.9	9.3	39.7	23.8	34.8	58.1	16.5	15.1	19.3	34.8	25.6
A		28.5321	15.5676	12.3497		27.9774	29.8681		23.8700	0.1790	34.0932	16.9792	28.3371			5.8116	16.2684	34.1603	18.4781
B		0.1956	0.6220	0.9400		0.4007	0.5370		0.0317	10.1790	0.4900	0.9000	0.5900			0.8700	0.3900	0.1200	0.7200
R		0.9726	0.8123	0.6212		0.8920	0.9789		0.8166	0.9621	0.7619	0.7441				0.8789	0.6406	0.2737	0.8168

表 4.30　不同海拔高度旬降水量相关式

月	旬	相关式　　　R	月	旬	相关式　　　R
1	上	$Y=4.0992+0.0005H$　$R=0.7408$	7	上	$Y=28.5321+0.1956H$　$R=0.9726$
	中	$Y=15.2332+0.0034H$　$R=0.8230$		中	$Y=15.5676+0.0622H$　$R=0.8123$
	下	$Y=18.9309+0.0103H$　$R=0.8712$		下	$Y=12.3407+0.0094H$　$R=0.6212$
2	上	$Y=21.3306+0.0103H$　$R=0.8816$	8	上	
	中	$Y=19.2891+0.0073H$　$R=0.6922$		中	$Y=27.9774+0.4007H$　$R=0.8900$
	下	$Y=20.7661+0.0072H$　$R=0.8623$		下	$Y=29.8681+0.0537H$　$R=0.9789$
3	上	$Y=37.3520+0.0062H$　$R=0.7197$	9	上	
	中	$Y=53.5582+0.0010H$　$R=0.2569$		中	$Y=23.8700+0.0317H$　$R=0.8166$
	下	$Y=44.6919+0.0031H$　$R=0.5989$		下	$Y=10.1790+0.0072H$　$R=0.9621$
4	上	$Y=48.5805+0.0177H$　$R=0.8762$	10	上	$Y=34.093+0.0049H$　$R=0.7619$
	中	$Y=31.4979+0.020H$　$R=0.9574$		中	$Y=16.9792+0.0090H$　$R=0.7441$
	下	$Y=60.8390+0.0076H$　$R=0.8146$		下	$Y=28.3371+0.0069H$　$R=0.7889$
5	上	$Y=32.6101+0.0197H$　$R=0.9357$	11	上	
	中	$Y=62.9871+0.0282H$　$R=0.9190$		中	
	下	$Y=91.6777+0.250H$　$R=0.8633$		下	$Y=5.8116+0.087H$　$R=0.8789$
6	上	$Y=57.8475+0.0243H$　$R=0.9456$	12	上	$Y=16.2684+0.0039H$　$R=0.6406$
	中	$Y=30.5499+0.0065H$　$R=0.8568$		中	$Y=34.1603+0.0012H$　$R=0.2737$
	下	$Y=25.0190+0.0565H$　$R=0.8696$		下	$Y=18.4781+0.0072H$　$R=0.8168$

注：Y 为降水量，H 为海拔高度，R 为相关系数。

不同海拔高度的旬降水量随海拔高度升高而增加。一年中各旬降水量变化呈少—多—少趋势，季节性明显，1 月上旬降水量最少，海拔 171 m 的洪江 1 月上旬降水量 2.9 mm，海拔 1020 m 的粟子坪 9.0 mm，1 月上旬降水量递增率为 1.04 mm/100 m，5 月下旬降水量最多，海拔 171 m 的洪江 5 月下旬降水量 111.8 mm，海拔 1020 m 的粟子坪，5 月下旬降水量 165.0 mm，两地海拔高度相差 849 m，旬降水量相差 53.2 mm，海拔每上升 100 m，旬降水量增加 6.27 mm。

4.1.2.2　降水日数

(1)年降水日数

年降水日数随着海拔高度升高而增加(图 4.30)。如海拔 171 m 的洪江年降水日数 159.1 天,海拔高度 1405 m 的坪山塘年降水日数 202.3 天,两地海拔高度相差 1234 m,年降水日数相差 43.2 天,海拔高度每上升 100 m,年降水日数增加 3.5 天。不同海拔高度年降水日数拟合成相关式为:

$Y=153.5095+0.0348H \quad R=0.9964$

式中,Y 为年降水日数(天);H 为海拔高度(m)。

(2)月降水日数

月降水日数随海拔高度升高而增加,在一年内随着季节变化而出现雨季(4—6 月)降水日数多,旱季(7—9 月)降水日数少(图 4.31,表 4.31)。

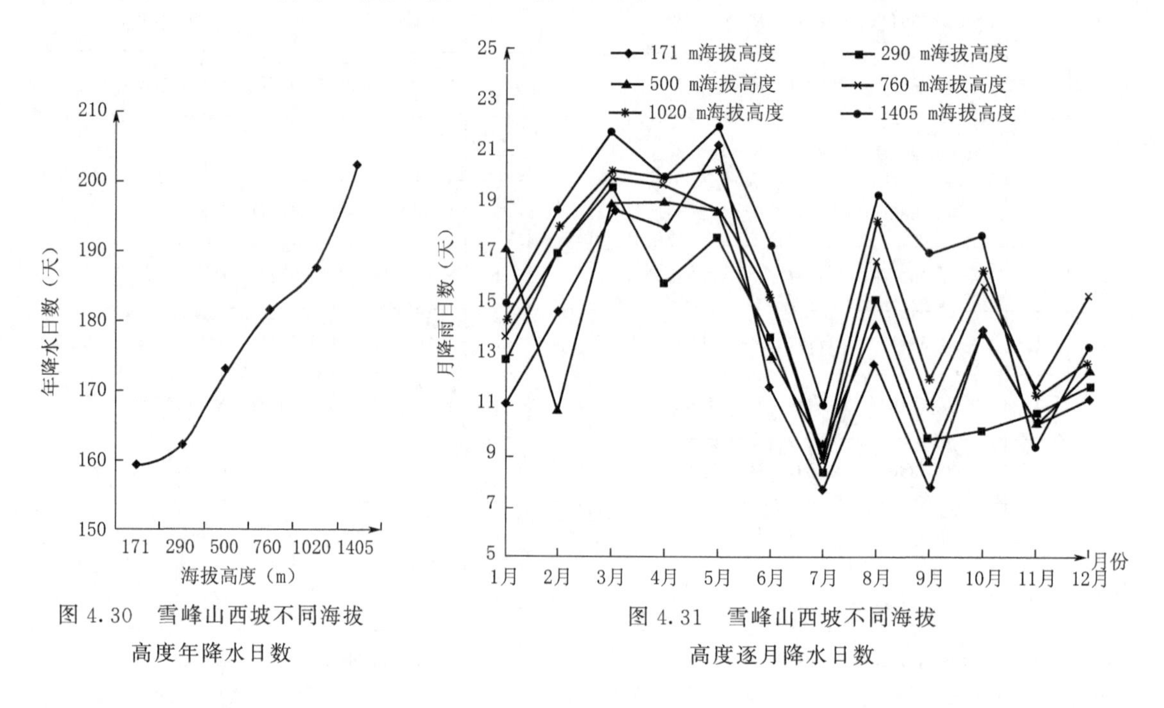

图 4.30 雪峰山西坡不同海拔高度年降水日数

图 4.31 雪峰山西坡不同海拔高度逐月降水日数

(3)日降水量≥25.0 mm(大雨)日数

年日降水量≥25.0 mm 的大雨日数,随着海拔高度升高而增加,在海拔 1020 m 的凝结高度,日降水量≥25.0 mm 的大雨日数达到最大值,如海拔高度 171 m 的洪江年大雨日数为 10.0 天,海拔 1020 m 的栗子坪年大雨日数 16.4 天,两地海拔高度相差 849 m,年大雨日数相差 6.4 天,年大雨日数垂直递增率为 0.75 天/100 m,海拔 1020 m 至 1405 m,年大雨日数又出现减少的趋势(表 4.32)。

(4)日降水量≥50.0 mm(暴雨)日数

年日降水量≥50.0 mm 的暴雨日数随着海拔高度升高而增加,根据不同海拔高度年暴雨日数观测资料(表 4.33)拟合成相关式为

$Y=1.7089+0.0017H \qquad R=0.8485$

式中,Y 为年暴雨日数(天);H 为海拔高度(m)。

年暴雨日数:海拔 171 m 主要出现在 3—7 月,290～760 m 出现在 3—6 月;1020 m 出现在 3 月、5 月、6 月、8 月;1405 m 出现在 3 月、5 月、6 月、8 月。

表 4.31　逐月日降水量≥0.1 mm 日数(天)

站名	海拔高度(m)	1月	2月	3月	4月	5月	6月	7月	8月	9月	10月	11月	12月	年
洪江	171	11.0	14.7	18.7	18.0	21.3	11.7	7.7	12.7	7.7	14.0	10.3	11.3	159.1
大坪	290	12.7	17.0	19.7	15.7	17.7	13.7	8.3	15.3	9.7	10.0	10.7	11.7	162.2
岩屋界	500	17.3	10.7	19.0	19.0	18.7	13.0	9.3	14.3	8.7	14.0	10.3	12.3	172.6
产子坪	760	13.7	17.0	20.0	19.7	18.7	15.3	8.7	16.7	11.0	15.7	11.7	15.3	181.5
栗子坪	1020	14.3	18.0	20.3	20.0	20.3	15.3	8.7	18.3	12.0	16.3	11.3	12.7	187.5
坪山塘	1405	15.0	18.7	21.7	20.0	22.0	17.3	11.0	19.3	17.0	17.7	9.3	13.3	202.3
A		1.25787	152449	18.4427	16.8738	18.5993	11.6093	7.5509	12.1259	6.3915	11.3724	10.8844	11.3718	15.35095
B		0.0021	0.0026	0.0021	0.0027	0.0018	0.0040	0.0020	0.0050	0.0069	0.0007	−0.0004	0.0015	0.0348
R		0.4502	0.8295	0.9225	0.7523	0.4914	0.9416	0.8235	0.9448	0.9424	0.8218	0.8271	0.8683	0.9964

表 4.32　逐月日降水量≥25.0 mm(大雨)日数(天)

站名	海拔高度(m)	1月	2月	3月	4月	5月	6月	7月	8月	9月	10月	11月	12月	年
洪江	171			1.0	1.3	3.0	1.3	0.7	0.7	1.0	0.3	0.7		10.0
大坪	290			0.7	1.3	2.7	1.7	0.3	1.3	1.0	0.7	1.0		10.7
岩屋界	500	0.3		0.3	1.3	2.7	1.7	1.0	1.3	1.0	1.0	1.0		11.6
产子坪	760		0.3	0.7	1.3	2.7	2.7	0.7	2.0	0.3	0.7	0.7		12.1
栗子坪	1020		0.3	0.3	2.3	3.7	3.7	1.0	3.0	0.7	0.7	0.7		16.4
坪山塘	1405		0.3	2.3	3.3	3.0	1.7	2.3	0.3	0.3	0.7	0.7		14.6
A			0.0243	0.8648	0.9724	2.6356	1.1694	0.3197	0.7315	1.1265	0.5078	0.9125		9.4309
B			0.0001	−0.0005	−0.0010	−0.0006	−0.0017	−0.0008	−0.0001	−0.0006	−0.0001	−0.0002		0.0045
R			0.3301	0.7213	0.8605	0.6253	0.8589	0.8362	0.8443	0.8675	0.2896	0.4910		0.8644

表 4.33 逐月日降水量≥50 mm(暴雨)日数(天)

站名	海拔高度(m)	1月	2月	3月	4月	5月	6月	7月	8月	9月	10月	11月	12月	年
洪江	171			0.3	1.0	0.7	0.3	0.3						2.6
大坪	290			0.3	0.0	0.7	0.7							1.7
岩屋界	500			0.3	0.3	0.7	0.7							2.0
产子坪	760			0.3	0.3	1.7	1.0							3.3
栗子坪	1020			0.3		2.0	1.3		0.3					3.9
坪山塘	1405			0.3		2.0	1.3		0.3					3.9

(5)日最大降水量及日期

不同海拔高度年日最大降水量都出现在 5 月,海拔 171 m 的洪江年日最大降水量为 129.5 mm,出现在 1984 年 5 月 31 日,海拔 1020 m 的栗子坪 1985 年 5 月 27 日降水量 158.2 mm,为日降水量最大值,而 1405 m 日最大降水量又降低为 126.3 mm(表 4.34)。

表 4.34 日最大降水量(mm)及日期

站名	海拔高度(m)	1月		2月		3月		4月		5月		6月	
		量	日期	量	日期	量	日期	量	日期	量	日期	量	日期
洪江	171	16.9	18/84	16.7	17/85	93.9	31/84	73.2	29/83	129.5	31/84	66.8	21/83
大坪	290	21.4	18/84	19.8	17/85	69.2	31/84	48.6	3/84	101.6	31/84	57.5	2/83
岩屋界	500	28.1	18/84	23.4	17/85	68.8	31/84	52.3	3/84	101.3	31/84	60.5	2/83
产子坪	760	23.3	18/84	25.8	17/85	55.7	31/84	62.8	29/83	104.9	27/85	71.2	27/84
栗子坪	1020	22.4	18/84	25.7	17/85	65.9	31/84	63.5	29/83	158.2	27/85	83.9	27/84
坪山塘	1405	17.0	18/84	20.0	3/86	62.8	31/84	49.5	29/83	126.3	27/85	93.8	2/83

站名	海拔高度(m)	7月		8月		9月		10月		11月		12月	
		量	日期	量	日期	量	日期	量	日期	量	日期	量	日期
洪江	171	26.8	4/85	31.2	23/83	40.6	17/83	28.6	28/85	47.8	10/84	23.6	16/84
大坪	290	42.9	4/85	41.1	23/83	33.4	10/83	33.0	28/85	43.5	9/83	22.5	16/84
岩屋界	500	42.3	19/84	43.0	23/83	32.4	17/84	31.6	28/85	41.6	9/83	21.8	16/84
产子坪	760	32.5	19/84	46.7	81/85	37.1	17/84	55.0	28/85	42.2	9/83	24.6	28/83
栗子坪	1020	43.1	4/85	31.7	13/85	36.8	17/84	30.5	29/85	42.7	10/84	24.4	28/83
坪山塘	1405	37.9	4/85	59.0	7/84	36.7	17/84	29.3	28/85	40.3	9/83	18.7	16/84

(6)最长连续降水日数及其降雨量、起止日期

不同海拔高度最长连续降水日数的最大值为 19 天,出现在 3 月 1—14 日,最长连续降水

日数第 2 个最长值出现在 12 月 8—22 日，最长降水日数为 11～15 天。随着海拔高度升高而增加(表 4.35)。

表 4.35　最长连续降水日数(天)及起止日期

站名	海拔高度(m)	1月		2月		3月		4月		5月		6月	
		最长连续降水日数	起止日期	最长连续降水日数	起止日期	最长连续降水日数	起止日期	最长连续降水日数	起止日期	最长连续降水日数	起止日期	最长连续降水日数	起止日期
洪江	171	7	15—21	6	3	19	1—14	10	3—9	8	12—20	5	18—22
大坪	290	7	15—21	7	1—5	14	1—14	10	14—23	4	25—28	6	18—23
岩屋界	500	8	2—9	7	15—21	19	1—14	20	3—9	9	15—20	7	24—30
产子坪	760	8	2—9	8	19—26	19	1—14	20	8—27	9	12—20	8	23—30
栗子坪	1020	9	1—9	12	1—6	14	1—14	13	3—12	10	12—21	7	24—30
坪山塘	1405	9	1—9	12	1—5	14	1—14	16	8—23	10	12—26	14	11—24

站名	海拔高度(m)	7月		8月		9月		10月		11月		12月	
		最长连续降水日数	起止日期	最长连续降水日数	起止日期	最长连续降水日数	起止日期	最长连续降水日数	起止日期	最长连续降水日数	起止日期	最长连续降水日数	起止日期
洪江	171	4	2—5	4	11—14	4	10—13	10	3—12	6	7—12	11	8—18
大坪	290	5	2—6	7	25—31	8	25—30	10	3—12	7	2—8	12	8—19
岩屋界	500	5	2—6	7	25—31	4	10—13	10	3—12	6	7—12	14	8—21
产子坪	760	5	2—6	7	25—31	5	19—13	11	3—13	7	3—9	14	8—21
栗子坪	1020	6	2—6	10	25—31	6	19—13	11	3—13	7	3—9	15	8—22
坪山塘	1405	6	14—19	13	5—17	11	13—23	16	3—18	7	3—9	15	8—22

(7)最长连续无降水日数及起止日期

最长连续无降水日数以 10—12 月出现最多，12 月达 19～28 天，11 月不同海拔高度最长连续无降水日数达 14～22 天，10 月不同海拔高度最长无降水日数为 19 天(表 4.36)。

表 4.36 最长连续无降水日数(天)及起止日期

站名	海拔高度(m)	1月		2月		3月		4月		5月		6月	
		最长连续降水日数	起止日期	最长连续降水日数	起止日期	最长连续降水日数	起止日期	最长连续降水日数	起止日期	最长连续降水日数	起止日期	最长连续降水日数	起止日期
洪江	171	15	10/ 12—2	8	1—8	7	2 年	6	10—15	7	5—11	18	13—30
大坪	290	14	1—10	7	6—12	7	2 年	5	20—24	7	5—11	6	24—29
岩屋界	500	14	1—14	7	6—12	7	1—7	5	20—24	7	5—11	8	22—29
产子坪	760	14	1—14	7	6—12	7	1—7	5	20—24	7	5—11	5	2 年
栗子坪	1020	14	1—14	7	6—12	7	1—7	5	20—24	6	2 年	6	24—29
坪山塘	1405	13	10—22	7	6—12	7	1—7	4	20—23 27—30	7	5—11	5	2 年

站名	海拔高度(m)	7月		8月		9月		10月		11月		12月	
		最长连续降水日数	起止日期	最长连续降水日数	起止日期	最长连续降水日数	起止日期	最长连续降水日数	起止日期	最长连续降水日数	起止日期	最长连续降水日数	起止日期
洪江	171	19	13/6—1	7	4—10	12	19—30	19	28/ 9—16	14	26/ 10—8	19	25/ 11—13
大坪	290	13	2 年	11	31/7 —10	12	19—30	19	29/ 9—11	21	19/ 10—8	28	16/ 11—13
岩屋界	500	12	7—8	7	2 年	12	19—30	19	29/ 9—17	21	19/ 10—8	28	16/ 11—13
产子坪	760	11	2 年	7	3 年	11	20—30	18	28/ 9—16	22	18/ 10—9	28	16/ 11—13
栗子坪	1020	11	7—12	7	28/ 7—1	10	21—30	18	26/ 9—16	22	12/ 10—9	28	16/ 11—13
坪山塘	1405	11	2 年	7	24—20	10	21—30	15	29/ 9—13	21	19/ 10—8	28	16/ 11—13

4.1.3 日照

4.1.3.1 日照时数

(1)年日照时数

不同海拔高度的年日照时数,随着海拔高度升高出现两个剖面,一层是 171～500 m,年日照时数随着海拔高度升高而增加,如海拔高度 171 m 的洪江年日照时数为 1336.0 小时,290 m 为 1397.5 小时,海拔 500 m 的岩屋界年日照时数为 1427.5 小时,两地海拔高度相差 329 m,年日照对数相差 91.5 小时,年日照时数垂直递增率为 27.8 小时/100 m;第二个层面海拔 760 m 的产子坪，年日照时数 1017.0 小时，为这一剖面的年日照时数最低值，500～760 m 年日照时数，递减率为 15.28 小时/100 m，这是由于受地形影响，云雾多，山地遮蔽所致。海拔 760～1405 m，年日照数又随着海拔高度升高而递增，如 760 m 年日照时数 1014.0 小时，1405 m 年日照时数 1243.4 小时，年日照时数垂直递增率为 35.1 小时/100 m（图 4.32）。

（2）月日照时数

月日照时数，随着海拔高度升高的变化很复杂，一年内日照时数的变化呈低—高—低的马鞍型变化趋势，以 2 月的日照时数最少，从 3 月开始日照时数逐月增加，至 7 月达最高值，而后日照时数又逐月减少（图 4.33，表 4.37）。

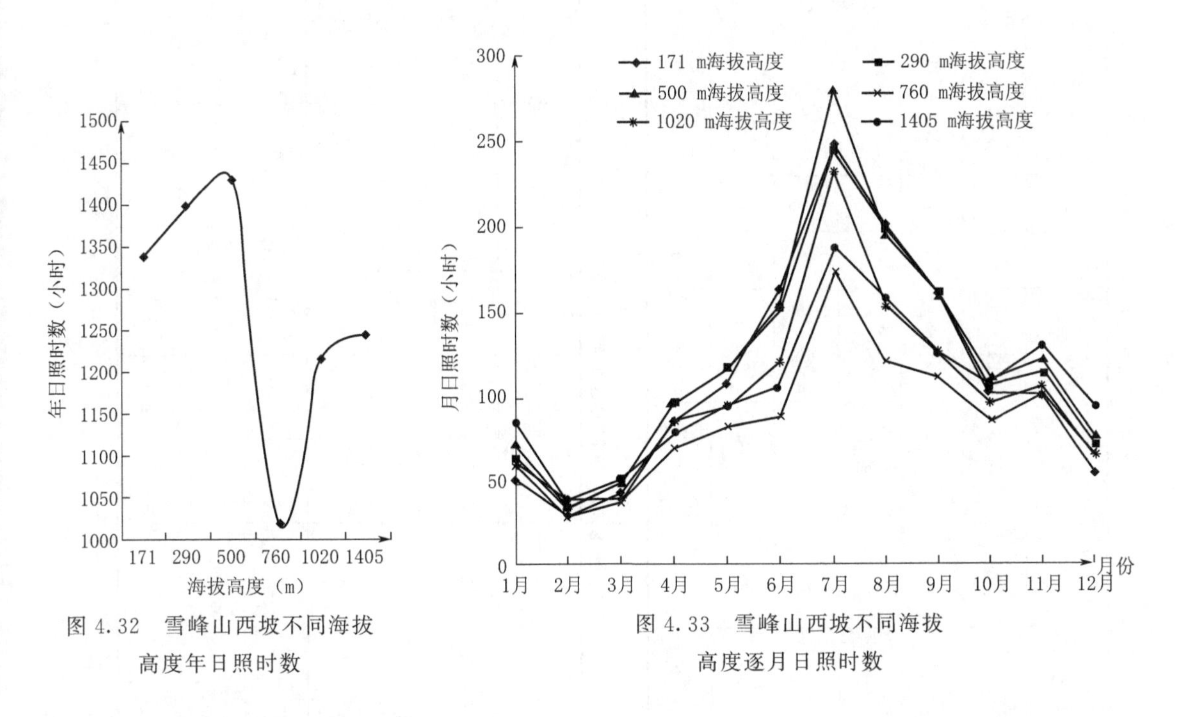

图 4.32　雪峰山西坡不同海拔高度年日照时数

图 4.33　雪峰山西坡不同海拔高度逐月日照时数

（3）旬日照时数

旬日照时数最低值出现在 12 月中旬—次年 3 月下旬，最低值为 2 月下旬，海拔 171 m 的洪江，2 月下旬日照时数 4.7 小时；1405 m 为 5.1 小时，3 月下旬海拔 171 m 为 9.8 小时，1020 m 的栗子坪为 2.7 小时，旬日照时数最高值出现 7 月中旬至 8 月上旬，海拔 171 m 的洪江 7 月中旬日照时数为 90.7 小时（表 4.38）。

表 4.37　逐月日照时数(小时)

站名	海拔高度(m)	1月	2月	3月	4月	5月	6月	7月	8月	9月	10月	11月	12月	年
洪江	171	50.0	28.3	42.1	83.6	106.2	162.6	247.3	199.5	160.4	101.2	99.7	54.1	1336.0
大坪	290	63.3	33.1	48.6	95.2	115.4	151.3	243.9	197.0	160.1	105.7	113.5	70.4	1397.5
岩屋界	500	70.8	33.2	48.1	95.2	115.4	154.5	280.7	194.0	158.8	108.8	121.3	76.7	1427.5
产子坪	760	60.6	27.8	36.2	69.2	81.7	87.4	172.9	119.3	110.3	84.8	100.5	66.4	1017.1
栗子坪	1020	59.9	38.2	38.5	84.9	92.3	119.4	232.8	153.0	124.6	96.4	104.3	65.7	1215.0
坪山塘	1405	85.2	37.1	49.6	77.6	93.2	105.0	187.6	157.3	124.3	106.6	128.0	91.9	12434

表 4.38　各旬日照时数(小时)

站名	海拔高度(m)	1月			2月			3月			4月			5月			6月		
		上	中	下	上	中	下	上	中	下	上	中	下	上	中	下	上	中	下
洪江	171	26.3	10.6	13.1	10.3	13.3	4.7	22.8	10.5	9.8	23.6	21.0	59.0	41.3	34.0	30.9	41.6	43.7	77.3
大坪	290	33.8	18.5	12.9	12.0	15.4	5.8	28.2	11.8	10.5	29.2	23.2	42.2	40.1	55.0	32.3	40.5	41.9	42.9
岩屋界	500	38.4	19.6	12.9	13.0	14.0	5.6	25.4	12.0	10.7	29.7	24.2	41.2	47.4	56.6	31.4	40.5	46.2	67.8
产子坪	760	34.6	18.6	7.4	12.5	10.5	4.9	23.7	7.5	5.0	22.1	14.7	32.4	37.9	25.4	10.4	23.1	23.4	40.9
栗子坪	1020	34.9	19.6	5.3	15.0	15.1	8.1	25.5	10.4	2.7	24.9	19.8	40.2	40.0	30.9	20.4	33.3	32.1	53.9
坪山塘	1405	44.8	25.6	14.8	16.3	15.7	5.1	28.6	14.1	6.9	18.7	20.3	38.6	45.2	29.1	18.9	33.6	29.8	41.5

续表

站名	海拔高度(m)	7月			8月			9月			10月			11月			12月		
		上	中	下	上	中	下	上	中	下	上	中	下	上	中	下	上	中	下
洪江	171	70.8	87.0	89.5	81.2	58.2	60.0	69.2	42.0	49.2	42.4	24.0	34.8	33.4	30.0	36.3	24.2	14.6	15.3
大坪	290	72.6	88.2	83.2	82.3	52.1	62.6	68.3	39.2	52.5	44.4	22.1	39.2	35.9	35.6	41.9	34.3	20.2	15.9
岩屋界	500	73.7	90.7	86.4	80.4	51.0	60.6	66.6	38.0	54.2	45.7	23.0	40.4	38.0	37.8	45.6	39.8	21.0	15.9
产子坪	760	46.5	68.8	57.6	55.3	21.8	42.2	51.0	23.6	35.7	30.9	15.3	32.5	33.8	29.1	37.6	34.5	18.2	13.7
栗子坪	1020	62.5	80.9	83.4	73.6	34.0	48.4	54.4	29.9	40.3	41.0	22.6	32.7	34.3	35.4	34.6	32.9	17.9	14.9
坪山塘	1405	44.0	74.8	68.8	69.4	34.0	53.9	54.1	31.9	58.3	44.2	19.5	42.9	41.8	41.2	44.0	43.4	22.6	25.9

4.1.3.2 日照百分率

年日照百分率：雪峰山西侧，从山脚至山顶出现两个层次，最低值出现在760 m，年日照百分率仅23%。海拔171～500 m，年日照百分率随海拔高度升高而增加，海拔171 m年日照百分率仅29%，海拔500 m年日照时数为32%。海拔760 m至1405 m，年日照时数又随着海拔高度升高而增加，如海拔高度760 m，年日照百分率为23%，1020 m为27%，1405 m的坪山塘年日照百分率为28%。这是由于地形遮蔽作用影响所造成的(表4.39)。

4.1.4 蒸发量

4.1.4.1 年蒸发量

年蒸发量随着海拔高度升高而减少(图4.34)，如海拔171 m的洪江年蒸发量为1218.5 mm，海拔1405 m的坪山塘年蒸发量913.9 mm，两地海拔高度相差1234 m，年蒸发量相差384.6 mm，海拔高度每上升100 m，年蒸发量减少24.8 mm。

4.1.4.2 月蒸发量

月蒸发量最低值出现在2月，不同海拔高度的月蒸发量随海拔高度升高而减少(图4.35)，如海拔171 m的洪江2月蒸发量为36.7 mm，海拔1405 m的坪山塘2月蒸发量为18.1 mm，海拔每上升100 m，2月蒸发量减少1.5 mm。拟合成相关式为$Y=28.3384-0.0008H \quad R=0.8566$

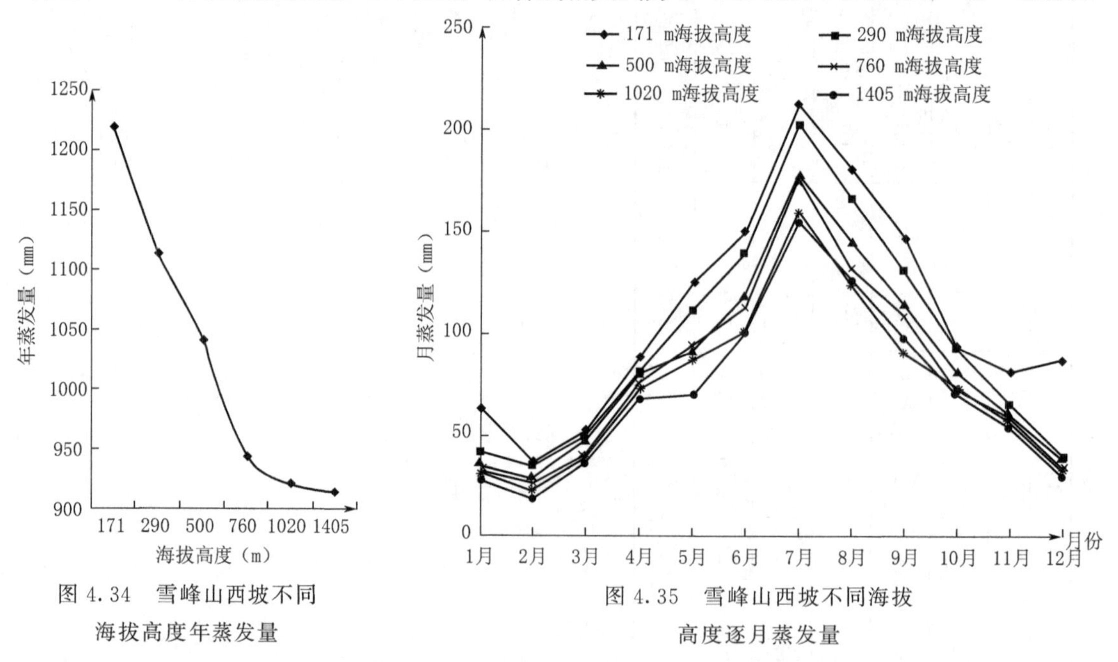

图4.34 雪峰山西坡不同海拔高度年蒸发量

图4.35 雪峰山西坡不同海拔高度逐月蒸发量

月蒸发量最大值出现在7月，海拔171 m，7月蒸发量212.7 mm，坪山塘1405 m，7月蒸发量为156.4 mm，7月蒸发量垂直递减率为4.6 mm/100 m(表4.40)。

4.1.4.3 旬蒸发量

旬蒸发量，不同海拔高度的蒸发量受地形、遮蔽程度以及风速大小的影响很大，海拔高度171 m的洪江2月下旬蒸发量1.3 mm，1020 m的栗子坪2月下旬蒸发量1.9 mm，为两个蒸发量最小的层次，而海拔1405 m的坪山塘2月下旬蒸发量达11.1 mm，为雪峰山西侧不同海拔高度的2月下旬蒸发量最大值，其形成原因主要是由于高山风速大所造成的蒸发量大(表4.41)。

表 4.39　逐月日照百分率(%)

站名	海拔高度(m)	1月	2月	3月	4月	5月	6月	7月	8月	9月	10月	11月	12月	年
洪江	171	15	9	12	22	26	39	58	49	44	28	31	17	29
大坪	290	19	10	13	25	28	37	58	48	43	30	35	22	31
岩屋界	500	22	10	13	25	28	38	59	48	43	31	38	24	32
产子坪	760	18	9	10	18	20	22	41	29	30	24	31	23	23
栗子坪	1020	18	12	11	22	23	23	55	38	34	27	33	20	27
坪山塘	1405	26	12	13	20	22	26	44	39	34	30	40	28	28

表 4.40　月蒸发量(mm)

站名	海拔高度(m)	1月	2月	3月	4月	5月	6月	7月	8月	9月	10月	11月	12月	年
洪江	171	63.5	36.7	51.3	88.1	125.2	150.0	212.7	180.9	148.0	93.0	81.0	87.1	1218.5
大坪	290	41.4	33.9	49.2	81.1	111.2	140.4	202.6	166.2	131.1	92.3	64.9	38.7	1113.9
岩屋界	500	35.0	28.9	47.9	80.4	91.5	118.7	178.8	145.8	114.4	80.9	59.8	38.4	1040.0
产子坪	760	31.6	26.0	39.3	76.0	94.0	113.2	177.1	132.1	108.7	72.2	58.9	34.6	944.5
栗子坪	1020	31.5	22.4	39.0	72.4	87.2	101.1	160.5	123.8	91.5	72.1	57.0	31.5	922.3
坪山塘	1405	28.0	18.1	35.9	68.2	69.8	101.3	156.4	126.2	97.4	70.1	53.6	29.9	913.9

表 4.41　各旬蒸发量(mm)

站名	海拔高度(m)	1月			2月			3月			4月			5月			6月		
		上	中	下	上	中	下	上	中	下	上	中	下	上	中	下	上	中	下
洪江	171	11.6	10.8	12.6	12.2	13.2	1.3	13.7	19.0	18.7	26.0	24.3	37.9	41.4	40.3	30.5	42.1	44.7	63.2
大坪	290	11.5	9.8	10.3	10.1	10.6	8.2	15.3	10.4	10.2	230.	21.9	31.2	38.1	40.0	33.0	41.9	41.8	56.7
岩屋界	500	10.6	9.0	8.4	7.3	8.4	6.1	14.6	10.6	12.7	20.5	17.8	34.3	31.6	32.4	27.6	34.7	34.9	48.1
产子坪	760	13.0	12.9	6.4	6.2	8.1	4.4	17.6	9.2	9.1	17.5	17.8	32.9	32.5	32.7	23.8	30.8	30.3	46.0
栗子坪	1020	14.6	14.6	11.3	11.0	9.1	1.9	13.4	14.7	11.2	20.5	20.9	34.5	34.9	27.1	20.8	34.4	28.4	38.4
坪山塘	1405	23.8	24.8	15.3	10.8	12.0	11.1	21.3	14.2	8.7	19.1	22.1	39.2	36.5	29.4	21.4	30.9	28.6	41.8
站名	海拔高度(m)	7月			8月			9月			10月			11月			12月		
		上	中	下	上	中	下	上	中	下	上	中	下	上	中	下	上	中	下
洪江	171	62.4	73.3	77.1	67.2	58.0	55.7	57.1	43.0	41.9	35.2	30.9	26.9	19.1	18.1	21.7	12.5	11.5	14.7
大坪	290	59.4	71.8	71.4	65.9	48.7	51.7	54.0	36.2	27.6	34.3	22.8	23.8	20.4	19.1	17.4	14.4	9.1	11.1
岩屋界	500	51.5	62.9	62.3	57.4	43.2	45.2	49.7	29.8	34.9	30.3	19.0	22.9	19.9	17.6	10.2	13.8	8.7	8.8
产子坪	760	50.3	62.2	45.4	57.2	36.3	38.6	49.8	28.8	30.1	31.5	18.1	22.7	23.0	19.8	12.0	15.9	8.7	6.9
栗子坪	1020	40.4	57.2	55.2	51.2	54.8	37.8	40.4	29.3	27.8	29.9	17.5	23.3	24.1	20.4	20.4	19.3	11.0	8.1
坪山塘	1405	42.0	58.4	60.1	51.0	33.8	41.4	41.7	29.6	26.1	38.9	16.7	36.7	29.8	27.5	23.7	27.9	18.7	20.5

4.1.5　平均相对湿度

4.1.5.1　年平均相对湿度

年平均相对湿度，受山地地形地貌植被影响很大，年平均相对湿度随海拔高度变化也较复杂，最小值出现在海拔高度 500 m 的岩屋界，年平均相对湿度 79%；年相对湿度最大值 87%出现在海拔高度 1405 m 的坪山塘(图 4.36)。

4.1.5.2　月平均相对湿度

海拔高度不同，月平均相对湿度变化也有异(图 4.37)，海拔 171 m 的月平均相对湿度最低值出现在 7 月相对湿度 74%，8 月相对湿度 78%，9 月相对湿度 77%，12 月相对湿度 78%，海拔 290 m 的月平均相对湿度最低值为 80%，出现在 7 月。

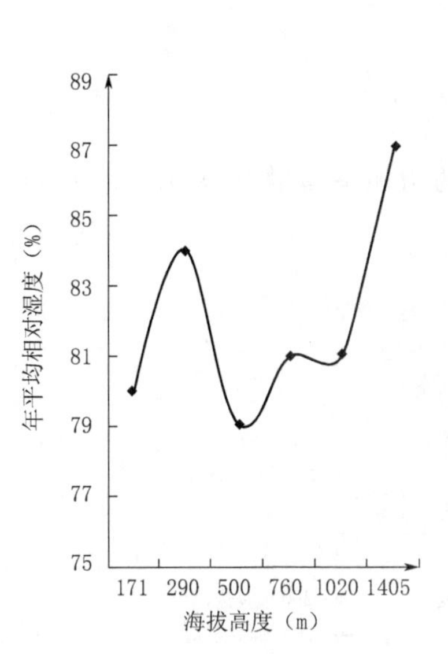

图 4.36　雪峰山西坡不同海拔高度年平均相对湿度

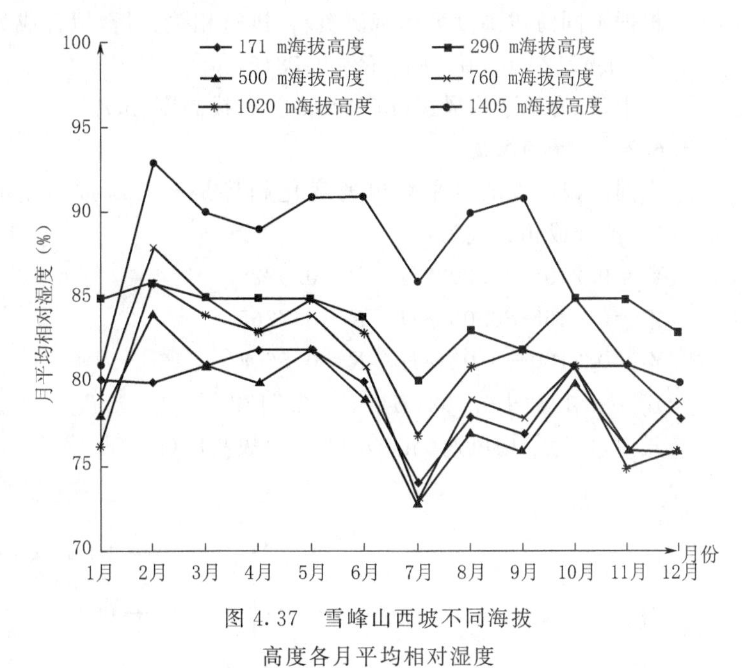

图 4.37　雪峰山西坡不同海拔高度各月平均相对湿度

海拔 500 m 的月平均相对湿度最低值为 73%，小于 80%的有 1 月、6 月、7 月、8 月、9 月、11 月、12 月。

海拔 760 m 的月平均相对湿度，最低值为 73%，低于 80%的月份有 1 月、7 月、8 月、9 月、11 月、12 月。

海拔 1020 m 的月平均相对湿度，最低值为 75%，低于 80%的月份有 1 月、7 月、11 月、12 月。

海拔 1405 m 的月平均相对湿度，最低值为 80%，月相对湿度在 90%以上的有 2 月、3 月、5 月、6 月、8 月、9 等月(表 4.42)。

4.1.5.3　旬平均相对湿度

由于地形地貌植被的差异而使相对湿度在不同海拔高度产生差异，海拔高度 171 m 的洪江，旬平均相对湿度最小值为 68%，出现在 1 月上旬，最大值为 85%，出现在 4 月上旬。海拔高度 290 m 的大坪、旬平均相对湿度最小值为 71%，出现在 7 月下旬；最大值为 87%，出现在

2 月中旬。海拔高度 500 m 的岩屋界旬平均相对湿度最小值为 72%，出现在 8 月上旬，最大值为 86%，出现在 2 月中旬，海拔高度 760 m 的产子坪，旬平均相对湿度最小值为 75%，出现在 8 月上旬，最大值为 89%，出现在 2 月中旬，海拔高度 1020 m 的栗子坪，旬平均相对湿度最小值为 77%，出现在 11 月下旬，最大值为 89%，出现在 3 月中旬，海拔高度 1405 m 的坪山塘，旬平均相对湿度最小值为 80%，出现在 9 月上旬，最大值为 92%，出现在 3 月下旬(表 4.43)。

4.1.6 风速

4.1.6.1 年平均风速

不同海拔高度的年平均风速随着海拔高度升高而增大(图 4.38)，海拔高度 1405 m 的年平均风速 5.0 m/s 为最大。

根据不同海拔高度风速观测资料，进行相关分析，拟合成如下相关式：

$Y=0.4712—0.0023H \quad R=0.78101$

式中，Y 为年平均风速(m/s)；H 为海拔高度(m)。

4.1.6.2 月平均风速

不同海拔高度的月平均风速变化趋势是随着海拔高度的增加呈递增趋势(图 4.39，表 4.44)。拟合成相关式为：

$Y_1=0.2193+0.0022H \quad R=0.9225$

$Y_4=0.4465+0.0028H \quad R=0.7765$

$Y_7=0.2100+0.0018H \quad R=0.5504$

$Y_{10}=2.4268+0.0024H \quad R=0.7173$

式中，Y 为平均风速(m/s)；H 为海拔高度(m)。

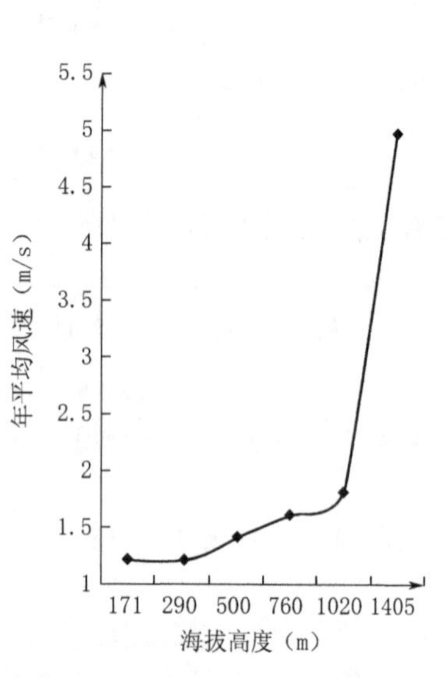

图 4.38 雪峰山西坡不同海拔高度年平均风速

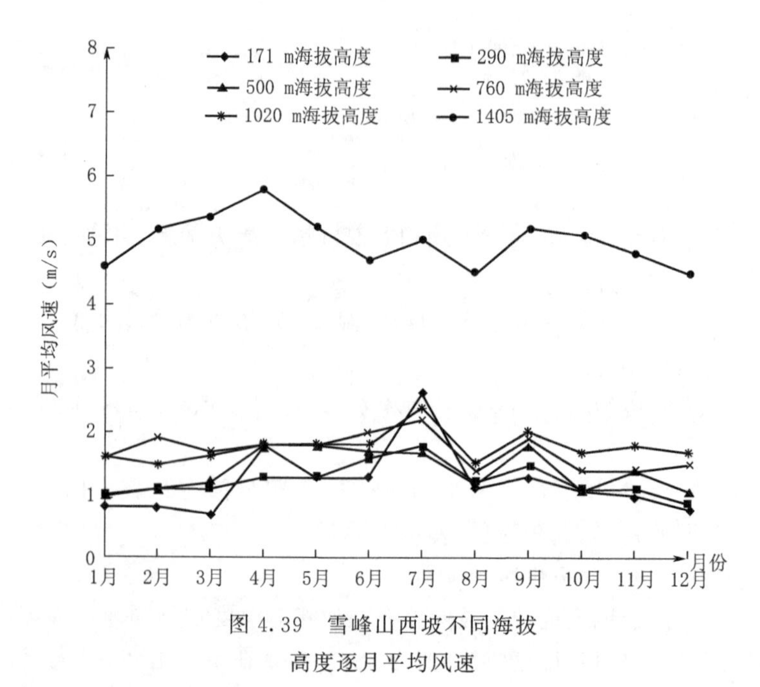

图 4.39 雪峰山西坡不同海拔高度逐月平均风速

表 4.42　月平均相对湿度(%)

站名	海拔高度(m)	1月	2月	3月	4月	5月	6月	7月	8月	9月	10月	11月	12月	年
洪江	171	80	80	81	82	82	80	74	78	77	81	81	78	80
大坪	290	85	86	85	85	85	84	80	83	82	85	85	83	84
岩屋界	500	78	84	81	80	82	79	73	77	76	80	76	76	79
产子坪	760	79	88	85	83	84	81	73	79	78	81	76	79	81
栗子坪	1020	76	86	84	83	85	83	77	81	82	81	75	76	81
坪山塘	1405	81	93	90	89	91	91	86	90	91	85	81	80	87

表 4.43　各旬平均相对湿度(%)

站名	海拔高度(m)	1月			2月			3月			4月			5月			6月		
		上	中	下	上	中	下	上	中	下	上	中	下	上	中	下	上	中	下
洪江	171	68	72	80	80	82	78	74	80	82	85	84	73	79	80	84	78	81	78
大坪	290	73	76	854	82	87	84	76	86	83	85	84	75	79	80	86	81	83	78
岩屋界	500	73	77	84	82	86	83	76	85	86	84	88	76	80	83	85	81	85	79
产子坪	760	80	77	85	85	89	88	77	90	88	85	88	77	80	84	87	82	85	82
栗子坪	1020	80	80	87	87	87	87	81	89	88	88	88	80	85	85	91	84	87	84
坪山塘	1405	83	85	91	91	94	95	84	96	97	92	93	82	87	92	95	89	93	91

续表

站名	海拔高度(m)	7月			8月			9月			10月			11月			12月		
		上	中	下	上	中	下	上	中	下	上	中	下	上	中	下	上	中	下
安江	171	77	71	70	72	78	80	71	79	77	75	82	78	77	76	73	70	79	73
大坪	290	78	73	71	72	79	81	74	80	77	77	84	79	77	77	73	72	81	75
岩屋界	500	80	73	73	72	82	82	78	81	82	77	85	80	78	77	74	74	81	80
产子坪	760	82	76	77	75	84	85	79	83	81	80	87	79	80	82	76	76	82	81
栗子坪	1020	84	80	79	81	84	86	78	84	81	85	86	81	84	83	77	83	83	80
坪山塘	1405	90	85	85	85	93	91	80	91	92	82	94	85	87	86	83	85	85	82

表 4.44　月平均风速(m/s)

站名	海拔高度(m)	1月	2月	3月	4月	5月	6月	7月	8月	9月	10月	11月	12月	年
洪江	171	0.8	0.8	0.7	1.8	1.3	1.3	2.6	1.1	1.3	1.1	1.0	0.8	1.2
大坪	290	1.0	1.1	1.1	1.3	1.3	1.6	1.8	1.2	1.5	1.1	1.1	0.9	1.2
岩屋界	500	1.0	1.1	1.2	1.8	1.8	1.7	1.7	1.2	1.8	1.1	1.4	1.1	1.4
产子坪	760	1.6	1.9	1.7	1.8	1.8	2.0	2.2	1.4	1.9	1.4	1.4	1.5	1.6
栗子坪	1020	1.6	1.5	1.6	1.8	1.8	1.8	2.4	1.5	2.0	1.7	1.8	1.7	1.8
坪山塘	1405	4.6	5.2	5.4	5.8	5.2	4.7	5.0	4.5	5.2	5.1	4.8	4.5	5.0
A		0.2193	0.2717	0.1276	0.4465	0.6264	0.7651	1.2120	0.3887	0.8287	2.4268	0.1570	0.2853	0.4712
B		0.0022	0.0024	0.0026	0.0028	0.0023	0.0021	0.0018	0.0021	0.0024	0.0024	0.0025	−0.0121	−0.0023
R		0.7225	0.0826	0.7127	0.7765	0.7524	0.7641	0.5504	0.7398	0.7708	0.7173	0.0558	−0.7102	0.78101

4.1.6.3　最大风速及风向

不同海拔高度的最大风速与风向是不同的。

海拔 171 m 的最大风速为 14.0 m/s,风向 NNE,出现在 4 月。海拔 290 m 的最大风速为 13.0 m/s,风向 SW,出现在 7 月。

海拔 500 m 的最大风速为 11.0 m/s,风向 SSW,出现在 7 月、5 月、2 月。海拔 760 m 的最大风速为 17.0 m/s,风向 SSE,出现在 4 月。海拔 1020 m 的最大风速为 13.0 m/s,风向 NE,出现在 4 月、12 月。海拔 1405 m 的最大风速为 24.0 m/s,风向 SE,出现在 4 月(表 4.45)。

表 4.45　最大风速(m/s)及风向

站名	海拔高度(m)	1月		2月		3月		4月		5月		6月	
		风速	风向	风速	风向	风速	风向	风速	风向	风速	风向	风速	风向
洪江	171	12.7	SW	90	NNE	11.3	NNE	14.0	NNE	10.7	NSW	10.0	2个
大坪	290	8.0	SW	6.0	S	4.0	3个	10.0	SW	10.0	SW	10.0	SW
岩屋界	500	7.0	2个	11.0	SSE	9.0	NE	10.0	SSE	11.0	2个	10.0	SE
产子坪	760	10.0	SSE	10.0	S	10.0	SE	17.0	SSE	14.0	SSE	14.0	SSE SE
栗子坪	1020	12.0	E	8.0	3个	3.0	E	13.0	NE	10.0	E	10.0	E
坪山塘	1405	17.0	SSE	20.0	SSE	10.0	SSE	24.0	SE	18.7	SSE	20.3	SE
A													
B													
R													

续表

站名	海拔高度(m)	7月		8月		9月		10月		11月		12月	
		风速	风向	风速	风向	风速	风向	风速	风向	风速	风向	风速	风向
洪江	171	10.0	2个	12.0	SW	9.0	2个	9.0	S	9.7	NNE	7.7	NNE
大坪	290	13.0	SW	8.0	SW	10.0	SW	7.0	WSW	5.0	2个	7.0	N
岩屋界	500	11.0	SSW	9.0	2个	9.0	SE	6.0	SE SW	9.0	SE	7.0	SE
产子坪	760	14.0	SSE	10.0	SE	12.0	SE	9.0	SSE	11.0	S	9.0	EWE
栗子坪	1020	8.0	E	7.0	E	8.0	E	11.0	E	10.0	E	13.0	NE
坪山塘	1405	21.7	SSE	22.0	S	19.7	SSE	18.0	SE	14.0	SSE	10.0	SSE

4.2 各类天气日数垂直分布

4.2.1 大雾

(1)年大雾日数

不同海拔高度年大雾日数,随着海拔高度升高而增加(图 4.40),根据不同海拔高度大雾观测资料进行相关分析,拟合成如下相关式:$Y=10.7742+0.1117H$,$R=0.9854$。

式中,Y 为年大雾日数(天);H 为海拔高度(m)。

表 4.46 各类天气日数(天)

站名	高度(m)	雨	雪	冰雹	雾	霜	雨凇	雾凇	积雪	结冰	雷暴	大风	积雪深度(cm)	日数/年.月
安江	171	204.3	13.4	0.7	37.2	14.1	1.0		3.4	24.0	55.1	2.4	5	31/1985.12
大坪	290	205.4	13.9		53.9	23.7	3.0		3.7	31.1	55.3	1.3	6	31/1985.12
岩屋界	500	197.4	17.6	0.3	101.5	15.9	15.0	0.7	14.4	31.7	52.6	7.4	9	31/1985.12
产子坪	760	199.6	17.8		163.4	12.1	26.1	11.7	25.7	41.6	46.3	10.3	13	31/1985.12
栗子坪	1020	187.5	23.1		166.3	9.3	40.0	33.3	31.7	52.9	49.1	2.9	27	29/1983.12
坪山塘	1405	220.4	25.6	0	250.4	15.2	66.3	67.6	45.0	57.0	59.2	34.3	21	3/1986.2

如海拔 171 m 的洪江年大雾日数 37.2 天,海拔 1405 m 的坪山塘年大雾日数 254.4 天,海

拔高度每上升 100 m，年大雾日数增加 17.7 天。

(2)月大雾日数

海拔高度不同，大雾出现的日数也有差异(图 4.41)。

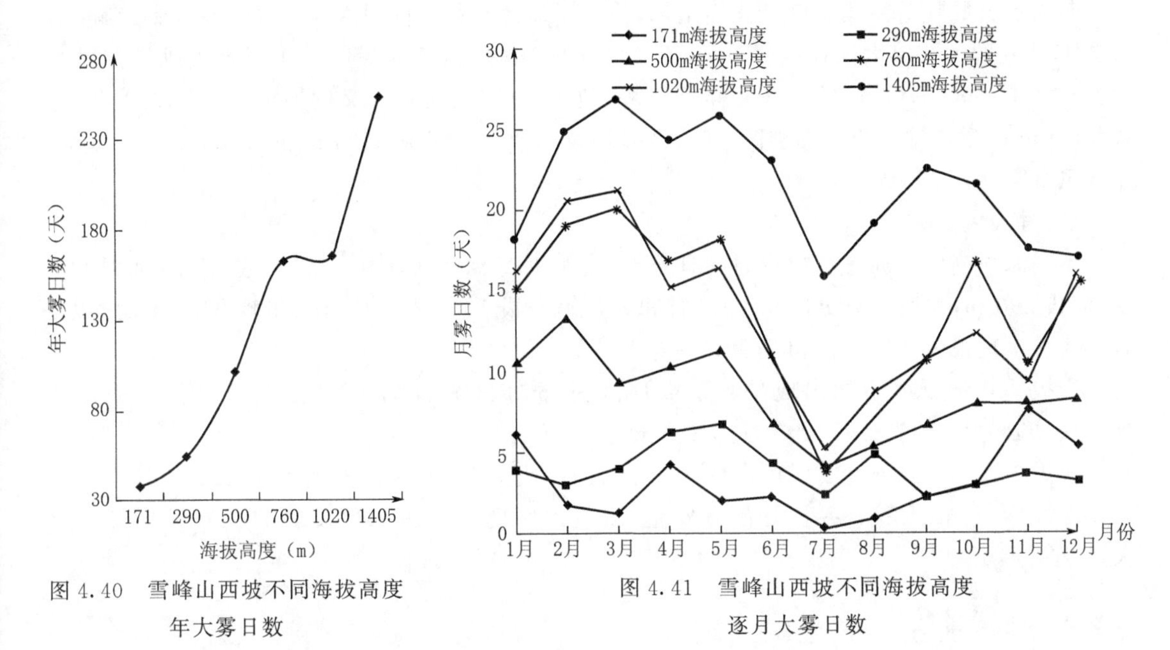

图 4.40　雪峰山西坡不同海拔高度年大雾日数

图 4.41　雪峰山西坡不同海拔高度逐月大雾日数

海拔 171 m，月大雾日数最多月为 7.7 天，出现在 11 月。海拔 290 m，月大雾日数最多月为 6.7 天，出现在 5 月。

海拔 500 m，月大雾日数最多月为 13.3 天，出现在 2 月。海拔 760 m，月大雾日数最多月为 19.0 天，出现在 2 月。

海拔 1020 m，月大雾日数最多月为 20.3 天，出现在 2 月。海拔 1405 m，月大雾日数最多月为 26.7 天，出现在 3 月。其次，2 月 24.7 天，4 月 24.0 天，5 月 25.7 天，9 月 22.3 天，10 月 21.3 天(表 4.47)。

表 4.47　逐月雾日数(天)

站名	海拔高度(m)	1月	2月	3月	4月	5月	6月	7月	8月	9月	10月	11月	12月	年
洪江	171	6.0	1.7	1.3	4.3	2.0	2.3	0.3	1.0	2.3	3.0	7.7	5.3	37.2
大坪	290	4.0	3.0	4.0	6.3	6.7	4.3	2.3	5.0	2.3	3.0	3.7	3.3	53.9
岩屋界	500	10.3	13.3	9.3	10.3	11.3	6.7	4.0	5.3	6.7	8.0	8.0	8.3	101.5
产子坪	760	14.7	19.0	20.0	16.7	18.0	11.0	3.7	7.3	10.7	16.7	10.3	15.3	163.4
栗子坪	1020	16.0	20.3	21.0	15.0	16.3	11.0	5.0	8.7	10.7	12.3	9.3	15.7	166.3
坪山塘	1405	18.0	24.7	26.7	24.0	25.7	22.7	15.7	19.0	22.3	21.3	17.3	17.0	254.4

4.2.2 大风日数

(1)年大风日数

年大风日数随着海拔高度升高而增加,但由于地形地貌不同对大风形成也有很大影响,如海拔 171 m 的洪江年大风日数 2.4 天,而 290 m 的大坪,由于地形屏障作用年大风日数只有 1.3 天,海拔 500～760 m 的岩屋界至产子坪,地势开阔,大风日数又增加至 7.4～10.3 天,海拔 1020 m 的栗子坪由于地形屏障,年大风日数仅 2.9 天。海拔 1405 m 的坪山塘,地处山顶,年大风日数达 34.3 天。

(2)月大风日数

不同海拔高度大风日数出现时间有差异(表 4.48),海拔 171 m 大风日数出现在 4 月和 8 月,海拔 290 m,大风日数出现在 4—7 月和 8 月。海拔 500 m,大风日数出现在 2—9 月,以 5 月和 7 月出现最多达 1.7 天,4 月和 8 月达 1.0 天。

海拔 760 m,大风日数出现在 1 月、2 月、4 月、5 月、6 月、7 月、8 月、9 月、11 月,以 4 月出现大风日数为最多,达 2.7 天,5 月达 2.3 天。

海拔 1020 m,大风日出现在 4 月、5 月、7 月、11 月,以 4 月为最多达 1.3 天。

海拔 1405 m,大风日数各月都有发生,以 4 月出现最多达 7.0 天,2 月 4.0 天、3 月 4.7 天,7 月 3.3 天。

4.2.3 雷暴日数

(1)年雷暴日数

年雷暴日数受地形地貌及植被的影响而有所不同,海拔 171 m 至 500 m,年雷暴日数在 55.1～52.6 天,海拔 760 m 至 1405 m 年雷暴日数为 46.3～99.2 天。以 760 m 的 46.3 天为雷暴最少日数,海拔 1405 m 年雷暴日数 99.2 天为年雷暴日数的最大值。

(2)月雷暴日数

海拔 171 m 的雷暴日数,除 11 月没有出现外,其他各月都有雷暴出现,以 8 月出现雷暴日数 11.3 天为最多,4 月 9.3 天为次多。

海拔 290 m,雷暴日数除 11、12 月未出现雷暴外,其余各月都有雷暴发生。以 8 月出现雷暴日数最多达 140 天。4 月雷暴日数达 10.3 天为次多。

海拔 500 m,雷暴出现最多月在 8 月达 15.0 天,4 月 8.7 天。

海拔 960 m,雷暴出现最多在 8 月,达 12.3 天,4 月 7 天。

海拔 1020 m,雷暴出现最多在 8 月,为 13.7 天,4 月雷暴日数 10.3 天,为次多月(表 4.49)。

4.2.4 降雪日数

不同海拔高度的降雪日数,500 m 降雪日数 17.6 天,760 m 降雪日数 17.8 天,1020 m 降雪日数 2 天,1405 m 为 25.6 天,171 m 降雪日数 13.4 天,290 m 降雪日数 13.9 天,降雪日数随着海拔高度升高而增加,拟合成相关方程式为:

$$Y=1.1538—0.0010H \quad R=0.9695$$

式中,Y 为年降雪日数(天);H 为海拔高度(m)。

表 4.48　逐月大风日数(天)

站名	海拔高度（m）	1 月	2 月	3 月	4 月	5 月	6 月	7 月	8 月	9 月	10 月	11 月	12 月	年
洪江	171				1.7				0.7					2.4
大坪	290				0.7			0.3	0.3					1.3
岩屋界	500		0.7	0.3	1.0	1.7	0.7	1.7	1.0	0.3				7.4
产子坪	760	1.0	0.3		2.7	2.3	1.0	1.7	0.3	0.3		0.7		10.3
栗子坪	1020				1.3	1.0		0.3				0.3		2.9
坪山塘	1405	2.7	4.0	4.7	7.0	3.3	1.0	3.3	1.7	2.3	2.3	0.3	1.7	34.3

表 4.49　逐月雷暴日数(天)

站名	海拔高度（m）	1 月	2 月	3 月	4 月	5 月	6 月	7 月	8 月	9 月	10 月	11 月	12 月	年
洪江	171	0.3	4.0	4.3	9.3	7.0	7.3	8.3	11.3	2.7	0.3		0.3	55.1
大坪	290	0.3	3.0	4.0	10.3	6.3	6.7	8.3	14.0	1.7	0.7			55.3
岩屋界	500	0.3	2.7	4.3	8.7	6.0	6.3	7.3	15.0	1.7	0.3			52.6
产子坪	760	0.3	2.7	4.7	7.0	6.3	5.3	5.7	12.3	2.0				46.3
栗子坪	1020	1.0	3.7	4.7	9.0	5.0	5.7	5.7	13.0	1.3				49.1
坪山塘	1405	0.3	3.3	6.0	10.3	6.3	7.0	8.3	13.7	3.3	0.7			99.2

海拔高度 171 m 的洪江年降雪日数 13.4 天，海拔 1405 m 的坪山塘年降雪日数为 25.6 天，年降雪日数的垂直递增率为 0.99 天/100 m。

4.2.5 积雪日数

不同海拔高度的年积雪日数不同。年积雪日数随着海拔高度升高而增加，拟合成相关式为：

$$Y=2.7146+0.0344H \quad R=0.9963$$

式中，Y 为年积雪日数(天)；H 为海拔高度(m)。

如海拔高度 171 m 的洪江年积雪日数 3.7 天，海拔 1405 m 的坪山塘年积雪日数 45.0 天，海拔高度每升高 100 m，年积雪日数增加 3.36 天。

4.2.6 结冰日数

不同海拔高度年结冰日数有差异，海拔高度 171 m 的结冰日数为 24 天，海拔高度 290 m 的年结冰日数为 31 天，海拔高度 500 m 的年结冰日数为 31.7 天，海拔高度 760 m 的年结冰日数为 41.6 天，海拔高度 1020 m 的年结冰日数为 52.9 天，海拔高度 1405 m 年结冰日数 57.0 天，年结冰日数随着海拔高度升高而增加，根据观测资料拟合年结冰日数与不同海拔高度的相关方程式为：

$$Y=1.50124+0.0406H \quad R=0.9756$$

式中，Y 为年结冰日数(天)；H 为海拔高度(m)。

如海拔高度 171 m 的年结冰日数 24.0 天，海拔 1405 m 的年冰日数 57.0 天，两地海拔高度相差 1234 m，年结冰日数相差 33 天，海拔高度每上升 100 m，年结冰日数增加 2.7 天。

4.2.7 雨凇日数

不同海拔高度年雨凇日数有很大差别，如海拔高度 171 m 年雨凇日数为 1.0 天，海拔高度 500 m 年雨凇日数为 15 天，海拔高度 760 m 年雨凇日数为 26.1 天，海拔高度 1020 m 年雨凇日数为 40 天，海拔高度 1405 m 年雨凇日数 66.3 天，年雨凇日数随着海拔高度升高而增加。

根据不同海拔高度年雨凇日数的观测资料，进行相关分析，拟合成相关式如下：

$$Y=-11.1854+5.0053H \quad R=0.9514$$

式中，Y 为年雨凇日数(天)；H 为海拔高度(m)。

如海拔高度 290 m 年雨凇日数 1.0 天，海拔高度 1405 m，年雨凇日数 66.3 天，两地海拔高度相差 1115 m，年雨凇日数相差 65.3 天，海拔高度每上升 100 m，年雨凇日数增加 5.9 天。

4.2.8 雾凇日数

不同海拔高度年雾凇日数不同，如海拔高度 500 m 年雾凇日数 0.7 天，海拔高度 760 m 年雾凇日数 11.7 天，海拔高度 1020 m 年雾凇日数 33.3 天，海拔高度 1405 m 年雾凇日数 67.6 天，年雾凇日数随着海拔高度升高而增加。

根据不同海拔高度年雾凇日数观测资料，进行相关分析，拟合成相关式为：

$Y=1.9075+0.0509H \quad R=0.8459$

式中，Y 为年雾凇日数（天）；H 为海拔高度（m）。

如海拔高度 500 m 的年雾凇日数 0.7 天，海拔 760 m 产子坪年雾凇日数 11.7 天，海拔 1020 m 的栗子坪年雾凇日数 33.3 天，海拔 1405 的年雾凇日数 67.6 天，500～1405 m 海拔高度相差 905 m 的两地，年雾凇日数相差 66.9 天，年雾凇日数垂直递增率为 9.4 天/100 m。

4.3　雪峰山西侧丘岗山地气候—土壤—森林植被垂直带谱

4.3.1　雪峰山西侧丘岗山地农业气候资源立体分布状况(表 4.50)

表 4.50　雪峰山西侧丘岗山地立体农业气候状况

海拔高度(m) 项目		洪江 171	大坪 290	岩屋界 500	产子坪 760	栗子坪 1020	坪山塘 1405
气温(℃)	平均	17.0	16.2	15.9	14.6	13.1	10.4
	最高	39.4	37.8	36.6	34.8	31.7	27.7
	最低	−3.7	−4.4	−4.8	−7.7	−7.7	−9.4
10.0 ℃	初日	29/3	30/3	31/3	14/4	15/4	23/4
	终日	26/11	24/11	16/11	16/11	14/10	9/10
	间隔天数(天)	242.7	239.3	225.7	221.3	196.0	184.0
	积温(℃·d)	5394.1	5140.8	4936.8	4563.7	4030.0	3038.6
20.0 ℃	初日	13/5	23/5	25/5	31/5	12/6	11/7
	终日	3/10	22/9	22/9	21/9	13/9	12/8
	间隔天数(天)	143.0	123.3	120.7	114.0	93.7	32.3
	积温(℃·d)	3674.9	3169.6	3098.5	27090	2141.1	642.1
年降水量(mm)		1061.3	1203.0	1309.4	1431.4	1736.9	1525.3
年日照时数(小时)		1336.0	1397.5	1427.5	1017.1	1215.0	1243.4
年平均相对湿度(%)		80	84	79	81	81	87
年蒸发量(mm)		1218.5	1113.9	1040.0	944.5	922.3	913.9
年雾日(天)		37.2	53.9	101.5	163.4	166.3	254.4
年降雪日数(天)		13.9	13.4	17.8	17.6	23.1	25.6
年霜日(天)		14.1	23.7	15.9	12.1	9.3	15.2
无霜期(天)		286	283	270	260	250	227
积雪日数(天)		3.7	3.4	14.4	25.7	31.7	45.0
结冰日数(天)		24.0	31.1	31.7	41.6	52.9	57.0
雨凇日数(天)		3.0	1.0	15.0	26.1	40.0	66.3
雾凇日数(天)				0.7	11.7	33.3	67.6
平均风速(m/s)		1.2	1.2	1.4	1.6	1.8	5.0
大风日数(天)		2.4	1.3	0.4	10.3	2.9	34.3

4.3.2 雪峰山西侧丘岗山地气候—土壤—森林植被垂直分布状况

(1)土壤垂直分布状况

随着海拔高度的升高,水热条件和动植物的垂直分布的差异,引起土壤的垂直分异,雪峰山西侧 500 m 以下为黄红壤,500～800 m 分布黄红壤、山地黄壤,向山地棕壤过渡,800～1200 m 为山地黄壤,山地黄棕壤,1200～1600 m 为山地黄棕壤与山地草甸土,1600 m 以上为山地草甸土(表 4.51)。

表 4.51 雪峰山西侧气候—土壤—植被垂直带谱

海拔高度(m)	<300	300～500	500～800	800～1200	1200～1600	>1600
年平均气温(℃)	17.0	16.2	15.9	14.6	13.1	<10.0
≥10.0 ℃积温(℃·d)	5141.0	4936.8	4563.7	4030.0	3038.6	<3000.0
年降水量(mm)	1203.0	1309.4	1431.4	1736.9	1625.3	
年日照时数(小时)	1397.5	1427.5	1017.0	12150	1243.4	
主要农业气象灾害	高温、暴雨、干旱、低温	高温、低温、夏秋干旱	低温、湿害、冷害	山地低温湿害、冰冻	低温 冰冻 大风	低温、冰冻、大风
土壤垂直分布	黄红壤	黄红壤	黄红壤 山地黄壤	山地黄壤 黄棕壤	山地黄棕壤	山地草甸土
植被垂直分布	常绿阔叶林、竹林、针叶林	常绿阔叶林、竹林、针叶林	亚热带常绿阔叶林、竹林、针叶林带	山地暖温带常绿落叶阔叶林、竹林混交区	山地暖温带落叶阔叶林	山地草丛山地矮林
主要农作物	水稻、红薯、玉米、大豆、蔬菜、油菜	水稻、红薯、玉米、大豆、蔬菜、油菜、茶叶	水稻、红薯、玉米、大豆、蔬菜、金银花、杨梅、茶叶	水稻、红薯、玉米、大豆、金银花、茶叶、梨	水稻、红薯、玉米、弥猴桃、药材、天麻	草丛、中药材、天麻
主要耕作制度	双季稻主产区	一季稻 双季稻 混作区	一季杂交稻	一季常规稻	一季常规稻	

(2)植被森林垂直分布状况

根据考察,植被垂直分布状况,海拔 800 m 以下,为中亚热带常绿阔叶林、竹林、针叶林。800～1000 m,为暖温带常绿落叶阔叶林针叶林混交带,1000～1600 m 为山地暖温带落叶阔叶林灌丛。1400～1600 m 以上, 为山地草丛,山地矮林(表 4.51)。

(3)气候垂直分布状况

根据多年考察与山地气象站观测资料分析,雪峰山西侧气候垂直带谱为:海拔高度 500 m 以下,属中亚热带气候,其指示植物为柑橘、油茶;海拔 500～800 m 为中亚热带向北亚热带气候过渡带,指示植物为茶叶、楠竹的主产区,800～1200 m 为北亚热带气候,指示植物为茶叶的北界,1200 m 以上相似于暖温带的气候条件,指示植物为华山松,金钱松、柳杉、光皮桦、青冈栎等(表 4.51)。

4.4　雪峰山西侧丘岗山地立体农业气候资源保护与利用

本区大地构造位于江南大陆的西南段，为雪峰地穹列，地质构造以褶皱断裂为主，构造体系则属于新华夏第三隆起带。

雪峰山脉纵贯本区东部，为本区最高的山地，海拔在 1000 m 以上，为中山地貌景观，主峰苏宝顶海拔 1934.3 m，西部与云贵高原接壤的湘黔边界山原山地，是云贵高原向东延伸的部分，海拔大多在 500～800 m 之间，相对高度超过 200 m，为深受切割的中低山原地貌景观。芷江、怀化、麻阳、沅陵等谷地，地势较低，起伏较小，海拔大多在 500 m 以下，为低山丘陵构成的盆谷地貌景观。

由于山地广阔，气候温和湿润，云雾多，湿度大，具有树木的良好适生环境，树种资源丰富，是湖南省主要林区之一。

本区山体高大，岭谷呈现由北向西突出的弧形相间展布，山谷既多且长，地貌组合大体是山地占 78.66%，丘陵占 5.6%，岗地占 3.85%，平原占 6.56%，水面占 5.33%。

山地是本区的优势地貌，且多由变质岩、花岗岩组成，气候温和湿润，土壤多酸性黄壤，为发展林业和多种经营提供了良好的土地条件。

4.4.1　本区农业发展的有利条件

一是山地面积广，约占全区的 78%，山体高大，多为变质岩中山，云雾多、降水量丰富，湿度大，气候温和湿润，土层深厚、砂黏适中，具有林木生长的良好生态环境，有利于林木、植被及多种生物的繁衍生长，森林植被资源丰富，是湖南省的重要林区之一。

二是水系发育，山谷多，水资源丰富，落差大，蕴藏着丰富的水利、水力资源，为发展水电和农田灌溉提供了优越的条件。

三是山间盆地多，冬季易产生逆温现象，掌握其规律，利用坡地，有利于喜温作物和果树安全越冬。

四是地势高差大，气候、土壤、植被的垂直变化明显，有利于农林牧业的垂直分层利用。

4.4.2　本区农业发展的不利条件

一是山势陡峭、坡度大，不利于垦殖，农业机械使用受到限制，宜选择山间小盆地发展粮食作物。

二是山高谷深，切割深度大，山脉多呈北东走向，东西之间交通运输不方便。

三是地处新构造上升区，流水侵蚀和风化剥蚀作用强烈，森林植被一旦遭受破坏，容易引起水土流失，使生态环境趋于恶化，从而严重地影响农业生产的安全发展。

四是山地多，耕地面积少而且分散，不利于粮食生产发展。

4.4.3　因地制宜，分层垂直利用农业气候资源的建议

根据高山立体气象观测与不同海拔高度及短期气象考察资料综合分析，对雪峰山西侧不同海拔高度的山地垂直农业气候资源保护与利用可分为五个层次。

第一层，海拔高度 300 m 以下，为沿江河两岸的阶地及山间盆地，多为河流堆积，沉积第

四纪的砾石层及黏土粉砂层而形成的沙壤土及山间盆地坡积土。土壤肥沃，气候温暖，年平均气温 16.2～17.0 ℃，年极端最高气温 39.0 ℃左右，年极端最低气温－5.0 ℃左右，年≥10.0 ℃活动积温 5100～5400 ℃·d，无霜期 280 天左右，年降水量 1200mm 左右，年日照时数 1350～1400 小时。光、热、水条件能满足一年两熟双季稻生育需要，是本区粮食作物双季稻高产的主产区。

第二层，海拔 300～500 m，为丘陵岗地及山间盆地。气候温和，年平均气温 15.5～16.5 ℃，年≥10.0 ℃活动积温 4800～5100 ℃·d，年极端最高气温 35.0～37.0 ℃，年极端最低气温－5.0～－8.0 ℃，无霜期 270～280 天，年降水量 1200～1300mm。年日照时数 1350～1430 小时，开阔向阳的沿河阶地及山间盆地，光热水条件可满足双季稻生育需要。但在窄谷深沟及隘谷、峡谷等山体遮蔽严重的地方，光热条件难以满足双季稻高产丰收的需要，因而本区是单、双季水稻的混作区，水田冬季可种植油菜，是水稻油菜的主产区。旱土以玉米、红薯、大豆以及辣椒、茄子、豆角、西瓜、南瓜等蔬菜作物为主。丘陵低山地区土壤为黄红壤，土层较深厚，适宜于油茶、油桐、楠竹、梨、桃、杨梅、李果树及茶叶生长，是油茶、油桐的生产基地。

第三层，海拔 500～800 m，为低山区，土壤为山地黄红壤与山地黄壤，年平均气温 14.0～15.5 ℃，保证率 80%以上的年 10 ℃以上活动积温 4000～4500 ℃·d，年极端最高气温 34.0～35.0 ℃，年极端最低气温－5.5～－8.0 ℃，年降水量 1300～1450mm，年日照时数 1020～1430 小时，无霜期 250～260 天，热量条件只能满足一季稻安全高产的需要，是杂交水稻优质高产的主产区，旱地以玉米、红薯为主，山地是发展杉木、松、檫等用材林的黄金地段。

同时此区域云多、雾多、湿度大、有利于茶叶优质高产，也适宜于魔芋，竹笋的优质高产，也是山地大蒜、生姜、辣椒等土特产的主产区。

第四层，海拔 800～1400 m，为中山区年平均气温 14.0～11.0 ℃，≥10.0 ℃活动积温 4000～3000 ℃·d，无霜期 220～250 天，年降水量 1450～1700mm，年日照时数 1050～1250 小时，平均相对湿度 81%左右，气候温凉，夏天无 35.0 ℃以上高温炎热天气，气候具有天然凉棚效应，适宜籼型杂交稻优质高产，也是炎热夏季消炎避暑的大凉棚。水田以一季杂交稻早中熟品种为宜，山地是发展度夏反季蔬菜和高山云雾茶、金银花、杜仲、黄柏、天麻等中药材的良好场所。800～1000 m 为针阔林混交区。如华山松、金钱松、柳杉、甜槠栲、鹅掌楸、银木荷、黄稠、多脉青冈、光皮桦等树木的适生区域。

第五层，海拔 1400～1900 m，为中山山顶山地矮林草甸层，年平均气温低于 10.0 ℃，≥10.0 ℃活动积温在 3000 ℃·d 以下，年极端最低气温小于－15.0 ℃，年冰冻日数 60 天以上，年日照时数小于 1200 小时，无霜期在 200 天以下，年平均风速在 5.0 m/s 左右，年大风日数在 30 天以上。风速大、气温低、湿度大，气候条件恶劣，生态环境脆弱，水土流失严重。以封山育草、封山育林、保护生态环境为主，保护青山绿水，只有青山常在，绿水才能常流。中山顶部云雾多，气象景观变化万千，有利于发展山地生态旅游。

第5章　武陵山区的立体农业气候

武陵山区处于云贵高原东北边缘与湘鄂山地交汇地带，位于我国地势由西向东递降的第二阶梯。湖南省的西北部，在大地构造上相当于云贵地洼区的鄂黔地穹系。岩溶山原发达，山体山原高耸，山峦连绵，气势雄伟。武陵山脉自贵州云雾山分支延伸，呈北东向斜穿其境，自北向南分为三支，北支有八面山，八大公山，历山、青龙山、东山峰、壶瓶山；中支沿澧水干流之北，有天星山、红星山、朝天关、张家界、金龙山、白云山；南支为武陵山脉主体，有腊尔山、莲台山、羊峰山、天门山、大龙山、天台山等。为澧水和沅水的分水岭，这三支山脉均消失于洞庭湖平原。

为摸清武陵山区的山地农业气候资源，课题组与湘西州局保靖县气象局于1984年10月至1987年8月在白云山不同海拔高度建立三个气象观测站进行气象观测，现根据观测结果对武陵山区立体农业气候作如下分析。

5.1　白云山气象要素垂直分布

5.1.1　温度

温度包括气温(平均气温、极端最高气温、极端最低气温)和地温(地面平均温度、地面极端温度)、地中温度和各种界限温度日数及其初日、终日、持续日数、活动积温等。

5.1.1.1　气温

5.1.1.1.1　平均气温

(1)年平均气温

年平均气温随着海拔升高而降低，从海拔325 m至980 m，年平均气温为12.2～15.9 ℃，海拔高度每上升100 m年平均气温下降0.56 ℃，其中325～460 m，每上升100 m气温下降0.15 ℃，海拔460～980 m，每上升100 m，年平均气温下降0.67 ℃，见图5.1。

表5.1　白云山剖面年月平均气温(℃)

站名	海拔高度(m)	1月	2月	3月	4月	5月	6月	7月	8月	9月	10月	11月	12月	年
保　靖	325	5.8	6.6	9.1	16.3	21.0	23.5	25.9	26.4	22.3	16.8	12.2	5.6	15.9
大　妥	460	5.7	6.1	8.7	16.2	20.7	23.1	25.7	25.4	21.9	16.6	11.7	5.2	15.7
白云山	980	2.3	2.6	5.2	12.7	17.4	19.7	22.3	22.8	18.4	13.0	8.1	1.7	12.2

(2)月平均气温

从表5.1可看出，1月平均气温：325 m为5.8 ℃，比980 m处的2.3 ℃高3.5 ℃，平均海拔每上升100 m 1月平均气温下降0.53 ℃；4月平均气温：海拔325 m为16.3 ℃，比980 m

高 3.6 ℃,平均海拔每上升 100 m,4 月平均气温下降 0.55 ℃;7 月平均气温:325 m 为 25.9 ℃比 980 m 高 3.6 ℃,平均海拔每上升 100 m 气温下降 0.55 ℃;10 月海拔 325 m 平均气温 16.8 ℃,比 980 m 高 3.8 ℃,海拔每上升 100 m,平均气温下降 0.58 ℃。

各月平均气温垂直变化见图 5.2。

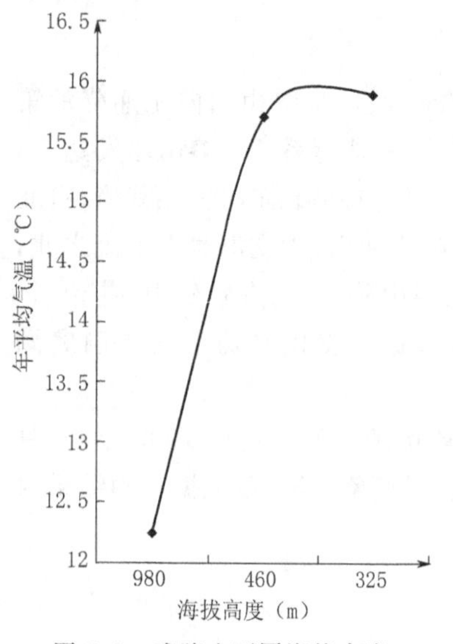

图 5.1　武陵山不同海拔高度年平均气温

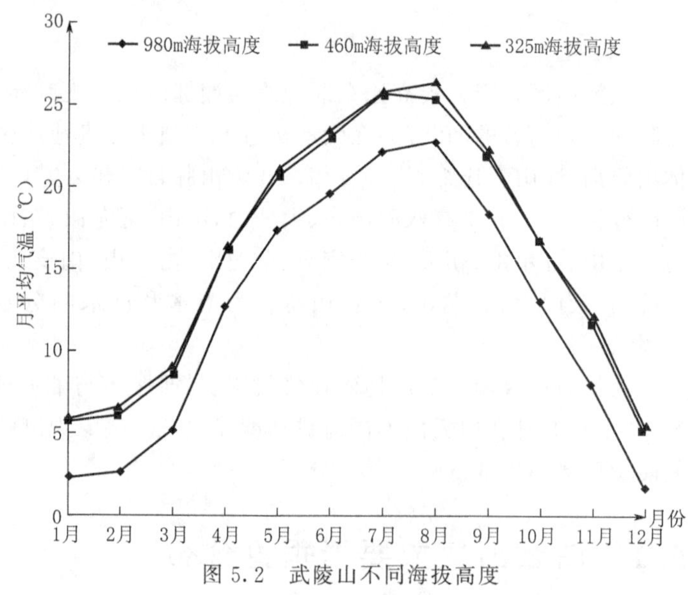

图 5.2　武陵山不同海拔高度逐月平均气温变化

5.1.1.1.2　极端气温

(1) 极端最高气温

1)年极端最高气温

从表 5.2 可看出:325 m 保靖年极端最高气温为 38.3 ℃,比 980 m 白云山高 3.9 ℃,海拔每升高 100 m,年极端最高气温下降 0.59 ℃。

325～460 m,年极端最高气温差值为 2.0 ℃,两地高度差为 135 m,海拔高度每上升 100 m,年极端最高气温下降 1.48 ℃。

460～980 m,两地年极端最高气温差值为 3.9 ℃,海拔高度差值为 520 m,垂直递降率为 0.75 ℃/100 m。

由此可见,325～460 m 年极端最高气温垂直递减率为最大(图 5.3)。

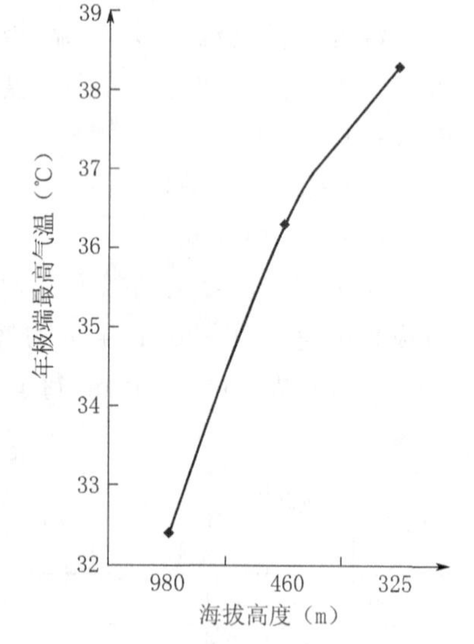

图 5.3　武陵山不同海拔高度年极端最高气温

2)月极端最高气温

从表 5.2 可看出,1 月 325 m 极端最高气温 18.4 ℃,比 980 m 高 2.6 ℃,海拔每上升 100 m,极端最高气温下降 0.40 ℃,7 月 325 m 极端最高气温为 36.9 ℃,比 980 m 处 30.7 ℃高 6.2 ℃,海拔每上升 100 m,极端最高气温下降 0.95 ℃。4 月极端最高气温垂直递减率为 0.7 ℃/100 m。10 月极端最高气温垂直递减率为 0.82 ℃/100 m。由此可见,极端最高气温垂直递减率以 7 月为最大,1 月为最小。

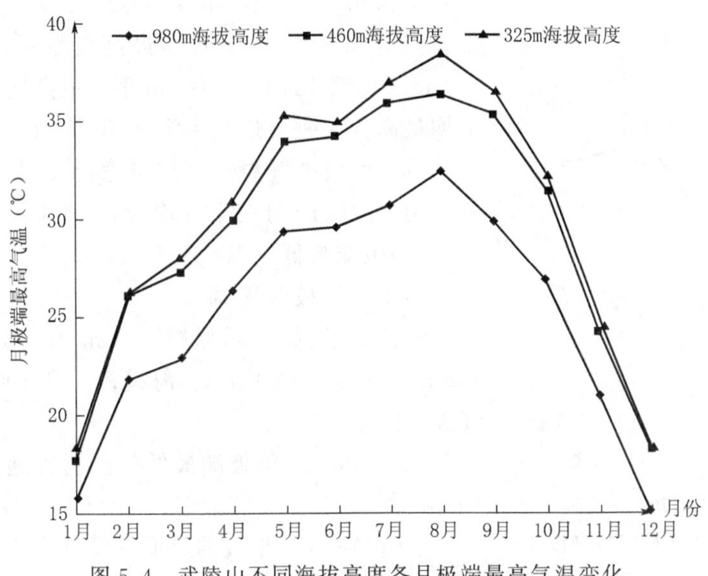

图 5.4 武陵山不同海拔高度各月极端最高气温变化

表 5.2 年、月极端最高气温(℃)

站名	海拔高度(m)	1 月	2 月	3 月	4 月	5 月	6 月	7 月	8 月	9 月	10 月	11 月	12 月	年
保 靖	325	18.4	26.2	28.0	30.9	35.2	34.8	36.9	38.3	36.4	32.3	24.7	18.3	38.3
大 妥	460	17.7	26.1	27.3	29.9	33.8	34.1	35.9	36.3	35.2	31.4	24.3	18.3	36.3
白云山	980	15.8	21.8	22.9	26.3	29.3	29.5	30.7	32.4	29.8	26.9	21.0	14.9	32.4

(2)平均最高气温

1)年平均最高气温

保靖 325 m 年平均最高气温为 20.6 ℃，比白云山 980 m 的 16.0 ℃高 4.6 ℃，平均海拔高度每上升 100 m，年平均最高气温下降 0.70 ℃。

325～460 m，年平均最高气温垂直递减率为 0.30 ℃/100 m。

460～980 m，年平均最高气温垂直递减率为 0.81 ℃/100 m。

2)月平均最高气温

表 5.3 年、月平均最高气温(℃)

站名	海拔高度(m)	1 月	2 月	3 月	4 月	5 月	6 月	7 月	8 月	9 月	10 月	11 月	12 月	年
保 靖	325	10.0	10.5	13.4	21.7	26.3	28.2	30.8	32.1	27.5	21.5	15.9	9.1	20.6
大 妥	460	9.4	9.7	12.7	21.3	25.9	27.6	29.7	32.2	27.1	21.1	15.5	8.5	20.2
白云山	980	5.9	5.9	8.8	17.1	21.6	23.2	26.2	27.4	22.7	16.9	11.5	5.0	16.0

从表 5.3 可看出：1 月保靖 325 m 平均最高气温为 10.0 ℃，白云山 980 m 平均最高气温为 5.9 ℃，325 m 比 980 m 高 4.1 ℃。1 月平均最高气温递减率为 0.63 ℃/100 m。4 月 325 m

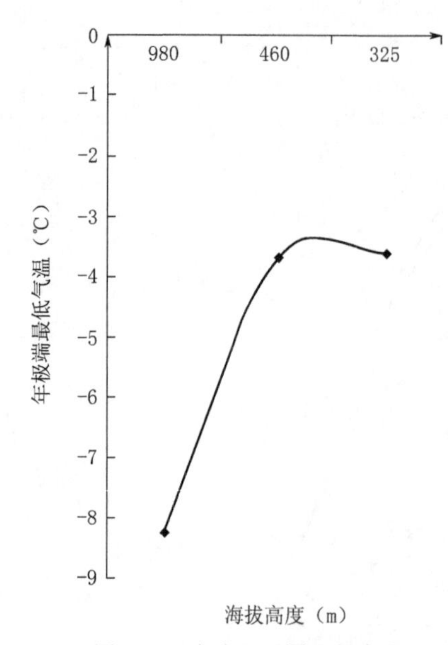

图 5.5　武陵山不同海拔高度年极端最低气温

与 980 m 平均最高气温差值为 4.6 ℃，平均最高气温垂直递减率为 0.70 ℃/100m，7 月 325 m 与 980 m 平均最高气温差值为 4.6 ℃，7 月平均最高气温递减率为 0.70 ℃/100 m。10 月 325 m 与 980 m 平均最高气温差值为 4.6 ℃，平均最高气温垂直递减率为 0.70 ℃/100 m。

月平均最高气温垂直递减率除 1 月为 0.63 ℃/100 m 外，4 月、7 月、10 月三个月均为 0.70 ℃/100 m。

(3)极端最低气温

1)年极端最低气温

年极端最低气温，保靖 325 m 为－3.6 ℃，比白云山 980 m －8.3 ℃高 4.7 ℃，海拔每上升 100 m，年极端最低气温下降 0.72 ℃。

325～460 m，年极端最低气温垂直递减率为 0.07 ℃/100m。

460～980 m，年极端最低气温垂直递减率为 0.88 ℃/100m。

由此可见 460～980 m，年极端最低气温垂直递减率为最大。

2)月极端最低气温

表 5.4　年、月极端最低气温(℃)

站名	海拔高度(m)	1月	2月	3月	4月	5月	6月	7月	8月	9月	10月	11月	12月	年
保　靖	325	－2.4	－2.1	－0.5	4.6	11.8	12.8	18.4	18.2	13.5	5.0	1.7	－3.6	－3.6
大　妥	460	－3.5	－3.0	－1.0	3.5	10.9	12.3	17.8	17.3	13.0	3.6	1.4	－3.7	－3.7
白云山	980	－7.0	－7.3	－4.1	－0.4	7.1	7.8	15.0	14.8	10.3	2.7	－1.9	－8.3	－8.3

从表 5.4 可看出：1 月极端最低气温 325 m 为－2.4 ℃比 980 m 处－7.0 ℃高 4.0 ℃，海拔每上升 100 m，1 月极端最低气温下降 0.70 ℃；7 月 325 m 极端最低气温 18.4 ℃，比 980 m 处 15.0 ℃高 3.4 ℃，海拔每上升 100 m 7 月极端最低气温下降 0.51 ℃；4 月极端最低气温垂直递减率为 0.73 ℃/100 m。10 月极端最低气温垂直递减率为 0.35 ℃/100 m。

由此可见，月极端最低气温垂直递减率以 4 月为最大，以 10 月为最小。

(4)平均最低气温

1)年平均最低气温

325 m 年平均最低气温 12.9 ℃，比 980 m 年平均最低温度 9.5 ℃高 3.4 ℃。海拔每上升 100 m，年平均最低气温下降 0.52 ℃。

325～460 m，年平均最低气温垂直递减率为 0.39 ℃/100m。

460～980 m，年平均最低气温垂直递减率为 0.56 ℃/100m。

由此可见，年平均最低气温垂直递减率以 460～980 m 为最大。

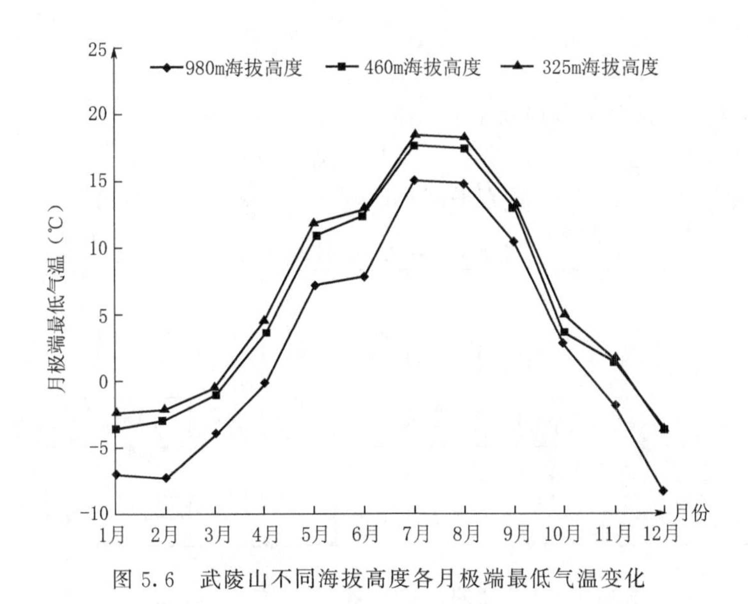

图 5.6　武陵山不同海拔高度各月极端最低气温变化

表 5.5　月、年平均最低气温(℃)

站名	海拔高度(m)	1 月	2 月	3 月	4 月	5 月	6 月	7 月	8 月	9 月	10 月	11 月	12 月	年
保　靖	325	3.1	4.0	6.1	12.3	17.5	20.4	22.8	22.8	18.9	13.5	9.8	3.2	12.9
大　妥	460	2.8	3.5	5.7	12.1	17.2	19.8	22.3	22.3	18.4	13.1	9.0	−0.5	12.4
白云山	980	−0.2	0.5	2.7	9.4	14.6	17.1	19.7	19.8	15.4	10.3	5.8	−0.5	9.5

2)月平均最低气温

从表 5.5 可看出,1 月平均最低气温 325 m 为 3.1 ℃,比 980 m 高 3.3 ℃,海拔每上升 100 m,1 月平均最低气温下降 0.47 ℃;7 月平均最低气温 325 m 为 22.8 ℃,比 980 m 19.7 ℃高 3.1 ℃,海拔每上升 100 m,7 月平均最低气温下降 0.47 ℃。

4 月平均最低气温垂直递减率为 0.44 ℃/100 m。

10 月平均最低气温垂直递减率为 0.49 ℃/100 m。

由此可见,月平均最低气温垂直递减率以 10 月为最大,以 4 月为最小。

5.1.1.1.3　气温日较差

(1)年气温日较差

325 m 保靖年平均气温日较差为 7.8 ℃,比白云山 980 m 处 6.5 ℃高 1.3 ℃,海拔每上升 100 m 年平均气温日较差下降 0.20 ℃。

325～460 m,年气温日较差垂直递减率为 0.01 ℃/100 m。

460～980 m,年气温日较差垂直递减率为 0.23 ℃/100 m。

年气温日较差垂直递减率以 460～980 m 为最大。

(2)月气温日较差

由表 5.6 可看出:325 m 月平均气温日较差 8 月最大为 9.9 ℃,比 980 m 的 7.7 ℃高 2.2 ℃,海拔每上升 100 m 气温日较差下降 0.34 ℃。

1 月月平均气温日较差 325 m 为 6.9 ℃,980 m 平均气温日较差为 6.1 ℃,两地差值为

0.8 ℃,垂直递减率为 0.12 ℃/100 m。

4 月月平均气温日较差垂直递减率为 0.24 ℃/100 m。

7 月月平均气温日较差垂直递减率为 0.31 ℃/100 m。

10 月月平均气温日较差垂直递减率为 0.21 ℃/100 m。

由此可见,月平均气温日较差垂直递减率以 8 月为最大,以 10 月为最小。

表 5.6 月气温日较差(℃)

站名	海拔高度(m)	1月	2月	3月	4月	5月	6月	7月	8月	9月	10月	11月	12月	年
保　靖	325	6.9	6.5	7.3	9.3	8.8	7.8	8.5	9.9	8.7	8.0	6.5	6.0	7.8
大　妥	460	6.6	6.2	7.0	9.1	8.6	7.8	8.1	9.3	8.5	7.8	6.1	5.8	7.7
白云山	980	6.1	5.4	6.0	7.7	7.0	6.1	6.5	7.7	7.3	6.6	5.7	5.5	6.5

5.1.1.1.4　各级界限温度初终日期持续日数及积温

从表 5.7 可看出,不同界限温度间隔日数随着海拔升高而减少,初日随海拔升高而推迟,终日随海拔升高而提早。

不同海拔高度,不同界限温度持续日数,不同海拔高度各级界限温度积温拟合相关方程式如下:

(1)各级界限温度初终间持续日数

0.0 ℃初终间持续日数,$y=105.10—8.31x$　$r=-0.9714$

10.0 ℃初终间持续日数,$y=101.57—11.03x$　$r=-0.9948$

15.0 ℃初终间持续日数,$y=63.78—6.22x$　$r=-0.9919$

20.0 ℃初终间持续日数,$y=63.91—8.05x$　$r=-0.9437$

式中,y 为初终间持续日数;x 为海拔高度(100 m)。

(2)各级界限温度积温

0.0 ℃初终间积温,$y=2147.47—214.72x$　$r=-0.9995$

10.0 ℃初终间积温,$y=10.157—11.03x$　$r=-0.9957$

15.0 ℃初终间积温,$y=63.78—6.22x$　$r=-0.9902$

20.0 ℃初终间积温,$y=63.91—8.05x$　$r=-97333$

式中,y 为初终日间积温;x 为海拔高度(100m)。

5.1.1.1.5　各旬极端最低气温≤0 ℃日数

(1)年、日最低气温≤0.0 ℃日数

325 m 日最低气温≤0.0 ℃日数为 13.5 天,460 m 日最低气温≤0.0 ℃日数为 18.9 天,980 m 日日最低气温≤0.0 ℃日数为 56.4 天。年垂直递增率为 6.55 天/100 m,即海拔每上升 100 m,增加 6.6 天。其中 325～460 m,日最低气温≤0.0 ℃日数垂直递减率为 4.0 天/100m。460～980 m 日最低气温≤0.0 ℃日数垂直递减率为 7.2 天/100 m,日最低气温≤0.0 ℃日数垂直递减率以 460～980 m 高度层为最大,海拔每上升 100 m,日最低气温≤0.0 ℃天数增加 7.2 天。

表 5.7　各级界限温度初终期、间隔日数及积温

站名	海拔高度(m)	0 ℃				10 ℃				15 ℃				20 ℃			
		初日	终日	间隔日数(天)	积温(℃·d)	初日	终日	间隔日数(天)	积温(℃·d)	初日	终日	间隔日数(天)	积温(℃·d)	初日	终日	间隔日数(天)	积温(℃·d)
保　靖	325	1/1	31/12	365	5850.8	26/3	26/11	246	5110.1	24/4	17/10	177	4163.3	14/5	19/9	129	3168.2
大　妥	460	9/2	31/12	340	5605.1	29/3	21/11	238	4957.3	26/4	15/10	174	4080.2	11/6	17/9	99	2502.7
白云山	980	21/2	11/12	306	4458.8	24/4	18/10	177	3528.6	12/5	26/9	138	2853.4	24/6	1/9	70	1571.0
	b			−8.31	−214.72			−11.03	−250.73			−6.22	−210.01			−8.05	−225.80
	a			105.10	2147.47			101.57	2230.51			63.78	1852.05			63.91	1730.83
	r			−0.9714	−0.9995			−0.9957	−0.9948			−0.9919	−0.9902			−0.9437	−0.9733

(2)月、日最低气温≤0.0 ℃日数

325 m,日最低气温≤0.0 ℃日数,主要出现在12月上旬至次年3月中旬,其中12月5天、1月4.3天,2月3.7天,3月0.6天,以12月出现日数最多,尤以12月下旬最多为2.7天。

460 m,日最低气温≤0.0 ℃日数,自12月上旬开始至次年3月中旬,其中12月8.3天,1月4.3天,2月5天,3月1.3天,以12月出现最多,尤以12月下旬最多达4.3天。

980 m,日最低气温≤0.0 ℃日数,自11月下旬开始至次年5月中旬,其中11月下旬1.7天,12月16.7天,1月16天,2月13.0天,3月8.0天,4月中旬0.3天,5月中旬0.3天,以12月出现日数最多达16.7天,尤以12月下旬出现日最低气温≤0.0 ℃日数的日数最多达7.3天。

表5.8 各旬日最低气温≤0 ℃日数(天)

站名	海拔高度(m)	1月			2月			3月			4月			5月			6月		
		上	中	下	上	中	下	上	中	下	上	中	下	上	中	下	上	中	下
白云山	980	6.7	3.0	6.3	3.3	4.0	5.7	3.7	3.0	1.3		0.7			0.3				
大　妥	460	2.3	1.0	1.0	0.7	2.3	2.0	1.0	0.3										
保　靖	325	2.3	1.0	1.0	0.7	1.7	1.3	0.3	0.3										

站名	海拔高度(m)	7月			8月			9月			10月			11月			12月			年合计
		上	中	下	上	中	下	上	中	下	上	中	下	上	中	下	上	中	下	
白云山	980															1.7	2.7	6.7	7.3	56.4
大　妥	460																1.0	3.0	4.3	18.9
保　靖	325																1.0	1.3	2.7	13.5

5.1.1.1.6 各旬日极端最低气温≤−5 ℃日数

(1)年日最低气温≤−5 ℃日数

980 m年日最低气温≤−5 ℃日数为7天。980 m以下没有出现日最低气温≤−5 ℃日数。

(2)月日最低气温≤−5 ℃日数

980 m高度日最低气温≤−5 ℃日数出现在1月上、中旬,2月上、中旬和12月上、中、下旬,以12月为最多,为4.7天,其中12月下旬达2.7天。

表5.9 各旬日最低气温≤−5 ℃日数(天)

站名	海拔高度(m)	1月			2月			3月			4月			5月			6月		
		上	中	下	上	中	下	上	中	下	上	中	下	上	中	下	上	中	下
白云山	980	0.3	0.3		1.0	0.7													
大　妥	460																		
保　靖	325																		

站名	海拔高度(m)	7月			8月			9月			10月			11月			12月			年
		上	中	下	上	中	下	上	中	下	上	中	下	上	中	下	上	中	下	
白云山	980																1.0	1.0	2.7	7.0
大　妥	460																			
保　靖	325																			

5.1.1.1.7　各旬日极端最高气温≥30 ℃日数

(1)年最高气温≥30.0 ℃的日数

325～460 m年最高气温≥30 ℃日数垂直递减率为7.55天/100 m。460～980 m年最高气温≥30 ℃日数，垂直递减率为11.87天/100 m。

325～980 m年最高气温≥30 ℃日数，垂直递减率为10.98天/100 m，即海拔每上升100 m，年最高气温≥30 ℃日数减少10.98天，其中325～460 m减少7.6天，460～980 m高度层减少11.87天。

(2)月最高气温≥30 ℃日数

325 m日最高气温≥30 ℃日数自3月下旬开始至10月中旬，其中3月下旬0.7天，4月中旬0.3天，下旬1天，5月7.8天，6月12.0天，7月20.3天，8月25.4天，9月9.1天，10月2.4天，以8月出现日数为最多达25.4天，尤以8月上旬特别多，为10天，即每天最高气温均高于30.0 ℃。

460 m，日最高气温≥30 ℃日数，自5月上旬开始至10月中旬，其中5月7.0天，6月10天，7月19.3天，8月24.7天，9月7.3天，10月1.4天。日最高气温≥30 ℃日数以8月出现最多，达24.7天，尤以8月上旬每天的日最高气温都在30 ℃以上，是一年中最酷热的时段。

980 m日最高气温≥30 ℃日数，自7月上旬开始至8月中旬出现，日最高气温在30 ℃以上，其中7月2天(上旬0.3天，中旬1.0天，2旬0.7天)，8月6天(上旬4天，中旬2.0天)，以8月上旬最多达4天。

表5.10　各旬日最高气温≥30 ℃日数(天)

站名	海拔高度(m)	1月			2月			3月			4月			5月			6月		
		上	中	下	上	中	下	上	中	下	上	中	下	上	中	下	上	中	下
白云山	980												0	0	0	0	0	0	0
大　妥	460												0	2.3	3.0	1.7	1.3	3.0	5.7
保　靖	325									0.7		0.3	1	2.7	4.0	2.0	2.0	4.0	6.0

站名	海拔高度(m)	7月			8月			9月			10月			11月			12月			年
		上	中	下	上	中	下	上	中	下	上	中	下	上	中	下	上	中	下	
白云山	980	0.3	1.0	0.7	4.0	2.0	0	0	0											8.0
大　妥	460	5.3	7.0	7.0	10.0	7.7	7.0	4.3	1.7	1.3	0.7	0.7								69.7
保　靖	325	5.7	7.3	7.3	10.0	7.7	7.7	5.7	1.7	1.7	1.7	0.7								79.9

5.1.1.1.8　各旬日极端最高气温≥35 ℃日数

(1)年日最高气温≥35.0 ℃日数

325 m处年日最高气温≥35.0 ℃日数为11.4天。460 m处年日最高气温≥35.0 ℃日数为6.0天。980 m，没有出现日最高气温≥35.0 ℃日数。

(2)月日最高气温≥35.0 ℃日数

325 m处日最高气温≥35.0 ℃日数，最早于5月中旬出现为0.2天，自7月上旬至8月中旬持续高温，7月4天(上旬0.3天，中旬2.0天，下旬0.7天)，8月6.7天(上旬4.7天，中旬2.0天)，以8月最多，尤以8月上旬最多达4.7天，是一年中最炎热的高温时段。

460 m处自7月上旬开始至8月中旬出现间歇性高温，9月上旬还出现0.3天高温，其中

7月出现1.3天(上旬0.3天,中旬0.3天,下旬0.7天),8月4.4天(上旬3.7天,中旬0.7天),尤以8月上旬最多达3.7天,即一年中最炎热的时段在8月上旬。

表5.11　各旬日最高气温≥35 ℃日数(天)

站名	海拔高度(m)	1月			2月			3月			4月			5月			6月		
		上	中	下	上	中	下	上	中	下	上	中	下	上	中	下	上	中	下
白云山	980																		
大　妥	460																		
保　靖	325														0.3				

站名	海拔高度(m)	7月			8月			9月			10月			11月			12月			年
		上	中	下	上	中	下	上	中	下	上	中	下	上	中	下	上	中	下	
白云山	980	0	0	0	0	0														0.0
大　妥	460	0.3	0.3	0.7	3.7	0.7		0.3												6.0
保　靖	325	0.3	2.0	0.7	4.7	2.0		0.7	0.7											11.4

5.1.1.2　地温

5.1.1.2.1　地面温度

(1)地面平均温度

表5.12　各月平均0cm地温(℃)

站名	海拔高度(m)	1月	2月	3月	4月	5月	6月	7月	8月	9月	10月	11月	12月	年
白云山	980	3.8	4.4	7.0	15.1	20.0	22.8	26.0	27.1	21.3	15.7	10.0	3.3	14.7
大　妥	460	6.5	7.3	10.3	17.7	22.7	25.6	28.4	29.7	24.2	18.8	13.2	6.2	17.6
保　靖	325	6.6	7.5	10.3	18.9	24.3	27.1	30.5	32.2	26.1	19.6	13.5	6.4	18.5

从表5.12可看出:地面0 cm平均温度随海拔高度升高而降低,0 cm地温年平均保靖(325 m)为18.5 ℃,大妥(460 m)为17.6 ℃,白云山(980 m)为14.7 ℃。不同海拔高度0 cm地温垂直递减率如表5.13所示。

1)年地面平均温度

325 m年地面平均温度为18.5 ℃,980 m年地面平均温度为14.7 ℃,年地面平均温度垂直递减率为0.5 ℃/100m,其中325～460 m高度层为0.67 ℃/100m,460～980 m高度层为0.56 ℃/100m,以325～460 m高度层垂直递减率为大(表5.13)。

表5.13　不同海拔高度0 cm地温递减率(℃/100 m)

高度(m)	1月	4月	7月	10月	垂直递减率(℃/100 m)
325～460	0.07	0.89	1.56	0.59	0.67
460～980	0.52	0.50	0.46	0.60	0.56

2)月地面平均温度

325～980 m 1月地面平均温度垂直递减率为0.43 ℃/100 m,4月地面平均温度垂直递减率为0.58 ℃/100 m,7月地面平均温度垂直递减率为0.84 ℃/100 m,10月地面平均温度垂直递减率为0.60 ℃/100 m。以7月地面平均温度垂直递减率最大,325～980 m为0.84 ℃/100 m,其中325～460 m达1.56 ℃/100 m,即海拔升高100 m,年地面平均温度降低0.84 ℃,在325～460 m高度每上升100 m月地面平均温度降低1.56 ℃(表5.13)。

(2)地面0 cm极端最高温度

地面0 cm极端最高温度也是随海拔高度升高而降低的(表5.14),其年、月垂直递减率见表5.15。

表5.14 0 cm月极端最高温度(℃)

站名	海拔高度(m)	1月	2月	3月	4月	5月	6月	7月	8月	9月	10月	11月	12月	年
白云山	980	27.9	26.4	40.2	52.1	53.8	55.5	62.5	65.5	54.1	51.4	36.5	27.5	65.5
大 妥	460	29.9	32.8	44.4	53.8	54.8	57.1	64.1	69.0	56.2	51.5	37.9	29.1	69.0
保 靖	325	30.2	34.6	47.2	58.9	62.8	61.8	68.1	72.2	66.9	57.5	45.0	33.2	72.2

表5.15 不同海拔高度0 cm月极端最高温度垂直递减率(℃/100 m)

高度(m)	1月	4月	7月	10月	垂直递减率(℃/100 m)
325～460	0.22	3.8	2.96	4.4	2.37
460～980	0.38	0.33	0.31	0.0	1.09

325～460 m地面极端最高温度变化剧烈,年垂直递减率达2.37 ℃/100 m,除1月0.22 ℃/100 m,4月达3.8 ℃/100 m,7月为2.96 ℃/100 m,10月达4.4 ℃/100 m,而460～980 m年垂直递减率为1.09 ℃/100 m,1月、4月、7月为0.38、0.33、0.31 ℃/100 m,10月为0.0 ℃/100 m。

(3)地面0 cm月平均最高温度

地面0 cm月平均最高温度随着海拔升高而降低(表5.16),其递减率计算如表5.17所示。

表5.16 0 cm月平均最高温度(℃)

站名	海拔高度(m)	1月	2月	3月	4月	5月	6月	7月	8月	9月	10月	11月	12月	年
白云山	980	12.6	12.6	16.6	28.1	33.1	35.0	40.7	45.5	35.5	28.2	19.4	11.4	26.6
大 妥	460	14.8	15.9	20.2	29.7	34.9	36.8	42.1	46.1	37.5	31.4	22.3	13.6	28.8
保 靖	325	15.4	16.0	20.5	33.8	38.2	40.3	47.0	52.6	42.8	33.7	23.6	14.3	31.5

表5.17 0 cm平均最高温度递减率(℃/100 m)

高度(m)	1月	4月	7月	10月	垂直递减率(℃/100 m)
325～460	0.44	3.04	3.63	1.70	2.0
460～980	0.42	0.31	0.27	0.60	0.42

地面0 cm月平均最高温度垂直递减率以325～460 m高度层变化最剧烈,年递减率为

2.0 ℃/100 m,7 月份为最大,达 3.63 ℃/100 m。其次为 4 月,垂直递减率达 3.04 ℃/100 m,10 月份达 1.70 ℃/100 m。460～980 m 层,0 cm 年平均最高温度递减率为 0.42 ℃/100 m,7 月最小为 0.27 ℃/100 m,10 月最大值为 0.60 ℃/100 m。

(4)地面 0 cm 极端最低温度

表 5.18　0 cm 月极端最低温度(℃)

站名	海拔高度(m)	1月	2月	3月	4月	5月	6月	7月	8月	9月	10月	11月	12月	年
保　靖	325	−4.5	−4.0	−3.0	2.1	11.0	11.5	17.9	16.4	10.5	1.6	−1.4	−7.5	−7.5
大　妥	460	−3.3	−3.8	−1.8	0.7	10.2	11.5	19.4	17.7	12.4	3.0	−0.5	−5.2	−5.2
白云山	980	−8.5	−5.4	−4.6	−0.3	6.5	8.0	15.6	14.0	9.5	0.8	−2.5	−8.2	−8.5

从表 5.18 可看出:0 cm 月极端最低温度是随着海拔升高而降低的,其递减率计算见表 5.19。

表 5.19　0 cm 极端最低温度垂直递减率(℃/100 m)

高度(m)	1月	4月	7月	10月	垂直递减率(℃/100 m)
325～460	0.89	0.44	1.11	1.04	1.7
460～980	0.77	0.19	0.44	0.15	0.19

0 cm 年极端最低温度也是随海拔高度升高而降低,其年、月垂直递减率以海拔高度 325～460 m 变化最为剧烈,年递减率为 1.7 ℃/100 m,7 月、10 月分别为 1.11 ℃/100 m 和 1.04 ℃/100 m,1 月为 0.89 ℃/100 m,4 月为 0.44 ℃/100 m。

460～980 m 极端最低温度年递减率为 0.19 ℃/100 m,1 月递减率 0.77 ℃/100 m 为全年最大,而 4 月和 10 月分别为 0.19 ℃/100 m 和 0.15 ℃/100 m 为最小值。

(5)地面 0 cm 平均最低温度

表 5.20　0 cm 月平均最低温度(℃)

站名	海拔高度(m)	1月	2月	3月	4月	5月	6月	7月	8月	9月	10月	11月	12月	年
白云山	980	−0.5	0.6	2.7	8.8	14.3	17.1	19.6	19.6	15.2	10.1	6.0	0.2	9.5
大　妥	460	1.2	2.2	4.7	10.9	16.6	19.6	22.0	21.7	17.3	11.9	8.0	1.3	11.5
保　靖	325	1.7	2.6	5.2	11.5	17.1	20.1	22.6	22.6	18.5	12.8	8.5	1.9	12.1

0 cm 月平均最低温度随着海拔高度升高而降低(表 5.20),其垂直递减率计算如表 5.21 所示。

表 5.21　不同海拔高度 0 cm 地面平均最低温度递减率(℃/100 m)

高度(m)	1月	4月	7月	10月	垂直递减率(℃/100 m)
325～460	0.37	0.44	0.44	0.57	0.37
460～980	0.33	0.40	0.46	0.35	0.35

325～460 m 的 0 cm 平均最低温度年垂直递减率为 0.37 ℃/100 m，其中 1 月为 0.37 ℃/100 m 为最小值，10 月为量大值 0.57 ℃/100 m。460～980 m 年平均垂直递减率为 0.38 ℃/100 m，其中 1 月为 0.33 ℃/100 m 为最低值，7 月 0 cm 地面平均最低温度垂直递减率最大为 0.46 ℃/100 m。

5.1.1.2.2 地中温度

(1)5 cm 地温

1)5 cm 年地中温度

5 cm 年平均地中温度随着海拔升高而降低(图 5.7)，325～460 m，5 cm 年平均地中温度垂直递减率为 0.44 ℃/100 m，460～980 m 5 cm 年平均地中温度垂直递减率为 0.56 ℃/100 m，以 460～980 m 高度层内地温垂直递减率为大。

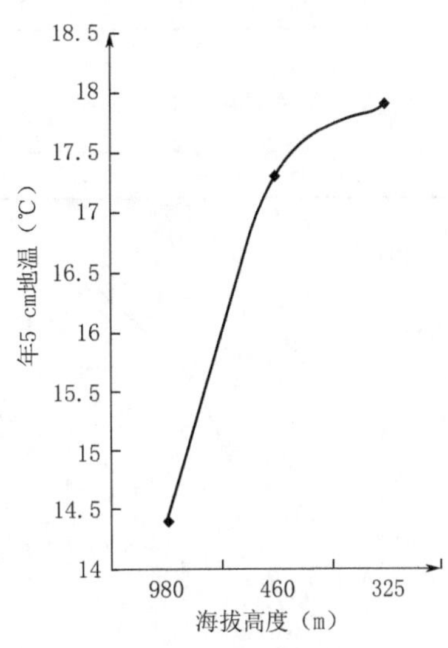

图 5.7 武陵山不同海拔高度年 5 cm 地温

2)5 cm 各月地中温度

从表 5.22 和图 5.8 可看出：地中 5 cm 温度随海拔升高而降低，其垂直递减率计算如表 5.23 所示。

表 5.22 各月地中 5 cm 温度(℃)

站名	海拔高度(m)	1月	2月	3月	4月	5月	6月	7月	8月	9月	10月	11月	12月	年
白云山	980	4.1	4.8	6.7	14.0	19.2	21.7	25.0	25.9	21.0	15.4	10.4	4.2	14.4
保　靖	325	7.1	7.7	10.0	17.5	22.9	25.9	29.1	30.6	25.6	19.3	13.9	7.1	17.9
大　妥	460	6.7	7.4	9.9	16.6	21.9	24.6	27.5	28.4	23.8	18.6	13.7	6.8	17.3

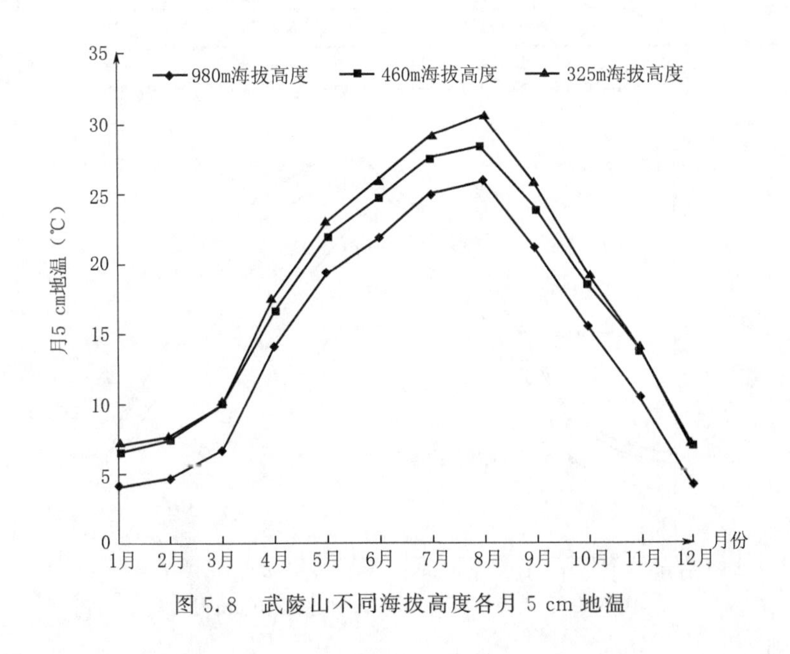

图 5.8 武陵山不同海拔高度各月 5 cm 地温

表 5.23　地中 5 cm 温度垂直递减率(℃/100 m)

高度(m)	1月	4月	7月	10月	垂直递减率(℃/100 m)
325～460	0.30	0.67	1.17	0.52	0.44
460～980	0.50	0.50	0.48	0.62	0.56

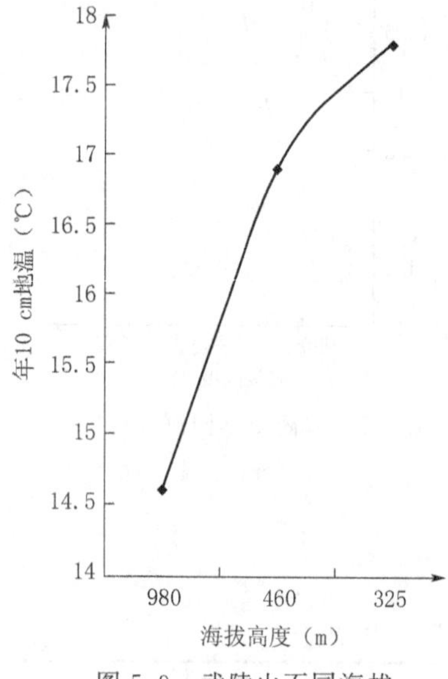

图 5.9　武陵山不同海拔高度年 10 cm 地温

325～460 m 处 0 cm 平均温度垂直递减率 1 月为 0.30 ℃/100 m，为最小值，7 月最大，为 1.17 ℃/100 m。460～980 m 处 5 cm 温度垂直递减率 4 月为 0.50 ℃/100 m，7 月为 0.48 ℃/100 m，为最小值，10 月为 0.62 ℃/100 m，为最大值。

(1)10 cm 地中温度

1)10 cm 年平均地中温度

从图 5.9 可见：10 cm 年平均地中温度随海拔升高而降低。

325～460 m 高度层 10 cm 年地中温度垂直递减率为 0.37 ℃/100 m。460～980 m 高度层，10 cm 年地中温度垂直递减率为 0.52 ℃/100 m，以 460～980 m 高度层 10 cm 年地中温度垂直递减率为大。

2)10 cm 月地中温度

从表 5.24 和图 5.10 可看出：地中 10cm 月平均温度随海拔升高而降低，其垂直递减率计算如表 5.25 所示。

表 5.24　各月地中 10 cm 温度(℃)

站名	海拔高度(m)	1月	2月	3月	4月	5月	6月	7月	8月	9月	10月	11月	12月	年
白云山	980	4.6	5.3	6.9	13.6	18.6	21.4	24.7	20.3	21.3	16.0	11.2	5.1	14.6
大　妥	460	6.8	7.4	9.7	16.2	21.4	24.1	27.0	26.0	23.9	19.0	14.0	7.1	16.9
保　靖	325	7.5	8.1	10.0	16.8	22.3	25.2	28.6	28.1	25.6	19.5	14.2	7.8	17.8

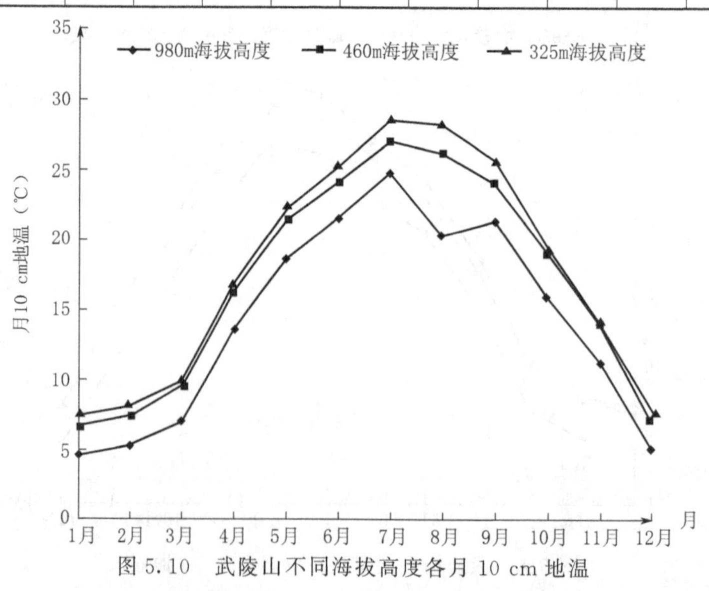

图 5.10　武陵山不同海拔高度各月 10 cm 地温

表 5.25　地中 10 cm 温度垂直递减率(℃/100 m)

高度(m)	1 月	4 月	7 月	10 月	垂直递减率(℃/100 m)
325～460	0.52	0.44	1.19	0.37	0.37
460～980	0.42	0.50	0.44	0.58	0.52

325～460 m 处 10 cm 平均温度垂直递减率,10 月 0.37 ℃/100 m 为一年中最小值,7 月 1.19 ℃/100 m 为最大值。460～980 m 10 cm 温度垂直递减率 1 月 0.42 ℃/100 m 为最小值,10 月 0.58 ℃/100 m 为最大值。

(2) 15 cm 地中温度

1)15 cm 年地中温度

由图 5.11 可见:15 cm 年地中温度随海拔升高而递减,325～460 m 高度层,年 15 cm 地中温度垂直递减率为 0.52 ℃/100 m。460～980 m 高度层,年 15 cm 地中温度垂直递减率为 0.56 ℃/100 m。以 460～980 m 高度层年 15 cm 地中温度垂直递减率为大。

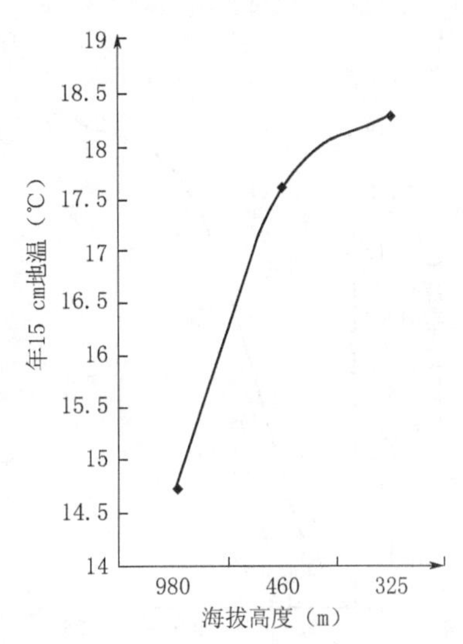

图 5.11　武陵山不同海拔高度年 15 cm 地温

2)15 cm 月地中温度

从表 5.26 和图 5.12 可看出:地中 15 cm 温度随海拔升高而降低,其垂直递减率计算如表 5.27 所示。

表 5.26　各月地中 15 cm 温度(℃)

站名	海拔高度(m)	1月	2月	3月	4月	5月	6月	7月	8月	9月	10月	11月	12月	年
白云山	980	4.9	5.4	6.9	13.4	18.6	21.2	24.6	26.0	21.6	16.4	11.7	5.6	14.7
大　妥	460	7.3	7.9	10.0	16.3	21.4	24.1	27.0	28.2	24.3	19.5	14.2	7.9	17.6
保　靖	325	8.1	8.7	10.4	17.0	22.6	25.5	29.0	30.9	26.4	20.3	14.8	8.5	18.3

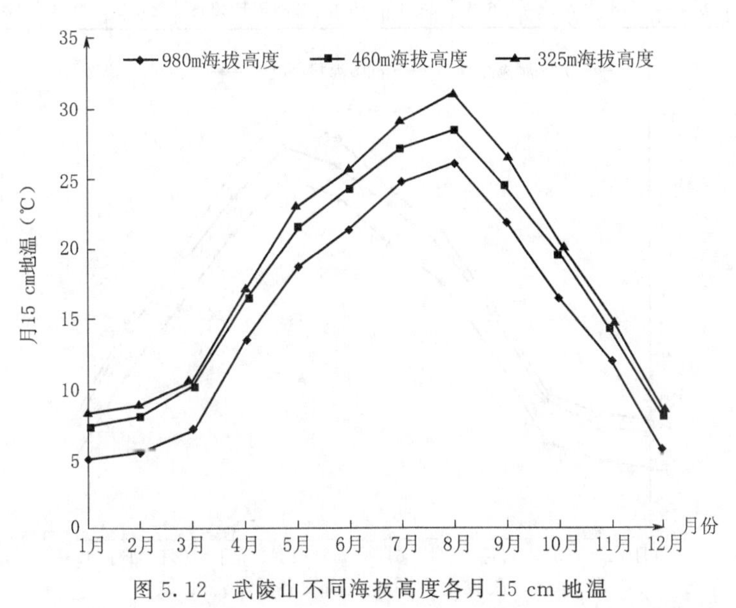

图 5.12　武陵山不同海拔高度各月 15 cm 地温

表 5.27　地中 15 cm 温度垂直递减率(℃/100 m)

高度(m)	1月	4月	7月	10月	垂直递减率(℃/100 m)
325～460	0.52	0.44	1.19	0.37	0.37
460～980	0.42	0.50	0.44	0.58	0.52

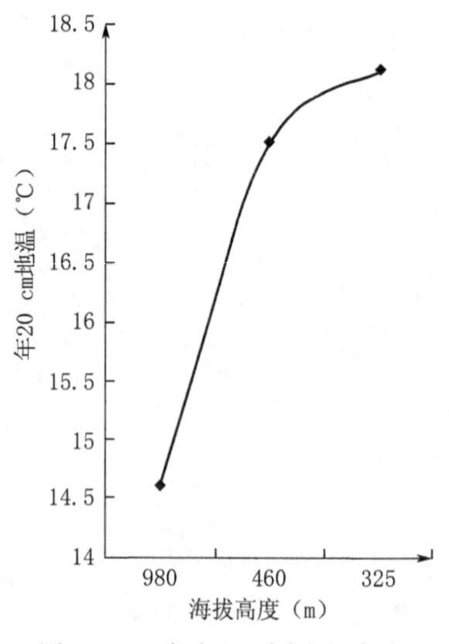

图 5.13　武陵山不同海拔高度年 20 cm 地温

325～460 m 15 cm 平均温度垂直递减率,4 月 0.52 ℃/100 m 为最小值,7 月 1.48 ℃/100 m 为最大值。460～980 m 15 cm 温度垂直递减率,4 月与 7 月均为 0.46 ℃/100 m,10 月为最大值 0.60 ℃/100 m。

(3)20 cm 地中温度

1)20 cm 年地温

由图 5.13 可见,年平均 20 cm 地中温度随着海拔升高而递减,325～460 m 年平均 20 cm 地中温度垂直递减率为 0.44 ℃/100 m,460～980 m 年平均 20 cm 地中温度垂直递减率为 0.56 ℃/100 m。

460～980 m 年平均 20 cm 地中温度垂直递减率大于 325～460 m 高度层的垂直递减率。

2)20 cm 月地温

从表 5.28 和图 5.14 可看出:地中 20 cm 温度随海拔升高而降低,其垂直递减率计算如表 5.29 所示。

表 5.28　各月地中 20 cm 温度(℃)

站名	海拔高度(m)	1月	2月	3月	4月	5月	6月	7月	8月	9月	10月	11月	12月	年
白云山	980	5.0	5.5	6.8	13.0	18.3	20.9	24.3	25.8	21.6	16.5	11.8	5.8	14.6
大　妥	460	7.5	7.9	9.9	16.0	20.9	23.7	26.6	27.8	24.2	19.5	14.9	8.2	17.5
保　靖	325	8.4	8.8	10.4	16.5	22.1	25.0	28.5	30.5	26.2	20.3	15.6	8.9	18.1

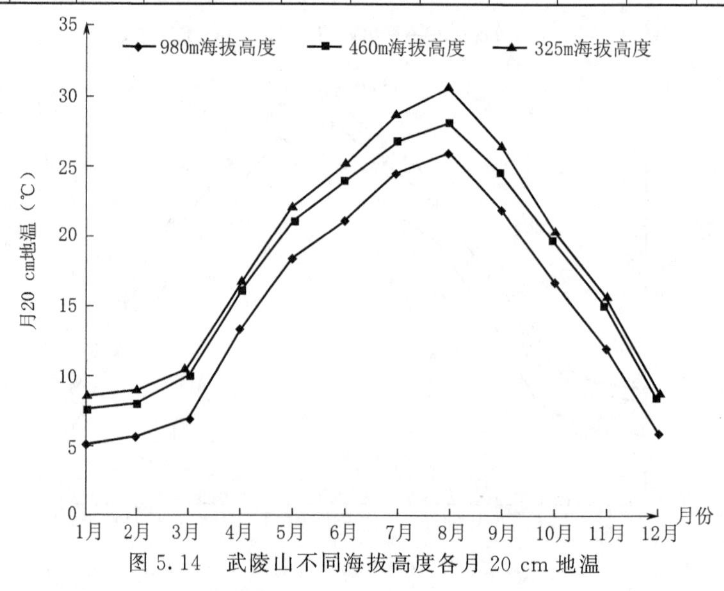

图 5.14　武陵山不同海拔高度各月 20 cm 地温

表 5.29　地中 20 cm 温度垂直递减率(℃/100 m)

高度(m)	1月	4月	7月	10月	垂直递减率(℃/100 m)
325～460	0.67	0.37	1.41	0.59	0.44
460～980	0.48	0.58	0.44	0.58	0.56

325～460 m,20 cm 温度垂直递减率,4 月 0.37 ℃/100 m 为最小值,7 月 1.41 ℃/100 m 为最大值。460～980 m 20 cm 温度垂直递减率,7 月为 0.44 ℃/100 m,为最小值,4 月和 10 月均为 0.58 ℃/100 m。

5.1.2 降水

5.1.2.1 降水量

(1)年降水量:从图 5.15 可看出:年降水量随海拔高度升高而增加,保靖海拔 325 m,年降水量 1195.6 mm,白云山海拔 980 m 年降水量 1651.1 mm,海拔每上升 100 m,年降水量递增 69.5 mm。

(2)月降水量

月降水量的变化趋势是少—多—少(图 5.16),自 1 月开始逐月增多,海拔 325 m 月降水量 1 月最少,为 23.7 mm,7 月最多,为 221.1 mm,4—8 月的月降水量在 100 mm 以上。海拔 460 m 月降水量 1 月最少,为 26.7 mm,7 月最多为 242.8 mm,4—8 月的月降水量在 100 mm 以上。海拔 980 m 月降水量 1 月最少为 37.1 mm,6 月最多 301.7 m,4—8 月的月降水量在 100 mm 以上,其中 5 月、6 月、7 月的月降水量均在 200 mm 以上(表 5.30)。

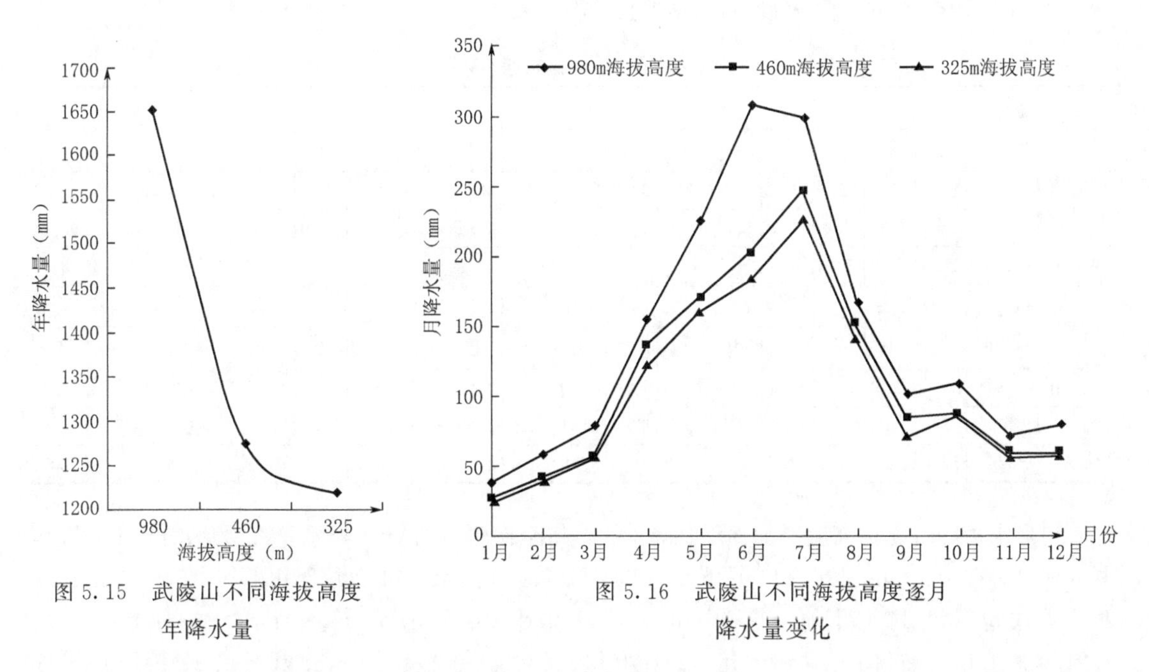

图 5.15　武陵山不同海拔高度年降水量

图 5.16　武陵山不同海拔高度逐月降水量变化

1 月,降水量垂直变化:325～460 m,降水量垂直递增率为 2.2 mm/100 m,460～980 m 降水量垂直递增率为 2.0 mm/100 m。

表 5.30　各月降水量(mm)

站名	海拔高度(m)	1月	2月	3月	4月	5月	6月	7月	8月	9月	10月	11月	12月	年
保　靖	325	23.7	39.4	54.4	118.5	156.9	179.8	221.1	138.0	69.4	84.5	53.5	56.4	1195.6
大　妥	460	26.7	40.4	56.8	135.4	167.0	197.4	242.8	146.1	82.9	86.3	57.2	57.0	1296.0
白云山	980	37.1	57.0	76.3	151.2	219.8	301.7	293.0	162.9	98.6	106.1	70.3	77.1	1651.1

4 月，降水量垂直变化：325～460 m，降水量垂直递增率为 12.5 mm/100 m，460～980 m 降水量垂直递增率为 3.0 mm/100 m。

7 月，降水量垂直变化：325～460 m，降水量垂直递增率为 16.0 mm/100 m，460～980 m 降水量垂直递增率为 9.65 mm/100 m。

10 月，降水量垂直变化：325～460 m，降水量垂直递增率为 1.33 mm/100 m，460～980 m 降水量垂直递增率为 3.8 mm/100 m。

(3)雨季(4—6 月)降水量

保靖 4—6 月降水量为 455.2 mm，占全年总降水量的 38.1%，白云寺 4—6 月降水量为 672.7 mm，占全年总降水量的 40.7%。白云寺 4—6 月降水量比保靖多 217.5 mm，海拔每上升 100 m，4—6 月降水量递增 33.2 mm。

(4)旱季(7—9 月)降水量

保靖 7—9 月降水量 428.5 mm，占全年总降水量的 35.8%，白云山 7—9 月降水量 654.5 mm，占全年总降水量的 39.6%。白云寺 7—9 月降水量比保靖多 226.0 mm，海拔每上升 100 m，降水量增加 34.5 mm.

(5)不同海拔高度旬降水量(见表 5.31)

表 5.31　各旬降水量(mm)

站名	海拔高度(m)	1月			2月			3月			4月			5月			6月		
		上	中	下	上	中	下	上	中	下	上	中	下	上	中	下	上	中	下
白云山	980	15.2	9.4	12.4	16.1	27.4	13.5	30.8	22.5	23.1	33.7	58.8	50.4	69.9	54.9	95.0	137.9	33.8	132.3
大　妥	460	14.4	5.3	7.2	10.3	22.4	8.4	25.8	15.7	15.2	27.1	50.3	49.5	53.6	43.6	75.1	95.1	31.5	63.0
保　靖	325	11.3	5.2	7.0	9.7	21.7	7.4	25.8	14.5	14.1	24.9	36.0	43.3	45.1	36.6	69.7	83.0	23.8	28.5
站名	海拔高度(m)	7月			8月			9月			10月			11月			12月		
		上	中	下	上	中	下	上	中	下	上	中	下	上	中	下	上	中	下
白云山	980	104.1	82.8	162.2	38.5	55.9	71.0	30.0	42.0	39.0	29.2	38.5	38.4	34.6	20.4	15.3	27.2	36.2	13.6
大妥	460	82.0	53.2	94.9	37.0	53.4	60.8	17.6	31.1	24.9	28.6	28.4	34.1	30.0	17.4	9.7	18.6	28.5	9.3
保靖	325	77.6	44.2	55.9	33.2	44.0	53.2	14.2	27.9	24.1	25.1	23.6	31.0	28.2	15.6	9.6	18.4	9.7	8.9

旬降水量随着海拔高度增加而增加，12 月下旬至次年 3 月下旬降水量在 30.0 mm 以下，其中 1 月中旬在 10.0 mm 以下；11 月下旬、12 月下旬、1 月上旬下旬、2 月上旬下旬，在 20.0 mm 以下；3 月中旬下旬、10 月上旬、11 月中旬、12 月上旬在 30.0 mm 以下；3 月上旬、4 月上旬、8 月上旬、9 月上旬下旬、10 月中旬下旬、11 月上旬、12 月中旬在 40.0 mm 以下；4 月中下旬、5 月中旬、6 月中旬、8 月中旬、9 月中旬在 60 mm 以下；5 月上旬中旬在 70 mm 以下；5 月下旬、7 月中旬、8 月下旬在 100 mm 以下；6 月上旬下旬、7 月上旬在 100 mm 以上，其中 7 月下旬为

162.2 mm 为最大值，6 月上旬为 137.9 m 为次多值。

一年中，旬降水量的变化呈少—多—少趋势，见图 5.17。

325 m 处旬降水量最少值出现在 1 月中旬，降水量为 5.2 mm，旬降水量最大值为 83.0 mm，出现在 6 月上旬。460 m 旬降水量最少值为 5.3 mm，出现在 1 月中旬，旬降水量最大值为 95.1 mm，出现在 6 月上旬。980 m，旬降水量最少值为 9.4 mm，出现在 1 月中旬，旬降水量最大值为 162.2 mm，出现在 7 月下旬。

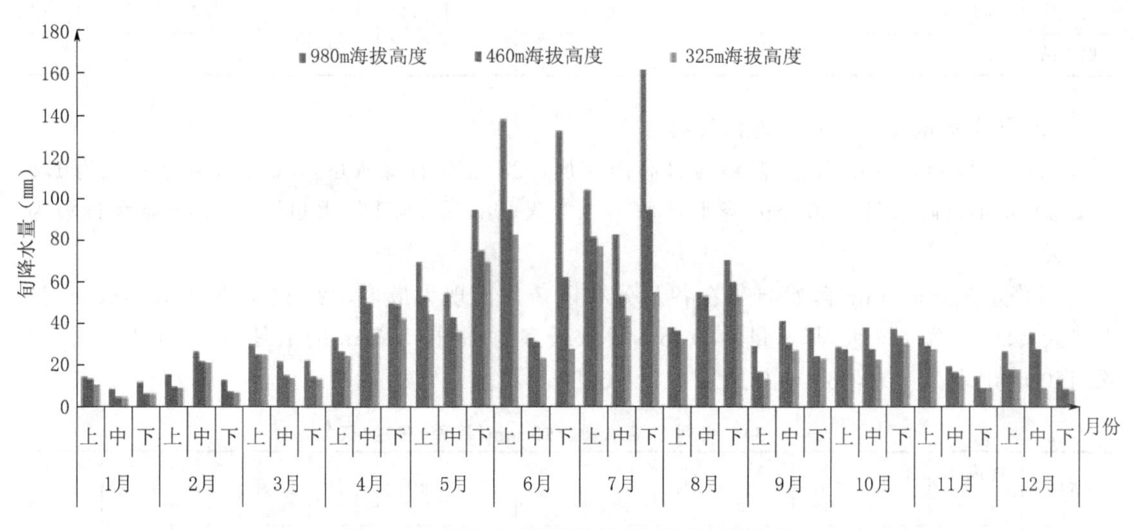

图 5.17　武陵山剖面不同海拔高度旬降水量

5.1.2.2　降水日数

(1)不同海拔高度各月降水日数

一年中降水日数的变化呈少—多—少趋势，自 1 月开始逐月增多，至 7 月达最多，而后逐月减少。325 m 高度，月降水日数最少为 12 月，降水日数 10.7 天，月降水日数最多出现在 5 月为 21.3 天，月降水日数 20 天以上的只有 5 月 1 个月。460 m 高度，月降水日数最少为 12.7 天，出现在 12 月，月降水日数最多出现在 5 月，降水日数为 21.7 天，月降水日数 20 天以上的有 3、5、6、7 等 4 个月。980 m 高度，月降水日数最少为 15.2 天，出现在 12 月，降水日数最多出现在 7 月，降水日数为 23.7 天，月降水日数 20 天以上的有 3 月、4 月、5 月、6 月、7 月、10 月(表 5.32)。

表 5.32　不同海拔高度各月降水日数(天)

站名	海拔高度(m)	1月	2月	3月	4月	5月	6月	7月	8月	9月	10月	11月	12月	年
白云山	980	18.3	19.3	20.7	20.7	23.3	20.4	23.7	18.0	18.7	20.0	17.7	15.3	236.0
大　妥	460	13.3	16.7	20.3	19.0	21.7	20.3	21.0	17.3	17.7	18.7	16.7	12.7	215.4
保　靖	325	13.0	16.3	19.7	18.7	21.3	18.0	19.7	16.3	16.7	17.0	15.3	10.7	202.7

(2)日降水量≥25.0 mm(大雨)日数

日降水量大于 25.0 mm 日数：保靖 325 m 年日降水量 25.0 mm 以上降水日数为 12.3 天，大妥(460 m)大雨日数为 13.5 天，白云山(980 m)大雨日数为 15.7 天。日降水量≥25 mm 日数以 7 月份为最多，325 m 为 2.7 天，460 m 为 3.0 天，980 m 为 3.7 天。6 月份为次多，325 m

为2.3天,460 m为3.0天,980 m为3.0天。最少出现在11月,325 m到980 m均为0.3天(表5.33)。

表5.33 各月日降水量≥25 mm(大雨)日数(天)

站名	海拔高度(m)	1月	2月	3月	4月	5月	6月	7月	8月	9月	10月	11月	12月	年
白云山	980				2.0	2.7	3.0	3.7	1.7	1.0	1.3	0.3		15.7
大　妥	460				1.3	2.0	3.0	3.0	2.3	0.7	1.3	0.3		13.5
保　靖	325				1.3	2.0	2.3	2.7	2.0	0.7	1.0	0.3		12.3

(3)日降水量≥50 mm(暴雨)日数

日降水量≥50 mm日数,随海拔升高而增加,325 m年日降水量≥50 mm降水日数为1.9天,460 m年日降水量≥50 mm降水日数为3.3天,980 m年日降水量≥50 mm降水日数为5.0天。

日降水量≥50 mm降水日数在各月分布以7月出现为最多,325 m处为1天,460 m为1.3天,980 m为1.3天,降水量≥50 mm日数最多值,海拔325 m的7月份,出现1.0天,大妥460 m出现1.3天,980 m 6月为1.7天(表5.34)。

表5.34 各月日降水量≥50 mm(暴雨)日数(天)

站名	海拔高度(m)	1月	2月	3月	4月	5月	6月	7月	8月	9月	10月	11月	12月	年
白云山	980					1.0	1.7	1.3	1.0					5.0
大　妥	460					0.7	1.0	1.3	0.3					3.3
保　靖	325					0.3	0.3	1.0	0.3					1.9

(4)各月一日最大降水量

从表5.35可看出:日最大降水量980 m处为212.0 mm,出现在1985年6月22日,460 m为90.0mm,出现在1987年8月28日,325 m为105.2 mm,出现在1986年7月26日。

表5.35 各月一日最大降水量(mm)及日期

站名	海拔高度(m)	1月		2月		3月		4月		5月		6月	
		量	日期 月/年	量	日期 月/年	量	日期 月/年	量	日期 月/年	量	日期 月/年	量	日期 月/年
白云山	980	18.8	10/87	19.1	17/86	22.7	10/85	42.1	14/86	75.5	25/87	212.0	22/85
大　妥	460	23.1	10/87	24.0	17/86	28.4	10/85	39.2	14/86	59.3	26/86	61.1	5/86
保　靖	325	20.0	10/87	28.5	17/86	31.0	10/85	40.9	13/86	56.2	26/86	77.2	5/86

站名	海拔高度(m)	7月		8月		9月		10月		11月		12月	
		量	日期 月/年	量	日期 月/年	量	日期 月/年	量	日期 月/年	量	日期 月/年	量	日期 月/年
白云山	980	97.1	26/86	124.3	28/87	46.0	24/87	51.5	3/84	41.2	7/85	75.1	13/86
大　妥	460	67.1	26/86	90.0	28/87	40.5	24/87	45.3	3/84	38.9	7/85	15.1	13/86
保　靖	325	105.2	26/86	73.8	28/87	47.9	24/87	56.3	3/84	43.9	7/85	17.5	13/84

5.1.3　日照

5.1.3.1　年日照时数

年日照时数随着海拔高度而减少，保靖(325 m)年日照时数为 1200.5 小时，白云山(980 m)为 1105.3 小时，海拔高度每上升 100 m，年日照时数递减 14.5 小时(图 5.18)。

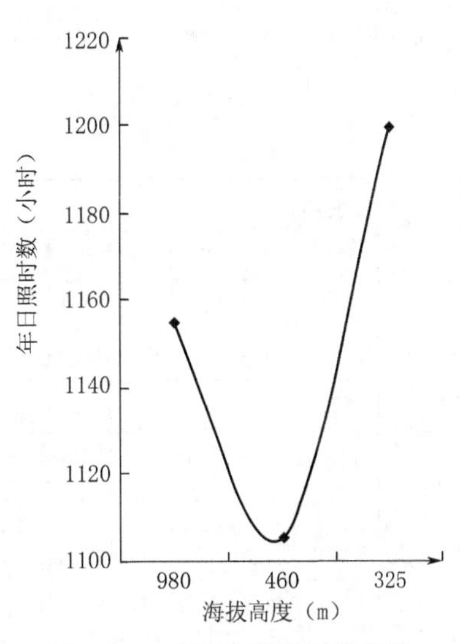

图 5.18　武陵山不同海拔高度年日照时数

5.1.3.2　月日照时数

月日照时数以 1 月最少为，35.8～44.8 小时，3 月次少，为 40.7～50.5 小时；8 月最大为 197.3 小时。7 月次高为 156.9 小时，11 月、12 月、1 月日照时数均少于 100 小时，4—10 月的日照时数均在 100 小时以上(表 5.36，图 5.19)。

表 5.36　各月日照时数(小时)

站名	海拔高度(m)	1 月	2 月	3 月	4 月	5 月	6 月	7 月	8 月	9 月	10 月	11 月	12 月	年
白云山	980	50.6	35.8	40.7	86.2	105.4	101.3	136.7	177.9	129.7	100.6	65.5	68.1	1154.7
大　妥	460	60.9	43.2	46.1	99.2	111.9	104.9	145.4	196.5	128.6	98.0	60.1	53.1	1105.3
保　靖	325	72.9	44.8	50.5	104.2	120.2	115.6	156.9	197.3	136.1	98.5	66.2	50.9	1200.5

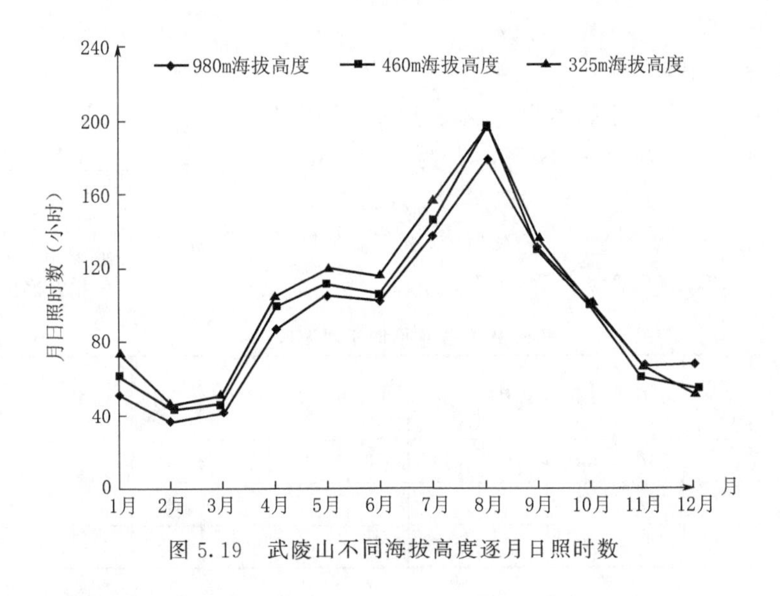

图 5.19　武陵山不同海拔高度逐月日照时数

5.1.3.3　旬日照时数

3 月上旬、下旬，日照时数在 10.0 小时以下，3 月中旬最少，为 7.3～10.3 小时，1 月中旬、下旬，2 月上旬、下旬，10 月中旬，11 月上旬，12 月上旬在 30.0 小时以下，4 月下旬，5 月上、中、下旬，6 月上、中、下旬，7 月上、中旬，9 月下旬，10 月上旬，10 月下旬在 50 小时以下。7 月下旬,8月上旬、中旬、下旬,9月上旬均在50小时以上,以8月上旬75.4小时为最高值,7月下旬60.2小时为次高值(表5.37)。

表5.37 各旬日照时数(小时)

站名	海拔高度(m)	1月			2月			3月			4月			5月			6月		
		上	中	下	上	中	下	上	中	下	上	中	下	上	中	下	上	中	下
白云山	980	20.1	13.9	16.5	11.8	13.7	10.4	24.9	7.3	8.5	20.6	29.8	35.8	31.9	35.9	37.6	37.7	38.3	31.3
大　妥	460	24.9	16.1	20.0	15.3	13.7	11.6	27.5	9.0	9.3	25.9	34.8	38.5	35.5	36.2	40.2	38.7	38.4	37.4
保　靖	325	32.8	18.9	21.3	18.5	14.8	14.1	27.8	10.3	12.7	26.4	34.9	43.0	36.7	38.8	44.7	39.2	43.7	42.2

站名	海拔高度(m)	7月			8月			9月			10月			11月			12月		
		上	中	下	上	中	下	上	中	下	上	中	下	上	中	下	上	中	下
白云山	980	30.0	46.5	60.2	75.4	50.2	52.4	55.1	26.0	46.4	39.4	14.6	33.6	28.4	14.3	17.4	21.1	10.6	14.7
大　妥	460	33.5	50.6	60.9	82.7	54.4	58.2	55.3	27.1	47.3	43.8	18.4	40.2	28.5	18.3	18.3	25.0	12.8	17.5
保　靖	325	39.1	56.9	61.3	84.7	54.9	58.9	59.3	29.5	48.4	44.8	21.1	41.1	28.8	19.3	18.5	29.0	14.4	17.7

5.1.4 其他气象要素

5.1.4.1 相对湿度

(1)年平均相对湿度

相对湿度随海拔高度增加而增大,保靖(325 m)年平均相对湿度79%,白云山(980 m)年平均相对湿度为84%,海拔高度每上升100 m,相对湿度增加0.76%(图5.20)。

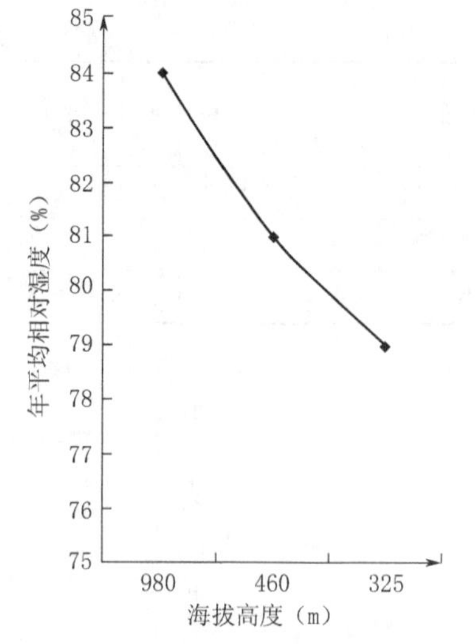

图5.20 武陵山不同海拔高度年相对湿度

(2)月平均相对湿度

月平均相对湿度以4月最小为76%～79%,7—8为最大为84%～88%,2月为79%～87%,3月为79%～86%,1月为76%～81%,10月为77%～81%,12月为76%～81%,5月为82%～86%,8月为79%～84%,9月为79%～84%(表5.38,图5.21)。

表5.38 各月平均相对湿度(%)

站名	海拔高度(m)	1月	2月	3月	4月	5月	6月	7月	8月	9月	10月	11月	12月	年
白云山	980	81	87	86	79	86	88	88	84	84	81	85	81	84
大　妥	460	79	79	80	78	83	85	85	81	81	81	79	77	81
保　靖	325	76	80	79	76	82	84	84	79	79	77	79	76	79

5.1.4.2 蒸发量

(1)年蒸发量,由图5.22可看出:蒸发量随海拔高度升高而减少,保靖年蒸发量为1071.0 mm,白云山年蒸发量为847.4 mm,白云山比保靖年蒸发量多223.6 mm.海拔高度相差655 m,海拔每上升100 m,年蒸发量减少34.1 mm。

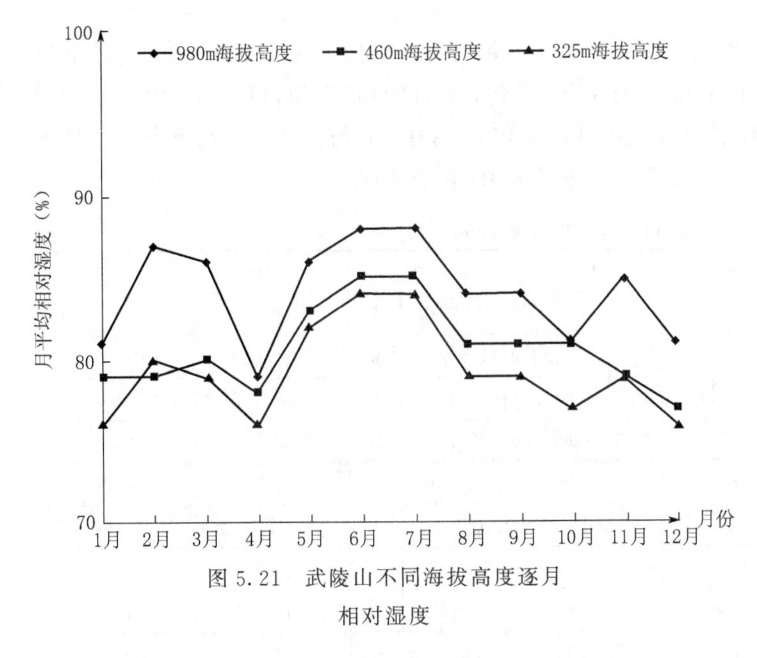

图 5.21　武陵山不同海拔高度逐月相对湿度

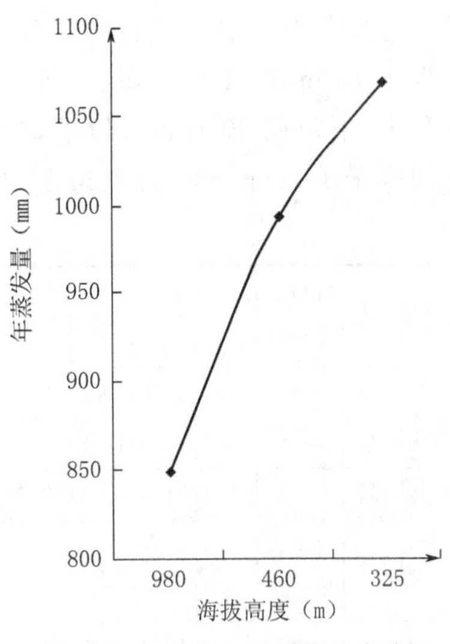

图 5.22　武陵山不同海拔高度年蒸发量

(2)月蒸发量参见图 5.23 及表 5.39。

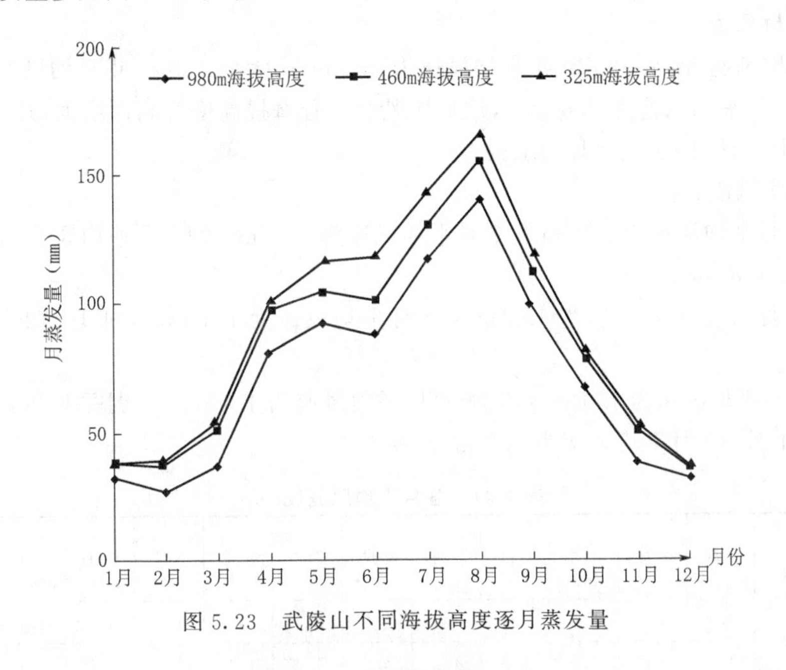

图 5.23　武陵山不同海拔高度逐月蒸发量

表 5.39　各月蒸发量(mm)

站名	海拔高度(m)	1 月	2 月	3 月	4 月	5 月	6 月	7 月	8 月	9 月	10 月	11 月	12 月	年
白云山	980	32.3	26.8	36.5	81.0	92.3	86.8	116.8	140.5	98.8	66.9	37.2	31.5	847.4
大　妥	460	37.8	36.6	50.9	97.4	105.0	101.1	130.4	155.4	112.4	78.8	50.2	36.0	992.0
保　靖	325	37.9	39.3	54.4	101.5	116.8	118.0	143.4	166.7	120.0	82.2	53.5	37.1	1070.8

(3)旬蒸发量

旬蒸发量也是随着海拔升高而减少，其中 1 月中旬，2 月中旬、下旬，3 月中旬，12 月中旬少于 10 mm。1 月上旬、下旬，2 月上旬，3 月上旬、下旬，10 月中旬、下旬，11 月上、中、下旬，12 月上、下旬在 20.0 mm 以下，6 月中旬、7 月中旬、下旬，8 月中、下旬，9 月上旬、下旬，10 月下旬少于 40.0 mm，8 月上旬 54.9 mm(白云山)为最大值(表 5.40)。

表 5.40　各旬蒸发量(mm)

站名	海拔高度(m)	1月			2月			3月			4月			5月			6月		
		上	中	下	上	中	下	上	中	下	上	中	下	上	中	下	上	中	下
白云山	980	11.7	9.0	10.7	10.1	8.0	8.7	16.4	7.1	13.0	21.6	26.0	33.4	25.7	32.6	34.0	23.7	33.4	29.7
大　妥	460	12.4	11.3	14.2	12.8	12.8	11.0	18.9	11.6	19.1	27.1	30.1	40.1	30.0	37.2	37.8	27.9	37.0	36.2
保　靖	325	12.7	11.6	14.4	13.6	13.7	12.0	20.2	14.8	20.8	27.2	31.6	42.8	35.0	40.6	41.2	32.6	42.0	43.4

站名	海拔高度(m)	7月			8月			9月			10月			11月			12月		
		上	中	下	上	中	下	上	中	下	上	中	下	上	中	下	上	中	下
白云山	980	29.3	44.2	43.3	54.9	41.9	43.6	41.8	23.0	33.9	31.1	16.3	19.5	15.3	10.0	11.9	13.7	6.8	11.0
大　妥	460	34.5	48.1	47.8	60.0	45.5	50.0	47.5	28.6	36.0	34.6	20.6	23.0	19.4	12.4	17.0	15.0	7.9	12.8
保　靖	325	39.8	51.0	52.6	64.1	49.2	53.4	50.7	33.2	36.3	35.3	24.6	23.0	20.8	14.0	20.1	15.3	8.0	13.1

5.1.4.3　平均风速

(1)年平均风速：保靖 325 m 年平均风速为 0.9 m/s，大妥 460 m 年平均风速为 1.1 m/s，白云山 980 m 年平均风速为 2.0 m/s，年平均风速随着海拔高度升高而增大，月平均风速以季节转换的 4 月、7 月、10 月、12 月为最大。

(2)月平均风速

980 m 4 月平均风速为 2.4 m/s，7 月平均风速为 2.1 m/s，10 月平均风速为 1.9 m/s，12 月平均风速为 1.8 m/s。

460 m 3 月、4 月平均风速为 1.3 m/s，7 月平均风速为 1.1 m/s，11 月、12 月平均风速为 1.1 m/s。

325 m 2 月平均风速为 1.0 m/s，3 月、4 月平均风速为 1.1 m/s，7 月平均风速为 0.9 m/s，9 月、10 月、11 月、12 月平均风速为 0.9 m/s(表 5.41)。

表 5.41　各月平均风速(m/s)

站名	海拔高度(m)	1月	2月	3月	4月	5月	6月	7月	8月	9月	10月	11月	12月	年
白云山	980	1.8	1.9	2.0	2.4	2.2	1.8	2.1	1.9	1.9	1.9	1.7	1.8	2.0
大　妥	460	1.0	1.2	1.3	1.3	1.2	1.0	1.1	0.9	1.0	1.0	1.1	1.1	1.1
保　靖	325	0.8	1.0	1.1	1.1	1.0	0.9	0.9	0.8	0.9	0.9	0.9	0.9	0.9

5.2　各种灾害性天气现象垂直分布

各类天气现象出现的日数见表 5.42。

表 5.42　各月各类天气现象日数(天)

站名	海拔高度(m)	雨	雪	冰雹	雾	霜	雨/凇	雾/凇	积雪	结冰	雷暴	大风	积雪深
白云山	980	236	32	1	160.7	31	19	7	24	52	55	8	9
大　妥	460	221	15	2	85.3	14	3	1	6	17	47	2	4
保　靖	325	209	15	1	38.7	12	2	0	5	16	45	2	3

(1)霜日

年霜日数随海拔升高而增加，325 m 年霜日 12 天，460 m 年霜日 14 天，980 m 年霜日 31 天，海拔每上升 100 m，年霜日增加 2.9 天。

(2)降雪日数

325～460 m 年降雪日数均为 15 天，白云山 980 m 年降雪日数为 32 天，海拔每上升 100 m，降雪日数增加 3.3 天。

(3)积雪日数

年积雪日数 325 m 为 5 天，460 m 为 6 天，980 m 为 24 天，海拔每上升 100 m，积雪日数增加 2.9 天。

(4)结冰日数

年结冰日数随海拔高度升高而增加，325 m 为 16 天，460 m 年结冰日数为 17 天，980 m 年结冰日数为 52 天，年结冰日数随海拔升高而增加。

(5)雨凇日数

年雨凇日数随海拔高度升高而增加，325 m 年雨凇日数 2 天，460 m 年雨凇日数 3 天，980 m 雨凇日数 19 天。

(6)雾凇

保靖无雾凇，大妥(460 m)年雾凇 1 天，白云寺(980)年雾凇出现 7 天，雾凇日数随海拔高度升高而增加。

(7)雷暴

雷暴日数也随着海拔高度升高而增加(表 5.43)。保靖 325 m 年雷暴日数 42.5 天，大妥 460 m 年雷暴日数 48.1 天，白云山 980 m 年雷暴日数 55.3 天。

各月的分配：325 m 以 8 月份为最多 8.3 天，11 月无雷暴，460 m 以 9 月最多为 9.3 天，11 月无雷暴，980 m 以 7 月雷暴最多为 12.0 天，11 月无雷暴，12 月、2 月、3 月雷暴出现较少，均在 3 天以下。

表 5.43　各月雷暴日数(天)

站名	海拔高度(m)	1 月	2 月	3 月	4 月	5 月	6 月	7 月	8 月	9 月	10 月	11 月	12 月	年
白云山	980		2.7	2.0	7.7	9.7	6.3	12.0	10.0	4.0	0.7		1.3	55.3
大　妥	460		2.0	2.0	6.7	7.7	5.0	9.3	7.7	3.7	1.3		1.7	46.7
保　靖	325		1.7	1.7	5.7	7.7	5.3	8.3	5.7	3.7	1.0		1.7	44.7

(8)雾日

雾日随海拔高度升高而增加,保靖 325 m 为 38.7 天,大妥 460 m 为 86.7 天,白云山为 161 天,海拔高度每增加 100 m,雾日增加 18.7 天。

各月雾日的分布,325 m 以 1 月、5 月、6 月最多为 3.7 天。460 m 以 5 月、6 月、7 月分别为 9、9.7、11.0 天,以 7 月最多,2 月最少为 3.7 天。980 m 以 3 月雾日最多为 17.3 天,5 月、6 月为 15.7 天,2 月 15.0 天,8 月最少为 10 天(表 5.44)。

表 5.44 各月雾日数(天)

站名	海拔高度(m)	1月	2月	3月	4月	5月	6月	7月	8月	9月	10月	11月	12月	年
白云山	980	12.3	15.0	17.3	11.7	15.7	15.7	12.0	10.0	12.3	13.3	13.0	12.7	161.0
大 妥	460	8.0	3.7	5.3	4.7	9.0	9.7	11.0	8.3	7.7	6.3	6.3	6.7	86.7
保 靖	325	3.7	2.3	3.3	1.7	3.7	3.7	3.0	4.0	3.7	1.3	4.3	4.0	38.7

(9)大风日数

325 m 高度年大风日数 2 天,460 m 年大风日数 2 天,980 m 高度年大风日数 8 天。大风出现的时间一般在春夏之交和夏秋之交较多。

(10)冰雹日数

在强对流作用下,春夏之交的 4—5 月偶有冰雹,一年之中,一般出现 1～2 次冰雹。

5.3 武陵源山区农业气候垂直分层及保护与利用

5.3.1 武陵源丘岗山区农业气候垂直分层

武陵源丘岗山地不同海拔高度立体农业气候可分为五层,不同海拔高度的立体农业气候状况见表 5.45。

表 5.45 武陵源山地不同海拔高度垂直气候状况

项目		一	二	三	四	五
		300 m 以下	300～500 m	500～800 m	800～1200 m	1200 m 以上
气温(℃)	平均	16.1～16.8	16.0～15.7	15.6～13.5	13.4～11.1	<11.0
	最高	39.3～41.6	39.2～39.5	38.4～32.4	32.4～30.0	<30.0
	最低	−12.1～−15.5	−6.9～−12.1	−7.3～−12.5	−7.4～−13.5	−11.8～−17.0
10.0 ℃	初日	23/3	25/3	4/4	17/4	24/4
	终日	23/11	20/11	16/11	14/10	4/10
	间隔天数(天)	249	242	224	205	179
	积温(℃·d)	5194	5001	4644	4000	3119.

续表

项目		一	二	三	四	五
		300 m 以下	300～500 m	500～800 m	800～1200 m	1200 m 以上
20.0 ℃	初日	18/5	26/5	9/6	20/6	18/7
	终日	26/9	20/9	3/9	22/8	18/8
	间隔天数(天)	132	118	85	66	32
	积温(℃·d)	3410	2940	2050	1500	683
年降水量(mm)		1380	1390	1450	1650	1670
年日照时数(小时)		1450	1300	1250	1150	1200
平均相对湿度(%)		79	80	84	85	86
年蒸发量(mm)		1070.8	992.0	935.1	847.4	850.0
雾日(天)		20	41	85	161	180
降雪日数(天)		11	15	25	29	32
无霜期(天)		268	259	260	250	227
积雪日数(天)		5	7	15	25	43
结冰日数(天)		24	31	42	53	57
雨凇日数(天)		3	10	20	42	55
雾凇日数(天)					3	13
平均风速(m/s)		0.9	1.0	1.1	2.0	2.5
大风日数(天)		2	2	4	8	10

5.3.2　武陵源丘岗山区气候—土壤—植被带谱

武陵源丘岗山地气候—土壤—植被垂直带谱见表 5.46。

表 5.46　武陵源山地气候—土壤—植被垂直带谱

项目		一	二	三	四	五
		300 m 以下	300～500 m	500～800 m	800～1200 m	1200 m 以上
气温(℃)	年平均气温	16.1～16.8	16.0～15.7	15.6～13.5	13.4～11.1	<11.0
	极端最高	41.6	39.5	38.4	32.4	<30.0
	极端最低	−12.1～−15.5	−6.9～−12.1	−7.3～−12.5	−7.4～−13.5	−11.8～−17.0
气候	≥10 ℃积温(℃·d)	5194	5000	4644	4000	<3119.0
	无霜期(天)	268	259	260	250	<230
	年降水量(mm)	1380	1390	1450	1650	1670
	年日照时数(小时)	1450	1300	1250	1150	1200
	气候特点	温热	温暖	温和	凉湿	冷湿
	主要气象灾害	高温、热害	三寒、干旱	低温、干旱	低温、冷病湿害	冰冻、大风、低温

续表

项目		一	二	三	四	五
		300 m 以下	300～500 m	500～800 m	800～1200 m	1200 m 以上
土壤		红壤	红黄壤	山地黄壤	山地黄壤 山地黄棕壤	山地黄棕壤 山地灌丛草甸土
植被		常绿阔叶林、针叶林、竹林—常绿落叶阔叶混交林、竹林、针叶林 (600～800 m) (800 mm 以上)			落叶阔叶林 (1000～1500 m)	山地矮林 (1500 mm)以上
农业生产	水田	双季稻、油菜	双季稻一季稻混作、油菜	一季杂交稻、马铃薯	一季常规稻	红薯、玉米
	旱土	红薯、玉米、蔬菜	玉米、红薯、蔬菜	红薯、玉米、杂粮	红薯、玉米	马铃薯、玉米、红薯
林业生产畜牧业	丘陵岗地	桃李、茶叶	桃李、油茶、茶叶	梨、茶叶	山地反季蔬菜、中药材	弥猴桃、中药材
	山地	松、竹、杉	松、杉、竹	杉、松、竹	核桃、樱桃、杉、松、黄山松、竹	箭竹、中药材、杜鹃

5.3.3 武陵山区立体农业气候分层及利用

(1)河谷、盆地、平原亚热带常绿阔叶林红壤带(海拔 300 m 以下地区)

澧水、酉水、溇水、溇水及猛洞河等河流沿岸的江河平原及溪谷平原,由冲积物堆积而成,所发育的土壤主要为水稻土,土壤沙泥较适中,耕作层较深厚,养分丰富,土壤肥沃,通透性能好,呈中—弱酸性反应。光热水土条件较好。年平均气温 17.6 ℃,日平均气温稳定通过 10 ℃初日出现在 3 月 23 日左右,终日出现在 11 月 23 日左右,持续日数 250 天左右,≥10 ℃活动积温 5200 ℃・d 左右,日平均气温稳定通过 20 ℃初日出现在 5 月 18 日左右,终日出现在 9 月 26 日左右,年降水量 1380 mm 左右,年日照时数 1450 小时左右,光热水能满足双季稻生育的需要,是本区双季稻和棉花的分布区。大庸、慈利、石门等江河平原海拔 200 m 左右年平均气温 16.7 ℃,还种植棉花、芝麻、花生以及柑橘、柚子等。但在秋季低温寒露风偏早的情况下,对部分地区的双季晚稻产量有一定的威胁。

(2)低山丘陵,红黄壤常绿阔叶林带(300～500 m)

300～500 m 是一季稻与双季稻的过渡地带,土壤以黄壤为主,黄、红壤中性,磷钾少,宜油桐、马尾松、木耳生长,是人工营造杉、楠竹主要地带。

年平均气温 16.1～15.7 ℃,日平均气温稳定通过 10 ℃初日在 3 月 25 日左右,终日在 11 月 20 日左右,日平均气温稳定通过 20 ℃初日在 5 月 26 日,终日在 9 月 20 日左右,持续天数 118 天,≥10 ℃积温 5000 ℃・d 左右,年降水量 1390 mm 左右,年日照时数 1300 小时左右,气候温暖,光热条件较好,以一季杂交稻为主。以 500 m 为界,其下为经济林及旱作用地。

500 m 以下,由石灰岩、砂页岩、变质岩等组成的丘陵所发育的土壤多为红壤、黄红壤。由变质岩、砂页岩发育的土壤通透性较好,养分丰富,呈中—弱酸性反应,适种性广,为主要的经作及旱作分布区。低山丘陵主要为油桐、油菜、板栗、核桃、五倍子、茶叶、棕榈、柑橘等,旱土在坡度小于 25 度的山腰及坡脚,种植玉米、红薯、马铃薯、高粱、花生、豆类、烤烟、辣椒、芝麻等;

在坡脚的冲垄、低洼谷地及溪河沿岸，分布有一定数量的稻田，种植一季水稻。

(3)中、低山(500～800 m)黄壤常绿阔叶落叶混交林带

500～800 m 地段由变质岩、砂页岩及石灰岩风化所发育的山地黄壤土，为常绿阔叶林及针叶林分布。年平均气温 15.6～13.5 ℃，日平均气温稳定通过 10 ℃初日在 3 月 30 日—4 月 4 日，终日在 11 月 5 日左右，持续 220 天左右，≥20 ℃初日在 6 月 9 日，终日在 9 月 5 日左右，持续 85 天左右。≥10 ℃积温 4600 ℃ · d 左右，年降水量 1450 mm，年日照时数 1250 小时，光热条件适宜一季杂交稻、花生、玉米、茶叶和杉、松、杂木、竹生长。

500 m 以上的石灰岩、白云岩山地，为用材林及药材用地。

石灰岩、白云岩山地：500 m 以上，主要由石灰岩、白云岩所组成的山地，所发育的土壤多为黄、棕黄色石灰土，土壤黏性重，易板结，肥力低，呈中—弱碱性反应，适于喜钙植物生长，以柏木、核桃、油桐、生漆、板栗、乌桕等为主，还有少量松、栎、香椿等林木分布。低山顶部有金银花、天麻、当归等药材生长。

变质岩、砂页岩山地：海拔 500 m 以上，由变质岩，砂页岩组成的山地，所发育的土壤为山地黄壤，黄棕壤。封透性好，养分较丰富，沙泥比例适中，多呈中—弱酸性反应。宜杉、松等林木生长。植被现状以杉木、马尾松为主，还有枫、香樟木、楠木、青冈栎、栲树、梓木、稠树、银杏、水杉等乔木林及竹类等。此外，山地中还生长有弥猴桃、黑木耳等。杉木、楠竹以分布于变质岩、页岩区的长势最好，500～800 m 是杉木林生长的黄金地段。在山间岩地、盆地、溪河沿岸还分布有一定数量的一季稻田，但多为冷浸田和鸭屎泥田，日照时数少，泥温低，产量一般在 500kg 左右。

(4)中山、中山原黄棕壤、阔叶落叶林带(800～1600 m)

中山原海拔在 800 m 以上，相对高度达 600 m，坡度大于 25 度，龙山的八面山，洛塔，花植的车仕猷，麻栗场，凤凰的腊儿山等，面积共 1695.13 km^2，保靖县的白云山西南末端，川河盖一带亦属此类型。由石灰岩与砂砾岩组成，土壤层厚，有伏流河，为“白云山向斜”西南末端，溶蚀坪上有成群的溶洼、溶斗，四周有砂质岩页岩丘陵，海拔 1000～1100 m，植被覆盖率 30%左右，主要有杉、松、油茶杂木、毛竹，但长势不良。农作物主要有水稻、玉米，红薯、小麦、油菜及豆类，产量一般。山原西北高约 1100 m，东南低，形成一个向东南倾斜的半阳坡向。由于地势高，又有低温多雨、日照少的气候特征，年降水量 1500 mm 以上，7 月平均气温在 20 ℃左右，阴天多，云多雾多，湿度大，夏季凉爽无酷暑。是炎热夏天消夏避暑旅游的好地方。

北武陵山山原山地区海拔 800～1200 m，最高为 1890 m，地表组成物质主要是石灰岩、砂页岩，构成高大、陡峻的山体，约占此区面积的 90%以上，多悬岩山谷，河流落差大，年平均气温 13.6～11.0 ℃，年极端最低气温－8.0～－12.0 ℃，年降水量 1650 mm 左右，年日照时数 1150 小时，无霜期 240 天，雾日 160 天左右，气候温凉，适宜于树木生长，砂页岩节理裂隙发育，利于地下水贮存，土壤多为山地黄壤、黄棕壤，土壤通透性较好，质地一般适中，山高、雾多湿度大，是杉、楠、松稠、弥猴桃、药材等植物生长的良好生态环境。是本区森林、药材的主要产地。

南武陵山中山区，一般海拔 800 m 以上，最高 1528 m(七星山)800～1200 m 的山地黄棕壤地段主要森林植被为常绿落叶阔叶混交林带。

500～1000 m 地段，潮湿雾多，林木生长繁茂，长势良好，同时多生长黄连、生地、金银花、天麻、当归等珍贵和名贵药材。

(5)山地矮林、山顶灌丛草甸带(1200 m 以上)

1000～1200 m 以上山顶，风大温度低，云雾多，积温少，年平均气温在 11.0 ℃以下，1400 m 以上，年平均气温 9.6 ℃以下，≥10.0 ℃积温在 3200 ℃·d 以下，无霜期 220 天以下，年降水量 1670 mm 左右，年日照时数在 1200 小时以下，0 ℃以下低温天数在 30 天左右，极端最低气温达－16.5 ℃，冰冻天数在 40～55 天左右，平均风速在 4.0 m/s 左右，树木难以正常生长成林，多为灌丛草甸覆盖，中高山顶部雾天多(200 天以上)，多雨(年降水量 1700 mm 左右)，潮湿(相对湿度 87％左右)，温度低(年平均气温 10 ℃以下)，适宜生长黄连、生地、金银花、天麻、当归等珍贵和名贵药材，八大公山、高望界、张家界等地，还幸存有茂密的原始次生林。适宜于封山育林、封山育草，保护生态环境，防止水土流失，为酷夏避暑旅游的最佳场地。

第 6 章　南岭北缘山地的立体农业气候

南岭北缘山地含全省南部边缘山地包括越城岭、都庞岭、萌诸岭、骑田岭和大庾岭的总称。一般海拔 1000～1500 m 左右，是长江水系和珠江水系的分水岭，山间盆地较多，谷地为交通要道，南岭山地山体大，延伸长，山势高。

南岭北缘山地，纬度位置偏南，在 25°N 左右。光热水资源丰富，且水热同季，作物生长季节长，但受华南静止锋影响，春季多低温阴雨天气，海拔高差悬殊，气候—土壤—植被立体带谱明显，气象灾害频繁，给农业生产的安全高产造成了极大影响。

为了保护与合理开发利用南岭山地的农业气候资源，振兴山区经济，在五岭之一的骑田岭的东北部山丘区设立 4 个山区梯度气象观测点。

各测点均位于郴州到宜章一条大沟谷的西侧。安和(25°44′N，112°56E，300 m)处在低山与丘陵连接的盆地之中，多灰岩溶洞，森林植被破坏严重，与东偏北的郴州有南面的江口直线距离均接近 8 km。江口(25°37′N，112°56′E，500 m)处于东西两山(NNE—SSW)对峙的中低山峡谷的东侧，永春(25°33 N，112°53′E，750 m)在江口西南方 58 km 处，为一闭塞形中山盆地。园艺场(25°31 N，112°53 E，1050 m)在永春南面约 2.5 km 的中山顶部，其南面开阔平坦，另三面则为陡坡和峡谷。

江口以上为花岗岩母质形成的土壤，结构松散，植被稀疏，多幼残林，农业垦殖率高，水土流失较严重。从 1983 年 3 月中旬开始进行气象和物候平行观测。

6.1　南岭北缘山区气候要素垂直分布

6.1.1　温度

6.1.1.1　气温

6.1.1.1.1　平均气温

(1)年平均气温

南岭山脉北缘，不同海拔高度年平均气温随着海拔高度升高而降低(图 6.1)，如郴州站海拔 184.9 m，年平均气温 17.7 ℃，永春园艺场海拔高度 1050 m，年平均气温 13.0 ℃，两地海拔高度相差 865.1 m，年平均气温相差 4.6 ℃，海拔高度每上升 100 m，年平均气温降低 0.53 ℃。

(2)月平均气温

南岭北缘不同海拔高度月平均气温随海拔高度升高而递减(图 6.2)， 年内，月平均气温递减率以 1 月最小，为 0.35 ℃/100 m，7 月递减率最大，为 0.9 ℃/100 m，4 月为 0.48 ℃/100 m，10 月为 0.47 ℃/100 m(表 6.1)。

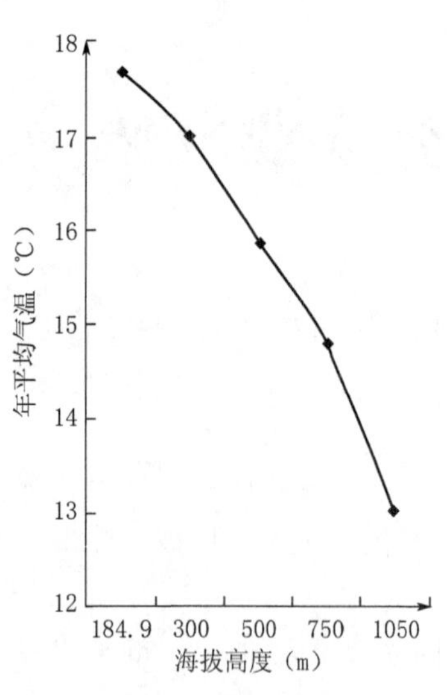

图 6.1　南岭山脉北缘不同海拔高度年平均气温

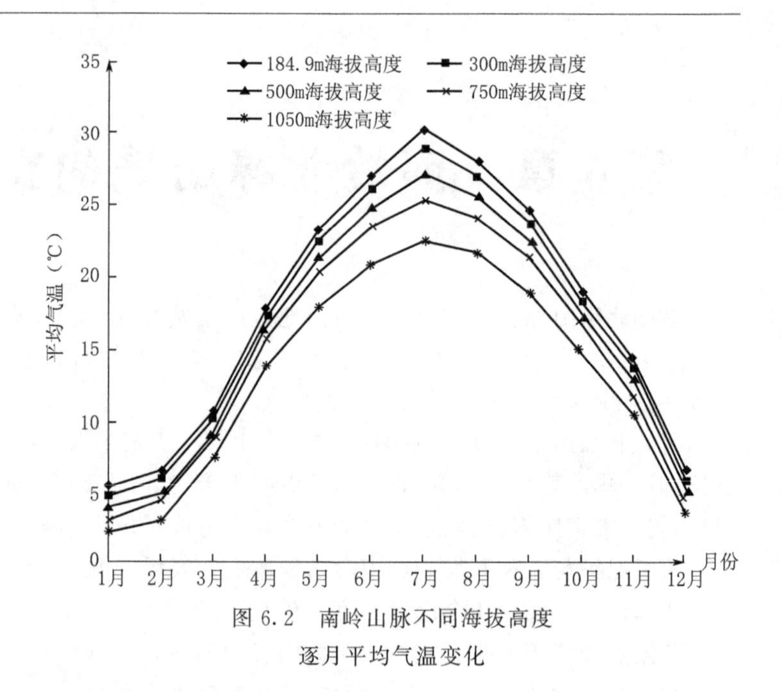

图 6.2　南岭山脉不同海拔高度逐月平均气温变化

表 6.1　不同海拔高度年月平均温度(℃)

站名	海拔高度(m)	1月	2月	3月	4月	5月	6月	7月	8月	9月	10月	11月	12月	年
郴州	184.9	5.3	6.4	10.6	17.9	23.3	27.0	30.3	28.0	24.6	18.9	14 3	6.4	17.7
安和	300	47	5.9	10.0	17.2	22.5	26.1	29.0	27.0	23.7	18.1	13.6	5.8	17.0
江口	500	3.9	4.8	9.1	16.5	21.3	24.8	27.2	25.6	22.4	17.2	12.8	5.1	15.9
永春	750	3.0	4.3	8.7	15.7	20.3	23.5	25.3	24.0	21.3	16.5	11.6	4.3	14.8
永春园艺场	1050	2.2	3.0	7.4	13.7	17.9	20.7	22.5	21.7	18.8	14.8	10.3	3.5	13.0

(3)旬平均气温

旬平均气温变化的特点(表 6.2)：

(1)南岭北缘不同海拔高度各旬平均气温随着海拔高度升高而降低，不同高度旬平均气温最低值均出现在 12 月下旬，如郴州 12 月下旬平均气温为 3.6 ℃，永春园艺场 12 月下旬平均气温与此相差 4.5 ℃，旬平均气温垂直递减率为 0.52 ℃/100 m。

(2)不同海拔高度的旬平均气温最高值出现在 7 月中、下旬，其中郴州(184.9 m)，安和(300 m)，永春(750 m)出现在 7 月中旬，而江口(500 m)，永春园艺场(1050 m)则出现在 7 月下旬。

不同海拔高度旬平均气温最高值，随海拔高度升高的垂直递减率为 0.86 ℃/100 m。

(3)不同海拔高度各旬平均气温≤5.0 ℃，随海拔升高而降低的旬数增多，如海拔 184.9 m 与 300 m 仅 12 月下旬为 3.6 ℃与 2.9 ℃，只有一旬；而海拔高度 500 m 低于 5.0 ℃则有 4 旬，(12 月中旬 4.7 ℃，12 月下旬 1.9 ℃，1 月上旬 4.9 ℃，1 月下旬 4.5 ℃)；海拔 750 m 则有 5 旬，(12 月中旬 4.5 ℃，下旬 1.0 ℃，1 月上旬 4.2 ℃，下旬 4.1 ℃，2 月上旬 4.9 ℃)；海拔 1050 m 则有 6 旬；(12 月中旬 4.1 ℃，12 月下旬−0.9 ℃，11 月上旬 3.1 ℃，1 月下旬 2.9 ℃，2 月上旬 3.9 ℃，2 月下旬 3.7 ℃)。

表6.2　不同海拔高度各月逐旬平均气温(℃)

站名	海拔高度(m)	1月			2月			3月			4月			5月			6月		
		上	中	下	上	中	下	上	中	下	上	中	下	上	中	下	上	中	下
郴州	184.9	6.5	10.9	6.3	8.0	9.3	6.9	10.4	13.1	14.8	16.9	16.7	20.1	22.3	23.5	23.8	25.7	26.2	29.1
安和	300	5.6	10.0	5.5	7.2	8.9	6.4	9.7	12.3	13.8	15.8	16.2	19.3	21.7	22.7	23.1	24.8	25.4	28.1
江口	500	4.9	9.0	4.5	6.0	7.9	5.3	9.4	11.6	12.8	15.7	15.4	18.2	20.4	21.5	22.0	23.6	24.3	26.5
永春	750	4.1	8.4	4.1	5.6	7.9	4.9	8.7	11.4	12.7	14.9	15.2	17.0	19.3	20.5	21.0	22.4	23.1	25.0
永春园艺场	1050	3.1	7.6	2.9	3.9	7.4	3.7	7.4	9.8	10.9	13.0	13.3	14.8	17.2	17.9	18.3	19.6	20.3	22.0

站名	海拔高度(m)	7月			8月			9月			10月			11月			12月		
		上	中	下	上	中	下	上	中	下	上	中	下	上	中	下	上	中	下
郴州	184.9	30.0	30.7	30.2	29.5	27.8	27.0	26.9	23.8	23.0	21.3	19.2	16.4	17.4	14.1	11.4	9.8	6.2	3.6
安和	300	28.7	29.2	29.0	28.3	26.8	26.1	26.0	23.0	22.2	20.4	18.4	15.7	16.6	13.4	10.7	9.1	5.6	2.9
江口	500	27.2	27.1	27.3	26.6	25.6	24.8	24.5	21.8	21.1	19.4	17.5	15.0	16.0	12.6	9.8	8.9	4.7	1.9
永春	750	25.2	25.4	25.2	24.7	24.0	23.2	22.8	20.9	20.2	18.2	17.4	14.3	14.5	11.6	8.8	7.9	4.5	1.0
永春园艺场	1050	22.2	22.6	22.7	22.7	21.6	21.0	20.1	18.5	17.8	16.3	15.8	12.5	13.7	10.6	6.8	7.8	4.1	−0.9

(4)不同海拔高度旬平均气温≥25.0 ℃的旬数随海拔高度升高而减少。

海拔高度184.9 m,旬平均气温高于25.0 ℃的旬数自6月上旬至9月上旬,共有10旬,其中≥30.0 ℃有3旬(7月上、中、下旬);海拔300 m,旬平均气温≥25.0 ℃的旬数,自6月下旬至9月上旬,共9旬,没有旬平均气温达30.0 ℃的了。

海拔500 m,旬平均气温≥25.0 ℃的旬数自6月下旬至8月中旬,共6旬。

海拔750 m,旬平均气温≥25.0 ℃的旬数自6月下旬至7月下旬,共4旬。

海拔1050 m,旬平均气温均低于25.0 ℃。旬平均气温最高为7月下旬与8月上旬为22.9 ℃,旬平均气温20.0 ℃以上的旬数,也只有9旬(6月中旬—9月上旬)。6月中旬—9月上旬,似春秋季节气候凉爽,是一个天然大凉棚,为盛夏炎热消暑的生态旅游最佳场所。

6.1.1.1.2　极端气温

(1)极端最高气温

① 年极端最高气温

年极端最高气温随海拔高度升高而降低(图6.3),郴州(184.9 m)年极端最高气温40.3 ℃,永春园艺场(1050 m)年极端最高气温31.9 ℃,两地海拔高度相差865.1 m,年极端最高气温相差8.4 ℃,年极端最高气温垂直递减率为0.97 ℃/100 m。

② 月极端最高气温

南岭北缘月极端最高气温随海拔升高而降低(图6.4),月极端最高气温,一年内呈低—高—低马鞍型的变化趋势,月极端最高气温均出现在7月份,海拔高度500 m以下,月极端最高气温在35.0 ℃以上,海拔500 m以上,极端最高气温低于35.0 ℃(表6.3)。

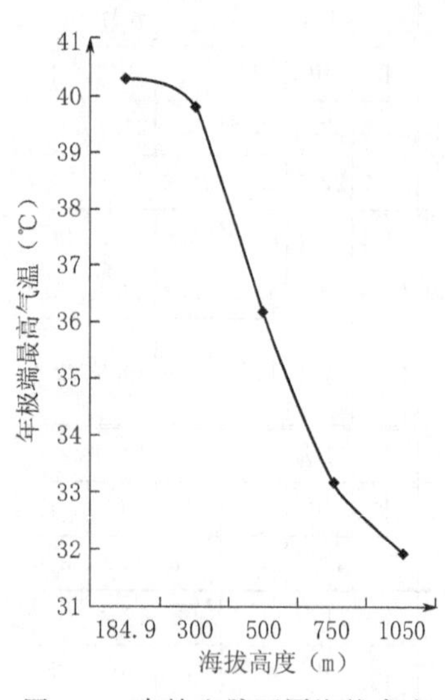

图 6.3　南岭山脉不同海拔高度年极端最高气温

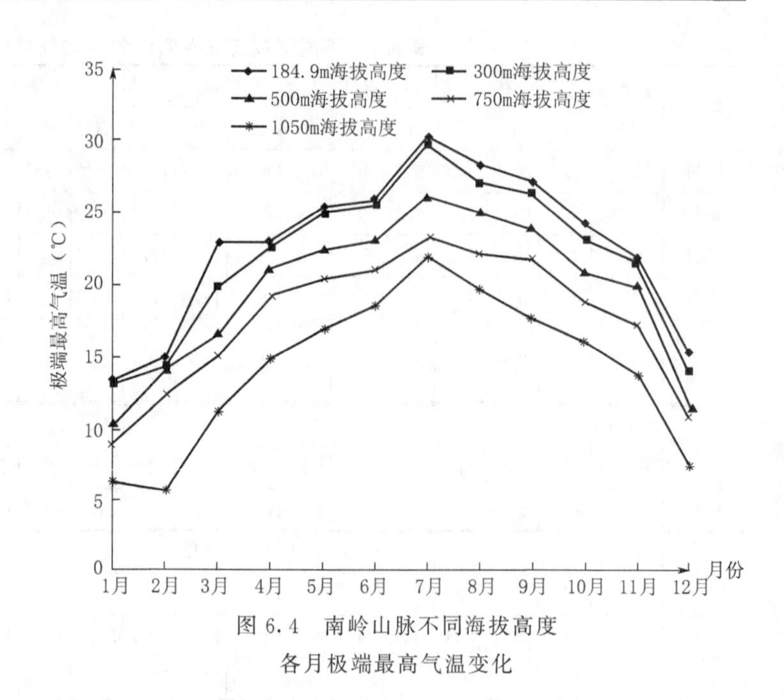

图 6.4　南岭山脉不同海拔高度各月极端最高气温变化

表 6.3　月极端最高气温(℃)

站名	海拔高度(m)	1月	2月	3月	4月	5月	6月	7月	8月	9月	10月	11月	12月	年
郴州	184.9	23.2	24.8	32.9	33.0	35.4	35.9	40.3	38.3	37.2	34.2	32.0	25.0	40.3
安和	300	22.9	24.1	29.8	32.5	35.0	35.6	39.8	37.0	36.4	33.1	31.5	23.8	39.8
江口	500	20.3	24.0	26.5	31.2	32.4	33.0	36.2	35.0	33.8	30.7	29.8	21.5	36.2
永春	750	18.9	22.2	25.0	29.2	30.4	31.0	33.2	32.1	31.7	28.8	27.1	20.7	33.2
永春园艺场	1050	16.1	15.5	21.0	24.7	26.8	28.5	31.9	29.6	27.5	25.9	23.8	17.3	31.9

(2)平均最高气温

① 年平均最高气温

不同海拔高度年平均最高气温，随海拔高度升高而降低，如海拔 184.9 m，年平均最高气温为 22.4 ℃，海拔 1050 m 年平均最高气温为 16.6 ℃，两地海拔高度相差 865.1 m，年平均最高气温相差 5.8 ℃，年平均最高气温垂直递减率为 0.67 ℃/100 m。

② 月平均最高气温

南岭北缘月平均最高气温出现在 7 月，海拔高度 500 m 以下，7 月平均最高气温在 31.0 ℃以上，其中海拔 184.9 m，7 月平均最高气温为 35.5 ℃，而 500 m 以上，7 月平均最高气温低于 30.0 ℃，海拔 184.9 m，月平均最高气温 20.0 ℃以上有 7 个月(4、5、6、7、8、9、10)，25.0 ℃以上有 5 个月(6、7、8、9、10)；海拔 300～500 m，月平均最高气温 20.0 ℃以上有 7 个月(4、5、6、7、8、9、10)，25.0 ℃以上有 5 个月(5、6、7、8、9)，30.0 ℃以上有 1 个月(7 月)(表 6.4)。

海拔 750 m，月平均最高气温 20.0 ℃以上有 6 个月(5、6、7、8、9)，其中月平均最高气温 25.0 ℃以上有 4 个月(6、7、8、9)。

海拔 1050 m,月平均最高气温 20.0 ℃以上有 5 个月(5、6、7、8、9),月平均最高气温 25.0 ℃以上则只有两个月(7、8 月)。

表 6.4　月平均最高温度(℃)

站名	海拔高度(m)	1月	2月	3月	4月	5月	6月	7月	8月	9月	10月	11月	12月	年
郴州	184.9	9.9	9.3	14.6	22.6	27.9	31.6	35.5	33.7	29.1	23.4	19.8	10.9	22.4
安和	300	9.0	8.6	13.6	21.8	27.1	30.7	34.6	32.7	28.1	22.5	19.1	10.3	21.5
江口	500	7.8	7.6	12.8	20.8	25.3	28.7	31.9	30.5	26.3	21.1	17.8	9.2	20.0
永春	750	7.3	7.5	12.6	19.9	24.0	27.1	29.8	28.5	25.3	20.7	16.8	8.8	19.0
永春园艺场	1050	5.9	6.2	10.7	17.4	21.0	23.9	26.3	25.5	22.3	18.2	14.3	7.3	16.6

③ 旬平均最高气温

南岭北缘不同海拔高度旬平均最高气温,出现在 7 月下旬,旬平均最高气温随着海拔升高而降低。如海拔高度 184.9 m,7 月下旬平均最高气温为 36.0 ℃,海拔 1050 m,7 月下旬平均最高气温为 26.9 ℃,两地海拔高度相差 865.1 m,旬平均最高气温相差 9.1 ℃,7 月下旬的平均最高气温在 20.0 ℃以上有 22 旬,旬平均最高气温 25.0 ℃以上有 17 旬,旬平均最高气温 30.0 ℃以上有 10 旬,旬平均最高气温 35.0 ℃以上有 3 旬(7 月中、下旬,8 月上旬)。

海拔 300 m,旬平均最高气温 20.0 ℃以上有 21 旬,旬平均最高气温 25.0 ℃以上有 16 旬,旬平均最高气温 30.0 ℃以上有 8 旬,旬平均最高气温 35.0 ℃以上有 2 旬(7 月中下旬)。海拔 500 m,旬平均最高气温 20.0 ℃以上有 18 旬,25.0 ℃以上有 14 旬,30.0 ℃以上有 6 旬,没有 35.0 ℃以上的旬平均最高气温了。海拔 750 m,旬平均最高气温 20.0 ℃以上有 18 旬,25.0 ℃以上有 9 旬。30.0 ℃以上的有 2 旬(7 月中、下旬),海拔 1050 m,旬平均最高气温 20.0 ℃以上有 15 旬,25.0 ℃以上 6 旬(6 月下旬—8 月中旬)(表 6.5)。

表 6.5　各月逐旬平均最高气温(℃)

站名	海拔高度(m)	1月			2月			3月			4月			5月			6月		
		上	中	下	上	中	下	上	中	下	上	中	下	上	中	下	上	中	下
观测站	184.9	8.9	13.1	7.8	9.0	10.9	7.6	13.1	14.6	16.0	21.3	21.1	25.5	27.5	28.3	27.9	30.4	30.5	33.7
安和	300	8.1	12.2	6.9	8.2	10.3	6.9	12.3	13.5	15.0	20.6	20.2	24.7	27.0	27.4	26.9	29.4	29.8	32.9
江口	500	6.9	11.0	5.7	6.9	9.5	6.1	11.6	13.0	13.9	19.7	19.6	23.0	25.1	25.5	25.3	26.9	27.8	30.9
永春	750	6.2	10.4	5.5	6.9	9.3	5.8	11.1	13.0	13.8	18.8	19.3	21.6	23.7	24.4	24.1	26.0	26.3	28.8
永春园艺场	1050	4.4	9.1	4.4	5.0	8.7	4.6	8.7	10.9	12.1	16.3	17.0	18.9	20.7	21.4	21.0	23.2	23.1	25.4

站名	海拔高度(m)	7月			8月			9月			10月			11月			12月		
		上	中	下	上	中	下	上	中	下	上	中	下	上	中	下	上	中	下
观测站	184.9	34.5	35.9	36.0	35.7	33.5	32.2	32.0	28.1	27.1	26.5	23.4	20.6	24.0	19.3	16.2	16.1	9.9	7.0
安和	300	33.4	35.0	35.2	34.6	32.3	31.4	30.8	27.5	26.2	25.4	22.4	19.9	23.2	18.6	15.4	15.5	9.3	6.4

续表

站名	海拔高度(m)	1月			2月			3月			4月			5月			6月		
		上	中	下	上	中	下	上	中	下	上	中	下	上	中	下	上	中	下
江口	500	31.1	32.0	32.5	31.9	30.4	28.7	28.8	25.5	24.6	23.7	21.0	18.7	21.8	17.2	14.3	14.5	8.6	5.1
永春	750	29.0	30.2	30.2	29.7	28.4	26.5	27.1	24.8	24.2	22.6	21.4	18.5	20.6	16.5	13.4	13.8	8.4	4.5
永春园艺场	1050	25.3	26.7	26.9	26.6	25.2	24.7	23.7	22.0	21.2	19.7	19.2	16.1	18.3	14.4	10.6	12.1	8.1	2.1

(3)极端最低气温

① 年极端最低气温

南岭北缘不同海拔高度年极端最低气温随着海拔高度升高而降低(图 6.5)。如海拔 184.9 m 年极端最低气温为−3.0 ℃,海拔 1050 m,年极端最低气温为−8.3 ℃,两地海拔高度相差 865.1 m,年极端最低气温相差 5.3 ℃,海拔高度每上升 100 m,年极端最低气温递减 0.61 ℃。

② 月极端最低气温

南岭北缘不同海拔高度月极端最低气温在一年内的变化呈低—高—低马鞍型演变。极端最低气温出现在 12 月。海拔 184.9 m,月极端最低气温低于 0.0 ℃的有 4 个月(12、1、2、3 月)海拔高度 300 m 至 1050 m,月极端最低气温低于 0.0 ℃的有 5 个月(11、12、1、2、3 月)。海拔 750 m 以上,月极端最低气温低于−5.0 ℃,海拔 1050 m,月极端最低气温为−8.3 ℃。

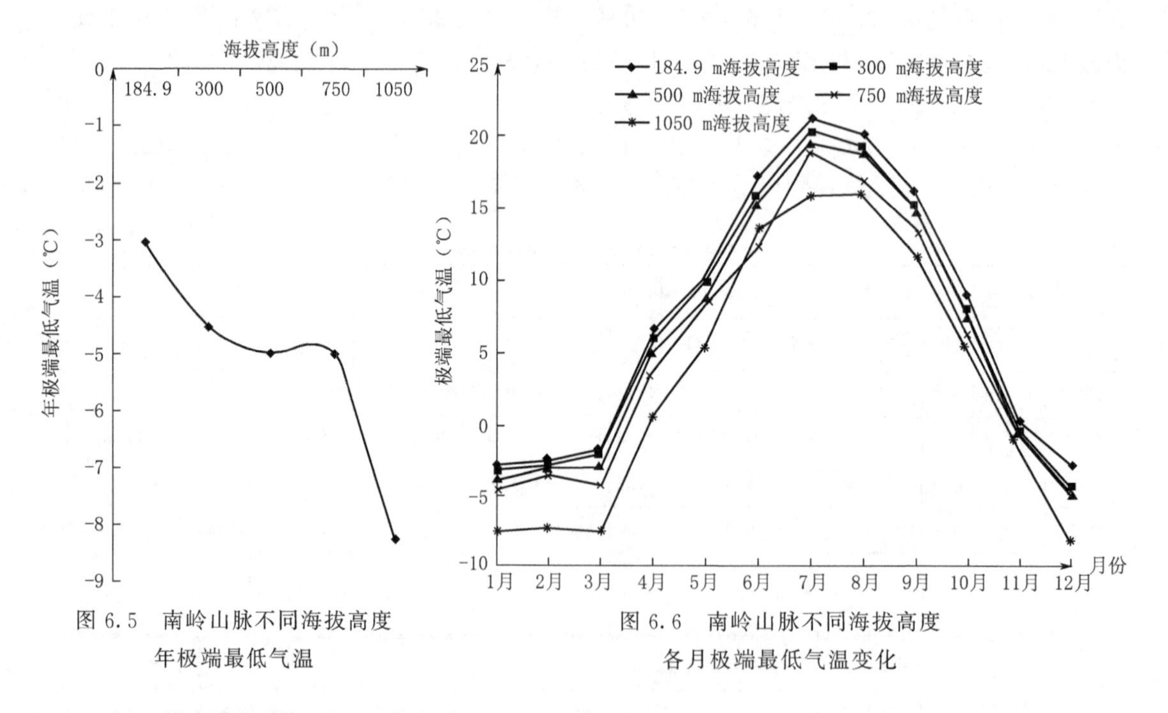

图 6.5 南岭山脉不同海拔高度年极端最低气温

图 6.6 南岭山脉不同海拔高度各月极端最低气温变化

(4)平均最低气温

① 年平均最低气温

南岭北缘不同海拔高度年平均最低气温,随着海拔高度升高而降低。垂直递减率为

0.45 ℃/100 m。

表 6.6　月极端最低气温(℃)

站名	海拔高度(m)	1月	2月	3月	4月	5月	6月	7月	8月	9月	10月	11月	12月	年
郴州	184.9	−3.0	−2.7	−1.9	6.5	10.2	17.3	21.3	20.1	16.1	8.9	0.0	−3.0	−3.0
安和	300	−3.3	−3.0	−2.2	5.8	100	16.0	20.6	19.3	15.0	7.7	−0.7	−4.5	−4.5
江口	500	−4.0	−3.0	−3.0	4.8	8.8	15.4	19.7	18.8	14.7	7.5	−0.8	−5.0	−5.0
永春	750	−4.6	−3.6	−4.3	3.7	8.2	12.4	18.9	17.0	13.5	6.0	−0.8	−5.0	−5.0
永春园艺场	1050	−7.6	−7.3	−7.5	0.3	5.5	13.5	16.0	15.9	11.5	5.0	−1.8	−8.3	−8.3

② 月平均最低气温

南岭北缘不同海拔高度月平均最低气温随海拔高度升高而降低(表 6.7)。一年之内，月平均最低气温出现在 12 月至次年 1 月。不同海拔高度的月平均最低气温分别为 3.3、1.6、1.1、0.2、−0.6 ℃，其垂直递减率为 0.45 ℃/100 m。不同海拔高度月平均最低气温低于 10 ℃的，750 m 以下有 4 个月(12、1、2、3 月)，海拔 1050 m 的有 5 个月(11、12、1、2、3 月)。

表 6.7　月平均最低气温(℃)

站名	海拔高度(m)	1月	2月	3月	4月	5月	6月	7月	8月	9月	10月	11月	12月	年
郴州	184.9	7.2	4.4	7.8	14.3	19.8	23.3	26.4	24.3	21.4	15.5	10.3	3.3	14.4
安和	300	1.6	3.9	7.3	13.8	19.2	22.4	24.6	23.2	20.6	14.9	9.6	2.7	13.6
江口	500	1.1	2.8	6.5	13.2	18.2	21.3	22.9	22.0	19.4	14.2	9.4	2.4	12.8
永春	750	0.2	2.0	5.9	12.1	17.4	20.4	21.7	20.6	18.3	13.3	8.0	1.3	11.8
永春园艺场	1050	−0.6	0.3	4.5	10.6	15.6	18.6	20.1	19.4	16.7	12.2	7.3	0.8	10.5

③ 旬平均最低气温

南岭北缘不同海拔高度旬平均最低气温随海拔高度升高而递减。不同海拔高度，旬平均最低气温出现在 12 月下旬。从海拔 184.9 m 至 1050 m，12 月下旬平均最低气温依次为 1.1、0.5、−0.3、−1.4、−3.1 ℃。垂直递减率为 4.8 ℃/100 m(表 6.8)。

不同海拔高度旬平均最低气温≤10.0 ℃的旬数随着海拔高度升高而增加，如海拔高度 184.9 m 旬平均最低气温低于 10.0 ℃的有 11 旬，海拔高度 300 m 为 12 旬，海拔 500 m 为 13 旬、海拔 750 m 为 14 旬，海拔 1050 m 为 15 旬。

旬平均最低气温≥20.0 ℃的旬数，随着海拔高度升高而减少。海拔高度自 184.9 m 至 1050 m，旬平均最低气温≥20.0 ℃的旬数依次为，184.9 m 为 14 旬，300 m 为 12 旬，500 m 为 10 旬，750 m 为 8 旬，1050 m 为 4 旬。

旬平均最低气温≥25.0 ℃的旬数，海拔 184.9 m 为 5 旬，海拔 300 m 为 1 旬，海拔 500 m 以上则没有平均最低气温 25.0 ℃以上的现象了。

表 6.8　各月逐旬平均最低气温(℃)

站名	海拔高度(m)	1月			2月			3月			4月			5月			6月		
		上	中	下	上	中	下	上	中	下	上	中	下	上	中	下	上	中	下
郴州	184.9	4.7	6.8	5.0	5.7	8.1	4.8	9.6	10.9	11.7	13.4	13.6	16.3	18.1	20.1	20.9	21.8	23.0	25.0
安和	300	4.0	6.2	4.4	5.1	7.5	4.1	8.4	10.0	11.0	12.9	12.9	15.6	17.7	19.5	20.5	21.1	22.2	24.0
江口	500	3.3	5.6	3.2	3.8	6.5	3.2	8.0	9.4	10.3	12.4	12.4	14.8	16.7	18.2	19.5	20.1	21.3	22.6
永春	750	2.2	4.7	2.6	3.4	6.2	2.6	6.9	9.2	9.7	11.5	11.7	13.2	15.8	17.5	18.7	19.3	20.4	21.6
永春园艺场	1050	0.6	4.2	0.9	1.4	4.3	0.7	4.7	7.7	8.0	9.9	10.1	11.9	14.4	15.7	16.7	17.3	18.6	19.9

站名	海拔高度(m)	7月			8月			9月			10月			11月			12月		
		上	中	下	上	中	下	上	中	下	上	中	下	上	中	下	上	中	下
郴州	184.9	26.7	26.3	26.1	25.9	24.3	23.5	23.2	20.9	20.1	17.3	16.3	13.0	12.7	10.4	7.7	5.5	4.4	1.1
安和	300	25.1	24.5	24.4	23.7	23.3	22.6	22.2	20.1	19.6	16.6	15.7	12.4	12.1	9.7	7.1	5.3	2.8	0.5
江口	500	23.6	22.4	22.8	22.3	22.3	21.4	20.9	18.8	18.5	15.9	14.9	12.0	11.8	9.5	6.6	4.9	2.5	−0.3
永春	750	22.2	21.4	21.5	20.8	21.0	20.2	19.6	18.2	17.4	14.6	14.3	11.2	10.4	8.3	5.2	4.8	1.6	−1.4
永春园艺场	1050	20.2	20.0	20.0	20.0	19.4	18.9	17.9	16.6	15.7	13.6	13.2	10.0	10.4	7.6	3.8	4.1	1.1	−3.1

6.1.1.1.3　日最低气温≤0 ℃日数

南岭北缘不同海拔高度各月逐旬日最低气温≤0 ℃日数随着海拔高度升高而增加(表6.9)。

表 6.9　各月逐旬最低气温≤0 ℃日数(天)

站名	海拔高度(m)	1月			2月			3月			4月			5月			6月		
		上	中	下	上	中	下	上	中	下	上	中	下	上	中	下	上	中	下
郴州	184.9	4.0	1.7	2.7	1.3	1.0	0.3	1.3											
安和	300	5.3	2.0	3.3	2.3	1.0	1.0	1.3											
江口	500	5.7	2.7	5.0	3.7	2.0	2.3	1.3	1.0										
永春	750	7.3	3.0	6.7	4.3	2.3	2.3	1.7	1.0										
永春园艺场	1050	7.0	2.7	7.0	6.7	4.0	5.3	3.3	2.7	0.7									

站名	海拔高度(m)	7月			8月			9月			10月			11月			12月			年
		上	中	下	上	中	下	上	中	下	上	中	下	上	中	下	上	中	下	合计
郴州	184.9															0.7	0.7	2.0	3.0	18.7
安和	300															0.3	0.7	2.7	5.3	25.7
江口	500																1.0	3.3	6.7	34.7
永春	750															1.0	0.7	4.0	9.0	43.3
永春园艺场	1050															0.7	1.0	5.0	9.0	73.1

① 年日最低气温≤0 ℃日数

不同海拔高度年日最低气温≤0 ℃日数的垂直递增率为 6.28 天/100 m，海拔 184.9 m，年日最低气温≤0 ℃日数为 18.7 天，海拔 1050 m，年日最低气温≤0 ℃的日数为 73.1天。

② 月日最低气温≤0 ℃日数

月日最低气温≤0 ℃日数随着海拔高度升高而增加，海拔 184.9～300 m，日最低气温≤0 ℃日数始于 11 月下旬，止于次年 3 月上旬。海拔 500～750 m，日最低气温≤0 ℃日数始于 11 月下旬，止于次年 3 月中旬，海拔 1050 m，日最低气温≤0 ℃日数始于 11 月下旬，止于次年 3 月下旬。

(2)年日最低气温≤－5 ℃日数

海拔 500～750 m，年日最低气温≤－5 ℃的日数仅 0.3 天，出现在 12 月中旬。

海拔 1050 m 年日最低气温≤－5 ℃日数为 8 天，出现在 12 月上旬至次年 2 月中旬，尤以 12 月中旬，1 月下旬及 2 月上旬居多(表 6.10)。

表 6.10　各月逐旬日最低气温≤－5 ℃日数(天)

站名	海拔高度(m)	1月			2月			3月			4月			5月			6月		
		上	中	下	上	中	下	上	中	下	上	中	下	上	中	下	上	中	下
郴州	184.9																		
安和	300																		
江口	500																		
永春	750																		
永春园艺场	1050	0.7	1.0	2.3	1.7	0.3													

站名	海拔高度(m)	7月			8月			9月			10月			11月			12月			年
		上	中	下	上	中	下	上	中	下	上	中	下	上	中	下	上	中	下	合计
郴州	184.9																			
安和	300																			
江口	500																	0.3		0.3
永春	750																	0.3		0.3
永春园艺场	1050																0.3	1.7		8.0

(3)日最高气温≥30 ℃日数

① 年日最高气温≥30 ℃日数

南岭北缘不同海拔高度，日最高气温≥30 ℃日数随着海拔高度升高而减少。如海拔 184.9 m 处年日最高气温≥30 ℃的日数 120.9 天，而海拔 1050 m，年日最高气温≥30 ℃日数仅 0.7 天。海拔高度每上升 100 m，日最高气温≥30 ℃的日数减少 13.89 天。

② 月日最高气温≥30 ℃日数

海拔高度 1849 m，日最高气温≥30 ℃日数自 3 月下旬至 10 月中旬连续出现，在 11 月上旬至 11 月下旬，偶而有零星出现。海拔 500 m，自 5 月上旬至 10 月中旬连续出现，4 月上旬与

11 月上旬零星出现。海拔 750 m,6 月下旬至 9 月上旬连续出现,5 月中旬,6 月上旬,偶有发生。海拔 1050 m,7 月下旬仅有 7 天出现日最高气温≥30 ℃。

(4)日最高气温≥35 ℃日数

① 年日最高气温≥35 ℃日数

随着海拔升高而减少,如海拔 184.9 m,年日最高气温≥35 ℃日数为 37.8 天,海拔 300 m 为 24.8 天,垂直递减率为 6.08 天/100 m、海拔 500 m,日最高气温≥35 ℃日数仅 2.3 天,垂直递减率 11.25 天/100 m、海拔 750 m 以上则没有日最高气温≥35 ℃的日数了。

② 月日最高气温≥35 ℃日数

海拔 184.9 m,日最高气温≥35 ℃日数,出现在 6 月上旬至 9 月上旬。

海拔 300 m,日最高气温≥35 ℃日数,集中出现在 6 月下旬至 9 月中上旬,5 月中旬有 0.7 天。

海拔 500 m,日最高气温≥35 ℃日数,出现在 7 月中旬至 8 月上旬。

海拔 750 m 以上则没有出现日最高气温≥35 ℃的日数了。

表 6.11 各月逐旬日最高气温≥30 ℃日数(天)

站名	海拔高度(m)	1月			2月			3月			4月			5月			6月		
		上	中	下	上	中	下	上	中	下	上	中	下	上	中	下	上	中	下
郴州	184.9									0.3	0.3	0.3	2.3	5.0	5.7	4.3	5.7	7.0	9.3
安和	300										1.0	0.3	0.7	4.3	3.7	3.3	5.0	5.0	9.3
江口	500										0.3			2.3	1.7	0.7	2.7	2.3	7.7
永春	750														0.3		0.3		2.3
永春园艺场	1050																		

站名	海拔高度(m)	7月			8月			9月			10月			11月			12月			年
		上	中	下	上	中	下	上	中	下	上	中	下	上	中	下	上	中	下	合计
郴州	184.9	10.0	10.0	11.0	10.0	9.0	8.7	7.3	4.0	3.7	3.7	1.3		1.7		0.3				120.9
安和	300	9.3	9.7	11.0	10.0	8.7	8.0	6.7	3.3	2.7	3.0	0.7		1.0						106.3
江口	500	9.0	9.0	10.3	6.3	6.3	3.0	3.0	1.7	1.0	0.3	1.0								68.6
永春	750	2.0	5.7	5.7	5.3	7.0	1.7	1.0												31.3
永春园艺场	1050			0.7																0.7

表 6.12 各月逐旬日最高气温≥35 ℃日数(天)

站名	海拔高度(m)	1月			2月			3月			4月			5月			6月		
		上	中	下	上	中	下	上	中	下	上	中	下	上	中	下	上	中	下
郴州	184.9																0.7	0.7	3.0
安和	300														0.7				1.7
江口	500																		
永春	750																		

续表

站名	海拔高度(m)	1月			2月			3月			4月			5月			6月		
		上	中	下	上	中	下	上	中	下	上	中	下	上	中	下	上	中	下
永春园艺场	1050																		

站名	海拔高度(m)	7月			8月			9月			10月			11月			12月			合计
		上	中	下	上	中	下	上	中	下	上	中	下	上	中	下	上	中	下	
郴州	184.9	2.7	7.7	4.3	5.7	4.0	2.7	0.3												31.8
安和	300	2.7	6.0	5.7	5.3	1.0	1.0	0.7												24.8
江口	500		0.3	1.7	0.3															2.3
永春	750																			
永春园艺场	1050																			

6.1.1.1.4　气温日较差

(1)年平均气温日较差

南岭北缘不同海拔高度年气温日较差随着海拔高度升高而减少，如海拔 184.9 m，年气温日较差为 7.9 ℃，海拔 1050 m，年气温日较差为 6.1 ℃，垂直递减率为 0.20 ℃/100 m，但海拔 184.9 与 300 m 均为 7.9 ℃，海拔 500 m 与 750 m 年气温日较差同为 7.2 ℃，说明地形地貌下垫面对气温日较差有很大影响(表 6.13)。

表 6.13　月平均气温日较差(℃)

站名	海拔高度(m)	1月	2月	3月	4月	5月	6月	7月	8月	9月	10月	11月	12月	年
郴州	184.9	7.7	4.9	6.8	8.2	8.1	8.3	9.2	9.4	7.7	7.9	9.6	7.6	7.9
安和	300	7.4	4.7	6.4	8.1	7.8	8.3	9.9	9.3	7.5	7.6	9.5	7.6	7.9
江口	500	6.6	4.8	6.4	7.6	7.1	7.4	9.0	8.6	6.9	6.9	8.4	6.8	7.2
永春	750	7.1	5.5	6.8	7.8	6.6	6.7	8.0	7.9	7.0	7.4	8.8	7.5	7.2
永春园艺场	1050	6.4	6.0	6.2	6.8	5.4	5.3	6.2	6.1	5.6	6.0	7.1	6.4	6.1

(2)月气温日较差

南岭北缘不同海拔高度气温日较差最大值出现在 7 月与 8 月，依次为 9.4、9.9、9.0、8.0、6.2 ℃；海拔 750 m 以下气温日较差最小值出现在 2 月，而海拔 1050 m，气温日较差最低值出现在 6 月为 5.3 ℃。

(3)旬气温日较差

旬气温日较差最大值出现 11 月上旬，海拔 184.9 m，旬气温日较差最大为 11.2 ℃，海拔 300 m 11 月上旬气温日较差为 11.5 ℃，海拔 500 m 气温日较差为 9.8 ℃(出现在 11 月上旬)，海拔 750 m，旬气温日较差最大为 10.1 ℃(11 月上旬)，海拔 1050 m，旬气温日较差最大为 7.9 ℃(11 月上旬)(表 6.14)。

不同海拔高度，旬气温日较差最小值，出现在 2 月下旬至 5 月中旬。海拔 184.9 m，旬气温日较差最小为 3.9 ℃，出现在 2 月下旬；海拔 300 m，旬气温日较差最小为 3.8 ℃，出现在 2 月下旬；海拔 500 m，旬气温日较差最小为 4.1 ℃，出现在 2 月下旬；海拔 750 m，旬气温日较差最小为 4.7 ℃，出现在 2 月下旬；海拔 1050 m，旬气温日较差最小为 4.4 ℃，出现在 5 月下旬。

表 6.14　各月逐旬气温日较差(℃)

站名	海拔高度(m)	1月			2月			3月			4月			5月			6月		
		上	中	下	上	中	下	上	中	下	上	中	下	上	中	下	上	中	下
郴州	184.9	8.5	9.8	5.1	5.1	5.4	3.9	8.0	6.2	6.3	7.9	7.5	9.2	9.4	8.1	6.9	8.6	7.5	8.7
安和	300	8.3	9.5	4.7	4.8	5.2	3.8	7.8	5.7	5.8	7.7	7.3	9.2	9.3	7.9	6.4	8.4	7.6	8.9
江口	500	7.0	8.6	4.5	4.7	5.3	4.1	7.4	6.3	5.5	7.3	7.3	8.1	8.4	7.3	5.8	7.6	6.5	8.3
永春	750	7.3	9.2	5.2	5.4	6.1	4.7	8.0	6.5	5.9	7.3	7.7	8.5	7.8	6.9	5.4	6.8	5.9	7.3
永春园艺场	1050	6.3	7.4	5.7	5.6	6.8	5.3	6.6	5.8	6.1	6.4	7.0	7.0	6.2	5.7	4.4	5.9	4.6	5.4

站名	海拔高度(m)	7月			8月			9月			10月			11月			12月		
		上	中	下	上	中	下	上	中	下	上	中	下	上	中	下	上	中	下
郴州	184.9	7.8	9.6	10.0	10.5	9.2	8.7	8.9	7.2	7.0	9.1	7.1	7.6	11.2	8.3	8.5	10.6	6.4	6.0
安和	300	8.2	10.5	10.8	10.9	9.0	9.0	8.3	7.4	6.6	8.8	6.7	7.4	11.5	8.9	8.3	10.6	6.5	6.1
江口	500	7.6	9.6	9.7	9.7	8.1	8.0	7.8	6.6	6.1	7.4	6.1	6.7	9.8	7.7	7.7	9.3	6.0	5.6
永春	750	6.8	8.7	8.7	8.9	7.4	7.4	7.6	6.6	6.8	7.4	7.1	7.3	10.1	8.2	8.2	9.7	7.1	5.3
永春园艺场	1050	5.0	6.7	6.9	6.6	5.8	5.8	5.8	5.5	5.6	6.0	5.9	6.1	7.9	6.5	6.8	7.4	7.0	5.1

6.1.1.1.5　界限温度初终日期，间隔日数及积温

(1)间隔日数

① 不同海拔高度各级界限温度初终期间隔日数

0 ℃初终期间隔日数随海拔高度升高而减少(图 6.7)，海拔 184.9 m，0 ℃初终期间隔日数为 365 天；海拔 300 m，0 ℃初终期间隔日数为 347 天；海拔 500 m，日平均气温稳定通过 0 ℃初日在 2 月 15 日，终日为 12 月 18 日，初终期间隔日数 307 天；海拔 1050 m，日平均气温稳定通过 0 ℃初日在 3 月 7 日，终日为 12 月 16 日，初终间隔日数 285 天。海拔每升高 100 m，日平均气温稳定通过 0 ℃初日推迟 6.7 天，日平均气温稳定通过 0 ℃终日提早 0.7 天(表 6.15)。

② 日平均气温稳定通过 10 ℃初终期间隔日数，随海拔高度升高而减少，如海拔 184.9 m，初终期间隔日数为 249 天；海拔 1050 m 10 ℃初终期间隔日数为 201 天，垂直递减率为 5.66 天/100 m。其中，海拔高度每上升 100 m，日平均气温稳定通过 10 ℃，初日推迟 1.61 天，终日提早 3.93 天。

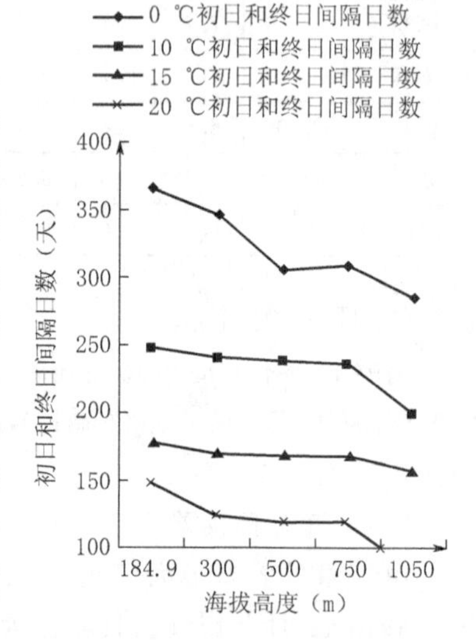

图 6.7　南岭山地北缘不同海拔高度各温度初日和终日的间隔日数

表 6.15 各级界限温度初终期、间隔日数(天)及积温(℃·d)

站名	海拔高度(m)	0 ℃				10 ℃				15 ℃				20 ℃			
		初日	终日	间隔日数	积温	初日	终日	间隔日数	积温	初日	终日	间隔日数	积温	初日	终日	间隔日数	积温
郴州	184.9			365	6498.2	25/3	28/11	249	5711.2	21/4	15/10	178	4602.7	7/5	2/10	148	4003.3
安和	300		14/12	347	6150.8	29/3	24/11	241	5404.1	28/4	15/10	171	4299.6	23/5	23/9	123	3306.2
江口	500	15/2	18/12	307	5697.7	1/4	24/11	238	5096.3	29/4	13/10	168	4029.5	26/5	21/9	119	3024.5
永春	750	16/2	21/12	309	5350.1	1/4	22/11	236	4785.0	29/4	14/10	169	3808.5	27/5	22/9	119	2834.4
永春园艺场	1050	7/3	16/12	285	4561.0	8/4	25/10	201	3812.3	12/5	16/10	158	3039.3	10/6	31/8	83	1825.0

③ 日平均气温稳定通过 15 ℃初终期间隔日数，随海拔升高而减少，垂直递减率为 2.31 天/100 m。其中日平均气温稳定通过 15 ℃初日推迟 2.42 天，终日在不同海拔高度相差 1 天左右。

④ 日平均气温稳定通过 20 ℃，初终期间隔日数垂直递减率为 7.51 天/100 m，其中日平均气温稳定通过 20 ℃初日推迟 3.93 天，终日提早 3.81 天。

(2)不同海拔高度各级界限温度积温(图 6.8)

≥0 ℃积温，日平均气温稳定通过 0 ℃初终期间积温随着高度升高而减少，其垂直递减率为 223.92 ℃·d/100 m。

≥10 ℃积温，日平均气温稳定通过 10 ℃初终期间积温，垂直递减率为 218.50 ℃·d/100 m。

≥15 ℃积温，日平均气温稳定通过 15 ℃初终期间积温，垂直递减率为 183.72 ℃·d/100 m。

≥20 ℃积温，日平均气温稳定通过 20 ℃初终期间积温，垂直递减率为 248.9 ℃·d/100 m。

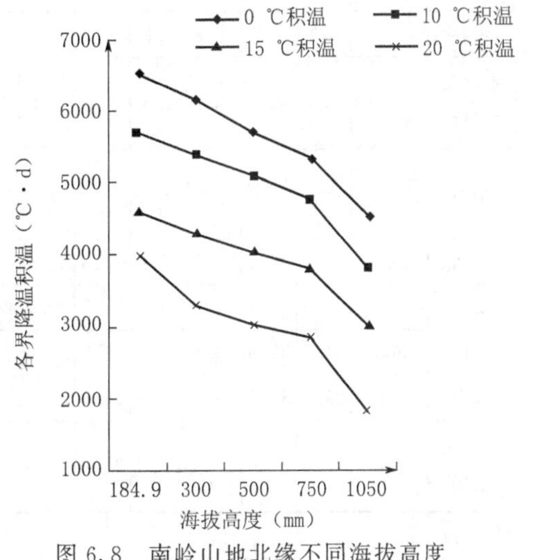

图 6.8 南岭山地北缘不同海拔高度各温度积温

6.1.1.2 地温

6.1.1.2.1 地面 0 cm 温度

(1)地面 0 cm 平均温度

① 地面 0 cm 年平均温度

南岭北缘山地地面 0 cm 年平均温度随海拔升高而降低，年平均温度垂直递减率为 0.53 ℃/100 m。

② 地面 0 cm 月平均温度

南岭北缘山地地面 0 cm 月平均温度随海拔升高而降低，在一年内呈低—高—低马鞍型变化。地面 0 cm 月平均温度最低值出现在 1 月份，其垂直递减率为 0.26 ℃/100 m。最高值出现在 7 月份，其垂直递减率为 1.10 ℃/100 m(表 6.16)。

③ 地面 0 cm 旬平均温度

南岭北缘山地，地面 0 cm 旬平均温度随海拔高度升高而降低。在一年内呈低—高—低马鞍型变化。其最低值出现在 12 月下旬，垂直递减率为 0.38 ℃/100 m；最高值出现在 7 月中旬，垂直递减率为 1.13 ℃/100 m(表 6.17)。

表 6.16　月平均 0 cm 地温(℃)

站名	海拔高度(m)	1月	2月	3月	4月	5月	6月	7月	8月	9月	10月	11月	12月	年
郴州	184.9	6.2	7.3	11.4	19.2	25.5	30.6	36.2	32.4	27.6	21.2	15.8	7.6	20.1
安和	300	5.9	7.4	11.2	19.0	25.0	29.5	34.2	31.2	26.8	20.7	15.5	7.0	19.4
江口	500	4.9	5.9	10.0	17.7	23.3	27.6	32.5	29.6	25.3	20.0	14.7	6.7	18.2
永春	750	4.3	5.7	9.5	16.7	22.1	25.9	29.8	26.6	23.7	18.9	13.3	5.8	16.8
永春园艺场	1050	3.9	5.3	9.0	15.5	20.3	23.3	26.6	24.7	21.4	17.8	12.1	5.4	15.5

表 6.17　各旬 0 cm 地温(℃)

站名	海拔高度(m)	1月			2月			3月			4月			5月			6月		
		上	中	下	上	中	下	上	中	下	上	中	下	上	中	下	上	中	下
郴州	184.9	4.9	8.0	5.7	6.8	8.6	6.4	9.3	11.3	16.8	17.5	18.2	22.0	24.7	25.8	25.9	29.2	28.5	34.0
安和	300	4.3	7.8	5.5	6.7	8.6	6.4	9.5	11.1	13.0	16.4	17.4	21.7	24.1	25.1	25.6	27.9	28.0	32.5
江口	500	3.7	6.9	4.1	5.3	7.3	4.8	8.2	10.1	11.7	16.3	16.8	19.9	22.3	23.8	23.7	26.1	26.2	30.4
永春	750	3.1	5.9	3.9	4.8	7.2	4.6	7.0	10.1	11.2	15.2	16.2	18.8	21.1	22.4	22.8	24.7	24.6	28.2
永春园艺场	1050	2.4	6.0	3.3	4.3	5.7	4.1	6.5	9.8	10.6	14.1	15.1	17.2	19.5	20.5	20.8	22.4	22.4	25.0

站名	海拔高度(m)	7月			8月			9月			10月			11月			12月		
		上	中	下	上	中	下	上	中	下	上	中	下	上	中	下	上	中	下
郴州	184.9	35.4	37.4	35.9	35.0	32.3	30.0	30.8	26.3	25.7	24.1	24.1	21.4	19.7	15.2	12.4	11.0	7.6	4.6
安和	300	32.9	35.1	34.6	33.7	30.7	29.3	29.3	26.0	25.3	23.4	23.4	21.0	19.1	15.2	12.2	10.7	6.8	3.8
江口	500	31.8	32.5	29.8	31.6	29.3	28.0	28.1	23.9	23.7	22.4	22.4	20.5	18.6	14.1	11.5	10.7	6.5	3.3
永春	750	29.3	30.9	29.3	28.3	26.6	25.2	25.6	23.0	22.5	20.2	20.2	20.0	16.8	12.8	10.4	9.2	6.3	2.5
永春园艺场	1050	25.9	27.6	26.3	26.0	24.6	23.6	22.7	21.0	20.4	18.8	18.8	19.3	15.6	11.9	8.8	9.0	5.9	1.3

(2)地面 0 cm 极端最高温度

① 地面 0 cm 年极端最高温度

南岭北缘山地 0 cm 年极端最高温度随着海拔高度升高而降低，地面 0 cm 年极端最高温度在海拔 184.9 m 达 72.7 ℃，海拔 1050 m 处为 63.8 ℃，垂直递减率为 1.02 ℃/100 m。

② 地面 0 cm 月极端最高温度

地面 0 cm 月极端最高温度一年内呈低—高—低马鞍型变化，月极端最高温度最高月出现在 7 月，垂直递减率为 1.02 ℃/100 m(表 6.18)。

地面 0 cm 月极端最高温度≥60.0 ℃的月份随海拔高度升高而减少，海拔 184.9 m，≥60.0 ℃，有 5 个月(5、6、7、8、9)，其中≥70.0 ℃以上有 2 个月(7、8 月)；海拔 300 m、500 m 处，≥60.0 ℃有 4 个月(6、7、8、9)；海拔 750 m 处，≥60.0 ℃有 2 个月(7、8 月)；海拔 1050 m 处，≥60.0 ℃只有 1 个月(7 月)。

表 6.18　0 cm 月极端最高气温(℃)

站名	海拔高度(m)	1月	2月	3月	4月	5月	6月	7月	8月	9月	10月	11月	12月	年
郴州	184.9	38.7	36.3	42.8	56.2	64.7	67.8	72.7	72.0	68.1	59.7	52.5	36.4	72.7
安和	300	33.7	35.0	42.4	54.1	59.7	62.3	68.0	65.5	62.9	55.7	48.3	35.9	67.7
江口	500	33.2	34.6	41.6	50.4	56.5	61.2	67.7	63.4	62.8	53.3	45.9	35.1	68.0
永春	750	31.7	31.1	32.9	47.7	54.8	59.3	65.9	61.3	56.0	50.6	44.5	32.9	65.9
永春园艺场	1050	30.3	28.6	33.4	42.9	52.8	54.6	63.8	56.9	54.2	49.1	41.5	31.6	63.8

(3)地面 0 cm 平均最高温度

① 地面 0 cm 年平均最高温度

地面 0 cm 年平均最高气温随着海拔升高而降低,海拔 184.9 m,为 33.9 ℃,海拔 1050 m 为 28.0 ℃,垂直递减率为 0.68 ℃/100 m(表 6.19)。

② 地面 0 cm 月平均最高温度

地面 0 cm 月平均最高温度随着海拔高度升高而降低,最高月出现在 7 月,其垂直递减率为 1.74 ℃/100 m。

表 6.19　0 cm 月平均最高温度(℃)

站名	海拔高度(m)	1月	2月	3月	4月	5月	6月	7月	8月	9月	10月	11月	12月	年
郴州	184.9	16.1	13.6	20.1	30.8	39.8	48.5	60.8	53.5	43.9	33.5	29.2	17.4	33.9
安和	300	15.2	13.3	19.4	30.0	38.6	46.2	56.4	49.3	40.3	32.8	28.7	17.3	32.2
江口	500	13.6	12.7	17.8	27.9	35.4	42.1	54.4	47.5	38.9	32.5	27.1	16.1	30.3
永春	750	13.3	12.4	17.3	27.4	34.1	40.5	50.6	42.3	37.7	32.0	26.8	16.1	29.2
永春园艺场	1050	13.8	12.6	17.2	26.3	32.3	37.3	45.7	40.3	34.3	31.8	26.7	15.7	28.0

(4)地面 0 cm 极端最低温度

① 地面 0 cm 年极端最低温度

地面 0 cm 年极端最低温度随海拔升高而降低。海拔 184.9 m,地面 0cm 年极端最低温度为−5.5 ℃,海拔 1050 m 地面 0 cm 地面年极端最低温度为−9.5 ℃,垂直递减率为 0.46 ℃/100 m。

② 地面 0 cm 月极端最低温度(表 6.20)

南岭北缘山地地面 0 cm 月极端最低温度出现在 12 月(海拔 184.9 m 与 300 m、1050 m)与 1 月(海拔 500 m、750 m)。

表 6.20　0 cm 月极端最低气温(℃)

站名	海拔高度(m)	1月	2月	3月	4月	5月	6月	7月	8月	9月	10月	11月	12月	年
郴州	184.9	−5.2	−2.7	−2.6	5.1	9.0	15.5	21.4	19.5	14.9	6.0	−1.0	−5.5	−5.5
安和	300	−5.6	−4.3	−4.4	5.0	8.7	14.6	20.6	19.4	14.5	5.7	−3.0	−5.6	−5.6
江口	500	−6.2	−4.9	−4.6	3.5	7.7	13.0	19.4	18.4	14.3	5.7	−3.5	−5.9	−6.2

续表

站名	海拔高度(m)	1月	2月	3月	4月	5月	6月	7月	8月	9月	10月	11月	12月	年
永春	750	−6.9	−4.9	−6.2	1.8	7.2	9.7	17.3	15.0	12.0	2.5	−3.8	−6.8	−6.9
永春园艺场	1050	−7.9	−6.8	−7.5	0.5	4.5	8.4	15.8	13.5	10.3	1.1	−4.4	−9.5	−9.5

(5)地面 0 cm 平均最低温度

① 地面 0 cm 年平均最低温度

南岭北缘山地地面 0 cm 年平均最低温度,随海拔升高而降低,海拔 184.9 m 为 13.6 ℃,海拔 1050 m 为 9.7 ℃,垂直递减率为 0.45 ℃/100 m。

② 地面 0 cm 月平均最低温度

南岭北缘山地,地面 0 cm 月平均最低温度随海拔高度升高而降低。最低值出现在 1 月,垂直递减率为 0.26 ℃/100 m(表 6.21)。

表 6.21　0 cm 月平均最低温度(℃)

站名	海拔高度(m)	1月	2月	3月	4月	5月	6月	7月	8月	9月	10月	11月	12月	年
郴州	184.9	1.1	4.2	7.1	13.7	18.9	22.6	25.1	23.8	20.9	14.9	8.9	2.3	13.6
安和	300	0.9	4.0	7.2	13.6	18.7	22.1	24.0	23.3	20.6	14.8	8.8	2.2	13.4
江口	500	0.8	3.1	6.5	12.9	18.1	21.2	22.5	22.0	19.6	14.5	8.8	2.2	12.7
永春	750	0.0	2.5	5.8	11.6	16.6	19.4	20.6	19.8	19.6	12.7	6.6	0.6	11.2
永春园艺场	1050	−1.2	1.5	5.0	10.3	14.9	17.4	18.6	18.1	15.9	11.0	5.0	−0.1	9.7

(6)地面最低温度≤0 ℃日数(表 6.22)

① 南岭北缘山地年地面最低温度≤0 ℃日数,随着海拔高度升高而增加,海拔 184.9 m,年地面最低温度≤0 ℃日数为 27.7 天;海拔 1050 m 为 60.7 天,垂直递增率为 3.81 天/100 m。

② 月地面 0 cm 最低温度≤0 ℃日数,不同海拔高度都出现在 11—12 月及 1—3 月,尤以 12 月和 1 月为最多。

表 6.22　地面最低温度≤0 ℃日数(天)

站名	海拔高度(m)	1月	2月	3月	4月	5月	6月	7月	8月	9月	10月	11月	12月	年
郴州	184.9	10.7	3.3	2.3								1.3	10.0	27.7
安和	300	12.3	3.3	1.7								1.0	11.3	29.7
江口	500	15.7	6.3	2.3								0.7	11.0	36.0
永春	750	18.3	8.0	4.0								1.7	17.7	49.7
永春园艺场	1050	22.0	11.7	5.3								3.3	18.7	60.7

6.1.1.2.2　地中各深度温度

(1)地中 5 cm 温度

① 地中 5 cm 年平均温度

地中 5 cm 年平均温度随着海拔高度升高而降低(图 6.9)，如海拔 184.9 m，地中 5 cm 年平均地温为 19.4 ℃，海拔 500 m 为 17.6 ℃，垂直递减率为 0.57 ℃/100 m。

② 地中 5 cm 月平均温度

地中 5 cm 月平均温度在一年中呈低—高—低马鞍型变化(图 6.10)，最高值出现在 7 月。184.9 m 处 7 月 5 cm 地温为 33.1 ℃；1050 m 处 7 月 5 cm 地温为 25.1 ℃，垂直递减率为 0.92 ℃/100 m。最低值出现在 1 月(表 6.23)。

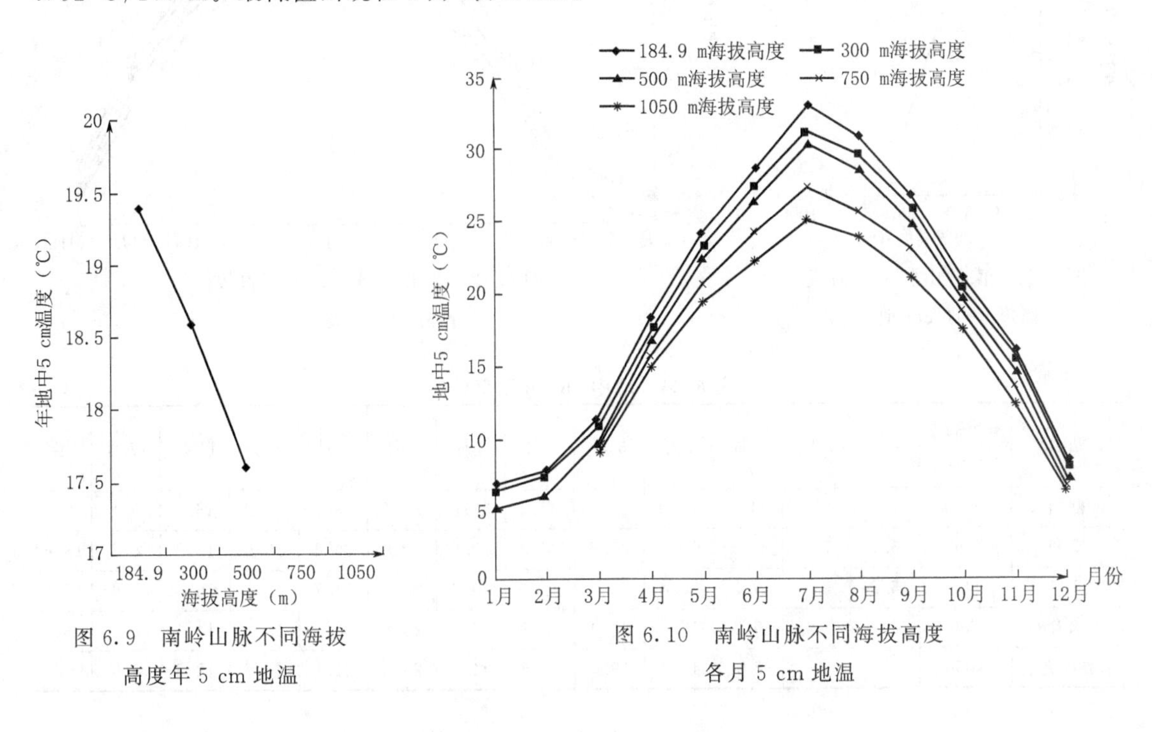

图 6.9　南岭山脉不同海拔高度年 5 cm 地温

图 6.10　南岭山脉不同海拔高度各月 5 cm 地温

表 6.23　地中 5 cm 温度(℃)

站名	海拔高度(m)	1 月	2 月	3 月	4 月	5 月	6 月	7 月	8 月	9 月	10 月	11 月	12 月	年
郴州	184.9	6.7	7.6	11.2	18.3	24.2	28.7	33.1	30.9	26.8	21.0	16.0	8.5	19.4
安和	300	6.2	7.3	10.7	17.5	23.3	27.5	31.3	29.7	26.0	20.3	15.5	8.0	18.6
江口	500	4.9	5.8	9.6	16.7	22.4	26.4	30.4	28.5	24.8	19.6	14.5	6.9	17.6
永春	750			9.3	15.6	20.7	24.2	27.4	25.6	23.0	18.7	13.5	6.7	
永春园艺场	1050			8.9	14.8	19.4	22.2	25.1	23.9	21.0	17.5	12.2	6.2	

(2)地中 10 cm 温度

① 地中 10 cm 年平均温度

地中 10 cm 年平均温度随海拔高度升高而降低(图 6.11)。如海拔 184.9 m 处 10cm 年平均温度为 19.5 ℃，海拔 500 m 处 10cm 年平均温度为 17.5 ℃，垂直递减率为 0.63 ℃/100 m。

② 地中 10 cm 月平均温度

地中 10 cm 月平均温度随着海拔高度升高而降低(图 6.12)。最高值出现在 7 月，垂直递减率为 0.91 ℃/100 m，最低值出现在 1 月(表 6.24)。

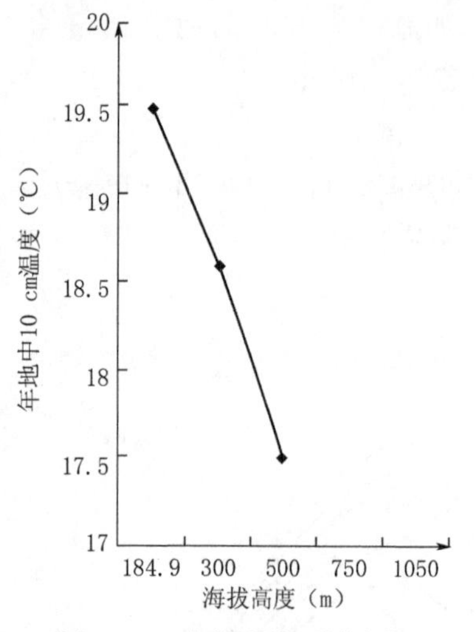

图 6.11　南岭山脉不同海拔高度年 10 cm 地温

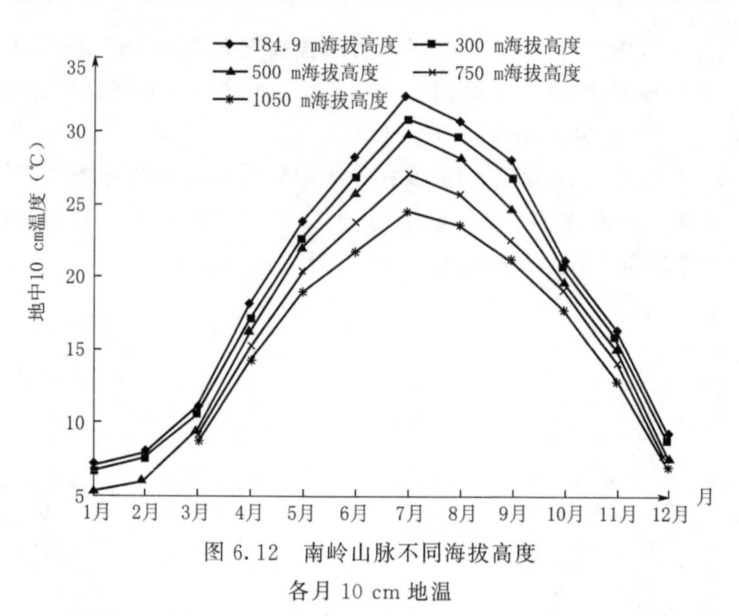

图 6.12　南岭山脉不同海拔高度各月 10 cm 地温

表 6.24　地中 10 cm 温度(℃)

站名	海拔高度(m)	1 月	2 月	3 月	4 月	5 月	6 月	7 月	8 月	9 月	10 月	11 月	12 月	年
郴州	184.9	7.1	7.9	11.2	18.0	23.8	28.2	32.5	30.7	28.0	21.2	16.4	9.1	19.5
安和	300	6.7	7.5	10.6	17.1	22.8	26.9	30.8	29.5	26.8	20.6	15.9	8.8	18.6
江口	500	5.2	6.0	9.5	16.4	22.0	25.8	29.9	28.2	24.7	19.8	15.0	7.6	17.5
永春	750			9.2	15.3	20.4	23.7	27.1	25.6	22.5	19.1	14.1	7.5	
永春园艺场	1050			8.7	14.4	19.0	21.8	24.6	23.6	21.1	17.7	12.8	6.9	

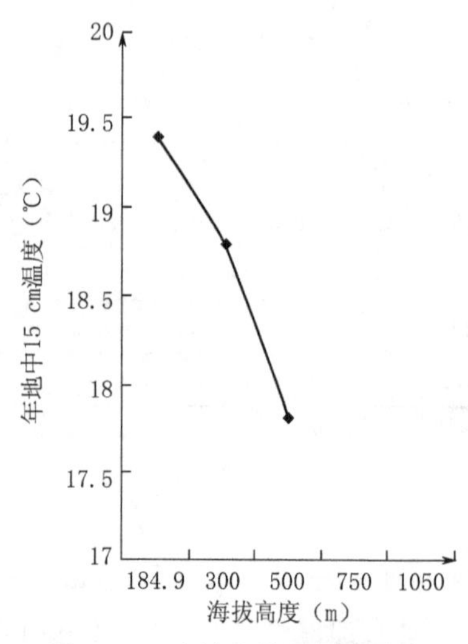

图 6.13　南岭山脉不同海拔高度年 15 cm 地温

(3)地中 15 cm 温度

① 地中 15cm 年平均温度

南岭北缘山地地中 15 cm 年平均地温随着海拔高度升高而降低(图 6.13)，如海拔 184.9 m，地中 15 cm 年平均温度为 19.4 ℃，海拔 500 m 处 15 cm 年平均地温为 17.8 ℃，垂直递减率为 0.50 ℃/100 m。

② 地中 15 cm 月平均温度

地中 15 cm 月平均温度随海拔升高而降低(图 6.14)。在一年中呈低—高—低马鞍型变化，最高值出现在 7 月，其垂直递减率为 2.18 ℃/100 m。最低值出现在 1 月(表 6.25)。

(4)地中 20 cm 温度

① 地中 20 cm 年平均温度

南岭北缘山地地中 20 cm 年平均温度随海拔高度升高而降低(图 6.15)，如海拔 184.9 m，地中 20 cm 年平均温度为 19.4 ℃，海拔 500 m 20 cm 地中年平均温度为 17.8 ℃，垂直递减率为 0.50 ℃/100 m。

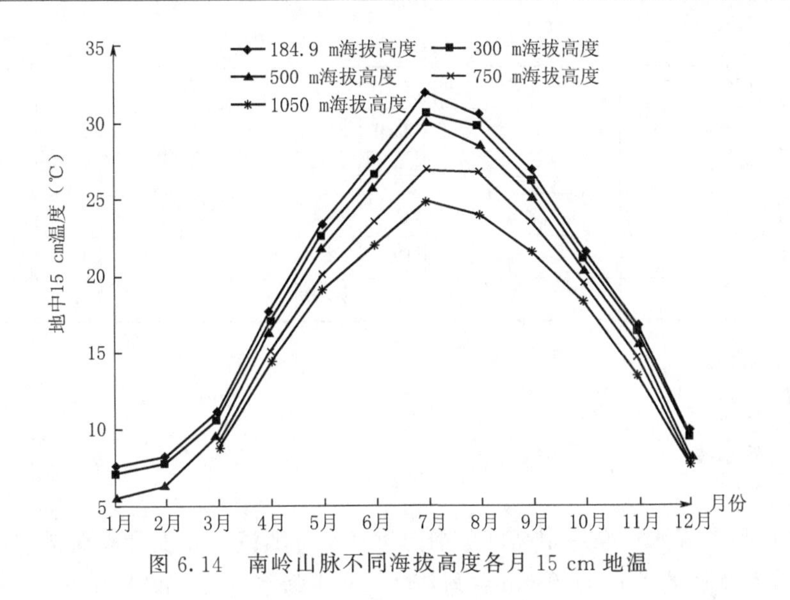

图 6.14　南岭山脉不同海拔高度各月 15 cm 地温

表 6.25　地中 15 cm 温度(℃)

站名	海拔高度(m)	1 月	2 月	3 月	4 月	5 月	6 月	7 月	8 月	9 月	10 月	11 月	12 月	年
郴州	184.9	7.6	8.2	11.2	17.8	23.4	27.6	31.9	30.5	26.8	21.5	16.8	9.8	19.4
安和	300	7.2	7.8	10.6	17.0	22.6	26.7	30.7	29.7	26.2	21.0	16.4	9.5	18.8
江口	500	5.6	6.3	9.6	16.3	21.9	25.8	30.1	28.5	25.1	20.4	15.6	8.3	17.8
永春	750			9.1	15.1	20.2	23.6	26.9	26.7	23.5	19.5	14.7	8.1	
永春园艺场	1050			8.9	14.4	19.1	22.0	25.0	24.0	21.5	18.3	13.5	7.7	

② 地中 20 cm 月平均温度

地中 20 cm 月平均温度随海拔高度升高而降低(图 6.16)。其最高值出现在 7 月,垂直递减率为 2.25 ℃/100 m。最低值出现在 1 月,一年内呈由低向高再降低的变化趋势(表 6.26)。

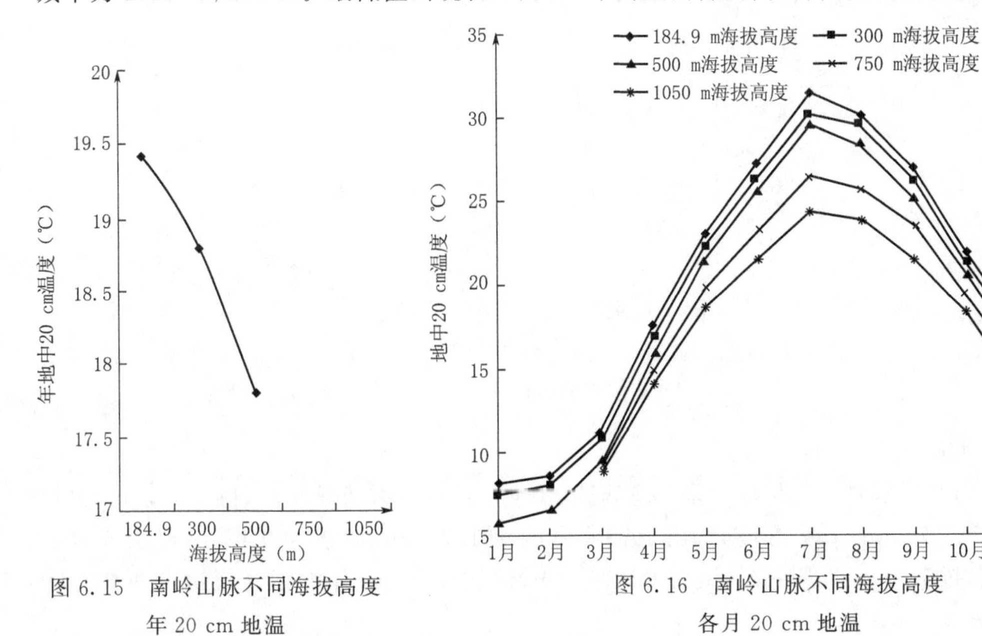

图 6.15　南岭山脉不同海拔高度年 20 cm 地温

图 6.16　南岭山脉不同海拔高度各月 20 cm 地温

表 6.26　地中 20 cm 温度(℃)

站名	海拔高度(m)	1月	2月	3月	4月	5月	6月	7月	8月	9月	10月	11月	12月	年
郴州	184.9	8.1	8.5	11.2	17.5	23.1	27.2	31.5	30.2	26.8	21.8	17.3	10.5	19.4
安和	300	7.4	7.9	10.7	16.8	22.3	26.4	30.3	29.5	26.2	21.2	16.8	9.9	18.8
江口	500	5.8	6.5	9.5	15.9	21.5	25.5	29.7	28.4	25.2	20.6	15.9	8.8	17.8
永春	750			9.1	14.9	19.8	23.3	26.6	25.7	23.5	19.4	15.0	8.6	
永春园艺场	1050			8.8	14.1	18.7	21.6	24.4	23.8	21.4	18.3	13.7	8.1	

6.1.2　降水

6.1.2.1　降水量

(1)年降水量

南岭北缘山地年降水量在一定高度范围内年降水量随海拔高度升高而增加(图 6.17),如海拔 184.9 m,年降水量为 1388.9 mm,海拔 520 m,年降水量为 1592.0 mm,海拔高度每上升 100 m,年降水量增加 23.47 mm。而海拔 750 m 年降水量 1521.1 mm,比海拔 500 m 减少 70.9 mm,年降水量垂直递减率为 70.9 mm/100 m;海拔 1050 m 年降水量为 1677.5 mm,比海拔 750 m 处 1521.1 mm 高 156.4 mm,垂直递增率为 52.13 mm/100 m。

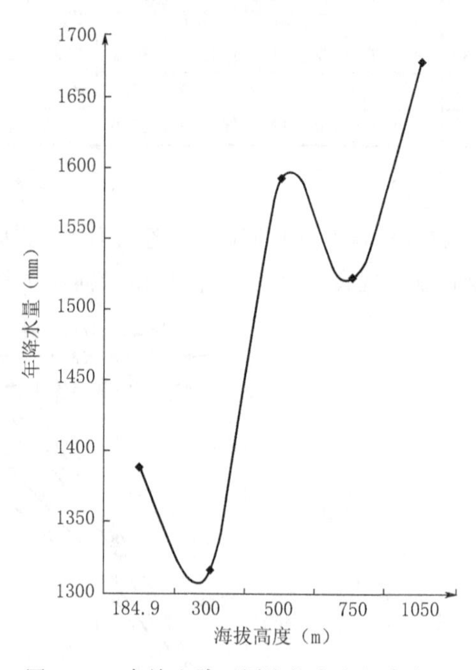

图 6.17　南岭山脉不同海拔高度年降水量

(2)月降水量

一年之内,月降水量变化呈少—多—少趋势(图 6.18)。降水高峰期,海拔 184.9 m,出现在 5 月份为 216.7 mm;海拔 300 m,出现在 8 月为 221.7 mm;海拔 500 m,出现在 8 月为 265.0 mm;海拔 750 m 出现在 8 月,为 362.6 mm;海拔 1050 m 降水高峰值出现在 8 月为 325.3 mm(表 6.27)。

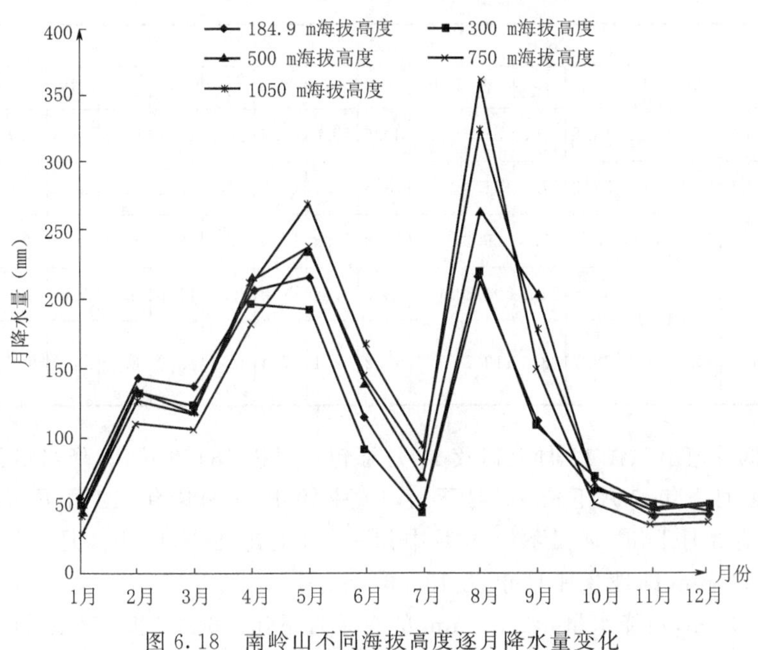

图 6.18　南岭山不同海拔高度逐月降水量变化

表 6.27　月降水量(mm)

站名	海拔高度(m)	1月	2月	3月	4月	5月	6月	7月	8月	9月	10月	11月	12月	年
郴州	184.9	52.7	142.8	136.5	207.1	216.7	113.8	47.4	215.0	109.2	61.2	42.7	43.9	1388.9
安和	300	48.2	129.8	122.5	198.0	194.3	90.6	39.9	221.7	105.2	68.6	45.6	50.7	1315.3
江口	500	42.2	133.3	118.0	214.6	237.2	140.2	68.5	265.0	203.4	64.8	44.7	49.6	1592.0
永春	750	28.4	109.5	105.1	181.9	238.3	144.1	80.5	362.6	148.1	50.3	35.3	37.0	1521.1
永春园艺场	1050	41.5	127.0	116.2	210.5	271.2	167.5	91.9	325.3	178.5	63.5	41.1	43.2	1677.5

(3)旬降水量

南岭北缘山地旬降水量一年中的变化呈少—多—少趋势。旬降水量高峰值出现在 5 月中下旬，自海拔 300 m 至海拔 1050 m，5 月下旬降水量垂直递增率为 44.0 mm/100 m(表 6.28)。

表 6.28　各月逐旬降水量(mm)

站名	海拔高度(m)	1月			2月			3月			4月			5月			6月		
		上	中	下	上	中	下	上	中	下	上	中	下	上	中	下	上	中	下
郴州	184.9	13.6	11.3	27.7	31.9	24.9	36.0	33.1	38.8	64.6	76.2	73.5	57.4	45.1	53.9	94.4	60.5	33.7	19.6
安和	300	14.2	13.2	24.1	31.4	63.9	34.5	33.1	28.1	61.4	70.5	73.8	53.7	43.0	64.9	86.7	51.1	22.5	47.8
江口	500	12.2	10.2	10.8	25.5	66.0	38.5	39.2	25.8	55.2	74.0	70.2	70.3	53.2	92.8	91.1	63.8	40.7	35.7
永春	750	9.5	6.9	12.0	23.1	50.8	35.6	37.2	23.7	44.2	68.6	58.2	55.0	60.7	73.5	104.1	67.9	31.7	44.4
永春园艺场	1050	11.2	11.3	18.9	29.7	56.0	41.3	41.4	25.4	49.4	74.2	68.8	67.5	70.6	80.9	119.7	94.3	35.8	37.4

续表

站名	海拔高度(m)	7月			8月			9月			10月			11月			12月		
		上	中	下	上	中	下	上	中	下	上	中	下	上	中	下	上	中	下
郴州	184.9	5.4	4.7	37.3	55.8	23.5	135.6	23.6	30.6	55.0	19.4	24.0	17.8	10.1	25.5	7.1	6.8	16.0	21.1
安和	300	13.9	5.6	20.5	53.2	37.1	131.4	18.1	43.8	43.2	17.2	32.2	19.2	8.9	28.2	8.6	9.2	18.6	22.9
江口	500	11.4	12.7	44.5	60.5	45.0	169.9	80.3	69.8	53.3	14.5	31.9	18.4	10.3	21.7	12.8	6.4	20.2	23.0
永春	750	17.0	9.3	54.2	63.6	94.5	204.5	41.7	58.8	47.6	11.9	26.8	11.6	6.6	24.3	8.6	5.0	14.1	17.9
永春园艺场	1050	20.1	13.1	58.7	68.7	78.0	119.2	57.2	62.2	59.1	17.4	32.2	13.9	8.3	23.0	9.8	6.1	15.4	21.8

旬降水量低谷值出现在12月上旬及11月下旬。海拔184.9 m,旬降水量≥20.0 mm的有1月下旬至6月下旬,7月下旬—9月下旬,10月中旬,11月中旬,12月下旬等。旬降水量≥50.0 mm的有3月下旬—4月下旬,5月中旬—6月上旬,8月上旬,8月下旬,9月下旬等。旬降水量≥100.0 mm的是8月下旬,为135.6 mm。

海拔高度300 m,旬降水量≥20.0 mm的有1月下旬—6月下旬,7月下旬—8月下旬,9月中下旬,10月中旬,11月中旬,12月下旬等。旬降水量≥50.0 mm的有2月中旬,3月下旬—4月下旬,5月中下旬,6月上旬,8月上旬,8月下旬等,其中8月下旬降水量131.4 mm。

海拔500 m,旬降水量≥20.0 mm的有2月上旬—6月下旬,7月下旬—9月下旬,10月中旬,11月中旬,12月中下旬等,其中8月下旬169.9 mm。旬降水量≥50.0 mm的有3月下旬—6月中旬,8月上旬,8月下旬—9月下旬,其中8月下旬降水量169.9 mm。

海拔750 m,旬降水量≥20.0 mm的有2月上旬—6月下旬,7月下旬—9月下旬,10月中旬,11月中旬等,其中5月下旬104.1 mm,8月下旬降水量204.5 mm,为全年降水量最大值。

海拔1050 m,旬降水量≥20.0 mm的有2月上旬—7月上旬,7月下旬—9月下旬,10月中旬,11月中旬,12月下旬等;≥50.0 mm的有2月中旬,4月上旬—6月上旬,7月下旬—9月下旬等,其中5月下旬119.7 mm,8月下旬119.2 mm。

6.1.2.2 降水日数

(1)年降水日数

南岭北缘年降水日数随海拔高度升高而增加(图6.19),如海拔高度184.9 m,年降水日数为183.7天,海拔1050 m,年降水日数为203.3天,垂直递增率为2.26天/100 m。但不同海拔高度间因地形地貌,植被不同而异。如海拔184.9 m年降水日数为183.7天,而海拔300 m,年降水日数为181.7天,降水日数随海拔升高而减少,海拔500 m,年降水日数为199.3天,年降水日数随海拔升高而减少,海拔1050 m,年

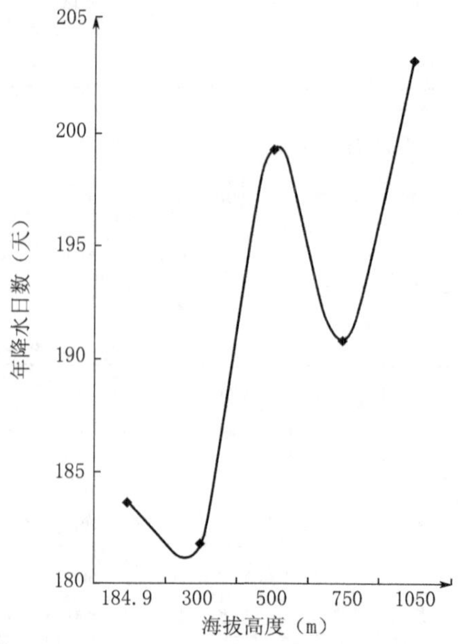

图6.19 南岭山脉不同海拔高度年降水日数

降水日数 203.3 天，年降水日数随海拔高度升高而增加。

(2)月降水日数

南岭北缘山地不同海拔高度月降水日数，随海拔高度变化较复杂(图 6.20)。

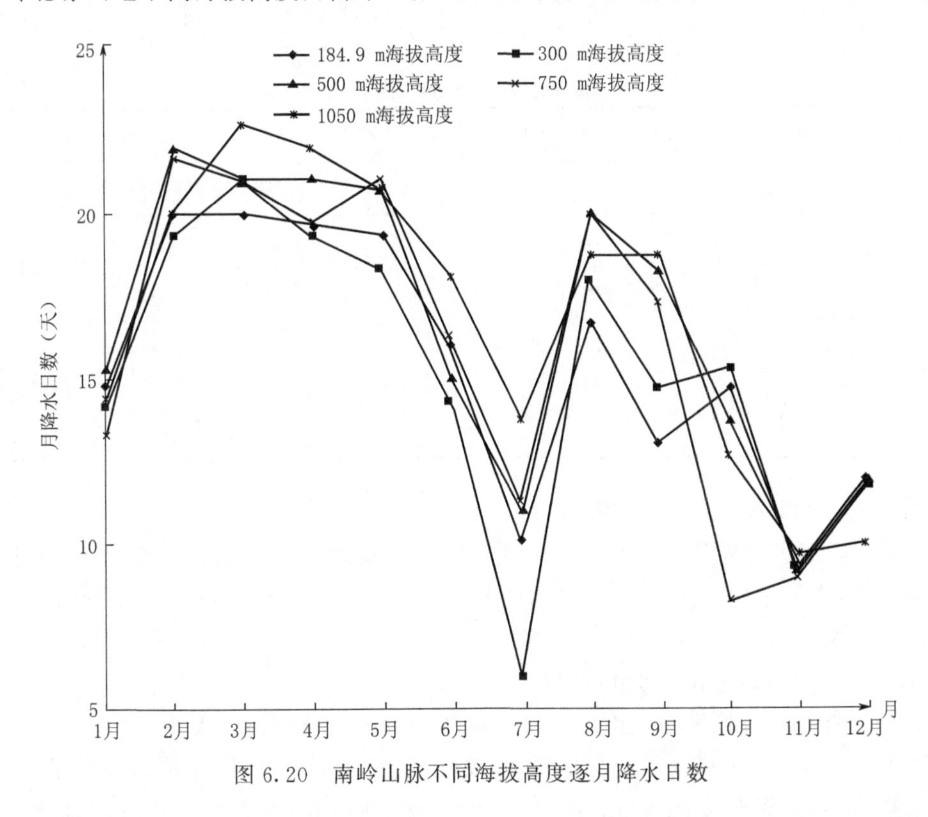

图 6.20　南岭山脉不同海拔高度逐月降水日数

一年之内，月降水日数最多值出现在 2 月、3 月。海拔 184.9 m，2 月、3 月降水日数均为 20 天；海拔 300 m，3 月降水日数 21 天；海拔 500 m，2 月降水日数 22 天，3 月、4 月为 21 天，5 月 20.9 天，8 月 20 天；海拔 750 m，2 月降水日数为 21.7 天，3 月、5 月均为 21 天，8 月降水日数 20 天；海拔 1050 m，3 月降水日数 22.7 天，2 月、4 月、5 月降水日数均在 20 天以上(表 6.29)。

表 6.29　月降水日数(天)

站名	海拔高度(m)	1 月	2 月	3 月	4 月	5 月	6 月	7 月	8 月	9 月	10 月	11 月	12 月	年
郴州	184.9	14.7	20.0	20.0	19.7	19.3	16.0	10.0	16.7	13.0	14.7	9.0	12.0	183.7
安和	300	14.3	19.3	21.0	19.3	18.3	14.3	6.0	18.0	14.7	15.3	9.3	11.7	181.7
江口	500	15.3	22.0	21.0	21.0	20.7	15.0	11.0	20.0	18.3	13.7	9.3	12.0	199.3
永春	750	13.3	21.7	21.0	19.7	21.0	16.3	11.3	20.0	17.3	8.3	9.0	11.7	190.7
永春园艺场	1050	14.3	20.0	22.7	22.0	20.7	18.0	13.7	18.7	18.7	12.7	9.7	10.0	203.3

(3)日降水量≥25.0 mm(大雨)日数

① 南岭北缘山地年日降水量≥25.0 mm(大雨)日数：年大雨日数随着海拔高度升高而增加，如海拔184.9 m，年日降水量≥25.0 mm(大雨)日数为12天，海拔1050 m，年日降水量≥25.0 mm(大雨)日数为18.7天，年日降水日数垂直递增率为0.77天/100 m(表6.30)。

表6.30　日降水量≥25 mm(大雨)日数(天)

站名	海拔高度(m)	1月	2月	3月	4月	5月	6月	7月	8月	9月	10月	11月	12月	年
郴州	184.9		0.7	0.7	2.3	2.3	0.7	0.7	2.7	1.7		0.3		12.0
安和	300		1.0	0.3	1.7	3.0	0.7	0.3	3.7	1.7		0.7		13.0
江口	500		1.0	0.3	3.0	3.0	2.3	0.7	3.7	2.7	0.3	0.3		17.3
永春	750		0.7	0.3	2.3	2.7	2.3	0.7	4.0	2.0	0.3	0.3		15.7
永春园艺场	1050		0.7	0.3	3.3	3.7	2.7	0.7	4.0	2.7	0.3	0.3		18.7

② 月日降水量≥25.0 mm(大雨)日数

月大雨日数随着海拔升高而增加，一年中月大雨日数最多值出现在5月和4月。海拔184.9～300 m，主要集中时段在2—9月；海拔500～1050 m，月降水量≥25.0 mm日数，主要集中在2—11月。

(4)日降水量≥50.0 mm(暴雨)日数

① 南岭北缘山地不同海拔高度年日降水量≥50.0 mm(暴雨)日数

年日降水量≥50 mm(暴雨)日数，受海拔高度、地形地貌及森林植被影响很大。海拔184.9 m，300 m年日降水量≥50 mm日数均为2.3天，海拔500～750 m，年日降水量≥50 mm日数为4.0～4.7天；海拔1050 m，年日降水量≥50 mm日数为3.7天，以海拔500～750 mm暴雨日数最多(表6.31)。

表6.31　日降水量≥50 mm(暴雨)日数(天)

站名	海拔高度(m)	1月	2月	3月	4月	5月	6月	7月	8月	9月	10月	11月	12月	年
郴州	184.9			0.3		0.3	0.3		1.0	0.3				2.3
安和	300			0.3	0.3	0.3	0.3		0.7	0.3				2.3
江口	500			0.3		1.0		0.3	1.3	1.0				4.0
永春	750					0.7	0.3	0.3	2.3	1.0				4.7
永春园艺场	1050					1.0	0.7		1.3	0.7				3.7

② 月日降水量≥50 mm(暴雨)日数

海拔184.9 m，日降水量≥50 mm(暴雨)日数出现在3月、5月、6月、8月、9月；海拔300 m，暴雨日数出现在3—6月与8—9月。海拔500 m，暴雨日数出现在3月、5月、7—9月。海拔750 m，暴雨日数出现在5—9月。

海拔 1050 m,暴雨日数出现在 5—6 月与 8—9 月。不同海拔高度的暴雨日数均以 8 月出现最多。

(5)日最大降水量及日期

南岭北缘山地不同海拔高度,日最大降水量 300 m 以上随海拔高度升高而增加。海拔 184.9 m,一日最大降水量为 137.9 mm,而海拔 300 m,一日最大降水量为 67.7 mm,这主要由于地形地貌影响所致(表 6.32)。

(6)最长连续降水日数及其量,起止日期

南岭北缘不同海拔高度,最长连续降水日数随着海拔高度升高而增加,如安和海拔 300 m 年最长连续降水日数 14 天,海拔 1050 m,最长连续降水日数 24 天,垂直递增率为 1.33 天/100 m。

表 6.32　各月一日最大降水量(mm)及日期

站名	海拔高度(m)	1月		2月		3月		4月		5月		6月	
		量	日期	量	日期	量	日期	量	日期	量	日期	量	日期
郴州	184.9	17.0	21	43.8	14	60.7	30	46.3	25	105.7	23	52.7	1
安和	300	13.0	18	38.5	17	67.7	30	55.9	17	63.3	25	50.0	1
江口	500	8.4	7	38.5	17	50.5	30	38.7	26	67.3	25	46.0	1
永春	750	7.0	21	35.8	17	40.2	30	35.8	27	118.9	25	64.8	1
永春园艺场	1050	10.3	7	36.8	17	36.2	30	44.7	25	107.2	25	86.2	1

站名	海拔高度(m)	7月		8月		9月		10月		11月		12月		年	
		量	日期	量	日期	量	日期	量	日期	量	日期	量	日期	量	日期
郴州	184.9	40.3	28	137.9	25	96.8	23	24.3	9	26.8	8	16.6	28	137.9	8.25
安和	300	30.7	28	66.3	10	66.3	23	21.7	14 17	29.7	14	17.7	28	67.7	8.30
江口	500	53.1	28	134.8	25	114.1	1	26.6	15	26.2	8	18.2	11	134.8	8.25
永春	750	55.6	28	140.9	25	59.5	23	30.0	15	29.0	14	11.3	29	140.9	8.25
永春园艺场	1050	44.3	28	147.9	25	59.5	23	33.6	15	33.6	14	14.0	29	147.9	8.25

最长连续降水日数出现时间:海拔 300 m 以下,出现在 2 月,海拔 500 m 以上出现在 4 月,即最长连续降水日数出现时间随着海拔升高而延迟(表 6.33)。

(7)最长连续无降水日数及起止日期

南岭北缘山地不同海拔高度最长连续无降水日数,不同海拔高度都出现在 11 月 16 日—12 月 16 日,为 31 大。1 月海拔 750 m 最长连续无降水日数为 14 天,是该剖面的最少值,比海拔 500 m 以下 16 天少 2 天,比海拔 1050 m 少 1 天。4 月海拔 750 m 最长连续无降水日数 6 天,为该剖面的最大值,海拔 1050 m,7 月最长连续无降水日数 11 天,10 月海拔 750 m,最长连续无降水日数 20 天,为该剖面的最大值(表 6.34)。

表 6.33　最长连续降水日数(天)及其量(mm)、起止日期

站名	海拔高度(m)	1月			2月			3月			4月			5月			6月		
		最长连续降水日数	量	起止日期	最长连续降水日数	量	起止日期	最长连续降水日数	量	起止日期	最长连续降水日数	量	起止日期	最长连续降水日数	量	起止日期	最长连续降水日数	量	起止日期
郴州	184.9	11	38.3	31/12-10	16	38.7	23/1-7	11	46.1	19-29	11	132.7	15-25	10	91.2	26/4-5	5	84.3	29/5-2
安和	300	11	40.1	31/12-10	14	40.3	24/1-6	10	66.7	24/2-5	10	119.9	3-12	9	106.3	13-21	10	28.3	23/5-1
江口	500	12	35.0	30/12-10	12	37.1	27/1-7	10	55.4	19-28	15	148.7	11-25	11	120.3	21/4-6	10	39.6	23/5-1
永春	750	12	26.5	30/12-10	17	16.9	9-25	20	124.9	24/2-15	21	217.1	1-21	14	130.0	23/4-6	10	53.3	23/5-1
永春园艺场	1050	12	32.0	30/12-10	16	42.7	23/1-7	20	144.7	24/2-15	24	254.3	1-24	11	144.2	26/4-6	14	116.5	9-22

站名	海拔高度(m)	7月			8月			9月			10月			11月			12月			年		
		最长连续降水日数	量	起止日期	最长连续降水日数	量	起止日期	最长连续降水日数	量	起止日期	最长连续降水日数	量	起止日期	最长连续降水日数	量	起止日期	最长连续降水日数	量	起止日期	最长连续降水日数	量	起止日期
郴州	184.9	4	61.0	23-26	10	112.1	22-31	12	145.6	22/8-2	12	46.1	3-14	4	45.3	12-15	8	26.8	5-12	16	38.7	7-23
安和	300	4	35.6	28-31	11	91.6	14-24	11	124.5	23/8-2	12	45.4	3-14	4	50.5	12-15	14	38.9	9-22	14	40.3	6-24
江口	500	7	28.5	13-19	10	189.2	22-31	10	325.5	24/8-2	10	35.5	20-29	4	21.3	27-30	8	36.5	17-24	15	148.7	11-25
永春	750	6	19.2	14-19	9	287.8	23-31	11	352.9	23/8-2	5	17.4	6-10	4	33.1	12-15	9	28.8	17-25	21	217.1	1-21
永春园艺场	1050	7	46.3	19-25	9	198.0	23-31	11	245.6	23/8-2	10	112.0	22/9-1	4	40.6	12-15	8	27.9	17-24	24	254.3	1-24

表 6.34 最长连续无降水日数(天)及起止日期

站名	海拔高度(m)	1月		2月		3月		4月		5月		6月	
		最长无降水日数	起止日期	最长无降水日数	起止日期	最长无降水日数	起止日期	最长无降水日数	起止日期	最长无降水日数	起止日期	最长无降水日数	起止日期
郴州	184.9	16	2-17	7	7-13	7	2-8	4	27-30	7	6-12	6	3-8
安和	300	16	2-17 30/12-14	8	6-13	7	2-8	5	21-25	7	9-15 6-12	7	2-8
江口	500	16	2-17	7	7-13	7	2-8	4	27-30	6	6-14 7-12	6	3-8
永春	750	14	4-17 1-14	6	8-13	7	2-8	6	20-25	7	8-14	7	23-29
永春园艺场	1050	15	31/12-14	6	7-12	6	2-7	4	9-12	7	8-14	7	23-29 2-8

站名	海拔高度(m)	7月		8月		9月		10月		11月		12月	
		最长无降水日数	起止日期	最长无降水日数	起止日期	最长无降水日数	起止日期	最长无降水日数	起止日期	最长无降水日数	起止日期	最长无降水日数	起止日期
郴州	184.9	10	10-19	10	1-10	9	25/8-2	16	1-16	24	19/10-11	31	16/11-16
安和	300	15	5-19	12	27/7-7	7	19-25	14	1-14	24	19/10-11	31	16/11-16
江口	500	15	28/6-12	7	1-7	4	25-28 7-10	18	1-18	24	19/10-11	31	16/11-16
永春	750	13	1-13	8	24-31	9	24/8-1	20	1-20	24	19/10-11	31	16/11-16
永春园艺场	1050	11	2-12	8	2-9	8	25/8-1	16	2-17	24	19/10-11	31	16/11-16

6.1.3 日照

6.1.3.1 日照时数

(1)年日照时数

南岭北缘山地不同海拔高度年日照时数受地形地貌影响极大(图 6.21),如海拔 184.9 m,年日照时数 1478.0 小时,海拔 300 m,年日照时数 1487.7 小时,而海拔 500 m 年日照时数仅 1204.8 小时,为该剖面的最低值,海拔 500 m 至 1050 m,年日照时数又随着海拔高度升高而增加,其垂直递增率为 58.58 小时/100 m。

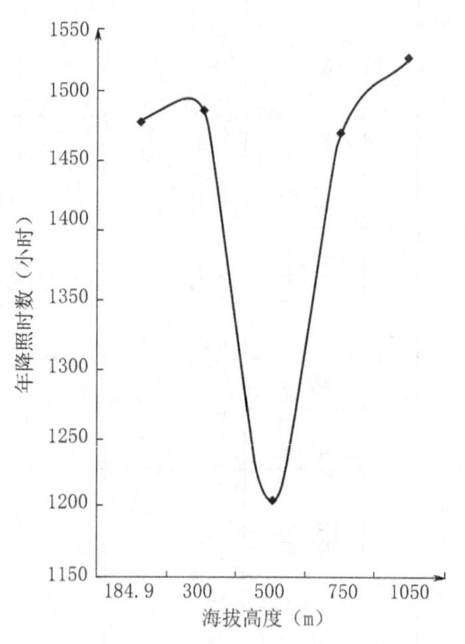

图 6.21 南岭山脉不同海拔高度年日照时数

(2)月日照时数

南岭北缘山地不同海拔高度日照时数在一年中的变化呈低—高—低的马鞍型(图 6.22),年内各月日照时数,最少值出现在 2 月,最大值出现在 7 月,4—9 月海拔 300 m 以下各月日照时数多于海拔 500 m 以上,而 10 月—次年 2 月,海拔 750 m 以上,各月日照时数多于海拔 300 m 以下地区,其原因是"南风扫顶"现象造成,冬半年北方强冷空气南下山顶风速大,云雾少而太阳辐射强,故山顶日照时数多(表 6.35)。

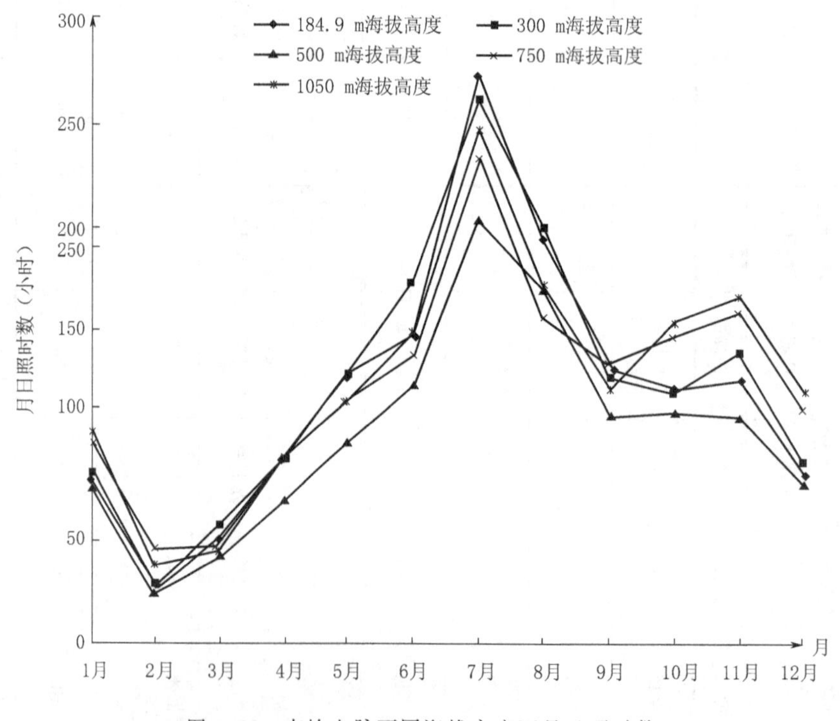

图 6.22 南岭山脉不同海拔高度逐月日照时数

表 6.35　各月日照时数(小时)

站名	海拔高度(m)	1月	2月	3月	4月	5月	6月	7月	8月	9月	10月	11月	12月	年
郴州	184.9	78.3	25.9	50.1	89.6	130.4	147.5	273.3	194.7	132.0	121.9	126.6	81.0	1478.0
安和	300	83.7	27.7	57.4	90.1	130.2	173.4	261.5	199.4	127.3	121.1	140.0	86.0	1487.7
江口	500	75.2	23.3	42.5	68.6	96.4	123.5	203.6	170.5	109.0	111.5	109.5	76.3	1204.8
永春	750	96.3	46.9	46.6	90.4	117.6	139.3	233.4	157.1	135.4	147.9	159.3	112.2	1472.3
永春园艺场	1050	102.8	37.7	44.9	89.3	116.5	149.0	247.5	172.9	123.0	154.9	167.4	121.0	1527.0

(3)旬日照时数

南岭北缘山地不同海拔高度各旬日照时数受地形遮蔽度影响很大。

一年之内各旬日照时数变化呈低—高—低的马鞍型演变(表 6.36)。

表 6.36　各月逐旬日照时数(小时)

站名	海拔高度(m)	1月			2月			3月			4月			5月			6月		
		上	中	下	上	中	下	上	中	下	上	中	下	上	中	下	上	中	下
郴州	184.9	36.4	31.7	10.1	13.4	10.0	2.5	25.8	14.7	9.6	24.5	20.1	45.1	58.0	43.5	28.9	55.4	34.6	84.6
安和	300	37.8	35.8	10.0	13.5	10.6	3.6	25.8	11.1	10.5	25.9	21.1	43.1	59.0	44.3	26.9	55.0	35.2	83.2
江口	500	34.1	31.2	9.9	13.4	7.8	2.0	23.9	11.6	6.9	15.1	12.5	40.0	46.6	30.9	18.9	40.5	24.5	58.6
永春	750	41.2	42.4	12.7	19.4	12.8	5.1	25.2	13.3	8.1	23.6	23.9	42.9	55.9	40.7	21.0	42.8	31.0	65.5
永春园艺场	1050	43.5	45.8	13.6	20.1	12.2	5.4	29.2	8.0	7.7	23.1	22.6	43.6	59.6	36.0	20.9	49.7	29.7	68.8

站名	海拔高度(m)	7月			8月			9月			10月			11月			12月		
		上	中	下	上	中	下	上	中	下	上	中	下	上	中	下	上	中	下
郴州	184.9	74.0	95.7	103.6	82.7	56.2	55.9	64.1	34.4	33.4	55.5	26.7	39.7	55.4	36.6	34.6	44.6	22.7	13.7
安和	300	70.2	90.7	100.6	82.0	57.7	59.6	60.7	33.0	33.6	530.5	25.8	41.8	61.2	40.8	38.1	46.1	24.6	15.2
江口	500	45.5	65.5	92.7	68.9	49.6	47.0	60.0	24.8	27.5	48.3	25.7	37.5	51.3	31.7	26.4	39.8	22.8	13.7
永春	750	56.0	87.3	90.1	69.0	57.3	50.9	56.8	36.9	41.7	49.4	46.0	52.4	66.0	43.8	49.5	57.2	33.1	27.9
永春园艺场	1050	61.9	92.5	93.2	68.8	53.4	50.6	52.1	36.1	34.9	54.2	46.3	53.0	70.2	44.9	52.3	56.2	34.6	30.3

夏半年,3 月中旬—10 月中旬,海拔 300 m 以下各旬日照时数高于海拔 500～1050 m 各旬日照时数。主要由于海拔 500 m 以上地区云雾多,降水日数多之故。

冬半年,10 月下旬—次年 3 月上旬,海拔 1050 m 各旬日照时数高于海拔 300 m 以下各旬故日照时数。

冬半年由于北方冷空气南下活动频繁,多大风天气,常出现“南风扫顶”现象,山上云雾少,故日照时数多。

6.1.3.2　日照百分率

南岭北缘山地不同海拔高度日照百分率受地形遮蔽度影响而各异。

① 年日照百分率

海拔 300 m,年日照百分率为 34%,比海拔 184.9 m 年日照百分率 33% 多 1%,海拔

500 m的江口年日照百分率为27%，为该剖面日照百分率的最低谷，而后年日照百分率随着海拔高度升高而增加。

② 月日照百分率

不同海拔高度日照百分率最小值出现在2月，该剖面的月日照时数最低谷出现在海拔500 m的江口为7%，而后海拔750 m与1050 m，2月日照百分率为12%。

不同海拔高度月日照百分率最大值出现在7月，最低谷出现在海拔500 m，日照百分率为49%，以此往下300 m为62%，184.9 m为65%，往上海拔750 m，7月日照为百分率为56%，海拔1050 m，7月日照百分率为59%（表6.37）。

表6.37 各月日照百分率（%）

站名	海拔高度(m)	1月	2月	3月	4月	5月	6月	7月	8月	9月	10月	11月	12月	年
郴州	184.9	24	8	13	23	32	43	65	48	36	34	39	25	33
安和	300	25	9	13	23	31	42	62	49	35	34	43	27	34
江口	500	23	7	11	19	23	30	49	41	30	31	33	23	27
永春	750	29	12	12	23	30	33	56	44	37	41	49	34	33
永春园艺场	1050	31	12	12	23	28	36	59	43	33	43	51	37	34

6.1.4 蒸发

6.1.4.1 年蒸发量

南岭北缘山地不同海拔高度年蒸发量随海拔高度升高而减少（图6.23），如海拔184.9 m，年蒸发量为1658.8 mm；海拔1050 m，年蒸发量为1121.6 mm，年蒸发量垂直递减率为62.09 mm/100 m。

该剖面年蒸发量最低值为1099.3 mm，出现在海拔500 m。海拔184.9 m至500 m，年蒸发量垂直递减率为177.56 mm/100 m，海拔500 m至750 m，年蒸发量垂直递增率为12.12 mm/100 m。海拔730 m至1050 m，年蒸发量垂直递减率为5.30 mm/100 m。

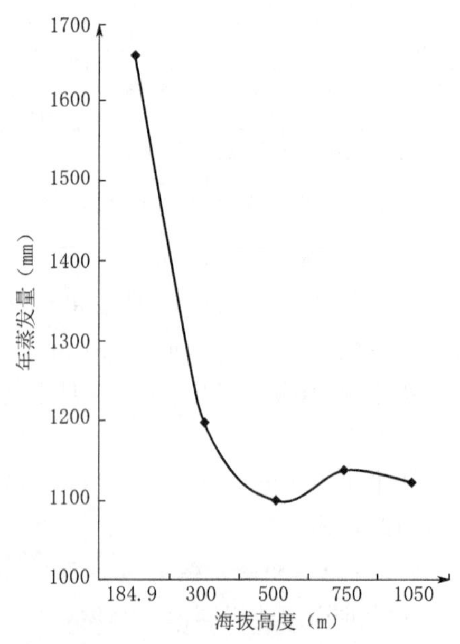

图6.23 南岭山脉不同海拔高度年蒸发量

6.1.4.2 月蒸发量

南岭北缘山地不同海拔高度月蒸发量随海拔高度升高而递减是总的趋势（图6.24）。一年中各月蒸发量最大值出现在7月，但在该剖面中蒸发量最低值出现在海拔500 m左右。在海拔500 m以下，7月蒸发量随海拔高度升高而减少，其垂直递减率为58.8 mm/100 m。海拔500～750 m，7月蒸发量随海拔高度升高而减少，垂直递减率为4.18 mm/100 m；海拔750～1050 m处3月蒸发量垂直递减率为

1.00 mm/100 m。

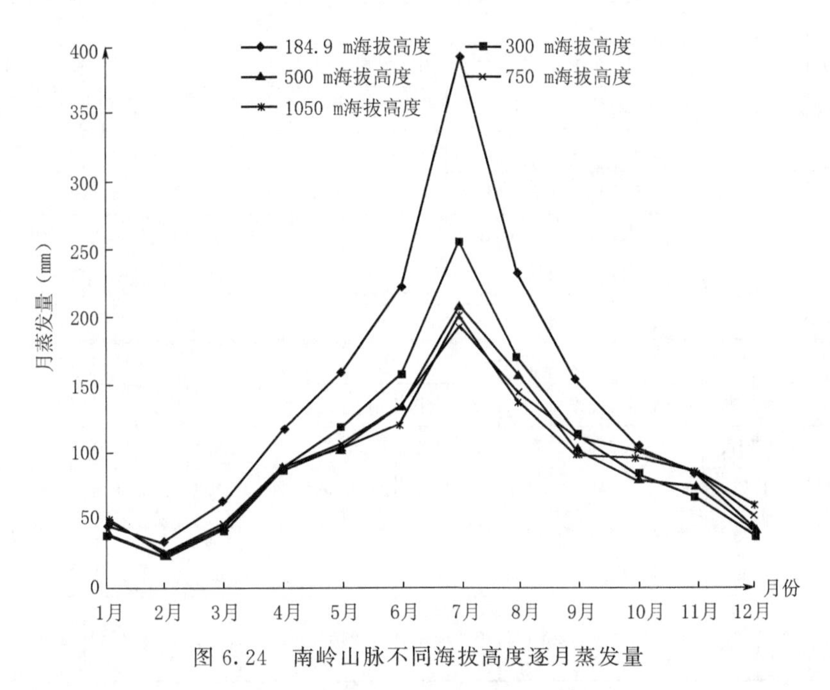

图 6.24　南岭山脉不同海拔高度逐月蒸发量

一年中各月蒸发量最少值出现在 2 月，海拔高度 500 m 以下，月蒸发量垂直递减率为 3.39 mm/100 m，海拔 750～1050 m，2 月蒸发量垂直递减率为 0.46 mm/100 m(表 6.38)。

表 6.38　月蒸发量(mm)

站名	海拔高度(m)	1 月	2 月	3 月	4 月	5 月	6 月	7 月	8 月	9 月	10 月	11 月	12 月	年
郴州	184.9	45.7	33.9	63.8	117.4	160.7	223.7	392.8	232.3	153.9	103.0	85.8	45.6	1658.8
安和	300	38.0	23.6	43.3	86.9	119.1	157.2	256.8	169.7	114.6	81.9	67.7	38.0	1196.6
江口	500	38.9	23.2	45.3	89.5	104.6	135.2	207.5	156.8	102.5	78.9	74.0	43.1	1099.3
永春	750	48.7	26.9	48.4	89.2	106.4	133.7	194.3	144.6	110.7	100.7	84.7	52.5	1137.5
永春园艺场	1050	52.0	25.5	45.6	89.8	104.0	122.3	203.0	138.6	98.0	95.7	86.8	60.3	1121.6

6.1.4.3　旬蒸发量

南岭北缘山地不同海拔高度的旬蒸发量随海拔高度升高而减少。

一年之中不同海拔高度旬蒸发量最大值出现在 7 月下旬，以海拔 750 m 为最低。海拔 184.0 m 至 750 m，7 月下旬蒸发量垂直递减率为 13.02 mm/100 m；海拔 750～1050 m 7 月下旬蒸发量又出现随海拔高度升高而增加的现象，其递增率为 3.20 mm/100 m。

一年之中，不同海拔高度旬蒸发量最小值出现在 2 月下旬，该剖面 2 月下旬蒸发量最小值出现在海拔 300 m 处为 3.7 mm，海拔 184.9 m 至 300 m，2 月下旬蒸发量垂直递减率为 2.51 mm/100 m，海拔 300～500 m，2 月下旬蒸发量垂直递增率为 0.70 mm/100 m，海拔 750～1050 m，2 月下旬蒸发量均为 4.6 mm(表 6.39)。

表 6.39　各月逐旬蒸发量(mm)

站名	海拔高度(m)	1月			2月			3月			4月			5月			6月		
		上	中	下	上	中	下	上	中	下	上	中	下	上	中	下	上	中	下
郴州	184.9	15.2	19.9	10.6	10.7	15.5	6.6	20.0	22.6	21.3	35.6	27.0	54.9	57.9	59.3	43.6	71.9	59.6	92.2
安和	300	12.9	16.9	8.2	9.1	10.8	3.7	17.0	13.6	12.7	27.2	22.8	36.8	44.2	39.5	35.4	49.4	42.2	65.7
江口	500	14.2	16.3	8.4	8.7	9.4	5.1	18.2	13.3	13.9	26.5	21.1	41.9	38.3	36.6	29.7	44.4	34.8	56.1
永春	750	16.1	19.7	9.5	10.5	11.9	4.6	19.0	16.0	13.5	27.0	22.7	39.6	42.2	36.2	28.0	44.1	36.0	53.5
永春园艺场	1050	15.8	24.3	11.9	11.7	9.2	4.6	22.2	12.5	10.8	24.9	24.6	40.3	42.3	36.9	24.8	40.8	31.6	49.8

站名	海拔高度(m)	7月			8月			9月			10月			11月			12月		
		上	中	下	上	中	下	上	中	下	上	中	下	上	中	下	上	中	下
郴州	184.9	114.7	132.0	146.0	94.5	68.2	69.6	72.4	42.5	39.0	47.1	27.9	28.1	38.0	24.1	23.7	21.5	13.7	10.4
安和	300	72.8	87.2	96.7	71.6	51.9	46.2	54.1	31.2	29.2	36.8	20.8	24.3	32.8	18.4	16.4	18.4	10.9	8.7
江口	500	63.4	65.4	78.7	59.0	47.9	49.9	47.6	28.7	26.0	33.8	19.8	25.3	33.8	21.1	19.0	21.1	13.6	8.4
永春	750	53.9	66.9	72.4	53.2	45.0	49.5	46.2	32.7	31.8	34.9	29.6	36.0	38.8	23.3	22.6	24.7	15.9	11.9
永春园艺场	1050	53.5	76.5	82.0	54.8	41.2	44.6	43.2	28.8	25.9	34.3	29.1	32.3	40.8	23.7	22.3	27.5	18.4	14.5

6.1.5　相对湿度

6.1.5.1　年平均相对湿度

南岭北缘山地不同海拔高度年平均相对湿度随着海拔高度变化受地形地貌与植被影响较大(图 6.25)，该剖面出现两段变化，海拔 184.9 m 至海拔 500 m，年平均相对湿度随海拔高度升高而增加，垂直递增率为 1.9%/100 m；海拔 750 m 至 1050 m，年平均相对湿度随海拔高度升高而增加，垂直递增率为 1%/100 m，海拔 500 m 年平均相对湿度为 85%，为该剖面最大。海拔 500～750 m，年平均相对湿度随海拔高度升高而递减，垂直递减率为 1.2%/100 m。

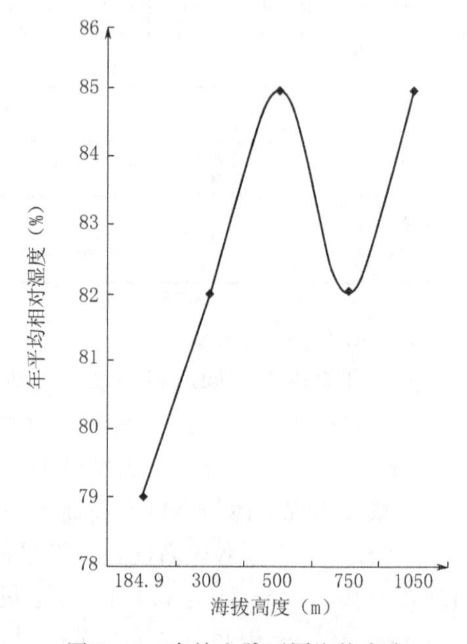

图 6.25　南岭山脉不同海拔高度年平均相对湿度

6.1.5.2　月平均相对湿度

南岭北缘山地月平均相对湿度受地形地貌及植被影响变化较为复杂(图 6.26)。不同海拔高度各月相对湿度在一年中的变化情况也不相同。

海拔 184.9 m，月平均相对湿度最小值为 63%，出现在 7 月，最大值为 88%，出现在 2 月，小于 80%的有 6 月、7 月、8 月、11 月；海拔 300 m，月平均相对湿度最小为 69%，出现在 7 月，最大值为 88%，出现在 2 月，只有 7 月的相对湿度小于 80%。

海拔 500 m，月平均相对湿度最小为 72%，出现

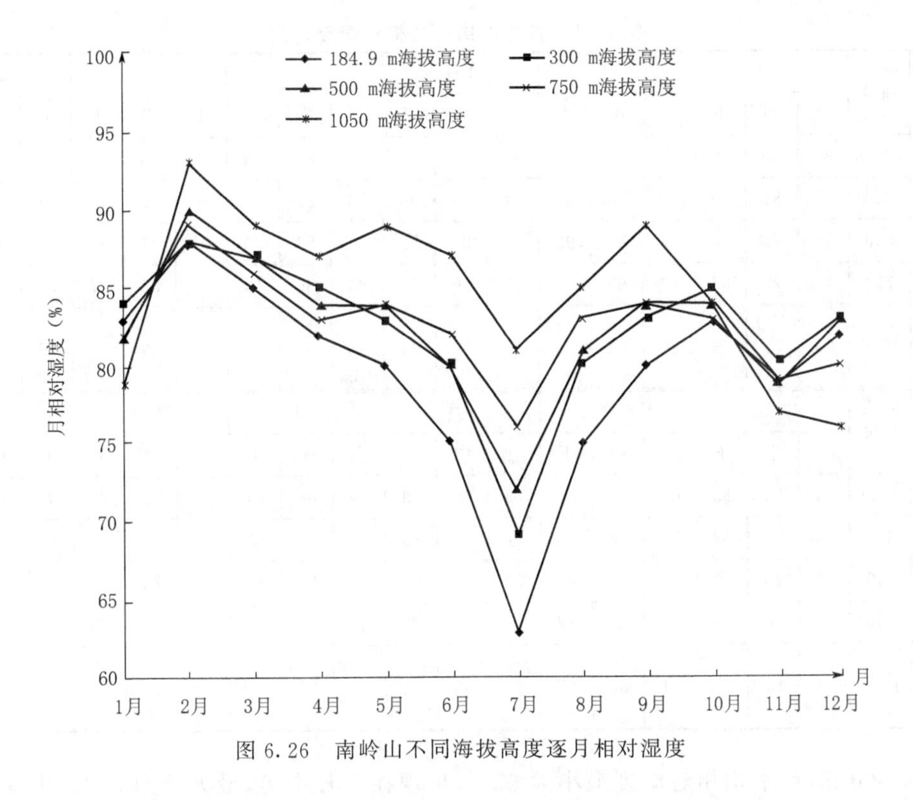

图 6.26　南岭山不同海拔高度逐月相对湿度

在 7 月，最大值为 90%，出现在 2 月，小于 80%的有 7 月和 11 月。

海拔 750 m，月平均相对湿度最小为 76%，出现在 7 月，最大为 89%，出现在 2 月。小于 80%的有 7 月和 11 月。

海拔 1050 m，月平均相对湿度最小为 76%，出现在 12 月，最大值为 93%，出现在 2 月。月平均相对湿度小于 80%的月份有 1 月、11 月、12 月等 3 个月（表 6.40）。

表 6.40　月平均相对湿度（%）

站名	海拔高度（m）	1 月	2 月	3 月	4 月	5 月	6 月	7 月	8 月	9 月	10 月	11 月	12 月	年
郴州	184.9	83	88	85	82	80	75	63	75	80	83	79	82	79
安和	300	84	88	87	85	83	80	69	80	83	85	80	83	82
江口	500	82	90	87	84	84	80	72	81	84	84	79	83	85
永春	750	82	89	86	83	84	82	76	83	84	83	79	80	82
永春园艺场	1050	79	93	89	87	89	87	81	85	89	84	77	76	85

6.1.5.3　旬平均相对湿度

南岭北缘山地不同海拔高度旬平均相对湿度总的趋势是随着海拔高度升高而增加。

不同海拔高度各旬相对湿度变化不同（表 6.41）。海拔 184.9 m，旬平均相对湿度最小为 61%，出现在 2 月下旬，旬平均相对湿度小于 80%的有 4 月下旬，5 月上旬，6 月上旬，7 月上旬、中、下旬，8 月上、中旬，9 月上旬，11 月上旬共 13 旬，其中小于 70%的有 4 旬（7 月上、中、下及 8 月上旬）。

表 6.41　各月逐旬平均相对湿度(%)

站名	海拔高度(m)	1月			2月			3月			4月			5月			6月		
		上	中	下	上	中	下	上	中	下	上	中	下	上	中	下	上	中	下
郴州	184.9	81	80	89	86	87	90	81	87	87	82	87	76	78	78	84	76	80	72
安和	300	80	81	89	87	88	90	81	89	90	86	89	80	80	81	87	81	84	77
江口	500	76	79	90	88	89	92	77	90	91	83	89	79	81	83	87	81	83	78
永春	750	77	79	88	87	90	90	79	90	91	85	86	79	81	83	87	81	84	79
永春园艺场	1050	70	73	92	89	94	96	74	95	96	88	90	83	86	89	93	86	91	85

站名	海拔高度(m)	7月			8月			9月			10月			11月			12月		
		上	中	下	上	中	下	上	中	下	上	中	下	上	中	下	上	中	下
郴州	184.9	66	61	63	68	77	80	73	82	83	80	86	84	77	82	79	80	84	82
安和	300	72	67	68	75	82	83	77	86	86	83	89	85	75	84	80	82	84	83
江口	500	73	73	71	77	83	83	79	86	87	81	89	82	76	82	79	77	84	84
永春	750	78	76	75	77	84	82	81	85	86	82	86	80	77	81	79	77	82	82
永春园艺场	1050	84	80	78	81	88	87	86	89	91	83	90	81	72	78	80	69	77	83

海拔 300 m，旬平均相对湿度最小为 67%，出现在 7 月中旬，最大值为 90%，出现在 2 月下旬与 3 月下旬。旬平均相对湿度小于 80%的有 7 旬(6 月下旬，7 月上、中、下旬，8 月上旬，9 月上旬，11 月上旬)，其中小于 70%的有 2 旬(7 月中、下旬)。

海拔 500 m 旬平均相对湿度最小值为 71%，出现在 7 月下旬，旬平均相对湿度最大值为 95%，出现在 2 月下旬。旬平均相对湿度小于 80%的有 13 旬，(1 月上、中旬，3 月上旬，4 月下旬，6 月下旬，7 月上、中、下旬，8 月上旬，9 月上旬，11 月上旬、下旬，12 月上旬)。

海拔 750 m，旬平均相对湿度最小值为 75%，出现在 7 月下旬，最大值为 91%，出现在 3 月下旬，旬平均相对湿度小于 80%的有 12 旬(1 月上旬、中旬，3 月上旬，4 月下旬，6 月下旬，7 月上、中、下旬，8 月上旬，11 月上、下旬及 12 月上旬)。

海拔 1050 m 旬平均相对湿度最小值为 69%，出现在 12 月上旬，旬平均相对湿度最大值为 60%，出现在 2 月下旬，3 月下旬。旬平均相对湿度小于 80%的有 8 旬(1 月上、中旬，3 月上旬，7 月下旬，11 月上、中旬，12 月上、中旬)。

6.1.6　风

6.1.6.1　年平均风速

南岭北缘山地不同海拔高度年平均风速随海拔高度升高而增大，如海拔 184.9 m 年平均风速 1.3 m/s，海拔 1050 m 年平均风速 2.6 m/s，海拔高度每上升 100 m，年平均风速增加 0.75 m/s。

6.1.6.2　月平均风速

不同海拔高度月平均风速一年内以 7 月风速为最大，如海拔高度 184.9 m，7 月平均风速为 2.7 m/s。海拔 300 m，7 月平均风速为 2.3 m/s，海拔 500 m，7 月平均风速为 1.9 m/s，海拔1050 m,7月平均风速为3.6 m/s,而海拔750 m最大风速为1.7 m/s,出现在2月。不同海拔高度月平均风速最小值出现的时间在各个不同海拔高度则不同。如海拔184.9 m,月平均风速最小值为0.7 m/s,出现在10月,海拔300 m月平均风速最小值为1.2 m/s,出现在1月、9月、10月;海拔500 m月平均风速最小为1.2 m/s,出现在10月;海拔750 m月平均风速最小为1.1 m/s,出现在8月,海拔1050 m月平均风速最小为2.0 m/s,出现在1月(表6.42)。

表6.42　月平均风速(m/s)

站名	海拔高度(m)	1月	2月	3月	4月	5月	6月	7月	8月	9月	10月	11月	12月	年
郴州	184.9	1.0	1.0	1.2	1.5	1.5	1.8	2.7	1.0	1.1	0.7	0.8	0.9	1.3
安和	300	1.2	1.4	1.5	1.8	1.4	1.8	2.3	1.3	1.2	1.2	1.3	1.3	1.5
江口	500	1.6	1.3	1.3	1.7	1.8	1.8	1.9	1.2	1.5	1.5	1.6	1.7	1.6
永春	750	1.5	1.7	1.5	1.4	1.5	1.6	1.5	1.1	1.4	1.5	1.2	1.6	1.5
永春园艺场	1050	2.0	2.2	2.7	3.3	3.0	2.9	3.6	2.3	2.6	2.3	2.2	2.1	2.6

6.1.6.3　年和各月最大风速及风向

南岭北缘山地不同海拔高度年和各月最大风速及风向变化较复杂。

(1)年最大风速及风向

海拔184.9 m,年最大风速12.0 m/s,出现在8月,风向ENE。

海拔300 m,年最大风速9.0 m/s,出现在5月,风向SE。

海拔500 m,年最大风速8 m/s,分别出现在1月,风向S,3月风向SW、S,6月风向S,7月风向E,9月风向S。

海拔750 m最大风速8 m/s,出现在6月,风速WSW。

海拔1050 m,最大风速14 m/s,出现在3月,风速SW。

(2)各月最大风速及风向

1月最大风速11 m/s,风向S,出现在海拔1050 m。2月最大风速12 m/s,风向SSW,出现在1050 m。3月最大风速14 m/s,风向SW,出现在1050 m。4月最大风速11.3 m/s,风向WNW,出现在184.9 m。5月最大风速10 m/s,风向SSE,出现在184.9 m与1050 m。6月最大风速10 m/s,风向SNW,出现在1050 m。7月最大风速11.3 m/s,出现在海拔184.9 m,风向WNW。8月最大风速12 m/s,风向ENE,出现在海拔184.9 m。9月最大风速11 m/s,风向SE,出现在海拔1050 m。10月最大风速7 m/s,风向S出现在海拔500 m。11月最大风速9 m/s,风向S出现在海拔1050 m。12月最大风速9 m/s,风向NSW,出现在1050 m(表6.43)。

表6.43　各月最大风速(m/s)及风向

站名	海拔高度(m)	1月		2月		3月		4月		5月		6月	
		风速(m/s)	风向	风速(m/s)	风向	风速(m/s)	风向	风速(m/s)	风向	风速(m/s)	风向	风速(m/s)	风向
郴州	184.9	8.7	S	8.3	SSW	9.7	S	11.3	WNW	10.0	SSE	8.0	3个
安和	300	7.0	SE	6.0	SE SSE	8.0	SE	8.0	SE	9.0	SE	7.0	NW

续表

站名	海拔高度（m）	1月		2月		3月		4月		5月		6月	
		风速（m/s）	风向	风速（m/s）	风向	风速（m/s）	风向	风速（m/s）	风向	风速（m/s）	风向	风速（m/s）	风向
江口	500	8.0	S	7.0	S	8.0	SW S	8.0	E	7.0	S SW	8.0	S
永春	750	6.0	N	8.0	WSW	6.0	E SSW	7.0	SSW	5.0	5个	8.0	WSW
永春园艺场	1050	11.0	S	12.0	SSW SSE	14.0	SW	10.0	S	10.0	5个	10.0	S NNW

站名	海拔高度（m）	7月		8月		9月		10月		11月		12月	
		风速（m/s）	风向	风速（m/s）	风向	风速（m/s）	风向	风速（m/s）	风向	风速（m/s）	风向	风速（m/s）	风向
郴州	184.9	11.3	WNW	12.0	ENE	8.0	SSE	6.0	WSW SSE	6.7	SSE	6.7	NNW
安和	300	7.0	S	7.0	N	5.0	4个	6.0	N	6.0	SE	6.0	N
江口	500	8.0	E S	7.0	E	8.0	S	7.0	S	7.0	W	6.0	E
永春	750	7.0	E	5.0	N	6.0	N E	5.0	3个	5.0	NNW E	7.0	SE
永春园艺场	1050	11.0	S	8.0	NNW	11.0	SE	7.0	N	9.0	NW S	9.0	NW S

6.1.6.4 年和各月最多风向及频率

(1)不同海拔高度年最多风向及频率

海拔 184.9 m 的年最多风向：1—4 月，9—12 月的最多风向为偏北风，5—8 月最多风向为偏南风。

海拔 300 m 的年最多风向：1—4 月，5—8 月最多风向为偏南风，6 月、8—12 月最多风向为偏北风，5 月与 7 月最多偏南风。

海拔 500 m 的年最多风向：1—5 月、10 月最多风向为偏东风，6、7 月最多风向为偏南风，8、9 月、11、12 月最多风向偏西风。

海拔 750 m 的年最多风向：1—3 月、6 月最多风向为偏东风，4、5、7 月、10、11 月最多风向为偏南风，8 月、12 月最多风向为偏北风，9 月最多风向为偏西风。

海拔 1050 m，1、2、8、9、10、11、12 月最多风向为偏北风，3、4、5、6、7 月最多风向为偏南风。

(2)各月最多风向及频率

1 月海拔 184.9 m、300 m、1050 m，最多风向为偏北风，海拔 500 m、750 m，最多风向为偏东风。4 月海拔 184.9 m、300 m，最多风向为偏北风，海拔 500 m，最多风向为偏东风，海拔 750 m、1050 m 最多风向为偏东风。10 月海拔 184.9 m、300 m、1050 m，最多风向为偏北风，海拔 500 m、750 m 最多风向为偏东风(表 6.44)。

表 6.44　各月最多风向及频率(%)

站名	海拔高度(m)	1月		2月		3月		4月		5月		6月	
		风向	频率	风向	频率	风向	频率	风向	频率	风向	频率	风向	频率
郴州	184.9	C/N	45/22	C/NNW	51/20	C/NNW	44/22	C/NNW	41/13	C/S	43/13	C/S	29/22
安和	300	N	35	C/NNW	33/29	N	27	N	27	SE	25	C/NNW	30/22
江口	500	E	28	C/E	36/29	C/E	38/26	CE	18/24	C/E	45/23	C/SW	40/21
永春	750	C/E	29/22	E	29	E	25	C/ESE	33/20	C/ESE	28/16	C/E	30/16
永春园艺场	1050	NNW	29	C/NNW	26/25	SSW	28	S	29	S	41	SSW	39

站名	海拔高度(m)	7月		8月		9月		10月		11月		12月	
		风向	频率	风向	频率	风向	频率	风向	频率	风向	频率	风向	频率
郴州	184.9	S	30	C S	58 9	C NNW	45 14	C NNW	43 18	C N	63 11	C NNW	43 23
安和	300	S	30	C N	34 18	C N	28 23	C N	30 24	C N	40 30	N	52
江口	500	C WSE	44 24	W	38	W	32	C E	33 27	W	27	W E	37
永春	750	SSE	17	C N	28 15	C W	26 13	ESE	17	C SSW	24 13	C NNW	25 20
永春园艺场	1050	SSW	46	NNW	20	NNW	23	NNW	32	NNW	34	NNW	26

6.2　各类天气日数垂直分布

南岭北缘山地各类天气现象观测记录汇总如表 6.45 所示。

表 6.45　不同海拔高度(m)各类天气日数(天)

站名	海拔高度	雨	雪	冰雹	雾	霜	雨凇	雾凇	积雪	结冰	雷暴	大风	积雪深	日数
郴州	184.9	233.0	10.7	0.3	17.7	17.7	4.7		4.3	16.7	64.3	2.7	13	29/12
安和	300	216.0	9.0	0.3	14.0	14.3	8.0	3.0	3.0	20.7	61.3	3.0	15	29/12
江口	500	221.3	11.7	0.3	50.3	15.3	15.3	5.0	5.0	27.3	91.7	3.7	13	29/12
永春	750	225.0	12.3	0.3	63.7	21.3	19.7	10.0	5.7	37.7	56.3	5.4	12	30/12
永春园艺场	1050	236.7	14.3	0.3	169.0	20.7	29.7	13.3	15.7	52.7	63.7	11.0	14	29.30/12

南岭北缘山地不同海拔高度雨、雾、雪、霜、积雪、雨凇、雾凇、大风、结冰等天气现象总的趋势是随着海拔升高而增加(图 6.27)。

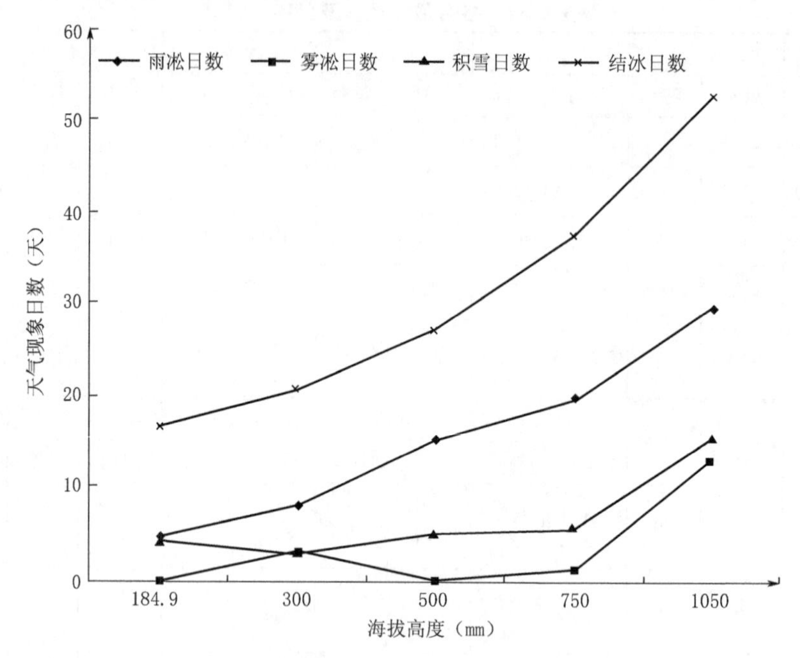

图 6.27　南岭山脉不同海拔高度各类天气现象日数

6.2.1　大雾日数

(1)年大雾日数

南岭北缘不同海拔高度年大雾日数，随着海拔高度升高而增加(图 6.28)，如海拔 184.9 m，年大雾日数 19 天，海拔 1050 m，年大雾日数 169 天，海拔高度每上升 100 m，年大雾日数增加 17.33 天。但在不同海拔高度层年大雾日数随海拔高度变化差异不相同。如海拔 300 m 年大雾日数 13 天，比海拔 184.9 m，年大雾日数少 6 天，海拔 500 m，年大雾日数 50.7 天，垂直递增率为 18.9 天/100 m，海拔 750 m 年大雾日数 63.7 天，垂直递增率为 6.5 天/100 m，海拔 1050 m，年大雾日数 169.0 天，垂直递增率为 35.1 天/100 m。

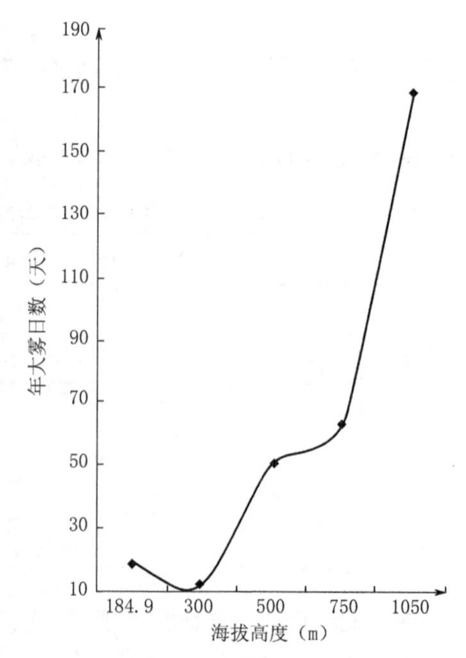

图 6.28　年大雾日数

(2)月大雾日数

南岭北缘不同海拔高度月大雾日数随海拔高度升高而增加(图 6.29)。一年内月大雾日数出现最多的月份在不同海拔高度有所不同。

海拔高度 184.9 m，月大雾日数最多出现在 11 月，大雾日数为 4.7 天，次多出现在 4 月，大雾日数 3.0 天，海拔 500 m，月大雾日数最多为 10 天，出现在 3 月，次多为 9.0 天，出现在 2 月。

海拔 750 m，月大雾日数最多为 14.3 天，出现在 2 月，次多为 12 天，出现在 3 月。

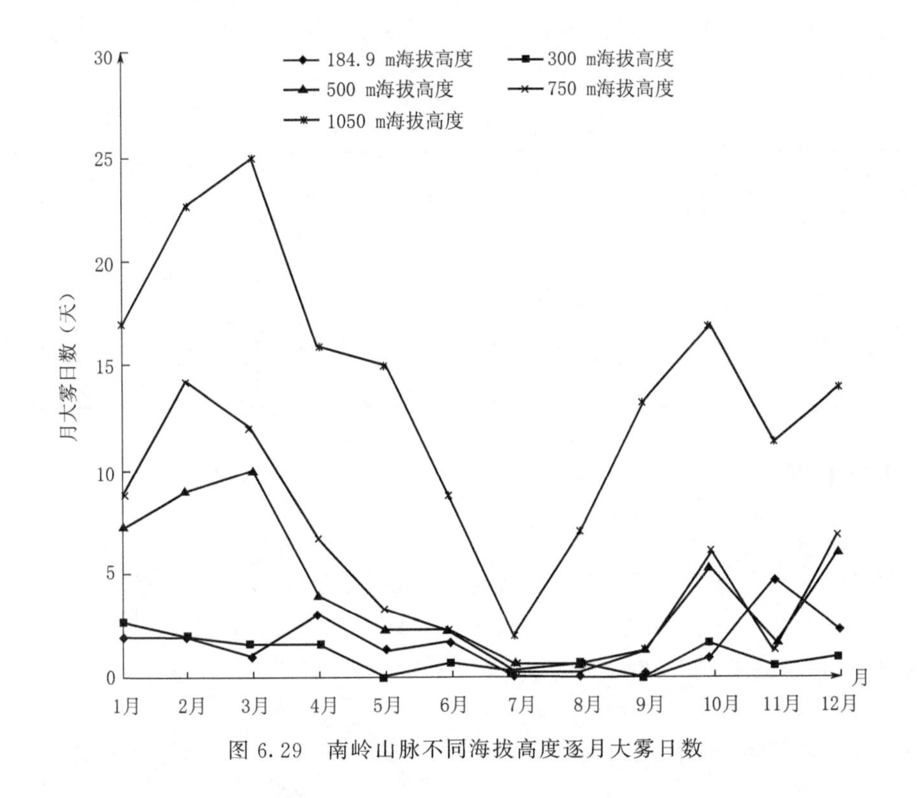

图 6.29　南岭山脉不同海拔高度逐月大雾日数

海拔 1050 m，月大雾日数最多为 25.0 天，出现在 3 月，次多为 22.7 天，出现在 2 月（表 6.46）。

表 6.46　各月雾日数(天)

站名	海拔高度(m)	1 月	2 月	3 月	4 月	5 月	6 月	7 月	8 月	9 月	10 月	11 月	12 月	年
郴州	184.9	2.0	2.0	1.0	3.0	1.3	1.7				1.0	4.7	2.3	19.0
安和	300	2.7	2.0	1.7	1.7		0.7	0.3	0.7		1.7	0.7	1.0	13.0
江口	500	7.3	9.0	10.0	4.0	2.3	2.3	0.7	0.7	1.3	5.3	1.7	6.3	50.7
永春	750	8.7	14.3	12.0	6.7	3.3	2.3	0.3	0.3	1.3	6.0	1.3	7.0	63.7
永春园艺场	1050	17.0	22.7	25.0	16.0	15.0	8.7	2.0	7.0	13.3	17.0	11.3	14.0	169.0

6.2.2　大风日数

(1)年大风日数

南岭北缘不同海拔高度年大风日数随着海拔高度升高而增加，如海拔 184.9 m 年大风日数 2.7 天，海拔 1050 m 年大风日数 11.0 天，年大风日数垂直递增率为 0.95 m/s/100 m。海拔 750 m 至 1050 m，年大风日数递增率增大，为 1.86 m/s/100 m。

(2)月人风日数

南岭北缘不同海拔高度月大风日数出现时间不同，海拔 184.9 m，月大风日数出现以 4 月最多为 0.8 天，7 月次多为 0.7 天。海拔 300 m，月大风日数出现 4 月最多为 1.0 天，7 月次多为 0.9 天。海拔 500 m，月大风日数出现以 4 月最多为 0.9 天，7 月次多为 0.7 天，海拔

750 m，月最大风日数出现以 4 月最多为 1.3 天，7 月次多为 1.2 天，海拔 1050 m，月大风日数，出现以 7 月最多为 2.3 天，4 月次多为 1.7 天（表 6.47）。

表 6.47　月大风日数（天）

站名	海拔高度(m)	1月	2月	3月	4月	5月	6月	7月	8月	9月	10月	11月	12月	年
郴州	184.9		0.1	0.3	0.8	0.2	0.1	0.7	0.3	0.1	0.1			2.7
安和	300				0.1	0.3	0.1	0.9	0.5	0.1	0.1			3.0
江口	500		0.1	0.2	0.9	0.7	0.3	0.8	0.3	0.1	0.3			3.7
永春	750	0.1	0.2	0.3	1.3	0.3	0.4	1.2	1.1	0.2	0.3			0.3
永春园艺场	1050	0.3	0.5	1.0	1.7	1.3	0.7	2.6	1.5	0.3	1.1			11.0

6.2.3　雷暴日数

（1）年雷暴日数

南岭北缘山地不同海拔高度年雷暴日数在 58～66 天之间，在海拔高度 750 m 以下，随海拔高度升高而减少，垂直递减率为 1.11 天/100 m，海拔 750 m 至 1050 m，年雷暴日数随海拔高度升高而增加，递增率为 2.76 天/100 m。

（2）月雷暴日数

南岭北缘山地不同海拔高度月雷暴日数主要出现在 2—10 月，雷暴出现最多月为 8 月，达 14.3～18.7 天之多。

海拔 184.9 m，历年雷暴开始日期平均出现在 2 月 17 日，最早出现在 1 月 14 日，最晚出现在 3 月 21 日，雷暴终止日期平均出现在 10 月 5 日，最早终止在 9 月 1 日，最迟终止于 12 月 2 日，历年雷暴平均日数为 61.5 天，最短为 44 天，最长为 80 天（表 6.48）。

表 6.48　各月雷暴日数（天）

站名	海拔高度(m)	1月	2月	3月	4月	5月	6月	7月	8月	9月	10月	11月	12月	年
郴州	184.9		3.0	5.3	7.7	8.3	7.3	7.7	18.3	6.0	0.7			64.3
安和	300		2.3	3.3	8.3	7.7	6.3	9.3	18.7	6.0	0.3			62.3
江口	500		2.3	3.3	7.7	8.0	4.3	9.7	17.0	5.3	0.7			59.3
永春	750		2.0	3.7	8.0	8.0	4.7	4.0	14.3	9.7	1.7			58.0
永春园艺场	1050		2.7	4.7	8.0	8.3	5.7	10.0	16.7	7.0	0.7			66.3

6.2.4　霜日数

霜是水汽在地面和近地面物体上凝华而成的白色松脆的冰晶或雨露冻结而成的冰珠。易在晴朗风小的夜间生成。南岭北缘山地不同海拔高度的初终霜日期及无霜日期统计如表 6.49 所示。

从表 6.49 可看出：初霜日期随着海拔高度升高而提早，如桂东海拔 835.9 m，初霜日为 11 月 10 日，资兴海拔 136.3 m，初霜日出现在 12 月 8 日，海拔高度每上升 100 m，初霜日期提早 5.0 天。

表 6.49　不同海拔高度初终霜日期

地点	海拔高度(m)	初霜		终霜		无霜日期(天)
		平均	最早	平均	最迟	
资兴	136.3	8/12	13/11	19/2	6/4	280
郴州	184.9	8/12	26/10	18/2	6/4	274.5
通县	192	15/12	19/11	7/2	3/3	309
宁远	205	13/12	13/11	19/2	6/4	296
汝城	608	29/11	1/11	22/2	6/4	275
桂东	835.9	10/11	19/10	10/3	9/4	235
垂直递减率(天/100 m)		5.0	3.8	3.8	0.5	8.6

终霜日期随着海拔高度升高而推迟，如郴州海拔 184.9 m，终霜期平均出现在 2 月 18 日，海拔高度每上升 100 m，终霜日推迟 3.8 天。无霜期的垂直递减率为 8.6 天/100 m。

6.2.5　结冰日数

结冰是指露天地面水冻结成冰的现象。

根据不同海拔高度设气象站，定点观测，南岭北缘山地不同海拔高度的年结冰日数，观测结果如表 6.50 所示。

表 6.50　不同海拔高度结冰日数(天)

地点	海拔高度(m)	结冰日数
郴州	184.9	16.7
安和	300	20.7
江口	500	27.3
永春	750	37.7
永春园艺场	1050	52.7

从表 6.50 可看出：年结冰日数随着海拔高度升高而增多，如郴州海拔 184.9 m，年结冰日数 16.7 天，永春园艺场海拔 1050 m，年结冰日数 52.7 天，海拔高度每上升 100 m，年结冰日数增加 4.16 天。

6.2.6　降雪日数

雪是一种固态降水，大多是白色不透明的六角分枝的星状结冰，常缓缓飘落，强度变化较缓慢。温度较高时多成团降落。

根据定点观测不同海拔高度年降雪日数见表 6.51。

表 6.51　不同海拔高度降雪日数(天)

地点	海拔高度(m)	降雪日数
郴州	184.9	10.7
安和	300	9.0

续表

地点	海拔高度(m)	降雪日数
江口	500	11.7
永春	750	12.3
永春园艺场	1050	14.3

不同海拔高度降雪日数,随着海拔高度升高而增加,如安和海拔高度 300 m,年降雪日数 9.0 天,永春园艺场海拔 1050 m,年降雪日数 14.3 天,海拔高度每上升 100 m 年降雪日数增加 0.61 天。郴州(184.9 m)降雪初日平均为 12 月 31 日,最早出现在 11 月 22 日,降雪终日平均出现在 2 月 22 日,最迟出现在 3 月 13 日,海拔 1050 m 的永春园艺场降雪初日平均出现在 12 月 5 日,终雪日出现在 3 月 13 日。

6.2.7 积雪日数

积雪是指雪(包括雾、雾凇、雨凇、米雪、冰粒)覆盖地面达到四周面积一半以上时的现象。根据不同海拔高度定点观测积雪日数如表 6.52 所示。

表 6.52 不同海拔高度年积雪日数

地点	海拔高度(m)	年积雪日数(天)
郴州	184.9	4.3
安和	300	3.0
江口	500	5.0
永春	750	5.9
永春园艺场	1050	15.7

由表 6.52 可看出:南岭北缘山地年积雪日数随海拔升高而增加。如安和海拔 300 m,年积雪日数 3.0 天,永春园艺场海拔 1050 m,年积雪日数 15.7 天,海拔高度每上升 100 m,年积雪日数增加 1.81 天。

郴州(184.9 m)初积雪日期平均为 1 月 19 日,最早出现在 12 月 11 日,终积雪日期平均出现在 2 月 1 日,最迟结束于 2 月 29 日。永春园艺场(1050 m)初积积雪日期平均为 12 月 14 日,终积雪日期出现在 3 月 6 日,海拔每上升 100 m,初积雪日期提早 4.16 天,终积雪日期推迟 3.93 天。

6.2.8 雨凇日数

雨凇是过冷却液态降水碰到地面物体后直接冻结而成的坚硬冰层。呈透明或毛玻璃状,外表光滑或略有隆突。

根据不同海拔高度定点气象观测年雨凇日数如表 6.53 所示。

表 6.53 不同海拔高度年雨凇日数

地点	海拔高度(m)	年雨凇日数(天)
郴州	184.9	4.7
安和	300	8.0

续表

地点	海拔高度(m)	年雨凇日数(天)
江口	500	15.3
永春	750	19.7
永春园艺场	1050	29.7

从表 6.53 可看出:年雨凇日数随着海拔高度上升而增加,如郴州(184.9 m)年雨凇日数 4.7 天,永春园艺场(1050 m)年雨凇日数 29.7 天,海拔高度每上升 100 m,年雨凇日数增加 2.9 天。

6.2.9　雾凇日数

雾凇是空气中水汽直接凝华,或过冷却雾滴直接冻结在物体上的乳白色冰晶物。常是毛茸茸的针状或表面起伏不平的粒状,多附在细长的物体或物体的迎风面上,有时结构较松脆,受震易塌融。

根据不同海拔高度定点气象观测年雾凇日数如表 6.54 所示。

表 6.54　不同海拔高度年雾凇日数

地点	海拔高度(m)	年雾凇日数(天)
郴州	184.9	
安和	300	3.0
江口	500	5.0
永春	750	10.0
永春园艺场	1050	13.3

从表 6.54 可看出:年雾凇日数随海拔高度升高而增加,如:安和(海拔 300 m),年雾凇日数为 3 天,永春园艺场(海拔 1050 m)年雾凇日数为 13.3 天。海拔高度每上升 100 m,年雾凇日数增加 1.37 天。

6.3　南岭北缘山地气候—土壤—森林植被垂直带谱

6.3.1　南岭北缘山地立体农业气候状况

表 6.55　南岭北缘山地垂直农业气候状况

界限温度(℃)	项目	郴州 184.9(m)	安和 300(m)	江口 500(m)	永春 750(m)	永春园艺场 1050(m)
气温(℃)	年平均	17.7	17.0	15.9	14.8	130
	年极端最高	40.3	39.8	36.2	33.2	31.9
	年极端最低	−3.0	−4.5	−5.0	−5.0	−8.3

续表

界限温度(℃)	项目	郴州 184.9(m)	安和 300(m)	江口 500(m)	永春 750(m)	永春园艺场 1050(m)
≥10.0 ℃	初日(日/月)	25/3	29/3	1/4	1/4	8/4
	终日(日/月)	28/11	24/11	24/11	22/11	25/10
	间隔日数(天)	249	241	238	236	201
	积温(℃·d)	5711.2	5404.1	5096.3	4785.0	3812.3
≥15.0 ℃	初日(日/月)	21/4	28/5	29/4	29/4	12/5
	终日(日/月)	15/10	15/10	13/10	14/10	16/10
	间隔日数(天)	178	171	168	169	158
	积温(℃·d)	4602.7	4299.6	4029.5	3808.5	3039.3
≥20.0 ℃	初日(日/月)	7/5	23/5	26/5	27/5	10/6
	终日(日/月)	2/10	23/9	21/9	22/9	31/8
	间隔日数(天)	148	123	119	119	83
	积温(℃·d)	4003.3	3306.2	3024.5	2834.4	1825.0
年降水量(mm)		1388.9	1315.3	1529.0	1521.1	1677.5
年日照时数(小时)		1478.0	1487.7	1204.8	1472.3	1527.0
年平均相对湿度(%)		79	82	82	84	85
年蒸发量(mm)		1658.8	1196.6	1099.3	1137.5	1121.6
年大雾日数(天)		17.7	14.0	50.3	63.7	169.0
年降雪日数(天)		10.7	9.0	11.7	12.3	14.3
年积雪日数(天)		4.3	3.0	5.0	5.7	15.7
年无霜期(天)		290	280	275	260	240
年雨凇日数(天)		4.7	8.0	15.3	19.7	29.7
年雾凇日数(天)			30	5.0	10.0	13.3
年结冰日数(天)		16.7	20.7	27.3	37.7	52.7
年平均风速(m/s)		1.3	1.5	1.6	1.5	2.6
年大风日数(天)		2.7	3.0	3.7	5.4	11.0

6.3.2 南岭北缘山地气候—土壤—森林植被垂直分布

(1)土壤垂直分布

① 红壤:南岭北缘山地地带性土壤,在海拔高度 500 m 以下的丘陵山地,土壤为红壤,在温热的气候条件下,红壤脱硅富铝化过程明显。生成大量的次生土矿物和游离氧化物,当硅等氧化物游离后淋失,而铝、铁、钛等富集,使心土和底土有大量的铁锰胶膜淀积。第四纪红色黏土发育的红壤,剖面下部有浅白网纹相间。由于淋溶作用强,pH 值在 5 左右,呈酸性反应,磷素较缺,在自然植被覆盖下,表层有机质含量 7%～8%左右,但有机质分解较迅速。在低丘岗地上,由于森林破坏,土壤遭到侵蚀,有机质下降,其含量约为 1%～2%。

表 6.56　南岭北缘山地气候—土壤—森林植被垂直带谱

项目		郴州 184.9(m)	安和 300(m)	江口 500(m)	永春 750(m)	永春 园艺场 1050(m)	1300(m)	1600(m)
年平均气温(℃)		17.7	17.0	15.9	14.8	130	10.0	9.2
10～20 ℃积温	间隔日数(天)	192	183	174	149	138	127	116
	积温(℃·d)	4737.2	4230	3910	3305	2820	2295	1790
年降水量(mm)		1388.9	1315.3	1592.0	1521.1	1527.0	1533.0	1539
年日照时数(小时)		1478	1487.7	1204.8	1472.3	1527.0	1531.0	1530
无霜期(天)		290	280	275	260	240	220	200
主要气候特点		暖热	温暖	温和	温凉	冷湿	冷湿	寒冷
农业气象灾害		高温干热	高温干热	干旱	低温湿害	冷寒大风	冰冻大风	冰冻大风
气候垂直分布		中亚热带			北亚热带		暖温带	
土壤垂直分布		红壤(500 m 以下)			黄红壤 (500～700 m)	山地黄壤 (1000～1200 m)	山地黄棕壤 1300～1600 m 以上	
植被垂直发布		常绿阔叶林 (200～700 m)			常绿落叶阔叶林 (700～1200 m)		落叶阔叶林 (1300～1600 m)	山地矮林
主要耕作制度		二年五熟 双季稻	单双季稻	一季稻	一季稻	林木草	山地灌 丛林草	山地矮林
主要农作物		水稻、 油菜	双季稻、 油菜	水稻、玉 米、红薯	杂交稻、玉 米、红薯	粳稻、玉 米、红薯	林木、 中药材	山地矮林

② 黄红壤:海拔 500～700 m 的低谷地区,土壤为黄红壤,表土呈橙色或暗橙色,土壤肥力比板页岩黄红壤较高,pH 值 5～6,有机质 2.14%～4.76%,全氮 0.094%～0.299%,全磷 0.031%～0.08%,全钾 0.75%～2.50%,碱解氮 104～221ppm,速效磷 3～38ppm,速效钾 50～210ppm。

③ 山地黄壤:系由花岗岩、板页岩及砂岩等风化物发育而成,分布在南岭山地海拔高度自 700～800 m 到 1500～1600 m,垂直带宽达 800 m。山地黄壤是在温暖湿润的气候环境下形成的。年平均气温 15.0～12.0 ℃,比红壤地区热量少一些,具有冬无严寒,夏无酷暑,云雾多,相对湿度在 80%以上,年日照时数比红壤土地还少,这是山地黄壤形成的一个重要气候特点。

④ 山地黄棕壤:山地黄棕壤是山地黄壤与山地棕壤之间的过渡性土壤类型。是中亚热带垂直带谱的基本组成之一。南岭山地分布于海拔 1500～1600 m 以上。

山地黄棕壤的气候以降水量多,蒸发量小,云雾多,湿度大,气温低,有冰雪为其特征。年平均气温在 11.0 ℃以下,最冷月平均气温在 0 ℃以下,最热月平均气温低于 22 ℃,年降水量 1600 mm 以上,而年蒸发量在 1100 mm 以下,相对湿度 82%以上,总云量 7.6～7.9 成,年雾日 170～240 天,冬天冰雪期较长。

(2)森林植被垂直分布状况

① 亚热带常绿阔叶林:在南岭山地,由于水热条件较为丰沛,常绿阔叶林中涌进较多的南

亚热带及热带植物区系成分，在海拔 500 m 以下的低山丘陵和沟谷常绿阔叶林中，常形成亚热带沟谷雨林层片，而且这种层片一直延伸至北纬 26 度的湘中地区。表现为立木层较为复杂，其中部分树种具有显著的小板状根。

在海拔 1500 m 以上，基本上均为典型常绿阔叶林系分布。林系分布的规律，一般在海拔 500～700 m 以下的沟谷及低山丘陵，多具有亚热带沟谷雨林层片的常绿阔叶林。随着海拔升高，500～700 m 以上，逐渐为甜槠林、拷槠林、红楠木，细叶青岗林所分布。在常绿阔叶林带之上，也常出现有小块的块状半常绿阔叶林类型。

② 常绿与落叶阔叶混交林：一般分布在海拔 700～1200 m，其组成主要有苦槠、青冈、石栎、杜英及小叶栎、白栎、锥栗、鹅掌楸、檫树等，其中也常伴有三尖杉、金钱柳杉及铁杉等。

③ 落叶阔叶林：在海拔 1000～1300 m 以上，也常有小面积的叶阔叶林分布。多与山地针叶林相交错，落叶阔叶林组成有短柄枹树、锥栗、第栗、化香、山合欢、盐肤未、山樱花等。

④ 山顶矮林、灌丛、山顶矮林是南岭山地常见的森林植被类型。其分布高度随山峰的高低而有很大变化，常绿的植物成分则随纬度北移和分布高度升高而逐渐减少。山顶矮林垂直分布在海拔 1200～2100 m 之间。由于山顶多大风、低温寒冷、冰雪危害，气候环境恶劣，生态脆弱，乔木生长不良，具有“矮林”群落外貌，故多“山顶矮林”或“高山矮林”。因为立木低矮，且其主干顺着迎风方向弯曲，故称之为“矮曲林”。由于山顶冷湿、多雾，又有“雾林”之称。山顶矮林面积较小，分布零星，但在亚热带山地垂直分布中却占有独特的位置。由于山顶矮林所处地势高峻，人为干扰较轻，又由于气候生态条件严酷，植物种类较少，动物区系也相应单调，若一旦遭受人为破坏，水土流失严重，生态环境就难以恢复，所以封山育林、封山育草，保护山顶矮林，保护生态环境，是确保青山绿水落实生态文明建设的关键。

(3)气候垂直分布状况

根据多年考察与定点山地气象观测资料统计分析，南岭山地垂直气候状况如下：

中亚热带气候带：海拔 700 m 以下，年平均气温 15.0～17.7 ℃，≥10 ℃积温 4800 ℃·d 以上，无霜期 260 天以上，气候温暖，冬冷夏热，具有中亚热带气候特点，指示植物为油茶、耕作制作，为二年五熟或一年二热，加冬作(油菜、蔬菜)。

北亚热带气候带：海拔 700～1200 m，年平均气温 13～11 ℃，≥10.0 ℃积温 4500～3500 ℃·d，无霜期为 200 天以上。最热月平均气温低于 22.0 ℃，具有北亚热气候特点。耕作制度为一年一熟。

暖温带气候带：海拔 1300～1600 m 以上，年平均气温低于 10 ℃，最冷月平均气温在 0 ℃以下，最热月平均气温低于 22.0 ℃，气候寒冷，冬季多冰雪，夏季无酷暑，植被为山顶矮林或灌丛、草丛。

6.4 南岭北缘山地立体农业气候资源保护与利用

6.4.1 南岭北缘山地的自然气候特点

南岭北缘位于湖南省的南部、大地构造大致相当于东南地洼区的阳明山地穹及耒阳地穹的南部。是湖南省南部地势较高的地区，由于地理纬度位置偏南，地形地貌错综复杂，形成了独特的自然气候特点。

(1)光热资源丰富,降水量充沛,作物生长季长,生物产量高。

在海拔 400 m 以下的河谷、丘陵、岗地区,具有年平均气温高、无霜期长、冬季温暖、热量资源丰富等特征。年平均气温在 17.5 ℃以上。阳明山、塔山两侧和骑田岭以南地区,年平均气温在 18.0 ℃以上,其中道县 18.6 ℃,比长沙高 1.4 ℃,是全省最高值,郴州、道县的无霜期达 290～319 天,汝城,桂东等县无霜期也在 270 天左右,10～20 ℃积温达 4700 ℃ · d 左右,年降水量 1350 mm 左右,年日照时 1480 小时左右,作物生长季节长,生物产量高。光能潜力每亩可达 6225～6385 kg(包括果实、茎、叶等),水稻光能潜力亩产可达 2200～2300 kg,光能利用率的利用潜力大。

(2)受华南静止锋影响,春季多低温阴雨天气。

冬、春季节,北方冷空气南侵,常与南方海洋暖湿气流在长江流域交馁。冷空气势力较弱时,冷高压分股扩散南下,与暖湿气流相遇形成锋面,受阻于南岭山地,形成南岭静止锋(亦称华南静止锋)。华南静止锋冬、春季都可出现,但 3 月中旬至 5 月这一时段出现的对农业生产影响最大。华南静止锋在本区出现的次数多,而且持续时间比冷锋型的寒潮长。一般可达 5～8 天,最长可达 15～26 天。静止锋维持期间最大降温幅度达 19.8 ℃,常形成日平均气温低于 12 ℃,日照时间小于 2 小时的阴雨低温寡照天气,甚至阴雨连绵,造成早稻烂种,烂秧或僵苗死苗,影响早稻高产稳产。

(3)簇状花岗岩中山为主体,间有灰岩,红岩丘陵盆地的山地丘陵地貌。

本区以山地为主,山地占总面积的 67.79%,丘陵为 13.54%,岗地为 9.94%,平原为 8%,水面为 0.73%,地貌轮廓,四周为簇状花岗岩山地围绕,中部为硅岩,红岩丘陵盆地及由第四纪冲积物构成的河谷平原相间分布的地貌组合。湘南山地主要包括大庾岭,萌渚岭,都庞岭,骑田岭,越城岭、香花岭,阳明山、塔山、大义山、九嶷山、莽山等山地,海拔一般在 1000～1500 m,山地主峰可达 1600～2000 m,桂东与资兴交界的八面山高峰为 2042 m。

大庾岭、骑田岭、萌渚岭、都庞岭,诸广岭等山地,大多为由燕山期花岗岩侵入体组成簇状中山山地;阳明山、九嶷山等山地由震旦系,寒武系浅变质的板页岩,石英砂岩构成。整个地势为东部高,西部低,并由南向北降低,具有成层分布的特点。大致外围为中山、低山向内低降为丘陵盆地。东部山地多为北北东走向。北东向山体呈簇状,多隘道,冷空气可长驱南下,造成东部丘陵盆地区冬季温度偏低,西部山地走向为东北—西南向;北部阳明山地走向呈东西向为脉状,对北方来的冷空气有一定的削弱,使道县,宁远,新田,江永、江华丘陵盆地内,冬季温度偏高,是该区内冬季最暖,热量最多的地区。

(4)海拔高差悬殊,垂直带谱明显。

在丘陵盆地内气候水平差异不大,年平均气温仅相差 0.6～1.0 ℃,东部的郴州市与西部的通县年平均气温仅相差 0.8 ℃. 年降水量,北部的新田与南部的宜章两地仅相差 185.7 mm。但境内山地广阔,相对海拔高差达 1300～1800 m,由于海拔高度相差大,形成水热的再分配,使境内景观垂直差异明显。海拔高度每升高 100 m,年平均气温降低 0.46～0.63 ℃。年降水量随海拔高度上升面增加,在海拔 200～1700 m 之间,降水量整层递增率,每上升 100 m 年降水量增加 60 mm 左右。

由于气候的垂直差异,影响着土壤和植被的垂直变化,山地红壤分布于海拔 500 m 以下,黄红壤分布于 500～700 m,山地黄壤分布于 700～1100 m(南坡可达 1200 m),山地黄棕壤分布在海拔 1200 m 以上。山地草甸土分布在山顶海拔 1600 m 以上。

山地植被垂直差异亦较明显，自下而上，可分为常绿阔叶林（200～700 m、1000～1200 m）常绿落叶阔叶林（700～1000 m）落叶阔叶林（1000～1600 m），山地矮林灌丛（1500～2042 m）

6.4.2　因高、因地制宜，分层利用山地立体农业气候资源

第一层　亚热带常绿阔叶林红壤带。海拔 500 m 以下的河谷、丘岗区，年平均气温高，无霜期长，冬季温暖，热量资源丰富，年平均气温大多在 16.0～17.5 ℃以上，阳明山，塔山两侧和骑田岭以南地区，年平均气温在 18 ℃以上，其中道县 18.6 ℃，最热月平均气温在 28～29 ℃，最冷月平均气温 5～8 ℃，海拔 300 m 以下的丘陵、盆地内年平均气温低于 0 ℃的天气一般为 2～3 天，无霜期长达 290～319 天，≥10 ℃积温 5500.0 ℃ · d 左右，降水量充沛，多年降水量在 1380～1500 mm，年日照时数 1450～1500 小时，年内太阳总辐射量每平方厘米达 105～109 千卡，光能潜力大，土壤肥沃，有利于双季水稻高产、是本区的双季稻种植集中地区。

第二层　海拔 500～1200 m，山地暖带常绿落叶阔叶混交林黄壤带。年平均气温 14～16.0 ℃，最冷月平均气温 3～5 ℃，7 月最热月平均气温 24.0～26.0 ℃≥10 ℃积温 4000～5000 ℃ · d，无霜期 250～260 天，年降水量 1450～1550 mm，年日照时数 1200～1500 小时，其中海拔 500～700 m，土壤为山地黄壤，海拔 700～1200 m 为山地黄棕壤，土壤肥沃，气候温和，降水量丰沛，冬少冰雪，夏少酷暑，适宜于一季籼型杂交水稻高产、优质。水田是优质杂交中稻的主产区，旱土适宜于烤烟、油菜 和茶叶的生长。

海拔 500～1000 m 的山地是杉松用材林速生高产的黄金地段，是湖南的用材林基地之一。也是发展山地反季蔬菜和中药材的好地方。

第三层　山地暖温带落叶阔叶林山地黄棕壤带。分布高度在 1200～1500 m，年平均气温 13.0～10.0 ℃，7 月平均气温低于 22.0 ℃，1 月最低气温低于 0.0 ℃，≥10.0 ℃积温小于 3500 ℃ · d，无霜期少于 240 天，年降水量 1600 mm，年日照时数 1400 小时左右，年大雾日数 140 天以上，平均相对湿度 84%左右，冬季有冰雪，夏季无酷暑，气候湿润，凉爽，相似于暖温带的气候环境，主要是树木生长。宜封山育林，营造生态公益林，发展用材林与经济林及中药材等林木经济。

第四层　山地矮林、灌丛草丛、山地黄棕壤带。海拔 1500 m 以上，最高的八面山主峰 2042 m，山高谷深，峰峦重叠，气温偏低，年平均气温低于 10.0 ℃，最热月平均气温在 20 ℃以下，最冷月（1 月）平均气温在 0 ℃以下，极端最低气温在－10 ℃以下，冬季结冰日数 50.2 天以上，无霜期 200 天以下，年降水量 1600 mm 以上，年日照时数 1400 小时左右，年平均风速 4.0 m/s 以上，年大风日数在 10 天以上，春季受华南静止锋影响，冷空气侵入后易于静止和堆积。寒潮活动频繁，秋季低温早，有春季寒潮与八月倒秋雨“两寒”危害，热量不足，树木生长缓慢，宜封山育林，封山育草，营造生态公益林，保护山顶生态环境，防止水土流失。确保青山绿水。是酷夏避暑的天然大凉棚，可发展生态观光旅游。

第 7 章　井冈山西侧的立体农业气候

井冈山位于罗霄山脉中段，炎陵县位于井冈山西侧，北纬 26°20′～26°39′，东经 113°40′～114°06′，地势自东南向西北倾斜，海拔高低悬殊，最高点与最低点的海拔高度相对高差 1850 m，森林覆盖率 62.5%，地形地貌、土壤、植被与气候状况在垂直方向差异明显。为此，《亚热带丘陵山区农业气候资源及其合理利用研究》课题协作组于 1983 年 3 月在炎陵县设立了不同高度的气候站，坂溪(348 m)、秋田(536.5 m)、青石(821.0 m)、瑶山(1043.3 m)、大院(1325.0 m)加上炎陵城县气象局(224.3 m)共计 6 个观测点进行气象要素观测，至 1986 年共计 3 年进行了完整观测，现根据 1983—1986 年观测资料及临时考察调查与农林部门农业区划资料综合分析如下。

7.1　井冈山西侧气象要素垂直分布状况

7.1.1　温度

7.1.1.1　气温

7.1.1.1.1　平均气温

(1)年平均气温

年平均气温随着海拔升高而降低，但不同海拔高度的垂直递减率不同(图 7.1)，如酃城海拔高度为 224.3 m，年平均气温 17.1 ℃，坂溪海拔高度 348 m，年平均气温 16.3 ℃，年平均气温垂直递减率为 0.65 ℃/100 m。秋田海拔高度 536.5 m，坂溪至秋田年平均气温垂直递减率为 0.42 ℃/100 m。青石海拔高度为 821 m，秋田至青石年平均气温垂直递减率为 0.35 ℃/100 m；瑶山海拔高度为 1043.3 m，青石至瑶山年平均气温垂直递减率为 0.23 ℃/100 m；大院海拔高度为 1325 m，瑶山至大院年平均气温垂直递减率为 0.78 ℃/100 m。由海拔 224.3 m 至 1043.3 m，年平均气温垂直递减率呈递减趋势，而由 1043.3 m 到 1325 m，年平均气温垂直递减率最大。

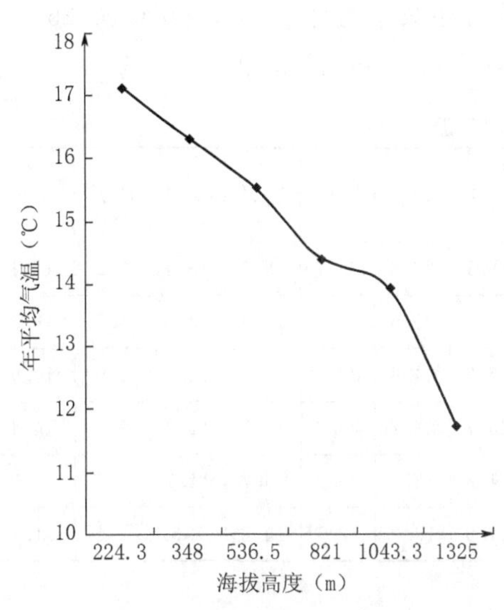

图 7.1　井冈山不同海拔高度年平均气温

(2)月平均气温

月平均气温随海拔高度升高而降低，但不同海拔高度各月平均气温的垂直递减率是不同的(图 7.2)。

第一层(224.3～348 m)，11 月、12 月的月平均气温垂直递减率为 0.32 ℃/100 m，7 月、8 月分别为

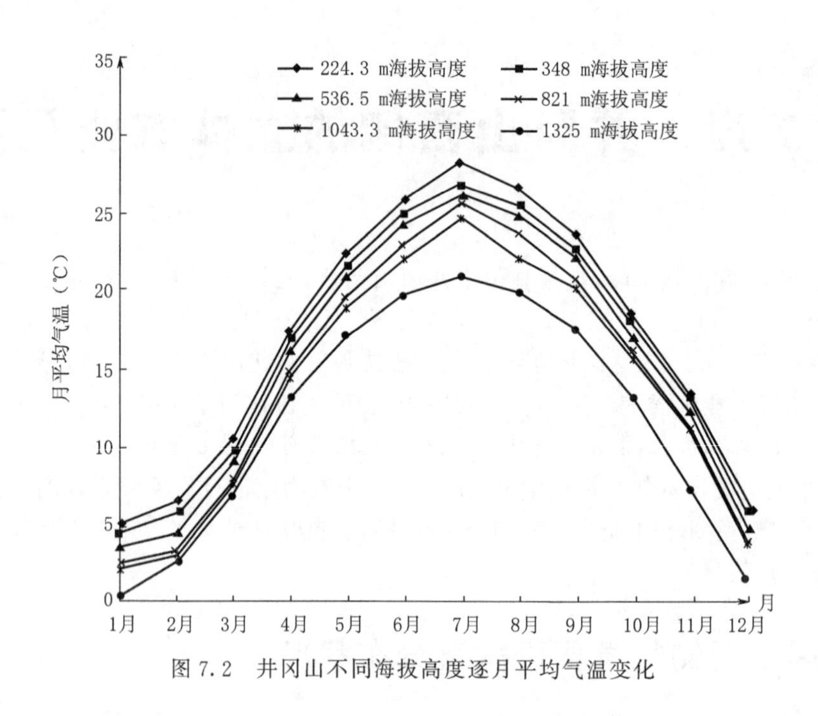

图 7.2 井冈山不同海拔高度逐月平均气温变化

0.97 ℃/100 m、0.98 ℃/100 m。

第二层(348～536.5 m)，9 月、10 月月平均气温垂直递减率为 0.32 ℃/100 m，2 月为 0.63 ℃/100 m，3 月、12 月为 0.48 ℃/100 m。

第三层(536.5～821 m)，7 月气温垂直递减率为 0.21 ℃/100 m，6 月、9 月为 0.46 ℃/100 m，2 月、5 月均为 0.42 ℃/100 m。

第四层(821～1043.3 m)，11 月、12 月平均气温垂直递减率为 0.05 ℃/100 m，1 月为 0.65 ℃/100 m，9 月为 0.68 ℃/100 m。

第五层(1043.3～1325 m)，2 月、3 月平均气温垂直递减率为 0.11 ℃/100 m、0.25 ℃/100 m，7 月、11 月为 1.35 ℃/100 m，9 月、10 月为 0.89 ℃/100 m(表 7.1)。

表 7.1 不同海拔高度月平均气温(℃)

站名	高度(m)	1 月	2 月	3 月	4 月	5 月	6 月	7 月	8 月	9 月	10 月	11 月	12 月	全年
酃城	224.3	5.0	6.4	10.6	17.5	22.4	26.0	28.1	26.6	23.7	18.5	13.4	6.2	17.1
坂溪	348.0	4.5	5.7	9.9	16.8	21.6	25.0	26.9	25.5	22.7	17.8	13.0	5.8	16.3
秋田	536.5	3.6	4.5	9.0	16.0	20.9	24.3	26.3	24.8	22.2	17.2	12.3	4.9	15.5
青石	821.0	2.6	3.3	7.9	14.9	19.7	23.0	25.7	23.7	20.9	16.1	11.2	3.9	14.4
瑶山	1043.3	2.3	3.1	7.7	14.5	19.0	22.1	24.8	22.2	20.2	15.7	11.1	3.8	13.9
大院	1325.0	0.5	2.8	7.0	13.1	17.0	19.9	21.0	19.9	17.7	13.2	7.3	1.4	11.7

(3)旬平均气温

井冈山西侧不同海拔高度旬平均气温随着海拔高度升高而降低(表 7.2)。

表 7.2　不同海拔高度旬平均气温(℃)

站点	高度(m)	1月			2月			3月			4月			5月			6月		
		上旬	中旬	下旬	上旬	中旬	下旬	上旬	中旬	下旬	上旬	中旬	下旬	上旬	中旬	下旬	上旬	中旬	下旬
酃城	224.3	3.8	6.4	5.0	5.6	7.7	5.9	8.1	10.9	12.5	16.0	16.8	19.7	21.4	22.4	23.4	24.9	25.5	27.8
坂溪	348.0	3.3	6.1	4.2	4.9	6.9	4.8	7.5	10.2	11.9	15.4	16.1	18.9	20.6	21.7	22.4	24.0	24.5	26.6
秋田	536.5	2.3	5.4	3.1	3.9	5.9	3.7	6.7	9.2	10.8	14.8	15.1	18.0	20.0	21.0	21.8	23.2	23.9	25.9
青石	821.0	1.2	4.8	1.8	2.6	5.3	2.3	5.7	8.3	9.6	13.8	14.2	16.9	19.0	19.7	20.3	21.9	22.4	24.8
瑶山	1043.3	1.1	4.8	1.1	2.1	4.7	2.1	5.7	8.2	9.3	13.5	13.8	16.3	18.6	18.3	19.4	21.0	21.3	24.0
大院	1325.0	−1.4	2.7	0.4	1.6	4.2	1.7	3.9	8.1	8.7	12.3	12.9	14.1	16.3	17.0	17.6	18.6	19.5	21.4

站点	高度(m)	7月			8月			9月			10月			11月			12月		
		上旬	中旬	下旬	上旬	中旬	下旬	上旬	中旬	下旬	上旬	中旬	下旬	上旬	中旬	下旬	上旬	中旬	下旬
酃城	224.3	27.8	28.6	28.0	27.5	26.5	25.9	25.3	23.0	22.7	20.3	19.4	16.0	16.2	13.4	10.8	9.1	6.3	3.6
坂溪	348.0	26.8	27.3	26.9	26.5	25.4	24.9	24.2	22.3	21.8	19.6	18.6	15.3	15.8	12.9	10.2	8.9	5.8	2.8
秋田	536.5	26.3	26.6	26.1	25.7	24.6	24.2	23.8	21.6	21.1	19.1	17.9	14.8	15.3	12.2	9.5	8.4	4.9	1.8
青石	821.0	25.5	26.0	25.6	24.6	23.4	23.0	22.9	20.3	19.5	18.0	16.7	13.7	14.5	11.1	8.2	7.7	3.9	0.5
瑶山	1043.3	24.5	25.1	24.9	24.5	22.9	22.4	22.0	19.7	19.0	17.7	16.4	13.1	14.1	11.1	7.7	8.2	3.8	−0.1
大院	1325.0	21.2	21.2	20.7	20.4	19.9	19.4	19.0	17.3	16.7	14.3	14.8	10.8	9.9	7.6	4.5	3.9	2.9	−2.3

从表 7.3 可看出，一年内旬平均气温最低值为 3.6～2.3 ℃，均出现在 12 月下旬，旬平均气温最高值为 28.6～21.4 ℃，海拔 224.3～1043.3 m 均出现在 7 月中旬，而海拔 1325 m 的旬平均气温最高值却出现在 6 月下旬。

表 7.3　不同海拔高度最低(高)旬气温(℃)及出现时间

高度(m)	最低旬		最高旬	
	气温(℃)	时间(月旬)	气温(℃)	时间(月旬)
224.3	3.6	12 月下旬	28.6	7 月中旬
348.0	2.8	12 月下旬	27.3	7 月中旬
536.5	1.8	12 月下旬	26.6	7 月中旬
821.0	0.5	12 月下旬	26.0	7 月中旬
1043.3	−0.1	12 月下旬	25.1	7 月中旬
1325.0	−2.3	12 月下旬	21.4	6 月下旬

旬平均气温的变化在一年内呈低—高—低变化趋势。

旬平均气温 25.0 ℃以上的旬数随海拔高度升高而递减。

海拔 224.3 m 旬平均气温 25.0 ℃以上的旬自 6 月中旬至 9 月上旬有 9 旬。348 m 处自 6 月下旬至 8 月中旬有 6 旬。536.5 m，自 6 月下旬至 8 月上旬有 5 旬。821 m，有 7 月上、中、下 3 旬。1043.3 m，仅 7 月中旬。1325 m 则没有 25.0 ℃的旬平均气温了。

7.1.1.1.2　极端气温

(1)极端最高气温

① 年极端最高气温

年极端最高气温随着海拔升高而降低，不同海拔高度的垂直递减率不同(图7.3)。

第一层(224.3～348 m)年极端最高气温垂直递减率为1.29 ℃/100 m为最大。

第二层(348～536.5 m)年极端最高气温垂直递减率为0.95 ℃/100 m。

第三层(536.5～821 m)年极端最高气温垂直递减率为0.46 ℃/100 m。

第四层(821～1043.3 m)年极端最高气温垂直递减率为0.72 ℃/100 m。

第五层(1043.3～1325 m)年极端最高气温垂直递减率为0.82 ℃/100 m。

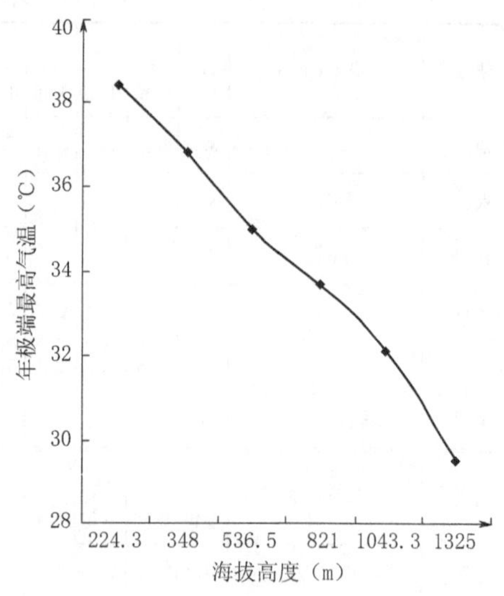

图7.3　井冈山不同海拔高度年极端最高气温

② 月极端最高气温

月极端最高气温随海拔高度升高而降低，不同海拔高度的垂直递减率有差异(图7.4)。

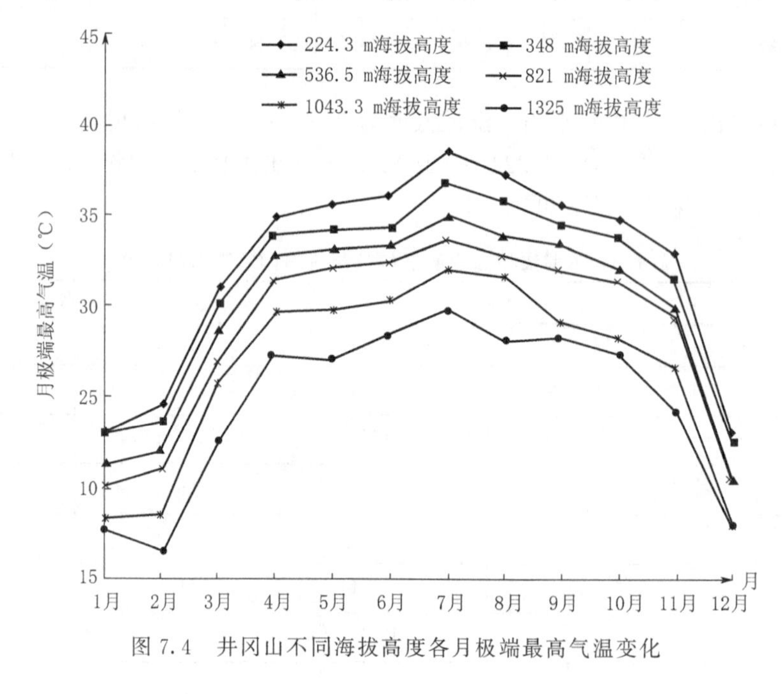

图7.4　井冈山不同海拔高度各月极端最高气温变化

第一层(224.3～348 m)1月极端最高气温出现逆温，6月递减率为1.45 ℃/100 m，5月、8月、11月为1.13 ℃/100 m，12月为0.32 ℃/100 m。

第二层(348～536.5 m)1月、12月为1.01 ℃/100 m，6月为0.53 ℃/100 m，其余各月为0.58～0.95 ℃/100 m。

第三层(536.5～821 m)12月最小为0.1 ℃/100 m以下，10月、11月在0.3 ℃/100 m以

下，2 月、3 月、4 月、5 月、6 月、7 月、8 月、9 月在 0.5 ℃/100 m 以下，3 月为 0.6 ℃/100 m。

第四层（821～1043.3 m）5 月、9 月、10 月、11 月、12 月在 1.0 ℃/100 m 以上，3 月、8 月最小为 0.5 ℃/100 m，其余为 0.77～0.99 ℃/100 m。

第五层（1043.3～1325 m）12 月最小在 0.1 ℃/100 m 以下，3 月、8 月最大为 1.17～1.28 ℃/100 m，其他各月在 0.25～0.99 ℃/100 m（表 7.4）。

表 7.4　月极端最高气温（℃）

站名	高度(m)	1月	2月	3月	4月	5月	6月	7月	8月	9月	10月	11月	12月	全年
酃城	224.3	23.1	24.7	30.9	34.8	35.6	36.1	38.4	37.1	35.5	34.8	32.9	22.9	38.4
坂溪	348.0	23.2	23.7	30.0	33.9	34.2	34.3	36.8	35.7	34.5	33.8	31.5	22.5	36.8
秋田	536.5	21.3	22.1	28.6	32.7	33.1	33.3	35.0	33.9	33.4	32.1	30.0	20.6	35.0
青石	821.0	20.1	21.0	26.9	31.4	32.1	32.4	33.7	32.8	32.0	31.3	29.4	20.5	33.7
瑶山	1043.3	18.4	18.6	25.8	29.6	29.8	30.2	32.1	31.7	29.2	28.3	26.6	18.0	32.1
大院	1325.0	17.7	16.5	22.5	27.3	27.0	28.5	29.8	28.1	28.3	27.5	24.3	17.9	29.5

（2）平均最高气温

① 年平均最高气温

年平均最高气温在 22.6～17.0 ℃之间，随着海拔升高而降低，不同海拔高度年平均气温垂直递减率不同。

第一层（224.3～348 m）2 月最小为 0.56 ℃/100 m，6 月最大为 1.85 ℃/100 m，7—9 月在 1.13～1.28 ℃/100 m，其他月为 0.65～0.81 ℃/100 m。

第二层（348～536.5 m）9 月最小为 0.42 ℃/100 m，7 月、11 月最大为 0.74 ℃/100 m，其他各月在 0.63～0.69 ℃/100 m 之间。

第三层（536.5～821 m）2 月最小为 0.1 ℃/100 m 以下，9 月最大为 0.60 ℃/100 m，其他各月在 0.28～0.49 ℃/100 m 之间。

第四层（821～1043.3 m）1 月最小为 0.0 ℃/100 m，8 月最大为 0.95 ℃/100 m，其他各月在 0.14～0.90 ℃/100 m 之间。

第五层（1043.3～1325 m）10 月、11 月最小为 0.0 ℃/100 m，7 月最大为 0.99 ℃/100 m，其他各月在 0.11～0.78 ℃/100 m 之间。

② 月平均最高气温

月平均最高气温随着海拔高度升高而降低。不同海拔高度月平均最高气温以 7 月为最高，在 35.0～26.1 ℃之间，海拔 1043.3 m 以上则月平均最高气温低于 30.0 ℃了。海拔 224.3 m 月平均最高气温 6 月、7 月、8 月 3 个月均在 30.0 ℃以上，为 32.5～35.0 ℃，海拔 348 m 处 6 月、7 月、8 月 3 个月平均最高气温为 30.2～33.5 ℃。海拔 536.5 m 处 7 月、8 月平均最高气温为 32.1～30.5 ℃。海拔 821 m，仅 7 月平均最高气温为 30.7 ℃。海拔 1043.3～1325 m 月平均最高气温则在 28.9～26.1 ℃，没有 30.0 ℃以上的炎热高温天气了。因而海拔 821 m 以上，气候凉棚效应显著，是消夏避暑的天然凉棚（表 7.5）。

表 7.5 月平均最高气温(℃)

站名	高度(m)	1月	2月	3月	4月	5月	6月	7月	8月	9月	10月	11月	12月	全年
酃城	224.3	10.2	9.7	15.0	22.8	27.7	32.5	35.0	33.2	29.4	24.2	20.4	11.6	22.6
坂溪	348.0	9.4	8.8	14.3	21.9	26.7	30.2	33.5	31.8	28.0	23.2	19.6	10.8	21.5
秋田	536.5	8.1	7.6	13.0	20.7	25.5	29.0	32.1	30.5	27.2	22.0	18.2	9.6	20.3
青石	821.0	6.9	7.4	12.2	19.7	24.3	27.6	30.7	29.1	25.5	20.6	17.2	8.7	19.1
瑶山	1043.3	6.9	6.7	11.9	18.9	22.9	25.8	28.9	27.0	23.7	19.2	15.2	8.4	17.8
大院	1325.0	6.0	6.4	11.7	17.8	21.0	23.6	26.1	24.8	22.4	19.2	15.0	7.4	17.0

③ 旬平均最高气温

井冈山西侧不同海拔高度旬平均最高气温随着海拔高度升高而降低。

海拔 224.3 m 旬平均最高气温自 6 月上旬开始至 9 月上旬均高于 30.0 ℃,7 月中、下旬高于 35.0 ℃,旬最高为 35.7 ℃出现在 7 月中旬。海拔 348 m 旬平均最高气温自 6 月下旬开始至 9 月上旬均高于 30.0 ℃,旬平均最高气温最高为 33.9 ℃,出现在 7 月中、下旬。海拔 536.5 m,旬平均最高气温自 6 月下旬至 8 月中旬平均高于 30.0 ℃,旬平均最高气温最高为 32.6 ℃,出现在 7 月中旬。海拔 821 m,旬平均最高气温自 7 月上旬至 8 月上旬均高于 30.0 ℃。海拔 1043.3 m,旬平均量高气温自 6 月下旬至 9 月上旬均高于 25.0 ℃,最高值为 29.5 ℃,出现在 7 月中旬。海拔 1325 m 旬平均最高气温自 6 月下旬至 8 月上旬均高于 25.0 ℃,最高为 26.5 ℃,出现在 7 月中旬。从海拔高度 1043.3 m 以上,已经没有旬平均最高气温高于 30.0 ℃的炎热天气了(表 7.6)。

表 7.6 不同海拔高度旬平均最高气温(℃)

站点	高度(m)	1月			2月			3月			4月			5月			6月		
		上旬	中旬	下旬	上旬	中旬	下旬	上旬	中旬	下旬	上旬	中旬	下旬	上旬	中旬	下旬	上旬	中旬	下旬
酃城	224.3	9.4	12.9	8.3	8.9	11.2	8.8	13.2	15.1	16.7	21.2	21.5	25.8	27.3	28.0	27.8	30.4	30.2	33.8
坂溪	348.0	8.6	12.3	7.4	8.1	10.3	7.8	12.4	14.4	15.8	20.3	20.6	24.7	26.2	27.1	26.8	29.2	29.1	32.4
秋田	536.5	7.1	11.1	6.3	6.7	10.1	6.5	11.0	13.3	14.6	19.3	19.3	23.4	25.0	25.9	25.6	28.1	27.9	31.0
青石	821.0	6.0	10.3	5.3	5.8	9.3	6.1	10.5	12.5	13.7	18.5	18.6	22.2	23.9	24.9	24.1	26.7	26.5	29.6
瑶山	1043.3	5.4	10.1	4.9	5.8	8.6	5.6	10.2	12.2	13.0	17.7	17.9	21.2	22.9	23.2	22.6	25.0	24.6	27.7
大院	1325.0	4.8	9.1	4.3	5.2	8.3	5.1	9.6	12.2	13.1	16.7	17.3	19.3	21.0	21.5	20.5	22.8	22.5	25.4

站点	高度(m)	7月			8月			9月			10月			11月			12月		
		上旬	中旬	下旬	上旬	中旬	下旬	上旬	中旬	下旬	上旬	中旬	下旬	上旬	中旬	下旬	上旬	中旬	下旬
酃城	224.3	34.1	35.7	35.3	34.9	33.0	31.8	31.8	28.4	27.9	27.0	24.3	21.7	24.3	19.8	17.1	16.6	11.0	7.7
坂溪	348.0	32.8	33.9	33.9	33.5	31.6	30.5	30.2	27.1	26.8	25.9	23.4	20.7	23.5	19.1	16.3	15.9	10.2	6.9
秋田	536.5	31.4	32.6	32.3	32.0	30.3	29.4	29.5	26.3	25.8	24.7	22.3	19.4	22.0	17.7	14.9	14.6	9.2	5.8
青石	821.0	30.0	31.1	30.9	30.6	28.7	28.0	27.8	24.6	24.2	23.1	20.9	18.2	20.9	16.8	13.9	13.7	8.8	4.5
瑶山	1043.3	28.1	29.5	29.0	28.7	26.7	25.9	25.9	23.0	22.4	21.6	20.2	17.3	18.9	14.9	11.9	13.0	8.8	3.8
大院	1325.0	25.5	26.5	26.2	25.9	24.7	23.9	23.5	21.8	21.8	20.6	19.7	16.5	17.3	14.7	11.7	12.2	7.7	3.5

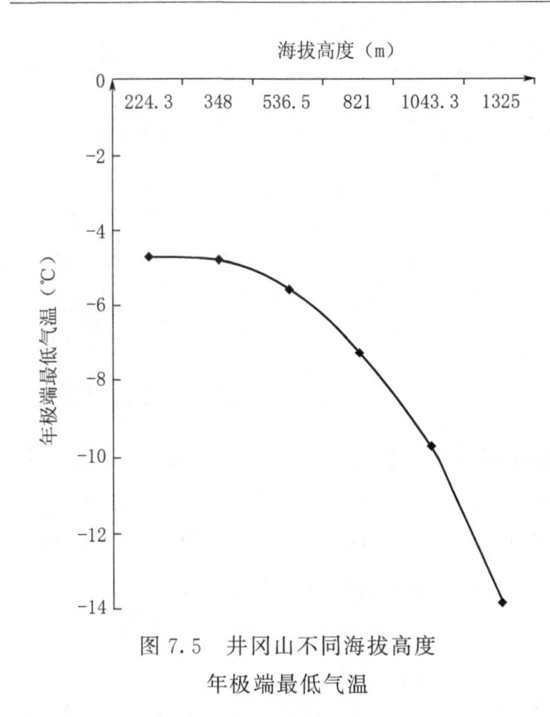

图 7.5　井冈山不同海拔高度年极端最低气温

(3)极端最低气温

① 年极端最低气温

井冈山西侧不同海拔高度年极端最低气温在－13.9～－4.7 ℃之间，随着海拔高度升高而递减，不同海拔高度年极端最低气温的垂直递减率不同(图 7.5)。

第一层(224.3～348 m)，年极端最低气温垂直递减率为 0.08 ℃/100 m，为最小。

第二层(348～536.5 m)年极端最低气温垂直递减率为 0.37 ℃/100 m。

第三层(536.5～821 m)年极端最低气温垂直递减率为 0.63 ℃/100 m。

第四层(821～1043.3 m)年极端最低气温垂直递减率为 1.08 ℃/100 m。

第五层(1043.3～1325 m)年极端最低气温垂直递减率为 1.49 ℃/100 m，为垂直递减率最大的一层。

② 月极端最低气温

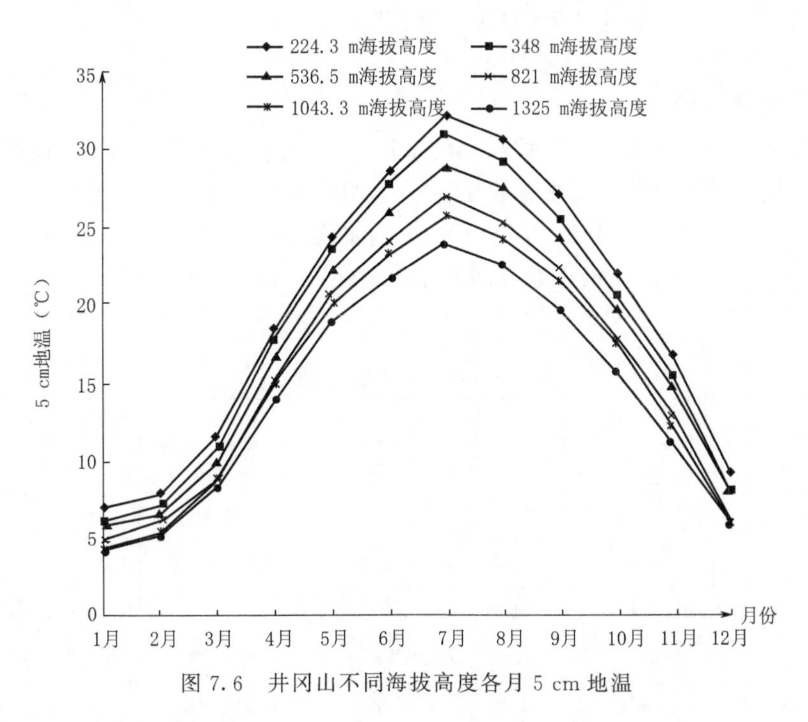

图 7.6　井冈山不同海拔高度各月 5 cm 地温

不同海拔高度月极端最低气温均出现在 11—12 月和 1—3 月，随着海拔升高而降低。在不同海拔高度，月极端最低气温的垂直递减率不同(表 7.7)。

第一层(224.3～348 m)月极端最低气温垂直递减率以 8 月、9 月、12 月最小，在 0.1 ℃/100 m 以下，10 月最大为 1.29 ℃/100 m，其他各月在 0.16～0.81 ℃/100 m 之间。

表 7.7 月极端最低气温(℃)

站名	高度(m)	1月	2月	3月	4月	5月	6月	7月	8月	9月	10月	11月	12月	全年
鄙城	224.3	−4.0	−4.5	−3.6	6.4	10.6	16.1	20.7	17.5	12.7	7.4	−2.6	−4.7	−4.7
坂溪	348.0	−4.8	−4.3	−3.2	5.9	10.2	15.9	20.4	17.6	12.7	5.8	−1.6	−4.6	−4.8
秋田	536.5	−5.5	−4.5	−3.8	5.1	8.7	14.9	19.2	17.0	12.4	5.5	−1.7	−5.2	−5.5
青石	821.0	−6.7	−7.0	−4.5	3.6	7.5	13.7	19.1	16.5	12.2	5.4	−2.0	−7.3	−7.3
瑶山	1043.3	−7.1	−7.7	−6.2	2.1	6.5	13.3	18.8	16.1	11.8	4.3	−9.7	−8.4	−9.7
大院	1325.0	−13.9	−10.7	−11.3	1.2	4.8	11.3	12.6	9.0	4.8	−1.5	−10.0	−11.5	−13.9

第二层(348～536.5 m)月极端最低气温垂直递减率以 11 月最小，为 0.05 ℃/100 m，5 月最大，为 0.79 ℃/100 m，其他各月有 0.11～0.63 ℃/100 m 之间。

第三层(536.5～821 m)月极端最低气温垂直递减率以 7 月、9 月、10 月最小，为 0.04～0.07 ℃/100 m，以 2 月最大，为 0.88 ℃/100 m，其他各月在 0.11～0.74 ℃/100 m 之间。

第四层(821～1043.3 m)月极端最低气温垂直递减率以 7 月最小，为 0.17 ℃/100 m，11 月最大，为 3.47 ℃/100 m，其他各月在 0.18～0.68 ℃/100 m 之间。

第五层(1043.3～1325 m)月极端最低气温垂直递减率 1 月、7 月、9 月、10 月 4 个月垂直递减率均在 2.22～2.48 ℃/100 m，其中 9 月最大为 2.48 ℃/100 m，2 月、3 月、8 月、12 月为 1.06～1.81 ℃/100 m，其他各月为 0.11～0.71 ℃/100 m。

(4)平均最低气温

① 年平均最低气温

不同海拔高度的年平均最低气温为 13.3～7.9 ℃，随着海拔高度的升高而降低。不同海拔高度年平均最低气温的垂直递减率是有差异的，第一层垂直递减率为 0.32 ℃/100 m，第二层为 0.48 ℃/100 m，第三层为 0.25 ℃/100 m，第四层为 0.0 ℃/100 m，第五层为 1.21 ℃/100 m。以海拔 821～1043.3 m 的垂直递减率为最小，以 1043.3～1325 m 的垂直递减率最大(表 7.8)。

表 7.8 年平均最低气温(℃)

站名	高度(m)	1月	2月	3月	4月	5月	6月	7月	8月	9月	10月	11月	12月	全年
鄙城	224.3	1.6	4.0	7.6	13.8	18.6	21.9	23.1	22.5	19.9	14.5	8.8	2.5	13.3
坂溪	348.0	1.4	3.5	7.2	13.5	18.2	21.4	22.5	21.8	19.4	14.3	8.8	2.5	12.9
秋田	536.5	0.6	2.3	6.1	12.4	17.3	20.5	21.6	20.7	18.5	13.5	8.3	2.2	12.0
青石	821.0	−0.1	1.2	5.1	11.7	16.4	19.7	21.8	20.7	17.8	13.1	8.2	1.3	11.3
瑶山	1043.3	0.0	0.6	4.9	11.5	16.2	19.6	21.7	20.3	17.7	12.8	7.6	1.1	11.3
大院	1325.0	−2.9	−0.5	3.0	8.8	13.0	15.7	16.2	15.5	13.6	8.4	5.2	−2.9	7.9

② 月平均最低气温

月平均最低气温的最低值出现在 1 月，不同海拔高度 1 月平均最低气温为 1.6～−2.9 ℃之间，最高值出现在 7 月，为 23.1～16.2 ℃。月平均最低气温随着海拔升高而降低，不同海拔高度的垂直递减率不同。

第一层(224.3～348 m)11 月、12 月垂直递减率最小为 0,8 月最大为 0.56 ℃/100 m,其他各月在 0.16～0.48 ℃/100 m。

第二层(348～536.5 m)以 12 月最小,为 0.16 ℃/100 m,2 月最大为 0.63 ℃/100 m,其他各月在 0.26～0.58 ℃/100 m 之间。

第三层(536.5～821 m)以 11 月、7 月最小,为 0～0.07 ℃/100 m,2 月最大为 0.39 ℃/100 m,其他各月在 0.14～0.27 ℃/100 m 之间。

第四层(821～1043.3 m)1 月、6 月、7 月、9 月为 0.05～0.09 ℃/100 m,2 月最大为 0.27 ℃/100 m,其他各月在 0.14～0.27 ℃/100 m 之间。

第五层(1043.3～1325 m)以 3 月最小为 0.32 ℃/100 m,7 月最大为 2.28 ℃/100 m,其他各月在 0.39～1.93 ℃/100 m 之间。

③ 旬平均最低气温

井冈山西侧不同海拔高度旬平均最低气温随着海拔高度升高而降低。不同海拔高度的旬平均最低气温出现在 12 月下旬至次年 1 月上旬,旬平均最低气温为 0.1～−6.0 ℃。海拔 224.3 m 旬平均最低气温为 0.1 ℃,出现在 1 月上旬。自 12 月上旬至次年 3 月上旬,旬平均最低气温均在 5.0 ℃以下。海拔 348 m,旬平均最低气温为−0.2 ℃,出现在 1 月上旬,自 12 月上旬至次年 3 月上旬,旬平均最低气温均低于 5.0 ℃。海拔 536.5 m,旬平均最低气温为−0.8 ℃,出现在 12 月下旬与 1 月上旬,自 12 月上旬至次年 3 月,旬平均最低气温均在 5.0 ℃以下。海拔 821 m,旬平均最低气温为−1.8 ℃,出现在 12 月下旬。自 11 月下旬至次年 3 月上旬,旬平均最低气温均低于 5.0 ℃。海拔 1043.3 m,旬平均最低气温为−2.2 ℃,出现在 12 月下旬,自 11 月下旬至次年 3 月上旬,旬平均最低气温均低于 5.0 ℃。海拔 1325 m,旬平均最低气温为−6.0 ℃,出现在 12 月下旬。自 11 月上旬至次年 3 月中旬,旬平均最低气温均低于 5.0 ℃(表 7.9)。

表 7.9　不同海拔高度旬平均最低气温(℃)

站点	高度(m)	1月			2月			3月			4月			5月			6月		
		上旬	中旬	下旬	上旬	中旬	下旬	上旬	中旬	下旬	上旬	中旬	下旬	上旬	中旬	下旬	上旬	中旬	下旬
鄗城	224.3	0.1	2.0	2.7	3.2	5.1	3.8	4.3	8.4	9.8	12.6	13.5	15.5	17.0	18.3	20.0	20.6	22.0	23.2
坂溪	348.0	−0.2	2.1	2.2	2.7	4.6	3.1	4.1	7.9	9.4	12.3	13.1	15.1	16.7	18.1	19.8	20.1	21.6	22.6
秋田	536.5	−0.8	1.6	1.0	1.7	3.5	1.6	3.4	6.6	8.1	11.2	11.9	14.0	15.8	17.0	18.7	19.2	20.6	21.8
青石	821.0	−1.4	1.3	−0.1	0.7	2.5	0.2	2.8	5.6	7.0	10.7	11.1	13.3	15.3	16.3	17.6	18.5	19.6	21.5
瑶山	1043.3	−1.1	1.7	−0.7	0.1	2.0	−0.6	2.7	5.4	6.4	10.3	10.9	13.3	15.1	16.1	17.3	18.2	19.1	21.2
大院	1325.0	−5.8	−0.3	−2.6	−1.9	1.2	−1.0	−0.6	4.6	5.0	8.1	8.7	9.6	11.7	12.8	14.3	14.1	16.5	16.6
站点	高度(m)	7月			8月			9月			10月			11月			12月		
		上旬	中旬	下旬	上旬	中旬	下旬	上旬	中旬	下旬	上旬	中旬	下旬	上旬	中旬	下旬	上旬	中旬	下旬
鄗城	224.3	23.5	22.8	22.9	22.9	22.7	22.0	20.9	19.8	19.0	15.4	16.2	12.1	10.8	9.2	6.2	4.1	3.1	0.6
坂溪	348.0	22.8	22.4	22.3	22.2	21.8	21.5	20.4	19.3	18.5	15.3	15.8	12.0	11.1	9.1	6.2	4.5	30.	0.1
秋田	536.5	22.1	21.6	21.2	21.1	20.5	20.5	19.5	18.4	17.7	14.7	14.8	11.4	10.8	8.4	5.6	4.4	2.1	−0.8
青石	821.0	22.1	21.5	21.6	20.9	20.0	20.0	19.5	17.5	16.6	14.7	14.1	10.7	10.4	7.7	4.6	4.3	1.3	−1.8
瑶山	1043.3	21.9	21.9	21.5	20.5	19.5	20.1	19.3	17.5	16.4	14.0	14.0	10.5	11.5	8.6	4.7	5.3	1.2	−2.2
大院	1325.0	16.8	15.8	16.0	15.5	15.3	15.7	14.9	13.7	12.3	8.9	10.3	6.3	4.0	3.0	−0.5	−1.3	−1.3	−6.0

(5)日极端最低气温

① 日极端最低气温≤0 ℃日数

日极端最低气温≤0 ℃日数随着海拔高度升高而增加,出现时间春季随着海拔高度升高延迟,冬季随着海拔高度升高而提早,如海拔高度 224.3～536.5 m,春季≤0 ℃日数出现到3月上旬终止,海拔 1043.3 m 以下,日极端最低气温均在 11 月下旬出现,而海拔 1325 m,则在 11 月上旬就出现日最低气温低于 0 ℃日数的现象了(表 7.10)。

表 7.10　不同海拔高日极端最低气温≤0 ℃的日数(天)

站点	高度(m)	1月			2月			3月			4月			5月			6月		
		上旬	中旬	下旬	上旬	中旬	下旬	上旬	中旬	下旬	上旬	中旬	下旬	上旬	中旬	下旬	上旬	中旬	下旬
郾城	224.3	7	9	6	5	2	2	6											
坂溪	348.0	8	8	8	8	2	3	5											
秋田	536.5	9	9	10	7	5	6	4											
青石	821.0	10	9	10	9	9	8	6	3										
瑶山	1043.3	10	10	10	10	10	9	8	6	1									
大院	1325.0	10	10	10	10	10	9	5	7	4	2								
站点	高度(m)	7月			8月			9月			10月			11月			12月		
		上旬	中旬	下旬	上旬	中旬	下旬	上旬	中旬	下旬	上旬	中旬	下旬	上旬	中旬	下旬	上旬	中旬	下旬
郾城	224.3															3	4	6	8
坂溪	348.0															2	3	7	9
秋田	536.5															2	2	8	9
青石	821.0															2	3	9	10
瑶山	1043.3															1	2	10	10
大院	1325.0													4	5	10	10	10	10

② 日极端最低气温≤－5 ℃日数

日极端最低气温≤－5 ℃日数随着海拔高度升高而增加,早春随海拔高度升高而延迟,如海拔 536.5 m 日最低气温≤－5 ℃日数在 1 月下旬终止,821 m 在 2 月下旬结束,1325 m 在 3 月上旬结束,冬季海拔 536.5 ～821 m 在 12 月下旬开始出现日最低≤－5 ℃日数,而海拔 1043.3 m 12 月中旬就出现日最低气温≤－5 ℃日数的日子了,海拔 1325 m 则在 11 月下旬日最低气温就≤－5 ℃了(表 7.11)。

表 7.11　不同海拔高度日极端最低气温≤－5 ℃日数(天)

站点	高度(m)	1月			2月			3月			4月			5月			6月		
		上旬	中旬	下旬	上旬	中旬	下旬	上旬	中旬	下旬	上旬	中旬	下旬	上旬	中旬	下旬	上旬	中旬	下旬
郾城	224.3																		
坂溪	348.0																		
秋田	536.5	1		1															
青石	821.0	3		1	2		1												
瑶山	1043.3	2	1	6															
大院	1325.0	10	5	5	7	1	3	6											

续表

站点	高度(m)	7月			8月			9月			10月			11月			12月		
		上旬	中旬	下旬	上旬	中旬	下旬	上旬	中旬	下旬	上旬	中旬	下旬	上旬	中旬	下旬	上旬	中旬	下旬
鄠城	224.3																		
坂溪	348.0																		
秋田	536.5																		2
青石	821.0																		6
瑶山	1043.3																	2	8
大院	1325.0															5	5	7	10

(6)日极端最高气温

① 日极端最高气温≥30 ℃日数

日最高气温≥30 ℃日数，随着海拔高度增加而减少，春季随着海拔高度升高，日最高气温≥30 ℃日数推迟，如 224.3～348 m，日最高气温≥30 ℃日数在 3 月中旬出现，536.5～821 m 则在 4 月中旬出现日最高气温≥30 ℃的日数，而 1043.3 m 日最高气温≥30 ℃的日数，则在 7 月上旬开始，秋季，随着海拔高度升高日最高气温≥30 ℃日数则提早。如海拔 224.3～536.5 m，日最高气温≥30 ℃日数在 10 月上旬终止，而海拔 821 m，日最高气温≥30 ℃日数在 10 月中旬终止，海拔 1043.3 m 日最高温≥30 ℃日数则在 8 月上旬就结束了。海拔 1325 m 则没有日最高气温≥30 ℃的日数了(表 7.12)。

表 7.12　不同海拔高度日极端最高气温≥30 ℃日数(天)

站点	高度(m)	1月			2月			3月			4月			5月			6月		
		上旬	中旬	下旬	上旬	中旬	下旬	上旬	中旬	下旬	上旬	中旬	下旬	上旬	中旬	下旬	上旬	中旬	下旬
鄠城	224.3								1	1	2	1	3	4	3	3	4	4	6
坂溪	348.0								1		1	1	2	3	2	2	3	3	5
秋田	536.5											1	1	2	1	1	2	2	4
青石	821.0											1	1		1	1	1	1	1
瑶山	1043.3																		
大院	1325.0																		
站点	高度(m)	7月			8月			9月			10月			11月			12月		
		上旬	中旬	下旬	上旬	中旬	下旬	上旬	中旬	下旬	上旬	中旬	下旬	上旬	中旬	下旬	上旬	中旬	下旬
鄠城	224.3	7	7	8	8	7	6	5	2	2	2	1		0.5					
坂溪	348.0	6	6	7	7	6	5	4	1	2	1	0.5		0.2					
秋田	536.5	5	5	6	6	4	2	3	1	1	1	0.7		0.1					
青石	821.0	4	5	4	5	1	1	2	0.5	0.5	0.5	0.5							
瑶山	1043.3	1	1	3	1														
大院	1325.0																		

② 日极端最高气温≥35 ℃日数

日最高气温≥35 ℃日数，随海拔升高而减少，开始出现时间则随着海拔高度升高而延迟，如海拔 224.3 m，日最高气温≥35 ℃日数，在 5 月中旬开始出现，9 月下旬结束，而海拔 348 m 日最高气温≥35 ℃日数则于 7 月上旬开始至 8 月上旬就结束了。海拔 536.5 m 以上则没有日最高气温≥35 ℃日数了(表 7.13)。

表 7.13　不同海拔高度日极端最高气温≥35 ℃日数(天)

站点	高度(m)	1月			2月			3月			4月			5月			6月		
		上旬	中旬	下旬	上旬	中旬	下旬	上旬	中旬	下旬	上旬	中旬	下旬	上旬	中旬	下旬	上旬	中旬	下旬
鄙城	224.3														1	1	2		9
坂溪	348.0																		
秋田	536.5																		
青石	821.0																		
瑶山	1043.3																		
大院	1325.0																		

站点	高度(m)	7月			8月			9月			10月			11月			12月		
		上旬	中旬	下旬	上旬	中旬	下旬	上旬	中旬	下旬	上旬	中旬	下旬	上旬	中旬	下旬	上旬	中旬	下旬
鄙城	224.3	2	3	7	4	2	1.5	1.5	0.5	0.5									
坂溪	348.0	1	2	5	1														
秋田	536.5																		
青石	821.0																		
瑶山	1043.3																		
大院	1325.0																		

7.1.1.1.3　气温日较差

(1)年平均气温日校差

年平均气温日较差随着海拔升高而变小，如海拔高度 224.3 m 的鄙城气温日较差年平均为 9.5 ℃，海拔 1325 m 的大院气温日较差年平均值为 6.5 ℃，两地海拔高度差值为 1100.7 m，气温日较差年平均相差 3.0 ℃，海拔高度每上升 100 m，气温日较差年平均值递减 0.27 ℃。

(2)月平均气温日较差

月平均气温日较差随海拔高度升高而减小，不同海拔高度气温日较差的大小出现时间有差别，如海拔 224.3 m，气温日较差最小值出现在 2 月为 7.9 ℃，最大值出现在 11 月，为 12.8 ℃。而海拔 1325 m 的日较差最小值出现在 2 月为 5.3 ℃，最大值出现在 7 月，日较差值为 7.1 ℃(表 7.14)。

表 7.14　月平均气温日较差(℃)

站名	高度(m)	1月	2月	3月	4月	5月	6月	7月	8月	9月	10月	11月	12月	全年
鄙城	224.3	9.8	7.9	8.3	9.0	9.2	9.6	12.0	10.7	9.4	10.8	12.8	11.6	9.5
坂溪	348.0	8.5	6.5	7.4	9.0	8.5	8.8	11.0	10.0	8.6	9.8	11.6	9.1	9.3
秋田	536.5	8.0	5.7	7.1	8.4	8.3	8.5	10.5	9.8	8.7	8.9	10.8	8.4	8.6

续表

站名	高度(m)	1月	2月	3月	4月	5月	6月	7月	8月	9月	10月	11月	12月	全年
青石	821.0	7.4	5.4	7.0	8.3	8.0	7.9	9.9	9.3	8.7	8.5	9.9	7.6	8.3
瑶山	1043.3	7.0	5.3	7.0	8.0	7.9	7.8	8.3	8.8	7.8	7.8	9.9	7.4	7.8
大院	1325.0	6.1	5.3	7.0	7.5	6.6	6.2	7.1	6.4	5.9	6.1	7.0	6.1	6.5

(3)旬平均气温日较差

不同海拔高度旬平均气温日较差,变化比较复杂,总的趋势是旬平均气温日较差最小值出现在 2 月下旬,日较差为 5.4～7.2 ℃,自海拔 348 m 至 1325 m,日较差随海拔高度升高而增加。不同海拔高度旬日较差最大值出现时间有所不同,海拔 224.3 m 至 1043.3 m,旬日较差最大值为 13.5～7.6 ℃,日较差随海拔高度升高而减少,海拔 224.3～821 m 日较差最大值出现在 11 月上旬,而海拔 1043.3 m,旬日较差最大为 7.6 ℃出现在 7 月中旬,海拔 1325 m 的旬日较差最大 13.3 ℃,出现在 12 月上旬(表 7.15)。

表 7.15　不同海拔高度旬平均气温日较差(℃)

站点	高度(m)	1月			2月			3月			4月			5月			6月		
		上旬	中旬	下旬	上旬	中旬	下旬	上旬	中旬	下旬	上旬	中旬	下旬	上旬	中旬	下旬	上旬	中旬	下旬
鄢城	224.3	9.3	10.9	5.6	5.8	6.2	5.4	8.9	6.7	6.9	8.6	8.0	10.3	10.3	9.7	7.5	9.8	8.2	10.6
坂溪	348.0	8.8	10.2	5.3	5.4	5.7	4.8	8.3	6.5	6.4	8.0	7.6	6.3	9.5	9.0	7.0	9.1	7.5	9.9
秋田	536.5	7.9	9.5	5.2	5.0	5.7	4.9	7.7	6.7	6.5	8.1	7.4	9.4	9.2	8.9	6.9	8.9	7.3	9.2
青石	821.0	7.5	9.0	5.0	5.2	5.8	5.4	7.5	7.0	6.8	7.8	7.5	8.9	8.6	8.6	6.5	8.1	6.9	8.4
瑶山	1043.3	5.9	7.4	5.0	5.2	6.6	5.7	7.7	6.7	6.7	7.4	7.0	7.9	7.7	7.1	5.2	6.8	5.4	6.2
大院	1325.0	11.2	10.4	7.9	7.7	8.9	7.2	10.2	7.6	8.2	8.6	8.6	9.7	9.2	8.8	6.2	8.7	6.0	8.8

站点	高度(m)	7月			8月			9月			10月			11月			12月		
		上旬	中旬	下旬	上旬	中旬	下旬	上旬	中旬	下旬	上旬	中旬	下旬	上旬	中旬	下旬	上旬	中旬	下旬
鄢城	224.3	10.6	12.9	12.4	12.0	10.3	9.9	10.9	8.6	8.8	11.6	8.1	9.7	13.5	10.6	10.9	12.5	7.8	7.1
坂溪	348.0	10.0	11.4	11.6	11.2	9.8	9.0	9.8	7.7	8.3	10.6	7.6	8.7	12.5	9.9	10.1	11.4	7.2	6.8
秋田	536.5	9.4	11.0	11.1	11.0	9.7	8.9	10.0	8.0	8.1	10.0	7.4	8.0	11.2	9.3	9.3	10.1	6.7	6.6
青石	821.0	7.8	9.6	9.3	9.7	8.7	8.0	8.5	7.1	7.8	9.0	6.9	7.6	10.5	9.1	9.2	9.4	7.0	6.3
瑶山	1043.3	6.2	7.6	7.5	7.2	6.2	5.8	6.4	5.5	5.8	6.9	5.6	5.8	7.3	6.3	7.0	6.9	6.6	5.0
大院	1325.0	8.7	10.7	10.2	10.4	9.4	8.1	8.6	8.1	9.5	11.7	9.9	11.0	13.3	11.7	12.4	14.2	10.5	9.4

7.1.1.1.4　界限温度,初终日期及积温与间隔日数

(1)各级界限温度初终日期间持续日数(表 7.16)

≥0.0 ℃初日,海拔 821 m 出现在 2 月 22 日,终日为 12 月 18 日,持续 289 天,海拔 1043.3 m,≥0 ℃初日出现 3 月 1 日,终日为 12 月 15 日,持续 291 天,海拔 1325 m,≥0 ℃初日出现在 3 月 9 日,终日为 12 月 13 日,持续 280 天。

≥10 ℃初日随着海拔高度升高而延迟,海拔高度每上升 100 m,延迟 1.81 天。≥10 ℃终日随着海拔高度升高而提早,海拔高度每上升 100 m,≥10 ℃终日提早 5.45 天,初终日间持续

日数减少 6.45 天。

表 7.16 界限温度初终日期、积温(℃·d)及间隔日数(天)

站点	高度(m)	0 ℃				10 ℃				15 ℃				20 ℃			
		初日	终日	间隔日数	积温	初日	终日	间隔日数	积温	初日	终日	间隔日数	积温	初日	终日	间隔日数	积温
鄙城	224.3					18/3	30/11	258	5579.3	21/4	15/10	178	4396.3	12/5	26/9	138	3570.7
坂溪	348.0					23/3	23/11	246	5223.7	28/4	15/10	170	4089.1	24/5	23/9	123	3117.8
秋田	536.5					29/3	23/11	240	4995.0	29/4	14/10	169	3962.4	25/5	21/9	120	2966.1
青石	821.0	22/2	18/12	289	5125.0	7/4	20/11	228	4601.0	29/4	14/10	169	3770.6	27/5	13/9	111	2647.2
瑶山	1043.3	1/3	15/12	291	4966.4	7/4	31/10	208	4216.0	3/5	13/10	164	3579.1	7/6	7/9	94	2206.3
大院	1325.0	9/3	13/12	280	4201.2	7/4	2/10	187	3404.8	12/5	17/9	129	2520.8	24/6	26/7	32	673.5

≥15 ℃初日随着海拔高度升高而推迟，海拔每上升 100 m，推迟 2.0 天，≥15 ℃终日随着海拔高度升高而提早，海拔每上升 100 m，终日提早 2.63 天，初终间持续日数缩短 4.45 天。

≥20 ℃初日随着海拔升高而推迟，海拔每上升 100 m，≥20 ℃初日推迟 4.0 天，≥20 ℃终日，随着海拔高度升高而提早，海拔每上升 100 m，≥20 ℃终日提早 5.72 天，初终日间持续日数缩短 9.63 天。

(2)各级界限温度初终日期间积温

各级界限温度初终日期间积温随着海拔高度升高而减少。

≥0.0 ℃积温，随海拔高度升高而减少，海拔高度每上升 100 m，≥0.0 ℃积温减少 184.8 ℃·d。

≥10.0 ℃积温，随海拔高度升高而减少，海拔高度每上升 100 m，≥10.0 ℃积温减少 197.7 ℃·d。

≥15.0 ℃积温，随海拔高度升高而减少，海拔高度每上升 100 m，≥15.0 ℃积温减少 170.5 ℃·d。

≥20.0 ℃积温，随海拔高度升高而减少，海拔高度每上升 100 m，≥20.0 ℃积温减少 263.4 ℃·d。

7.1.1.2 地温

7.1.1.2.1 地面 0 cm 温度

(1)年平均地面 0 cm 温度

年平均地面 0 cm 温度随着海拔升高而递减，但不同海拔高度的垂直递减率不同，224.3～348 m 垂直递减率为 0.73 ℃/100 m，348～536.5 m 垂直递减率为 0.58 ℃/100 m，536.5～821 m 垂直递减率为 0.63 ℃/100 m，821～1043.3 m 递减率为 0.36 ℃/100 m，1043.3～1325 m 递减率为 0.18 ℃/100 m。

(2)月平均地面 0 cm 温度

月平均地面 0 cm 温度随着海拔高度升高而降低，各个不同海拔高度层次的月地面 0 cm 温度垂直递减率有差异(表 7.17)。

表 7.17　地面 0 cm 平均温度(℃)

站名	高度(m)	1 月	2 月	3 月	4 月	5 月	6 月	7 月	8 月	9 月	10 月	11 月	12 月	全年
鄢城	224.3	6.8	7.9	11.9	19.4	25.5	30.2	34.1	31.5	27.8	22.3	16.7	8.4	20.0
坂溪	348.0	5.9	7.3	11.4	18.5	24.4	28.5	32.6	30.3	26.2	20.9	15.2	7.5	19.1
秋田	536.5	5.1	6.3	10.6	17.6	23.3	27.4	31.1	28.6	52.0	19.8	14.6	6.8	18.0
青石	821.0	3.8	5.0	9.3	16.1	21.6	24.9	28.8	25.8	23.0	17.9	12.7	5.5	16.2
瑶山	1043.3	3.2	4.5	9.1	15.6	20.7	23.8	27.0	24.6	21.9	17.6	11.7	4.9	15.4
大院	1325.0	4.5	6.5	9.0	14.8	19.9	22.7	25.7	23.5	20.4	16.3	10.9	5.0	14.9

第一层(224.3～348 m)：地面 0 cm 温度垂直递减率 3 月最小，为 0.4 ℃/100 m，4 月为 0.48 ℃/100 m，12 月、1 月、4 月、5 月、8 月为 0.73～0.97 ℃/100 m，6 月、7 月、9 月、10 月、11 月递减率在 1.13～1.37 ℃/100 m 之间，以 6 月最大为 1.37 ℃/100 m。

第二层(348～536.5 m)：月平均地面 0 cm 温度垂直递减率以 12 月最小，为 0.31 ℃/100 m，其他各月在 0.42～0.90 ℃/100 m 之间，以 8 月最大为 0.90 ℃/100 m。

第三层(536.5～821 m)：地面 0 cm 月平均温度垂直递减率 1 月、2 月、3 月、12 月平均为 0.46 ℃/100 m，其他各月为 0.53～0.98 ℃/100 m，以 8 月递减率最大，为 0.98 ℃/100 m。

第四层(821～1043.3 m)：地面 0 cm 月平均温度垂直递减率最小为 0.09 ℃/100 m，出现在 3 月，最大值出现在 7 月，为 0.81 ℃/100 m，1 月、2 月、4 月、10 月、12 月在 0.3 ℃/100 m 以下，5 月、6 月、8 月、9 月、11 月递减率在 0.4～0.6 ℃/100 m。

第五层(1043.3～1325 m)：地面 0 cm 月平均温度垂直递减率最小为 0.04 ℃/100 m，出现在 3 月和 12 月，最大值为 0.71 ℃/100 m，出现在 7 月，4 月、5 月、11 月为 0.28 ℃/100 m，其他各月在 0.3～0.71 ℃/100 m 之间。

(3)地面 0 cm 旬平均温度

地面 0 cm 旬平均温度在一年中的变化呈低—高—趋势。12 月下旬至 1 月上旬最低为 5.5～1.4 ℃，6 月下旬至 8 月中旬最高达 35.9～27.6 ℃。不同海拔高度地面 0 cm 旬平均温度随海拔高度升高而递减的程度有所不同(表 7.18)。

表 7.18　地面 0 cm 旬平均温度(℃)

站点	高度(m)	1 月			2 月			3 月			4 月			5 月			6 月		
		上旬	中旬	下旬	上旬	中旬	下旬	上旬	中旬	下旬	上旬	中旬	下旬	上旬	中旬	下旬	上旬	中旬	下旬
鄢城	224.3	5.9	8.2	6.4	7.1	9.2	7.3	9.9	12.1	13.6	17.4	18.4	22.3	24.6	25.8	26.0	29.0	28.6	32.9
坂溪	348.0	4.9	7.2	5.6	6.4	8.5	6.6	9.3	11.5	13.2	16.6	17.8	21.1	23.2	24.8	25.1	27.6	27.1	30.7
秋田	536.5	4.1	6.8	4.5	5.5	7.7	5.5	8.5	10.9	12.3	15.9	16.8	20.0	22.3	23.6	24.1	26.6	26.1	29.6
青石	821.0	2.3	5.6	3.5	4.3	6.3	4.3	6.8	9.8	11.0	14.5	15.6	18.2	20.9	21.6	22.2	24.2	23.7	26.9
瑶山	1043.3	1.4	5.0	3.2	3.4	6.1	3.8	6.7	9.5	11.0	13.9	15.2	17.9	20.3	20.6	21.2	23.0	22.4	26.1
大院	1325.0	2.4	5.3	5.7	6.6	8.3	4.1	7.2	8.4	10.7	13.6	14.2	16.6	19.5	19.7	19.3	22.0	21.7	24.5

续表

站点	高度(m)	7			8			9			10			11			12		
		上旬	中旬	下旬	上旬	中旬	下旬	上旬	中旬	下旬	上旬	中旬	下旬	上旬	中旬	下旬	上旬	中旬	下旬
鄢城	224.3	32.7	35.9	33.8	33.5	31.4	29.9	30.1	26.6	26.6	24.7	22.9	19.4	20.1	16.2	13.8	11.7	8.5	5.5
坂溪	348.0	31.1	34.4	32.5	32.1	30.3	28.6	28.1	25.6	24.7	23.4	21.9	17.7	18.5	14.9	12.3	10.3	7.7	4.6
秋田	536.5	29.7	32.4	31.1	29.6	28.7	27.4	26.3	24.7	23.9	22.0	20.9	16.8	18.0	14.0	11.7	10.2	7.1	3.6
青石	821.0	27.7	30.5	28.2	26.8	25.6	25.1	25.0	22.2	21.8	19.7	18.9	15.5	15.9	12.5	9.9	8.8	5.9	1.9
瑶山	1043.3	26.5	28.1	26.6	25.7	24.4	23.9	23.5	21.3	20.8	19.7	18.3	15.0	14.7	11.7	9.0	7.9	5.5	1.8
大院	1325.0	24.5	27.6	25.1	24.0	23.1	23.4	22.1	19.8	19.1	16.3	17.7	14.8	12.9	10.9	8.8	7.8	5.6	1.5

第一层(224.3 m):旬平均温度最高值为35.9 ℃,出现在7月,6月下旬至8月中旬均在30.0 ℃以上,旬最低值为5.5 ℃,出现在12月下旬。12月中旬至次年3月上旬均在10.0 ℃以下。

第二层(348 m):地面0 cm旬平均温度最高值为34.4 ℃,出现在7月中旬,6月下旬至8月中旬,旬平均气温在30.0 ℃以上,旬最低温度为4.6 ℃,出现在12月下旬,12月中旬至次年3月上旬,旬平均温度在10.0 ℃以下。

第三层(536.5 m):地面0 cm旬平均温度最高值为32.4 ℃,7月中、下旬旬平均温度在30.0 ℃以上,6月下旬至8月中旬旬平均温度在29.6～28.7 ℃,旬平均温度最低为3.6 ℃,出现在12月下旬,12月中旬至次年3月上旬平均温度在10.0 ℃以下。

第四层(821 m):地面0 cm旬平均温度最高值为30.5 ℃,出现在7月中旬,仅7月下旬旬平均温度为28.2 ℃,年内旬平均最低温度为1.9 ℃,出现在12月下旬,从11月下旬至次年3月中旬平均温度都在10.0 ℃以下。

第五层:海拔1043.3 m,地面0 cm旬平均温度最高为28.1 ℃,出现在7月中旬,6月中旬至8月上旬平均温度在25.0～28.1 ℃,没有30.0 ℃以上的高温了。旬最低温度为1.8 ℃,出现在12月下旬,11月下旬至次年3月中旬平均温度均在10.0 ℃以下了。

第六层:海拔1325 m,地面0 cm旬平均温度最高为27.6 ℃,出现在7月中旬,仅7月下旬平均温度为25.1 ℃。旬平均温度最低为1.5 ℃,出现在12月下旬,从11月下旬至次年3月中旬平均温度均在10.0 ℃以下。

7.1.1.2.2 地面0 cm极端温度

(1)地面0 cm极端最高温度

1)地面0 cm年极端最高温度:地面0 cm极端最高温度为68.4～61.0 ℃。地面0cm极端最高温度随着海拔高度升高而降低,不同海拔高度层次的垂直递减率依次为0.97、0.42、2.21、0.18、0.25 ℃/100 m,以海拔高度821 m最大为2.21 ℃/100 m,以1325 m最小为0.25 ℃/100 m。

2)地面0 cm月极端最高温度

地面0 cm月极端最高温度以7月最高,为68.4～61.0 ℃。1月最低,为35.7～28.1 ℃。在一年中的变化呈低—高—低型。即从1月开始逐月升高至7月达最高再逐渐降低到12月达最低值。地面0 cm月极端最高温度也是随着海拔高度升高而降低。不同海拔高度的垂直递减率有些差异(表7.19)。

表 7.19　地面 0 cm 极端最高温度(℃)

站名	高度(m)	1 月	2 月	3 月	4 月	5 月	6 月	7 月	8 月	9 月	10 月	11 月	12 月	全年
鄗城	224.3	35.7	38.0	42.1	53.0	63.3	62.5	68.4	66.9	63.4	58.0	48.3	36.6	68.4
坂溪	348.0	35.2	35.4	41.1	51.5	59.8	58.5	67.2	65.4	59.3	57.1	48.1	35.5	67.2
秋田	536.5	33.5	35.0	41.5	51.0	57.9	56.9	67.6	62.4	56.9	51.7	46.5	33.6	67.6
青石	821.0	32.9	34.7	40.0	45.8	50.1	51.7	61.7	56.6	51.3	50.9	42.4	33.1	61.7
瑶山	1043.3	27.9	32.0	35.9	43.2	49.3	51.5	61.3	52.8	50.9	48.6	40.5	29.6	61.3
大院	1325.0	28.1	29.1	35.1	42.8	46.3	50.0	61.0	44.9	48.1	46.8	38.7	29.6	61.0

第一层(224.3～348 m)：地面 0 cm 月极端最高温度垂直递减率最大在 9 月，为 3.31 ℃/100 m，次大为 6 月 3.23 ℃/100 m、5 月 2.82 ℃/100 m、12 月 2.42 ℃/100 m、2 月 2.1 ℃/100 m。

(2)地面 0 cm 平均最高温度

1)地面 0 cm 年平均最高温度

井冈山西侧不同海拔高度地面 0 cm 年平均最高温度在 33.4～25.2 ℃之间，随着海拔升高而降低，井冈山西侧不同海拔高度地面 0 cm 年平均最高温度在海拔 224.3 m 的鄗城为 33.4 ℃，海拔 1325 m 的大院为 25.2 ℃，垂直递减率为 0.74 ℃/100 m。

2)地面 0 cm 月平均最高温度

地面 0 cm 月平均最高温度随着海拔升高而降低。不同海拔高度层的垂直递减率有差别(表 7.20)。

表 7.20　0 cm 月平均最高温度(℃)

站名	高度(m)	1 月	2 月	3 月	4 月	5 月	6 月	7 月	8 月	9 月	10 月	11 月	12 月	全年
鄗城	224.3	16.6	15.7	20.7	29.9	39.2	46.9	53.7	50.3	42.2	36.0	31.3	18.9	33.4
坂溪	348.0	16.2	14.9	20.1	28.7	37.1	44.8	53.5	48.8	40.0	33.3	29.1	17.9	31.8
秋田	536.5	15.5	14.0	19.6	28.5	36.7	42.4	51.8	46.6	39.6	32.0	29.5	18.1	31.2
青石	821.0	15.3	13.6	19.4	27.0	33.5	38.6	47.4	41.3	36.2	30.4	26.5	17.3	28.0
瑶山	1043.3	13.3	12.0	19.0	26.2	3.4	38.1	45.5	40.0	35.1	30.7	25.9	15.6	28.0
大院	1325.0	13.1	11.9	18.1	26.0	32.1	35.8	44.4	37.5	34.0	32.2	26.0	15.5	25.2

第一层(224.3～348 m)：地面 0 cm 月平均最高温度垂直递减率最大在 10 月，为 2.18 ℃/100 m，最小在 7 月为 0.16 ℃/100 m。5 月、6 月、7 月、8 月、9 月、11 月在 1.21～1.77 ℃/100 m 之间，1 月、2 月、3 月、4 月、12 月等 5 个月在 0.56～0.97 ℃/100 m 之间。

第二层(348～536.5 m)：地面 0 cm 月平均最高温度垂直递减率最大在 3 月，为 2.64 ℃/100 m，最小在 1 月、4 月和 12 月为 0.11 ℃/100 m。6 月、8 月为 1.16～1.27 ℃/100 m，2 月、5 月、9 月、11 月均为 0.21 ℃/100 m。7 月为 0.9 ℃/100 m，10 月为 0.69 ℃/100 m。

第三层(536.5～821 m)：地面 0 cm 平均最高温度垂直递减率最大出现在 8 月，为 1.86 ℃/100 m，最小在 11 月为 0.56 ℃/100 m，5 月、6 月、7 月、9 月、11 月等 5 个月在 1.05～1.54 ℃/100 m 之间，1 月、2 月、3 月、4 月、12 月在 0.6～0.88 ℃/100 m 之间。

第四层(821～1043.3 m):地面 0 cm 平均最高温度垂直递减率最大为 0.85 ℃/100 m,出现在 7 月;最小在 2 月、5 月、12 月,均为 0.05 ℃/100 m;1 月、6 月、10 月、12 月均在 0.4 ℃/100 m 以下,8 月、9 月在 0.54～0.56 ℃/100 m 之间。

第五层(1043.3～1325 m):地面 0 cm 月平均最高温度垂直递减率最大为 1.77 ℃/100 m,出现在 1 月,最小为 0.04 ℃/100 m,出现在 11 月。3 月、4 月、5 月、9 月、10 月在 0.5 ℃/100 m,2 月为 1.31 ℃/100 m,10 月和 6 月与 8 月在 0.53～0.89 ℃/100 m 之间。

(3)地面 0 cm 极端最低温度

1)地面 0 cm 年极端最低温度

井冈山西坡地面 0 cm 年极端最低温度随着海拔高度升高而降低。酃城(224.3 m)地面 0 cm 年极端最低温度为－5.2 ℃,海拔 1325 m 的大院,地面 0 cm 年极端最低温度为－12.6 ℃,海拔每上升 100 m,地面 0 cm 年极端最低温度降低 0.67 ℃。不同海拔高度地面 0 cm 年极端最低温度在垂直递减率不同。第一层为 0.08 ℃/100 m,第二层为 0.37 ℃/100 m,第三层为 0.63 ℃/100 m,第四层为 1.08 ℃/100 m,第五层为 1.49 ℃/100 m。

2)地面 0 cm 月极端最低温度

地面 0 cm 月极端最低温度随着海拔高度升高而降低,但不同海拔高度各月地面 0 cm 极端最低温度的垂直递减率有所不同(表 7.21)。

表 7.21　0 cm 月极端最低气温(℃)

站名	高度(m)	1 月	2 月	3 月	4 月	5 月	6 月	7 月	8 月	9 月	10 月	11 月	12 月	全年
酃城	224.3	－3.7	－3.7	－3.9	5.7	11.2	17.8	21.9	18.2	14.5	15.2	－2.3	－5.2	－5.2
坂溪	348.0	－6.4	－5.1	－6.1	4.7	9.9	16.0	20.4	17.9	11.9	4.0	－2.8	－9.0	－9.0
秋田	536.5	－10.0	－5.5	－5.5	4.5	4.8	14.4	18.7	16.2	11.1	3.7	－3.7	－6.3	－10.0
青石	821.0	－11.4	－7.9	－8.4	3.0	6.7	13.5	17.5	15.5	9.1	1.1	－3.9	－9.4	－11.4
瑶山	1043.3	－12.6	－8.1	－9.8	2.1	5.7	11.4	16.9	14.8	8.6	1.1	－4.0	－10.7	－12.6
大院	1325.0	－12.5	－8.9	－11.9	0.5	2.7	6.2	12.8	11.2	4.6	－2.8	－5.1	－12.6	－12.6

第一层(224.3～348 m):地面 0 cm 月极端最低温度垂直递减率 10 月最大,为 1.29 ℃/100 m,9 月最小为 0.0 ℃/100 m,8 月 12 月为 0.08 ℃/100 m,2 月、3 月、4 月、5 月、6 月、7 月在 0.4 ℃/100 m 以下,1 月和 11 月在 0.65～0.81 ℃/100 m 之间。

第二层(348～536.5 m):地面 0 cm 月极端最低温度垂直递减率 11 月最小,为 0.05 ℃/100 m,5 月最大为 0.79 ℃/100 m。2 月、9 月、10 月在 0.2 ℃/100 m 以下,1 月、3 月、4 月、8 月、12 月在 0.5 ℃/100 m 以下,6 月、7 月为 0.53～0.63 ℃/100 m。

第三层(536.5～821 m):地面 0 cm 月极端最低温度垂直递减率最大在 2 月,为 0.88 ℃/100 m,最小在 7 月、9 月、10 月,为 0.04～0.07 ℃/100 m,1 月、3 月、5 月、6 月、8 月、11 月在 0.11～0.42 ℃/100 m 之间,4 月、12 月为 0.53～0.74 ℃/100 m。

第四层(821～1043.3 m):地面 0 cm 月极端最低温度垂直递减率最大 3.47 ℃/100 m,出现在 11 月,最小值为 0.14 ℃/100 m 出现在 7 月,1 月、6 月、8 月、9 月均为 0.18 ℃/100 m,其余各月在 0.32～0.68 ℃/100 m 之间。

第五层(1043.3～1325 m):地面 0 cm 月极端最低温度垂直递减率最大值为 2.48 ℃/

100 m，出现在 9 月，最小值为 0.11 ℃/100 m，出现在 11 月。1 月、7 月、10 月垂直递减率在 2.0 ℃/100 m 以上，1 月、3 月、8 月、12 月为 1.06～1.81 ℃/100 m，4 月、5 月、6 月在 0.24～0.71 ℃/100 m 之间。

(4)地面 0 cm 平均最低温度

1)地面 0 cm 年平均最低温度

井冈山西侧地面 0 cm 不同海拔高度年平均最低温度为 13.9～7.7 ℃，随着海拔高度升高而降低，海拔高度每上升 100 m，地面 0 cm 年平均最低温度降低 0.73 ℃。不同海拔高度，地面 0 cm 年平均最低温度垂直递减率有所不同。以海拔 348～536.5 m 垂直递减率最大，为 1.06 ℃/100 m。

2)地面 0 cm 月平均最低温度

地面 0 cm 月平均最低温度随着海拔高度升高而降低，不同海拔高度地面 0 cm 月平均最低温度垂直递减率有所差异(表 7.22)。

表 7.22　0 cm 月平均最低温度(℃)

站名	高度(m)	1月	2月	3月	4月	5月	6月	7月	8月	9月	10月	11月	12月	全年
鄱城	224.3	2.1	4.4	7.8	14.1	19.1	22.7	24.1	23.7	21.0	15.3	9.4	2.8	13.9
坂溪	348.0	1.6	3.9	7.3	13.1	18.3	21.5	22.7	22.2	19.9	14.6	8.3	1.9	13.0
秋田	536.5	0.3	2.8	6.4	12.1	16.9	20.4	21.5	20.8	18.6	13.8	7.6	1.6	11.9
青石	821.0	−1.1	1.6	5.0	11.2	16.1	19.2	20.4	19.5	17.3	12.2	6.2	0.3	10.7
瑶山	1043.3	−1.8	1.1	4.5	10.5	15.2	18.1	19.3	18.7	16.3	11.4	5.0	−0.7	9.8
大院	1325.0	−2.5	0.8	2.9	8.6	13.3	15.7	16.0	16.5	13.4	7.5	2.4	−2.4	7.7

第一层(224.3～348 m)：地面 0 cm 月平均最低温度的垂直递减率最大为 1.21 ℃/100 m，出现在 8 月，最小为 0.4 ℃/100 m，出现在 1 月、2 月、3 月。其余各月在 0.65～1.13 ℃/100 m 之间。

第二层(348～536.5 m)：地面 0 cm 月平均最低温度垂直递减率 4—9 月在 1.06～1.53 ℃/100 m，尤以 8 月最大为 1.53 ℃/100 m，最小在 12 月为 0.63 ℃/100 m。

第三层(536.5～821 m)：地面 0 cm 月平均最低温度垂直递减率最大为 0.56 ℃/100 m，出现在 10 月，最小为 0.28 ℃/100 m，出现在 5 月。其余各月在 0.32～0.49 ℃/100 m 之间。

第四层(821～1043.3 m)：地面 0 cm 月平均最低温度垂直递减率最大为 0.54 ℃/100 m，出现在 11 月，最小为 0.23 ℃/100 m，出现在 3 月。其余各月在 0.32～0.50 ℃/100 m 之间。

第五层(1043.3～1325 m)：地面 0 cm 月平均最低温度垂直递减率最大为 1.38 ℃/100 m，出现在 10 月。最小为 0.11 ℃/100 m，出现在 2 月。7 月、9 月、11 月为 1.03～1.17 ℃/100 m，其余各月在 0.25～0.92 ℃/100 m 之间。

(5)地面 0 cm 最低温度≤0.0 ℃日数

1)年地面 0 cm 最低温度≤0.0 ℃日数，随着海拔高度升高而增加，224.3 m 处为 28 天，海拔 1325 m 为 69 天，垂直递增率为 3.0 天/100 m。不同海拔高度的垂直递增率有所差异。

海拔 224.3～348 m 垂直递减率为 3.3 天/100 m，348～536.5 m 垂直递增率为 5.29 天/100 m。536.5～821 m 垂直递增率为 18.94 天/100 m；821～1043.3 m 垂直递增率为 9.46

天/100 m。1043.3～1325 m 垂直递增率为 14.54 天/100 m。

2)月地面 0cm 最低温度≤0.0 ℃日数随海拔高度升高而增加,不同海拔高度地面 0 cm 最低温度≤0 ℃日数垂直递增率有所不同(表 7.23)。

表 7.23 地面最低温度≤0 ℃日数(天)

站名	高度(m)	1月	2月	3月	4月	5月	6月	7月	8月	9月	10月	11月	12月	全年
酃城	224.3	10	9	1								2	7	28
坂溪	348.0	13	4	2								3	10	31
秋田	536.5	14.3	6.3	2.3								1	12	35
青石	821.0	15.7	11	5								4	12	47.5
瑶山	1043.3	19	13	5								4	14	55
大院	1325.0	20	19	6								7	17	69

第一层(224.3～348 m):地面 0 cm 最低温度≤0.0 ℃日数,出现在 1 月、2 月、3 月、11 月、12 月。其垂直递增率最大为 11.29 天/100 m。出现在 1 月。其余各月为 1.61～4.84 天/100 m 之间。

第二层(348～536.5 m 是):地面 0 cm 最低温度≤0.0 ℃日数出现在 1 月、2 月、3 月、11 月、12 月内,垂直递增率最大值为 3.70 天/100 m,垂直递增率最小为 0.53 天/100 m,出现在 3、11、12 等 3 个月。

第三层(536.5～821 m):地面 0 cm 最低温度≤0.0 ℃日数,垂直递增率最大为 5.61 天/100 m,最小为 2.46 天/100 天,出现在 3 月和 11 月。

第四层(821～1043.3 m):地面 0 cm 日最低温度≤0.0 ℃日数垂直递增率最大为 3.15 天/100 m,出现在 12 月与 2 月,最小为 0.45 天/100 m,出现在 4 月。1 月与 11 月均为 1.35 天/100 m。

第五层(1043.3～1325 m):地面 0 cm 日最低温度≤0.0 ℃日数垂直递增率最大为 8.15 天/100 m,出现在 1 月。最小为 1.06 天/100 m,出现在 4 月。11 月、12 月与 3 月分别为 3.19、5.32 和 7.454 天/100 m。

7.1.1.2.3 地中温度

(1)5 cm 地中温度

1)5 cm 年地中温度

不同海拔高度 5 cm 年地中温度在 19.7～14.4 ℃之间,随着海拔升高而降低(图 7.7)。不同海拔高度的垂直递减率有所差异。224.3～348 m 垂直递减率为 0.89 ℃/100 m,348～536.5 m 垂直递减 0.53 ℃/100 m,536.5～821 m 垂直递减率为 0.56 ℃/100 m,821～1043.3 m 垂直递减率为 0.27 ℃/100 m,1043.3～1325 m 垂直递减率为 0.35 ℃/100 m(表 7.24)。

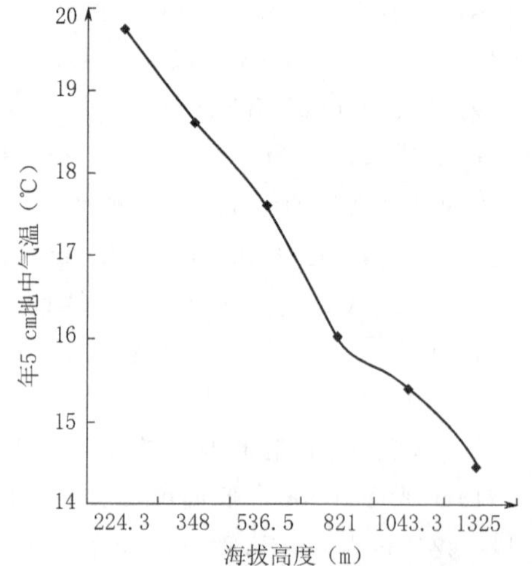

图 7.7 井冈山不同海拔高度年 5 cm 地温

表 7.24　不同海拔高度 5 cm 地温(℃)

站名	高度(m)	1	2	3	4	5	6	7	8	9	10	11	12	全年
鄗城	224.3	7.1	8.0	11.6	18.5	24.3	28.6	32.2	30.7	27.2	22.0	16.8	9.2	19.7
坂溪	348.0	6.2	7.2	10.9	17.9	23.7	27.8	31.1	29.3	25.6	20.6	15.4	8.2	18.6
秋田	536.5	5.9	6.6	10.0	16.7	22.3	26.0	29.0	27.6	24.4	19.8	14.9	8.1	17.6
青石	821.0	4.5	5.3	9.0	15.4	20.8	24.2	27.1	25.3	22.4	17.9	12.9	6.3	16.0
瑶山	1043.3	4.3	5.2	8.9	15.2	20.1	23.3	25.9	24.3	21.6	17.7	12.3	5.9	15.4
大院	1325.0	5.0	6.3	8.3	14.0	18.9	21.7	24.0	22.6	19.8	15.8	11.1	5.7	14.4

2)5 cm 月地中温度的垂直递减率在不同海拔高度是有所差异的(表 7.24)。

第一层(224.3～348 m):5 cm 月地中温度垂直递减率 8—11 月在 1.13～1.29 ℃/100 m,以 9 月最大为 1.29 ℃/100 m;最小为 0.48 ℃/100 m,出现在 4 月、5 月。其余各月在 0.56～0.89 ℃/100 m 之间。

第二层(348～536.5 m):5 cm 月地中温度垂直递减率最大为 1.45 ℃/100 m,出现在 6 月;最小为 0.05 ℃/100 m,出现在 12 月。1 月、2 月、3 月、10 月、11 月垂直递减率在 0.16～0.48 ℃/100 m,4 月、5 月、8 月、9 月为 0.64～0.90 ℃/100 m 之间,7 月为 1～1.1 ℃/100 m。

第三层(536.5～821 m):5 cm 月地中温度垂直递减率最大为 0.81 ℃/100 m,出现在 8 月。最小为 0.39 ℃/100 m,出现在 3 月。1 月、2 月、4 月在 0.39～0.46 ℃/100 m 之间。5 月、6 月、7 月、9 月、10 月、11 月、12 月在 0.53～0.70 ℃/100 m 之间。

第四层(821～1043.3 m):5 cm 月地中温度垂直递减率最大为 0.54 ℃/100 m,出现在 7 月。1 月、2 月、3 月、4 月、10 月垂直递减率在 0.18～0.45 ℃/100 m 之间。

第五层(1043.3～1325 m):5 cm 月地中温度垂直递减率最大为 0.67 ℃/100 m,出现在 7 月和 10 月。最小出现在 12 月为 0.07 ℃/100 m,1 月、2 月、3 月、4 月、5 月、10 月在 0.25～0.43 ℃/100 m 之间。8 月和 9 月 5cm 地中温度垂直递减率为 0.6～0.64 ℃/100 m。

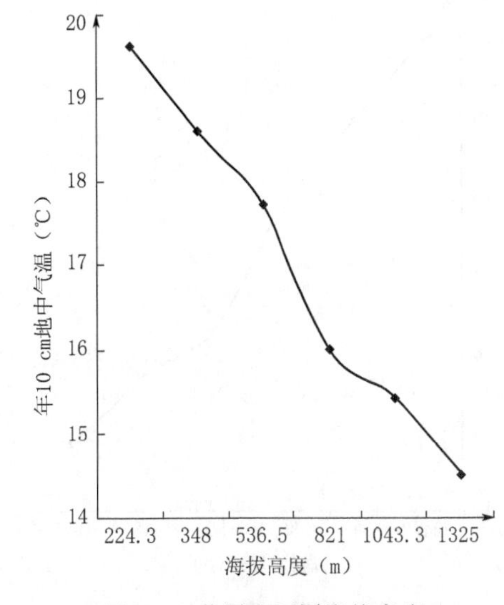

图 7.8　井冈山不同海拔高度年 10cm 地温

(2) 10 cm 地中温度

1)10 cm 年地中温度

井冈山西侧不同海拔高度 10 cm 年地中温度为 19.6～14.5 ℃,随着海拔高度升高而降低(图 7.8)。海拔高度每上升 100 m,10 cm 年地中温度降低 0.46 ℃。不同海拔高度的垂直递减率有所差异。

第一层(224.3～348 m)垂直递减率为 0.81 ℃/100 m,第二层(348～536.5 m)垂直递减率为 0.48 ℃/100 m,第三层(5436.5～821 m)为 0.6 ℃/100 m,第四层(821～1043.3 m)为 0.27 ℃/100 m,第五层(1043.3～1325 m)垂直递减率为 0.32 ℃/100 m。

2)10 cm 月地中温度

井冈山西侧不同海拔高度月地中 10 cm 温度随海拔高度升高而降低，海拔高度每升高 100 m，地中 10 cm 月平均温度的垂直递减率因海拔高度而有所差异(表 7.25)。

表 7.25 不同海拔高度 10 cm 地温(℃)

站名	高度(m)	1月	2月	3月	4月	5月	6月	7月	8月	9月	10月	11月	12月	全年
酃城	224.3	7.5	8.2	1.5	17.6	23.7	28.0	31.6	30.4	27.1	22.1	17.1	9.8	19.6
坂溪	348.0	6.5	7.4	10.9	17.1	23.2	27.3	30.5	29.0	25.6	20.9	15.8	9.0	18.6
秋田	536.5	6.4	6.9	10.0	16.4	21.9	25.5	28.4	27.3	24.6	20.2	15.5	8.7	17.7
青石	821.0	4.9	5.6	8.9	15.2	20.3	23.7	26.6	25.1	22.6	18.4	13.5	7.0	16.0
瑶山	1043.3	4.6	6.2	8.9	14.9	19.7	22.9	25.6	24.2	21.6	18.0	12.8	6.4	15.4
大院	1325.0	5.2	6.4	8.2	13.6	18.3	21.2	23.8	22.5	19.9	16.3	11.7	6.3	14.5

第一层(224.3～348 m)：地中 10 cm 月平均温度垂直递减率在 1.0 ℃/100 m 以上的有 8 月、9 月、11 月，最大为 1.21 ℃/100 m，出现在 7 月，最小为 0.40 ℃/100 m，出现在 4 月与 5 月。

第二层(348～536.5)：地中 10 cm 月平均温度垂直递减率最大为 1.11 ℃/100 m，出现在 7 月，最小为 0.05 ℃/100 m，出现在 1 月。2 月、11 月、12 月在 0.30 ℃/100 m 以下，其余各月在 0.37～0.95 ℃/100 m 之间。

第三层(53.6～821 m)：地中 10 cm 月平均温度垂直递减率最大为 0.77 ℃/100 m，出现在 8 月，最小为 0.39 ℃/100 m，出现在 3 月，其余各月在 0.42～0.70 ℃/100 m 之间。

第四层(821～1043.3 m)：地中 10 cm 月平均温度垂直递减率最大为 0.45 ℃/100 m，出现在 7 月和 9 月，最小在 3 月为 0.0 ℃/100 m，其余各月在 0.14～0.41 ℃/100 m 之间。

第五层(1043.3～1325 m)：地中 0 cm 月平均温度垂直递减率最大为 0.64 ℃/100 m，出现在 7 月，最小为 0.04 ℃/100 m，出现在 12 月。2 月为 0.07 ℃/100 m，其余各月在 0.21～0.60 ℃/100 m 之间。

(3) 15 cm 地中温度

1)15 cm 年地中温度

不同海拔高度井冈山西侧 15 cm 年地中温度为 20.1～14.8 ℃，随着海拔高度升高而降低(图 7.9)，其垂直递减率为 0.48 ℃/100 m。不同海拔高度的垂直递减率有所差异，第一层(224.3～348 m)垂直递减率为 0.89 ℃/100 m。第二层(348～536.5 m)为 0.58 ℃/100 m。第三层(536.5～821 m)为 0.56 ℃/100 m。第四层(821～1043.3 m)为 0.6 ℃/100 m。第五层(1043.3～1325 m)垂直递减率为 0.32 ℃/100 m。

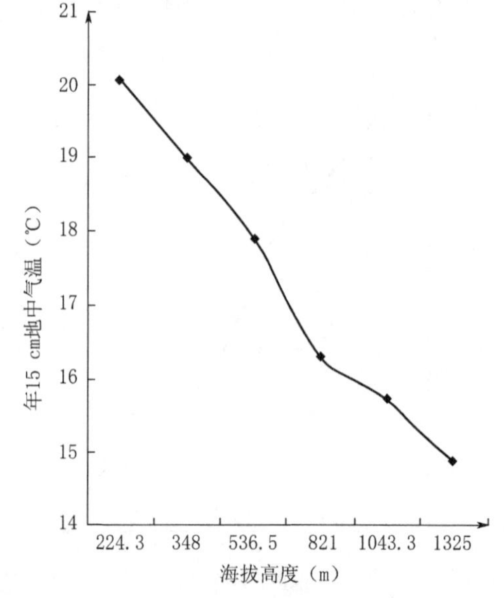

图 7.9 井冈山不同海拔高度年 15 cm 地温

2)15 cm 月地中温度

15 cm 月地中平均温度的垂直递减率在不同

海拔高度有所差异(图 7.10)。

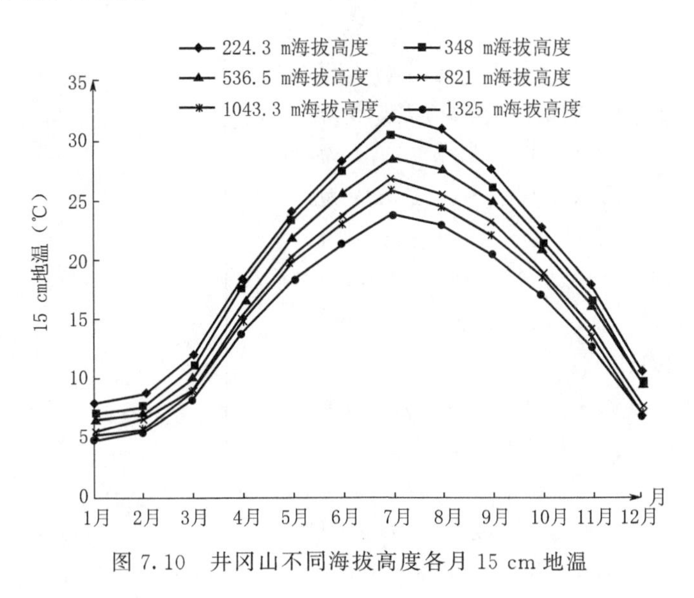

图 7.10　井冈山不同海拔高度各月 15 cm 地温

第一层(224.3～348 m):15 cm 月地中平均温度的垂直递减率 7 月、8 月、9 月、11 月在 1.05～1.29 ℃/100 m,以 8 月最大为 1.29 ℃/100 m。5 月最小为 0.48 ℃/100 m,其余各月在 0.56～0.81 ℃/100 m 之间。

第二层(348～536.5 m):15 cm 月地中平均温度的垂直递减率 6 月、7 月、8 月在 1.01～1.16 ℃/100 m 之间,以 7 月最大为 1.16 ℃/100 m,以 12 月最小为 0.0 ℃,其余各月在 0.16～0.74 ℃/100 m 之间。

第三层(536.5～821 m):15 cm 月地中平均温度垂直递减率最大,为 0.70 ℃/100 m,出现在 8 月,最小为 0.39 ℃/100 m,出现在 3 月。其余各月在 0.42～0.97 ℃/100 m 之间。

第四层(821～1043.3 m)15 cm 月平均温度垂直递减率最大为 0.5 ℃/100 m,出现在 9 月,最小为 0.0 ℃/100 m,出现在 3 月。其余各月在 0.14～0.45 ℃/100 m 之间。

第五层(1043.3～1325 m):15 cm 月平均温度垂直递减率最大为 0.71 ℃/100 m,出现在 7 月,最小为 0.04 ℃/100 m,出现在 12 月,其余各月在 0.25～0.64 ℃/100 m 之间(表 7.26)。

表 7.26　不同海拔高度 15 cm 地温(℃)

站名	高度(m)	1月	2月	3月	4月	5月	6月	7月	8月	9月	10月	11月	12月	全年
鄗城	224.3	8.0	8.6	11.9	18.4	23.9	28.2	32.0	30.9	27.6	22.7	17.8	10.5	20.1
坂溪	348.0	7.0	7.7	11.0	17.7	23.3	27.4	30.7	29.4	26.1	21.5	16.5	9.5	19.0
秋田	536.5	6.7	7.1	10.1	16.4	21.9	25.5	28.5	27.5	24.9	20.7	16.1	9.5	17.9
青石	821.0	5.3	5.8	9.0	15.2	20.4	23.8	26.8	25.5	23.1	18.9	14.2	7.6	16.3
瑶山	1043.3	4.8	5.5	9.0	14.9	19.8	23.0	25.8	24.5	22.0	18.5	13.4	6.9	15.7
大院	1325.0	5.5	6.6	8.3	13.8	18.4	21.2	23.8	22.8	20.4	17.0	12.6	7.0	14.8

(4)20 cm 地中温度

1)20 cm 年地中温度

井冈山西侧不同海拔高度 20 cm 年地中温度为 20.0～14.7 ℃（图 7.11）。垂直递减率为 0.48 ℃/100 m。不同海拔高度的垂直递减率有所差异。第一层（224.3～348 m）垂直递减率为 0.89 ℃/100 m。第二层（348～536.5 m）为 0.53 ℃/100 m。第三层（536.5～821 m）为 0.59 ℃/100 m。第四层（821～1043.3 m）为 0.27 ℃/100 m。第五层（1043.3～1325 m）20 cm 地中温度垂直递减率为 0.32 ℃/100 m。

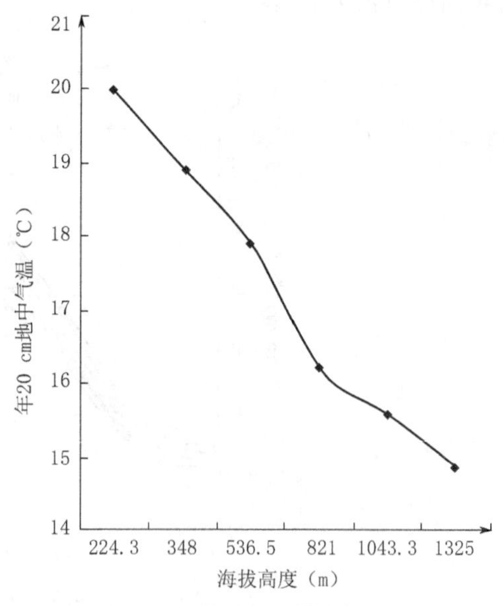

图 7.11　井冈山不同海拔高度年 20 cm 地温（单位：℃）

2）20 cm 月地中温度

井冈山西侧 20 cm 月平均地中温度随着海拔高度升高而降低，各个不同海拔高度的垂直递减率有所差异。

第一层（224.3～348 m）：地中 20 cm 月平均温度垂直递减 7 月、8 月、9 月、11 月在 1.05～1.21 ℃/100 m 之间，以 8 月、9 月最大为 1.21 ℃/100 m。最小为 0.56 ℃/100 m，出现在 4 月和 5 月。其余各月在 0.73～0.89 ℃/100 m 之间。

第二层（348～536.5 m）：地中 20 cm 月平均温度垂直递减率最大为 1.11 ℃/100 m，出现在 7 月，最小为 0.0 ℃/100 m，出现在 12 月。1 月、2 月、11 月在 0.3 ℃/100 m 以下，其余各月在 0.37～0.85 ℃/100 m 之间。

第三层（536.5～821 m）：地中 20 cm 月平均温度垂直递减率最大为 0.73 ℃/100 m，出现在 8 月、10 月、11 月，最小为 0.45 ℃/100 m，出现在 9 月、4 月。其余各月在 0.49～0.70 ℃/100 m 之间。

第四层（821～1043.3 m）：地中 20cm 月平均温度垂直递减率最大为 0.5 ℃/100 m，出现在 7 月。最小为 0.0 ℃/100 m，出现在 2 月和 3 月，其余各月在 0.09～0.45 ℃/100 m 之间。

第五层（1043.3～1325 m）：地中 20 cm 月平均温度垂直递减率最大为 0.71 ℃/100 m，出现在 7 月，最小为 0.0 ℃/100 m，出现在 12 月。其余各月在 0.18～0.64 ℃/100 m 之间。

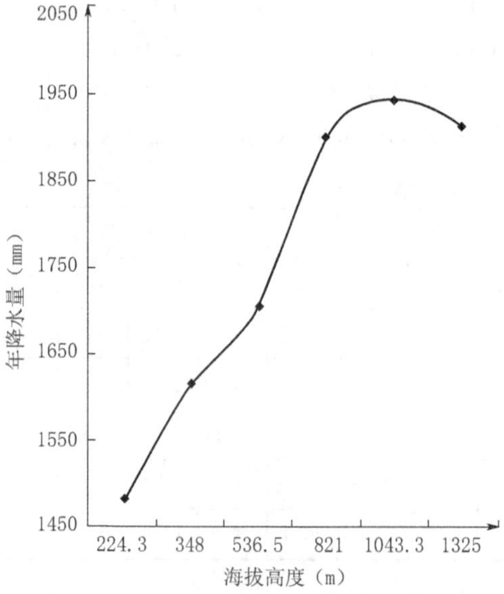

图 7.12　井冈山不同海拔高度年降水量

7.1.2　降水量

7.1.2.1　降水量

（1）年降水量

井冈山西侧不同海拔高度年降水量为 1476.0～1914.0 mm，年降水量随海拔高度升高而增加（图 7.12）。海拔 224.3 m 的酃城年降水量为 1476.0 mm。海拔 1325.0 m 的大院，年降水量 1914.00 mm，海拔每上升 100 m，年降水量增加 39.8 mm。但不同海拔高度的降水量递增率有所差别。第一层年降水量递增率为 111.6 mm/100 m，第二层年降水量递增率为 48.9 mm/100 m，第三层为 68.11 mm/100 m，第四层为 18.73 mm/100 m，第五层为 10.35 mm/100 m。

(2)月降水量

井冈山西侧不同海拔高度月降水量随海拔高度而升高的递增或递减率在不同海拔高度各个月也有所差异(图 7.13)。

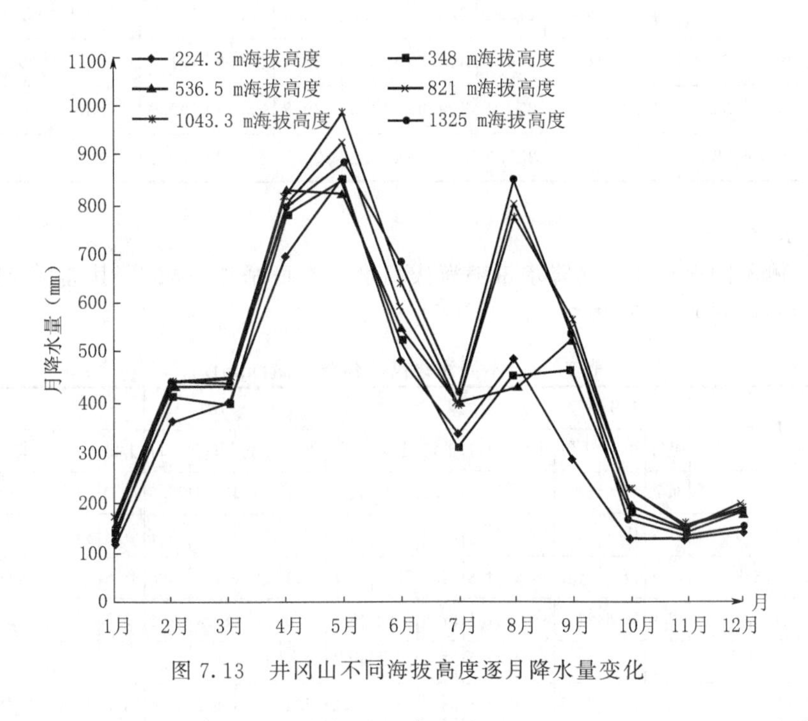

图 7.13　井冈山不同海拔高度逐月降水量变化

第一层(224.3～348 m)：以 9 月降水量递增率最大，为 49.0 mm/100 m，10 月降水量递增率最小，为 1.33 mm/100 m，2 月与 12 月降水量递增率为 10 mm/100 m 左右，4 月为 22.8 mm/100 m。3 月、5 月、7 月、8 月，都出现递减现象，其余各月降水递增率在 10 mm/100 m 以下。

第二层(348～536.5 m)：不同海拔高度月降水量随海拔高度而升高的递增或递减率在各个月有所差异，以 7 月最大为 16.9 mm/100 m，9 月次大为 11.26 mm/100 m，12 月最小为 0.58 mm/100 m，1 月、5 月、6 月、8 月出现垂直递减现象，其余各月递增率在 1.69～8.57 mm/100 m。

第三层(536.5～821 m)：各月降水量递增率以 8 月最大，为 43.47 mm/100 m，5 月次大为 12.3 mm/100 m，11 月与 2 月最小为 0.46～0.49 mm/100 m，其余各月递增率在 1.44～5.12 mm/100 m 之间。4 月、7 月、11 月出现递减现象。

第四层(821～1043.3 m)：不同海拔高度降水量递增率以 5 月最大，为 9.73 mm/100 m，1 月、3 月与 10 月最小，为 0.45～0.95 mm/100 m，其余各月降水递增率在 1.04～6.58 mm/100 m 之间。7 月、8 月出现递减现象。

第五层(1043.3～1325 m)：月降水量递增率最大为 260.6 mm/100 m，出现在 8 月，最小为 0.82 mm/100 m，出现在 11 月。3 月在 2.0 mm/100 m 以下，1 月、4 月在 4.82～7.7 mm/

100 m，2 月在 10 mm/100 m 左右，5 月、6 月、7 月、9 月、10 月、12 月降水量随海拔高度升高而减少(表 7.27)。

表 7.27　不同海拔高度月降水量(mm)

站名	高度(m)	1月	2月	3月	4月	5月	6月	7月	8月	9月	10月	11月	12月	全年
酃城	224.3	40.7	121.9	132.2	230.9	284.9	163.5	111.9	163.3	95.3	42.1	42.8	47.2	1476.6
坂溪	348.0	51.3	137.6	131.8	259.2	283.5	174.7	103.5	151.6	156.0	58.6	46.1	61.1	1615.0
秋田	536.5	51.0	145.2	145.9	275.4	273.4	184.3	135.4	143.0	177.3	65.3	49.3	62.2	1707.5
青石	821.0	57.4	146.6	150.0	266.7	308.3	198.9	133.1	266.9	181.5	76.9	48.0	66.7	1901.6
瑶山	1043.3	55.9	149.4	151.0	273.4	329.9	213.5	130.8	259.4	190.0	74.8	52.0	62.9	1943.2
大院	1325.0	38.6	188.2	154.9	287.0	281.2	208.1	109.1	332.9	170.2	46.2	54.3	43.3	1914.0

(3)旬降水量

井冈山西侧不同海拔高度旬降水量随海拔高度升高而增加或减少，其递增(或递减)率在各个不同海拔高度有所差异(表 7.28)。

表 7.28　不同海拔高度旬降水量(mm)

站点	高度(m)	1月			2月			3月			4月			5月			6月		
		上旬	中旬	下旬	上旬	中旬	下旬	上旬	中旬	下旬	上旬	中旬	下旬	上旬	中旬	下旬	上旬	中旬	下旬
酃城	224.3	9.7	11.9	19.0	31.4	58.6	31.9	45.7	42.5	44.1	105.3	72.6	53.0	73.0	80.0	131.9	54.4	67.1	42.1
坂溪	348.0	11.7	15.1	24.5	40.8	64.5	32.4	50.5	30.0	42.4	119.4	81.7	58.1	88.8	80.9	113.8	62.8	78.3	33.6
秋田	536.5	12.1	14.2	24.7	46.0	64.8	34.4	52.8	45.8	47.3	124.0	87.9	63.5	88.6	87.0	97.8	69.3	91.4	23.7
青石	821.0	12.9	16.6	27.9	48.4	61.1	37.0	57.0	45.0	48.6	117.3	87.4	62.1	85.5	110.0	104.3	72.8	79.3	46.8
瑶山	1043.3	12.5	15.0	28.4	46.6	67.0	35.9	55.2	48.1	47.7	119.9	90.6	62.9	93.1	117.6	119.3	73.1	87.5	52.9
大院	1325.0	8.1	10.8	20.7	45.4	70.8	33.2	49.7	51.2	45.3	123.9	75.5	65.4	84.5	98.8	111.8	85.9	81.7	60.0

站点	高度(m)	7月			8月			9月			10月			11月			12月		
		上旬	中旬	下旬	上旬	中旬	下旬	上旬	中旬	下旬	上旬	中旬	下旬	上旬	中旬	下旬	上旬	中旬	下旬
酃城	224.3	55.6	26.3	30.0	38.7	25.6	99.0	24.1	43.4	27.8	15.2	16.2	10.7	10.0	21.5	11.3	9.0	16.7	21.5
坂溪	348.0	40.6	17.2	45.7	29.9	39.1	82.6	60.5	63.9	31.6	20.0	23.9	14.5	10.4	21.7	14.0	12.0	18.6	30.5
秋田	536.5	36.9	37.4	61.0	26.5	25.0	91.5	66.1	69.2	41.7	20.9	26.6	17.8	11.3	23.4	14.3	12.9	18.8	30.5
青石	821.0	34.0	42.7	56.4	54.3	69.4	143.2	81.4	55.8	44.3	22.3	34.7	19.9	10.4	20.8	14.0	15.0	19.6	32.0
瑶山	1043.3	55.8	35.1	39.9	62.9	58.0	138.5	80.1	64.0	45.9	23.2	31.9	19.7	11.0	25.5	15.5	12.5	20.8	29.7
大院	1325.0	36.2	51.5	52.5	77.9	49.6	155.6	72.1	58.8	46.9	23.7	22.3	8.6	8.9	21.4	13.0	9.7	16.4	24.4

第一层(224.3～348 m)：旬降水量递增率最大值为 16.5 mm/100 m，出现在 9 月中旬。次大值为 14.6 mm/100 m，出现在 5 月下旬。而 4 月上旬、5 月上旬、7 月下旬、8 月中旬、9 月上旬的旬降水量递增率均在 10.1～14.6 mm/100 m 之间，旬降水量垂直递增率最小值为 0.2 mm/100 m，出现在 11 月中旬。而 3 月中、下旬、7 月上、中旬、8 月上旬、下旬出现旬降水量随海拔高度升高而递减现象。

第二层(348～536.5 m)：旬降水量垂直递增率最大为 10.58 mm/100 m，出现在 7 月中旬，最小为 0.0 mm/100 m，出现在 12 月下旬，而 1 月上、中旬，2 月中旬、5 月上旬、12 月上旬、11 月上、中、下旬及 12 月上、中、下旬的旬降水量递增率都在 10.0 mm/100 m 以下。其余各旬降水量的垂直递增率都低于 10.0 mm/100 m。而 6 月下旬，7 月上旬，8 月上、中旬出现降水量随海拔升高而递减现象。

第三层(536.5～821 m)：旬降水量垂直递增率最大为 18.14 mm/100 m，出现在 8 月下旬，次大为 15.6 mm/100 m，出现在 8 月中旬，旬降水量递增率小于 1.0 mm/100 m 的有 1 月上、中旬，2 月中上旬，3 月中、下旬，9 月下旬，10 月上旬、下旬，12 月中旬。其余各旬递增率在 1.0～9.8 mm/100 m 之间。而 2 月中旬，3 月上、中旬、4 月上、中、下旬，5 月上旬，6 月中旬、7 月上旬、11 月上、中、下旬出现降水量随海拔升高而递减现象。

第四层(821～1043.3 m)：旬降水量垂直递增率最大为 9.82 mm/100 m，出现在 7 月上旬，1 月下旬，6 月上旬、下旬，10 月上旬，11 月上旬的旬降水量递增率均小于 1.0 mm/100 m，其余各旬在 1～10 mm/100 m 之间。而 1 月上、中旬，2 月上旬、下旬，3 月上旬、下旬，6 月中旬，7 月中旬、下旬，8 月中、下旬，9 月上旬，10 月中旬、下旬，出现降水量随海拔升高而减少现象。

第五层(1043.3～1325 m)：旬降水量垂直递增率最大为 6.06 mm/100 m，出现在 8 月下旬，而 4 月下旬的旬降水量递增值在 1.0 mm/100 m 以下，其余各旬降水量的递增值在 1～6.81 mm/100 m 之间。而 1 月上、中、下旬，2 月上旬、下旬，3 月上旬、下旬，4 月中旬，5 月上、中、下旬，6 月中旬、7 月上旬、8 月中旬，9 月中旬，10 月中旬、下旬，11 月上、中、下旬及 12 月上、中、下旬出现降水量随海拔高度升高而减少现象。

(4)日降水量≥50.0 mm 日数

① 年日降水量≥50.0 mm 日数

井冈山西侧不同海拔高度年日降水量≥50.0 mm 日数为 8～14 天，其中海拔 224.3 m、348 m 均为 8 天；海拔 821 m 至 1043.3 m 均为 12 天，海拔 536.5 m 为 6 天，海拔 1325 m 为 14 天。总的趋势是随着海拔高度升高年日降水量≥50.0 mm 日数呈递增趋势。

② 月日降水量≥50.0 mm 日数(表 7.29)

表 7.29　日降水量≥50.0 mm 日数(天)

站名	高度(m)	1月	2月	3月	4月	5月	6月	7月	8月	9月	10月	11月	12月	全年
酃城	224.3				2	3	1	1	1					8
坂溪	348.0				2	1	2	1		2				8
秋田	536.5				2	1	2			1				6
青石	821.0				2	3	2	1	3	1				12
瑶山	1043.3				2	3	3		3	1				12
大院	1325.0			1	2	2	4	2	2	1				14

第一层(224.3～348)：1—3 月与 10—12 月等 6 个月，没有出现日降水量≥50.0 mm 日数的现象；4—6 月每月出现 2～3 次日降水量≥50.0 mm 天数；7—9 月每月出现 1～2 次日降水量≥50.0 mm 的日数。

第二层(348～536.5 m)：1—3 月与 8 月及 10—12 月等 7 个月未出现日降水量≥50.0 mm 的天数，4 月与 6 月每月出现 2 次，5 月与 7 月每月出现 1 次日降水量≥50.0 mm 的日数。

第三层(536.5 m):1—3 月、7—8 月及 10—12 月等 8 个月未出现日降水量≥50.0 mm 的日数,5—6 月及 9 月每月出现 1～2 次日降水量≥50.0 mm 的日数。821 m 4—9 月等 6 个月每月出现日降水量≥50.0 mm 的日数 1～3 天。

第四层:海拔 1043.3 m 瑶山,1—3 月与 7 月及 10—12 月等 7 个月未出现日降水量≥50.0 mm 的日数;4 月出现 2 天,5—6 月及 8 月各月出现 3 次日降水量≥50.0 mm 的日数,9 月出现 1 天日降水量≥50.0 mm。

第五层:海拔 1325 m 的大院,1—3 月与 10—12 月等 6 个月均未出现日降水量≥50.0 mm 的天数;4 月、6 月各月出现 2 次,5 月与 8 月各月出现 3 次,7 月与 9 月各月出现 1 次日降水量≥50.0 mm 的日数。

(5)日最大降水量及出现日期

① 年日最大降水量及出现日期

井冈山西侧不同海拔高度年日最大降水量及出现时间有所差异。

海拔 224.3 m 酃城年日最大降水量为 88.3 mm,出现在 1983 年 6 月 20 日,海拔 348 m 坂溪年日最大降水量为 92.4 mm,出现在 1984 年 7 月 1 日。海拔 536.5 秋田年日最大降水量为 111.8 mm,出现在 1984 年 9 月 1 日。海拔 821 m 青石年日最大降水量为 128.5 mm,出现在 1984 年 9 月 1 日。海拔 1043.3 m 瑶山年日最大降水量为 129.6 mm,出现在 1984 年 9 月 1 日。海拔 1325 年日最大降水量为 76.2 mm,出现在 1984 年 9 月 1 日。

② 月日最大降水量及出现日期(表 7.30)

表 7.30 各月日最大降水量(mm)及日期

站点	高度(m)	1月		2月		3月		4月		5月		6月	
		量	日期	量	日期	量	日期	量	日期	量	日期	量	日期
酃城	224.3	13.4	85.18	29.0	84.17	46.3	85.30	64.6	84.7	72.5	84.30	88.3	83.20
坂溪	348.0	12.8	83.20	27.3	84.17	42.2	85.30	67.8	84.7	71.5	85.27	91.6	83.20
秋田	536.5	12.1	83.20	25.8	84.17	44.4	85.30	66.7	84.7	64.9	85.27	82.0	83.20
青石	821.0	15.4	83.20	25.8	84.17	44.0	85.18	65.8	84.7	63.7	83.11	86.0	83.20
瑶山	1043.3	11.4	83.20; 85.18	26.7	84.17	47.2	85.18	68.7	84.7	67.7	85.27	87.2	83.20
大院	1325.0	16.0	83.21	27.7	84.15	64.9	85.18	60.4	84.7	56.3	84.31	67.2	85.5

站点	高度(m)	7月		8月		9月		10月		11月		12月	
		量	日期	量	日期	量	日期	量	日期	量	日期	量	日期
酃城	224.3	50.3	84.8	72.0	84.25	32.1	85.23	15.2	84.17	42.4	84.14	16.8	83.28
坂溪	348.0	55.4	84.4	43.8	84.30	92.4	84.1	21.2	84.9	33.1	84.14	19.3	83.29
秋田	536.5	46.8	84.20	49.8	85.25	111.8	84.1	20.1	84.9	33.9	84.14	19.3	83.21
青石	821.0	59.4	83.15	112.9	85.25	128.5	84.1	28.5	83.18	29.4	84.14	20.7	83.28
瑶山	1043.3	45.3	84.3	97.1	85.25	129.6	84.1	24.0	84.17	36.1	84.14	20.8	83.29
大院	1325.0	70.0	83.26	73.8	84.30	76.2	84.1	25.5	83.1	27.8	84.14	22.0	83.29

不同海拔高度各月日最大降水量及出现时间在不同海拔高度之间有所差异。

海拔 224.3～348 m,月日最大降水量为 88.3～92.4 mm,随海拔高度升高而增加,其递增

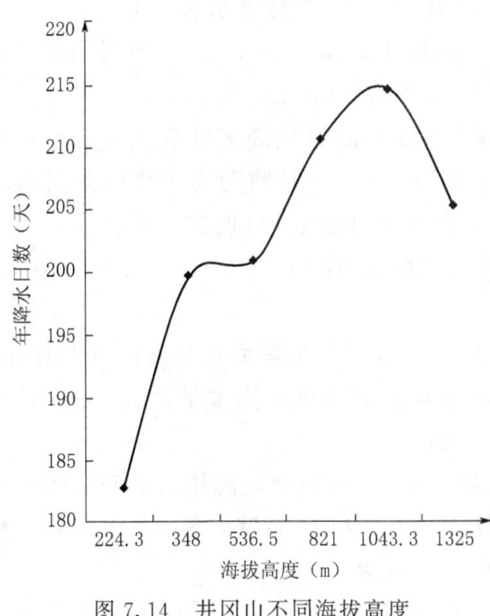

图7.14　井冈山不同海拔高度年降水日数

率为2.66 mm/100 m。

海拔536.5～821 m，月日最大降水量为111.8～128.5 mm，降水量垂直递增率为5.96 mm/100 m。

海拔821～1043.3 m，月日最大降水量为128.5～129.6 mm，降水量垂直递增率为0.50 mm/100 m。

海拔1043.3～1325 m，月日最大降水量为129.6～76.2 mm，降水量随海拔升高而减少，其垂直递减率为18.93 mm/100 m。

7.1.2.2　降水日数

(1)日降水量≥0.1 mm日数

① 年月降水量≥0.1 mm日数，随着海拔高度升高而增加(图7.14)，如海拔224.3 m鄗城年降水量≥0.1 mm日数为182.7天，而海拔1043.3 m瑶山年降水量≥0.1 mm日数214.7天，降水日数随海拔高度增加而增加，其垂直递增率为3.5天/100 m。但在不同海拔高度的递增率有所差异。第一层(224.3～348 m)年降水量≥0.1 mm日数递增率为13.7天/100 m。第二层(348～536.5 m)递增率为6.9天/100天。第三层(536.5～821 m)递增率为3.4天/100 m。第四层(821～1043.3 m)垂直递增率为1.8天/100 m。第五层(1043.3～1325 m)降水日数随海拔升高而减少，递减率为3.4天/100 m。

② 月日降水量≥0.1 mm日数

井冈山西侧不同海拔高度日降水量≥0.1 mm日数随海拔高度升高而增加(图7.15)。

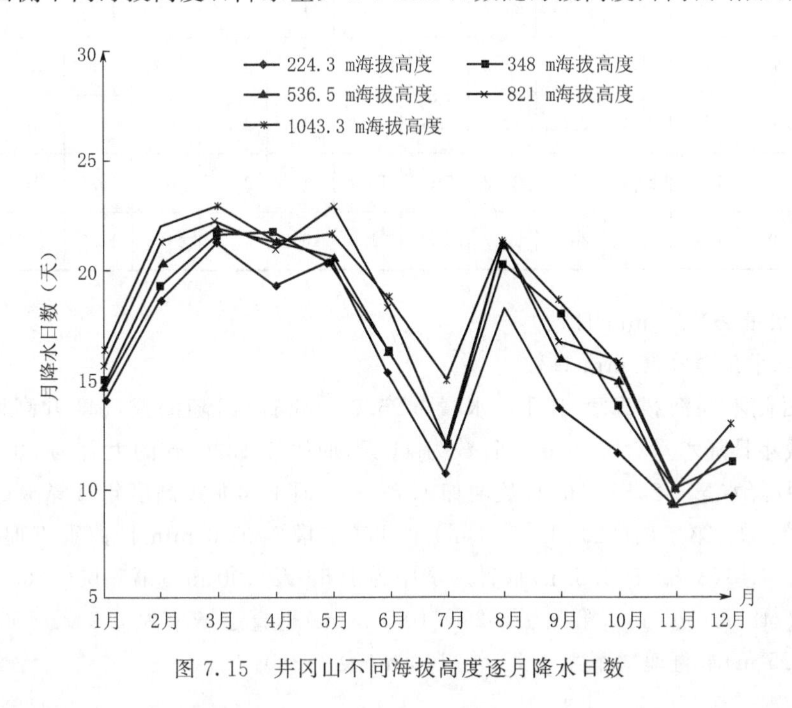

图7.15　井冈山不同海拔高度逐月降水日数

第一层(224.3～348 m):1 月、2 月、3 月、8 月、10 月、11 月、12 月降水量≥0.1 mm 日数随海拔高度升高而增加,递增率为 0.1～1.28 天/100 m,而 4 月、5 月、6 月、7 月、9 月的降水量≥0.1 mm 日数随海拔升高而增加,其递增率为 0.14～0.82 天/100 m。

第二层(348～536.5):不同海拔高度各月降水量≥0.1 mm 日数随高度变化有增加也有减少的现象。2 月、4 月、5 月、8 月、10 月、12 月降水量≥0.1 mm 日数随海拔高度升高而增加,其递增率最大 0.69 天/100 m,出现在 10 月,最小为 0 天/100 m,出现在 6 月、7 月。而 1 月、4 月和 9 月与 11 月降水量≥0.1 mm 日数随海拔高度增加而减少,递减率为 0.3～2.0 天/100 m。

第三层(536.5～821 m):不同海拔高度月降水量≥0.1 mm 日数随海拔高度而减少的有 4 个月,其递减率为 0.3 天/100 m。7 月、8 月垂直递减率为 0,其余各月降水量≥0.1 mm 日数随海拔高度升高而增加,递增率为 0.11～0.81 天/100 m。

第四层(821～1043.3 m):不同海拔高度月降水量≥0.1 mm 日数随海拔高度升高而减少的有 5 月和 10 月,其递减率为 1.3～0.3 天/100 m,8 月、11 月和 12 月降水量≥0.1 mm 日数随高度升高无变化。其余各月递增率为 0.3～2.0 天/100 m 之间。

第五层(1043.3～1325 m):不同海拔高度各月日降水量≥0.1 mm 日数随海拔高度升高而减少的有 1 月、2 月、3 月、8 月、10 月、11 月、12 月,其递减率在 0.1～1.28 天/100 m 之间。随海拔高度升高而增加的有 4 月、5 月、6 月、7 月、9 月,其递增率在 0.1～0.82 天/100 m 之间(表 7.31)。

表 7.31　不同海拔高度月降水量≥0.1 mm 日数(天)

站名	高度(m)	1月	2月	3月	4月	5月	6月	7月	8月	9月	10月	11月	12月	全年
酃城	224.3	14	18.7	21.3	19.3	20.6	15.3	10.7	18.3	13.7	11.7	9.3	9.7	182.7
坂溪	348.0	15	19.3	21.7	21.7	20.3	16.3	12	20.3	18	13.7	10	11.3	199.7
秋田	536.5	14.7	20.3	22	21.3	20.7	16.3	12	21.3	16	15	9.3	12	201
青石	821.0	15.7	21.3	22.3	21	23	18.3	12	21.3	16.7	16	10	13	210.7
瑶山	1043.3	16.3	22.0	23	21.3	21.7	18.7	15	21.3	18.7	15.7	10	13	214.7
大院	1325.0	12.7	19.3	20.7	21.7	23.0	21.0	16.3	21.0	19.3	12.7	7.7	9.7	205.1

(2)日降水量≥25.0 mm 日数

① 年日降水量≥25.0 mm 日数

井冈山西侧不同海拔高度年日降水量≥25.0 mm 日数,随海拔高度升高而增加,海拔 224.3 m 酃城年日降水量≥25.0 mm 日数为 41 天,而海拔 1325 m 的大院为 60 天,海拔每上升 100 m,年日降水量≥25.0 mm 日数增加 1.72 天。但不同海拔高度年日降水量≥25.0 mm 日数有所差异。如:第一层(224.3～348 m)年日降水量≥25.0 mm 日数垂直递增率为 7.23 天/100 m。第二层(348～536.5 m)垂直递增率为 1.59 天/100 m。第三层(536.5～821 m)垂直递增率为 2.48 天/100 m。第四层(821～1043.3 m)垂直递增率为 0.9 天/100 m。第五层(1043.3～1325 m)垂直递增率为 0.71 天/100 m(表 7.32)。

②月日降水量≥25.0 mm 日数

第一层(224.3～348 m):不同海拔高度月降水量≥25.0 mm 日数,7 月随海拔高度升高而减少,递减率为 0.81 天/100 m。1 月和 10 月、12 月没有出现日降水量≥25.0 mm 日数,3 月、6 月为 0.0 天,其他月份递增率在 0.81～3.23 天/100 m 之间。

表 7.32　不同海拔高度日降水量≥25.0 mm 日数(天)

站名	高度(m)	1月	2月	3月	4月	5月	6月	7月	8月	9月	10月	11月	12月	全年
鄱城	224.3		2	3	8	13	5	4	3	2		1		41
坂溪	348.0		1	3	9	15	5	3	7	6		1		50
秋田	536.5		2	4	10	12	5	5	6	8		1		53
青石	821.0		1	4	9	13	5	6	12	8	1	1		60
瑶山	1043.3		1	4	10	15	6	4	10	7		1		58
大院	1325.0		1	4	10	14	8	4	10	7	1	1		60

第二层(348～536.5 m):月日降水≥25.0 mm 日数,5 月随海拔高度减少的递减率为 1.59 天/100 m,8 月递减率为 0.53 天/100 m,1 月、10 月、12 月没有出现日降水量≥25.0 mm 日数,6 月为 0,2 月、3 月、4 月、11 月递增率均为 0.53 天/100 m,5 月递增率最大为 1.59 天/100 m,7 月与 9 月递增率均为 1.06 天/100 m。

第三层(536.5～821 m):月日降水量≥25.0 mm 日数在 1 月与 12 月均未出现,3 月、6 月、9 月、11 月递增为 0,2 月与 4 月的日降水量≥25.0 mm 日数均随着海拔高度升高而减少,其递减率均为 0.35 天/100 天。5 月、7 月、10 月的日降水量≥25.0 mm 日数随海拔高度升高而增加的递增率均为 0.35 天/100 m,8 月垂直递增率为 2.11 天/100 m 为最大值。

第四层(821～1043.3 m):月日降水量≥25.0 mm 日数,1 月与 12 月未出现。2 月、3 月、11 月递增率为 2.0 天,7 月、8 月、9 月日降水量≥25.0 mm 日数随海拔高度升高而减少,其递减率为 0.9～0.45 天/100 m。4 月、5 月、6 月、10 月,日降水量≥25.0 mm 日数随着海拔高度升高而增加,其增加率也为 0.45～0.9 天/100 m。

第五层(1043.3～1325 m):日降水量≥25.0 mm 日数,5 月随海拔高度升高而减少,递减率为 0.35 天/100 m。6 月、10 月递增率为 0.35～0.71 天/100 m,2 月、3 月、4 月、7 月、8 月、9 月、11 月递增率为 0,1 月与 12 月未出现。

(3)最长连续降水日数及其降水量

① 年连续降水日数

不同海拔高度年最长连续降水日数随时随海拔高度升高而增加,在井冈山西侧剖面出现二段式增加,第一段海拔高度 224.3 m 的鄱城年最长连续降水日数为 12 天,海拔高度 348 m 的坂溪为 21 天,海拔高度每上升 100 m,最长连续降水口数增加 7.25 天。第二段海拔 536.5—1325 m,年最长连续日数为 15～24 天,海拔高度每上升 100 m,年最长连续日降水日数增加 1.14 天。

② 月最长连续降水日数

井冈山西侧不同海拔高度月连续降水日数以4月最长，为12～24天。不同海拔高度各月的最长连续降水日数有所差异。海拔高度224.3 m的酃城各月最长连续降水日数以4月最长为12天，1月、3月与5月及7月均为11天，11月最短为4天。坂溪(348 m)月最长连续降水日数为21天，出现在5月。12月与4月均为15天，以11月最少为5天。

秋田(536.5 m)：月最长连续日数为15天，出现在4月。最少为5天，出现在9月和11月。次少为8天出现在6月，其他各月在10～13天。青石(821 m)：月最长连续降水日数为19天，出现在3月，最少为5天，出现在11月。瑶山(1043.3 m)：月最长连续降水日数为20天，出现在3月，1月、2月、4月、5月、7月、9月、10月为10～16天，最少为5天，出现在11月。大院(1325 m)：月最长连续降水日数为24天，出现在4月，5月、6月、8月为20～23天，最少月最长连续降水日数为4天，出现在11月(表7.33)。

表7.33 各月最长连续降水日数(天)及其降水量(mm)

站点	高度(m)	1月		2月		3月		4月		5月		6月	
		日数	量	日数	量	日数	量	日数	量	日数	量	日数	量
酃城	224.3	11	294	9	135.8	11	45.9	12	173.0	11	142.3	8	85.0
坂溪	348.0	11	35.4	15	47.1	11	44.6	15	192.9	21	281.7	11	112.7
秋田	536.5	11	36.7	11	39.9	11	46.4	15	197.9	13	179.4	8	94.0
青石	821.0	11	38.4	14	47.8	19	171.5	13	192.3	13	153.7	14	193.4
瑶山	1043.3	11	36.0	15	49.7	20	165.1	13	206.9	13	185.4	9	34.9
大院	1325.0	10	24.2	9	125.9	12	56.8	24	286.1	21	251.6	20	224.0

站点	高度(m)	7月		8月		9月		10月		11月		12月	
		日数	量	日数	量	日数	量	日数	量	日数	量	日数	量
酃城	224.3	11	117.1	8	61.6	10	31.7	7	31.7	4	51.7	8	34.6
坂溪	348.0	4	70.2	8	70.8	10	44.2	8	44.2	5	45.3	8	39.0
秋田	536.5	10	67.5	10	95.7	5	24.5	11	24.5	5	49.6	12	53.8
青石	821.0	11	109.0	8	95.7	9	40.7	16	40.7	5	48.9	8	46.1
瑶山	1043.3	11	181.5	9	144.0	13	39.8	16	39.8	5	54.3	8	44.5
大院	1325.0	13	153.1	23	125.3	10	31.3	7	31.3	4	25.1	6	31.9

(4)最长连续无降水日数及起止日期

① 年最长连续无降水日数

不同海拔高度的年最长连续无水日数在31～34天之间，出现在1983年12月13日到1984年1月16日。

② 月连续无降水日数

井冈山西侧不同海拔高度月连续无降水日数在不同海拔高度有所差异。

1月不同海拔高度月连续无降水日数均为16天。2—6月最长连续无降水日数为

6～9 天，7 月与 10 月为 14～16 天，11—12 月各月连续无降水日数在 24～34 天之间（表 7.34）。

表 7.34 最长连续无降水日数（天）及起止日期（凡跨月的开始日均为上月）

站点	高度（m）	1月		2月		3月		4月		5月		6月	
		日数	起止日期	日数	起止日期	日数	起止日期	日数	起止日期	日数	起止日期	日数	起止日期
鄢城	224.3	16	83.30-14	7	85.6-12	6	85.2-7	6	85.20-25	6	84.7-12	8	83.23-30
坂溪	348.0	16	85.2-17	7	85.6-12	7	85.2-8	5	85.21-25	6	84.7-12	6	84.3-8
秋田	536.5	16	85.2-17	7	85.6-12	6	85.2-7	6	85.20-25	6	84.7-12	6	84.3-8；85.18-23
青石	821.0	14	83.1-14；85.4-17	6	85.7-12	7	85.2-8	6	85.20-25	4	84.7-10	9	85；83.22-30
瑶山	1043.3	14	83.1-14；85.4-17	6	85.7-12	6	85.2-7	5	85.21-25	4	84.7-10；85.3-6	9	83.22-30
大院	1325.0	16	83.30-14	7	85.6-12	8	83.12-19	5	85.21-25	4	84.7-10；85.3-6	7	83.24.30

站点	高度（m）	7月		8月		9月		10月		11月		12月	
		日数	起止日期	日数	起止日期	日数	起止日期	日数	起止日期	日数	起止日期	日数	起止日期
鄢城	224.3	11	84.9-19	7	83.25-31	9	83.8-2	16	85.1-16	23	84.19-10	32	83.15-16
坂溪	348.0	10	84.10-19	6	83.25-30	5	83.25-29	15	85.1-15	23	84.19-10	32	83.15-16
秋田	536.5	11	84.9-19；85.8-18	6	83.25-30	4	3 次	15	85.1-15	22	84.20-10	31	83.16-16
青石	821.0	14	83.6-19	6	83.27-1；25-30	5	84.7-11	15	85.1-15	23	84.19-10	32	83.15-16
瑶山	1043.3	12	84.8-19	6	83.27-1；25-30	5	84.7-11	15	85.1-15	23	84.19-10	31	83.16-16
大院	1325.0	10	83.3-12	8	83.28-4	5	84.7-11	13	84.19-31	24	84.19-10	34	83.13-16

7.1.3 日照

7.1.3.1 日照时数

（1）年日照时数

井冈山西侧不同海拔高度年日照时数为 1574.5～1388.4 小时，年日照时数随海拔高度升高而减少（图 7.16），海拔每上升 100 m，年日照时数减少 186.1 小时。在不同海拔高度年日照时数的递减率是不同的。第一层（224.3～348 m）年日照时数递减率为 77.1 小时/100 m。第二层(348～536.5 m)年日照时数递减率为46.9小时/100 m。第三层(536.5～821 m)年日照时数递减率为1.29小时/100 m。第四层(821～1043.3 m)日照时数递减率为48.98小时/100 m。第五层(1043.3～1325 m)年日照时数递增率为50.78小时/100 m。

(2)月日照时数

井冈山西侧不同海拔高度各月日照时数在一定高度内随海拔高度升高而递减的程度有所差异(图7.17)。

第一层(224.3～348 m):7月日照时数随海拔高度升高而增加,其递增率为14.5小时/100 m,其他各月的日照时数均随海拔高度升高而减少,5月、6月、9月递减率为13.1～17.1小时/100 m,其他各月为2.18～8.39小时/100 m。

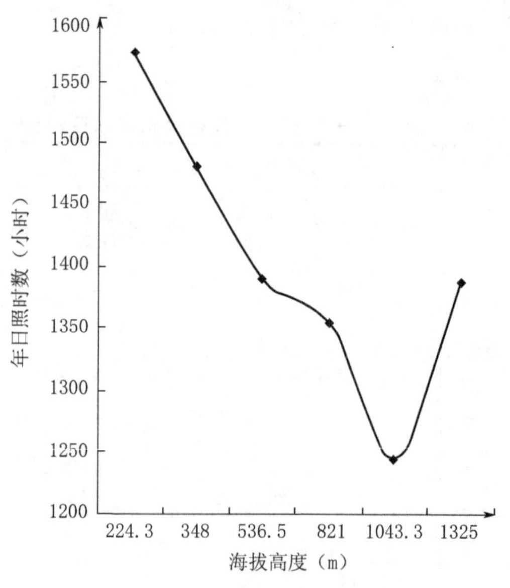

图7.16 井冈山不同海拔高度年日照时数

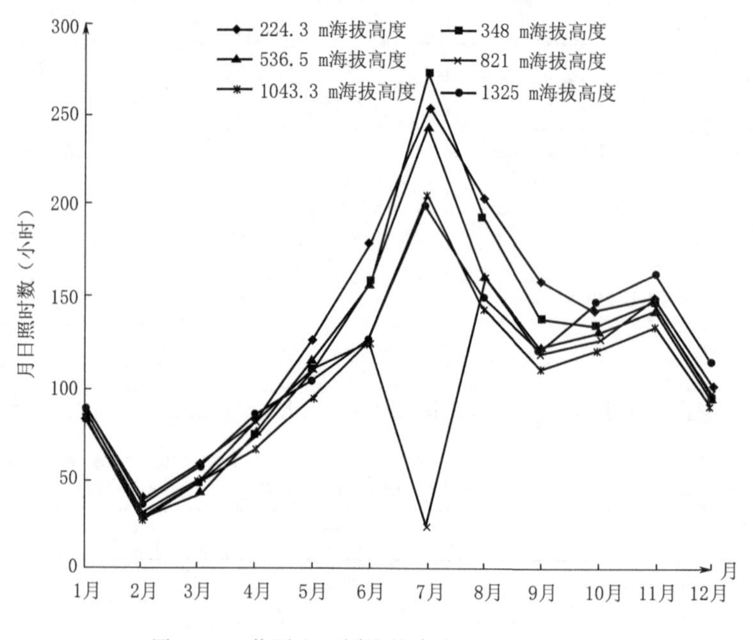

图7.17 井冈山不同海拔高度逐月日照时数

第二层(348～536.5 m):4月、5月日照时数随海拔高度升高而增加,递增率为0.53～2.91小时/100 m,以7月、8月递减率最大,为16.0～17.7小时/100 m,以12月递减率最小,为0.23小时/100 m,其他各月递减率在0.53～8.78小时/100 m之间。

第三层(536.5～821 m):3月、4月、11月、12月日照时数随海拔高度升高而增加,其递增率为0.28～2.95小时/100 m,最小为8月,其他各月日照时数递减率在0.14～4.84小时/

100 m 之间。

第四层(821～1043.3 m):6 月日照时数随海拔高度升高而增加，其递增率为 0.68 小时/100 m，其他各月的日照时数随着海拔高度升高而减少，递减率最大为 9.85 小时/100 m，出现在 7 月，最小在 3 月，递减率为 0.23 小时/100 m，4 月、5 月、8 月、11 月递减率在 6.13～7.84 小时/100 m 之间，其他各月日照时数递减率在 0.90～3.56 小时/100 m 之间。

第五层(1043.3～1325 m):7 月日照时数随海拔高度升高而减少，其递减率为 2.13 小时/100 m，其余月的日照时数均随海拔高度升高而增加，10—12 月日照时数递增率为 8.87～10.35 小时/100 m，最小为 0.28 小时/100 m，出现在 6 月，其他各月日照时数递增率在 2.09～6.38 小时/100 m 之间(表 7.35)。

表 7.35　不同海拔高度月日照时数(小时)

站名	高度(m)	1月	2月	3月	4月	5月	6月	7月	8月	9月	10月	11月	12月	全年
鄢城	224.3	86.8	37.7	57.3	78.9	126.1	178.2	254.3	203.0	158.8	142.7	150.0	101.4	1574.5
坂溪	348.0	84.1	31.1	46.9	73.5	109.9	158.3	272.3	193.7	137.6	132.7	145.9	93.2	1479.0
秋田	536.5	82.8	30.0	40.8	74.5	115.4	155.9	242.0	160.2	121.0	129.8	142.1	95.9	1390.4
青石	821.0	82.1	29.6	48.4	82.9	110.0	124.4	22.82	160.4	117.5	125.8	147.6	96.6	1353.5
瑶山	1043.3	80.1	26.7	47.9	66.7	95.0	125.9	206.4	143.0	110.3	120.4	134.0	88.7	1245.2
大院	1325.0	89.0	35.4	55.8	84.7	103.6	126.7	200.4	148.9	120.3	146.7	163.2	113.7	1388.4

(3)旬日照时数

井冈山西侧不同海拔高度的旬日照时数，最小值出现在 2 月下旬，不同海拔高度的旬日照时数为 6.9～5.1 小时，最低值出现在海拔 1043.3 m 的大院，旬日照时数为 4.7 小时，旬最大值出现在 7 月中、下旬。海拔 224.3 m 7 月中旬到 348 m 7 月下旬的旬日照时数为 95.1～102.4 小时，旬日照时数递增率为 5.9 小时/100 m，海拔 536.5～1325 m 7 月下旬日照时数为 91.8～78.9 小时，递减率为 1.74 小时/100 m(表 7.36)。

表 7.36　不同海拔高度旬日照时数(小时)

站点	高度(m)	1月			2月			3月			4月			5月			6月		
		上旬	中旬	下旬	上旬	中旬	下旬	上旬	中旬	下旬	上旬	中旬	下旬	上旬	中旬	下旬	上旬	中旬	下旬
鄢城	224.3	39.6	35.3	11.9	17.3	13.4	6.9	28.6	14.7	14.0	13.9	20.2	44.8	54.5	40.7	30.9	59.4	38.6	80.2
坂溪	348.0	38.1	33.5	12.5	14.3	11.7	5.2	25.8	8.8	12.3	14.6	17.4	41.5	48.2	35.2	26.5	54.8	30.6	73.0
秋田	536.5	37.3	34.1	11.4	15.2	11.0	3.9	26.0	8.7	6.1	16.0	19.8	38.7	51.9	38.9	24.6	50.7	33.3	71.8
青石	821.0	42.8	28.0	10.4	12.0	10.8	5.8	28.0	14.7	6.6	16.1	21.2	45.5	53.9	32.9	23.3	37.8	23.7	62.9
瑶山	1043.3	37.1	34.5	8.5	12.1	9.9	4.7	25.3	15.4	7.2	9.9	19.7	37.1	44.1	30.0	20.9	43.7	20.1	60.0
大院	1325.0	37.6	39.2	12.1	15.1	15.3	5.1	26.8	13.5	15.5	18.1	24.6	42.0	47.3	34.5	21.7	36.1	21.3	59.3

续表

站点	高度(m)	7月			8月			9月			10月			11月			12月		
		上旬	中旬	下旬	上旬	中旬	下旬	上旬	中旬	下旬	上旬	中旬	下旬	上旬	中旬	下旬	上旬	中旬	下旬
酃城	224.3	67.6	95.1	91.7	67.6	69.8	65.6	66.6	42.5	49.7	60.1	37.8	44.7	57.9	45.1	47.1	51.1	30.1	20.2
坂溪	348.0	72.4	97.4	102.4	74.5	62.6	56.6	62.6	38.3	36.6	57.5	34.0	41.1	58.5	46.3	41.0	45.3	25.9	22.0
秋田	536.5	62.8	87.4	91.8	65.2	49.5	45.5	55.3	30.3	35.4	56.0	30.3	43.5	55.7	44.2	42.2	48.5	24.5	23.8
青石	821.0	56.7	83.7	87.7	62.7	50.8	47.0	55.4	29.2	32.9	53.6	29.7	42.5	50.4	44.5	42.6	48.3	27.0	21.3
瑶山	1043.3	52.2	73.1	81.1	56.3	45.8	41.0	53.5	26.9	29.9	50.3	27.2	40.9	55.9	40.2	37.9	44.0	27.1	17.6
大院	1325.0	47.6	73.9	78.9	53.0	48.5	47.4	52.0	31.8	36.5	51.7	39.7	55.3	61.5	45.2	56.4	51.6	32.5	29.6

7.1.3.2 日照百分率

(1)年日照百分率

井冈山西侧不同海拔高度年日照百分率为36%～28%，随海拔高度升高而降低，其垂直递减率为0.97小时/100 m，不同海拔高度年日照百分率垂直递减率有所差异。

第一层(224.3～348 m)：年日照百分率垂直递减率为2.42%/100 m；第二层(348～536.5 m)年日照百分率垂直递减率为1.1%/100 m；第三层(536.5～821 m)年日照百分率垂直递减率为0；第四层(821～1043.3 m)年日照百分率垂直递减率为1.35%/100 m；第五层(1043.3～1325 m)年日照百分率垂直递增率为1.42%/100 m。

(2)月日照百分率

井冈山西侧不同海拔高度月日照百分率在一年内的变化呈低—高—低型。

第一层(224.3～348 m)：除7月日照百分率随海拔高度升高而递增(递增率为4.03%/100 m)外，其他各月的月日照百分率都是随海拔高度升高而减少的。4月与11月递减率均为0.81%/100 m，1月、2月、3月、12月递减率为1.61%/100 m，5月、8月与10月的递减率为2.42%/100 m，6月与9月递减率为3.23%～4.03%/100 m。

第二层(348～536.5 m)：1月、4月、5月与6月日照百分率无变化，1月、4月、5月、6月日照百分率递减率均为0。2月、10月、11月、12月的日照百分率递减率均为0.53%/100 m，其他月的日照百分率递减率为1.1%～4.23%/100 m之间。

第三层(536.5～821 m)：除11月日照百分率递增率为0.70%/100 m外，1月、2月与8月日照百分率递减为0，其他各月的日照百分率均随海拔高度升高而减少。

第四层(821～1043.3 m)除6月日照百率递增率为0.45%/100 m外，其他各月日照百分率均随海拔升高而减少，其递减率为0.45%～2.30%/100 m。

第五层(1043.3～1325 m)：除7月日照百分率随海拔高度升高而减少(递减率为0.35%)外，其他各月的日照百分率均随海拔高度升高而增加，其递增率为每100 m在0.35%～3.19%之间(表7.37)。

表7.37　月日照百分率(%)

站名	高度(m)	1月	2月	3月	4月	5月	6月	7月	8月	9月	10月	11月	12月	全年
酃城	224.3	27	12	15	21	30	43	60	51	43	40	46	31	36
坂溪	348.0	25	10	13	20	27	38	65	48	37	37	45	29	33

续表

站名	高度(m)	1月	2月	3月	4月	5月	6月	7月	8月	9月	10月	11月	12月	全年
秋田	536.5	25	9	11	20	27	38	58	40	33	36	44	30	31
青石	821.0	25	9	13	22	26	30	54	40	32	35	46	29	31
瑶山	1043.3	24	8	13	17	23	31	49	36	30	34	41	27	28
大院	1325.0	27	11	15	22	25	31	48	37	33	41	50	35	32

7.1.4　相对湿度

(1)年平均相对湿度

井冈山西侧不同海拔高度年平均相对湿度在 80%～87%之间，不同海拔高度之间年平均相对湿度呈现三个层面变化，第一个层面：海拔 224.3～348 m，年平均相对湿度随海拔高度升高而增加，其垂直递增率为 1.6%/100 m。第二个层面：348～1043.3 m，年平均相对湿度随海拔高度升高而降低，其垂直递减率为 0.71%/100 m。第三个层面：1043.3～1325 m，年平均相对湿度随海拔高度升高而增加，其垂直递增率为 2.5%/100 m(图 7.18)。

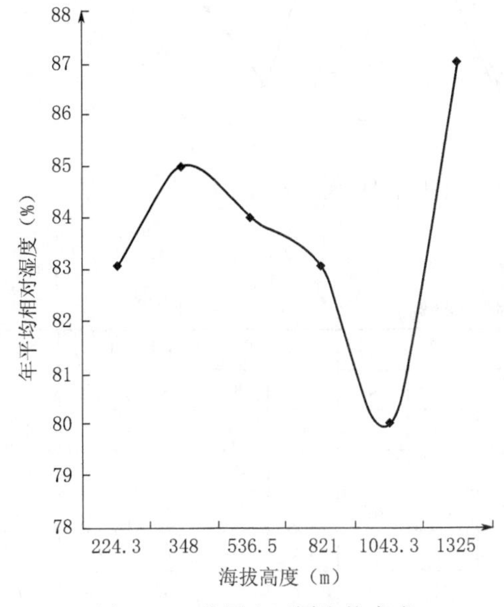

图 7.18　井冈山不同海拔高度年相对湿度

(2)月平均相对湿度

月平均相对湿度随海拔高度增加而变化较为复杂(图 7.19)。

第一层(224.3～348 m)：月平均相对湿度随海拔高度升高而增加，4 月、7 月、8 月、9 月、10 月的递减率为 0.8%/100 m，1 月、3 月、5 月、6 月、12 月的递增率为 1.6%/100 m，递增率最大为 3.2%/100 m 出现在 2 月，最小递增率为 0，出现在 11 月。

第二层(348～536.5 m)：2 月、3 月、4 月两个高度的平均相对湿度均为 85%～87%。5 月、6 月、7 月、8 月、9 月两个高度的平均相对湿度垂直递减率为 0.5%/100 m，11 月、12 月、1 月相对湿度递减率均为 1.1%/100 m，11 月平均相对湿度递减率最大为 1.9%/100 m。

第三层(536.5～821 m)：5 月、10 月、11 月的两个高度的平均相对湿度均相同，1 月、3 月、4 月、9 月、12 月的平均相对湿度递减率为 1.1%/100 m，6 月为 0.5%/100 m，7 月递减率 2.5%/100 m 为最大。

第四层(821～1043.3 m)：7 月两个高度的平均相对湿度均为 71%，4 月、5 月、6 月平均相对湿度递减率均为 0.5%/100 m，3 月与 9 月为 0.9%/100 m，11 月与 12 月递减率为 2.3%/100 m，其他各月递减率在 1.4%/100 m～5.0%/100 m 之间。

第五层(1043.3～1325 m)：平均相对湿度随海拔高度升高而增加，3 月递增率为 0.7%/100 m，为最小。7 月平均相对湿度递增率最大为 4.6%/100 m，其他各月平均相对湿度递增

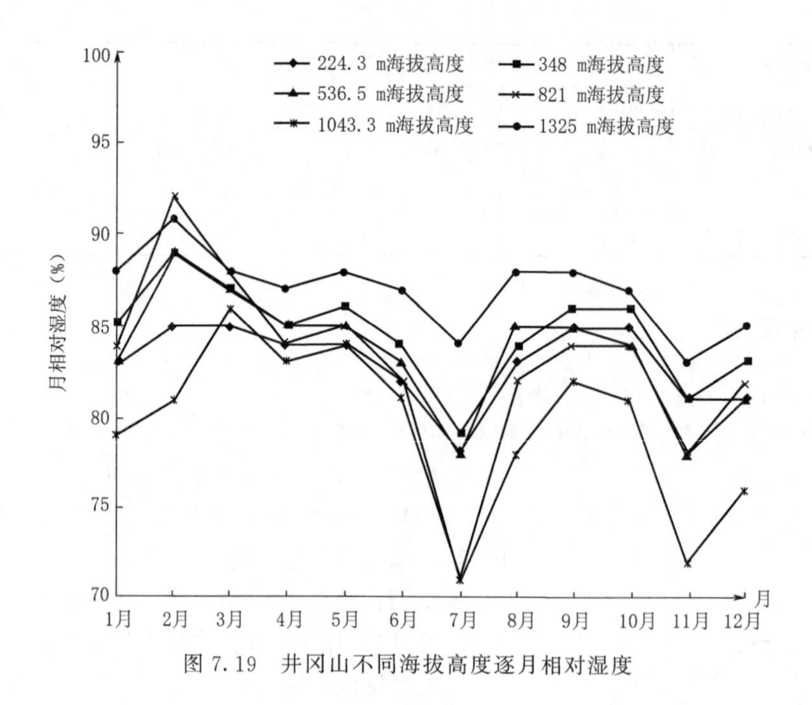

图 7.19 井冈山不同海拔高度逐月相对湿度

率为 1.4%/100 m～3.5%/100 m 之间(表 7.38)。

表 7.38 月平均相对湿度(%)

站名	高度(m)	1月	2月	3月	4月	5月	6月	7月	8月	9月	10月	11月	12月	全年
鄢城	224.3	83	85	85	84	84	82	78	83	85	85	81	81	83
坂溪	348.0	85	89	87	85	86	84	79	84	86	86	81	83	85
秋田	536.5	83	89	87	85	85	83	78	85	85	84	78	81	84
青石	821.0	84	92	88	84	85	82	71	82	84	84	78	82	83
瑶山	1043.3	79	81	86	83	84	81	71	78	82	81	72	76	80
大院	1325.0	88	91	88	87	88	87	84	88	88	87	83	85	87

(3)旬平均相对湿度

井冈山西侧不同海拔高度一年内旬平均相对湿度大小不同(表 7.39)。

表 7.39 不同海拔高度旬平均相对湿度(%)

站点	高度(m)	1月			2月			3月			4月			5月			6月		
		上旬	中旬	下旬	上旬	中旬	下旬	上旬	中旬	下旬	上旬	中旬	下旬	上旬	中旬	下旬	上旬	中旬	下旬
鄢城	224.3	81	81	87	86	86	84	82	86	86	86	88	79	83	83	86	81	84	81
坂溪	348.0	82	83	90	89	90	88	83	90	89	87	88	80	84	85	88	83	86	84
秋田	536.5	79	81	89	88	90	88	80	91	89	86	89	79	84	84	87	81	84	83
青石	821.0	78	81	93	91	92	93	79	93	92	85	89	79	82	84	88	81	85	79
瑶山	1043.3	70	76	91	89	94	90	74	92	92	84	88	76	80	83	88	80	85	77
大院	1325.0	86	84	93	91	92	90	79	91	92	87	89	85	87	88	91	88	89	85

续表

站点	高度(m)	7月			8月			9月			10月			11月			12月		
		上旬	中旬	下旬	上旬	中旬	下旬	上旬	中旬	下旬	上旬	中旬	下旬	上旬	中旬	下旬	上旬	中旬	下旬
鄢城	224.3	80	76	77	81	84	85	84	87	85	84	87	85	82	82	81	83	82	80
坂溪	348.0	81	78	78	82	86	86	85	88	88	85	89	86	81	82	82	82	85	83
秋田	536.5	79	77	77	83	85	86	82	86	85	82	89	82	78	80	78	78	84	81
青石	821.0	72	70	70	79	83	82	78	86	87	81	90	81	75	79	80	76	84	86
瑶山	1043.3	73	70	69	73	80	80	77	84	85	77	88	79	70	72	76	68	80	80
大院	1325.0	84	83	84	87	89	89	86	90	89	86	89	85	82	85	84	84	85	86

从表 7.40 可看出：旬平均相对湿度在一年内的最大值出现在 1 月下旬至 4 月中旬，但不同海拔高度有所差异。随着海拔高度升高旬平均相对湿度最大值出现时间有所提早现象，如海拔 1325 m 旬平均相对湿度最大值为 93%，出现在 1 月下旬，而海拔 224.3 m 的旬平均相对湿度最大值为 88%，出现在 4 月中旬。海拔 1325 m 的旬平均相对湿度最小值为 79%，出现在 3 月上旬，海拔 224.3 m 的旬平均相对湿度最小值为 76%，出现在 7 月中旬，海拔 1043.3 m 的旬平均相对湿度最小值为 69%，出现在 7 月下旬。

表 7.40　不同海拔高度旬平均相对湿度年最大(最小)值(%)及出现时间

海拔高度(m)	旬平均相对湿度最大(%)	出现时间(旬)	旬平均相对湿度最小(%)	出现时间(旬)
224.3	88	4 月中	76	7 月中
348	90	1 月下、2 月中、3 月中	78	7 月中、下
536.5	91	3 月中	77	7 月中、下
821.0	93	1 月下、2 月下、3 月中	70	7 月中、下
1043.3	94	2 月中	69	7 月下
1325.0	93	1 月下	79	3 月上

7.1.5　蒸发

(1)年蒸发量

井冈山西侧不同海拔高度年蒸发量为 1255.3～931.1 mm，年蒸发量随着海拔高度升高而减少(图 7.20)。海拔每上升 100 m，年蒸发量减少 29.45 mm。在不同海拔高度其蒸发量垂直递减程度有差异。

第一层(224.3～348 m)：年蒸发量垂直递减率为 140.88 mm/100 m；第二层(348～536.5 m)：年蒸发量递减率为 44.02 mm/100 m；第三层(536.5～821 m)：年蒸发量递减率为 9.09 mm/100 m；第四层(821～1043.3 m)年蒸发量垂直递减率为 9.05 mm/100 m；第五层(1043.3～1325 m)年蒸发量垂直递减率为 7.20 mm/100 m。

(2)月蒸发量(图 7.21)

井冈山西侧一年内各月蒸发量大小有所不同(表 7.41)。

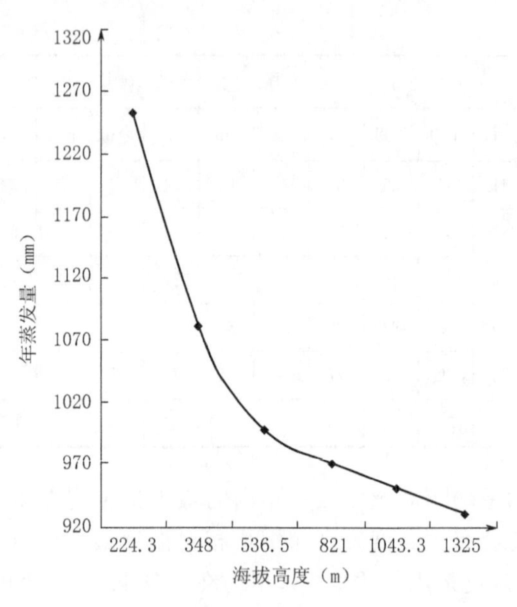

图 7.20　井冈山不同海拔高度年蒸发量

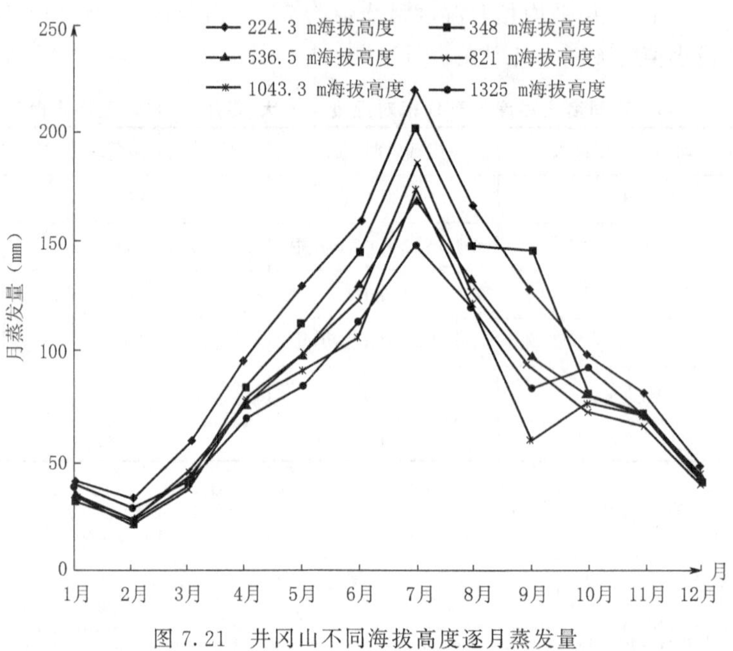

图 7.21　井冈山不同海拔高度逐月蒸发量

表 7.41　月蒸发量(mm)

站名	高度(m)	1月	2月	3月	4月	5月	6月	7月	8月	9月	10月	11月	12月	全年
鄗城	224.3	39.7	32.3	58.1	95.6	129.2	158.9	220.7	166.6	128.7	98.3	80.6	46.7	1255.3
坂溪	348.0	32.3	21.5	39.3	83.9	112.0	145.0	202.7	148.1	145.5	80.6	70.8	39.0	1080.6
秋田	536.5	34.9	22.6	42.3	75.5	98.4	129.7	169.7	132.1	97.9	80.4	71.2	42.8	997.4
青石	821.0	31.8	19.8	36.6	76.9	99.4	122.5	187.1	126.9	94.2	72.8	66.2	37.4	971.5
瑶山	1043.3	33.0	22.8	45.2	76.4	92.0	106.9	174.5	121.0	59.0	76.3	71.3	42.9	951.4
大院	1325.0	38.1	28.3	41.5	68.5	84.0	113.9	149.9	119.9	82.6	92.7	70.6	41.1	931.1

从表 7.42 可看出：不同海拔高度的月蒸发量最大值为 149.9～220.7 mm，均出现在 7 月。月蒸发量最小值为 19.8～32.3 mm，均出现在 2 月。

表 7.42　不同海拔高度一年内月蒸发量最大(小)值(mm)及出现时间

高度(m)	月最大		月次大		最小月		次小月	
	量	时间(月)	量	时间(月)	量	时间(月)	量	时间(月)
224.3	220.7	7	166.6	8	32.3	2	39.7	1
348.0	202.7	7	148.1	8	21.5	2	32.3	1
536.5	169.7	7	132.1	8	22.6	2	34.9	1
821.0	187.1	7	126.9	8	19.8	2	31.8	1
1043.3	174.5	7	121.0	8	22.8	2	33.0	1
1325.0	149.9	7	119.9	8	28.3	2	38.1	1

(3)旬蒸发量

不同海拔高度的旬蒸发量大小及出现时间有所差异(表 7.43)。

表 7.43　不同海拔高度旬蒸发量(mm)

站点	高度(m)	1月			2月			3月			4月			5月			6月		
		上旬	中旬	下旬	上旬	中旬	下旬	上旬	中旬	下旬	上旬	中旬	下旬	上旬	中旬	下旬	上旬	中旬	下旬
鄢城	224.3	13.4	15.9	9.5	10.5	12.5	9.4	18.7	18.7	20.7	24.7	25.7	45.3	44.4	45.9	38.8	53.4	44.3	61.2
坂溪	348.0	11.8	14.1	6.4	8.3	8.1	5.1	15.4	10.3	13.6	24.3	20.6	39.0	41.6	36.7	33.7	47.7	40.8	56.5
秋田	536.5	13.3	14.9	6.6	7.8	9.1	5.6	16.4	12.6	13.3	20.8	17.4	37.2	36.1	32.8	29.5	43.0	35.4	51.4
青石	821.0	12.2	13.5	6.1	7.5	8.0	4.3	13.8	11.4	11.4	20.1	20.1	36.6	38.7	34.8	25.8	41.5	31.4	49.6
瑶山	1043.3	12.0	14.7	6.3	7.9	8.8	6.1	19.3	15.0	10.9	21.5	20.2	34.8	36.8	29.9	25.3	36.6	27.7	42.5
大院	1325.0	10.0	17.9	10.2	11.5	11.8	5.1	16.2	10.5	14.8	19.7	19.3	29.5	33.6	31.9	18.3	42.5	31.5	40.0

站点	高度(m)	7月			8月			9月			10月			11月			12月		
		上旬	中旬	下旬	上旬	中旬	下旬	上旬	中旬	下旬	上旬	中旬	下旬	上旬	中旬	下旬	上旬	中旬	下旬
鄢城	224.3	60.1	81.0	79.7	61.5	52.5	52.6	49.3	37.9	41.5	37.5	29.0	31.9	32.4	24.7	23.4	19.7	15.0	12.0
坂溪	348.0	57.8	70.7	74.2	55.3	47.2	45.6	44.0	30.3	31.2	34.0	22.7	24.0	30.0	21.8	19.0	19.0	10.9	9.1
秋田	536.5	46.1	63.5	60.1	48.4	41.8	41.9	39.5	27.9	30.5	33.9	21.8	24.8	30.1	21.9	19.3	19.9	12.2	10.6
青石	821.0	56.3	63.0	67.8	50.7	38.5	37.7	41.6	26.6	26.0	30.3	19.2	23.2	29.6	19.4	17.2	18.1	10.7	8.6
瑶山	1043.3	53.6	58.4	62.5	44.2	35.6	41.2	39.3	26.3	23.4	32.7	19.8	23.9	31.0	23.3	17.0	20.5	13.0	9.5
大院	1325.0	41.8	57.8	50.3	42.2	38.5	39.3	36.2	24.1	22.3	30.1	28.2	34.5	32.8	19.9	17.9	16.3	13.1	11.8

从表 7.44 可看出：一年内不同海拔高度的旬蒸发量最大为 57.8～81.0 mm，旬蒸发量随海拔高度升高而减少，海拔高度每上升 100 m，旬蒸发量减少 2.10 mm，出现在 7 月中旬，旬蒸发量最少值为 9.4～5.1 mm，出现在 2 月下旬。

表 7.44 不同海拔高度旬蒸发量(mm)最大(小)值及出现时间

高度(m)	旬最大		旬最小	
	量	时间(月)	量	时间(月)
224.3	81.0	7月中旬	9.4	2月下旬
348.0	74.2	7月中旬	5.1	2月下旬
536.5	63.5	7月中旬	5.6	2月下旬
821.0	67.8	7月中旬	4.3	2月下旬
1043.3	62.5	7月中旬	6.1	2月下旬
1325.0	57.8	7月中旬	5.1	2月下旬

7.1.6 风

7.1.6.1 风速

(1)年平均风速

井冈山西侧不同海拔高度年平均风速为1.1～2.3 m/s,年平均风速随着海拔高度升高而增大。以瑶山(1043.3 m)至大院(1325 m)的年平均风速递增率最大,海拔高度每升高100 m,年平均风速增加0.39 m/s。

(2)月平均风速

不同海拔高度的月平均风速随地形遮蔽及起伏程度变化较复杂(表7.45)。

表 7.45 不同海拔高度月平均风速(m/s)

站名	高度(m)	1月	2月	3月	4月	5月	6月	7月	8月	9月	10月	11月	12月	全年
酃城	224.3	1.3	1.6	1.6	1.5	1.4	1.3	1.2	1.1	1.3	1.3	1.2	1.4	1.3
坂溪	348.0	0.9	1.0	1.0	1.4	1.3	1.3	1.6	1.1	1.1	1.1	1.1	.9	1.1
秋田	536.5	1.3	1.5	1.4	1.5	1.5	1.6	1.5	1.4	1.5	1.4	1.5	1.4	1.5
青石	821.0	1.0	1.1	1.1	1.1	1.3	1.5	1.8	1.1	1.1	1.0	1.3	1.2	1.2
瑶山	1043.3	0.8	1.5	1.3	1.4	1.3	1.5	1.9	1.3	1.1	0.9	1.1	0.9	1.2
大院	1325.0	2.2	2.5	2.3	2.5	2.4	2.3	2.3	2.2	2.0	2.0	2.1	2.0	2.3

从表7.46可看出:不同海拔高度月平均风速最大值为1.6～2.5 m/s,海拔224.3 m处出现在2月与3月。1325 m出现在2月与4月,其他高度出现在6月与7月。

表 7.46 不同海拔高度月平均风速大(小)值(m/s)及出现时间

高度(m)	最大		最小	
	风速	时间(月)	风速	时间(月)
224.3	1.6	2.3	1.1	8
348.0	1.6	7	0.9	1.12
536.5	1.6	6	1.3	1
821.0	1.8	7	1.0	1
1043.3	1.9	7	0.8	1
1325.0	2.5	2.4	2.0	8.10.12

不同海拔高度月平均风速最小值为0.8～2.0 m/s，在海拔224.3 m处月平均风速最小值为1.1 m/s，出现在8月，海拔1043.3 m，月平均风速最小值为0.8 m/s，出现在1月。

海拔1325 m的月平均风速最小值为2.0 m/s，出现在8月、10月与12月。其他海拔高度的月平均风速最小值为0.9～1.3 m/s，出现在1月。

(3)不同海拔高度月最大风速及风向

井冈山西侧不同海拔高度的月最大风速及风向因地形地貌变化很复杂。见表7.47。

表7.47　不同海拔高度月最大风速(m/s)及风向

站点	高度(m)	1月		2月		3月		4月		5月		6月	
		风速	风向	风速	风向	风速	风向	风速	风向	风速	风向	风速	风向
鄙城	224.3	7.0	SW	10.0	W	7.0	SW	12.0	WSW	14.0	NNW	10.7	SSE
坂溪	348.0	5.0	3个	5.0	SW WSW	6.0	SW SSW	6.0	6个	8.0	WSW	6.0	3个
秋田	536.5	6.0	E SW	7.0	SW	7.0	SW	6.0	WSW W	7.0	NW WSW	12.0	SW
青石	821.0	7.0	WSW	10.0	S	8.0	S	8.0	NW W	8.0	WSW	8.0	WSW ESE
瑶山	1043.3	6.0	SE	16.0	S	12.0	ESE	12.0	SE	12.0	S	10.0	S
大院	1325.0	6.0	10个	10.0	SW	8.0	SSW SW	8.0	4个	8.0	WSSW NNE	7.0	E

站点	高度	7		8		9		10		11		12	
		风速	风向	风速	风向	风速	风向	风速	风向	风速	风向	风速	风向
鄙城	224.3	10.0	SW ESE	10.0	WSW NNE	10.0	SSE	6.3	WSW NNE	8.7	WSW	7.0	NE
坂溪	348.0	10.0	N	5.0	3个	5.0	3个	6.0	ENE	6.0	ENE SE	4.0	7个
秋田	536.5	7.0	E SW	6.0	5个	6.0	W	5.0	3个	6.0	ENE SE	5.0	ENE
青石	821.0	7.0	WSW	6.0	ESE	8.0	W	6.0	3个	7.0	W NW	7.0	W
瑶山	1043.3	13.0	SSW	8.0	ENE	9.0	ENE	6.0	3个	13.0	SE	10.0	WSW
大院	1325.0	10.0	SE	11.0	NE	8.0	SE	8.0	E	8.0	NNE	6.0	8个

海拔224.3～536.5 m，月最大风速为10.0～14.0 m/s，出现在5月和6月，其风向多为偏北风与偏南风。海拔821～1043.3 m，风最大风速为10.0～16.0 m/s，风向为偏南风，出现在2月，即南风扫顶现象，海拔1325 m，8月最大风速11.0 m/s，为偏北风(表7.48)。

表7.48　不同海拔高度典型月最大(小)风速(m/s)及风向

高度(m)	最大			最小		
	风速	风向	时间(月)	风速	风向	时间(月)
224.3	14.0	NSW	5	6.3	WSW NNE	10
348.0	10.0	N	7	4.0		12
536.5	12.0	SW	6	5.0		10/12
821.0	10.0	S	2	6.0		8/10
1043.3	16.0	S	2	6.0		1/10
1325.0	11.0	NE	8	6.0		1/12

7.1.6.2 各月最多风向及频率

井冈山西侧不同海拔高度各月最多风向因地形影响变化很复杂(表7.49)。

表7.49 不同海拔高度各月最多风向及频率(%)

站点	高度(m)	1月		2月		3月		4月		5月		6月	
		风向	频率	风向	频率	风向	频率	风向	频率	风向	频率	风向	频率
酃城	224.3	NE	55	NE	41	WSW	42	SW	48	WSW	50	WSW	50
坂溪	348.0	ENE	60	ENE	54	W	55	WSW	50	W	51	ENE	56
秋田	536.5	E	40	E	47	E	39	W	29	W	48	W	48
青石	821.0	W	59	W	61	NW	54	W	59	W NW	71	NW	60
瑶山	1043.3	NW	67	NE	65	NW	59	S SW	63	NNW	59	ENE NW	60
大院	1325.0	E	37	N SW	27	SW	39	SW	31	SW	32	SW	39
站点	高度(m)	7月		8月		9月		10月		11月		12月	
		风向	频率	风向	频率	风向	频率	风向	频率	风向	频率	风向	频率
酃城	224.3	WSW W	61	NNE	56	WSW	51	WSW	55	WSW	62	WSW	50
坂溪	348.0	NE E	44	NE	52	ENE	48	ENE WSW	57	SW	53	WSW	51
秋田	536.5	W	43	ENE	62	E	42	E	48	E	38	E	42
青石	821.0	W	52	W NW	60	W	63	W	72	W	62	NW	62
瑶山	1043.3	SSE	40	E	55	WNW	58	ENE WNW	70	WNW	61	WNW	71
大院	1325.0	SW	42	NNE SSW	40	SW	43	NE	43	NE	43	NE	46

由表7.50可看出:1月海拔224.3～348 m处最多风向以偏北风为主,海拔536.5 m以偏东风居多,海拔821 m以西风居多,海拔1043.5 m以偏北风居多,1325 m以偏东风居多。

表7.50 不同海拔高度典型月最多风向及频率(%)

高度(m)	1月	4月	7月	10月
224.3	NE 55	SW 48	WSW W 61	WSW 55
348.0	ENE 60	WSW 50	NE E 44	ENE WSW 57
536.5	E 40	W 29	W 43 22	W 48
821.0	W 59	W 59	W 52	W 72
1043.3	NW 67	S SW 63	SSE 40	ENE WNW 70
1325.0	E 37	S W 31	SW 42	NE 43

4月:海拔224.3 m、348 m、1043.3 m与1325 m均以偏南风居多,海拔536.5～821 m以偏西风居多。

7 月：海拔 224.3 m、1043.3 m 与 1325 m 最多风向以偏南风占主导，海拔 536.5 与 821 m 以偏西风居多，海拔 3489 m 以偏北风及东风居多。

10 月：海拔 348 m，1043.3 m 及 1325 m 以偏北风居多，海拔 536.5 m 以偏东风居多，海拔 821 m 以偏西风居多。

7.2　各类天气日数的垂直分布

表 7.51　各类天气日数(天)

站点	高度(m)	各类天气日数											
		雨	雪	冰雹	雾	霜	雨凇	雾凇	积雪	结冰	雷暴	大风	雪深
鄢城	224.3	182.7	8.7	0.3	41.0	25.7	0.7			24.6	46.0	1.3	
坂溪	348.0	199.7	9.7	1.3	80.0	27.3	2.3		2.3	27.7	67.0	2.7	
秋田	536.5	201.0	11.0	0.7	93.0	23.3	10.7	1.0	3.3	30.7	69.0	3.0	
青石	821.0	210.7	15.0	0.7	159.0	26.7	12.3	4.3	8.3	46.0	71.7	3.7	
瑶山	1043.3	214.7	18.3	0.3	174.0	34.0	23.3	14.0	25.3	46.7	79.0	7.3	
大院	1325.0	205.1	18.3		135.0	37.0	29.0	16.3	27.0	49.0	79.7	8.3	

7.2.1　大雾日数

(1)年大雾日数

井冈山西侧年大雾日数随着海拔高度升高而增加(图 7.22)，海拔 224.3 m 年大雾日数为 41 天，海拔 1043.3 m 年大雾日数为 174 天，海拔高度每上升 100 m，年大雾日数增加 16.2 天，海拔 1043.3 m 至 1325 m，随着海拔高度上升而年大雾日数又减少，其递减率为 14.5 天/100 m。

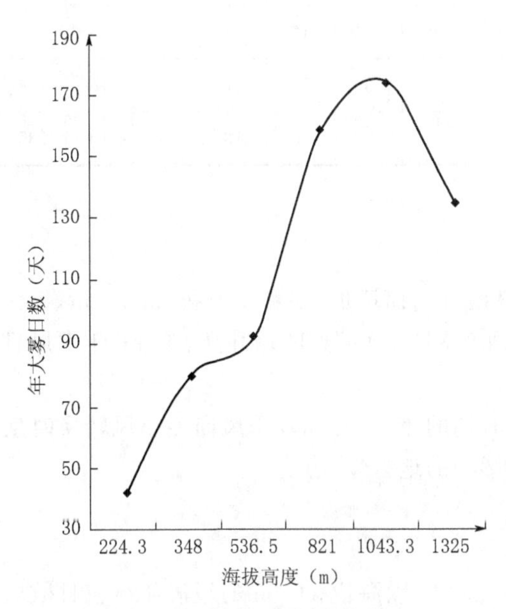

图 7.22　井冈山不同海拔高度年大雾日数

(2)月大雾日数

井冈山西侧不同海拔高度月大雾日数随着海拔高度升高而增加(图 7.23)。海拔 224.3 m，月大雾日数以 6 月与 11 月为多，达 6 天，最少为 1 天，出现在 3 月。海拔 348 m，月大雾日数最多月达 10 天，出现在 2 月与 10 月，最少为 1 天，出现在 7 月。海拔 536.5 m，月大雾日数最多为 14 天，出现在 3 月，最少为 1 天，出现在 7 月。海拔 821 m，月大雾日数最多为 22 天，出现在 3 月，最少为 1 天，出现在 7 月。海拔 1043.3 m，月大雾日数最多为 23 天，出现在 2 月与 3 月，最少为 2 天，出现在 7 月。海拔 1325 m，月大雾日数最多为 19 天，出现在 3 月，最少为 7 月，未出现大雾(表 7.52)。

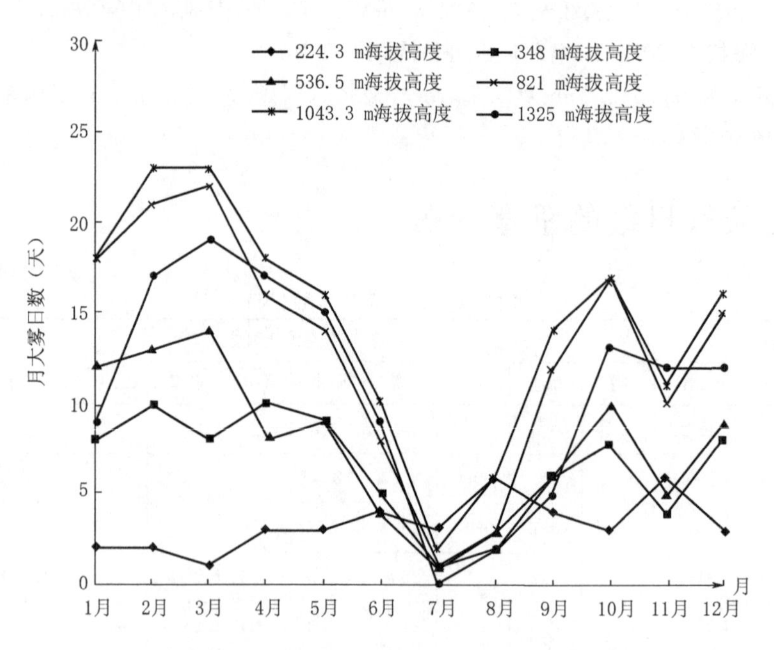

图 7.23　井冈山不同海拔高度逐月大雾日数

表 7.52　不同海拔高度各月雾日数(天)

站名	高度(m)	1月	2月	3月	4月	5月	6月	7月	8月	9月	10月	11月	12月	全年
酃城	224.3	2	2	1	3	3	4	3	6	4	3	6	3	41
坂溪	348.0	8	10	8	10	9	5	1	2	6	8	4	8	80
秋田	536.5	12	13	14	8	9	4	1	3	6	10	5	9	93
青石	821.0	18	21	22	16	14	8	1	3	12	17	10	15	159
瑶山	1043.3	18	23	23	18	16	10	2	6	14	17	11	16	174
大院	1325.0	9	17	19	17	15	9	0	2	5	13	12	12	135

7.2.2　大风日数

井冈山西侧不同海拔高度年大风日数随海拔高度升高而增加，如酃城海拔 224.3 m，年大风日数为 1.3 天，大院海拔高度 1325 m，年大风日数 8.3 天，海拔高度每升高 100 m，年大风日数递增 0.63 天。

大风出现最多的，一为冬季风向夏季风向转换时期的 4—5 月和夏季风向冬季风转换时期的 7—8 月；二为夏季的雷雨大风；三为受特殊地形影响的地方性大风。

7.2.3　冰雹日数

井冈山西侧不同海拔高度年冰雹日数为 0.3～1.3 天，以海拔 348 m 的坂溪年冰雹日数居多为 1.3 天，海拔 536.5～821 m 年冰雹日数为 0.7 天左右。

7.2.4　雷暴日数

井冈山西侧不同海拔高度年雷暴日数为 46.0～79.7 天，年雷暴日数随海拔高度升高而增加，海拔高度每上升 100 m，年雷暴日数增加 3.37 天。

井冈山西侧不同海拔高度的雷暴开始日期平均在 2 月 19 日左右，最早出现在 1 月 15 日左右，平均雷暴终日为 10 月 12 日左右，最迟在 12 月 11 日左右。

井冈山西侧雷暴自惊蛰开始逐月增多，至 7、8 月达到高峰期，而后逐渐减少，到 10 月中旬初基本结束。

7.2.5　霜冻日数

井冈山西侧不同海拔高度年霜冻日数为 25.7～37.0 天，年霜冻日数随着海拔高度升高而增加，在此剖面出现现两个段层，第一层海拔 224.3～348 m，年霜冻日数随海拔升高的递增率为 1.3 天/100 m，而海拔 348 m 至 536.5 m 又出现年霜冻日数随海拔高度升高而减少的现象，递减率为 2.12 天/100 m，即霜打盆地现象。第二个层面海拔(536.5～1325 m)又出现年霜冻日数随海拔高度升高而增加的现象，其递增率为 16.8 天/100 m。

井冈山西侧不同海拔高度的初霜期平均为 12 月 1 日，最早出现在 10 月 29 日，终霜期平均为 2 月 15 日，最迟出现在 3 月 16 日。

7.2.6　结冰日数

井冈山西侧不同海拔高度年结冰日数为 24.6～49.0 天，年结冰日数随着海拔高度升高而增加，海拔高度每上升 100 m，年结冰日数加 2.21 天。

7.2.7　降雪日数

井冈山西侧不同海拔高度年降雪日数为 8.7～18.3 天，年降雪日数随着海拔的升高而增加，海拔每上升 100 m，年降雪日数增加 1.17 天。

降雪初日平均为 12 月 29 日，最早年出现在 12 月 2 日左右，终雪日期平均为 2 月 16 日左右。最迟终雪日期在 3 月 23 日左右。

7.2.8　积雪日数

井冈山西侧不同海拔高度年积雪日数为 2.3～27.0 天，年积雪日数随着海拔高度升高而增加，海拔高度每上升 100 m，年积雪日数增加 2.52 天。积雪开始日期平均在 1 月 20 日左右，积雪日期最早年出现在头年 12 月 13 日左右；积雪终止日期平均在 1 月 30 日左右，最迟出现在 2 月 25 日左右。

7.2.9　雨凇日数

井冈山西侧不同海拔高度年雨凇日数为 0.7～29.0 天，且年雨凇日数随海拔高度升高而增加，其递增率为 2.57 天/100 m。

井冈山西侧不同海拔高度雨凇一般发生在 11 月至次年 4 月初。10 月底高山偶有发生雨凇现象，从 11 月开始逐月增多，至 12 月达 10 天左右，1 月至 2 月高山上雨凇日数为半个月左右,3 月高山上雨凇为 8～9 天,至 4 月初清明节高山雨凇结束。

平地年雨凇日期一般发生在 12 月至次年 2 月,平均每年有 2～3 天雨凇现象,近 30 年气候变暖,除 2008 年发生一次特大雨凇灾害外,大部分年份平地冬天没有出现雨凇了。

7.2.10 雾凇日数

井冈山西侧不同海拔高度 536.5 m 至 1325 m 年雾凇日数为 1～16.3 天,且年雾凇日数随着海拔高度升高而增加。海拔高度每上升 100 m,年雾凇日数增加 1.96 天。

井冈山西侧海拔 536.5 m 至 1325 m 雾凇现象一般发生在头年 11 月初至 3 月底。10 月与 4 月在高山上偶有出现,高山上从 11 月开始逐月增加,12 月为 10 天左右,1 月至 2 月每月雾凇日数 20 天左右,3 月 10 天左右,4 月偶有发生。

7.3 井冈山西侧山地农业气候垂直分层及保护利用

7.3.1 井冈山西侧气象要素垂直分布状况

表 7.53 井冈山西侧气象要素垂直分布状况

项目		灵城 (224.3)m	坂溪 (380)m	秋田 (536.5)m	青石 (821.0)m	瑶山 (1043.3)m	大院 (1325.0)m
气温(℃)	平均	17.1	16.3	15.5	14.4	13.9	11.7
	最高	38.4	36.8	35.0	33.7	32.1	29.5
	最低	−4.8	−4.8	−5.5	−7.3	−8.4	−13.9
年降水量(mm)		1476.6	1615.0	1707.5	1901.6	1943.2	1914.0
年日照时数(小时)		1574.5	1479.0	1390.4	1901.6	1943.2	1914.0
年蒸发量(mm)		1255.3	1080.6	997.4	971.5	951.4	931.1
平均相对湿度(%)		83	85	84	83	80	87
无霜期(天)		288	284	270	256	247	227
大雾日数(天)		41.0	80.0	89.6	93.3	174.3	185.0
降雪日数(天)		8.7	9.7	11.0	15.0	18.3	18.3
结冰日数(天)		24.6	27.7	30.7	46.0	46.7	49.0
雨凇日数(天)		0.7	2.3	10.7	12.3	23.3	29.0
大风日数(天)		1.5	2.7	3.0	3.7	7.3	8.3
≥10.0 ℃	初日	18/3	23/3	29/3	7/4	7/4	7/4
	终日	30/11	23/11	23/11	20/11	31/10	2/10
	间隔日数(天)	258	246	240	228	208	187
	积温(℃·d)	5579.3	5223.7	4995.0	4601.0	4216.0	3404.8
≥20.0 ℃	初日	12/5	24/5	25/5	27/5	7/6	24/6
	终日	26/9	23/9	21/9	13/9	7/9	26/7
	间隔日数(天)	138	123	120	111	94	32
	积温(℃·d)	3570.7	3117.8	2966.1	2647.2	2206.3	673.6

7.3.2　井冈山西侧山地气候—土壤—植被垂直带谱

表 7.54　井冈山西侧山地气候—土壤—植被垂直带谱

项目	400 m 以下	400～700 m	700～1200 m	1200～1600 m	>1600 m
年平均气温(℃)	16.5～17.5	15.0～16.5	13.0～15.0	10.0～13.0	<10.0
年降水量(mm)	1450～1600	1600～1700	1700～1800	1800～1900	>1900
年日照时数(小时)	1450～1580	1350～1450	1250～1350	1200～1300	<1300
无霜期	288	270～280	260～270	250～260	<250
≥10.0 ℃	5200～5600	4800～5200	4200～4800	3000～4100	<3000
主要气候特点	温暖 夏热冬凉	温和 夏热冬冷	温凉 夏凉冬冷	冷凉 夏凉冬冷	寒冷 夏凉冬寒冰冻
气候垂直带谱	中亚热带	中亚热带向北 亚热带过渡	北亚热带	北亚热带向 暖温带过渡	暖温带
土壤垂直带谱	红壤	红黄壤	山地黄壤	山地黄棕壤	山地草甸土
植被垂直带谱	常绿阔叶林 竹林	常绿阔叶林与 落叶阔叶林 混交林、竹林	山地针叶与 常绿落叶阔叶 混交林、竹林	山地落叶阔叶林	山地矮林 山地草丛
主要耕作制度	二年三熟双季 稻加冬作	一年二熟 单、双季混作	一年二熟 一季杂交稻 主产区	一年一熟 常规稻区	森林、封山育林， 野草、野果
主要农作物	水稻、油茶、 柑橘、桃李	水稻、茶叶、 柑橘、油茶、梨	杂交稻、茶叶	常规水稻、 弥猴桃	森林、野菜、 野果

7.3.3　井冈山西侧山地农业气候资源垂直分层保护与利用

根据多年不同海拔高度山地气象定点观测与短期气象考察资料与农业区划农、林牧研究试验资料统计和综合分析，井冈山西侧不同海拔高度的山地立体农业气候资源保护与利用可分为五个层次。

第一层：海拔高度 350 m 以下，多为沿河两岸的河流堆积的河漫滩及山间谷地、盆地，土壤肥沃，气候温暖，年平均气温 16.0～17.5 ℃·d，年极端最高气温 39.0 ℃左右，年极端最低气温－5.0 ℃，≥10.0 ℃活动积温 5200～5500 ℃，无霜期 280～290 天，年降水量 1450～1600 mm，年日照时数 1450～1580 小时左右，光、热、水条件能满足二年三熟双季稻加冬作(油菜)的需要，是本区粮食作物双季稻的主产区，旱土是西瓜的主产区。

第二层：海拔 350～500 m，多为丘陵岗地及坡地和山间谷地与盆地。土壤为红黄壤，气候温和，年平均气温 15.5～16.5 ℃，年极端最高气温 35.0～37.0 ℃，年极端最低气温－5.0～－7.0 ℃，无霜期 270～280 天，年≥10.0 ℃积温 4900～5200 ℃·d，年降水量 1600～1700 mm，年日照时数 1390～1480 小时，海拔 400 m 左右的沿河阶地及开阔向阳的山间谷(盆地)光、热、水条件可满足二年三熟的双季稻加冬作(油菜)生育需要，但在窄谷深沟及隘谷、峡谷等山体遮蔽严重的地方，光、热条件难以满足双季稻高产稳产的要求。因而本区是以单季杂交稻为主，另有部分一季稻与双季稻的混作区。水田冬季可种植油菜，是水稻、油菜的主产区，旱土以玉米、红薯、大豆及辣椒、茄子、西瓜、南瓜等为主，低山、丘陵、岗地则是油茶、茶叶的主产区。

第三层：海拔500～800 m，多为低山地区，土壤为山地红黄壤及山地黄壤，气候温和，年平均气温14.5～15.5 ℃，极端最高气温33.0～35.0 ℃，极端最低气温－6.0～－8.0 ℃，≥10.0 ℃积温4500～5000 ℃·d，无霜期255～270天。年降水量1700～1900 mm，年日照时数1350～1400小时。光、热条件不能满足双季稻生育需要，是一季杂交中稻高产种植区。光热水条件适宜于杉木林毛竹等树林生长，是杉木林楠竹等商品林用材林的主要生产基地。

第四层：海拔800～1200 m，为中山区域，气候温凉，年平均气温11.0～14.0 ℃，年极端最高气温30.0～33.0 ℃，年极端最低气温－7.0～－10.0 ℃，≥10.0 ℃积温3600～4600 ℃·d，无霜期230～260天，年降水量1800～1900 mm，年日照时数1250～1350小时。气候温凉，三寒严重（春季寒潮、五月寒气、秋寒），冰冻期长，降水量多，湿度大，水田多为冷浸田。本区为一个过渡区域，稻瘟病严重，1000 m以上山地气温低于12.0 ℃，杉木林生长缓慢，为以杉木林、楠竹等用材林向生态水源林、风景林的过渡带，适宜于发展华山松、黄山松及银木荷、栲属等常绿落叶阔叶林树种为宜。

第五层：海拔1200 m以上的山顶生态保护层。中山顶部气温低，年平均气温10 ℃以下，极端最低气温－14.0 ℃以下，冬季多冰冻，结冰日数49天，人工造林幼树很难成林，春夏季降水量多，年降水量1900 mm左右，大雾、大风日数多，年大雾185天，年大风日数8.3天，日照时数少，年日照时数1250小时，因山顶生态环境脆弱，应以封山育林，封山育草，保护生态环境为主要宗旨，严禁在高山顶部毁林开荒，破坏生态环境，以保护青山绿水，永续发展。

第 8 章　山地特色农业

8.1　特色稻(黑米、紫米、红米)

黑米、紫米、香米、红米等水稻，是我国深山区偏僻农村保存下来具有两千多年悠久历史的特色水稻优良品种，长期以来，藏在深山很少有人问津，随着我国社会经济的发展，人们生活水平的提高，对健康长寿的食品追求，越来越引起人们广泛的关注。营养丰富，具有多种保健功能的特色稻、黑米、紫米、香米、红米，源源不断进入人们的餐桌，黑米在海南岛乐东、陕西、汉中、洋县 1 万亩，黑龙江省五常 2 万亩，紫米在云南红河哈尼梯田有 3 万亩。红米在贵州、剑县、江西井冈山，香米在江华、新化紫鹊界都已有较大规模栽种，取得了显著的经济效益，特色稻种植已成为山区农民脱贫致富的新门路。

8.1.1　特色稻简介

8.1.1.1　黑米

世界上中国特有的中华黑米，已有两千多年的栽种历史，汉武帝时便有黑米，营养成分超群，具有多功能食疗作用，古代民间称之为“神仙米”“补血米”“药米”“长寿米”。经现代医学证实，食用黑米对慢性病患者、恢复期病人、孕妇、幼儿及身体虚弱者有滋补作用，可治疗营养性不良、水肿、贫血、肝炎及缺铁、缺钙、缺维生素 C 而引起的疾病，对血红蛋白的恢复优于白米，并具有镇静作用，能治疗睡眠障碍，调剂生物钟，而且没有任何副作用(表 8.1)。

表 8.1　黑米主要营养成分含量与白米比较表

营养成分	单位	白米含量	黑米含量		备考
			含量	比白米+－%	
蛋白质	g/kg	101.3	131.0	+29.3	1. 白米养分含量为洞庭湖地区 11 个常规稻品种的平均数。(《中国农业科学》1991 年第二期 48 页) 2. 黑米养分含量化验数见《广东省农业科学》1990 年第二期第 6 页
脂肪	g/kg	68	272.0	+3 倍	
赖氨酸	mg/100 g	334.3	534.9	+60	
维生素 B1	mg/100 g	0.22	0.54	+1.5 倍	
维生素 B2	mg/100 g	0.08	0.29	+2.5 倍	
维生素 C	mg/100 g	/	0.91	白米没有	
铁	mg/100 g	1.85	5.53	+2 倍多	
锌	mg/100 g	2.86	4.72	+65	
钙	mg/100 g	10.26	103.8	+10 倍	
磷	mg/100 g	272.6	327.1	+20	
天然花色素	%		0.185	白米没有	

黑米的黑色素——天然花色素(Natural flower pigment)是稻株光合作用产生的植物性化学物质,人们吃用这种光合作用产生的化学物质,增加白细胞活力,不仅对慢性疾病恢复有疗效,还对高血脂、动脉硬化、糖尿病等有抑制作用。

"黑米具有较强的抗氧化性"。"黑米稻花色苷(素)含量越高,清除超氧阴离子自由基的能力越强。黑米的抗氧化特性与其花色苷(素)含量呈显著正相关"。

高营养与口感好呈负相关。因为黑米含钙比白米多10倍,含铁比白米多2倍,含维生素B2比白米多2.5倍,维生素C白米没有,黑米含有0.91 mg/100 g,黑米的天然花色素是植物性化学物质,白米没有。这些高营养而且具有多功能食疗作用的物质,吃起来味涩,"良药苦口利于病"。

黑米的黑色素具有与众不同的多功能食疗作用,多附着在米皮层,煮熟后多数成块状,味涩。最好分二次加工,先碾去谷壳,糠做饲料,再碾出米皮,米皮糠俗称"玉糠",营养高可食用,但仍然味涩难吃,需要加工成粉或细筛筛过得到真正的米皮糠,可掺米煮吃,或掺混芝麻粉、茨藕粉等软粉类,用100 ℃开水冲成糊浆状加点蜂蜜糖吃,多吃可补充营养,增强体力。

把黑米当主粮吃,前所未有,因而必然引起一场深刻的大变革,传统观念、传统方式要创新了,这是与时俱进的真实解读。

黑米除了作为主食之外,还可以加工成系列食品,如黑米甜酒、黑米酒、黑米八宝粥、黑米饭罐头等。西方发达国家,由于人们取吃动物食品过多,往往引起肥胖,高血压、胆固醇高等"富贵病",迫切需要植物性的脂防和高蛋白食品,因而黑米及其系列食品在世界市场销售产品唯我独有,目前没有竞争对手,前景无限。

8.1.1.2 紫米

紫米在湖南、陕西汉中、四川、贵州、云南等地有少量栽培,新化紫鹊界近年种植紫米3万多亩,是较珍贵的水稻品种,种皮有一层紫色物质。

(1)紫鹊界紫米的内在品质好

紫鹊界紫米的蛋白质含量比一般精白米高1.37%,氨基酸含量高71.4%,特别是赖氨酸含量比一般精白米高90%,蛋氨基酸含量高240.7%,苏氨酸含量高113.5%,另外,被认为儿童必需的氨基酸,每100克紫鹊界紫米中含组氨基酸365.0 mg,比一般精白米高100%。

(2)紫鹊界紫米的微量元素也比一般精白米高,每1千克紫米含铁16.72 mg,比一般精白米高248.3%,每千克紫米含钙138.55 mg,比一般精米高116.5%,每千克紫鹊界紫米含锌23.63 mg,比一般精米高81.8%,每千克紫鹊界紫米含硒0.08 mg,比一般精米高17.8%,由此可见,紫鹊界紫米氨基酸含量丰富,组成极佳,其营养价值和保健功能均很好,尤其适合儿童、中老年和孕妇的营养需要。

(3)紫鹊界紫米为弱碱性食品,pH值在7.35～7.45之间,而普通大米是酸性的。酸性体质容易引起各种疾病,而碱性能帮助人们控制酸碱度,使体液保持弱碱性,改善酸性体质,增强人体的抗病抗癌能力。

8.1.1.3 红米

红米是雪峰山区农民长期选育而成的地方特色水稻品种。具有耐寒、抗病、优质、米粒红色的特点,在紫鹊界种植具有悠久的历史。红米味甘、性温,每百克热量354千卡。

红米的营养成分丰富，富含蛋白质、糖类、膳食纤维、磷、铁、铜、维生素 A、B、C 等。

红曲是以红米为原料，采用现代生物工程技术分离出来的优质红曲霉菌，经液体深层发酵精制而成。是一种纯天然、安全性高，有益于人体健康的食品添加剂。而且本品色泽鲜艳，色调纯正、饱满、光热稳定性好，是天然绿色食品理想的着色剂。应用范围广泛，包括食品类（肉制品、果汁、色酒、果酱、饮料、糖果、糕点、酱油等）与药品类（药品着色剂、功能性保健品）以及化妆品类等。

近年来，通过动物实验和临床试验，初步证明黑米、紫米、红米等特种稻米，具有清除自由基、延缓衰老、改善缺铁性贫血、抗应激反应以及免疫调节等多种生理功能。

黑米色素还是一种天然色素，无毒性，保持了植物体内多种丰富的营养物质。黑米中的黄酮类化合物具有多种生理功能，维持血管正常渗透压，减轻血管脆性，防止血管破裂和止血作用，还具有抗菌、降低血压等作用，并可改善心肌营养，降低心肌耗氧量等，黑米黑色素对过氧化氢有清除作用，能清除超羟基自由基和清除超氧阴离子自由基的作用。

特色米价格也高，经济效益好，每千克黑米 28 元，每千克紫香米 26 元，每千克红米 20 元，西欧市场每千克花青素 2 万欧元，因而种植特色稻也是增加山区农民收入，是山区农民脱贫致富的一个新门路。

8.1.2　紫贡黑香稻在不同海拔高度的生育期气候状况

(1)紫贡黑香稻在不同海拔高度秧田期（播种—移栽）秧苗生育期与积温

由表 8.2 可看出：

播种—出苗期：4 月 14—28 日分期播种，4 月 18 日—5 月 2 日出苗，经历日数为 4 天，薄膜育秧，膜内平均温度为 22.8～23.0 ℃，≥10.0 ℃积温为 91.2～92.0 ℃·d。露地气温为 12.6～15.8 ℃。

出苗—三叶期：不同海拔高度分别于 4 月 28 日—5 月 12 日，进入三叶普通期，经历日数为 10～12 天，平均为 10.6 天。薄膜内温度保持在 19.2～19.5 ℃之间，≥10.0 ℃积温为 192～230.4 ℃·d 之间，平均为 208.8 ℃·d，露地气温为 15.9～16.8 ℃。

三叶—移栽期：不同海拔高度分别于 5 月 13 日—6 月 1 日移载，经历日数为 15～20 天，平均为 17.1 天，三叶普遍期揭膜炼苗，露地平均气温为 16.8～17.6 ℃，≥10.0 ℃积温为 264.0～338.0 ℃·d，平均为 299.9 ℃·d。

秧田期（播种—移栽期）经历日数为 29～34 天，平均为 31.2 天，≥10.0 ℃积温为 551.0～621.20 ℃·d，平均积温为 599.5 ℃·d。

(2)不同海拔高度移栽—抽穗期生育状况与积温

不同海拔高度移栽—抽穗期经历日数 91～106 天，经历日数随着海拔高度升高而延长，≥10.0 ℃活动积温 2122.2～2432.7 ℃·d。由表 8.3 可以看出：

移栽—返青期，不同海拔高度于 5 月 13 日—6 月 1 日移栽，5 月 17 日—6 月 10 日返青，经历日数 4～9 天，平均气温 17.6～21.2 ℃，≥10.0 ℃活动积温 74.6～177.8 ℃·d。

返青—分蘖期：6 月 7—29 日，经历日数 19～24 天，平均气温 17.9～22.9 ℃，≥10.0 ℃活动积温 339.2～506.2 ℃·d。

分蘖—拔节期：6 月 15 日—7 月 9 日进入拔节普遍期，经历日数 8～11 天，平均气温 21.1～24.2 ℃，≥10 ℃活动积温 168.7～244.5 ℃·d。

表 8.2　不同海拔高度秧苗期(播种—移栽)生育状况与积温

发育期	坪下 450 m					锡溪 500 m					龙普 650 m					紫鹊界 800 m					石坑 1100 m				
	日期月日	经历日数(天)	膜内温度(℃)	积温(℃·d)	露地温度(℃)	日期月日	经历日数(天)	膜内温度(℃)	积温(℃·d)	露地温度(℃)	日期月日	经历日数(天)	膜内温度(℃)	积温(℃·d)	露地温度(℃)	日期月日	经历日数(天)	膜内温度(℃)	积温(℃·d)	露地温度(℃)	日期月日	经历日数(天)	膜内温度(℃)	积温(℃·d)	露地温度(℃)
播种期	4.14					4.18					4.22					4.24					4.28				
出苗期	4.18	4	23.0	92.0	21.2	4.22	4	23.0	92.0	19.4	4.26	4	22.8	91.2	17.3	4.28	4	22.8	91.2	17.1	5.2	4	22.8	91.2	12.6
三叶期	4.28	10	19.5	190.0	16.8	5.3	11	19.4	213.4	16.5	5.6	10	19.4	213.4	16.3	5.10	12	19.2	230.4	16.1	5.12	10	19.2	192.0	15.9
移栽期	5.13	15	17.6	297.0	17.6	5.20	17	17.5	297.5	17.5	5.23	17	17.4	295.8	17.4	5.28	18	16.5	304.2	16.5	6.1	20	16.8	338.0	16.8
合计		29		551.0			32		602.9			31		600.4			34		641.8			34		621.2	
备注：	薄膜覆盖 湿润育秧 三叶期后揭膜练苗					薄膜覆盖 湿润育秧 三叶期后揭膜炼苗					薄膜覆盖 旱育秧 三叶期后揭膜炼苗					薄膜覆盖 旱育秧 三叶期后揭膜炼苗					薄膜覆盖 旱育秧 三叶期后揭膜炼苗				

表 8.3　不同海拔高度移栽—抽穗期生育期与积温

发育期	450 m				500 m				650 m				800 m				1100 m			
	日期月日	经历日数(天)	平均气温(℃)	≥10 ℃积温(℃·d)	日期月日	经历日数(天)	平均气温(℃)	≥10 ℃积温(℃·d)	日期月日	经历日数(天)	平均气温(℃)	≥10 ℃积温(℃·d)	日期月日	经历日数(天)	平均气温(℃)	≥10 ℃积温(℃·d)	日期月日	经历日数(天)	平均气温(℃)	≥10 ℃积温(℃·d)
移栽	5.13				5.20				5.23				5.28				6.1		—	
返青	5.17	4	17.6	74.6	5.24	4	18.9	80.0	5.27	4	19.9	83.3	6.5	8	21.2	177.8	6.10	9	17.9	171.5
分蘖	6.7	21	21.7	440.9	6.13	20	21.1	458.1	6.16	20	20.6	455.7	6.25	20	20.1	506.2	6.29	19	18.9	339.2
拔节	6.15	8	23.1	193.4	6.21	8	21.9	184.3	6.24	8	20.0	168.7	7.6	11	20.7	244.5	7.9	10	19.9	234.4
孕穗	7.17	32	22.6	766.4	7.18	27	22.5	641.4	8.1	38	22.3	911.1	8.11	36	20.7	869.8	8.14	36	20.6	787.6
抽穗	8.12	26	24.8	870.7	8.19	32	24.3	785.2	9.2	32	22.1	746.7	9.9	29	20.6	634.4	9.15	32	18.6	601.7
合计		91		2346.0		91		2122.0	102			2365.5		104		2430.7		106		2134.4

表 8.4　不同海拔高度抽穗—成熟期生育期与积温

发育期	450 m				500 m				650 m				800 m				1100 m			
	日期月日	经历日数(天)	平均气温(℃)	≥10 ℃积温(℃·d)	日期月日	经历日数(天)	平均气温(℃)	≥10 ℃积温(℃·d)	日期月日	经历日数(天)	平均气温(℃)	≥10 ℃积温(℃·d)	日期月日	经历日数(天)	平均气温(℃)	≥10 ℃积温(℃·d)	日期月日	经历日数(天)	平均气温(℃)	≥10 ℃积温(℃·d)
抽穗	8.12				8.19				9.2				9.9				9.15			
乳熟	8.29	17	23.7	224.6	8.31	12	23.5	268.8	9.13	11	21.9	755.4	9.19	10	20.4	195.6	9.23	11	16.8	165.1
成熟	9.12	14	22.2	469.6	9.19	19	21.6	469.5	10.3	20	18.6	337.6	10.12	23	16.2	339.4	10.17	24	16.4	355.7
合计		31		694.2		31		738.3		31		593.0		33		535.0		35		520.8
全生育期		151				154				164				171				175		

拔节—孕穗期:7 月 17 日—8 月 14 日进入孕穗普遍期,经历日数 27～38 天,平均气温 21.9～25.6 ℃,≥10.0 ℃活动积温 641.4～911.5 ℃·d。

孕穗—抽穗期:8 月 20 日—9 月 12 日进入抽穗普遍期,经历日数 29～34 天,平均气温 20.7～25.6 ℃,≥10.0 ℃活动积温 601.2～870.7 ℃·d。

(3)不同海拔高度抽穗—成熟期生育状况与积温

不同海拔高度抽穗—成熟期经历日数 31～35 天,≥10.0 ℃活动积温 520.8～738.3 ℃·d,抽穗至成熟期经历日数随着海拔升高而延长,海拔 650 m 以下为 31 天,800 m 经历日数为 33 天,1100 m 为 35 天。

其中:抽穗—乳熟期经历日数 10～17 天,平均气温 450 m 处为 23.7 ℃,500 m 为 23.5 ℃,800 m 为 20.4 ℃,1100 m 为 16.8 ℃。1100 m 以上热量条件不能满足水稻抽穗开花至乳熟期的要求(表 8.4)。

乳熟—成熟期,经历日数 14～24 天,450 m 处平均气温 22.2 ℃,500 m 平均气温 21.6 ℃,650 m 为 18.6 ℃,800 m 为 16.2 ℃,1100 m 为 16.4 ℃,800 m 以上的平均气温为 16.2～16.4 ℃,1100 m 热量条件不利于水稻的乳熟壮籽成熟。

(4)不同海拔高度的经济性状与产量表现

从表 8.5 试验研究结果中得出:

① 黑香稻产量:海拔 450 m 为 6000 kg/hm^2,海拔 1100 m 产量为 1500 kg/hm^2,产量随着海拔高度升高而递减,海拔每上升 100 m,每公顷产量降低 75 kg。

② 海拔 450 m 播种—成熟期全生育期≥10.0 ℃活动积温 3557.2 ℃·d,海拔 1100 m 全生育期≥10.0 ℃活动积温 3225.0 ℃·d,海拔 450 m 与 1100 m 处≥10 ℃活动积温差值为 332.2 ℃·d,海拔每上升 100 m,≥10.0 ℃活动积温减少 51.0 ℃·d。

③ 结实率随着海拔升高而减少,每上升 100 m,结实率下降 5.4%。

④ 有效穗随着海拔升高而减少,每上升 100 m 每公顷有效穗下降 5.69 万个。

⑤ 千粒重,随着海拔升高而减少,每上升 100 m 千粒重下降 0.2 g。

表 8.5　紫贡黑稻经济性状分析表

高度(m)	有效穗(个/hm^2)	株高(m)	穗长(cm)	粒数(穗)	结实粒数	结实率(%)	千粒重(g)	产量(kg/hm^2)
坪下 450	315	72	14.0	150	128	85	24.3	400/600
饧溪 500	315	72	14.0	150	120	80	24.2	300/4500
龙普 650	304	72	14.0	148	111	75	23.9	200/3000
紫鹊界 800	290	72	13.8	147	103	70	23.5	150/2250
石坑 1100	278	72	13.8	145	74	50	23.0	100/1500

8.1.3　关键农业气象指标

紫贡黑香稻为经过长期选育的地方特色水稻品种。

(1)播种期要求日平均气温稳定通过 10 ℃初日后,宜采取薄膜覆盖,湿润育秧、旱地育秧为宜,移栽期要求日平均气温稳定通过 15 ℃的初日后以立夏至小满期间为宜,秧龄 30 天左右。

(2)幼穗分化期要求日平均气温20 ℃以上,花粉母细胞减速分裂期(抽穗前10～15天)对低温最敏感,若遇15～17 ℃以下的低温空壳秕粒增加。

(3)抽穗开花期要求日平均气温25～30 ℃为宜,若日平均气温低于21～23 ℃,持续低温阴雨寡照则会使受精结实受阻,低温阴雨日数持续愈长,空壳秕粒愈多,海拔500 m左右日平均气温稳定低于20 ℃,80%保证率的初日9月10日左右。因此,要求在9月10日前齐穗开花,才能安全高产。

(4)黑香稻生育期为135天左右,故必须根据当地气候热量资源,因地因高制宜,确保安全稳产。根据实验研究结果:最佳种植海拔高度为450～600 m,次适宜种植海拔高度为600～800 m,在海拔1100 m以上的高寒山区,因热量不足,空壳秕粒严重,难以达到高产。

8.1.4 黑香稻栽培技术要点

8.1.4.1 黑香稻的生物学特性

表8.6 黑香稻的生物学特性

株高(cm)	生育期(天)	有效穗(万)	结实率(%)	千粒重(g)	产量(kg/亩)
90～105	130～135	21～23	85～90	23	400～410

8.1.4.2 栽培技术要点

(1)选好秧田:背风向阳,土壤疏松肥沃,排灌方便。

(2)适时播种:培育壮秧,秧龄25～30天,以日平均气温稳定通过10 ℃后抢冷尾暖头播种。

(3)适时移栽:合理密植,大苗带土移栽,株行距6 cm×5 cm,每蔸栽3～4株。

(4)合理施肥:①重施基肥,每亩施农家肥1500 kg,钙镁磷25～30 kg作底肥,每亩5 kg左右。②增施磷钾肥,磷肥以基肥为主,钾肥以结合第一次中耕追肥为主,孕穗期少量补肥。③重施分肥,在拔节至幼穗分化期施尿素5 kg/亩、氯化钾7.5 kg/亩。④抽穗前7天施尿素4 kg/亩、氯化钾5 kg/亩。

(5)科学管水:深水回青、浅水分蘖,中期干水,后期深水,不能断水过早,收割前6天断水。

(6)病虫害防治:以预防稻飞虱,二化螟、稻卷叶螟,稻瘟病为主,尽量不用或少用农药。而采用稻田养鸭、养青蛙等生物技术。

(7)适时收割:85%稻谷成熟时收割。不要堆在水泥地上曝晒,7～10 cm厚晒干,勤翻动防止脱水过早。

(8)选种繁殖要点

①为加快繁殖,可稀播壮秧,秧苗分蘖7～8个时可插单本。

②选种:在收割前选健壮株穗大粒多抗性强的主穗上部的30～40粒作种子田的种子。

8.2 油茶

油茶是我国特有的木本油料树种,面积大、分布广泛、适应性强,栽培历史有2300多年。

我国油茶产区分布范围,主要在东南各省,其中,湘、赣、桂、浙、粤、闽六个省(区)栽培面积占全国油茶总面积的83.2%，占全国总产量的92.7%，垂直分布在海拔500 m以下丘陵山地。

8.2.1 湖南油茶生产概况

油茶在湖南有着悠久的栽培与加工历史，湖南省油茶林生产的特点是：分布广、集中成片。湖南省油茶面积118.5万hm^2，占全国的30%左右，油茶籽38.62万吨，年产茶油10万吨，占全国的40%左右，面积和产量均居全国第一位。全省14个县(市、区)，主要集中在衡阳、怀化、邵阳、永州、株洲、郴州、常德、湘西等地市，除安乡、南县纯湖区(洞庭湖)，各县(市、区)都有集中连片的分布。其中：油茶面积10～20万亩以上的有23个县，30万亩以上的有21个县，湖南省有做大做强油茶产业的巨大潜力。

湖南省油茶产量1949年就达2.25万吨，1959年达5.5万吨，1982年达历史最高产量6.3万吨，1983年油茶主产县的产量顺序是常宁3055吨、衡东2080吨、耒阳2065吨、浏阳2000吨、株洲县1800吨、礼陵1565吨、道县1550吨、永州1500吨、常德1300吨、祁阳1240吨。

油茶属种类甚多，湖南常见的有普通油茶，栽培面积最大为秋花油茶。

细叶短柱茶(小叶油茶)在通道、会同等处常与普通油茶混生组成油茶纯林，适应风大地区，由于其耐旱，耐瘠薄，出籽率高，为当地群众喜爱。越南油茶(大果油茶)性喜高温高湿。浙江红花油茶果实发育期短，为春花油茶。

南山茶(广宁油茶)性喜高温高湿；博白果油茶，滇山等(腾冲红花油茶)是云南山茶花的原始种，果大、出油率高，花型花色美观；长瓣短柱油茶，分布于攸县、安仁等湘东丘陵，果皮薄，油味香，为春花油茶。栓壳红山茶，适于中山种植。本省主要是发展普通油茶的早花种类或寒露籽，争取盛花期在早霜来临前结束。

8.2.2 油茶的生物学特性

8.2.2.1 油茶的生命周期与发展阶段

油茶是常绿小乔木，寿命长达几十年至数百年。从种子萌发开始至植株开花、结果、衰老死亡止，是它的个体发育过程，也是它的生命周期。油茶的个体发育过程可分为童年(幼年)、壮年、衰老三个阶段。在栽培上根据各个阶段的特点，分别制定相应的农业技术措施，并提出各阶段管理的中心任务，实现速生、早实、丰产稳产的目的。

8.2.2.1.1　童年阶段(幼年阶段)

油茶的童年阶段，是指播种后，从胚芽萌动开始至植株进入开花结实这一阶段。包括胚芽期、幼苗期和幼年期。

(1)胚芽期。播种后，当满足发芽条件后种子吸水膨胀，种胚开始萌动生长，种皮胀破，胚根从种脐珠孔处伸出，子叶柄伸长，把胚轴推出种子外侧，胚芽直立于土中，但胚芽尚未出土形成绿叶，营养物质完全靠子叶供应。

(2)幼苗期。当胚芽的上胚轴不断生长突出地面，长出茎叶形成正常油茶正常植株起至当年生长停止，此一阶段为幼苗期。此期主要特点是叶芽的形成、芽叶的原始性状明显、主干不分枝，不开花结实。

(3)幼年期。油茶幼苗于翌年初春结束生命周期中的第一次冬眠后，即进入了幼年期。油茶幼年期主要是营养生长，不能进行生殖作用。

8.2.2.1.2　成年阶段可分为生长结果期和盛果期。

(1)生长结果期：

油茶从童年阶段进入成年阶段，即由初果至盛果期，中间有一过渡阶段，即树龄 6～10 年这一阶段，此时树体生长旺盛，大量分枝，树冠迅速扩大，开花结果量逐年增加。

(2)盛果期

盛果期是油茶大量结果时期，新梢集中到树冠外层生长，有用于树冠内部的小侧枝，发生自疏现象，自下而上逐步发生干枯，使营养物质集中于树冠外侧，形成顶端优势，结果部位外移，生殖生长占优势，对光、温、水、肥需求增多，每年的产量波动大，形成结实的大小年。普通油茶 10 年后开始进入盛果期，可以延续 40～50 年。

8.2.2.1.3　衰老阶段

衰老是油茶组织走向死亡过程中的自然变化，是生命终结的老化过程，油茶进入衰老阶段的标志是骨干枝衰老或干枯，吸收根大量死亡，根茎处出现大量的不定根，大小年非常明显，落花落果非常严重。但油茶骨干枝的衰老不是在同一时期发生的，在同一植株中有先后之分，使树冠的衰老期可以延长很多年，故使衰老油茶林中还有一定的产量。加强抚育管理仍可获得一定的产量，但仍不可能挽回产量下降的趋势，必须加以更新。

8.2.2.2　油茶一年的生育周期

油茶每年的生长发育都有与外界环境条件相适应的形态和生理机能的变化，这种与季节性气候变化相适应的器官动态时期，称为油茶的物候期。

8.2.2.2.1　油茶根系生长特性

油茶花属直根性植物，主根发达，幼年阶段主根生长量一般大于地上部分生长量。成年时正好相反。

油茶根系每年早春土温达到 10 ℃时开始萌动，4 月底春梢停止生长之前土温 17 ℃左右，出现第一个生长高峰。而后新梢生长交替进行，当温度达到 37 ℃以上时，根系生长受抑制，9 月份果实停止生长至开花之前土温 27 ℃左右，含水量 17%左右，又出现第二个生长高峰，12 月后气温降低至 5 ℃以下，生长逐渐缓慢。

8.2.2.2.2　新梢生长

油茶的新梢主要是顶芽和腋芽萌发，新梢坐果率高。有时也从成长树干上萌生的不定芽抽发，有利于补充树冠复壮成形。

油茶幼树生长旺盛，一年可抽发春、夏、秋梢等多次新梢，进入盛果期后一般只抽春梢。

春梢是指在立春至立夏期间抽发的新梢，是主要的结果枝，3 月下旬，气温回升 10 ℃以上时，春梢开始抽发，至 5 月初结束，历时 45～50 天。

夏梢一般于春梢停止生长后一个月左右，是立夏至立秋间抽发的新梢，5 月下旬或 6 月初开始抽发，集中在 6—7 月时抽发，历时 30～35 天，初结果树抽发的夏梢，少数组织发育充实的也可当年分化花芽，成为翌年的结果枝。

秋梢是立秋到立冬间抽发的新梢，一般在 9 月上旬开始萌发，10 月中旬基本停止生长，秋梢数量少，多为营养枝。

8.2.2.2.3　花芽分化

油茶新梢生长和新叶展现的同时，出现了顶芽和腋芽，到 5 月中旬方可识别。凡圆而粗、呈红色的为花芽。细扁而尖、呈青绿色的为翌年新梢的叶芽。花芽与叶芽是由同一分生组织分化而成，只是当芽发育到一定时期，花芽才表现出叶芽不同的内部结构，这就是花芽分化。

油茶的芽属于混合芽，花芽分化从 3 月下旬至 5 月上中旬春梢萌生和停止后，气温大于 18 ℃时开始，当年春梢上饱满芽的花芽原基较多，以气温 23～28 ℃花芽分化最快，到 6 月中旬已能从形态上区分出来，7 月份可通过解剖观察到花器官的各个主要部分，到 9 月份才能完成发育成熟。

油茶花芽形态分化，可分为六个时期：

(1)前分化期:5 月上旬至 5 月中旬，为期 10 天左右。

(2)萼片形成期:5 月中旬至 5 月下旬，为期 10 天左右。

(3)花瓣形成期:5 月下旬至 6 月中旬，约 15～20 天。

(4)雌雄蕊形成期:6 月中旬至 7 月上旬，约 20 天。

(5)子房与花药形成期:7 月上旬至 7 月下旬，约 20 天。

(6)雌雄蕊成熟期:8 月中旬至 9 月中旬，约 20 天以上。

花芽分化最适气温为 27～29 ℃。

油茶花期在 10 月下旬至 12 月上旬，以 11 月中旬为盛花期，开花时间一般在每天 09—15 时。

8.2.2.2.4　果实的生长发育

油茶果实生长发育过程，可分为 4 个阶段：

(1)幼果形成期。3 月初以前子房膨大幼果形成期，生长缓慢，从受精开始约 4 个月果实纵横径生长量占总量的 24%左右。

(2)果实生长期。自 3 月份起到 8 月下旬，生长逐渐加快，此期主要是体积增长，约 6 个月的生长量占总生长量的 76%左右，在该阶段出现了三次生长高峰(7 月 5—25 日，8 月 5—25 日，9 月 5—25 日)。

(3)油脂转化积累期。8 月下旬至 10 月果熟前，体积不再增加而油脂积累直线上升。油脂形成与积累主要在 8—9 月。油茶种仁含油率、鲜籽含油率和鲜果含油率均随果实生长逐渐增加，在年周期内出现二个增长高峰期。一个在 8 月中、下旬至 9 月上旬，第二个出现在 9 月下旬至 10 月中、下旬采收前。

(4)果熟期。种子由生理成熟转入形态成熟，果实充分成熟，油脂积累占果实含油量的 60%，达到了高峰。油茶“寒露籽”于 10 月中旬，“霜降籽”于 10 月下旬成熟。

8.2.3　油茶树生育与气象条件的关系

油茶喜温暖湿润气候，一般要求年平均气温 14～21 ℃，最适宜年平均温度为 16～18 ℃，油茶春梢抽发要求日平均气温 10 ℃以上，花芽分化要求气温高于 18 ℃，以气温 23～28 ℃时花芽分化最快，开花的适宜温度为 14～18 ℃。低温是影响油茶分布的限制因素之一。油茶喜光，要求年日照时数 1800～2200 小时，要求年降水量 1000 mm 以上，且四季降水分布均匀。年降水量 1300～2000 mm，7—9 月降水量 450～550 mm，9 月降水量 150～200 mm，最适宜油茶果实迅速膨大生长和油脂转化积累。7—9 月干旱少雨和盛花期阴雨寡照是影响油茶授粉和落花的主要气象因素，故 7—9 月干旱少雨和盛花期降水量和雨日过多，日照偏少是影响油茶翌年产量丰歉的关键。

8.2.3.1 油茶生长各发育期与气象条件的关系

(1)春梢生长与气象条件的关系

春季,3月下旬,日平均气温稳定通过10 ℃,油茶新梢开始萌发,气温达到15～20 ℃时新梢生长旺盛,20～25 ℃时生长迅速。

(2)油茶花芽分化与气象

油茶的芽属于混合芽,花芽分化从4月下旬至5月初春梢萌发和停止后,气温达到18 ℃开始,气温23～28 ℃时花芽分化最快,油茶花芽分化最适宜的气温为27～29 ℃。日平均气温低于23 ℃或高于30 ℃均对油茶花芽分化有不利影响。

(3)开花与气象

油茶始花期在10月上旬,盛花在11月,末花在12月下旬。花期要求较低的温度,最适宜气温为14～18 ℃,日平均气温低于10 ℃对油茶开花受精不利,花粉发芽最适宜的气温为15～20 ℃,5.0 ℃以下发芽率只有0～5%,在20 ℃时花粉管伸长速度是5 ℃时的20倍,花粉囊开裂最适宜的气温为15～25 ℃,低于8 ℃受到抑制,开花期遇到低温(0 ℃以下)霜冻或雨凇(雾凇)天气,严重影响油茶的正常开花授粉,使坐果率降低。油茶开花前需要有日平均气温低于24 ℃,日最低气温低于17 ℃的条件经过17～19天,才有利于开花。

开花期喜欢晴朗少雨天气,降水过多,柱头精液易被雨水冲淡,影响昆虫活动,而不能及时授粉,成为无效花,盛花期喜欢日照时数100小时以上,以140小时以上更好。

(4)果实生长发育与气象条件的关系

油茶开花授粉后,幼果形成及果实成熟期,经历11个月。油茶幼果期怕低温冷害,极端最低气温≤－5 ℃,幼果开始受冻害,≤－10 ℃时,第二年幼果膨大前大批脱落。

7—9月是油茶果实膨大和油脂形成期,要求较多的水分。在气温适宜,降水量充沛、均匀的温暖湿润气候环境下,能促进油茶果实生长,有利油脂转化。若遇上高温干旱天气,出现“七月干球、八月干油”的现象,会造成油茶减产。相反,若7—9月降水过多,也会造成油茶的裂果和落果现象,致使油茶减产(表8.7)。

8.2.3.2 油茶产量与气象条件的关系

油茶是孢子胚胎植物,即先年10月中下旬初花,11月盛花,12月终花,完成开花授粉到次年3—4月萌芽、展叶,5—9月花芽分化,8—9月完成果实生长和油脂积累,历时11个月,油茶产量形成与气象条件关系密切。

(1)开花盛期的日照时数与产量的关系

油茶开花期喜欢晴朗少雨天气,在晴暖天条件下,有利于昆虫传媒授粉,花粉的糖分浓度大,柱头黏液附着花粉能力强,授粉率高,花粉发芽率也高,根据资料统计,先年盛花期的日照时数与翌年油茶产量呈正相关。

表8.7 2016年耒阳市集贤太阳油茶基地朱新贵观测资料

发育期	起止日期(日/月)	经历日数(天)	气温(℃)			降水量(mm)	日照时数(小时)
			平均	最高	最低		
叶芽萌动	22/2		7.3	8.9	2.8	20.3	20.8
叶芽膨大	12/3	18	10.0	15.2	8.3	25.3	46.2

续表

发育期		起止日期（日/月）	经历日数（天）	气温(℃)			降水量（mm）	日照时数（小时）
				平均	最高	最低		
叶芽开放		19/3	7	10.9	15.2	8.3	32.9	23.7
展叶	始期	5/4	17	14.2	21.8	14.2	59.8	29.6
	盛期	11/4	6	16.6	21.8	14.2	65.9	38.9
抽梢	春梢	13/4	45	14.2	21.8	14.2	59.8	29.6
	夏梢	31/5	35	23.1	26.6	18.6	71.5	146.0
	秋梢	5/9	40	25.7	28.7	20.5	472.9	620.0
花芽分化	花芽前分化期	10/5-20/5	10	20.3	26.6	18.6	68.9	32.2
	萼片形成期	21/5-31/5	10	22.0	26.6	18.6	71.5	55.3
	花瓣形成期	10/6-20/6	20	24.5	29.6	22.2	52.1	55.2
	雌雄蕊形成期	21/6-10/7	20	29.0	29.6	22.2	119.3	131.3
	子房与花药形成期	11/7-31/7	20	28.4	32.9	24.6	64.0	172.1
	雌雄蕊成熟期	20/8-15/9	26	26.5	32.4	24.2	57.2	283.9
开花期	开始(日/月)	15/10		20.0	23.2	15.2	35.1	111.4
	盛期(日/月)	20/11		13.5	17.7	9.7	76.7	123.0
	末期(日/月)	16/12		9.1	12.2	4.3	30.3	104.4
果熟期		21/10		17.3	23.2	15.2	867.8	971.0

例如：邵阳县1961年油茶盛花期日照时数为36.6小时，1962年油茶产量320.3吨，而1970年油茶盛花期日照时数为171.8小时，1991年油茶产量1390吨。

开花盛期，雨水过多，油茶雌蕊柱头分泌的黏液被雨水冲淡含糖量低，不利传粉受精，同时昆虫的活动也减弱，甚至昆虫潜伏不动，大量油茶花不能受精而凋谢，影响翌年油茶产量的降低。

(2)7—9月干旱、降水量和产量的关系

7—8月是油茶花芽分化和果实形成的时期，8月下旬至10月是油脂转化积累的重要时期，需大量水分才能满足油茶的生理需要。若此时段降水量少，出现干旱，根系吸收的水分不能满足蒸腾消耗的需要，有机养分难以分解，同时加上植株营养物质的分配要优先满足果实生长发育的需要，从而有碍花芽分化和花蕾形成，导致油茶大量落花落果而减低产量。茶农经验“七月干球，八月干油”（农历七月即公历8月，农历八月即公历9月）。7—8月降水量过少，油茶果实小，容易引起大量早落果。7—8月油茶常有一次落果高峰期，缺水是主要原因。湖南省油茶主产区的耒阳、常宁、永兴等处于南岭山脉北缘的江南丘陵区，7—8月南方海洋上的暖湿气流越过南岭山脉在江南丘陵区产生下沉增温，常出现焚风效应，日平均气温30 ℃以上，极端最高气温40 ℃以上，太阳辐射强烈，降水量少，蒸发量多，常出现规律性的夏秋干旱。

例如（表8.8）：常宁县1963年特大干旱，年降水量866.2 mm，比历年平均降水量

1421.4 mm 偏少 555.2 mm，其中 7—9 月降水量 115.8 mm，比历年同期偏少 204.1 mm，蒸发量 828.3 mm，比历年同期偏多 198.6 mm，日照时数 693.3 小时，比历年同期偏多 137.9 小时。7—9 月降水量比蒸发量少 712.5 mm。太阳辐射强烈，温度高，降水量少，蒸发量大，油茶发生大量果实脱落，油茶树枝干枯、死亡，造成严重减产，如油茶主产区常宁县龙门乡龙门村常年油产量为 10 万千克，而 1963 年仅产油茶 2 万千克，因而 7—9 月的干旱少雨是影响油茶丰产的一个重要气象因素。根据邵阳县气象资料统计分析：凡先年 7—9 月降水量 300 mm 以上，翌年油茶为丰产年，产量达 1250 吨以上（平均年产茶油油量为 750 吨。如 1967 年 7—9 月日降水量 371.9 mm，1968 年油茶产量为 1250 吨，1970 年 7—9 月降水量 521.8 mm，1971 年油茶产量 1390 吨。1979 年 7—9 月降水量 375.2 mm，1980 年油茶产量 1463 吨，1982 年 7—9 月降水量 325.3 mm，1983 年油茶产量 1612.5 吨，1996 年 7—9 月降水量 521.1 mm，1997 年油茶产量 1290 吨，2006 年 7—9 月降水量 417.4 mm，2007 年油茶产量 1612.5 吨，2008 年 7—9 月降水量 343.8 mm，2009 年油茶产量 1420 吨。

表 8.8　常宁县 7—9 月温度、降水量

月	旬	气温(℃)				降水量(mm)		蒸发量(mm)		日照时数(小时)	
		月	旬	≥30 ℃天数	≥35 ℃天数	月	旬	月	旬	月	旬
7	上	29.9	29.5	8.5	0.4	104.2	49.0	265.4	80.3	261.5	79.4
	中		29.9	9.2	1.3		32.2		86.1		82.5
	下		30.3	10.7	2.2		23.1		99.1		99.4
8	上	28.9	29.7	9.3	5.4	143.4	48.7	212.9	77.4	229.7	79.1
	中		28.4	8.1	5.8		66.6		60.6		65.8
	下		28.7	9.8	7.6		28.1		74.9		84.8
9	上	24.9	27.0	7.0	5.9	77.1	34.5	151.4	60.2	164.9	52.6
	中		24.6	5.0	3.2		19.0		50.0		56.1
	下		23.1	3.3	3.7		23.6		41.2		46.2
7—9 月合计				70.9	35.5	324.7		633.7			
年合计				105.6	41.3	1421.4				1577.9	
年平均		18.1									

(3)低温、霜、雪、冰冻与油茶产量的关系

油茶开花怕低温，若日平均气温低于 10 ℃，不利于油茶开花授粉。油茶盛花期和幼果期怕霜冻和冰冻。低温霜冻直接破坏油茶的花器官，使花粉、柱头受冻，花粉不能发芽而影响授粉。

据邵阳县气象资料统计分析，10 月中、下旬至 12 月下旬，油茶始花、盛花至开花末期，出现日平均气温 10 ℃以下的霜冻低温天气 3 天或以上，日极端最低气温－2 ℃以下，翌年油茶产量减产 20％～40％；日极端最低气温－3.5 ℃以下，翌年油茶减产 40％～80％。主要是花蕾冻死，也与传粉的昆虫大量死亡有关。如 1962 年初霜日期在 11 月 30 日，最低气温

−2.0 ℃，翌年油茶减产 30%，1966 年 11 月 22 日初霜，极端最低气温−2.5 ℃，翌年油茶减产 40%；1973 年 11 月 24 日初霜，极端最低气温−4.2 ℃，翌年油茶减产 60%。

8.2.4　油茶的主要农业气象灾害及防御对策

影响油茶高产稳产的主要农业气象灾害是：低温阴雨、夏秋干旱与大风冰冻。

8.2.4.1　盛花期的阴雨寡照与低温寒害

（1）阴雨寡照

油茶开花期要求晴朗微风少雨的天气，降水量和雨日过多，就会影响油茶正常的开花授粉，降低坐果率，而导致减产。油茶盛花期适宜气温为 14～18 ℃，以日平均气温≤14 ℃为盛花期受害指标，则耒阳市 11 月份日平均气温≥14 ℃的频率为 53.3%。降水日数≥13 天的频率为 23.3%；据研究，油茶盛花期日照时数 100 小时以上有利于开花授粉，140 小时以上最适宜于油茶开花授粉。统计耒阳市气象资料 11 月份日照时数≥100 小时的频率为 70%，≥140 小时的频率仅为 23.3%。

（2）低温寒害

油茶开花喜温暖，怕低温，若油茶盛花期日平均气温在 10 ℃以下，对油茶开花授粉不利，以日平均气温≤10 ℃持续 3 天或 3 天以上为油茶开花受害指标，则 11 月份日平均气温≤10 ℃持续 3 天或 3 天以上的出现频率为 70%，例如 1975 年 11 月日平均气温≤10 ℃持续 5 天，极端最低气温−2.4 ℃，次年油茶减产 60%，因而油茶盛花期的低温是影响油茶产量丰歉的农业气象灾害之一。

（3）大风与霜冻

1）大风：风速≥5 m/s 以上的风，对油茶盛花期花粉受精不利，大风会把花粉吹落了。

以邵阳县为例：1988 年油茶盛花期 10—12 月日平均风速≥5.0 m/s 的日数，10 月 10 天、11 月 5 天、12 月 5 天共计 20 天，大风吹落花粉，授粉率低，造成结果少、产量低，翌年油茶产量减低 43%。

1993 年 10—12 月日平均风速≥5 m/s 日数 10 月有 5 天，11 月 6 天、12 月 9 天，共计 20 天，大风吹落了花粉，而影响授粉率，致使结果少，1994 年油茶减产 60%。因而大风也是影响油茶产量高低的农业气象灾害之一。

2）霜冻：霜冻是水汽直接凝华而成或露冻结而成的白色松脆的冰晶或冰珠，地面温度在 0 ℃以下，对油茶盛花期不利。邵阳县 1975 年 11 月 21 日开始出现初霜，到 12 月底日最低气温≤0.0 ℃的低温天数达 23 天，比历年同期偏多 18 天，林内湿度降低，叶片常见冰霜，此时正处于油茶开花盛期，长期低温，传粉媒介的地蜂在 10 ℃以下活动减弱，在 0.0 ℃以下大量死亡，暂未死亡的地蜂也停止了活动，同时已开放的花朵也由于低温，花粉中的酶转化代谢作用减弱，雌蕊淀粉转化糖分少，影响花粉发芽和子房受精。因此，油茶花的传粉受精作用无法进行，从而引起大量减产。1976 年邵阳县油茶减产 50%。

（4）干旱

油茶花芽分化及果实形成期都需水量较多，此时若降水量过少，出现干旱，就会影响油茶的正常生理过程，而影响油茶的花芽分化和果实形成与油脂转化，俗称“七月干球，八月干油”，说明干旱对油茶产量的影响是很大的。以 9—10 月降水量 150 mm 为秋旱指标，则耒阳市出现秋旱的频率为 56.7%，可见秋季干旱也是影响油茶产量丰歉的一个限制因素。

(5)冰冻

冰冻是雾凇、雨凇和冻雨的总称。

雾凇是严寒气温较低(−3.0 ℃以下)、有雾或湿度大时，过冷却雾滴在物体迎风面冻结或严寒时空气中水汽凝华而成的乳白色的冰晶层或粒状冰层，较松脆，常呈毛茸茸针状或起伏不平的粒状，附着在油茶的枝叶突出部分或迎风面上。

雨凇是气温稍低(0～−3 ℃)、相对湿度90%以上、风速3～5 m/s、有雨或毛毛雨下降时，过冷却雨滴或毛毛雨在物体(低于0 ℃)上冻结而成的透明或毛玻璃状的冰层，坚硬光滑或略有隆突，附着在油茶树的枝叶上。冰冻形成后随着气温、湿度、降水、风速等气象要素的变化而不断增厚，气温越低，水汽含量越多，冰冻增长越快，冰冻物重量不断增加，造成油茶树枝叶的机械损伤，而影响油茶产量的降低。

2008年1月13日至2月2日气温在0 ℃以下持续冰冻22天，冻雨即降即冻，黏附在油茶树的枝叶上，形成越来越厚的坚实冰层，使油茶树上的重量不断加大，造成了油茶树断梢、折枝、机械损伤严重，次年油茶产量减产70%。有的甚至绝收。因而冰冻也是影响油茶高产稳产的重要农业气象灾害之一。近60多年来，湖南省出现过7次较严重的冰冻灾害。

第一次：1954年12月26日至1955年1月14日，最低气温≤0.0 ℃的日数达20天，其特点是冰冻持续时间长、强度大、冻前秋旱，冰冻时有雾凇和雨凇及冻后霜，极端最低气温达−7.3 ℃，造成油茶严重机械损伤，次年油茶减产40%。

第二次：1957年1月12日至16日，冰冻持续5天，积雪4天，冻后霜3天，极端最低气温−4.8 ℃。其特点是温度不很低，但冻前干旱，冻后骤晴，油茶没有经受抗寒锻炼，抗寒性弱，造成油茶枝叶机械损伤，次年油茶减产40%。

第三次：1969年1月2日至4日、13—14日、28—31日，连续出现3次冰冻天气，累计冰冻日数8天，极端最低气温−8.0 ℃，冻后霜1天，最大降温幅度达15.8 ℃，其特点是：冰冻次数多，降温剧烈，造成油茶植株机械损伤严重，次年油茶减产35%。

第四次：1977年1月26日至2月3日冰冻日数持续9天，积雪日数6天，极端最低气温−12.1 ℃，其特点是：冻雨日数多、冻后霜严重、油茶树冻死不少、次年油茶减产60%。

第五次：1991年12月23日至29日的冰冻天气7天，极端最低气温−11.7 ℃，1992年3月1日至5日又出现3次冰冻。其特点是：冻前秋旱，冰冻开始降雪日数长，雪后霜，气温低，机械损伤严重，8月26日—10月10日干旱46天，旱期内降水量仅11.9 mm，1991年12月23日至30日连续降雪积雪6天，降雪量达48.1 mm，12月28日突变天气，26—28日连续3天冰冻，突然转晴天少云，积雪未融化，形成雪后霜，12月29日清晨。6时极端最低气温达−11.7 ℃。

第六次：1996年12月29日，极端最低气温−2.8 ℃，连续冰冻5天，造成油茶减产40%。

第七次：2008年1月13日至2月3日，出现最低气温≤0.0 ℃以下低温、雨雪、雾凇、雨凇等持续冰冻天气22天。冻雨即降即冻，黏附在油茶树的枝叶上，形成越来越重的冰冻物，使油茶树负荷不断加重，造成油茶树的大量折枝落叶而干枯死亡，严重地影响产量，2008年油茶减产80%，有不少地方颗粒无收。

(6)空气污染影响油茶开花结果。油茶开花期需要清洁的空气，因为油茶花粉中有蜜汁糖分，才能吸引昆虫来采蜜、传播授粉结实。若受空气污染，破坏了糖分，也毒死了传粉的昆虫，所以只开花不结果，导致绝收。

耒阳市 1983 年油茶面积 129.16 万亩，居全省首位，年上交茶油 2065 吨，县城南部的小水铺、公平圩是油茶主产区中心，油茶种植面积达 20 多万亩，每年产茶油 100 多万千克，每户平均收油 100 多千克，曾被国家林业局授予“油海之乡”的称号。而自建立耒阳火电厂后，煤燃烧产生大量的烟尘、二氧化硫、氮氧化物，排放于大气中，经进一步氧化后与空气中的水滴结合生成硫酸，硫酸随雨降落，使降水的酸度增浓，pH 值降低，当降水酸度 pH 值小于 5.65 时，称为酸雨。据 2004 年检测，耒阳酸雨频率在 61%以上，最低 pH 值达 3.28。酸雨一年四季均有，但主要发生在冬、春季节。而位于电厂南面的小水铺、公平圩油茶产区，油茶开花期于 10 月中旬开始，11 月盛花，12 月底结束，随北方冷空气侵袭，将火电厂的废气带入油茶产区，而造成油茶空花不孕，只开花不结果，至今 20 多万亩油茶林因空气污染而全部毁灭了。昔日的油海而变成今日的无油乡了。老百姓吃油也只好靠种油菜来解决了。因此，大气污染是影响油茶产量的毁灭性的灾害。

8.2.4.2　防御对策

(1)因地制宜，合理布局油茶品种

影响湖南油茶丰产稳产的主要气象灾害是：花期的阴雨寡照、大风低温冰冻和干旱与空气污染。为了减轻和避免气象灾害对油茶的影响，选择耐寒、早花高产的油茶品种，争取油茶盛花期在霜冻前，避开低温对开花授粉的危害。

(2)充分利用气候资源，选择好油茶林基地

油茶喜光、喜温暖，怕霜冻。宜选择背北风的南坡的立地环境，年平均气温＞15 ℃以上海拔 500 m 以下的低山丘陵地段为宜。

(3)精耕细作，加强科学管理。

油茶产量低而不稳的原因除大小年和气候影响外，主要是造林、管理方面没有根据油茶生物学特性和生态要求去进行，只种不管，只收不管，耕作粗放，广种薄收。抗御自然气象灾害能力差。因而要不断提高科学种植油茶的技术水平，兴修水利灌溉设施，增施肥料，垦荒除草及间作套种防治病虫害，整枝修剪等，向园艺化栽培方向发展。

(4)加强气象油茶防灾减灾体系建设，进行油茶气象灾害预警预报研究，不断提高预报服务质量，减轻气象灾害损失，确保油茶高产稳产，把湖南建成一个油茶高产稳产优质的高效益的强大产业大省，以满足两型社会发展的需要。

8.3　杉木

杉木是一种我国特有的速生、优质和高产材质好，用途广的用材林树种，栽培历史悠久。

杉木林广泛分布于我国东部中亚热带地区。在天然状态下大体与地带性植被常绿阔叶林的分布相一致。杉木是第四纪冰期地质年代仅在我国西南或南岭山地，雪峰山地等山地的狭谷中保存下来的。因此，南岭山地、雪峰山地，湘西武陵山地和湘东山地及其相邻的山区可能是杉木林的避难地和起源地扩散中心之一，也是湖南古老杉木林系的主要分布区域。

雪峰山、南岭山地这两个山区系板页岩形成的山地黄壤和黄棕壤，气温适宜，降水较多，相对湿度大，特别适合杉木生长，杉木综合生长率是全国最高的，比全国平均水平高 1 倍左右，不仅生长快，而且材质好，干形通直，尖削度小，纹理细密，会同一带的广木，驰名国

内外。全省用材林基地878个，其中700个属雪峰山，占南岭山区与全省用材林基地的79.7%。

天气气候条件是影响杉木林优质高产的重要因子。为此，我们对杉木林与气象条件的关系及杉木林生长规律及防灾减灾措施作粗线分析。

8.3.1 杉木生长与气象条件的关系

杉木林是广泛分布于我国东部中亚热带地区的速生用材林，喜温暖湿润和多雾静风的生态气候环境，不耐高温和干旱，也不耐严寒与冰冻。

(1)温度

杉木生长要求一定的温度条件。春季气温上升到5.0 ℃时，树液开始流动，冬季月平均气温低于5.0 ℃时，树液停止流动，进入休眠状态。春季气温上升到10 ℃时，杉树开始生长，冬季日平均气温稳定通过10 ℃终日后，杉树生长缓慢，18～27 ℃是杉树生长最适宜的温度条件，27 ℃以上生长缓慢，28 ℃以上生长停止。高于27 ℃时，呼吸作用旺盛，消耗较多的物质和能量，生长受到抑制。气温低于18 ℃，杉树生长缓慢。春末气温上升到20 ℃以上时，杉树开始进入树高和胸径的快速生长期，随着雨季结束，气温上升到26 ℃以上时，杉木生长缓慢，气温上升到28 ℃以上时，杉木生长停止。入秋后，气温逐渐降到26 ℃至20 ℃时，再度出现适宜杉木生长的温度条件，杉树又进入第二次快速生长高峰期。严冬时节，气温降低到0 ℃以下，尤其是气温在−3～−5.0 ℃的雾凇、雨凇等严寒冰冻天气，造成杉木断梢、腰折和倒状的严重损伤，甚至毁灭性的机械损伤灾害。

(2)降水

杉树喜温暖湿润的气候环境，对水分条件要求较高，当土壤含水量占毛管持水量70%以上时，最适宜杉树生长。毛管持水量低于60%杉树生长不良，年降水量大于1200 mm以上，才能满足杉木速生的需要，冬暖夏凉、雨水充沛，湿润多雾，有利于杉木速生优质高产。

(3)光照

杉树属中性偏阴树种，幼苗幼树阶段有一定的耐荫性，但当杉树进入3～4年的速生阶段后就不耐荫了，杉树的耐荫程度受立地条件不同而有所差异。如幼林阶段，在丘陵低山地区阴坡的光照较弱，相对湿度较大，土壤湿润，故阴坡杉木幼林生长比阳坡好。

(4)杉树生长的主要农业气象灾害是：冬季低温冰冻和夏季高温干旱引起的森林火灾。

8.3.2 杉树生长期的农业气候状况

8.3.2.1 杉木生育的物候期特点

根据多年观测研究，杉木物候期特点归纳如下：

(1)树液流动：即将枝条的树皮切开1～2 cm的小孔，有白色的树浆流出的时期，大约出现在2月中旬至3月上旬，月平均气温5～9 ℃，10～20 cm地温8～10 ℃，开始树液流动。

(2)花芽展开：当树液流动后，花芽继续膨大，2月下旬至3月中旬，日平均气温回升至7～9 ℃，花芽开始展开，雄球花呈小圆状，长约1 cm，丛生于枝端。

(3)雌球花开放：3月中、下旬，日平均气温上升至10 ℃左右，在雌球花顶部开始逐渐由绿色变成黄绿色，并向球花基部扩展，随后鳞片微微张开，出现半透明状胚珠。

(4)雄球花开放：雄球花的小孢子囊由绿色变成褐色，当雌球花顶部开放2～3天后，雄球花开放，褐色雄球花出现黄色雄蕊，并散发出花粉。花期长短受天气条件制约，3月中下旬至4月上旬，一般晴天日平均气温10 ℃以上，可在5～6天完成，阴雨天气可延长到20多天才能结束开花。

(5)花芽形成：雄球花的花芽一般在6月下旬出现，8月下旬外形明显膨大，而雌球花的花芽要到10月中、下旬才能出现。

(6)球果成熟：10月中旬至11月下旬，日平均气温下降到17～18 ℃时，种子成熟。

(7)种子飞散：种子开始飞散大约在11月中旬。球果成熟后，鳞片裂开，种子开始随风飞散。

(8)树液停止流动：12月下旬，日平均气温降至4～5 ℃以下后，杉木树液停止流动，杉木进入冬季相对休眠期。

杉木花粉靠风力传播，再加上杉木的花芽形成到种子成熟需15～16个月的时间，受天气、气象因子和其他环境因子影响较大，常造成花粉和胚球发育不良，致使杉树的种子发芽率低，且良种度也低。

8.3.2.2 杉木年内生长规律

杉木一般在日平均气温稳定通过10 ℃后的3月下旬至4月中、下旬(日平均气温15～18 ℃)，开始抽梢，5月份以前生长极为缓慢，5月下旬—6月上旬树高生长开始显著加快(日平均气温20～25 ℃之间)，6月下旬至7月初树高生长达到高峰(日平均气温23～27 ℃之间)，7月中旬至8月上旬，日平均气温28.0 ℃以上，杉树停止生长，进入夏季休眠期，而后9月上旬日平均气温下降至26 ℃左右，杉木又开始恢复生长。9月中、下旬，日平均气温25～20.0 ℃，适宜于杉木生长，又出现第2次杉木快速生长高峰期，11月上旬，气温降到15.0 ℃左右，杉木生长又缓慢，11月下旬平均气温降到10 ℃以下，12月中旬平均气温降到7 ℃左右，杉木生长趋于停止。山脊上的杉木，12月上旬树高停止生长，胸径生长的高峰比树高生长高峰迟30天左右。

8.3.2.3 不同海拔高度杉树物候期观测资料

从表8.9可看出，杉木物候期出现时间随着海拔高度升高而推迟。海拔高度每上升100 m，杉木的物候期推迟2.4～4.25天。

表8.9 杉树物候期观测资料(新化1986—1988年)

地名	海拔高度(m)	树液流动(月.日)	芽开放(月.日)	雌球花开放(月.日)	雄球花开放(月.日)	抽梢(月.日)	种子成熟(月.日)	雄花开放到种子成熟(天)
半山	300	2.25	3.5	3.25	4.4	4.15	10.2	209
夕溪	550	3.10	3.18	4.7	4.11	4.20	10.30	206
龙铺	850	3.17	3.30	4.12	4.16	4.26	11.10	206
石坑	1100	3.22	4.10	4.16	4.20	5.5	11.20	218
长茅界	1380	3.28	4.20	4.25	4.30	5.12	11.26	214
垂直递减率(天/100 m)		2.87	4.25	2.87	2.40	2.50	3.33	

注：杨寿山、奉善文、奉国文1986—1988年新化县水车双林杉木基地物候观测资料。

8.3.2.4 不同山系,不同海拔高度杉木的生育状况

(1)雪峰山脉不同海拔高度杉木的速生期与休眠期(表 8.10)

以日平均气温≤5.0 ℃或日平均气温≥28 ℃为杉木停止生长(相对休眠期)的指标,则杉木冬季休眠期为日平均气温稳定通过 5.0 ℃终日至初日期间为杉木的冬季休眠期,日平均气温稳定通过 28 ℃,初日至终日期间为“夏季休眠期”。统计雪峰山脉东侧与西侧不同海拔高度的气象资料,得出不同海拔高度杉木的休眠期与速生期。雪峰山东侧,海拔 212 m 的新化日平均气温稳定通过 20 ℃初日出现在 5 月 19 日,26 ℃初日出现在 6 月 15 日,28 ℃初日出现在 7 月 1 日,日均温≥28 ℃,终日出现在 8 月 11 日,28 ℃初终间日数为 42 天,即为夏季休眠期。26 ℃终日为 9 月 10 日,20 ℃终日为 9 月 27 日,春季日平均气温稳定通过 20 ℃至 26 ℃,经历日数 28 天,即为春季杉木快速生长期;秋季 26～20 ℃持续日数为 18 天。即为秋季杉木快速生长期。两次快速生长期共计 46 天;海拔 320 m 的兴田,日平均气温稳定通过 20 ℃初日至 26 ℃初日为 33 天,即为杉木第一次快速生长期,26 ℃终日至 20 ℃终日持续日数为 45 天,即为秋季杉木第二次快速生长期,两次杉木快速生长期共计 78 天。海拔 510 m 的金石桥,日平均气温稳定通过 20 ℃初日为 5 月 28 日,终日为 9 月 21 日,持续日数 116 天,即为杉木快速生长期,没有日平均气温 26 ℃与 28 ℃的高温天气了。虽然海拔 510 m 以上没有日平均气温高于 26 ℃以上的高温天气了,但随着海拔高度升高气温下降,日平均气温 20 ℃初日至终日的持续日数也随海拔高度升高而递减。海拔 810 m,杉木快速生育期为 87 天,海拔 1070 m,杉木快速生长期 65 天,海拔 1380 m,杉木快速生长期为 57 天。

表 8.10 雪峰山系杉木速生期

山系	地点	海拔高度(m)	稳定通过初日			稳定通过终日			≥28 ℃高温天数(天)	速生天数(天)	≥10 ℃		天数(天)
			20 ℃	26 ℃	28 ℃	28 ℃	26 ℃	20 ℃			初日	终日	
雪峰山东侧	新化	212	19/5	15/6	1/7	1/8	10/9	27/9	42	46	29/3	27/11	244
	兴田	300	25/5	26/6			11/8	24/9		78	30/3	24/11	240
	金石桥	510	28/5					21/9		116	31/3	10/11	224
	槐花坪	810	8/6					3/9		87	14/4	5/11	206
	龙塘	1030	18/6					22/8		65	20/4	14/10	178
	小沙江	1380	21/6					16/8		57	24/4	9/10	169
雪峰山西侧	安江	171	13/5	21/6	1/7	12/8	10/9	3/10	43	62	29/3	26/11	243
	太坪	290	23/5	27/6	1/7	10/7	20/8	22/9	10	68	30/3	24/11	239
	岩屋界	500	25/5					22/9		120	31/3	16/11	226
	产子坪	760	31/5					21/9		114	14/4	16/11	221
	栗子坪	1020	12/6					13/9		93	15/4	14/10	196
	坪山塘	1404.9	8/7					29/7		21	23/4	9/10	184
	会同	281.0	20/5	1/7			31/8	26/9		69	23/3	18/11	241
	通道	397.5	21/5					24/9		127	24/3	18/11	241
	靖县	322.5	19/5					27/9		132	25/3	18/11	240
	沅陵	144.4	21/5					26/9		129	23/3	21/11	244
	溆浦	204.0	20/5					29/9		133	24/3	21/11	243

由此可见，杉木快速生长期以海拔 500 m 至 800 m 的时间为最长。雪峰山西侧海拔 300 m 以下，夏季日平均气温≥28 ℃，高温期为 10～43 天；海拔 300 m 以上，没有日平均气温 26 ℃至 28 ℃以上的高温天气了；海拔 500 m 杉木速生期为 120 天，海拔 760 m 杉木速生期为 114 天，海拔 1020 m，杉木速生期为 93 天，由此可见，雪峰山西侧海拔 500～1000 m 杉木速生期最长。

(2)南岭北缘山地杉木的速生期

郴州(海拔 184.9 m)日平均气温稳定通过 20 ℃初日出现在 5 月 7 日，日平均气温稳定通过 26 ℃初日为 6 月 11 日，日平均气温 20～26 ℃的持续日数为 35 天，适宜于杉木生长，出现杉木第一次快速生长高峰期，日平均气温高于 28 ℃，生长停止，日平均气温稳定通过 28 ℃的开始日期为 6 月 21 日至 8 月 10 日终止日期的高温持续日数为 51 天，杉木停止生长进入夏季休眠期，9 月 10 日气温 26 ℃终止日至 10 月 2 日 20 ℃终止日期，持续日数为 22 天，有利于杉木生长，又出现第 2 次杉木生长高峰期，春秋两次杉木生长高峰期达 67 天，安和海拔 300 m，日平均气温稳定通过 20 ℃的开始日期出现在 5 月 23 日，26 ℃开始日期为 6 月 21 日，20～26 ℃持续日数 29 天，杉木进入第 1 次快速生高峰期，日平均气温稳定通过 28 ℃的开始日期为 6 月 21 日，终日为 8 月 10 日，初终间日数 51 天，杉木停止生长进入夏季休眠期。9 月 10 日至 9 月 23 日，日平均气温 26～20 ℃持续 13 天，有利于杉木生长，于是又出现第 2 次杉木生长高峰期，两次共计杉木速生高峰期为 42 天；江口海拔 500 m，20～26 ℃持续日数 26 天，26～20 ℃持续日数 42 天，共计 68 天，没有 28 ℃以上的高温天数了。共计杉木快速生长高峰期为 68 天；海拔 750 m 至 1050 m，则没有 26.0 ℃与 28 ℃的高温天气了，杉木速生期分别为 118 天与 82 天。由此可见。杉木快速生期以海拔 750 m 为最长，海拔 500～1000 m 是南岭山系杉木生长的最适宜地段(表 8.11)。

表 8.11　不同山系杉木速生期

山系	地点	海拔高度(m)	稳定通过初日(日/月)			稳定通过终日(日/月)			≥28 ℃高温天数(天)	速生天数(天)	≥10 ℃		天数(天)
			20 ℃	26 ℃	28 ℃	28 ℃	26 ℃	20 ℃			初日(日/月)	终日(日/月)	
南岭北缘	郴州	184.9	7/5	11/6	21/6	10/8	10/9	2/10	51	67	25/8	28/11	249
	安和	300	23/5	21/6	21/6	10/8	10/9	23/9	51	42	29/3	24/11	241
	江口	500	26/5	21/6			10/8	21/9		68	1/4	24/11	238
	永春	750	27/5					22/9		118	1/4	22/11	236
	永春园艺场	1050	10/6					31/8		82	8/4	25/10	201
井冈山西侧	炎陵	224.3	12/5	21/6	11/7	31/8	20/8	26/9		77	18/3	30/11	258
	坂溪	348.0	24/5	25/6			10/8	23/9		76	23/3	23/11	246
	秋田	536.5	25/5	1/7			31/7	21/9		90	29/3	23/11	240
	青石	821.0	27/5	11/7			20/7	13/9		100	7/4	20/11	228
	瑶山	1043.3	7/6					7/9		92	7/4	31/10	208
	大院	1325.0	24/6					26/7		32	7/4	2/10	187

续表

山系	地点	海拔高度（m）	稳定通过初日（日/月）			稳定通过终日（日/月）			≥28 ℃高温天数（天）	速生天数（天）	≥10 ℃		天数（天）
			20 ℃	26 ℃	28 ℃	28 ℃	26 ℃	20 ℃			初日（日/月）	终日（日/月）	
武陵山	保靖	325.0	14/5	1/7			31/8	19/9		68	26/3	26/11	246
	大妥	460	11/6					17/9		99	29/3	21/11	238
	白云山	980	24/6					1/9		69	24/4	18/10	177
	八面山	1345.6	18/7					18/8		31	29/4	24/10	179

(3)井冈山西侧杉木的速生期

炎陵（海拔 224.3 m）日平均气温稳定通过 20 ℃开始日期出现在 5 月 12 日，26 ℃初日为 6 月 21 日，20～26 ℃初终间日数为 40 天，有利于杉木生长，出现第 1 次杉木快速生长高峰期。日平均气温稳定通过 28 ℃初日为 7 月 11 日，终日为 8 月 31 日，初终间持续日数 56 天，杉木停止生长，进入夏季休眠期。26～20 ℃终日持续日数为 37 天，杉木又出现第 2 次快速生长高峰期，两次共计杉木生长高峰期为 77 天；坂溪，海拔 348 m，日平均气温稳定通过 20 ℃的初日为 5 月 24 日，终日为 9 月 23 日，26 ℃初日为 6 月 25 日，终日为 8 月 10 日 20～26 ℃初日持续日数为 32 天，26～20 ℃持续日数为 44 天，共计杉木快速生期为 76 天，没有日平均气温 28 ℃的高温了；秋田海拔 536.5 m，杉木速生期为 90 天，无 28 ℃的高温；青石海拔 821.0 m，杉木速生期为 100 天，无 28 ℃高温；瑶山海拔 1043.3 m，杉木速生期为 92 天，没有 26～28 ℃高温了。大院海拔 1325.0 m，杉木速生期为 32 天，没有 26、28 ℃高温了。

由此可见，井冈山西侧不同海拔高度杉木林快速生长期，以海拔 500～1000 m 之间为最长。

(4)武陵源山地杉木的速生期

保靖海拔 325.0 m，日平均气温稳定通过 20 ℃的初日出现在 5 月 14 日，26 ℃初日为 7 月 1 日，20～26 ℃持续日数为 48 天，适宜于杉木生长，出现第 1 次杉木快速生长高峰期，日平均气温稳定通过 26 ℃的终日为 8 月 31 日，20 ℃终日为 9 月 10 日，26～20 ℃持续日数为 19 天，出现第 2 次杉木快还生长高峰期，共计杉木快速生长高峰期 68 天，没有 28 ℃高温天气；大妥海拔 460 m，日平均气温稳定通过 20 ℃初日出现在 6 月 11 日，终日为 9 月 17 日，杉木速生期为 99 天，日平均气温没有 26 ℃以上的高温了；白云山海拔 980 m，日平均气温 20 ℃初终日间日数为 69 天，即杉木快速生长期为 69 天。海拔 1345.6 m 八面山，日平均气温稳定通过 20 ℃初终间日数为 31 天，即杉木速生期仅为 31 天，温度过低，热量不足，杉木难以成材了。

8.3.3 杉木生长情况

8.3.3.1 杉木林单株生物量

(1)不同林龄杉木林单株生物量

从表 8.12 可看出：杉木的单株生物量是随着杉木林龄的增加而增加的。

表8.12　不同林龄(年)杉木林单株生物量(kg/株),地点:会同

林龄	代数	树干			树枝	树叶	树根	合计
		干材	干皮	小计				
7	第一代	7.7	1.5	9.2	1.8	2.9	1.8	15.6
	第二代	5.6	1.0	6.6	1.8	2.9	1.8	13.1
11	第一代	20.7	2.6	23.3	2.8	4.2	7.3	37.5
	第二代	14.8	3.2	18.0	3.4	4.6	5.1	31.1
14	第一代	29.9	5.6	35.6	3.3	3.0	3.4	45.2
	第二代	21.9	4.7	26.6	5.3	4.6	5.6	43.1
18	第一代	44.0	8.0	52.0	4.5	3.3	3.8	63.5
	第二代	31.9	8.6	40.5	5.7	5.4	11.2	62.8

第一代人工杉木林,7年生每株总重量为15.6 kg,11年生为37.5 kg,14年生为45.2 kg,18年生为63.5 kg。第二代人工杉杉木林7年生单株总重量为13.1 kg,11年生为31.1 kg,14年生产为43.1 kg,18年生单株总重量为62.8 kg。

(2)不同立地类型杉木单株生物量

从表8.13可看出,11年生杉木林不同立地类型单株生物量不同。

表8.13　不同立地类型杉木单株生物量(kg/株)

类型	林龄	树干	树枝	树叶	树根	合计	备注
山谷	11	20.9	3.2	3.1	6.6	33.6	第一代人工杉木林
山麓	11	17.6	2.4	4.0	6.3	30.3	
山坡	11	8.8	1.6	1.8	4.2	16.4	
山洼中部	7	6.07	1.00	3.07	1.91	13.05	第二代人工杉木村
山洼中上部	7	54.8	1.79	2.77	1.70	11.74	
山坡下部	7	5.36	1.75	2.71	1.66	11.48	
山坡中部	7	5.09	1.65	2.58	1.56	10.88	
山麓	7	6.39	2.12	3.23	2.03	13.77	

第一代人工杉木林,山谷型单株生物量为33.6 kg,山麓型单株生物量为30.3 kg,山坡型杉木单株生物重量为16.4 kg,由山谷向山麓至山坡单株生物量随海拔高度升高而减少。

第二代7年生人工杉木林的单株重量以山麓最大13.77 kg/株,依次为山麓→山洼中部→山洼中上部→山坡下部→山坡中部,以山坡中部的单株生物重量最小为10.88 kg。

(3)不同生长级杉木林生态系统生物量(表8.14)

表 8.14 不同生长级杉木林生态系统生物量(kg/hm²),地点:会同

生长级	林龄	干	枝	叶	根	合计	备注
Ⅰ	11	18040	2170	3070	5660	28940	第一代人工杉木林
Ⅱ	11	12480	1560	2120	4070	20230	
Ⅲ	11	14710	1970	2490	5170	24340	
Ⅳ	11	5360	780	900	2050	9090	
Ⅴ	11	1700	280	280	740	3000	
Ⅰ	31	178161.3	39524.2	19578.8	23577.1	260841.4	
Ⅱ	31	95023.8	11709.3	6807.8	15433.1	128974	
Ⅲ	31	44726.8	2709.3	1909.9	9268.7	58614.7	
Ⅳ	31	19723.2	548.3	477.1	5312.8	26061.4	
Ⅰ	11	14060	3000	3350	3270	23670	第二代人工杉木林
Ⅱ	11	11330	2320	2760	2840	19270	
Ⅲ	11	13750	590	3510	4070	23190	
Ⅳ	11	2370	410	630	810	4220	
Ⅴ	11	640	90	180	280	1180	
Ⅰ	14	23980	4570	6310	5730	40590	
Ⅱ	14	18910	3380	5170	5370	30830	
Ⅲ	14	22080	2220	1720	5010	31030	
Ⅳ	14	12560	3950	3920	27000	23130	
Ⅴ	14	1300	130	130	410	1970	

8.3.3.2 杉木林生态系统林分生物量

(1)不同林龄杉木林生态系统林分生物量

由表 8.15 可看出,不同林龄人工杉木林生态系统生物量是随着林龄增加而增加的,如第一代 7 年生杉木林生物总重量为 52960 kg/hm²,而 53 年杉木林生物总重量为 291500 kg/hm²,第二代人工杉木林 7 年生的生物总量为 34100 kg/hm²,16 年生杉木林生物总量为 166760 kg/hm²。

(2)不同立地类型杉木林生态系统林分生物量(表 8.16)

不同立地类型第一代 11 年人工杉木林生态系统的生物量是不同的,其总生物量山谷型>山麓>山坡。

第二代 7 年生人工杉木林生态系统生物量是山麓>山坡下部>山坡中部>山洼中部>山洼中上部。

第一代 11 年不同生长级杉木生态系统生物量的总生物量Ⅰ级>Ⅲ级>Ⅱ级>Ⅳ级>Ⅴ级。

31 年生不同生长级人工杉木林生态系统生物量Ⅰ级>Ⅲ级>Ⅳ级>Ⅱ级。

第二代 11 年生不同生长级杉木林生态系统生物量Ⅰ级>Ⅲ级>Ⅱ级>Ⅳ级>Ⅴ级。

14 年生不同生长级杉木林生物量Ⅰ级>Ⅲ级>Ⅱ级>Ⅳ级>Ⅴ级。

表 8.15　不同林龄杉木林生态系统林分生物量(kg/hm²),地点:会同

林龄	树干	树枝	树叶	树根	合计	备注
7	31810	5640	8960	6530	52960	第一代人工杉木林
9	43580	7440	11360	10460	72890	
12	54020	7860	8910	19120	59910	
14	80250	7470	5860	7660	101240	
18	119760	10270	7650	8720	146400	
25	217620	15740	12950	25590	275900	
38	245840	9810	11210	17620	289480	
53	251590	9930	11690	16350	291560	
7	15740	4400	6780	4180	34100	第二代人工杉木林
10	35000	8910	10490	9430	63830	
44	541270	6607	7602	20291	85618	
14	102555	11449	11753	26606	152263	
16	114187	11887	12008	28714	166760	

表 8.16　不同立地类型杉木林生态系统生物产量(kg/hm²),地点:会同

立地类型	林龄	干	枝	叶	根	合计	备注
山谷	11	63900	10200	10100	23400	106600	第一代人工杉木林
山麓	11	53600	7100	12100	18800	91600	
山坡	11	38900	7100	7900	16800	70700	
山洼中部	7	12380	4080	6360	3900	28800	第二代人工杉木林
山洼中上部	7	11670	3810	5900	3620	27030	
山坡下部	7	13670	4460	6910	4230	31620	
山坡中部	7	12830	4160	6500	3930	29610	
山麓	7	16490	5500	8330	5240	38480	

8.3.3.3　杉木林生态系统林分生产力

(1)不同林龄杉木林生态系统林分生产力(表 8.17)

表 8.17　不同林龄杉木林生态系统林分生产力(kg/hm²)

林龄	代数	树干	树枝	树叶	树根	合计	备注
7	第一代	3800	700	1200	700	6400	第一代 第二代
	第二代	2700	800	200	700	5400	
11	第一代	10200	700	900	4000	15800	
	第二代	8300	1200	1200	2500	13200	
14	第一代	5900	500	500	600	7500	
	第二代	4400	900	800	900	7000	
18	第一代	9500	700	200	200	10600	
	第二代	8100	200	400	3200	11900	

续表

林龄	代数	树干	树枝	树叶	树根	合计	备注
7～12	第一代	1090	1690	1060	8550	12390	不同林龄阶段
14～18	第一代	1110	840	510	8710	11170	
21	第一代	570	270	980	5690	7510	
25	第一代	1310	2590	1180	13790	18870	
38～53	第一代	620	2200	370	8760	12040	

第一代不同林龄杉木林生态系统林分生产力是 11 年＞18 年＞14 年＞7 年。

不同林龄阶段杉木林生态系统林分生产力是：

25 年＞7～12 年＞38～53 年＞14～18 年＞21 年。

(2)不同生长级杉木林生态系统生物量(表 8.18)

表 8.18　不同生长级杉木林生态系统生物量(kg/hm^2)，地点：会同

生长级	林龄	干	枝	叶	根	合计	备注
Ⅰ	11	18040	2170	3070	5660	28940	第一代人工杉木林
Ⅱ	11	12480	1560	2120	4070	20230	
Ⅲ	11	14710	1970	2490	5170	24340	
Ⅳ	11	5360	780	900	2050	9090	
Ⅴ	11	1700	280	280	740	3000	
Ⅰ	31	178161.3	39524.2	19578.8	23577.1	260841.4	
Ⅱ	31	95023.8	11709.3	6807.8	15433.1	128974	
Ⅲ	31	44726.8	2709.3	1909.9	9268.7	58614.7	
Ⅳ	31	19723.2	548.3	477.1	5312.8	26061.4	
Ⅰ	11	14060	3000	3350	3270	23670	第二代人工杉木林
Ⅱ	11	11330	2320	2760	2840	19270	
Ⅲ	11	13750	590	3510	4070	23190	
Ⅳ	11	2370	410	630	810	4220	
Ⅴ	11	640	90	180	280	1180	
Ⅰ	14	23980	4570	6310	5730	40590	
Ⅱ	14	18910	3380	5170	5370	30830	
Ⅲ	14	22080	2220	1720	5010	31030	
Ⅳ	14	12560	3950	3920	27000	23130	
Ⅴ	14	1300	130	130	410	1970	

(3)不同立地类型杉木林生态系统林分生产力(表 8.19)

第一代 11 年生不同立地类型，杉木林生态系统林分生产力的顺序是：山谷型＞山麓 2＞山麓 1＞山坡。

第二代 7 年生不同立地类型：杉木林生态系统林分生产力平均为 4440 kg/hm^2。

顺序为：山麓＞山坡 1＞山坡 2＞山洼 1＞山洼 2。

表 8.19　不同立地类型杉木林生态系统林分生产力(kg/hm^2),地点:会同

立地类型	林龄	干	枝	叶	根	合计	备注
山谷	11	5780	920	920	2270	9890	第一代人工杉木林
山麓 1	11	4870	650	1100	1710	8330	
山麓 2	11	4920	650	1050	1730	8350	
山坡	11	3540	650	720	1520	6430	
山洼 1	7	2080	580	890	560	4110	第二代人工杉木林
山洼 2	7	1960	540	840	520	3860	
山坡 1	7	2290	640	990	600	4520	
山坡 2	7	2140	600	930	560	4230	
山麓	7	2780	780	1190	750	5500	
平均	7	2240	630	970	600	4440	

(4)不同生育阶段杉木林生态系统林分生产力(表 8.20)

表 8.20　不同生育阶段杉木林生态系统林分生产力(kg/hm^2),地点:会同

生育阶段	林龄	干	枝	叶	根	合计	备注
速生阶段	8	4710	1090	1690	1060	8550	第一代人工杉木林
干林阶段	16	6250	1110	840	510	8710	
成熟阶段	25	8710	1310	2590	1180	13700	
过熟阶段	46	5480	620	2290	370	8760	

第一代不同生育阶段杉木林生态系统林分生产力顺序为:成熟阶段(林龄 25 年)13700 kg/hm^2>(46 年)过熟阶段 8760 kg/hm^2>(16 年)干材阶段 8710 kg/hm^2,>8 年速生阶段,8550 kg/hm^2。

8.3.4　杉树的主要农业气象灾害及防御对策

8.3.4.1　冰冻

(1)杉木冰冻物的种类成因及物理特性

冻结在杉木枝叶表面的一层白色冰层,即为杉木的冻结物(俗称冰冻),杉木枝叶上的冻结物有雨淞、雾淞和冻结雪,其中以雨淞和雾淞冻结物为主。

有利于雨淞形成的温度为 0～−6 ℃,据统计,气温在−3～0 ℃之间,雨淞出现概率占76%,−4～−6 ℃之间出现概率占 14.3%,气温在−7 ℃以下时,出现概率占 5%,气温在 1～3 ℃之间,出现概率占 5%,雨淞质地坚硬,密度较大(0.5～0.9 g/cm^3),冻结厚度较厚,能牢固地黏附在树冠枝叶上,对杉木的机械损伤危害极大,常造成断梢、断枝、腰折等机械损伤。

雾淞有晶状和粒状两种。杉木上冻结的雾淞多为粒状雾淞,此雾淞多出现在气温为−2～7 ℃浓雾有风的寒冷天气条件下,由随风移动的过冷却雾滴在所遇枝叶上重叠冻结而成。形状犹如雪花,冰层表面起伏不平,呈白色不透明,具有迎风而增长的特点,密度为 0.1～0.4 g/cm^3,高山常见,且常与雨淞交错在一起。一次强冷空气入侵后,这种雾淞在树枝上可维持数日,甚至数十日而不易脱落,对杉木的机械损伤危害极大。

除了雨凇、雾凇外，降雪时有时湿雪也能在杉树枝叶上冻结成一层冰层，叫冻结雪，其密度为0.4 g/cm^3。但对杉木的危害比雨凇小一些。

(2)冰冻对杉木危害的种类

冰冻对杉木的危害有两种：一是机械危害，二是生理危害。机械危害是由于树体负荷冰量过重和承受冰压的时间过长而造成断枝、断梢、腰折、倒伏等机械损伤。除了冰冻重量超过树体超载荷冰重所造成的机械损伤外，还由于冰冻出现时常伴有5～6级偏北大风，树木在强风中激烈摇摆，加重其机械损伤。例如，2008年2月4日至2月19日，出现了一次历史上罕见的冰冻灾害，新化县森林受灾面积达100万亩，占全县森林总面积的56.0%，而大熊山林场森林受灾面积达9万亩，占全场森林面积的81.9%，杉木中成林倒伏21.9%，腰折51.6%，断梢31%，杉木幼林倒伏16%，腰折28%，断梢30%。

生理冻伤危害是由于低温造成的，由于低温伴随冰冻出现，若低温强度和持续时间超过杉木忍耐的范围时，就会造成生理冻伤。轻则局部冻伤，重则全株受冻死亡，据历年气象资料统计，雨凇与低温有密切的关系。一是－5.0 ℃以下低温日数与雨凇日数成正相关。二是雨凇一旦发生，又促使低温降低。因为雨凇结束后天气将要转晴时，辐射冷却强烈，气温迅速降低。极端最低气温常常出现在雪后霜的夜间，最易造成杉木的生理冻伤。杉木的生理冻伤以幼林最严重，例如1976年50天冰冻，有80%冻死，雪峰山1 m长的电线积冰最大重量2 kg，1480 m的长茅界林场测得电线冰冻直径35 cm，电杆上结冰厚度5 cm，在杉树上称量一个2 m长的冰冻枝，包括冰冻重量51.7 kg(杉枝重10 kg)，1200 m以上的双林乡的杉木林100%的杉木被压断树梢。

(3)不同海拔高度，不同坡向杉木冰冻受灾情况

① 不同海拔高度南北坡杉木冰冻受灾情况

从表8.21可看出，地形因子(海拔高度，坡向)直接影响光、热、水、风等气象要素的再分配和杉木的生长状况，从而影响冰冻的强度和杉木植株的抗性，使生长在不同海拔高度、不同坡向、不同地形、不同气候环境下的杉木，其受冰冻危害的程度有所差异。

表8.21 不同海拔高度南北坡杉木冰冻受害情况

坡向	地点	海拔高度(m)	树高(m)	调查株数	断梢		腰折		倒伏		合计	
					株	%	株	%	株	%	株	%
北坡	川岩江	260	9.0	50	2	4	1	2			3	6.0
	中怡界	510	9.0	50	10	20	3	6	1	2	14	28.0
	贺家坪	680	8.0	50	35	70					35	70.0
	曾家院	820	8	50	30	60	5	10	4	8	39	78.0
	木子湾	1100	7	50	35	70	6	12	6	12	47	94.0
	娘娘殿	1205	6	50	35	70	8	16	7	14	50	100
南坡	鞋底石	1250	5	50	35	70	9	18	6	12	50	100
	三角坪	1150	6	50	35	70	5	10	4	8	44	88
	四见山	850	8	50	26	52	6	12	3	6	35	70.0
	十里坪	650	9	50	24	48	5	10	4	8	33	66.0
	木皮界	520	9	50	9	18	3	6	1	2	12	24.0
	夕溪	300	9	50	1	2	1	2			2	4.0

根据调查结果表明，杉木冰冻受害程度随着海拔高度升高而加重，且孤山重于群山，北坡重于南坡。且山愈陡，地形愈开敞，坡向与气流的交角愈垂直，则坡向对热力和重力影响愈大，因而山两侧杉木受害程度差异愈大。

② 同海拔高度东西坡杉木冰冻受害情况

由表8.22可看出：同一山体、同一海拔高度或海拔高度差不大，由于坡向不同，直接影响光、热、水、风等气象因子的再分配。冬季直接受冷空气袭击的迎风坡，由于风大、气温低、接收太阳光少、杉木植株上凝聚的冰量多，冰冻持续时间长，故杉木冰冻受害严重；而背风坡，则风小，接收的阳光多，杉木上凝聚的冰量少，故杉木受冰冻危害轻一些，由表可看出，西坡重于东侧。

表8.22　不同海拔高度东西坡杉木、冰冻受害情况

坡向	地点	海拔高度(m)	株高(m)	调查株数	断梢		腰折		倒伏		合计	
					株	%	株	%	株	%	株	%
东侧	崇阳坪	500	8.6	50	3	6	2	4	1	2	6	12
	夕溪	50	9.0	50	15	30	2	4	1	2	18	36
	爱和堂	800	9.0	50	30	60	2	4	1	2	33	66
	龙铺	960	8.8	50	34	68	3	6	1	2	38	76
	石坑	1200	8.1	50	38	75	3	6	3	6	44	88
	长茅界林场	1548	5.2	50	45	90	3	6	2	4	50	100
西坡	长茅界药场	1458	4.9	50	45	90	3	6	2	4	50	100
	长冲坳	1250	7.9	50	40	80	6	12	1	2	47	94
	庵堂坪	950	8.2	50	37	74	4	8	1	2	42	84
	马脑上	820	8.8	50	34	68	3	6	1	2	38	76
	大桥	650	8.5	50	18	36	3	6	1	2	22	44
	坪下	500	8.6	50	7	14	3	6	1	2	11	22

(4)防御冰冻对杉木危害的措施

① 作好杉木避冻区划，是防御冰冻对杉木危害的根本措施。根据杉木的抗性及当地冰冻灾害程度划分若干个避冻区域，选择在冰冻灾害较轻区域栽培杉树，则可因海拔、因气候条件、因地制宜，扬长避短、减少冰冻对杉木的危害。

② 充分利用气候资源，选择适宜的小气候区域种植杉木。湖南地形复杂，小气候类型多样，农业气候资源丰富。在山区由于受到周围地形的遮蔽和屏障作用，使山区本身及其周围地区的气候都有明显的差异。例如利用山坡的朝向，坐北朝南和马鞍型内侧，背山向阳的山地南坡中下部，群山起伏的盆谷地等小气候资源栽植人工杉木，则可减轻冰冻危害。

③ 推广陡坡地水平带状梯土整地，以加深活土层，保持水土，有利于林木根系生长，提高杉木的抗倒状能力。

④ 营造防风林带。在挡风的地方，林缘密植数行抗风强的树种作为防风林，减轻大风冰

冻危害。

⑤ 加强抚育管理及时间伐。对已郁闭的林分就及时抚育间伐，应透光，促进杉木胸径粗生长，以提高杉木的抗性，减轻冰冻对杉木的机械损伤。

⑥ 对已受冰冻危害的杉木林应及时清理，林相已严重破坏的，应重新造林。

8.3.4.2 高温干旱与森林火灾

森林火灾是指在有利燃烧的条件下，森林可燃物接触人为火源或自然火源之后，便能燃烧、蔓延，从而造成不同程度损失的一种灾害。

(1)森林火灾发生的条件

森林火灾发生必须具备三个条件：①火源、②气象环境条件(天气、风速、温度和地形)、③林中可燃物，又称森林“燃烧三要素”。

“燃烧三要素”对森林的燃烧起着决定性的作用，森林火灾的发生及燃烧过程中的各种各样的火烧行为，正是“三要素”之间相互作用和相互影响的结果。

森林火灾发生时间主要在一年中的干燥时期和林木树叶大量脱落的时期，湖南省主要是春、秋、冬三季。大的森林火灾几乎都出现在9月至次年4月，尤其是10月至次年4月，而12月至次年4月为重大森林火灾盛发期。湖南省重大森林火灾发生的时间主要在每天上午8时至下午4时这段时间内，即主要发生在白天，森林火灾一日内有两个高峰期，一是上午10—12时，即人们活动频繁、太阳光照也较强烈的时段，另一个高峰期是下午14—16时，即近地面温度达到最高值的时候。

(2)森林火灾的防御措施

① 提高认识，作好预防，建立健全森林防火组织机构，常备不懈。

② 作好森林火灾的气象预报服务工作。

③ 加强森林气象科研工作，建立森林火险防灾减灾监测防御体系，减少森林火灾损失。

④ 设置各种护林防火设施，并使其布局合理配套。

⑤ 提高森林火灾的扑救和灭火技术，尽快消灭森林火灾。

由表8.23可看出：

表8.23 杉木林凋落物各组分月变化(kg/hm^2)

月	小枝	针叶	落果	碎屑	合计
1	56.81	149.34	42.07	5.31	253.53
2	117.69	290.11	88.03	13.97	509.8
3	108.27	245.4	72.64	14.61	440.92
4	428.88	713.15	241.15	37.21	1420.39
5	63.78	96.71	25.81	18.49	204.8
6	50.60	87.80	17.60	13.36	169.36
7	58.19	102.29	37.96	18.30	216.74
8	57.36	81.56	27.51	26.21	192.64
9	31.81	66.14	20.62	19.72	138.29
10	58.87	137.55	54.51	15.27	266.20

续表

月	小枝	针叶	落果	碎屑	合计
11	72.57	183.44	67.37	12.87	336.25
12	68.73	192.26	62.7	11.43	330.39
年	1173.57	2345.75	758.24	206.75	4479.31

杉木林凋落物重量年平均为 4479.31 kg/hm^2，各组分月变化以 11 月至次年 4 月份为最大，其中 4 月份为 1420.39 kg/hm^2，6—9 月为最小，其中 9 月份最小为 138.29 kg/hm^2。

由于 11 月至次年 4 月杉木凋落物较多，为火灾发生提供了较多的可燃物，增加了森林火灾发生可能性的可燃物基础。

8.4　金银花

金银花是常用中药，为多年生常绿木质藤本或直立小灌木，以干燥花蕾或开放的花供药用，茎枝也可供药用。我国已有 3000 多年用金银花治疗疾病的历史。金银花具有清热解毒、散风消肿、轻身延年益寿之功效，主治风热感冒、咽喉肿痛、肺炎、腮腺炎、肠炎、乳腺炎、菌痢、痈肿、丹毒、蜂窝组织炎等症，藤常用于治风热痛等。现代药理研究：金银花具有广谱抗菌作用，对于黄钯葡萄球菌、甲型及乙型活血性链球菌、非溶血性链菌、伤寒杆菌、痢疾杆菌、白喉杆菌、结核杆菌、肺炎双球菌等均有作用。随着经济的发展和人民生活水平的提高，人们对食物构成的改变和健康长寿的追求越来越高，金银花的用途愈来愈广。

金银花第一年种植，第二年试花，第三年投产，亩产 300～400 kg，每亩产值 15000 万元以上，平均每千克 50 元左右，2003 年非典时期每千克高达 300 多元。

金银花栽培管理容易，投资少，见效快，小沙江地区的许多农民，就是靠种植金银花而脱贫致富，是发展农村经济、增加农民收入、脱贫致富的非常有效的途径。

8.4.1　金银花的生产情况

随着金银花用途越来越广，金银花在医疗、饮食等方面的价值也越来越高，为金银花的发展带来了市场机遇和较高的经济效益。

全国现有金银花年产量 200 万千克左右，而社会药用需求量达 300 万千克，金银花的供求矛盾尖锐。在全国 16 个省、158 个市县有金银花种植，但主要产于湖南、山东、河南等地区。湖南省金银花栽培以雪峰山区的隆回小沙江，溆浦龙潭，新化紫鹊界等地区的山区为主要地区，总面积达 40 万亩左右，其中隆回县小沙江栽种金银花 25 万亩，年产量 1 万多吨，占湖南省金银花总产量的 80％，占全国金银花总产量的 50％以上，产品质量好，畅销国内外市场，被誉为“中国金银花之乡”。

隆回县金银花年产值达 12 亿元，占全县农业生产总值的 50％，金银花栽植解决了隆回县 10 余万花农的产业发展问题。新化、溆浦、中方等县种植金银花 20 万亩左右。

隆回县小沙江地区是我国南方最大的金银花集散地，金银花带动了当地旅游和商贸发展，产生了巨大的社会经济效益，以隆回小沙江地区为中心的雪峰山地区，已成为全国金银花种植面积最大，产量最大，富民作用最强，示范辐射带动力最大的金银花生产基地。

8.4.2 金银花生长发育与气象条件的关系

（1）温度

金银花属温带亚热带树种，适应性较强、生长快、寿命长。在气温 4.0 ℃可萌芽，适宜生长温度为 15～25 ℃，但春季花芽分化适宜温度为 15 ℃，金银花喜长日照、喜温暖、湿润、阳光充足、通风良好的气候环境。生长旺盛的金银花在 10 ℃左右气温条件下，仍有一部分保持绿色，但在 35 ℃以上的高温或 4 ℃以下的低温对它生长有一些影响，金银花适应性较强，能耐热、耐旱，耐盐碱，尤其耐寒，但气温低于－20 ℃根部冻死。在年平均气温 11～14 ℃的气候环境条件下，金银花能正常生活，气温高于 35 ℃或低于 4.0 ℃生长受影响（表 8.24）。

表 8.24 金银花（金翠蕾）气候生态适宜性指标

指标因子	最适宜区	适宜区	次适宜区
年平均气温（℃）	13～15	14～17　11～13	11～12　17～18
≤3.0 ℃/天	10～20	20～25　5～10	25～30
≥10.0 ℃/天	170～210	210～250	240～250　160～170
≥15.0 ℃/天	160～180	130～160　160～180	190～200　140～150
≥20.0 ℃/天	150～170	140～170	130～160
10～20.0 ℃/天	140～170	160～200　130～140	170～200　110～130
20～30.0 ℃/天	100～125	90～110　125～135	80～100　135～145
5 月平均气温（℃）	17～20	20～22　15～17	22～14
极端最低气温（℃）	－7～－8	－7～－10	－7～－15
无霜期（天）	220～240	200～260	200

经过多年试验研究得出，日平均气温 5 ℃、10 ℃、15 ℃、20 ℃等温度，是金银花生长发育过程中几个重要的气候特征界限温度。

（2）水分

金银花是喜湿润的藤本植物，耐旱、耐涝，但对水分也有严格的要求，年降水量 1300 mm 以上，平均相对湿度 80％～85％对金银花生长有利，但当年降水量少于 1300 mm，平均相对湿度＞90％或＜60％金银花生长受影响。

播种期（10 天）降水量＞30 mm 土壤湿润才能正常出苗。

扦插期降水量＞50 mm 土壤湿润才能生根成活。

开花期（6 月中下旬）降水量 50 mm 以下为好。

开花期雨水过多，容易灌花，形成喇叭花萎缩。若降水少易旱花。采收时，宜在晴天早上至 10 时前为宜。

（3）光照

金银花为喜光植物，光照条件对金银花枝条的发育和金银花的产量、质量都有重要影响。

生态环境因子中，气候条件是金银花药材有效成分含量的决定因子，而光照条件又是光合作用的关键因子，所以，光照充足有利于金银花的光合作用，有利于金银花次生物质的合成，促进绿原酸等有效成分的积累，从而增加其药用价值，提高其经济效益。

8.4.3 金银花种植与海拔高度的关系

(1)金银花种植与海拔高度的关系

金银花嫁接良种—金翠蕾在5个不同海拔高度试验生育期观测结果如表8.25所示。

表8.25 不同海拔高度金银花—金翠蕾生育期及产量

生育期	海拔高度(m)				
	200	810	1000	1200	1500
发芽展叶期	28/2	9/3	18/3	21/3	27/3
幼蕾分化期	23/4	15/5	25/5	28/5	7/6
幼(米)蕾期	18/5	8/6	17/6	26/6	2/7
成熟蕾	25/5	15/6	24/6	3/7	10/7
开花期	31/5/	26/6	4/7	11/7	17/7
幼蕾(米)期	18/5	8/6	17/6	26/6	2/7
三青期	20/5	12/6	23/6	29/6	6/7
二白期	23/5	15/6	27/6	3/7	10/7
太白期	25/5	17/6	30/6	6/7	13/7
银花期	27/5	20/6	2/7	8/9	15/7
金花期	29/5	26/6	4/7	11/7	17/7
凋花期	5/6	30/6	10/7	15/7	22/7
干花产量(kg/亩)	147.8	265.7	278.5	218.9	148.2

由表8.25可看出:金银花(金翠蕾)产量以海拔1000 m左右的产量为最高,每亩产量278.5 kg/亩,海拔810 m与1200 m每亩产量在265.7～218.9 kg,而海拔200 m与海拔1500 m亩产均在150 kg左右,其原因主要是受热量条件所制约,金翠蕾不耐高温,当最高气温超过35 ℃以上,对开花不利,据观测资料,海拔212 m处5月至10月极端最高气温均在35 ℃以上,海拔320 m,6—9月极端最高气温均在35 ℃以上,海拔510 m处7—8月极端最高气温均在35 ℃以上,海拔810 m,5—9月极端最高气温均在30.0～32.0 ℃之间,海拔1030 m,7—8月极端最高气温均在30.0 ℃之间,海拔1380 m,6—8月极端最高气温均在27.0～28.0 ℃之间。由此可见,在海拔800 m以上,在金翠蕾开花期极端最高气温均在35.0 ℃以下,开花期间没有高温热害了。

金翠蕾花蕾分化要求气温15.0 ℃左右最为适宜,而海拔1380 m处6—8月极端最低气温在11.0～14.7 ℃之间,热量有些不足,所以金翠蕾产量最高在海拔810～1000 m之间,亦即金翠蕾最适宜的海拔高度区间在800～1000 m之间,适宜海拔高度区间在200～1350 m之间。

(2)金银花生育期农业气候状况

金银花播种期(4月上旬)平均气温12～15 ℃有利于种子出苗,枝条扦插期(7月下旬至8月上旬)日平均气温25 ℃以上切口愈合好,生根快,全生育期≥0 ℃积温3600 ℃·d以上,无霜期185天以上,金银花能正常生长(表8.26)。

表 8.26　金银花(金翠蕾)发育期观测气象要素统计表(2016 年,小沙江槐花坪,10 m)

发育期	始期-止期	经历日数	气温(℃)				相对湿度(%)	降水		日照时数(小时)
		(天)	平均	≥0.0 ℃积温(℃·d)	最高	最低		量(mm)	日数(天)	
萌芽展叶期	4/3-9/3	5	7.9	39.5	14.0	4.2	70	2.0	4	4.5
幼蕾分化期	10/3-16/5	68	12.8	870.4	12.9	5.2	90	193.2	33	202.2
米蕾形成期	17/5-8/6	24	20.3	487.2	25.4	12.8	90	191.1	17	140.0
蕾成熟期	9/6-15/6	7	21.8	152.6	26.4	13.7	80	67.5	5	43.6
开花期	16/6-23/6	8	22.9	183.2	26.5	14.1	80	29.1	4	35.7
凋花期	24/6-34/6	7	23.3	163.1	27.6	14.3	92	39.2	3	23.1
合计		120		1896.0				52.21	66	449.2
平均			15.8				83			

8.4.4　金银花采摘期与气象条件关系

采花期:金银花从孕蕾到开放需 5～8 天,大致可分为幼蕾—三青—二白—大白—银花—金花凋花期 7 个阶段。据研究以采收二白期(淡绿白色花蕾,长约 2～3.9 cm)和大白期(白色花蕾,长约 3.8～4.6 cm)花蕾入药质量最好(表 8.27)。

表 8.27　不同采收期金银花的外部形态

三青期	花蕾棒状,上部膨大尚不明显,长约 2～3 cm
二白期	花蕾棒状,顶端明显膨大并呈白色,仅其基部色稍青,长约 3～4 cm
大白期	含苞待放,整个花蕾几乎全变为白色,仅其基部色稍青,长约 4～4.6 cm
银花期	花蕾完全开放,下唇瓣反转,花柱外露
金花期	1～3 日后的银花进入金花期,色变金黄色,随后枯萎凋落

外观指标:金银花以干燥、花蕾未开、硕大、色黄白、味淡、清香、无霉柱与无枝叶者为佳。

金银花绿原酸含量虽是幼蕾＞成熟蕾＞花。但幼蕾产量小,质量不稳定,性状欠佳。综合考虑金银花绿原酸含量和产量,应以采收二白期花蕾入药较为适宜,且此次采收的金银花黄白色尚未开花,符合传统要求(表 8.28)。

表 8.28　不同采收期金银花的绿原酸含量

采收期	三青期	二白期	大白期	银花期	金花期
绿原酸含量(%)	6.21	5.26	3.65	2.41	2.92
30 朵干重(g)	0.548	0.572	0.706	0.688	0.524

金银花规格等级:

一等:干货,呈针状花蕾,体质较瘦,体质肥壮,黄色或黄绿色,开放的花朵不超过 5%。无黑头、无枝叶、无杂质、无虫蛀和无霉变。

二等:干货,呈针状花蕾,体质较瘦,黄白色或黄绿色,开放的花朵小于 20%,黑头小于

5%,无枝叶、无杂质、无虫蛀和无霉变。

三等:干货,花蕾,花朵混合,色暗白,黑头较多,但枝叶小于2%,无杂质、无虫蛀和无霉变。

采收最佳时间:小沙江山区金银花期正值6月下旬至7月上旬的高温期,花的发育期速度快,在一日之内,受气温、光照等自然气象条件的周期性变化的影响,花的外部形态、重量和质量都有明显的变化。

8.4.5　金银花种植技术

8.4.5.1　繁殖方法

(1)种子繁殖:10—11月采摘果实,去净果肉,取成熟种子晾干备用。

① 浸种催芽:播种前将种子放在35～40 ℃温水浸泡一天,捞出拌湿砂,置温暖处催芽约14天左右,待种子裂白即可播种。

② 播种量,每亩1 kg。

③ 整地、施肥、播种:4月上、中旬,选肥沃沙质壤土,每亩施堆肥2500千克,翻耕平整后条播。按行距7寸一浅沟,将种子均匀撒入沟内,盖土,压紧,约10天出苗。

(2)扦插繁殖:秋雨连绵季节,8—9月为宜,分直接扦插和育苗扦插两种方法。

育苗扦插面积小,易于管理。选择近水源的砂质壤土作苗床,在阴雨天,剪取优良品种的1～2年生健壮枝条,切成0.8～1尺长小段,拉动下部叶片作插条,随剪随插,不使插条失水,以利成活。按7～8寸行距开沟,沟深5～6寸,将插条沾上ATP生根粉,按株距半寸斜插于沟内,地上露出3寸长,盖土夯实,立即浇水,畦上搭荫棚遮阴。若干旱无雨,可适当浇水保湿。半月即可生根成活。待长出新根后,拆除阴棚。

(3)定植:春秋两季均可定植。春季在4月上、中旬,秋季在8月上旬立秋前后,利用旱土边地或荒山坡地种植,按株距4～5尺挖穴,深6～7寸,每穴施土杂肥5 kg,栽苗两株,复土压紧,随即浇水。按多年经验,本地以春季定植成活率高。

8.4.5.2　田间管理

(1)松土除草　使花墩周围无杂草,以利金银花生长。春季回暖后和秋季入冬前要进行松土除草,防止根系露出地面,遭受干旱和冻害。

(2)追肥　早春和初冬,在花墩周围开环形沟,将堆肥——化肥混合施于沟内,施肥量视花墩大小而定,每墩施堆肥2.5～5 kg,尿素30～50 g,过磷酸钙10～20 g。

(3)修剪　将金银花修成矮灌木,开花多产量高。方法是在春季未萌发前,剪1部枝条,只留1尺左右高作主干,经过几年修剪主干粗壮,就可起立成墩,使花墩成伞形,以利通风透光。每年春季未萌动时,把头一年生长过旺的花墩适当剪去过密的部分,使其多发新根,多开花。老枝不长花,故春季必须修剪。

(4)立架　自然生长的金银花必须立架,否则葡匐地面,接触土壤处易发新根,形成许多新苗,影响通风透光,分散养分,降低产量。成株后在植株的一侧设立支架,高1.5 m左右,让茎蔓缠绕架上生长,可促使多开花,提高产量。

8.4.5.3　病虫防治

(1)蚜虫　以成虫、若虫吸食茎叶汁液,造成茎叶发黄。

防治方法:①冬季清园,将植株落叶烧毁;②发生期用50%螟松1000～2000倍液或40%

乐果乳油1500～2000倍液，或80%敌敌畏1500倍液，每7～10天喷一次，连续2～3次。

(2)咖啡虎天牛　幼虫钻蛀危害木质化的茎秆，造成茎秆枯死。

防治方法：①挖出枯株，集中烧毁。②5月中、下旬产卵盛期开始用50%硫磷乳油1500倍液喷雾，每7～10天喷一次，连续2～3次。

8.5　山地反季节蔬菜

蔬菜生产大部分在露地进行，属于自然雨养型农业，产量的高低仍受气象条件的制约，蔬菜生产的季节性及鲜嫩蔬菜的易腐性与人们生活需求的多样性、均衡性之间的矛盾仍然十分突出。天气气候条件变化是造成蔬菜上市量分配不均衡的最主要、最不稳定的环境因子。淡季缺菜是蔬菜周年均衡供应中最突出的矛盾，淡季蔬菜供不应求，菜价陡涨，对城市人们的日常生活和各项工作都添加了困难，甚至影响到社会和经济发展的稳定。因而，缓解蔬菜生产季节性与需求均衡性的矛盾，确保城镇蔬菜周年均衡供应，是直接关系到千家万户人民的生活和切身利益，关系到国家长治久安、人心稳定和社会稳定的重大课题。为此，在我们从1981年就开始在国家特贫县新化县雪峰山山地区，与国家资源枯竭型城市冷水江市——世界锑都锡矿山山区，二个剖面不同海拔高度进行蔬菜气象平衡观测试验与蔬菜非宜菜期淡季形成的气候原因及对策研究与推广示范，取得了良好的社会经济效益，为充分合理利用山地气候凉棚效应，发展山地蔬菜，将山地气候资源转化成蔬菜农产品，将农产品蔬菜转变成商品财富，已成为山区农民脱贫致富的一条新门路，在帮助山区农民脱贫致富中发挥了积极作用。

8.5.1　蔬菜作物生长发育与气象条件的关系

蔬菜作物生长发育产量形成对气候条件要求较严格，受气象条件影响较大，因此，各个季节的蔬菜种类组成也发生较大变化，由于大多数蔬菜是以营养器官供应食用，而且柔软多汁，不易贮存，对气象条件的反应比其他大田作物更敏感。

由于长期蔬菜生产实践以及蔬菜生物学特性的差异，不同类型的蔬菜对气象条件要求也不同。

8.5.1.1　蔬菜作物生长发育与温度的关系

温度是蔬菜生长发育的主要环境条件，是影响蔬菜整年生产和均衡供应的最主要的因素。低温和高温都能使蔬菜生产和供应产生淡季和旺季。

蔬菜对温度十分敏感，各种蔬菜生长发育对温度都有一定的要求，在最低临界温度以下和最高临界温度以上生长发育停止。在某一最适温度下生长发育最快。这个最低温度、最适温度和最高温度称为三基点温度。不同蔬菜的三基点温度是不同的。

最低临界温度和最高临界温度是生长发育的下限和上限温度，在此温度下植株还不会死亡。当温度低到一定程度，植株死亡率50%时，此时的温度称临界致死低温。当温度上升到一定程度，植株死亡率达50%时，此时的温度称临界致死高温。从临界致死低温到生长发育的最适温度的间隔较大，而从最适温度到临界致死高温的间隔较短。

不同蔬菜的临界致死温度不同，喜温蔬菜短期霜冻可造成死亡，而耐寒蔬菜可耐零下几摄氏度到十几摄氏度的严寒。

影响多年生蔬菜生长和分布的主要因素是极端最低气温和生长积温。一般取耐寒和半耐寒蔬菜的生物学零度为0 ℃，喜温和耐热蔬菜的生物学零度为10.0 ℃。

(1)各种蔬菜对温度的要求

根据蔬菜对温度的要求可分为五类(表8.29)。

① 适应性广的耐寒蔬菜

韭菜、葱、蒜等。冬季地上部枯死，宿根越冬，可耐－10～－15 ℃的低温。

② 耐寒蔬菜

甘蓝、白菜、菠菜、芹菜、香菜、金针菜等可耐－1～－12 ℃低温和短时－5～－10 ℃低温，生长适宜温度为10～20 ℃，超过20 ℃时，光合作用减弱。30 ℃时光合作用积累的物质几乎全部被呼吸消耗。低于15 ℃时，生长缓慢。5 ℃时停止生长。但耐寒性蔬菜通过春化阶段后，抽苔开花结果时，与喜温蔬菜一样需要较高温度。

③ 半耐寒蔬菜

萝卜、胡萝卜、花椰菜、芥菜、莴笋、蚕豆等抗霜冻但不耐长期的－1～－2 ℃低温。生长适宜温度为15～20 ℃，5～10 ℃也有一定的生长量，5 ℃以下则生长缓慢，超过20 ℃光合作用减弱，超过30 ℃呼吸作用消耗超过光合积累。

④ 喜温蔬菜

黄瓜、番茄、茄子、辣椒、菜豆等。生长适宜温度为15～25 ℃，此时光合作用最大。高于30～35 ℃时，呼吸作用的消耗大于光合作用的积累。低于20 ℃生长缓慢，低于10 ℃和超过40 ℃时生长停止。低于5 ℃时发生冷害，11～15 ℃以下授粉不良易落花。温度低则光合作用运输速度减慢，生产物质减少，叶片所制造的物质输入根部减少，降低了养分吸收，使整个植株生长延迟。

高温呼吸作用加强，消耗增加，养分积累减少，生长受到抑制。因此，夏季高温成为不耐高温蔬菜生产的限制因素，尤以番茄、辣椒等耐热能力差，在城郊低平地区难以越夏。

⑤ 耐热蔬菜

冬瓜、南瓜、丝瓜、节瓜、苦瓜、豇豆、刀豆、空心菜等，光合作用以30 ℃最适宜，在35～40 ℃时光合作用仍很强，其中豇豆，空心菜等在40 ℃仍生长较好，耐热蔬菜是解决夏秋淡季的主要蔬菜品种。

表8.29　各种蔬菜所适应的温度范围

种类		适宜温度(℃)				适宜种植的月平均温度(℃)
		蔬菜品种	适宜温度	最高温度	最低温度	
喜温蔬菜	喜温蔬菜	黄瓜、西葫芦、茄子、辣椒、菜豆、生姜	20～30	30～35	0～5	18～26
	耐热蔬菜	南瓜、西瓜、丝瓜、豇豆、刀豆、苋菜、水生菜、芋头	30～35	40	5	21 ℃以上
耐寒蔬菜	耐寒蔬菜	甘蓝、菠菜、芹菜、白菜(油菜、青菜)香菜、金针菜	15～20	20～30	－1～－12	15～18
	半耐寒蔬菜	大白菜、萝卜、蚕豆、胡萝卜、花柳菜、莴笋、芥菜	17～20	20～30	－1～－2	15～18
	适应广的耐寒蔬菜	马铃薯、韭菜、大葱、洋葱、大蒜	18～25	26 ℃以上休眠半休眠	－10～－15	12～24

(2)蔬菜不同生育期对温度的要求

① 在种子发芽期要求较高的温度,一般喜温蔬菜种子发芽的最适宜温度为25~30 ℃;耐寒蔬菜种子发芽最适宜温度为15~20 ℃。

② 蔬菜幼苗期可塑性大,对温度条件的要求可适当放宽,可以比适宜温度稍高或稍低。

③ 营养生长期的产品器官形成期,对温度条件极为敏感,应尽可能提供适宜的温度条件。

④ 生殖生长期要求较高的温度,特别是果菜类蔬菜花芽分化期,日温接近花芽分化最适宜温度,不但要高于花芽分化最低温度,且要求有一定的昼夜温差。

⑤ 两年生蔬菜需要一定时间的低温诱导才能进行花芽分化,这种现象称为"春化作用"。根据春化作用时期的不同,蔬菜可分为"种子春化型"和"绿体春化型",如白菜、萝卜、莴笋等蔬菜从种子萌动开始就可通过春化阶段,即为种子春化型。其春化作用所需温度为0~10 ℃,低温持续时间一般需要10~30天;而有些蔬菜如芹菜、甘蓝、洋葱、大蒜等需要植株长到一定大小才能通过春化阶段,称为绿体春化型。不同蔬菜的春化条件也不相同。

⑥ 开花期对温度的要求很严格,过高或过低都会影响蔬菜的授粉受精,必须提供适宜开花的温度条件。

⑦ 结果期和种子形成期要求较高的温度,各种不同的蔬菜作物其结果期和种子形成期所要求的温度条件也不相同。

⑧ 休眠期要求较低的温度。

(3)地温

土壤温度的高低直接影响蔬菜的根系生长及对土壤中的养分吸收,不同蔬菜对地温的要求不同,大多数蔬菜根系适宜生长的温度为24~28 ℃,最低温度为6~8 ℃,最高温度为34~38 ℃。在生产实践中可以通过控制浇水,中耕和覆盖地膜来调控地温,如地温偏高可以采用浇水,培土采用黑色遮阳网覆盖来降低地温。但切忌在蔬菜生长盛期的炎热中午浇水,以防根部温度突然下降,造成植株萎蔫,早春地温偏低,采用地膜覆盖,可提高地温3~5 ℃。

8.5.1.2 不同蔬菜对光照的要求

光照是蔬菜生长发育的必需环境条件,也是蔬菜植株进行光合作用的必备条件,主要是通过光照强度,光照时间和光谱成分三个方面对蔬菜产生影响。

(1)光照强度对蔬菜的影响。不同的蔬菜对光照强度的要求也不相同,一般用蔬菜的光饱和点、光补偿点、光合作用强度来表示其对光照强度的要求。生产上可以通过补光和遮阳等措施来增加或降低光照强度,以确保蔬菜的正常生长。根据不同的蔬菜对光照强度的不同要求可分为三类(表8.30):

表8.30 不同蔬菜对光强的要求

类　型	代表蔬菜	光饱和点(勒克斯)	要求
喜光型蔬菜	茄果类、瓜类豇豆	40000	较强的光照才能良好生长
耐弱光型蔬菜	生菜、菠菜、茼蒿、芫菜、胡萝卜	20000	在较弱的光照下就能良好生长,光过强不利生长,品质差
喜中光型蔬菜	白菜类、甘蓝类、韭菜、芹菜、菜豆、豌豆	20000~40000	要求中等光照的光照就能良好地生长

① 强光性蔬菜。如西瓜、甜瓜、南瓜、冬瓜、苦瓜等大部分瓜类蔬菜及茄子、西红柿、豇豆、

刀豆、山药、芋头等喜强光，耐弱光能力差。

② 中光性蔬菜。如大部分的白菜类、葱蒜类及菜豆、辣椒、萝卜、胡萝卜，在中等光照强度下生长良好。不耐强光，有一定的耐弱光能力。

③ 弱光性蔬菜。包括大部分绿叶类蔬菜及生姜等，在中等光照条件下生长良好，耐弱光能力强。

(2)光照时间对蔬菜的影响。根据各种蔬菜花芽分化需要的光照长短可分为三类：

① 长日照蔬菜。包括白菜、萝卜、豌豆、菠菜、大葱等。此类蔬菜需要12～14小时以上的光照诱导花芽分化。

② 短日照蔬菜。包括豇豆、扁豆、茼蒿、丝瓜等。此类蔬菜需要12～14小时以下的光照诱导花芽分化。

③ 中日照蔬菜。包括黄瓜、茄子、西红柿、辣椒等。这类蔬菜对光照时间要求不严格，较长或较短日照条件下都能开花。

光照时间除了影响蔬菜的花芽分化之外，与地下贮藏器官的形成也有关系。如马铃薯等在短日照条件下才能形成块茎，葱蒜类的鳞茎形成需要长日照条件。这种需要一定时间光照和一定时间黑暗交替蔬菜才能花芽分化或形成器官的现象，称为光周期现象。

(3)光质对蔬菜的影响。光质即光的光谱组成成分。太阳光中蔬菜植物吸收较多的红橙光和蓝紫光。红橙光能促进细胞的伸长生长，蓝紫光可抑制细胞的伸长生长。所以在设施内生产蔬菜，由于紫蓝光透过量少，蔬菜植物容易发生徒长现象。同时紫色光有利于维生素C的合成，因而设施中生产的蔬菜维生素C含量一般比露地生产的蔬菜要低一些。

8.5.1.3 蔬菜生长发育对水分的要求

水分是蔬菜生长发育所需的必要环境条件之一，蔬菜对水分的要求程度与蔬菜的种类及其所处生长发育时期有关。

(1)不同种类蔬菜对水分的要求

根据各种蔬菜对水分的需要程度不同，把蔬菜分为五类，见表8.31。

表8.31 不同种类蔬菜对水分的要求

类别	代表蔬菜	形态特征	需水要求	空气湿度要求
耐旱性蔬菜	西瓜、南瓜、甜瓜、胡萝卜	叶片多缺刻有绒毛或蜡质，根系肥大，入土深	耗水少，吸收能力强，耐湿性高，要求土壤透气性强	对空气湿度要求较低，在相对湿度45%～55%的条件下生长良好
半耐旱性蔬菜	茄果类、豆类、根菜类蔬菜	叶面积较小，且硬，多绒毛，根系较发达	耗水较多，吸收能力较强，适宜在半干半湿土壤生长，不耐高湿，要求土壤透气性较好	适宜相对湿度55%～65%，中等湿度有利于蔬菜栽培，根菜类要求更高一些
半湿润性蔬菜	葱、蒜类蔬菜	叶面积较小，表面有蜡质，根系不发达，根毛少	耗水少，吸收力弱，不耐干旱，不耐涝，主要生长阶段要求土壤湿润	耐较低空气湿度，在相对湿度45%～55%条件下生长良好
湿润性蔬菜	黄瓜、白菜、甘蓝、多数绿叶菜	叶面积大，组织柔嫩，根系浅而弱	耗水多，吸收力弱，要求土壤湿度较高，应加强浇水	要求中等以上空气湿度，在相对湿度70%～80%时生长良好，绿叶蔬菜要求75%～85%

续表

类别	代表蔬菜	形态特征	需水要求	空气湿度要求
水生蔬菜	藕、茭白	叶面积大，组织柔嫩，根系发达，根毛退化	耗水最多，吸收力最弱，需在水中或沼泽地栽培	要求较高的空气湿度，在相对湿度85%～90%条件下生长良好

(2)蔬菜不同生育时期对水分的要求

① 种子发芽期。这时种子要吸水膨胀，需要充足的水分，但湿度过大容易烂种，适宜的土壤湿度为土壤半干半湿至湿润。

② 幼苗期。植株小，需水量不多，但根系吸收力弱，要加强水分管理，保持土壤半干半湿。

③ 营养生长盛期。以营养器官为产品的蔬菜，此时需水量最大。产品器官形成前，水分不要过多，以防徒长，产品器官形成后，需水量多，要经常浇水，保持土壤湿润。

④ 生殖生长期。开花期对水分要求严格，水分过多或过少，都会引起授粉受精不良，影响结果。结果盛期需水量大，是果菜类一生中需水最多的时期，应充足供应水分。以确保高产丰收。

8.5.2 蔬菜生产与供应"淡季"形成的气候原因

蔬菜大部分在露地生产，天气气候环境条件是影响蔬菜生长发育和产量高低的瓶颈，也是形成蔬菜供应淡季的最重要最不稳定的限制因素。

(1)春季低温"倒春寒"，长期低温的阴雨寡照天气，造成蔬菜烂种死苗，是形成蔬菜供应"春淡"的基本原因。

春季是冬季风向夏季风转换，北方极地干冷空气与南方海洋暖湿气流交绥的过渡时期，北方冷空气南下后常在长江以南，南岭以北滞留形成静止锋，持续长期阴雨、低温、寡照天气，气温波动大，土壤冷湿(见表2.2)，1月上旬至3月上旬的旬平均气温低于10.0 ℃，其中1月中旬至2月上旬旬平均气温低于5.0 ℃，耐寒蔬菜生长缓慢，半耐寒蔬菜生长停止，1月上旬至3月上旬旬平均地面温度在10.0 ℃以下，地面极端温度1月为−16.0 ℃，2月为−11.5 ℃，3月为−3.5 ℃，4月为−0.5 ℃，5 cm的地中温度1月和2月均低于10.0 ℃，在6.6～8.3 ℃之间变化，为蔬菜根系生长的最低温度，根系生长微弱。

太阳光辐射能是蔬菜进行光合作用的能量源泉，春季由于阴雨天气多，1—5月平均降水日数均在12.9～18.2天之间，月日照百分率在22%～28%之间变化，其中，月最长连续降水日数达12～24天，1月、2月、3月的日照百分率均在22%左右，降水量多，蒸发量少，1月、2月的旬降水量为49.4～74.0 mm，蒸发量为44.7～46.3 mm，降水量比蒸发量多4.7～28.7 mm，3月至5月的月降水量达116.5～236.8 mm，蒸发量为73.3～128.0 mm，降水量比蒸发量多43.2～128.0 mm，由此可见，春季低温倒春寒，阴雨低温寡照，土壤冷湿，是影响早春蔬菜生长发育的基本因素。

根据资料统计，湖南省历年1月平均气温为4.9 ℃，2月为6.1 ℃，3月为10.9 ℃，日平均气温稳定通过10.0 ℃的开始日期为3月23日，春播叶菜类蔬菜受天气气候和土壤条件的限制，栽种面积不大，单产不高，同时夏收的瓜、果、豆类等喜温蔬菜的移栽定植期又需要日平均气温稳定通过12～15 ℃以上，限制在清明到谷雨期间，使夏菜早熟受到极大影响，推迟了蔬菜上市期，同时品种少，产量低。

由于春季正值瓜豆类等喜温蔬菜接种移栽期，加上此时要腾出部分冬种菜田种植早稻，处于作物换茬季节，上市供应蔬菜的菜田面积减少，蔬菜上市量少，若 3 月、4 月天气异常，倒春寒严重，则上市量就会进一步减少。春淡期上市的蔬菜品种大多是秋冬种的叶菜类蔬菜，抗寒性较强，需短日照才不致于提早抽苔开花，但每年 3 月娄底地区常出现持续低温阴雨天气，对蔬菜作物造成冷害和湿害，一方面，冷害使春播喜温的瓜、豆不能正常出苗生长，甚至出现烂种死苗，而延迟上市供应时间，另一方面，低温会促使冬性弱的叶菜提前通过春化阶段，进入光照阶段。进入 3 月份以后，由于日照时间延长，气温明显回升到 10 ℃以上，又促使冬性弱的叶菜很快通过光照阶段而提早抽苔开花，导致产量和品质下降，上市量减少。

阴雨湿害，使蔬菜作物根系活力受到抑制导致衰亡；土壤中还会产生有毒物质使作物受害以及诱发病害发生。

由于上述原因导致 2、3 月份大量叶菜集中采收后，春播喜温蔬菜还不能及时上市，导致青黄不接，出现 4 月下旬至 5 月中旬的蔬菜供应“淡季”。

(2)夏秋高温干旱是造成蔬菜供应“秋淡”的主要原因

夏秋季节，副热带高压脊线以带状形式伸向大陆，脊线位于 25°～27°N，588dagpm 线北界在长江流域以北，西伸脊点达到 110°E 以西，副热带高压直接控制湖南造成连晴天气。当亚洲中高纬度为纬向环流，面热带辐合带稳定在我国南海一带时，长江流域带状副高较长时间稳定，导致湖南 7—9 月出现夏秋连晴、高温、干旱的天气。

自 6 月中旬开始至 9 月上旬，旬平均气温上升到 25.0 ℃以上，其中 6 月下旬至 9 月上旬旬平均气温在 26.0 ℃以上，7 月上旬至 8 月下旬的旬平均气温在 27.0 ℃以上，7 月中旬至 8 月上旬的旬平均气温为 28.2～28.8 ℃，极端最高气温达 38.6～40.1 ℃，6 月上旬至 9 月≥30.0 ℃的高温天数达 90 天，其中 7 月上旬至 8 月上旬达 8.0～10.4 天，平均地面温度为 42.1～51.4 ℃，其中 7 月份 51.4 ℃，8 月份为 50.8 ℃，6 月至 9 月极端地面最高温度达 65.5 ℃以上，其中 7 月份达 70.2 ℃，8 月份达 69.0 ℃；降水量少，蒸发量大，7—9 月降水量比蒸发量分别少 103.3、68.1、89.1 mm，7—9 月的各月最长连续无降水日数分别为 20、15、26 天，各月日降水量≥10.0 mm 的降水日数仅为 3.7 天、3.8 天、2.1 天；日照强烈，7—9 月日照百分率分别为 56％、53％、43％。

除少数耐热品种如南瓜、苦瓜、丝瓜、冬瓜、豆角和空心菜等外，大多数蔬菜都不耐高温，湘中地区夏季太阳辐射强，不仅温度高，极端最高气温在 39.5～41.0 ℃，而且高温季节长，6—8 月月平均气温均在 25.1～28.9 ℃之间，成为大多数喜温蔬菜，尤其是耐寒蔬菜的非宜菜期，7—8 月月平均气温在 28.0～29.0 ℃，日极端最高气温超过 35.0 ℃的在 6 月上旬至 9 月上旬常见，因此，在盛夏季节，湘中地区不仅冬性喜凉的蔬菜如菠菜、萝卜、花椰菜不能生长，喜温的蔬菜西葫芦、黄瓜也不宜种植，即使喜热的蔬菜如苋菜、空心菜、小芥菜等，长期高温，尤其是夜间高温会加速老化，纤维多，质量差，产量低；茄子、豇豆也会出现早衰而减产，同时高温干旱还会导致病虫害的滋生多发，造成蔬菜减产、甚至绝收，加剧了秋淡季的菜荒现象。

土温过高，夏季晴天中午，菜地表土温度高，达 43.8～51.4 ℃，地面极端高温达 66.0～70.2 ℃，不利蔬菜生长。

夏季中午光照强度可达 12 万勒克斯，最高气温 40 ℃，高温强光，叶片处于萎蔫状态，不能进行正常的光合作用，光能利用率低，强光还会灼伤蔬菜植株，严重影响蔬菜生长发育和产量形成。综上所述，可见夏秋高温干旱是造成蔬菜供应秋淡的主要气候原因。

加之，此时广东、广西和海南岛也正值台风、暴雨盛期，高温炎热不利于蔬菜生长，亦处于蔬菜供应的淡季，这样减少了南方的菜源，更加剧了“秋淡菜荒”的紧缺程度。

(3)蔬菜非宜菜期垂直分布状况

蔬菜非宜菜期标准是月平均气温低于 5.0 ℃、高于 25.0 ℃的时期，据此对不同海拔高度各月的平均气温进行统计，得出不同海拔高度的非宜菜期如表 8.32 所示。

表 8.32　非宜菜期垂直分布统计(1981—2012 年气象哨观测资料多年统计数据)

海拔(m)	各月平均气温(℃)												
	1	2	3	4	5	6	7	8	9	10	11	12	平
200	5.0					25.5	29.0	27.9					
300	4.4						28.5	27.4					
400	3.9						27.5	26.9					
500	3.4	4.7					27.8	26.4					
600	2.8	4.1					26.4	25.8					
700	2.2	3.5					25.9	25.2					
800	1.6	3.0					25.3						
900	1.1	2.4											
1000	0.5	1.9											
1100	−0.1	1.3											
1200	−0.2	0.8											
1300	−1.2	0.2	4.9										
1400	−1.8	−0.3	4.4										
1500	−2.3	−0.9	3.8										

8.5.3　山地气候凉棚效应的特点

(1)气候温凉，热量垂直变化明显

①温度随海拔升高而降低，海拔每上升 100 m，月平均气温降低 0.49～0.60 ℃，年平均气温降低 0.55 ℃。②积温随海拔升高而减少。日平均气温稳定通过 5.0 ℃、10.0 ℃、15.0 ℃、20.0 ℃，海拔每上升 100 m 积温减少 200～250.8 ℃・d。③春季回暖期推迟，秋季寒冷期提早。日平均气温稳定通过 5.0 ℃、10.0 ℃、15.0 ℃、20.0 ℃的开始日期、终期和持续日数随海拔每升高 100 m 而分别推迟 2.1～5.0 天，提早 2.5～3.4 天和减少 4.7～8.3 天(表 8.33)。

(2)夏热天短，冬寒期长。以候平均气温 22.0 ℃为夏季标准，则夏热天数随海拔升高而减少，如海拔 1480 m 的长茅界≥22.0 ℃的夏热天为 29 天，而海拔 212 m 的新化县城为 108 天，平均海拔每上升 100 m，夏热天减少 8.7 天，开始日期推迟 4.4 天，终期提早 4.3 天。

表 8.33　不同海拔高度日平均气温稳定通过 5.0 ℃、10.0 ℃、15.0 ℃、20.0 ℃初终日期及持续日数统计表（1981—2013 年气象哨观测资料）

温度(℃)	项目	冷江	中连	联盟	矿山	新化	夕溪	龙铺	双林	石坑	长茅界
		200 m	300 m	430 m	600 m	212 m	550 m	850 m	760 m	1280 m	1480 m
5.0	初日	27/2	2/3	7/3	9/3	28/2	11/3	14/3	17/3	21/3	27/3
	终日	6/12	6/12	7/12	4/12	13/12	8/12	28/11	25/11	20/11	11/11
	初终间日数间日数(天)	282	279	276	271	288	277	260	254	245	230
10.0	初日	23/3	25/3	1/4	3/4	25/3	9/4	12/4	14/4	15/4	26/4
	终日	22/11	16/11	14/11	11/11	20/11	11/11	2/11	31/10	29/10	17/10
	初终间日数间日数(天)	246	236	230	223	242	224	205	201	197	180
	积温(℃·d)	5297.5	5121.0	4689.0	4501.6	5296.0	4709.0	4081.0	3810.0	3327.0	2902.0
15.0	初日	21/4	24/4	25/4	27/4	23/4	13/5	19/5	21/5	25/5	7/6
	终日	26/10	23/10	20/10	16/10	23/10	9/10	5/10	25/9	20/9	8/9
	初终间日数间日数(天)	192	189	181	177	188	158	140	128	119	94
	积温(℃·d)	4541.4	4377.0	4024.0	3879.5	4517.0	3622	3077	2730	2593	1844
20.0	初日	21/5	25/5	30/5	31/5	18/5	1/6	16/6	17/6	25/6	14/7
	终日	23/9	19/9	13/9	12/9	25/9	14/9	6/9	2/9	26/8	18/8
	初终间日数间日数(天)	126	119	107	105	132	108	83	78	63	35
	积温(℃·d)	3276.1	2956	2484.5	2564.2	3430.0	2746	2015	1861	1509	852
10-20	初日	23/3	25/3	1/4	3/4	25/3	9/4	12/4	14/4	15/4	26/4
	终日	23/9	19/9	13/9	12/9	25/9	14/9	6/9	2/9	26/8	18/8
	初终间日数间日数(天)	185	178	165	163	183	158	147	141	133	113
	积温(℃·d)	4297.6	4099.6	3628.8	3540.8	4296.0	3709.0	3081.10	2811.0	2327.5	1912.0

以候平均气温小于 10.0 ℃为冬季标准，长茅界年平均气温小于 10.0 ℃的日数为 180 天，而新化仅为 112 天，冬季日数随着海拔升高增加，每上升 100 m，低于 10.0 ℃的日数增加 6.7 天。

(3)在垂直方向上，海拔每升高 100 m，相当于水平方向上由南向北推进 1 个纬距(110 km)的平均温度，如新化到长茅界海拔高差 1268 m，则相当于水平方向相差 12.68 个纬距，如龙铺相当于河南许昌，石坑相当于保定，长茅界相当于遵化的热量条件，即从新化到长茅界具有中亚热带，北亚热带、暖温带的热量条件，为蔬菜品种的多宜性种植提供了条件(表 8.34)。

表 8.34　不同纬度不同海拔高度年平均气温表

地点	北纬	东经	海拔高度(m)	年平均气温(℃)
新化	27°45′01″	111°18′10″	212	16.8
半山	27°35′50″	111°16′01″	300	15.7
夕溪	27°43′40″	110°58′02″	552	14.8

续表

地点	北纬	东经	海拔高度(m)	年平均气温(℃)
龙铺	27°43′01″	110°58′02″	850	13.2
双林	27°40′18″	110°58′00″	960	13.0
石峰	27°44′20″	110°58′00″	1017	12.6
石坑	27°44′20″	110°59′40″	1280	12.0
长茅界	27°44′05″	110°56′30″	1480	9.8
湖北汉口	30°38′	114°04′	233	16.2
随县	31°43′	133°20′	96.2	15.9
河南信阳	32°07′	114°05′	75.9	15.2
许昌	34°01′	113°50′	71.9	14.8
郾山	34°43′	113°39′	110.4	14.3
安阳	36°07′	114°22′	75.5	13.6
河北邢台	37°04′	114°30′	76.8	30.
石家庄	38°04′	114°26′	81.8	12.9
保定	38°50′	115°34′	17.2	12.3
遵化	40°12′	117°57′	64.9	10.4

(4)雨量丰沛,气候湿润,旱季不明显。降水量随海拔升高而增加,中高山区气候湿润。

7—9月,在西太平洋副热带高压控制下,新化与冷水江市城市近郊平原地区多下沉气流,天气炎热,高温少雨干旱,导致茄果类、瓜豆类蔬菜生长不良,病虫害滋生;而在中高山区由于山地对盛行气流的阻滞和抬升作用,在一定范围内,降水量及雨日均随海拔升高递增。如海拔212 m的新化县城7月多年平均降水量为125.4 mm,8月份为140.0 mm,而海拔960 m的双林7月份降水量达209.7 mm,8月份为163.2 mm。海拔1280 m的石坑7月份降水量为163.2 mm,8月份达到261.6 mm。由于中高山区具有气温垂直递减、雨量垂直递增的规律,一般海拔每上升100 m降水量增加45.7 mm。城市近郊平原地区7、8月平均气温29.0 ℃左右,极端最高气温39 ℃以上,天气炎热异常,而海拔800 m以上的中高山区,7、8月平均气温在25.0 ℃左右,极端最高气温为30 ℃左右,气候温和,尚如初夏,且时有雷阵雨,对蔬菜生长极为有利。雪峰山区不同海拔高度各月降水量见表8.35。

表8.35 雪峰山区不同海拔高度各月降水量(1981—2013年气象哨观测资料)

地点	海拔(m)	各月降雨量(mm)												
		1月	2月	3月	4月	5月	6月	7月	8月	9月	10月	11月	12月	全年总计
新化	212	54.6	76.5	105.3	200.0	217.3	205.9	125.4	140.0	80.9	103.1	72.1	41.9	1419.0
夕溪	550	51.5	93.7	76.1	211.6	193.1	201.2	137.3	180.4	79.4	144.8	74.8	36.6	1480.5
龙铺	850	46.7	122.0	109.1	219.9	193.5	217.3	134.4	171.8	96.6	162.3	75.8	23.6	1573.0
双林	960	59.5	72.0	121.8	230.2	264.3	225.1	209.7	163.2	261.6	125.1	158.1	87.4	1729.1
石坑	1280	54.6	91.9	102.8	218.1	219.9	237.7	163.2	261.6	125.1	158.1	87.4	49.7	1765.1
石峰	1017	77.0	116.2	115.9	260.1	222.0	249.1	175.7	200.9	122.8	181.9	99.0	67.6	188.2
长茅界	1480	67.4	112.9	106.1	242.8	210.2	290.8	198.7	127.5	130.1	179.4	86.9	51.7	1947.4

(5)雾多湿度大，日照时数少(表 8.36)。据多年观测研究资料分析，中高山区云雾与相对湿度随海拔升高而增加，日照时数随海拔升高而递减，海拔每上升 100 m，年日照时数减少 30～50 小时，日照百分率减少 2%，雾日增加 14.8 天，相对湿度增加 1%。7—9 月由于中高山区热对流旺盛，多地方性雷阵雨，日照时数减少更明显。如海拔 212 m 的新化县城日照时数 7 月为 251.9 小时，8 月为 226.2 小时，9 月为 173.5 小时；海拔 850 m 的龙铺日照时数 7 月为 125.9 小时，8 月为 111.9 小时，9 月为 96.1 小时；海拔 1280 m 的石坑日照时数 7 月为 120.8 小时，8 月为 100 小时，9 月为 87.8 小时。7—9 月平原地区由于晴热高温，阳光强烈，特别是在 11—15 时这段时间里，太阳光照强度可达 12 万 lx 以上，而一般蔬菜的光饱和点为 2 万～5 万 lx，常由于高温强光使蔬菜作物叶片处于蔫萎状态，气孔关闭，光合作用下降，呼吸作用增强，甚至导致叶片灼伤，对其生长发育影响极大。而高山区的光照强度在 5 万 lx 左右，不仅削弱了上述不利因素的影响，还能满足蔬菜作物对光合作用的要求，进而提高蔬菜产量。同时，由于中高山区日照时数比平原少，气温低，病虫害少，蔬菜的糖分、维生素和植物蛋白含量高，营养丰富，色香味美，纯正清香。

表 8.36 不同海拔高度各月日照时数(小时)

地点(m)	1 月	2 月	3 月	4 月	5 月	6 月	7 月	8 月	9 月	10 月	11 月	12 月	年
新化(212)	84.9	48.1	70.4	108.8	122.4	158.0	251.9	226.2	173.5	114.2	131.2	77.5	1567.1
夕溪(520)	73.3	49.3	62.4	61.7	91.4	118.0	178.1	164.8	123.7	97.4	112.2	70.2	1202.5
龙铺(850)	81.2	40.7	51.8	76.9	96.8	120.1	189.2	159.8	144.9	103.1	118.4	73.1	1256.0
双林(960)	71.8	32.7	36.2	64.0	61.0	77.4	125.9	111.9	96.1	98.7	99.5	67.4	942.6
石坑(1280)	63.5	23.8	36.7	57.8	62.3	80.7	120.8	100.0	81.8	82.8	100.5	69.6	880.3
长茅界(1480)	82.9	32.3	39.6	83.1	55.4	71.3	115.6	93.7	78.1	99.5	128.2	89.8	969.5

8.5.4 充分利用山地凉棚气候效应优势，建立度夏补淡蔬菜基地，缓解蔬菜供应淡季矛盾

(1)利用山地凉棚气候效应，分层建立蔬菜基地。由于不同高度的气候差异，使同一种蔬菜同一品种在不同海拔高度造成生长发育期的差异和蔬菜上市供应季节的差异，因而可以利用山区立体气候差异，在不同海拔高度的山地，分层建立蔬菜生产基地，使各类蔬菜的生长各得其所，克服蔬菜供应的淡季。

海拔 400 m 以下的平原丘陵地区，土壤肥沃，热量丰富，阳光充足，年平均气温 15.94～17.0 ℃左右，最冷月平均气温 3.9～6.5 ℃，最热月平均气温 28.5～29.0 ℃左右，极端最高气温 38.7～40.7 ℃，极端最低气温 −10.9 ℃，≥10.0 ℃积温 5000～5500 ℃·d，无霜期 270～280 天，年降水量 1350～1450 mm 左右，年日照时数 1600 小时左右。属中亚热带气候，基本能满足蔬菜周年生长发育的需要，适宜茄果类、瓜类、豆、叶菜类、水生菜等多种蔬菜的种植。

400～600 m 的低山、丘陵、山坡地区，年平均气温 14.8～16.4 ℃，最冷月平均气温 2.8～4.0 ℃，≥10.0 ℃积温 4500～5100 ℃·d，无霜期 260～270 天，日照时数 1500 小时左右，年降

水量 1400～1500 mm，气候温和、湿润，阳光充足，适宜于建立辣椒、茄子、西红柿、冬瓜、南瓜、芋头、豆角等蔬菜生产地，在蔬菜生产供应中起着重要的骨干作用。

600～800 m 的中低山地带，夏季温凉无酷热，年平均气温 13.7～14.8 ℃，最冷月平均气温 1.6～3.4 ℃，≥10.0 ℃积温 4100～4800 ℃ · d，无霜期 230～250 天，年降水量 1500～1600 mm 左右，年日照时数 1300～1500 小时，气候温凉、湿润，具有北亚热带气候特色，适宜喜凉蔬菜生长，可建立生姜、尖红椒、迟鲜椒、迟冬瓜、芋头等二级蔬菜基地。

海拔 800 m 以上的中山地带，气候湿寒，年平均气温 9.8～13.0 ℃，最冷月平均气温 －2.9～1.6 ℃，≥10.0 ℃积温 3000～4300 ℃ · d，日平均气温低于 0.0 ℃的日数在 30～50 天，夏季日平均气温在 25.0 ℃以下，冬季极端最低气温在－12.0 ℃以下，具有暖温带的气候特色。相当于水平方向上黄河流域的河南郑州至河北遵化的热量条件。适宜于早萝卜、早包心白菜、马铃薯、早秋菠菜、蘑芋以及耐寒蔬菜的生长，可为度秋淡发挥重要作用。

(2)根据同一时期不同海拔的气候与物候的差异，分别区划种植喜温、喜凉蔬菜，延长和提早蔬菜上市时间，以增加蔬菜供应的花色品种，可克服或缓解供应淡旺之间的矛盾。如通过多年研究发现了世界锑都——锡矿山，海拔 500～1100 m，年平均气温 10.5～14.4 ℃，比城市附近的平原地区低 2.5～6.0 ℃，夏天无酷热，气候温凉，蔬菜物候季节比平原市郊要迟 15～45 天。根据此特点，近年来，已建立蔬菜一线基地 4740 亩，二线基地 320 亩，在“春淡”中有大量的春莴笋、芹菜、甘蓝、葱球、蔃头、菜豌豆等蔬菜上市。9—10 月有大量的迟熟瓜类、芋头、早萝卜、早包心白菜、脚板茄、凉薯，迟辣椒、迟茄子、迟冬瓜、迟苦瓜等蔬菜供应市场，在补充城镇蔬菜供应，克服秋淡中发挥了积极的作用。

早春平原地区温度较高，回暖较早，喜凉蔬菜一般在 4 月中旬收获结束，喜温蔬菜要到 6 月中旬才能上市，出现了 4 月下旬至 5 月下旬蔬菜供不应求的“春淡”，而半山腰地带，4 月下旬到 5 月下旬还有大白菜、莴笋、青菜、芹菜、甘蓝等喜凉蔬菜上市，这样便延长了喜凉蔬菜的供应期，弥补了平原地区蔬菜供应的不足。

8 月下旬至 9 月下旬，在西太平洋副热带高压控制下，平原地区正值高温干旱时期，茄果类、瓜菜类等喜温蔬菜收获处于尾声，蔬菜处于换季过程中，上市的蔬菜种类和数量均少，出现了平原地区蔬菜供应的“秋淡”时期，而半山及高山地带，温度偏低，气候温凉、潮湿，物候季节偏迟，南瓜、冬瓜、丝瓜、苦瓜、豆角、扁豆及秋茄子、秋黄瓜等喜温蔬菜尚处于生长结果上市旺季，且早萝卜、早白菜、早菠菜、甘蓝及葱、蒜等喜凉蔬菜又提前上市，缓解了平原地区的秋季蔬菜供应淡季。

8.5.5 不同海拔高度主要蔬菜的生育期及采收上市期

8.5.5.1 黄瓜的生育期及采收上市期

研究表明(表 8.37)：(1)黄瓜从播种至采收上市期，在冷水江锡矿山剖面 200～600 m 处，经历日数为 73～78 天；在新化雪峰山剖面 550～1400 m 处，经历日数为 89～86 天。(2)采收期至拔秆期：在冷水江剖面经历日数为 32～41 天；在新化雪峰山剖面为 40～52 天。(3)播种至拔秆期：在冷水江剖面经历日数为 107～114 天，在新化雪峰山剖面为 129～138 天。(4)黄瓜可收上市期经历日数随海拔升高而增加，冷水江剖面为 32～41 天，出现在 5 月底至 8 月初；新化雪峰山剖面经历日数为 40～52 天，出现在 7 月上中旬至 8 月中下旬，可增加菜源，缓解城市 8 月中下旬的“夏秋淡季”菜荒现象。

表 8.37a　黄瓜不同海拔高度成熟上市期

海拔高度(m)	5月			6月			7月			8月		
	上	中	下	上	中	下	上	中	下	上	中	下
200		—	—	—	—	—						
300			—	—	—	—	—					
430			—	—	—	—	—	—				
550			—	—	—	—	—	—				
850				—	—	—	—	—	—			
960				—	—	—	—	—	—	—		
1070					—	—	—	—	—	—	—	
1280					—	—	—	—	—	—	—	—
1480						—	—	—	—	—	—	—

表 8.37b　黄瓜不同海拔高度成熟上市期

海拔高度(m)	6月			7月			8月			9月			10月		
	上	中	下	上	中	下	上	中	下	上	中	下	上	中	下
200	—	—	—	—	—	—	—	—							
300		—	—	—	—	—	—	—	—						
430		—	—	—	—	—	—	—	—	—					
600			—	—	—	—	—	—	—	—	—				
550			—	—	—	—	—	—	—	—	—				
850			—	—	—	—	—	—	—	—	—	—			
960			—	—	—	—	—	—	—	—	—	—			
1280			—	—	—	—	—	—	—	—	—	—			
1480			—	—	—	—	—	—	—	—					

8.5.5.2　辣椒的生育期及采收上市期

研究发现(表 8.38)：(1)辣椒从播种至采收上市期，在冷水江锡矿山剖面 200～300 m 处，经历日数为 143 天，430～600 m 处为 119～123 天；在新化雪峰山剖面 550～1480 m 处，经历日数为 85～101 天，随着海拔高度升高而增加。(2)采收期至拔秆期：在冷水江市剖面经历日数为 70～89 天，新化雪峰山剖面经历日数为 64～79 天。(3)播种至拔秆期：在冷水江剖面经历日数为 198～213 天，新化雪峰山剖面为 16[illegible]～170 天。(4)辣椒可收上市期：冷水江剖面 430 m 以下出现在 6 月中下旬至 8 月中下旬，600 m 以上出现在 7 月下旬至 9 月底；新化雪峰山剖面可收始期出现在 7 月中旬至 8 月初，持续采收到 8 月下旬到 9 月底，可为缓解 8 月中下旬至 9 月的“夏秋淡季”，补给蔬菜供应。

表 8.38 不同海拔高度辣椒成熟上市期

海拔高度(m)	6月			7月			8月			9月			10月		
	上	中	下	上	中	下	上	中	下	上	中	下	上	中	下
200		—	—	—	—	—	—	—	—						
300		—	—	—	—	—	—	—	—	—					
430		—	—	—	—	—	—	—	—	—	—	—			
600			—	—	—	—	—	—	—	—	—	—	—		
550			—	—	—	—	—	—	—	—	—	—			
850			—	—	—	—	—	—	—	—	—	—			
960			—	—	—	—	—	—	—	—	—	—			
1280				—	—	—	—	—	—	—	—				
1480					—	—	—	—	—	—					

8.5.5.3 茄子的生育期及采收上市期

试验表明:(1)茄子从播种至采收上市期,在冷水江锡矿山剖面经历日数为131～136天,新化雪峰山剖面为85～112天。(2)可收期至拔秆期:在冷水江剖面经历日数为67～86天,新化雪峰山剖面为84～87天。(3)播种至拔秆期:在冷水江剖面经历日数为200～220天,新化雪峰山剖面为170～199天。(4)茄子可收上市期:在海拔600 m以下,茄子可收上市期始于6月中下旬,持续采收至8月下旬;在海拔800 m以上,茄子的可收期始于7月中下旬,持续采收至9月中下旬,可缓解城市“夏秋淡季”的菜荒现象。

8.5.5.4 豇豆的生育期及采收上市期

研究发现(表8.39):(1)豇豆从播种至采收上市期,在海拔600 m以下经历日数为128～139天,850 m以上经历日数为142～145天。(2)可收期至拔秆期:在海拔600 m以下经历日数50～54天,850 m以上经历日数143～145天。(3)播种至拔秆期:在海拔600 m以下经历日数128～139 d,850 m以上经历日数142～145天。(4)豇豆可收上市期:在海拔600 m以上始于6月上中旬,持续采收至7月下旬至8月初。

表 8.39 豇豆不同海拔高度成熟上市期

海拔高度(m)	6月			7月			8月			9月			10月		
	上	中	下	上	中	下	上	中	下	上	中	下	上	中	下
200		—	—	—	—										
300		—	—	—	—	—									
430		—	—	—	—	—	—								
600			—	—	—	—	—	—							
550				—	—	—	—	—	—						

续表

海拔高度(m)	6月			7月			8月			9月			10月		
	上	中	下	上	中	下	上	中	下	上	中	下	上	中	下
850				—	—	—	—	—	—	—					
960				—	—	—	—	—	—						
1280				—	—	—	—	—	—						
1480				—	—	—	—	—							

8.5.6　关于建立山地反季蔬菜基地的几点注意事项

(1)蔬菜非宜菜期的温度指标。据研究,日平均气温5.0 ℃以下,耐寒蔬菜生长缓慢,喜温蔬菜生长停止;日平均气温25 ℃以上,喜温蔬菜生长缓慢,故以日平均气温低于5.0 ℃和日平均气温高于25.0 ℃作为蔬菜非宜菜期的温度指标。

(2)蔬菜“春淡”季节主要出现在日平均气温低于5.0 ℃以后后延两个月的4月下旬至5月中旬,即春季喜凉蔬菜与夏季喜温蔬菜换茬青黄不接的时期;蔬菜供应“秋淡”季节主要出现在日平均气温高于25.0 ℃以后的约两个月的7月中旬至8月底与9月初,即喜温蔬菜与喜凉蔬菜的换茬过渡时期。

(3)利用山地气候凉棚效应,发展度夏补淡蔬菜基地。以季节性蔬菜为主,主攻度淡蔬菜,其目的是推迟春季喜凉蔬菜的供应期,延长夏季喜温蔬菜供应期和提早秋季喜凉蔬菜的上市期。既可增加菜源又可利用山地气候的天然凉棚效应,节省能源,减少环境污染物排放,确是缓解蔬菜供应淡季的良方佳策。

(4)政府主导,部门协作。分层建设度夏补淡蔬菜基地,将山地气候凉棚效应立体气候差异,变成蔬菜生长发育采收及供应上市期的时间差,将山地气候凉棚效应资源优势变成蔬菜商品,既可增加蔬菜来源,缓解城市蔬菜供应“淡季”矛盾,又可为山区农民脱贫致富开创一项崭新的就业门路,为农业增效,农民增收,农村稳定和农业可持续发展增添一个农村经济腾飞的闪光点。

(5)建立蔬菜气象防灾减灾防御体系和蔬菜气象服务体系,最大限度地减轻气象灾害对蔬菜生产的威协。蔬菜生产基地和蔬菜专业合作社与蔬菜专业大户都要建立蔬菜气象信息网络。及时将天气预报和天气灾害信息传递到蔬菜生产者和经营者手上,以便趋利避害。充分利用气候资源优势,减少气象灾害损失,实现低成本,高效益,无公害、高质量的低碳生产蔬菜的良性循环。

(6)山地反季节蔬菜基地要选择在人少地多,水源条件好,交通方便的地方,要有一支劳动力充裕蔬菜生产技术熟练的蔬菜专业技术人员队伍,解决蔬菜淡旺矛盾研究是一个庞大的系统工程,尚有许多问题需要进行深入研究,因而政府要将山地度夏补淡蔬菜气象研究基地建设列入财经预算,纳入菜篮子工程统筹安排,解决必要的经费,要加强蔬菜气象研究工作,要围绕“周年均衡供应,消灭蔬菜淡季”为中心,充分利用山地凉棚气候效应资源,提高光能利用率,有计划有针对性地培育出多种类型的高产优质、多抗性的优良淡季蔬菜品种,并实行主栽品种早、中、晚配套,做到良种优质化,保温设备地膜、拱膜、大棚化,育苗保温电热化,蔬菜无公害化，植保生物化，深入地进行蔬菜气象及小气候研究，不断提高蔬菜产量与质量，满足人民生活日益提高的需要。

8.6 奶牛

奶牛业是节粮、高效、产业关联度高的产业，是现代农业重要的组成部分，牛奶是人类最重要的营养食品，是营养要素最全面、营养价值最高、最容易消化吸收的食品，它对改善我国人民的营养状况，平衡膳食结构，提高人民大众的健康水平，促进农业发展，优化种植业结构，带动相关产业发展，巩固和加强农业基础地位，推进农村改革发展，加快社会主义新农村建设，增加农民收入，发展农村经济，繁荣城乡经济，扩大对外贸易，全面建设两型社会，都具有重大意义。

8.6.1 我国奶制品消费现状

奶业在中国是朝阳产业，近年来保持持续增长率达 25%左右，但人均乳制品年消费量仍很小，人均只有 25 kg 左右，大大低于世界平均水平(100 kg)与日本和韩国等地区(人均 60 kg)比较，仍属于低水平。按照中国社会发展目标，2020 年全面实现小康社会，那时的经济发展水平应能达到或超过韩国，日本等目前的水平，即人平均年消费奶制品 60 kg 左右。

随着生活水平的提高以及购置力的增强，人们对畜产品的消费习惯开始向鲜活、多元化，营养、科学方向转变，消费结构也由过去的“谷物食物型”向“动物蛋白型”转变，由单一型向多元化转变。由于南方经济较发达，南方对奶制品消费也日益增多。产业布局乳制品工业产业政策(2009 年修订)第十一条认为，南方产业区包括湖南、广东、广西等 13 省区奶牛存栏较少，奶类产量较小，经济发展程度相对较高，人口密度较大，是牛奶的主要消费地区。

发达国家由于奶价低，进口奶粉价格比我国产奶粉成本价低 7000 元/吨，如果每年都从国外大量进口优质奶粉，势必影响我国民族奶业的发展。这一行情将迫使中国发展自己的奶牛养殖业。

目前我国奶业存在的主要问题是：

(1)奶牛养殖

由于荷斯坦奶牛耐寒而不耐热，长期奶业布局以北方为重点优势，南方主要集中在大城市，带来的不良后果是，北方的草资源和水资源逐渐衰竭，奶源过剩，原料奶价格下降，南方鲜奶供应受限，许多地区只能饮用常温保存奶或奶饮料，或用奶粉代替，所以“大头娃娃”和“结石娃娃”在南方出现较多。南方奶牛养殖存在的第二个问题，是忽视优良品种和先进技术，在提高经济效益中的作用，以致产奶量愈来愈低。

饲养只重视精饲料，不重视青粗饲料，许多地方采用精料加稻草的模式，既浪费精料，又影响牛奶品质(乳蛋白质偏低)，在疾病控制方面也存在严重问题。

(2)产品销售

市场消费是奶业发展的原动力，我国奶业能否持续增长，很大程度上取决于能否有效地培育开拓乳制品消费市场，把乳制品的潜在需求转化为现实需求。从目前看，我国乳制品市场需求潜力远远没有开发出来。

根据《中国居民膳食指南》，每人每天应喝奶 300 克，是目前实际人均消费的 3.9 倍，我国人均牛奶占有量增长速度与人均 GDP 的增长呈正相关，收入每增长 1%，乳制品消费就会增长0.674%，随着经济的发展，乳制品消费将越来越多。

保鲜奶是所有产品中营养价值最高的，加工成本是最低的。发达国家喝保鲜奶的比例相当高，达99%，而我国仅为29.62%，保鲜奶可大量使用循环型的玻璃瓶等包装，可节约资源，减少城市环境污染，对发展绿色低碳经济有积极作用。

(3)奶牛养殖潜力巨大

我国南方有丰富的草山、草坡资源，以及农作物秸秆资源，而且水、热、光条件好，是发展奶牛业的有利基础，如湖南城步南山牧场，昔日杂草丛生，荒无人烟，草山经多年改良，现已成为奶牛养殖基地。

(4)奶牛生育与泌乳和气象条件关系密切

奶牛生育与泌乳受天气气候条件制约，荷斯坦奶牛来自荷兰，气候寒冷地区，引进湖南养殖，因南方气候炎热，出现热害，如冷水江市1985年从荷兰引进50头花白奶牛，由于高温炎热，1986年7月平均气温28.9 ℃，最高气温39.5 ℃，日最高气温30 ℃以上天数达50多天，就有15头奶牛发生热害死亡，效益不佳，于2016年停办。而城步南山海拔1778.3 m，年平均气温11.2 ℃，7月最高气温26.8 ℃，奶牛引种成功，至今仍为南方的奶牛基地。效益良好。因而作好气象为奶牛服务极为重要。

8.6.2　牛舍内温度与奶牛生育及泌乳的关系

8.6.2.1　温度

奶牛是通过自身的体温调节而保持最适宜的体温范围以适应外界环境的。体温调节，就是奶牛借助产热过程(体内热能的形成)与散热过程(体内热能向外散发)进行的热平衡。当外界气温降低到适宜温度(即适宜的环境温度范围)以下时，奶牛体就尽量减少热能的散发，提高新陈代谢作用以增加体热。反之，当外界气温上升到接近奶牛的皮温或高于皮温时，奶牛体就增加体热的散发，降低新陈代谢作用、以减少体热，使之保持在一定的温度范围内。牛的代谢作用与体热的产生处于最低限度时，把这个温度范围称为“等热区”。奶牛的等热区为9～16 ℃，等热区的下限温度为“临界温度”。在临界温度条件下，维持奶牛体正常功能所消耗的能量少，同时产热最少。当温度低于临界温度时，奶牛会提高物质代谢作用以增加体热。由此可见，牛舍内的温度应维持在临界温度以上、等热区范围以内，对饲养奶牛最为有利。牛舍内的最适温度如表8.40所示。

表8.40　牛舍内温度(℃)

牛舍	最适宜	最低	最高
乳牛舍	9～17	2～6	25～27
犊牛舍	6～8	4	25～27
产房	15	10～12	25～27
哺乳犊牛舍	12～15	3～6	25～27

舍内温度过高，奶牛为维持恒定的体温，就要加强体热的散发。由于体热大量散发，体表微血管扩张充血，使皮温升高，汗腺作用加强、呼吸、脉搏增快，奶牛活动迟缓，食欲和消化作用均降低，使牛奶的成分发生变化，产奶量也会下降。

8.6.2.2 环境温度与奶牛生长及泌乳的关系

多数奶牛主要分布于温带地区，耐寒能力较强，而耐热能力较弱。在高温条件下，牛主要通过出汗和热喘息调节体温。当外界环境温度超过 30 ℃时，牛的直肠温度开始升高，当体温升高到 39 ℃时，往往出现热喘息。不同品种奶牛之间的耐热能力差异很大，如北欧的荷斯坦牛，适宜的外界温度为 10～16 ℃，在此温度范围内产奶量随温度升高而增加，但温度过高不适宜。年平均气温高于或等于 23 ℃，最高气温等于或大于 30 ℃，即有不良影响，高温高湿，无风、低气压、闷热天气影响则更大。牛的体温呼吸频率和皮肤温度都有显著的季节性变化。夏季和秋季时的体温和呼吸频率比冬季高。在低温条件下，牛的皮肤温度降低，并且耳、鼻、尾及四肢的皮肤温度低于躯干部位的温度，表明这些部位的血管运动对牛的体温起到一定的调节作用，炎热使牛的食欲降低，反刍胃数减少，消化机能明显降低，泌乳牛的产奶量下降，在持续的长时间热应激作用下，甲状腺机能降低，若夏季气温高于 26 ℃时，产奶量开始明显下降，高于 35 ℃时，采食量明显下降，生长速度缓慢或停滞。

① 环境温度与牛奶成分的关系

牛奶成分与温度有密切关系，从表 8.41 可看出：牛奶成分乳脂率，非脂固形物，酪蛋白均与环境温度成正相关。当气温在 4.4 ℃时，乳脂率为 4.2%，非固形物含量为 8.26%，酪蛋白为 2.26%，均为最高值，当气温上升到 35.0 ℃时，乳脂率为 3.7%，非脂固形物含量为 7.58%，酪蛋白为 1.81%，均为最低值。

表 8.41 气温对牛奶成分的影响

牛奶成分(%)	4.4 ℃	10.0 ℃	15.6 ℃	21.1 ℃	26.7 ℃	29.4 ℃	32.2 ℃	35.0 ℃
乳脂率	4.2	4.2	4.2	4.1	4.0	3.9	3.8	3.7
非脂固形物	8.26	8.24	8.16	8.12	7.88	7.68	7.64	7.58
酪蛋白	2.26	2.22	2.08	2.05	2.03	1.93	1.91	1.81

② 环境温度与奶牛泌乳量的关系

牛奶泌乳量与环境温度关系密切，以环境温度为 10 ℃时对奶牛产奶量为 100%，则奶牛产奶量与环境温度成反相关。即奶牛产奶量随着环境温度升高而减少，如环境温度为 15 ℃，产奶量为 98%，温度为 40 ℃，产奶量仅为 15%，见表 8.42。

表 8.42 环境温度与奶牛产奶量的关系表

温度(℃)	10.0	15.6	21.1	26.7	29.4	32.2	35.0	37.8	40.6
产奶量(%)	100	98.4	89.3	75.2	69.6	53.0	42.0	26.9	15.5

注：以 10 ℃时产奶量为 100%。

若牛舍内的气温继续升高，牛体以热放散的方式不足以调节时，则呼吸作用更为加强，皮肤充血，体温升高，同时分解脂肪与糖的能力加强，中枢神经受到过热的血液刺激，会产生更多的热量，这样逐渐造成恶性循环。严重时，牛的中枢神经失常，其生命活动受到抑制，最后昏迷，痉挛甚至死亡。即所谓“热射病”，俗称“中暑”。研究表明，当气温为 5～10 ℃时，高产牛呼吸次数增加到每分钟 70 次，当气温为 28 ℃时，奶牛体温升高到 39.3 ℃。

奶牛的耐寒能力较强，在低温条件下，奶牛会发生各种适应性的变化，如牛体卷缩，皮肤血管收缩,呼吸加深,脉搏减缓,一般代谢加强,对饲料消耗能力提高等,这就加强了奶牛的抗寒能力。故在寒冷季节,如果饲料充足,管理得当,奶牛能维持正常的生理机能,对生产性能影响不大。若长期处于低温环境下,奶牛的生理机能仍会受到影响,从而降低产奶量。

8.6.2.3　湿度与奶牛的关系

奶牛在高温条件下,若空气湿度升高,会阻碍牛体的蒸发散热过程,加剧热应激。

而在低温环境下,若湿度较高,又会使奶牛体的散热量加大,使机体能量消耗相应增加,空气相对湿度以 50%～70%为宜。适宜的环境湿度有利于奶牛发挥生产潜力。夏季相对湿度超过 75%时,奶牛的生产性能明显下降。奶牛对环境湿度的适应性,主要取决于环境温度。夏季的高温、高湿环境容易使奶牛中暑,特别是产前、产后母牛更容易发生中署。所以,南方的高温高湿地区,应对奶牛进行配种、产犊时间调节,以避开高温高湿季节产犊。

8.6.3　南山的气候特点

8.6.3.1　南山的自然地理概况

南山位于城步县西南部,北纬 26°02′,东经 109°59′,最高海拔 1940.6 m,场部海拔高度 1778.3 m,是新构造运动以来,地壳相对上升的地区,有中山草原地 23 万亩,台面开阔平坦,四周坡度陡峻,坡度 30～45 度,其形态特征受构造岩性及风化作用的控制和影响,在海拔 1400 m 以上的地面上形成剥夷面,形如丘、岗地貌,杂草丛生,以禾本科植物为主,山原台地气候温凉、降雨量丰沛,湿度大,腐殖质层较厚,土壤为山地黄棕壤和山地草甸土,质地以沙土为主,土层深厚疏松(10～100 cm),有机质含量达 1.4%,草类生长茂盛,山呈浑圆形状,山原四周坡度陡,顶部有湿地被山包环抱,呈椭圆形,较为宽阔平坦,多呈半封闭状态,长轴 0.5～1.5 km,短轴 0.3～0.8 km,湿地内生长着茂盛的喜水植物和草丛。

山原地表水发育良好,溪沟纵横,土壤、气温、降水及水利条件有利于三叶草、黑麦草等牧草生长,土壤肥沃,草资源丰富,是南方独特的天然草场,为奶牛、菜牛的养殖提供了有利条件。

8.6.3.2　南山的气候特点

根据多年观测与考察的南山气象资料记录(见表 8.43),对南山气候特点作如下归纳:

(1)气候冷凉,温度低。根据 1960—1961 年南山气象站在海拔 1778.3 m 的观测记录及 1980 年 4 月—1981 年 4 月设点短期观测记录与 2014 年 12 月—2015 年 11 月自动气象站的记录整理见表 8.43,南山多年年平均气温为 11.2 ℃,比城步县站儒林镇 477.5 m 观测记录 16.6 ℃低 5.4 ℃。南山最高气温为 26.8 ℃,比县站 38.5 ℃低 11.7 ℃,最低气温－15.0 ℃,比县站－8.1 ℃低 6.9 ℃。

(1)只有春秋季和冬季,没有夏季

按候平均气温≥10 ℃为春季,≥22.0 ℃为夏季,22～10 ℃为秋季,<10 ℃为冬季的标准统计,南山牧场没有日平均气温≥22 ℃的天数,日平均气温≥20.0 ℃也只有 9 天,即 2015 年 6 月 28 日 20.2 ℃,29 日 20.1 ℃,30 日 20.7 ℃,7 月 1 日 20.0 ℃,7 月 14 日 20.0 ℃,21 日 20.7 ℃。

因而按气象学标准统计,南山牧场没有夏季,2015 年日平均气温稳定通过 10 ℃的开始日期为 4 月 24 日,终日为 10 月 30 日,春秋季持续时间为 214 天,冬季日数为 151 天。

(2)降水量多,雨日多,雨季时间长,无旱季

南山的多年平均降水量为 1951.5 mm,比城步县站 1221.4 mm 多 730.1 mm。其中 4—9

月降水量1450.4 mm比县站全年降水总量还要多229.0 mm,7—9月降水量656.8 mm,比县站221.0 mm多435.8 mm,雨季年平均雨日216天,比县站162天多54天,降水时间长,没有旱季。

(3)湿度大,雾日多,日照时数少

南山经常笼罩在云雾之中,多年年平均相对湿度为88%,比县站高7%,年平均雾日201天,比县站10天多191天,最多月3月和5月的雾日均达21天,最少月7月也达14天。南山的年日照数时数为903.3小时,比县站1352.3小时少449小时,日照百分率为21%,比县站31%少10%。

(4)无霜期短,冰雪期长

南山初霜出现在10月下旬,比县站11月下旬早1个月,终霜出现在3月下旬,比县站迟1个月,无霜期为215天左右,比县站275天少60天左右。

降雪积雪开始于11月上旬,终雪终积雪出现在4月上旬。

冰冻开始日期出现在11月下旬,终止于3月下旬,冰冻日数平均为33天,比平地多30天左右。

(5)风速大,大风日数多

据观测记录(表8.43),南山年平均风速为4.2 m/s,比平地2.5 m/s大1.7 m/s,年大风日数71天,比平地9天多62天,南山的冷凉气候环境适宜于牧草生长,同时奶牛怕热耐寒,因而南山为创建我国南方独特的奶牛养殖基地提供了非常良好的气候生态环境条件。

表8.43 南山各月气象资料

月	气温(℃)				降水		日照		风速		相对湿度(%)	雾日(天)	冰冻日数(天)
	平均	最高	最低	较差	雨量(mm)	雨日(天)	时数(小时)	百分率(%)	平均风速(m/s)	大风日数(天)			
1	2.2	13.2	−4.3	17.5	74.7	17.0	61.4	19	3.9	5.5	76	16.0	10.5
2	4.5	16.6	−16.0	32.6	101.1	13.0	15.5	5	4.4	8.0	89	15.0	8.0
3	9.1	22.1	−2.3	24.4	130.8	22.5	40.9	11	5.3	17.5	92	20.5	5.0
4	11.3	23.5	−2.1	25.6	256.3	19.0	69.5	18	5.1	9.0	91	18.5	
5	15.4	24.4	5.8	18.6	289.7	21.0	79.7	20	4.6	5.0	87	21.0	
6	18.0	25.9	8.7	17.2	262.9	20.0	98.1	24	4.4	4.0	88	15.0	
7	18.4	26.8	11.4	15.4	144.9	23.0	94.9	23	4.8	7.5	93	13.5	
8	17.7	26.7	12.6	14.1	224.0	18.5	55.5	11	4.0	3.0	93	14.5	
9	15.4	25.9	7.2	18.7	105.8	16.5	102.3	28	4.2	4.0	92	16.0	
10	12.9	25.7	2.1	23.6	136.9	11.0	97.9	28	3.1	1.0	89	19.0	
11	9.6	19.9	−2.7	22.6	153.2	18.0	114.9	35	2.9	2.5	87	17.5	3.0
12	3.7	15.5	−7.8	23.3	71.2	16.5	72.7	23	3.7	3.5	83	14.5	6.5
年合计	138.2			253.6	1951.5	216.0	903.3	245	50.4	70.5	1060	201	33.0
年平均	11.5			21.1				21	4.2		88		
年极值		26.8	−16.0										

8.6.4　奶牛产奶量与气象条件关系

(1)奶牛产奶量峰值期与温度的关系

温度对奶牛产奶的影响，首先表现在产奶期上，由于气候的季节变化，以及由气候变化引起牧草产量，品质的改变，而影响奶牛的生长和产奶量的变化。不同的天气气候环境奶牛的产奶峰值亦不同。城步南山牧场的奶牛产奶的最高峰值出现在6月份，平均气温为18.5 ℃，最高气温24.5 ℃，最低气温13.0 ℃，气温较差11.5 ℃。每头奶牛月产奶总量为1076.3 kg，每头奶牛每天产奶量达35.6 kg，产奶量低值出现在10月份，平均气温为13.5 ℃，最高气温25.7 ℃，最低气温5.1 ℃，气温较差20.6 ℃，每头奶牛月产奶量为428.0 kg，平均每头奶牛每天产奶量为13.8 kg。

南山牧场每头奶牛年平均产奶量为6900.1 kg，比冷水江市年产奶量3550.6 kg高3349.5 kg，高出产奶量达97.1%，达到了全国黑白花奶牛年产奶量7000 kg的先进水平。

奶牛产奶量峰值出现时间的差异，主要由于气候变化所引起的，如同为黑白花奶牛，乌鲁木齐产奶高峰在6月份，低值在11月份，而北京高峰值在4月份，低值在7—8月份，冷水江市产奶高峰期在5月份，低值在7—8月份。

南山牧场饲养的奶牛以黑白花奶牛为主，全称荷斯坦弗里斯牛，原产于荷兰北部的荷兰省和西弗里斯省，后来分布到荷兰全国及德国的荷斯坦省，引进美国后定名为荷斯坦・弗里斯牛，简称荷斯坦牛，引入中国后1992年正式定名为中国荷斯坦牛，荷斯坦牛的特征是产奶量高，适应性广，容易被世界各地引进并被驯化。耐寒，但不耐热，对饲料的要求比较高，荷斯坦牛大多数地区的年产奶量为5000 kg左右，乳脂率为3.2%～3.4%左右，饲养管理条件较好，畜种水平较高的地区，其年产量可达8000 kg以上，而饲养管理条件较差的地区，年产奶量仅为3000 kg左右。

荷斯坦牛原产寒冷地区，适温范围为11～16 ℃，而南山的多年平均气温为11.5 ℃，2015年平均气温为12.4 ℃，最高气温为26.8 ℃，适宜于荷斯坦奶牛的生育和产奶，见表8.44。

表8.44　南山奶牛产奶量与气象条件的关系

月	每头奶牛每天平均产奶量(kg)	平均气温(℃)	最高气温(℃)	最低气温(℃)	降水量(mm)	每头奶牛每月平均产奶量(kg)
1	20.5	4.7	13.2	−3.4	58.7	635.4
2	16.6	6.8	14.9	−4.7	72.1	569.4
3	19.0	10.4	22.1	1.3	50.5	640.0
4	31.8	11.2	23.5	5.0	79.7	945.5
5	32.1	16.9	23.8	8.6	322.2	994.7
6	35.9	18.5	24.5	13.0	280.8	1076.3
7	24.8	17.6	26.8	11.4	275.6	769.0
8	15.6	18.0	26.7	13.6	245.4	483.2
9	14.5	16.6	25.9	9.7	135.8	456.0
10	13.8	13.5	25.7	5.1	202.8	428.0
11	15.8	11.5	19.9	2.2	289.3	474.0

续表

月	每头奶牛每天平均产奶量(kg)	平均气温(℃)	最高气温(℃)	最低气温(℃)	降水量(mm)	每头奶牛每月平均产奶量(kg)
12	17.5	2.9	14.1	−5.5	22.3	541.8
年合计	258.6	148.9			2035.2	6900.1
年平均	21.6	12.4				575.0
年极值			26.8	−5.5		

由表8.44、图8.1、图8.2可看出：

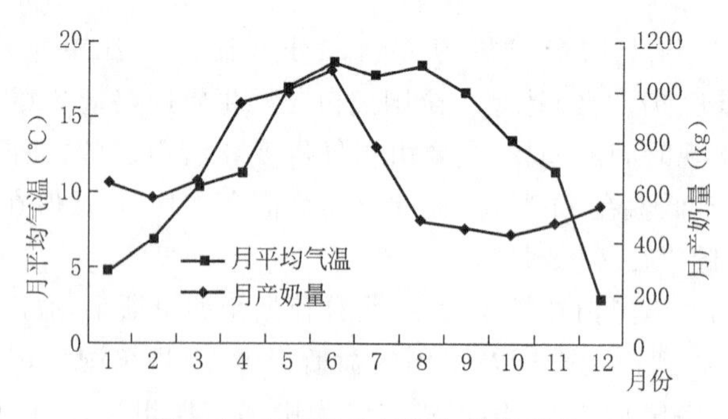

图8.1　各月平均气温与月产奶量

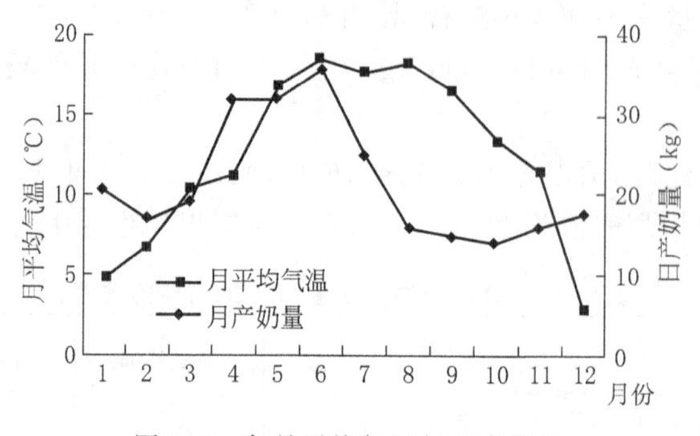

图8.2　各月平均气温与日产奶量

① 1—2月平均气温4.7～6.8 ℃，奶牛日平均产奶量为20.5～16.6 kg，即奶牛产奶量随着温度增加而下降。

② 3—6月平均气温10.4～18.5 ℃，奶牛日平均产奶量为19.0～35.9 kg，即产奶量随着温度升高而增加。

③ 7—8月平均气温17.6～18.3 ℃，奶牛日平均产奶量为24.8～15.6 kg，即奶牛产奶量随着温度升高而下降。

④ 9—10月平均气温16.6～13.5 ℃，奶牛日平均产奶量为14.5～13.8 kg，即奶牛产奶量随着温度下降而下降。

⑤ 11—12月平均气温11.5～2.9 ℃奶牛日平均产奶量为15.8～17.5 kg，即奶年产奶量随着温度下降而增加。

奶牛产奶量峰值期出现的主要原因是由于天气气候环境的变化而引起的，见表 8.45。

南山地区 2015 年 4 月 24 日的日平均气温稳定通过 10.0 ℃，4 月 28 日日平均气温稳定过 15.0 ℃，黑麦草，三叶草等饲料牧草开始恢复生长，5 月上旬平均气温上升到 16.2 ℃，中旬 16.7 ℃，下旬 19.4 ℃，牧草生长繁茂，气候条件有利于奶牛的放牧活动与采食及饲料的转化，因而 6 月份出现了奶牛的产奶量高峰期。

9 月北方冷空气势力增强，开始南下侵入南山地区，最多风向为偏北风，平均风速 5.8 m/s，10 月 9—11 日平均气温降到 10.1 ℃，9.1 ℃，10.9 ℃，极端最低气温 10 月 9 日为 8.7 ℃，10 日为 7.9 ℃，11 日为 7.1 ℃，温度骤降，打乱了奶牛的正常生活规律而出现奶牛产奶量的低值期。

表 8.45　南山 2015 年 4—6 月、9—10 月各旬气象要素

项目	4月			5月			6月			9月			10月		
	上	中	下	上	中	下	上	中	下	上	中	下	上	中	下
平均气温(℃)	10.0	11.1	12.6	16.2	16.7	19.4	18.3	17.9	19.4	17.9	15.5	16.5	13.6	13.3	14.4
最高气温(℃)	19.5	23.5	23.0	22.7	23.8	23.2	23.2	21.9	24.5	23.3	24.3	25.9	25.7	24.7	23.0
最低气温(℃)	5.0	5.0	5.5	10.2	8.6	12.3	13.0	13.1	14.4	15.4	9.7	11.7	7.9	7.1	5.1
降水量(mm)	15.1	24.2	40.4	96.1	175.0	54.2	96.1	161.2	23.5	53.5	36.9	45.4	144.2	0.2	58.4
雨日(天)	9	9	8	10	8	8	7	8	6	9	6	8	8	1	8
产奶量(kg)	26.7	33.9	34.9	31.3	32.4	32.5	36.0	39.8	31.8	15.0	14.7	13.9	13.7	15.9	13.2

(2)高温炎热与奶牛产奶量的关系

1)最高温度对奶牛产奶量的影响

高温炎热对欧洲奶牛产奶极为不利，高温使奶牛热量平衡失调，奶牛的体温升高，呼吸急促，脉搏加快，采食量减少，导致产奶量减少，其间接影响是饲料发生霉变，蚊虫滋生，引发乳腺炎、子宫炎、腐蹄疫病发生；高温还会影响奶牛的发情，配种、产犊，易造成空怀或难产死亡。

黑白花牛在西欧原产地的适宜平均温度为 11～16 ℃，年平均气温高于 23 ℃，极端最高气温高于 30 ℃时，即有不良影响，高温伴高湿，无风，低气压，闷热天气影响更大。在冷水江市极端最高气温 34.1 ℃以上，产奶量随温度升高而减少。2014 年 7 月 22 日极端最高气温 38.0 ℃，每头奶牛平均产奶量为 6.4 kg，14 日极端最高气温 23.7 ℃，每头奶牛平均产奶量 10.0 kg，极端最高温度相差 14.3 ℃，产奶量相差 3.6 kg，温度相差 1 ℃，产奶量减少 251.7 g (见图 8.3)。

2)减轻高温对奶牛危害的措施

① "运用气候相似"原理，选育和引进适合当地气候条件生育的高产良种。

② 利用地形小气候特点，奶牛场址选择在通风高燥处。

③ 适当增加牛舍高度，防止阳光直射舍内和牛体。

④ 舍顶降温处埋，增加舍顶反射率，舍顶放树枝遮阴降温。

⑤ 根据天气气候变化，科学调节作息时间，调节喂养密度，调节饲料结构，夏季增喂清凉饲料、精料，提高蛋白质含量，增加奶牛的抗热性。

⑥ 根据气候变化，建好配料房和产奶房。

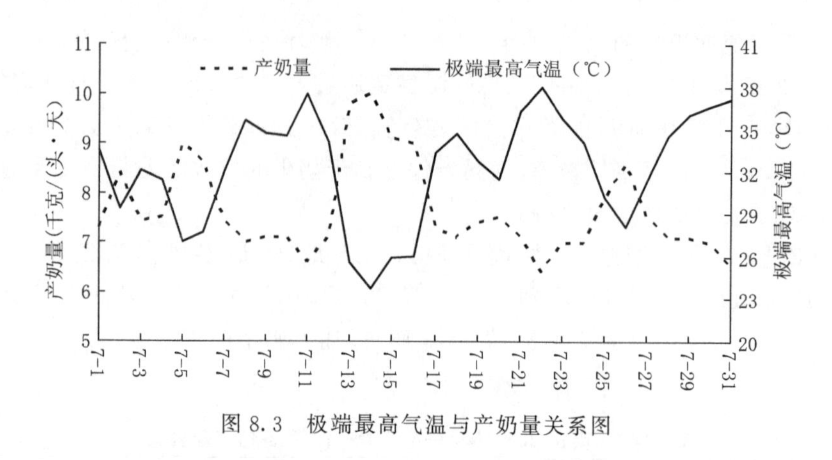

图 8.3 极端最高气温与产奶量关系图

(3)产奶量与极端最低温度的关系(图 8.4)

荷斯坦奶牛原产于荷兰，耐寒能力较强，在低温环境下，奶牛会发生各种适应性的变化，奶牛的等热区温度为 9～16 ℃，等热区的下限温度为临界温度，当温度低于临界温度时，奶牛会提高物质代谢作用，以增加体热，南山地区 12 月上旬至次年 3 月上旬平均气温低于临界温度，在 9.0 ℃以下，由表 2.5、图 8.4 可看出 2014 年 12 月 4 日极端最低气温为－2.5 ℃，地面开始结冰，12 月 10—24 日，连续 15 天最低气温在 0 ℃以下，极端最低气温为－5.5 ℃，27—31 日最低气温又降低到 0 ℃以下，极端最低气温为－4.1 ℃，整个 12 月一直维持冰冻天气，青饲料严重缺乏，奶牛难以放牧活动，对产奶量影响较大，如 12 月 12 日极端最低气温－4.5 ℃，日产奶量仅 12.9 kg 比 12 月 9 日最低气温 2.0 ℃产奶量 16.3 kg 减少产奶量 3.4 kg，12 月 22 日最低气温－5.5 ℃，产奶量 12.6 kg，比 12 月 21 日最低气温－3.0 ℃产奶量 15.5 kg 减少产奶量 2.9 kg，因而做好冬季防寒保暖和青饲料储备工作，对确保奶牛正常产奶是十分重要的。

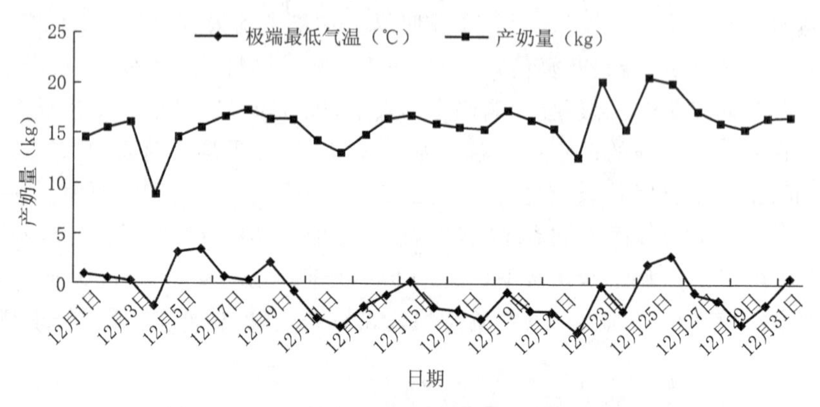

图 8.4 2014 年南山奶牛产奶量与极端最低气温

8.6.5 根据天气变化做好不同季节的奶牛饲养管理

不同的季节，不同的天气气候，对奶牛的健康和产奶量的影响是很不相同的。所以，产奶牛的饲养管理必须和季节有机结合起来。能量、粗纤维及干物质的变化，都要随季节的变化而变化。一般来说，能量冬季低、夏季高，粗纤维及干物质冬春高，夏季低。温度是冬季要热，夏季要凉，春秋要温。实践证明，产奶牛的饲养管理只要按照科学规律进行，即可将因季节气候导致的不利因素减少到最低程度，使鲜奶生产实现优质、高产、高效的目的。

8.6.5.1　春季饲养管理

春季气温逐渐回升，日照逐渐延长，除一些地区早春比较寒冷外，气温最适合奶牛的生理需求。在一般情况下，产奶牛的产奶量开始上升。因此，要抓住这个有利时机，加强饲养管理，促进奶牛健康，充分发挥奶牛产奶的最大潜力。

(1)防疫检疫

春季是细菌、蚊蝇孳生季节，必须进行环境消毒灭菌，认真做好防疫检疫工作。

(2)保持适温

早春要注意保持舍内适宜温度(10 ℃)。

(3)保证日粮营养

在喂足干草和青贮草的基础上，要适当提高营养成分。每多产奶 3 千克，应增补 1～1.5 千克混合饲料，以保证产奶的需要。

(4)供给足量温水

供给冷饮水，会消耗大量的体热使水升温，导致产奶量下降。在气温 2～6 ℃时，奶牛饮 10～15 ℃的水，较饮冷水可提高产奶量 9%。因此，奶牛在早春应饮温水。另外，把精料用水泡调成粥料(1:10)诱导奶牛饮水，对提高采食量和增加产奶量有明显的效果。

(5)保持牛舍卫生

牛舍多垫、勤垫草，保持干燥，有利于保温。粪、尿污物要及时清除，并做好消毒工作。这样即可防病，又可提高产奶量。

(6)坚持日晒与运动

晴暖天气，每天至少要让奶牛运动两小时，而后晒太阳，以加强血液循环，有助于消化，提高产奶量。

(7)认真刷拭牛体

每天应认真刷拭牛体 1～2 次，即可清除体表污垢、尘土和粪便，保持毛皮清洁，又可促进血液循环，增强奶牛健康和提高产奶量。实践证明，搞好牛体刷拭可提高产奶量 8%～10%。

(8)护蹄

每年春、秋修蹄，对奶牛蹄叶进行修剪，对蹄叉里面的污物进行清理。有蹄病要及时治疗。据试验，修蹄奶牛的产奶量可提高 5%。

8.6.5.2　夏季饲养管理

由于全球气候变暖，夏季超过 38 ℃高温的天数日渐增多，因而奶牛流产头数增加，死亡率提高。同时，夏季肢蹄病严重，对奶牛生产已造成巨大损失。因此，必须加强夏季产奶牛的饲养管理。

(1)减少热应激

夏季产奶牛饲养管理的关键，是尽量减少热应激。①创造凉爽的饲养环境，早晚时间打开牛舍全部门窗通风换气，保持牛舍清新干燥。牛舍屋顶要刷白(用石灰水)，增加日光反射，运动场内要设凉棚或遮阳网，以减少太阳直射，让牛休息好。在牛舍北墙上要安装排气扇。每天用清水冲洗和刷拭牛体，以利牛体散热。②疏散牛群，减少牛舍奶牛饲养密度。饲养 100 头奶牛的牛舍，可减少 10 头奶牛。③搞好环境卫生，预防疾病。夏季蚊蝇多，不仅干扰奶牛休息，还容易传染疾病。因此，要定期用 1%～1.5%的敌百虫药液喷洒牛舍及环境。要及时防治乳房炎、子宫炎、腐蹄病和流行热。每次挤奶后，要用1.5%次氯酸钠或0.5%碘伏溶液清洗奶牛乳头。对产后奶牛生殖器官应经常检查，发现疾病要及时治疗。

(2)增强奶牛食欲

夏季产奶牛采食量下降，是造成产奶量降低的重要因素。所以，为了增强食欲必须调整饲料配方，改变饲喂时间和饲喂方法。①供给充足清洁新鲜饮水，饮水量可按产奶量的3～5倍供给。在热应激的条件下，要足量供给含氯化钾(钠)0.1%～0.5%的清洁饮水。②调整精、粗饲料比例。为了确保奶牛吃进足够的营养物质，满足营养需要，应适当提高日粮中的精料比例，但精料干物质占日粮干物质比例最高不要超过60%。③提高日粮能量水平。在高温条件下，气温每升高1 ℃，高产奶牛维持能量需要增加3%。一般采用饲喂整粒棉籽或整粒大豆进行解决。棉籽的限喂量为3 kg，生大豆的限喂量为2.2 kg。④提高日粮蛋白质水平，使之达到18%～20%。提高过瘤胃蛋白的比例，使之占粗蛋白的35%以上。增加优质苜蓿干草喂量和适口性好、易消化的饲料胡萝卜等。⑤补充维生素A和矿物质。日粮中维生素A的含量应比正常情况下增加1倍。另外，由于钠、钾、镁等离子随汗液排出量增加，故应适当补充。⑥改变饲喂时间。由于采食后的2～3小时为热能生产的高峰阶段，因此，夏季在饲喂时间上，应当选择一天中温度相对较低的夜间增加饲喂量，一般从晚上8点到第二天早上8点之间，饲喂量可占整个日粮的60%～70%，尤其粗饲料宜安排在晚8点至早上5点饲喂。中午，可用麦麸皮、豆腐渣饲喂。⑦改进饲喂方法。饲喂要少喂勤添，精料以每日喂4次为宜。要防止饲料在饲槽内堆积发酵，酸败变质。

(3)刷拭牛体

天热后改用冷水刷拭牛体，不仅能促进食欲，多吃草料，而且能使奶牛散失热量，可降低奶牛体温度0.6 ℃。提高奶牛产奶量8%～10%。平时每天刷拭2～3次，高温天气时可多洗几次。如有条件能下河水浴，则降温效果更好。

(4)适时控制繁殖

盛夏期间不要产犊。由于奶牛抗热性差，怀孕会加重负担，极易引起流产或产犊体弱，产奶牛产奶量低，抵抗力下降，易引发多种疾病。另外，高温、高湿也不利于犊牛生长。因此，盛夏以不产犊为好。但应抓好配种，夏季天气炎热，发情后配种时间应适当提早。

8.6.5.3 秋季饲养管理

秋季日照时间逐渐变短，天气逐渐凉爽。晚秋天气渐冷。这个季节适合奶牛生产。但由于酷夏刚过。牛的健康较差，所以，秋季奶牛的饲养管理应以恢复体质为主，不要急于催奶。应加强饲养管理，尽快恢复牛群体质，使产奶量逐步回升。

饲喂秋季产奶牛，应调整日粮结构。①饲草质量好，多喂精料或高脂肪物质，提高日粮能量，可用豆类，补充量以1%～1.5%为宜。②提高全价日粮中蛋白质含量，使其达到18%。③粗纤维含量不宜过多，特别是青贮草。日产奶32 kg以上的奶牛，秋季每天饲喂青贮草应控制在17～22 kg。

增加饲料适口性。为增加奶牛食欲，应调制适口性好的全价饲料。日粮应以优质青干草和青贮草为主，并适当增加精料喂量。喂青贮草和精料不可过量，以免引发瘤胃酸中毒和腹泻疾病。

秋季是饲草收获季节，冬养靠秋贮。一定要在安排好秋季奶牛生产的同时，贮备足够的优质粗饲料，供全年饲喂。

早秋，雨季刚过，牛的蹄质较软，应进行削蹄，并安排布氏杆菌病和牛结核病的预防检疫工作。

为了减少盛夏产犊带来的危害，10—11 月间应停止配种。

为了减少奶牛发病，应搞好环境卫生和病症预防。

8.6.5.4　冬季饲养管理

冬季天寒地冻，昼短夜长，日光不足。虽然奶牛具有耐寒不耐热的习性，但是，由于冬季异常寒冷，对奶牛健康和产奶量不能说不受影响。据报道，当温度低于－5 ℃时，一般泌乳量开始下降，维持体温出现应激反应。所以，为了提高奶牛的冬季产奶量，必须加强饲养管理。

(1)防冻保暖

当牛舍温度在 0 ℃以下时，应将牛舍西面和北面的门窗、墙缝堵严，防止贼风侵袭，向阳的门窗要挂帘，并要保持牛舍干燥，还要在牛床上多铺褥草，避免牛体直接与冰冷的地面接触。

(2)调节牛舍湿度

牛舍通风良好，湿度不超过 55%。湿度过大，会对奶牛产生强烈的外界刺激，影响产奶量，严重者还会感染一些真菌类疾病。

(3)增加运动和光照

冬季舍内寒冷潮湿，奶牛长时间拴在舍内，容易患风湿性关节炎等疾病。为防止此类病害发生，每天中午应使奶牛在舍外活动 2～3 小时，并接受日光浴，加速新陈代谢，增强御寒能力。

(4)饲料应多样化

入冬后，奶牛由于受外界环境变化的影响，应及时调整饲料配比，力求多样化。精料中蛋白质饲料不变，将玉米增加 20%～50%，并增加粗饲料或啤酒糟与白酒糟等抗寒饲料。

(5)补足食盐

冬季奶牛胃液分泌量增加，如食盐不足，将导致食欲降低，产奶量下降。因此，食盐日给量应适量增加，一般每日供给 50～100 g。

(6)饮足温水

冬季奶牛采食干草多，消化液分泌量增多，仅唾液每天就分泌 50 升左右，如不充分饮水，食欲就会下降，致使产奶量下降，甚至发生疾病。奶牛每食用 1 kg 干饲料需水 5 kg 左右。冬季饮水的适宜温度为：成年母牛 12～14 ℃，产奶、怀孕牛 15～16 ℃。

(7)刷拭牛体

冬季奶牛表皮血管收缩，刷拭牛体可使奶牛保持体表清洁，促进皮肤血液循环和新陈代谢，有助于调节体温和增强抗病能力。每天应早晚两次刷拭，每次 3～6 分钟，刷拭全身各部位，不可疏漏。

(8)加强保胎

怀孕母牛长期营养不良或食入腐败或冰冻饲料，或滑倒摔跤，都可能流产。因此，必须加强饲养管理，防止这些现象的发生。

(9)抓好配种

冬季配种怀胎，可避开盛夏产犊，有利于获得奶牛高产。但冬季天气冷，发情后配种应适当推迟。

(10)搞好卫生，防止疾病

牛舍内的粪便要勤打扫，保持清洁，要经常观察奶牛的行为、食欲、反刍和休息等情况，发现疾病要及时治疗，冬季应对牛驱虫 1 次，并作好防疫注射，防止传染病发生。

参考文献

阿里索夫,1957.气候学教程[M].北京:高等教育出版社.

陈标新,刘富来,陈耆验,等,2014.蔬菜非宜菜期淡季形成的气候原因及对策研究[J].安徽农业科学,1:179-183.

陈标新,刘富来,王艳青,等,2014.娄底锡矿山山地气候凉棚效应及开发利用研究[J].湖南人文科技学院学报,2:103-106.

陈耆验,1981.湘中山区农业气候资源及利用的探讨[J].湖南农业科学,6:32-36.

陈耆验,1993.利用山区立体气候发展度淡蔬菜的研究[J].湖南农业科学,5:30-32.

陈耆验,刘富来,1993.山地淡季蔬菜栽培[M].北京:气象出版社.

陈善才,1992.我国山地农业气候资源优势及合理利用[J].山地研究,10(1):12-13.

陈尚模,1988.果树气象学[M].北京:气象出版社.

程庚福,曾申江,1987.湖南天气及其预报[M].北京:气象出版社.

冯佩艺,1985.中国主要气象灾害分析(1951—1980)[M].北京:气象出版社.

冯秀藻,陶炳炎,1991.农业气象学原理[M].北京:气象出版社.

关寅生,1984.九嶷山垂直农业气候特征[M].山地气候文集北京:气象出版社.

湖南省气象局,1979.湖南气候[M].长沙:湖南科学技术出版社.

湖南省气象局资料室,1981.湖南农业气候[M].长沙:湖南科学技术出版社.

湖南省丘陵山区农业气候资源研究课题组,1988.亚热带丘陵山区农业气候资源研究论文集[M].北京:气象出版社.

黄昌鹍,1987.武夷山区杉木气候适应性及其布局的初步分析[C]//武夷山区农业气候资源论文集.北京:气象出版社.

江爱良,1960.论我国热带亚热带气候带的划分[J].地理学报,26(2):104-109.

姜会飞,2001.金银花[M].北京:中国中医药出版社.

李建国,高艳霞,2012.规范化奶牛养殖技术[M].北京:中国农业大学出版社.

李伟,2010.金银花标准化生产与加工利用[M].北京:化学工业出版社.

李文,1981.山区垂直农业气候分区——农业气候环境类型[C]//山地气候文集.北京:气象出版社.

李文,1987.武夷山区农业气候分区与分层[C]//武夷山区农业气候资源论文集.北京:气象出版社.

林之光,彭开秀,安顺清,1982.武夷山主峰地区降水的气候特征[J].气象科技,(2):58.

刘富来,陈标新,吴重池,等,2014.利用山地气候凉棚效应发展度夏补淡反季节蔬菜基地的试验研究[J].湖南农业科学,1:27-30.

刘华训,1981.我国山地植被的垂直分布规律[J].地理学报.36(3).

卢其尧,1984.长江中下游地区垂直农业气候温度带的划分[C]//山地气候文集.北京:气象出版社.

陆魁东,宋忠华,杜东升,等,2011.湖南油茶GIS精细化气候区划研究[J].中国农学通报,27(8):362-365.

欧阳海,郑步忠,王雪娥,等,1990.农业气候学[M].北京:气象出版社.

欧阳惠,1988.杉木气候生态研究[C]//亚热带丘陵山区农业气候资源研究论文集.北京:气象出版社.

卿燃莉,2017.南山气候与荷斯坦奶牛泌乳量的关系[J].安徽农业科学,18(4):665-670.

盛承禹,1986.中国气候总论[M].北京:科学出版社.

孙鸿蕊,林鸣院,2010.乐东县黑米水稻的培育及其高产栽培技术[J].农技服务,10:1273.

田大伦,2011.中国生态系统定位观测与研究数据集·森林生态系统卷(1982-2009)[M].北京:中国农业出版社.

王道潘,1983.湖南丘陵山地油茶气候资源的研究[J].农业气象(2):11-13.

王福兆,2010.怎样提高饲养奶牛效益[M].北京:金盾出版社.

王萍,2015. 奶牛产奶量与温度的关系[J]. 安徽农业科学,7:55.

王艳龙,石经福,韩豪,等,2010. 中国黑米花色苷研究现状及展望[J]. 中国生化药物(1):63-66.

翁笃鸣,1982. 山区若干气象要素的推算问题,农业气候资源分析及利用[M]. 福州:福建科学技术出版社.

熊家军,梁爱心,谢杨华,等,2009. 现代奶牛养殖综合技术[M]. 北京:化学工业出版社.

亚热带东部技术组,1989. 我国亚热带东部山区林木物候观测分析[C]//中国亚热带东部丘陵山区农业气候资源研究. 北京:科学出版社.

亚热带东部山区技术组,1988. 我国亚热带东部地区热量资源和热量带的划分[C]//亚热带丘陵山区农业气候资源研究论文集. 北京:气象出版社.

亚热带东部山区技术组,1989. 我国亚热带东部山区林木物候观测分析[C]//中国亚热带东部丘陵山区农业气候资源研究. 北京:科学出版社.

杨静雯,2009. 金银花丰产的修剪技术[M]. 兰州:甘肃科技出版社.

杨晓光,李茂松,霍治国,2010. 农业气象灾害及其减灾技术[M]. 北京:化学工业出版社.

俞新妥,1982. 杉木[M]. 福州:福建科学技术出版社.

张含藻,2011. 金银花标准化生产技术[M]. 北京:金盾出版社.

张吉鹍,2013. 如何提高奶牛场养殖效益[M]. 北京:化学工业出版社.

张家诚,林之光,1985. 中国气候[M]. 上海:上海科学技术出版社.

张养才,1988. 丘陵山地农业气候资源垂直分层模式的研究[J]. 科学通报,33(24):1987-1989.

张养才,1990. 我国丘陵山地农业气候研究及其进展[J]. 气象,16(11):4-5.

郑大玮,张波,2000. 农业灾害学[M]. 北京:中国农业出版社.

中国农业科学院,1999. 中国农业气象学[M]. 北京:中国农业出版社.

中国热带亚热带西部丘陵山区农业气候资源及其合理利用研究课题协作组,1995. 中国热带亚热带西部山区农业气候[M]. 北京:气象出版社.

中国亚热带东部丘陵山区农业气候资源及其合理利用研究课题协作组,1990. 中国亚热带东部山区农业气候[M]. 北京:气象出版社.

庄瑞林,2008. 中国油茶[M]. 北京:中国林业出版社.